Σ

새로운 **배움**, 더 큰 **즐거움**

미래엔 콘텐츠와 함께 새로운 배움을 시작합니다!
더 큰 즐거움을 찾아갑니다!

유형중심

수학 I

WRITERS

미래엔콘텐츠연구회
No.1 Content를 개발하는 교육 전문 콘텐츠 연구회

박현숙 영신여고 교사 | 고려대 수학교육과
조택상 선사고 교사 | 한국교원대 수학교육과
박상의 장충고 교사 | 성균관대 수학과
이문호 하나고 교사 | 고려대 수학교육과
서미경 영동일고 교사 | 고려대 수학교육과

COPYRIGHT

인쇄일 2023년 11월 1일(2판7쇄)
발행일 2020년 8월 15일

펴낸이 신광수
펴낸곳 (주)미래엔
등록번호 제16-67호

교육개발1실장 하남규
개발책임 주석호 **개발** 문희주, 이선희, 조성민

디자인실장 손현지
디자인책임 김병석
디자인 김석헌, 윤지혜

CS본부장 강윤구
CS지원책임 강승훈

ISBN 979-11-6413-578-3

머리말

Introduction

동기부여는 당신을 시작하게 하는 것이다.

습관은 당신을 계속 나아가도록 하는 것이다.

- Jim Rohn

좋은 습관을 기르기 위해 가장 좋은 건
지금 바로 행동으로 옮기는 것입니다.
좋은 습관은 우리의 삶의 성패를 좌우할 정도로
중요합니다.

수학 공부도 마찬가지입니다.
집중력 있고 끈기 있게 공부하고,
어려운 문제도 포기하지 않고 끝까지 풀어내는
좋은 습관을 기르면 수학 공부가 즐거워지고
수학 성적이 올라갑니다.

유형중심은 여러분의 수학 공부에 동기부여가 되고,
여러분의 꾸준한 노력과 함께하겠습니다.

이 책의 특장과 구성

Features & Structures

이해하기 쉬운 Lecture별 개념 정리

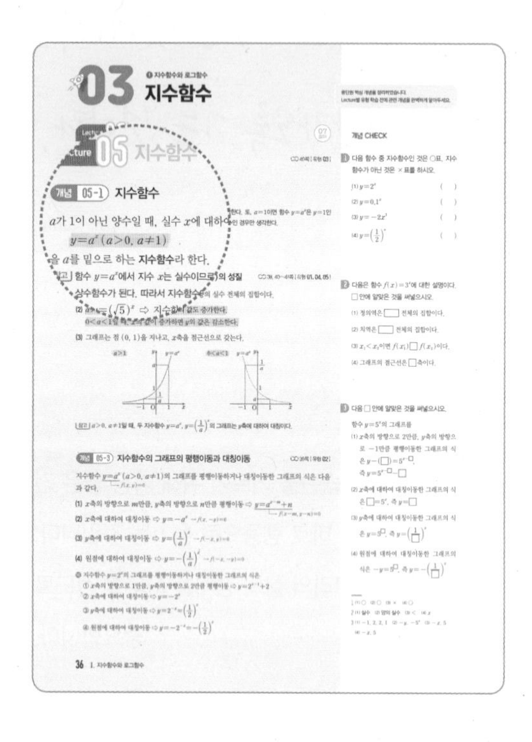

- 교과서 내용을 분석하여 Lecture별로 핵심 개념만을 알차게 정리하였습니다.
- 개념을 쉽게 이해할 수 있도록 개념 설명과 함께 예, 참고, 주의 등을 제시하였습니다.

기본 문제와 유형별 · 난이도별 문제로 구성

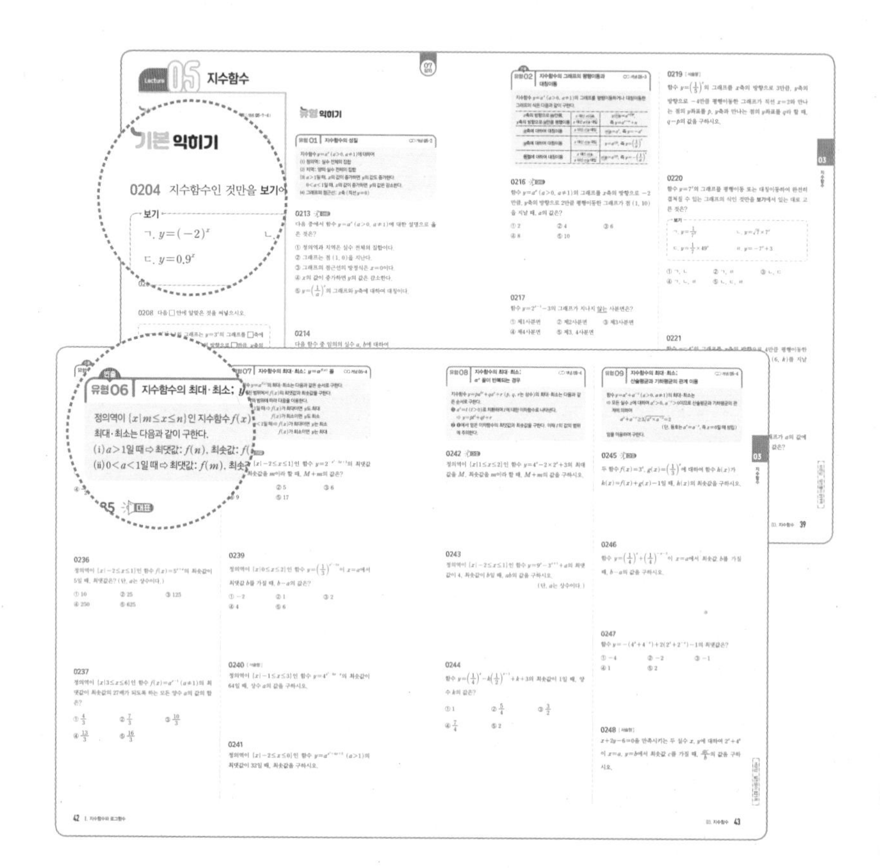

기본 익히기

- 개념 및 공식을 제대로 익혔는지 확인할 수 있는 기본 문제를 수록하였습니다.

유형 익히기

- 교과서와 시험에 출제된 문제를 철저히 분석하여 개념과 문제 형태에 따라 다양한 유형으로 구성하였습니다.
- 문제 해결 방법을 익힐 수 있도록 유형별 해결 전략을 수록하였습니다.

1 교과서에 수록된 문제부터 시험에 출제된 문제까지 **수학의 모든 문제 유형을 한 권에** 담았습니다.

2 주제(Lecture)별 구성으로 **하루에 한 주제씩 완전 학습이 가능**합니다.

3 문제의 난이도에 따라 분류하고 시험에서 출제율이 높은 유형별 문제는 다시 상, 중, 하의 난이도로 세분화하여 **기본부터 실전까지 완벽한 대비가 가능**합니다.

중단원 실전 학습

시험 출제율이 높은 문제로 선별하여 구성

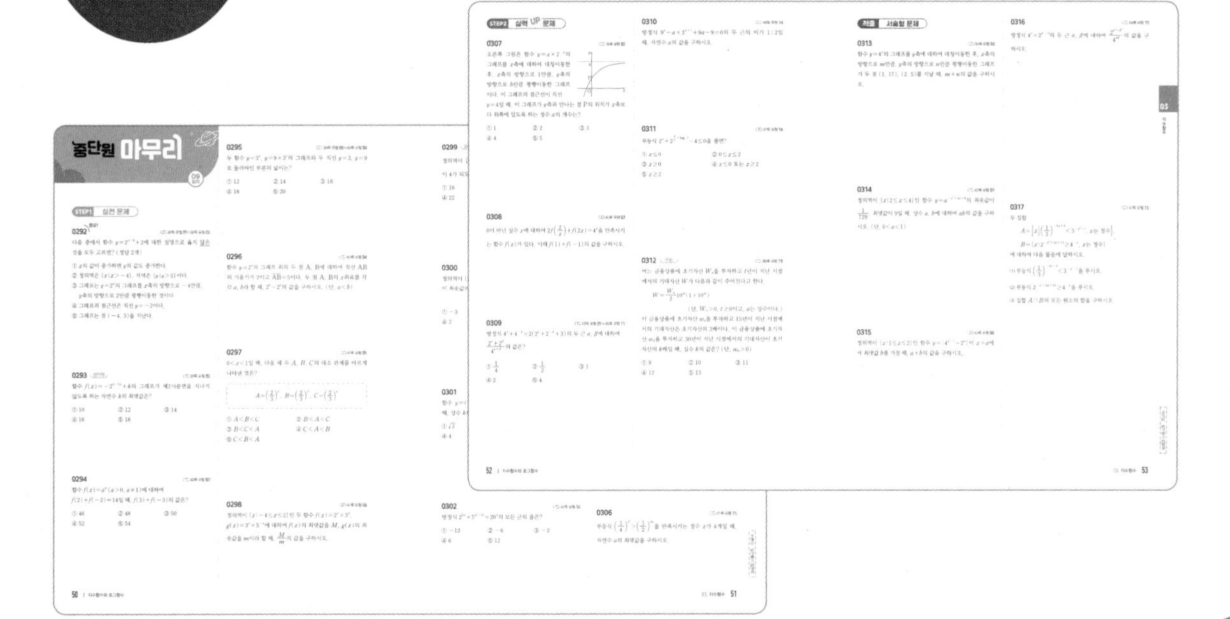

STEP1 실전 문제

• 앞에서 학습한 유형을 변형 또는 통합한 문제로 실전에 완벽하게 대비할 수 있습니다.

STEP2 실력 UP 문제

• 난이도 높은 문제를 풀어 봄으로써 수능 및 평가원, 교육청 모의고사까지 대비할 수 있습니다.

적중 서술형 문제

• 단계별로 배점 비율이 제시된 서술형 문제를 제공하여 학교 시험을 더욱 완벽하게 대비할 수 있습니다.

바른답·알찬풀이

• 정답만 빠르게 확인할 수 있습니다.

• 문제 이해에 필요한 자세한 풀이와 도움 개념을 수록하였습니다.

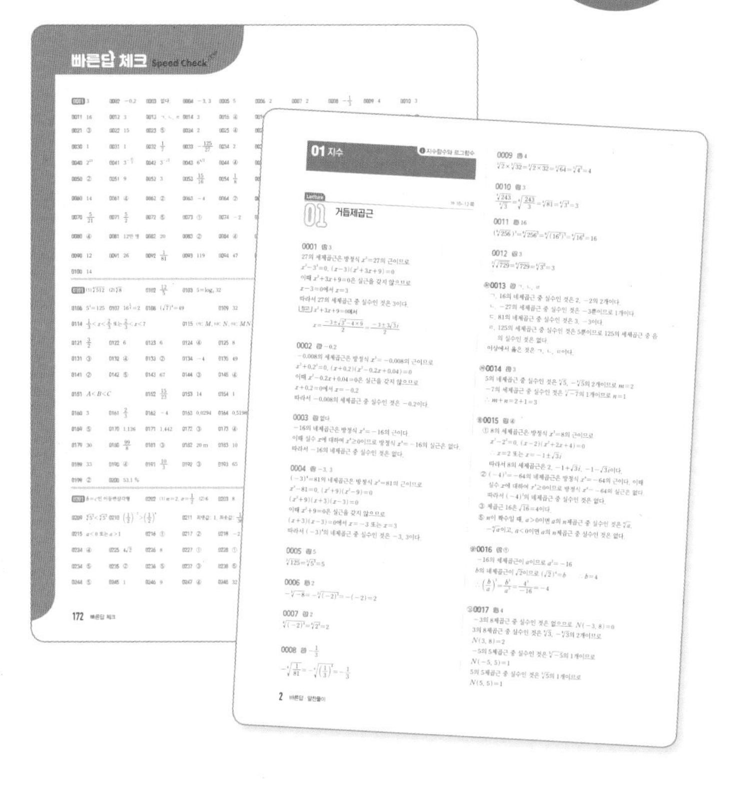

이 책의
차례

Contents

Ⅰ 지수함수와 로그함수

Ⅱ 삼각함수

학습 계획 note

완전 학습을 위해 스스로 학습 계획을 세워 실천하세요.
이해가 부족한 경우에는 반복하여 학습하세요.

01일차	1st	월	일	2nd	월	일
02일차	1st	월	일	2nd	월	일
03일차	1st	월	일	2nd	월	일
04일차	1st	월	일	2nd	월	일
05일차	1st	월	일	2nd	월	일
06일차	1st	월	일	2nd	월	일
07일차	1st	월	일	2nd	월	일
08일차	1st	월	일	2nd	월	일
09일차	1st	월	일	2nd	월	일
10일차	1st	월	일	2nd	월	일
11일차	1st	월	일	2nd	월	일
12일차	1st	월	일	2nd	월	일
13일차	1st	월	일	2nd	월	일
14일차	1st	월	일	2nd	월	일
15일차	1st	월	일	2nd	월	일

III 수열

유형중심이 제안하는 100 % 효과 만점 학습법

이렇게 **계획**해요!

가장 좋은 수학 공부법은 꾸준히 공부하는 것입니다.
차례에 있는 〈학습 계획 note〉를 이용하여 단원 학습 계획을 세워 보세요.

이렇게 **공부**해요!

문제집을 3번 반복 학습하면 완벽하게 이해하게 됩니다.
공부 시기와 횟수에 따라 다음과 같이 공부하세요.

	1 첫 번째 공부할 때 (진도 전 예습)	2 두 번째 공부할 때 (진도 후 복습)	3 시험 전 공부할 때
중단원 개념 학습	• 핵심 개념을 이해하고 공식을 암기합니다. • 교과서를 먼저 읽은 후 공부하면 더 쉽게 개념을 이해할 수 있습니다.	• 핵심 개념을 보며 수업 시간에 배운 내용을 떠올려 봅니다. • 복습하면서 이해가 안 되는 개념은 선생님께 질문하여 반드시 이해하도록 합니다.	• 핵심 개념을 빠르게 읽어 보면서 중요한 개념이나 공식은 노트에 쓰면서 정리합니다. • 정리한 내용은 시험 보기 직전에 한 번 더 확인합니다.
기본 익히기	• 문제를 꼼꼼히 풀어 개념을 어느 정도 이해하고 있는지 확인합니다.	• 첫 번째 공부할 때 틀렸던 문제를 다시 풀어 봅니다.	• 눈으로 읽으면서 빠르게 풀어 봅니다.
유형 익히기	• 유형별 대표 문제 중심으로 풀어 봅니다. • 틀린 문제는 체크해 두고 반드시 복습합니다.	• 유형별 모든 문제를 풀어 봅니다. • 첫 번째 공부할 때 틀렸던 문제는 집중해서 풀고, 또 틀리면 관련 개념을 다시 공부합니다.	• 모든 문제를 다시 푸는 것보다는 그동안 공부하면서 틀렸던 문제에 집중해 취약한 부분을 보강합니다. • 빈출 유형은 반드시 풀어 봅니다.
중단원 마무리	• 얼마나 이해했는지 점검하기 위해 step 1 실전 문제 중심으로 풀어 봅니다.	• 공부한 후 성취 수준을 확인해 봅니다. 첫 번째 공부할 때도 풀었다면 점수를 비교해 봅니다. • step 2 실력 up 문제와 적중 서술형 문제를 풀어 학교 시험 만점에 도전해 봅니다.	• 실제 학교 시험을 보는 것처럼 제한 시간 내에 풀어 봅니다. • 틀린 문제는 반드시 다시 풀어 봅니다.

지수함수와 로그함수

01 지수
02 로그
03 지수함수
04 로그함수

지수

중단원 핵심 개념을 정리하였습니다.
Lecture별 유형 학습 전에 관련 개념을 완벽하게 알아두세요.

Lecture 01 거듭제곱근

01 일차

개념 01-1 거듭제곱

(1) 어떤 수 a를 n번 곱한 것을 a^n으로 나타내고, a, a^2, a^3, $\cdots$, a^n, $\cdots$을 통틀어 a의 **거듭제곱**이라 하며, a^n에서 a를 거듭제곱의 **밑**, n을 거듭제곱의 **지수**라 한다.

a^n ← 지수, a ← 밑

(2) 지수가 자연수일 때의 지수법칙

a, b가 실수이고 m, n이 자연수일 때,

① $a^m a^n = a^{m+n}$ ② $(a^m)^n = a^{mn}$

③ $(ab)^n = a^n b^n$ ④ $\left(\frac{a}{b}\right)^n = \frac{a^n}{b^n}$ $(b \neq 0)$

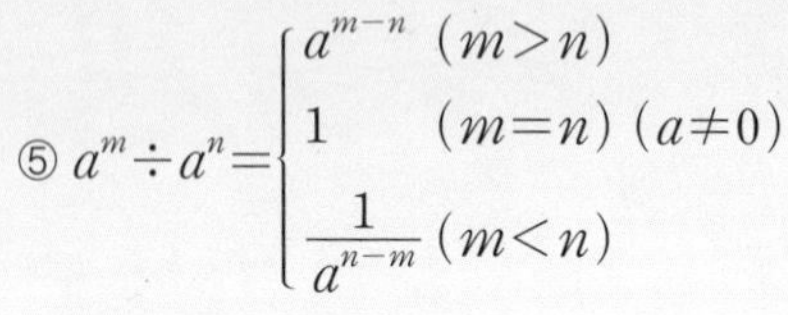

⑤ $a^m \div a^n = \begin{cases} a^{m-n} & (m>n) \\ 1 & (m=n) \\ \frac{1}{a^{n-m}} & (m<n) \end{cases}$ $(a \neq 0)$

주의 다음에 유의한다.

① $a^m + a^n \neq a^{m+n}$ ② $a^m \times a^n \neq a^{mn}$

③ $(a^m)^n \neq a^{m^n}$ ④ $a^m \div a^m \neq 0$ $(a \neq 0)$

개념 01-2 거듭제곱근의 뜻과 성질

10~12쪽 | 유형 01~04 |

(1) 거듭제곱근

① n이 2 이상인 자연수일 때, n제곱하여 실수 a가 되는 수, 즉 방정식 $x^n=a$의 근 x를 a의 **n제곱근**이라 한다. 또, a의 제곱근, 세제곱근, 네제곱근, $\cdots$을 통틀어 a의 **거듭제곱근**이라 한다.

예 $2^3=8$이므로 2는 8의 세제곱근이다.

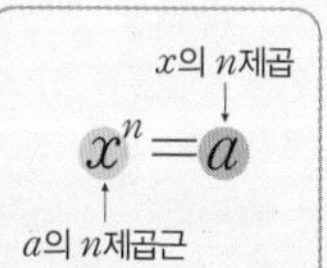

② n이 2 이상인 자연수일 때, 실수 a의 n제곱근 중 실수인 것은 다음과 같다.

	$a>0$	$a=0$	$a<0$
n이 짝수	$\sqrt[n]{a}$, $-\sqrt[n]{a}$	0	없다.
n이 홀수	$\sqrt[n]{a}$	0	$\sqrt[n]{a}$

(2) 거듭제곱근의 성질

$a>0$, $b>0$이고 m, n이 2 이상인 자연수일 때,

① $\sqrt[n]{a}\sqrt[n]{b}=\sqrt[n]{ab}$ ② $\frac{\sqrt[n]{a}}{\sqrt[n]{b}}=\sqrt[n]{\frac{a}{b}}$

③ $(\sqrt[n]{a})^m=\sqrt[n]{a^m}$ ④ $\sqrt[m]{\sqrt[n]{a}}=\sqrt[mn]{a}$

⑤ $\sqrt[np]{a^{mp}}=\sqrt[n]{a^m}$ (단, p는 자연수이다.)

예 ① $\sqrt[3]{2}\sqrt[3]{3}=\sqrt[3]{6}$ ② $\frac{\sqrt[4]{3}}{\sqrt[4]{6}}=\sqrt[4]{\frac{3}{6}}=\sqrt[4]{\frac{1}{2}}$

③ $(\sqrt{5})^3=\sqrt{5^3}$ ④ $\sqrt[3]{\sqrt{2}}=\sqrt[6]{2}$

개념 CHECK

1 다음 식을 간단히 하시오. (단, $a \neq 0$, $b \neq 0$)

(1) $ab^2 \times a^2b^3$ (2) $(a^3b)^2$

(3) $ab^2 \div a^2b$ (4) $a^4b \div \left(\frac{a}{b}\right)^2$

2 다음은 -8의 세제곱근을 구하는 과정이다. □ 안에 알맞은 수를 써넣으시오.

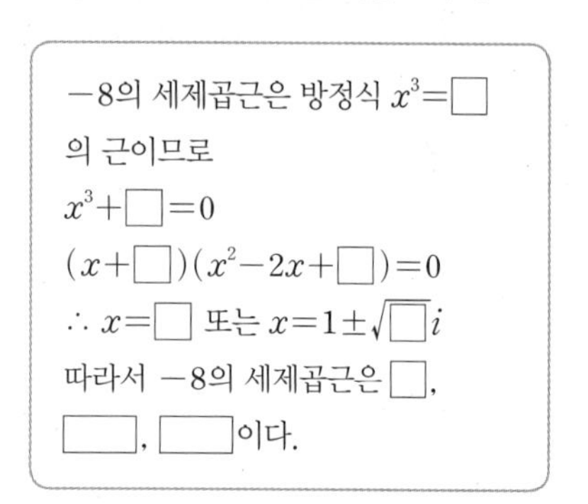

-8의 세제곱근은 방정식 $x^3=$□ 의 근이므로

x^3+□$=0$

$(x+$□$)(x^2-2x+$□$)=0$

$\therefore x=$□ 또는 $x=1\pm\sqrt{□}i$

따라서 -8의 세제곱근은 □, □, □이다.

3 다음 문장이 참인 것은 ○표, 거짓인 것은 ×표를 ( ) 안에 써넣으시오.

(1) 3의 세제곱근 중 실수인 것은 1개이다. ( )

(2) 0의 다섯제곱근 중 실수인 것은 없다. ( )

(3) -6의 네제곱근 중 실수인 것은 2개이다. ( )

4 다음 값을 구하시오.

(1) $\sqrt[3]{27}$ (2) $\sqrt[5]{-32}$

(3) $\frac{\sqrt[3]{16}}{\sqrt[3]{2}}$ (4) $(\sqrt[4]{6})^8$

1 (1) a^3b^5 (2) a^6b^2 (3) $\frac{b}{a}$ (4) a^2b^3

2 -8, 8, 2, 4, -2, 3, -2, $1+\sqrt{3}i$, $1-\sqrt{3}i$

3 (1) ○ (2) × (3) ×

4 (1) 3 (2) -2 (3) 2 (4) 36

Lecture 02 지수의 확장

개념 02-1 지수가 정수인 경우

13~18쪽 | 유형 05, 06, 09~14 |

(1) $a \neq 0$이고 n이 양의 정수일 때,

$$a^0=1,\ a^{-n}=\frac{1}{a^n}$$

참고 0^0은 정의하지 않는다.

예 ① $2^0=1,\ (-3)^0=1$

② $3^{-2}=\frac{1}{3^2}=\frac{1}{9},\ \left(\frac{1}{5}\right)^{-1}=\frac{1}{\frac{1}{5}}=5$

(2) 지수가 정수일 때의 지수법칙

$a \neq 0,\ b \neq 0$이고 $m,\ n$이 정수일 때,

① $a^m a^n = a^{m+n}$

② $a^m \div a^n = a^{m-n}$ → $m,\ n$의 대소에 관계없이 성립한다.

③ $(a^m)^n = a^{mn}$

④ $(ab)^n = a^n b^n$

예 ① $2^3 \times 2^4 = 2^7 = 128$

② $(3^2)^3 = 3^6 = 729$

개념 02-2 지수가 유리수인 경우

14~18쪽 | 유형 06~14 |

(1) $a>0$이고 $m,\ n\ (n \geq 2)$이 정수일 때,

$$a^{\frac{m}{n}}=\sqrt[n]{a^m},\ a^{\frac{1}{n}}=\sqrt[n]{a}$$

예 ① $4^{\frac{1}{2}}=\sqrt{4}=\sqrt{2^2}=2$

② $9^{\frac{3}{2}}=\sqrt{9^3}=\sqrt{(3^2)^3}=\sqrt{(3^3)^2}=3^3=27$

③ $8^{-\frac{1}{3}}=8^{\frac{-1}{3}}=\sqrt[3]{8^{-1}}=\sqrt[3]{(2^3)^{-1}}=\sqrt[3]{(2^{-1})^3}=2^{-1}=\frac{1}{2}$

(2) 지수가 유리수일 때의 지수법칙

$a>0,\ b>0$이고 $r,\ s$가 유리수일 때,

① $a^r a^s = a^{r+s}$

② $a^r \div a^s = a^{r-s}$

③ $(a^r)^s = a^{rs}$

④ $(ab)^r = a^r b^r$

주의 지수가 정수가 아닌 유리수인 경우, 밑이 음수이면 지수법칙을 이용할 수 없다.

예 $\{(-5)^2\}^{\frac{1}{2}}=(-5)^{2\times\frac{1}{2}}=-5$로 계산하지 않고, $\{(-5)^2\}^{\frac{1}{2}}=25^{\frac{1}{2}}=5$와 같이 계산한다.

개념 02-3 지수가 실수일 때의 지수법칙

14~18쪽 | 유형 06, 09~14 |

$a>0,\ b>0$이고 $x,\ y$가 실수일 때,

① $a^x a^y = a^{x+y}$

② $a^x \div a^y = a^{x-y}$

③ $(a^x)^y = a^{xy}$

④ $(ab)^x = a^x b^x$

예 ① $3^{2\sqrt{3}} \times 3^{\sqrt{3}} = 3^{2\sqrt{3}+\sqrt{3}} = 3^{3\sqrt{3}}$

② $(2^{\sqrt{2}})^{\sqrt{8}}=(2^{\sqrt{2}})^{2\sqrt{2}}=2^{\sqrt{2}\times 2\sqrt{2}}=2^4=16$

참고 지수법칙이 성립하기 위한 지수의 범위에 따른 밑의 조건은 다음과 같다.

지수	정수	유리수	실수
밑의 조건	(밑)$\neq 0$	(밑)>0	(밑)>0

개념 CHECK

5 다음 값을 구하시오.

(1) $(-1)^0$　　(2) 5^{-2}

(3) $\left(\frac{1}{3}\right)^{-3}$　　(4) $(-2)^{-5}$

6 다음 □ 안에 알맞은 수를 써넣으시오. (단, $a>0,\ a\neq 1$)

(1) $\sqrt[3]{a}=a^{\square}$　　(2) $\sqrt[4]{a^3}=a^{\square}$

(3) $\sqrt[5]{a^{-2}}=a^{\square}$　　(4) $\frac{1}{\sqrt[7]{a^4}}=a^{\square}$

7 다음 수를 근호를 사용하여 나타내시오.

(1) $7^{\frac{1}{4}}$　　(2) $\left(\frac{1}{3}\right)^{-\frac{1}{6}}$

(3) $2^{\frac{3}{5}}$　　(4) $32^{-0.1}$

8 다음 식을 간단히 하시오. (단, $a>0,\ b>0$)

(1) $3^{-3}\times 3^5 \div 3^4$　　(2) $(5^{\sqrt{2}} \div 5^{-\sqrt{8}})^{\frac{1}{3}}$

(3) $(a^{-\frac{9}{4}})^{\frac{2}{3}}$　　(4) $(a^{\sqrt{5}}b^{\sqrt{\frac{4}{5}}})^{\sqrt{5}}$

---

5 (1) 1　(2) $\frac{1}{25}$　(3) 27　(4) $-\frac{1}{32}$

6 (1) $\frac{1}{3}$　(2) $\frac{3}{4}$　(3) $-\frac{2}{5}$　(4) $-\frac{4}{7}$

7 (1) $\sqrt[4]{7}$　(2) $\sqrt[6]{3}$　(3) $\sqrt[5]{8}$　(4) $\frac{1}{\sqrt{2}}\left(또는\ \frac{\sqrt{2}}{2}\right)$

8 (1) $\frac{1}{9}$　(2) $5^{\sqrt{2}}$　(3) $a^{-\frac{3}{2}}$　(4) a^5b^2

Lecture 01 거듭제곱근

기본 익히기

8쪽 | 개념 01-1, 2 |

0001~0004 다음 거듭제곱근 중 실수인 것을 모두 구하시오.

0001 27의 세제곱근

0002 -0.008의 세제곱근

0003 -16의 네제곱근

0004 $(-3)^4$의 네제곱근

0005~0008 다음 값을 구하시오.

0005 $\sqrt[3]{125}$

0006 $-\sqrt[3]{-8}$

0007 $\sqrt[4]{(-2)^4}$

0008 $-\sqrt[4]{\frac{1}{81}}$

0009~0012 다음 식을 간단히 하시오.

0009 $\sqrt[3]{2}\times\sqrt[3]{32}$

0010 $\frac{\sqrt[4]{243}}{\sqrt[4]{3}}$

0011 $(\sqrt[6]{256})^3$

0012 $\sqrt[3]{\sqrt{729}}$

유형 익히기

유형 01 거듭제곱근 개념 01-2

n이 2 이상인 자연수일 때,

(1) 실수 a의 n제곱근 ⇨ 방정식 $x^n=a$의 근

(2) 실수 a의 n제곱근 중 실수인 것은 다음과 같다.

	$a>0$	$a=0$	$a<0$
n이 짝수	$\sqrt[n]{a}$, $-\sqrt[n]{a}$	0	없다.
n이 홀수	$\sqrt[n]{a}$	0	$\sqrt[n]{a}$

0013 대표

옳은 것만을 **보기**에서 있는 대로 고르시오.

보기

ㄱ. 16의 네제곱근 중 실수인 것은 2개이다.

ㄴ. -27의 세제곱근 중 실수인 것은 1개이다.

ㄷ. 81의 네제곱근 중 실수인 것은 3이다.

ㄹ. 125의 세제곱근 중 음의 실수인 것은 없다.

0014

5의 네제곱근 중 실수인 것의 개수를 m, -7의 세제곱근 중 실수인 것의 개수를 n이라 할 때, $m+n$의 값을 구하시오.

0015

다음 중 옳은 것은?

① 8의 세제곱근은 2이다.

② $(-4)^3$의 네제곱근 중 실수인 것은 2개이다.

③ 제곱근 16은 ±4이다.

④ n이 2보다 큰 홀수일 때, 5의 n제곱근 중 실수인 것은 $\sqrt[n]{5}$이다.

⑤ n이 2 이상인 자연수일 때, 실수 a의 n제곱근 중 실수인 것은 $\sqrt[n]{a}$이다.

0016

두 실수 a, b에 대하여 a는 -16의 세제곱근이고, $\sqrt{2}$는 b의 네제곱근일 때, $\left(\frac{b}{a}\right)^3$의 값은?

① -4　② -2　③ -1
④ 2　⑤ 4

0017

실수 a와 2 이상인 자연수 n에 대하여 a의 n제곱근 중 실수인 것의 개수를 $N(a, n)$이라 할 때,

$$N(-3, 8)+N(3, 8)+N(-5, 5)+N(5, 5)$$

의 값을 구하시오.

빈출

유형 02 거듭제곱근의 계산

개념 01-2

근호 안의 수를 소인수분해한 후, 거듭제곱근의 성질을 이용한다.
⇨ $a>0$, $b>0$이고 m, n이 2 이상인 자연수일 때,

$\sqrt[n]{a}\sqrt[n]{b}=\sqrt[n]{ab}$, $\frac{\sqrt[n]{a}}{\sqrt[n]{b}}=\sqrt[n]{\frac{a}{b}}$, $(\sqrt[n]{a})^m=\sqrt[n]{a^m}$,

$\sqrt[m]{\sqrt[n]{a}}=\sqrt[mn]{a}$, $\sqrt[np]{a^{mp}}=\sqrt[n]{a^m}$ (단, p는 자연수이다.)

0018 대표

다음 중 옳은 것은?

① $\sqrt{(-2)^2}=-2$　② $(\sqrt[3]{-5})^3=5$
③ $\sqrt[3]{3}\times\sqrt{3}=\sqrt[6]{3}$　④ $\frac{\sqrt[3]{9}}{\sqrt[6]{27}}=\sqrt[6]{3}$
⑤ $\left(\sqrt[3]{7}\times\frac{1}{\sqrt[4]{7}}\right)^{12}=\frac{1}{7}$

0019

$4\div(\sqrt[3]{2}\times\sqrt[6]{16})$을 간단히 하면?

① 1　② 2　③ 3
④ 4　⑤ 8

0020

$\sqrt{\frac{4^7+16^7}{4^5+16^6}}$을 간단히 하면?

① $\frac{1}{4}$　② $\frac{1}{2}$　③ 1
④ 2　⑤ 4

0021

$\sqrt[3]{\frac{\sqrt[4]{7}}{\sqrt{3}}}\times\sqrt{\frac{\sqrt[3]{3}}{\sqrt[6]{7}}}$을 간단히 하면?

① $\frac{3}{7}$　② $\frac{1}{2}$　③ 1
④ 2　⑤ $\frac{7}{3}$

0022 [서술형]

$\sqrt[3]{4^m}\times\sqrt[6]{3^n}=36$을 만족시키는 자연수 m, n에 대하여 $m+n$의 값을 구하시오.

바른답·알찬풀이 002쪽

유형03 문자를 포함한 거듭제곱근의 계산

ⓒⓓ 개념 01-2

$a>0$이고 m, n이 2 이상인 자연수일 때,

$\sqrt[m]{\sqrt[n]{a}}=\sqrt[mn]{a}$, $\sqrt[n]{a^m}=\sqrt[np]{a^{mp}}$ (단, p는 자연수이다.)

임을 이용하여 주어진 식을 변형한다.

0023 대표

$a>0$, $b>0$일 때, $\sqrt{4a^3b^2}\div\sqrt[3]{16a^2b}\times\sqrt[6]{4a^7b^2}$을 간단히 하면?

① a　② b　③ ab
④ ab^2　⑤ a^2b

0024

$a>0$, $b>0$, $a\neq1$, $b\neq1$일 때,

$\sqrt[6]{a^4b^3}\times\sqrt{ab^3}\div\sqrt[4]{a^2b^5}=\sqrt[m]{a^p}\sqrt[n]{b^q}$

을 만족시키는 자연수 m, n, p, q에 대하여 $m+n-p-q$의 값을 구하시오. (단, m과 p, n과 q는 각각 서로소이다.)

0025

$a>0$, $a\neq1$일 때,

$$\sqrt[5]{\sqrt[3]{a^4}}\times\sqrt{\frac{\sqrt[3]{a^2}}{\sqrt[5]{a^6}}}=\sqrt[n]{a^m}$$

을 만족시키는 자연수 m, n에 대하여 mn의 값은?

(단, m, n은 서로소이다.)

① 12　② 18　③ 24
④ 30　⑤ 36

0026

$x>0$일 때, $\sqrt[4]{\frac{\sqrt[3]{x}}{\sqrt{x^3}}}\times\sqrt[3]{\frac{\sqrt{x^4}}{\sqrt[4]{x}}}\times\sqrt{\frac{\sqrt[4]{x^6}}{\sqrt[3]{x^5}}}$을 간단히 하시오.

빈출 유형04 거듭제곱근의 대소 비교

ⓒⓓ 개념 01-2

거듭제곱근의 대소는 $\sqrt[n]{\ }$에서 n의 값을 통일한 후, 다음을 이용하여 비교한다.

⇨ $A>0$, $B>0$이고 n이 2 이상인 자연수일 때,
$A<B$이면 $\sqrt[n]{A}<\sqrt[n]{B}$

0027 대표

세 수 $A=\sqrt[3]{5}$, $B=\sqrt[4]{8}$, $C=\sqrt[6]{24}$의 대소 관계를 바르게 나타낸 것은?

① $A<B<C$　② $B<A<C$
③ $B<C<A$　④ $C<A<B$
⑤ $C<B<A$

0028

세 수 $A=\sqrt[3]{3}$, $B=\sqrt{\sqrt{5}}$, $C=\sqrt{\sqrt[3]{11}}$의 대소 관계를 바르게 나타낸 것은?

① $A<B<C$　② $A<C<B$
③ $B<A<C$　④ $B<C<A$
⑤ $C<B<A$

0029 [서술형]

세 수 $A=4\sqrt[3]{3}+\sqrt{2}$, $B=3\sqrt[3]{3}+2\sqrt{2}$, $C=\sqrt[3]{3}+4\sqrt{2}$의 대소를 비교하시오.

지수의 확장

기본 익히기

9쪽 | 개념 02-1~3 |

0030~0033 다음 값을 구하시오.

0030 9^0

0031 $\left(-\frac{3}{8}\right)^0$

0032 $(\sqrt{7})^{-2}$

0033 $\left(-\frac{3}{5}\right)^{-3}$

0034~0037 다음 값을 구하시오.

0034 $16^{\frac{1}{4}}$

0035 $49^{0.5}$

0036 $243^{-\frac{1}{5}}$

0037 $\left(\frac{1}{125}\right)^{-\frac{2}{3}}$

0038~0043 다음 식을 간단히 하시오.

0038 $(2^{\frac{3}{4}})^2\times2^{\frac{1}{2}}$

0039 $\sqrt{27}\times\sqrt[3]{3}\div\sqrt[6]{3^5}$

0040 $(\sqrt[4]{2}\times\sqrt[6]{2^5})^{12}$

0041 $\left(\frac{\sqrt[5]{3}}{\sqrt[4]{3^3}}\right)^{10}$

0042 $3^{\sqrt{8}}\times3^{\sqrt{2}}\div3^{\sqrt{32}}$

0043 $(2^{\sqrt{\frac{8}{3}}}\times9^{\sqrt{\frac{2}{3}}})^{\sqrt{12}}$

유형 익히기

유형05 | 지수가 정수인 식의 계산 개념 02-1

(1) $a\neq0$이고 n이 양의 정수일 때,

$a^0=1,\ a^{-n}=\frac{1}{a^n}$

(2) $a\neq0,\ b\neq0$이고 $m,\ n$이 정수일 때,

① $a^ma^n=a^{m+n}$ ② $a^m\div a^n=a^{m-n}$

③ $(a^m)^n=a^{mn}$ ④ $(ab)^n=a^nb^n$

0044 대표

$\frac{10}{3^2+9^2}\times\frac{81}{2^{-5}+2^{-8}}$을 간단히 하면?

① 3^{-8} ② 2^{-8} ③ 1
④ 2^8 ⑤ 3^8

0045

$27^0\times3^{-3}\times(9^{-4}\div3^{-5})^2$을 간단히 하면?

① 1 ② 3^{-6} ③ 3^{-9}
④ 3^{-11} ⑤ 3^{-12}

0046

$8^{-3}\times2^{-2}\div64^4\times(2^{-2}\div4^{-3})=2^n$일 때, 정수 n의 값을 구하시오.

0047

$\frac{1}{2^{-3}+1}+\frac{1}{2^{-1}+1}+\frac{1}{2+1}+\frac{1}{2^3+1}$을 간단히 하시오.

바른답·알찬풀이 003쪽

유형 06 지수가 실수인 식의 계산

개념 02-1~3

$a>0$, $b>0$이고 x, y가 실수일 때,

(1) $a^x a^y = a^{x+y}$ (2) $a^x \div a^y = a^{x-y}$

(3) $(a^x)^y = a^{xy}$ (4) $(ab)^x = a^x b^x$

0048 대표

$3^{\frac{4}{3}} \times 2^{-\frac{5}{4}} \times (3^{-\frac{2}{3}} \times 8^{-\frac{1}{3}})^{-\frac{1}{4}}$을 간단히 하면?

① $\frac{\sqrt{3}}{2}$ ② $\frac{3\sqrt{3}}{4}$ ③ $\sqrt{3}$

④ $\frac{5\sqrt{3}}{4}$ ⑤ $\frac{3\sqrt{3}}{2}$

0049

$\left\{\left(\frac{1}{3}\right)^{-\frac{7}{2}}\right\}^{\frac{4}{7}} \times \left\{\left(\frac{4}{9}\right)^{\frac{2}{3}}\right\}^{\frac{3}{4}}$을 간단히 하시오.

0050

$a>0$, $a \neq 1$일 때,

$$(a^{\sqrt{3}})^{2\sqrt{3}} \times a^5 \div (a^{\frac{2}{3}})^{14} = a^k$$

을 만족시키는 실수 k의 값은?

① $\frac{4}{3}$ ② $\frac{5}{3}$ ③ 2

④ $\frac{7}{3}$ ⑤ $\frac{8}{3}$

0051 [서술형]

$\left(\frac{1}{8^{12}}\right)^{\frac{1}{n}}$이 자연수가 되도록 하는 정수 n의 개수를 구하시오.

유형 07 거듭제곱근을 유리수인 지수로 나타내기

빈출

개념 02-2

$a>0$이고 m, n이 2 이상인 정수일 때,

$\sqrt[n]{a} = a^{\frac{1}{n}}$, $\sqrt[m]{\sqrt[n]{a}} = \sqrt[mn]{a} = a^{\frac{1}{mn}}$

임을 이용하여 주어진 식을 변형한다.

0052 대표

$a>0$, $a \neq 1$일 때,

$$\sqrt[3]{a \times \sqrt[4]{a^k \times \sqrt[5]{a^3}}} = \sqrt{a \times \sqrt[3]{\sqrt[5]{a^4}}}$$

을 만족시키는 자연수 k의 값을 구하시오.

0053

$\sqrt{5\sqrt{5\sqrt{5\sqrt{5}}}} = 5^k$을 만족시키는 유리수 k의 값을 구하시오.

0054

$a>0$, $a \neq 1$일 때,

$$\sqrt[3]{\frac{\sqrt[4]{a}}{\sqrt{a}}} \times \sqrt[4]{\frac{\sqrt{a^3}}{\sqrt[3]{a^2}}} = a^k$$

을 만족시키는 유리수 k의 값을 구하시오.

0055

이차방정식 $x^2-12x+32=0$의 두 근을 α, β라 할 때,

$\frac{(3^\alpha)^\beta}{\sqrt[4]{27^\alpha} \times \sqrt[4]{27^\beta}}$의 값을 구하시오.

유형08 거듭제곱을 주어진 문자로 나타내기 (개념 02-2)

$a>0$, $k>0$이고 x가 0이 아닌 정수일 때,

$a^x=k \iff a=k^{\frac{1}{x}}$

0056 대표

$2^3=a$, $9^5=b$일 때, 54^5을 a, b에 대한 식으로 나타내면?

① $a^{\frac{3}{2}}b^{\frac{3}{5}}$ ② $a^{\frac{3}{2}}b^{\frac{5}{3}}$ ③ $a^{\frac{5}{3}}b^{\frac{2}{3}}$
④ $a^{\frac{5}{3}}b^{\frac{3}{2}}$ ⑤ $a^{\frac{5}{3}}b^{\frac{3}{5}}$

0057

$a=16^3$일 때, 64^7을 a에 대한 식으로 나타내시오.

0058 [서술형]

$a=\sqrt{7}$, $b=\sqrt[3]{2}$일 때, $98^{\frac{1}{6}}$을 a, b에 대한 식으로 나타내면 $a^m b^n$이다. 이때 유리수 m, n에 대하여 mn의 값을 구하시오.

0059

$a>0$, $b>0$이고 $a^4=27$, $b^5=3$일 때, $(\sqrt[7]{a^2b^{10}})^k$이 자연수가 되도록 하는 자연수 k의 최솟값을 구하시오.

유형09 지수법칙과 곱셈 공식 (개념 02-1~3)

$a>0$, $b>0$이고 x, y가 실수일 때,

(1) $(a^x+b^y)(a^x-b^y)=a^{2x}-b^{2y}$

(2) $(a^x+b^y)^2=a^{2x}+2a^xb^y+b^{2y}$

$(a^x-b^y)^2=a^{2x}-2a^xb^y+b^{2y}$

(3) $(a^x+b^y)^3=a^{3x}+3a^{2x}b^y+3a^xb^{2y}+b^{3y}$

$(a^x-b^y)^3=a^{3x}-3a^{2x}b^y+3a^xb^{2y}-b^{3y}$

0060 대표

$(2^{\frac{2}{3}}-2^{-\frac{1}{3}})^3+(2^{\frac{2}{3}}+2^{-\frac{1}{3}})^3$을 간단히 하시오.

0061

$(3^{\frac{1}{2}}+3^{-\frac{1}{2}})(3^{\frac{1}{2}}-3^{-\frac{1}{2}})-(3^{\frac{1}{2}}-3^{-\frac{1}{2}})^2$을 간단히 하면?

① -2 ② $-\frac{1}{3}$ ③ 1
④ $\frac{4}{3}$ ⑤ $\frac{7}{3}$

0062

$a>0$일 때, $(a^{\frac{1}{2}}+a^{-\frac{1}{2}}+2)(a^{\frac{1}{2}}+a^{-\frac{1}{2}}-2)$를 간단히 하면?

① $a+\frac{1}{a}$ ② $a+\frac{1}{a}-2$ ③ $a+\frac{1}{a}+2$
④ $a+\frac{2}{a}+2$ ⑤ $2a+\frac{1}{a}-2$

0063

$a=\sqrt{5}$일 때,

$$\frac{1}{1-a^{\frac{1}{8}}}+\frac{1}{1+a^{\frac{1}{8}}}+\frac{2}{1+a^{\frac{1}{4}}}+\frac{4}{1+a^{\frac{1}{2}}}+\frac{8}{1+a}$$

의 값을 구하시오.

바른답 · 알찬풀이 004쪽

유형 10 a^x+a^{-x} 꼴의 식의 값 구하기 개념 02-1~3

$a>0$일 때, 다음을 이용하여 주어진 식을 변형한다.

(1) $(a^{\frac{1}{2}}+a^{-\frac{1}{2}})^2=a+a^{-1}+2$

$(a^{\frac{1}{2}}-a^{-\frac{1}{2}})^2=a+a^{-1}-2$

(2) $(a^{\frac{1}{3}}+a^{-\frac{1}{3}})^3=a+a^{-1}+3(a^{\frac{1}{3}}+a^{-\frac{1}{3}})$

$(a^{\frac{1}{3}}-a^{-\frac{1}{3}})^3=a-a^{-1}-3(a^{\frac{1}{3}}-a^{-\frac{1}{3}})$

0064 대표

양수 x에 대하여 $x^{\frac{1}{3}}+x^{-\frac{1}{3}}=\sqrt{5}$일 때, x^2+x^{-2}의 값은?

① 16 ② 18 ③ 20 ④ 22 ⑤ 24

0065

$2^x+2^{-x}=8$일 때, 4^x+4^{-x}의 값은?

① 62 ② 66 ③ 70 ④ 74 ⑤ 78

0066

$a^2+a^{-2}=23$일 때, $\dfrac{a+a^{-1}}{a^{\frac{1}{2}}+a^{-\frac{1}{2}}}$의 값을 구하시오. (단, $a>0$)

0067 [서술형]

$a>0$이고 $\sqrt{a}-\dfrac{1}{\sqrt{a}}=2$일 때,

$$\frac{a^3+a^2+a}{a+a^{-1}+1}-\frac{a^{-2}+a^{-1}}{a+1}$$

의 값을 구하시오.

빈출 유형 11 $\dfrac{a^x-a^{-x}}{a^x+a^{-x}}$ 꼴의 식의 값 구하기 개념 02-1~3

주어진 식의 값을 이용할 수 있도록 구하는 분수식의 분모, 분자에 a^x, $a^{2x}\,(a>0)$ 등을 곱하여 식을 변형한다.

0068 대표

$a^{2x}=5$일 때, $\dfrac{a^x+a^{-x}}{a^x-a^{-x}}$의 값은? (단, $a>0$)

① 1 ② $\dfrac{3}{2}$ ③ 2 ④ $\dfrac{5}{2}$ ⑤ 3

0069

$2^{\frac{1}{x}}=9$일 때, $\dfrac{3^x-3^{-x}}{3^x+3^{-x}}$의 값은?

① $\dfrac{1}{3}$ ② $\dfrac{3}{5}$ ③ $\dfrac{2}{3}$ ④ $\dfrac{3}{4}$ ⑤ $\dfrac{7}{6}$

0070

$2^{4x}=5$일 때, $\dfrac{2^{2x}+2^{-2x}}{2^{6x}+2^{-6x}}$의 값을 구하시오.

0071

$\dfrac{2^x+2^{-x}}{2^x-2^{-x}}=3$일 때, 4^x+4^{-x}의 값을 구하시오.

유형 12 $a^x=k$ (k는 상수)의 조건이 주어진 경우 식의 값 구하기

개념 02-1~3

$a^x=k$, $b^y=k$ ($a>0$, $b>0$, $xy\neq0$)일 때, $a=k^{\frac{1}{x}}$, $b=k^{\frac{1}{y}}$임을 이용하여 밑을 같게 한다.

⇨ $ab=k^{\frac{1}{x}+\frac{1}{y}}$, $\frac{a}{b}=k^{\frac{1}{x}-\frac{1}{y}}$

0072 대표

두 실수 x, y에 대하여 $45^x=3$, $\left(\frac{1}{5}\right)^y=9$일 때, $\frac{1}{x}+\frac{2}{y}$의 값은?

① -3　② -2　③ -1
④ 1　⑤ 2

0073

두 실수 x, y에 대하여 $5^x=7^y=35$일 때, $\frac{1}{x}+\frac{1}{y}$의 값은?

① 1　② 2　③ 5
④ 7　⑤ 12

0074 [서술형]

두 실수 m, n에 대하여 $15^m=27$, $135^n=81$일 때, $\frac{3}{m}-\frac{4}{n}$의 값을 구하시오.

0075

양수 a와 세 실수 x, y, z에 대하여 $40^x=2$, $\left(\frac{1}{10}\right)^y=8$, $a^z=16$이고 $\frac{1}{x}+\frac{3}{y}-\frac{4}{z}=-1$일 때, a의 값은?

① 4　② 8　③ 16
④ 36　⑤ 64

유형 13 $a^x=b^y=c^z$의 조건이 주어진 경우 식의 값 구하기

개념 02-1~3

$a^x=b^y=c^z$ ($a>0$, $b>0$, $c>0$, $xyz\neq0$)과 같이 밑이 서로 다른 경우가 주어지면 새로운 변수를 사용하여 밑을 같게 한다.

⇨ $a^x=b^y=c^z=k$ ($k>0$)로 놓는다.

0076 대표

0이 아닌 세 실수 x, y, z에 대하여 $3^x=5^y=15^z$일 때, $\frac{1}{x}+\frac{1}{y}-\frac{1}{z}$의 값은?

① -2　② -1　③ 0
④ 1　⑤ 2

0077

두 양수 a, b에 대하여 $a^x=b^y=7^z$이고 $\frac{1}{x}+\frac{1}{y}=\frac{2}{z}$일 때, ab의 값을 구하시오. (단, $xyz\neq0$)

바른답·알찬풀이 006쪽

0078

$4^x=9^y=12^z$일 때, $\frac{2}{x}+\frac{1}{y}+\frac{a}{z}=0$을 만족시키는 상수 a의 값은? (단, $xyz\neq0$)

① -3　　② -2　　③ -1
④ 1　　⑤ 2

유형 14 지수법칙의 실생활에의 활용

개념 02-1~3

(1) 식이 주어진 경우
⇨ 주어진 식의 문자에 해당하는 값을 대입한다.
(2) 식을 구하는 경우
⇨ 주어진 조건에 맞도록 식을 세운 후, 지수법칙을 이용한다.

0079 대표

과거 n년 동안 매출액이 a원에서 b원으로 변할 때, 연평균 성장률 P는

$$P=\left(\frac{b}{a}\right)^{\frac{1}{n}}-1$$

이라 한다. 오른쪽 표는 두 회사 A, B의 매출액을 나타낸 것이다. 2009년 말부터 2019년 말까지 10년 동안 B 회사의 연평균 성장률은 A 회사의 연평균 성장률의 k배라 할 때, 실수 k의 값은? (단, $2^{\frac{11}{10}}=2.14$로 계산한다.)

(단위: 억 원)

회사	A	B
2009년 말	20	30
2019년 말	40	120

① 1.07　　② 1.14　　③ 2.07
④ 2.14　　⑤ 2.28

0080

양수기로 물을 끌어올릴 때, 펌프의 1분당 회전수 N, 양수량 Q, 양수할 높이 H와 양수기의 비교 회전도 S 사이에는 다음과 같은 관계식이 성립한다고 한다.

$$S=NQ^{\frac{1}{2}}H^{-\frac{3}{4}}$$

(단, N, Q, H의 단위는 각각 rpm, m^3/min, m이다.)

펌프의 1분당 회전수가 일정한 양수기에 대하여 양수량이 12, 양수할 높이가 8일 때의 비교 회전도를 S_1, 양수량이 6, 양수할 높이가 32일 때의 비교 회전도를 S_2라 하자. 이때 $\frac{S_1}{S_2}$의 값은?

① $2^{\frac{5}{4}}$　　② $2^{\frac{3}{2}}$　　③ $2^{\frac{7}{4}}$
④ 4　　⑤ $2^{\frac{9}{4}}$

0081

어느 도시의 인구는 1999년 말에 약 3만 명이었고, 매년 일정한 비율로 증가하여 2019년 말에는 약 48만 명이었다. 2009년 말의 이 도시의 인구는 약 몇 만 명이었는지 구하시오.

0082 [서술형]

어떤 방사능 물질은 시간이 지남에 따라 일정한 비율로 붕괴되는데, 질량이 A인 방사능 물질이 붕괴되기 시작하여 t년 후의 질량을 G라 하면

$$G=Ap^{\frac{t}{2}}$$

이 성립한다고 한다. 이 방사능 물질이 붕괴되기 시작하여 20년 후의 질량이 $\frac{1}{2}A$일 때, 이 방사능 물질이 붕괴되기 시작하여 50년 후의 질량은 $\left(\frac{1}{2}\right)^k A$이다. 이때 $8k$의 값을 구하시오.

(단, $p>0$이고, k는 상수이다.)

중단원 마무리

03 일차

STEP1 실전 문제

0083 10쪽 유형 01

-64의 세제곱근 중 실수인 것의 개수를 a, 12의 네제곱근 중 실수인 것의 개수를 b라 할 때, $a+b$의 값은?

① 2 ② 3 ③ 4 ④ 5 ⑤ 6

0084 11쪽 유형 02

다음 중 옳지 않은 것은?

① $\sqrt[6]{81}=\sqrt[3]{9}$
② $\sqrt[3]{\sqrt[3]{-512}}=-2$
③ $\dfrac{\sqrt[4]{32}}{\sqrt{8}}=\sqrt[4]{\dfrac{1}{2}}$
④ $\sqrt[3]{5}\times\sqrt[4]{5}=\sqrt[12]{5}$
⑤ $(-\sqrt[3]{-27})^3=27$

0085 14쪽 유형 06

$24^{-\frac{1}{6}}\div 36^{-\frac{1}{4}}\times 9^{\frac{3}{4}}$을 간단히 하면?

① $3^{\frac{5}{3}}$ ② $3^{\frac{11}{6}}$ ③ 3^2 ④ $3^{\frac{13}{6}}$ ⑤ $3^{\frac{7}{3}}$

0086 14쪽 유형 06

$a=(2^{\sqrt{2}})^{2-\sqrt{2}}$, $b=(2^{2+\sqrt{2}})^{\sqrt{2}}$일 때, $\dfrac{a}{2b}$의 값은?

① $\dfrac{1}{32}$ ② $\dfrac{1}{16}$ ③ $\dfrac{1}{4}$ ④ $\dfrac{1}{2}$ ⑤ 1

0087 12쪽 유형 04+14쪽 유형 07

세 수 $\sqrt[5]{3}$, $\sqrt[3]{2}$, $\sqrt[4]{4}$ 중 가장 작은 수를 m, 세 수 $\sqrt[5]{5}$, $\sqrt[15]{40}$, $\sqrt[10]{28}$ 중 가장 큰 수를 M이라 할 때, $M\times m=2^p\times 3^q\times 7^r$이다. 이때 유리수 p, q, r에 대하여 $p+q+r$의 값을 구하시오.

0088 교육청 14쪽 유형 07

100 이하의 자연수 n에 대하여 $\sqrt[3]{4^n}$이 정수가 되도록 하는 n의 개수를 구하시오.

0089 중요! 14쪽 유형 07

두 양수 a, b에 대하여 옳은 것만을 **보기**에서 있는 대로 고른 것은?

보기

ㄱ. $0<a<1$, $0<b<1$이고 $\sqrt{a}=\sqrt[3]{b}$이면 $a>b$이다.
ㄴ. $a>1$이고 $a^3=b^{-2}$이면 $0<b<1$이다.
ㄷ. $0<a^2<b$일 때, $\sqrt{a\sqrt[3]{b}}<\sqrt[3]{b\sqrt{a}}$이다.

① ㄱ ② ㄷ ③ ㄱ, ㄴ ④ ㄴ, ㄷ ⑤ ㄱ, ㄴ, ㄷ

바른답·알찬풀이 007쪽

0090 15쪽 유형 08

세 양수 a, b, c에 대하여 $a^3=2$, $b^4=3$, $c^2=5$일 때, $(abc)^n$이 자연수가 되도록 하는 자연수 n의 최솟값을 구하시오.

0091 15쪽 유형 09

$x=5^{\frac{1}{3}}+5^{-\frac{1}{3}}$일 때, $5x^3-15x$의 값을 구하시오.

0092 15쪽 유형 09

세 실수 a, b, c에 대하여

$$a^2+b^2+c^2=12,\ a+b+c=2\sqrt{2}$$

일 때, 다음 식의 값을 구하시오.

$$(3^a)^{b+c}\times(3^b)^{c+a}\times(3^c)^{a+b}$$

0093 16쪽 유형 10

양수 x에 대하여 $\sqrt[3]{x}-\frac{1}{\sqrt[3]{x}}=3$일 때, $\sqrt[3]{x^4}+\frac{1}{\sqrt[3]{x^4}}$의 값을 구하시오.

0094 중요! 16쪽 유형 11

양수 a에 대하여 $a^x-a^{-x}=4$일 때, $\frac{a^{4x}-a^{-2x}}{a^{3x}+a^{-x}}=\frac{q}{p}$이다. $p+q$의 값을 구하시오. (단, p, q는 서로소인 자연수이다.)

0095 17쪽 유형 12

세 양수 a, b, c와 세 실수 x, y, z에 대하여

$$a^{2x}=b^{3y}=c^{4z}=3,\ abc=81$$

일 때, $\frac{6}{x}+\frac{4}{y}+\frac{3}{z}$의 값은?

① 32 ② 36 ③ 40 ④ 44 ⑤ 48

0096 교육청 18쪽 유형 14

최대 충전 용량이 Q_0 $(Q_0>0)$인 어떤 배터리를 완전히 방전시킨 후 t시간 동안 충전한 배터리의 충전 용량을 $Q(t)$라 할 때, 다음 식이 성립한다고 한다.

$$Q(t)=Q_0(1-2^{-\frac{t}{a}})$$ (단, a는 양의 상수이다.)

$\frac{Q(4)}{Q(2)}=\frac{3}{2}$일 때, a의 값은?

(단, 배터리의 충전 용량의 단위는 mAh이다.)

① $\frac{3}{2}$ ② 2 ③ $\frac{5}{2}$ ④ 3 ⑤ $\frac{7}{2}$

STEP 2 실력 UP 문제

0097 ∞ 10쪽 유형 01 + 14쪽 유형 07

2^{16-n}의 n제곱근 중 양수인 것을 x라 할 때, x가 100 이하의 자연수가 되도록 하는 모든 자연수 n의 값의 합은?

① 28 ② 30 ③ 32
④ 34 ⑤ 36

0098 ∞ 12쪽 유형 04 + 14쪽 유형 07

두 자연수 m, n에 대하여 $1<m<n$일 때, 세 수

$A=\sqrt[3]{m\sqrt{n}}$, $B=\sqrt[3]{n\sqrt{m}}$, $C=\sqrt{\sqrt{mn}}$

의 대소 관계를 바르게 나타낸 것은?

① $A<B<C$ ② $A<C<B$
③ $B<C<A$ ④ $C<A<B$
⑤ $C<B<A$

0099 교육청 ∞ 15쪽 유형 08

두 양수 a, b에 대하여 $2^a=3^b$, $a+b=\frac{4}{3}ab$일 때, $8^a\times3^b$의 값을 구하시오.

적중 서술형 문제

0100 ∞ 10쪽 유형 01

두 자연수 a, b에 대하여 두 수 $\sqrt[4]{\frac{5^b}{3^{a+2}}}$, $\sqrt[3]{\frac{5^{b+1}}{3^a}}$이 모두 유리수일 때, $a+b$의 최솟값을 구하시오.

0101 ∞ 11쪽 유형 02

가로의 길이가 $\sqrt[4]{8}$, 세로의 길이가 $\sqrt[6]{32}$, 높이가 $\sqrt[4]{\sqrt[3]{256}}$인 직육면체와 부피가 같은 정육면체가 있다. 다음 물음에 답하시오.

(1) 직육면체의 부피를 구하시오.

(2) 정육면체의 한 모서리의 길이를 구하시오.

0102 ∞ 17쪽 유형 13

$5^{\frac{x}{2}}=3^{\frac{1}{y}}=2^{-\frac{z}{3}}$을 만족시키는 0이 아닌 세 실수 x, y, z에 대하여 $xy+3x=2$일 때, 2^{z+2}의 값을 구하시오.

바른답 · 알찬풀이 009쪽

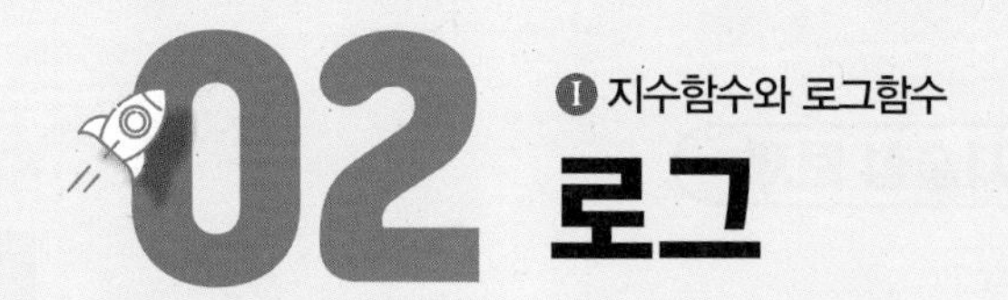

Ⅰ 지수함수와 로그함수

02 로그

중단원 핵심 개념을 정리하였습니다.
Lecture별 유형 학습 전에 관련 개념을 완벽하게 알아두세요.

Lecture 03 로그의 뜻과 성질

04 일차

개념 03-1 로그

25쪽 | 유형 01, 02 |

(1) 로그

$a>0$, $a\neq1$일 때, 양수 N에 대하여 $a^x=N$을 만족시키는 실수 x를

$\log_a N$

으로 나타내고, a를 **밑**으로 하는 N의 **로그**라 한다. 이때 N을 $\log_a N$의 **진수**라 한다. 즉,

$a^x=N \Longleftrightarrow x=\log_a N$

진수 / $\log_a N$ / 밑

예 ① $2^3=8 \Longleftrightarrow 3=\log_2 8$

② $3^{-2}=\frac{1}{9} \Longleftrightarrow -2=\log_3 \frac{1}{9}$

(2) 로그의 밑과 진수의 조건

$\log_a N$이 정의되기 위해서는 다음 두 조건을 모두 만족시켜야 한다.

① 밑의 조건: 밑 a는 1이 아닌 양수이어야 한다. ⇨ $a>0$, $a\neq1$

② 진수의 조건: 진수 N은 양수이어야 한다. ⇨ $N>0$

개념 03-2 로그의 성질

26쪽 | 유형 03 |

$a>0$, $a\neq1$, $M>0$, $N>0$일 때,

① $\log_a 1=0$, $\log_a a=1$

② $\log_a MN=\log_a M+\log_a N$

③ $\log_a \frac{M}{N}=\log_a M-\log_a N$

④ $\log_a M^k=k\log_a M$ (단, k는 실수이다.)

주의 다음에 유의한다.

① $\log_a MN\neq\log_a (M+N)$ ② $\log_a \frac{M}{N}\neq\log_a (M-N)$

예 ① $\log_2 1=0$, $\log_2 2=1$

② $\log_2 21=\log_2 (3\times7)=\log_2 3+\log_2 7$

③ $\log_2 \frac{3}{5}=\log_2 3-\log_2 5$

④ $\log_2 25=\log_2 5^2=2\log_2 5$

개념 03-3 로그의 밑의 변환

26쪽 | 유형 04 |

$a>0$, $a\neq1$, $b>0$일 때,

① $\log_a b=\frac{\log_c b}{\log_c a}$ (단, $c>0$, $c\neq1$)

② $\log_a b=\frac{1}{\log_b a}$ (단, $b\neq1$)

예 ① $\log_3 5=\frac{\log_2 5}{\log_2 3}$

② $\log_2 10=\frac{\log_{10} 10}{\log_{10} 2}=\frac{1}{\log_{10} 2}$

개념 CHECK

1 다음 중 옳지 않은 것은?

① $2^4=16 \Longleftrightarrow 4=\log_2 16$

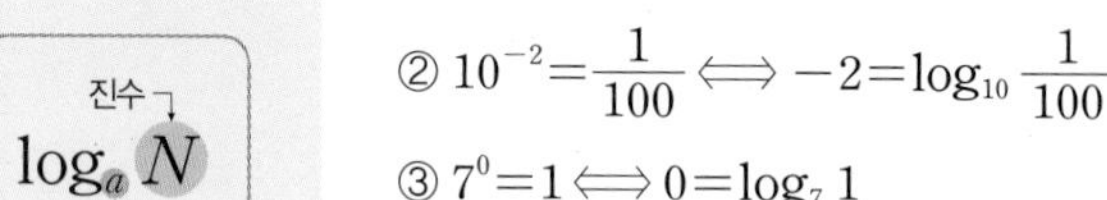

② $10^{-2}=\frac{1}{100} \Longleftrightarrow -2=\log_{10} \frac{1}{100}$

③ $7^0=1 \Longleftrightarrow 0=\log_7 1$

④ $5^{\frac{1}{2}}=\sqrt{5} \Longleftrightarrow \frac{1}{2}=\log_{\sqrt{5}} 5$

⑤ $8^{-\frac{1}{3}}=\frac{1}{2} \Longleftrightarrow -\frac{1}{3}=\log_8 \frac{1}{2}$

2 다음 값을 구하시오.

(1) $\log_7 7$ (2) $\log_6 1$

(3) $\log_3 27$ (4) $\log_2 \frac{1}{32}$

3 다음 □ 안에 알맞은 수를 써넣으시오.

(1) $\log_6 4+\log_6 9=\log_6 (\square\times\square)$
$=\log_6 36$
$=\log_6 6^{\square}$
$=\square\log_6 6$
$=\square$

(2) $\log_2 48-\log_2 3=\log_2 \frac{48}{\square}$
$=\log_2 16$
$=\log_2 2^{\square}$
$=\square\log_2 2$
$=\square$

4 다음을 밑이 2인 로그로 나타내시오.

(1) $\log_7 3$

(2) $\log_5 2$

(3) $\log_3 16$

1 ④
2 (1) 1 (2) 0 (3) 3 (4) -5
3 (1) 4, 9, 2, 2, 2 (2) 3, 4, 4, 4
4 (1) $\frac{\log_2 3}{\log_2 7}$ (2) $\frac{1}{\log_2 5}$ (3) $\frac{4}{\log_2 3}$

개념 03-4 로그의 여러 가지 성질

27~29쪽 | 유형 05~09 |

로그의 밑의 변환과 로그의 성질을 이용하면 다음을 얻을 수 있다.

$a>0$, $a\neq1$, $b>0$일 때,

① $\log_a b\times\log_b a=1$ (단, $b\neq1$)

② $\log_{a^m} b^n=\dfrac{n}{m}\log_a b$ (단, m, n은 실수, $m\neq0$)

③ $a^{\log_c b}=b^{\log_c a}$ (단, $c>0$, $c\neq1$)

④ $a^{\log_a b}=b$

예 ① $\log_2 3\times\log_3 2=\log_2 3\times\dfrac{1}{\log_2 3}=1$

② $\log_9 8=\log_{3^2} 2^3=\dfrac{3}{2}\log_3 2$

③ $4^{\log_2 3}=3^{\log_2 4}=3^2=9$

④ $3^{\log_3 7}=7^{\log_3 3}=7$

Lecture 04 상용로그

개념 04-1 상용로그

30~32쪽 | 유형 10~14 |

10을 밑으로 하는 로그를 **상용로그**라 하며, 양수 N에 대하여 상용로그 $\log_{10} N$은 보통 밑 10을 생략하여

$\log N$

으로 나타낸다.

참고 $\log 10^n=\log_{10} 10^n=n$이므로 10의 거듭제곱 꼴의 수에 대한 상용로그의 값은 로그의 성질을 이용하여 쉽게 구할 수 있다.

예 ① $\log 100=\log_{10} 10^2=2$

② $\log\sqrt{10}=\log_{10} 10^{\frac{1}{2}}=\dfrac{1}{2}$

③ $\log\dfrac{1}{10}=\log_{10} 10^{-1}=-1$

개념 04-2 상용로그표

30~32쪽 | 유형 10~14 |

상용로그표는 0.01의 간격으로 1.00에서 9.99까지의 수에 대한 상용로그의 값을 반올림하여 소수점 아래 넷째 자리까지 나타낸 것이다.

예 $\log 2.18$의 값을 구할 때, 상용로그표에서 2.1의 가로줄과 8의 세로줄이 만나는 곳의 수를 찾으면 된다. 즉,

$\log 2.18=0.3385$

수	0	1	…	8	9
1.0	.0000	.0043	…	.0334	.0374
1.1	.0414	.0453	…	.0719	.0755
⋮	⋮	⋮	…	⋮	⋮
2.1	.3222	.3243	…	.3385	.3404
⋮	⋮	⋮	…	⋮	⋮

참고 **상용로그표에 없는 상용로그의 값 구하기**

임의의 양수 N은 10의 거듭제곱을 사용하여

$N=a\times10^n$ ($1\le a<10$, n은 정수)

꼴로 나타낼 수 있다.

위의 식의 양변에 상용로그를 취하면

$\log N=\log(a\times10^n)=\log a+\log 10^n=n+\log a$

이므로 이를 이용하여 상용로그표에 없는 양수의 상용로그의 값을 구할 수 있다.

개념 CHECK

5 다음 □ 안에 알맞은 수를 써넣으시오.

(1) $\log_2 3\times\log_3 8=\log_2 3\times\dfrac{\log_2 8}{\square}$

$=\log_2 8$

$=\log_2 2^{\square}=\square$

(2) $\log_4 8=\log_{2^2} 2^{\square}=\square\log_2 2=\square$

(3) $27^{\log_3 2}=\square^{\log_3 27}=2^{\square\log_3 3}$

$=2^{\square}=\square$

6 다음은 상용로그의 값을 구한 것이다. □ 안에 알맞은 수를 써넣으시오.

(1) $\log\dfrac{1}{1000}=\log 10^{\square}=\square$

(2) $\log 0.0001=\log 10^{\square}=\square$

(3) $\log 10\sqrt{10}=\log(10\times10^{\square})$

$=\log 10^{\square}=\square$

7 $\log 1.72=0.2355$임을 이용하여 다음 상용로그의 값을 구하려고 한다. □ 안에 알맞은 수를 써넣으시오.

(1) $\log 172=\log(1.72\times10^{\square})$

$=\log 1.72+\log 10^{\square}$

$=\square+\log 1.72$

$=\square$

(2) $\log 0.172=\log(1.72\times10^{\square})$

$=\log 1.72+\log 10^{\square}$

$=\square+\log 1.72$

$=\square$

---

5 (1) $\log_2 3$, 3, 3 (2) 3, $\dfrac{3}{2}$, $\dfrac{3}{2}$ (3) 2, 3, 3, 8

6 (1) -3, -3 (2) -4, -4 (3) $\dfrac{1}{2}$, $\dfrac{3}{2}$, $\dfrac{3}{2}$

7 (1) 2, 2, 2, 2.2355

(2) -1, -1, -1, -0.7645

Lecture 03 로그의 뜻과 성질

기본 익히기

22~23쪽 | 개념 03-1~4 |

0103~0105 다음 등식을 $x=\log_a N$ 꼴로 나타내시오.

0103 $2^5=32$

0104 $\left(\frac{1}{3}\right)^{-3}=27$

0105 $25^{\frac{1}{2}}=5$

0106~0108 다음 등식을 $a^x=N$ 꼴로 나타내시오.

0106 $\log_5 125=3$

0107 $\log_{16} 2=\frac{1}{4}$

0108 $\log_{\sqrt{7}} 49=4$

0109~0111 다음 등식을 만족시키는 x의 값을 구하시오.

0109 $\log_2 x=5$

0110 $\log_8 x=0$

0111 $\log_{\frac{1}{5}} x=-2$

0112~0114 다음 로그가 정의되도록 하는 실수 x의 값의 범위를 구하시오.

0112 $\log_{x-2} 8$

0113 $\log_3 (x-5)$

0114 $\log_{3x-1} (7-x)$

0115 다음은 로그의 성질을 증명한 것이다.

> **증명**
>
> $\log_a M=m$, $\log_a N=n$으로 놓으면
>
> $a^m=$ (가), $a^n=$ (나) 이므로
>
> $a^{m+n}=$ (다)
>
> 따라서 $\log_a$ (다) $=m+n$이므로
>
> $\log_a$ (다) $=\log_a$ (가) $+\log_a$ (나)

위의 과정에서 (가), (나), (다)에 알맞은 것을 각각 구하시오.

0116~0117 다음 값을 구하시오.

0116 $\log_7 14+\log_7 \frac{7}{2}$

0117 $\log_3 54-\log_3 2$

0118~0120 $\log_5 2=a$, $\log_5 3=b$일 때, 다음을 a, b에 대한 식으로 나타내시오.

0118 $\log_2 50$

0119 $\log_3 15$

0120 $\log_{10} 6$

0121~0123 다음 값을 구하시오.

0121 $\log_9 27$

0122 $\log_5 8\times\log_2 25$

0123 $2^{\log_2 6}$

유형 익히기

유형 01 로그의 정의

∞ 개념 03-1

$a>0$, $a\neq1$, $N>0$일 때,

$a^x=N \Longleftrightarrow x=\log_a N$

0124 대표

$\log_a 2=2$, $\log_3 b=2$일 때, a^{2b}의 값은?

① 128 ② 256 ③ 384
④ 512 ⑤ 640

0125

$\log_a \sqrt{2}=\frac{5}{3}$일 때, a^{10}의 값을 구하시오.

0126

$\log_5 \{\log_2 (\log_3 x)\}=0$을 만족시키는 x의 값을 구하시오.

0127

$x=\log_2 (5+2\sqrt{6})$일 때, 2^x+2^{-x}의 값을 구하시오.

유형 02 로그의 밑과 진수의 조건

∞ 개념 03-1

$\log_{f(x)} g(x)$가 정의되려면

(1) 밑의 조건 ⇨ $f(x)>0$, $f(x)\neq1$

(2) 진수의 조건 ⇨ $g(x)>0$

0128 대표

$\log_{x+1} (9-x^2)$이 정의되도록 하는 모든 정수 x의 값의 합은?

① 1 ② 2 ③ 3
④ 4 ⑤ 5

0129

$\log_{|x-2|} (10+3x-x^2)$이 정의되도록 하는 정수 x의 개수는?

① 2 ② 3 ③ 4
④ 5 ⑤ 6

0130 [서술형]

모든 실수 x에 대하여 $\log_2 (x^2-ax+a+3)$이 정의되도록 하는 정수 a의 개수를 구하시오.

바른답 · 알찬풀이 011쪽

유형03 로그의 성질

∞ 개념 03-2

$a>0$, $a\neq 1$, $M>0$, $N>0$일 때,

(1) $\log_a 1=0$, $\log_a a=1$

(2) $\log_a MN=\log_a M+\log_a N$

(3) $\log_a \frac{M}{N}=\log_a M-\log_a N$

(4) $\log_a M^k=k\log_a M$ (단, k는 실수이다.)

0131 대표

$\log_3 3\sqrt{2}+\log_3 12-\frac{5}{2}\log_3 2$의 값은?

① 1 ② $\frac{3}{2}$ ③ 2

④ $\frac{5}{2}$ ⑤ 3

0132

세 양수 a, b, c가 $\log_5 a+\log_5 2b-\log_5 10c=2$를 만족시킬 때, $\frac{ab}{c}$의 값은?

① 5 ② 25 ③ 75

④ 125 ⑤ 150

0133

$a=2\log_6 3+\log_6 24$, $b=\log_2 \frac{9}{4}-2\log_2 9+4\log_2 \sqrt{3}$

일 때, ab의 값은?

① -8 ② -6 ③ -4

④ -2 ⑤ 2

0134

다음 식의 값을 구하시오.

$$\log_2\left(1-\frac{1}{2}\right)+\log_2\left(1-\frac{1}{3}\right)+\log_2\left(1-\frac{1}{4}\right)+\cdots+\log_2\left(1-\frac{1}{16}\right)$$

0135 [서술형]

두 양수 a, b에 대하여

$\log_3(a+b)=2$, $\log_2 a+\log_2 b=4$

일 때, a^2+b^2의 값을 구하시오.

빈출 유형04 로그의 밑의 변환

∞ 개념 03-3

$a>0$, $a\neq 1$, $b>0$일 때,

(1) $\log_a b=\frac{\log_c b}{\log_c a}$ (단, $c>0$, $c\neq 1$)

(2) $\log_a b=\frac{1}{\log_b a}$ (단, $b\neq 1$)

0136 대표

$\log_2 3\times\log_3 4\times\log_4 5\times\cdots\times\log_{15} 16$의 값은?

① 1 ② 2 ③ 3

④ 4 ⑤ 5

0137

$\log_2 24-\log_2 15+\frac{\log_5 40}{\log_5 2}$의 값을 구하시오.

0138

1이 아닌 양수 a에 대하여

$$\frac{1}{\log_2 a}+\frac{1}{\log_3 a}+\frac{1}{\log_5 a}=\log_a k$$

일 때, 양수 k의 값을 구하시오.

0139

$\log_3(\log_3 7)+\log_3(\log_7 27)$의 값은?

① 0 ② 1 ③ 2
④ 3 ⑤ 4

0140

1이 아닌 세 양수 a, b, c에 대하여 $\log_a b=3$, $\log_c a=2$일 때, $14\log_{\sqrt{bc}} a$의 값은?

① 2 ② 4 ③ 6
④ 8 ⑤ 10

빈출 유형05 로그의 여러 가지 성질

개념 03-4

$a>0$, $a\neq1$, $b>0$일 때,

(1) $\log_{a^m} b^n=\frac{n}{m}\log_a b$ (단, m, n은 실수, $m\neq0$)

(2) $a^{\log_c b}=b^{\log_c a}$ (단, $c>0$, $c\neq1$)

(3) $a^{\log_a b}=b$

0141 대표

$(\log_2 3+\log_4 9)(\log_3 2+\log_9 4)$의 값은?

① 2 ② 4 ③ 6
④ 8 ⑤ 10

0142

$4^{\log_2 9-3\log_{\frac{1}{2}} 5-2\log_2 15}$의 값은?

① 7 ② 12 ③ 16
④ 20 ⑤ 25

0143 [서술형]

$6^{1+\log_{\frac{1}{6}} 2}+4^{-\log_3 \frac{1}{27}}$의 값을 구하시오.

0144

세 수 $A=\log_4 2+\log_9 27$, $B=\log_2\{\log_2(\log_2 16)\}$, $C=5^{\log_5 3+\log_5 2}$의 대소 관계를 바르게 나타낸 것은?

① $A<B<C$ ② $A<C<B$
③ $B<A<C$ ④ $B<C<A$
⑤ $C<B<A$

02 로그

바른답·알찬풀이 012쪽

빈출

유형06 로그의 성질의 활용

개념 03-4

$\log_a b=c$ 또는 $a^x=b$ 꼴의 조건이 주어지고 이를 이용하여 로그를 나타낼 때는 다음과 같은 순서로 한다.

❶ 주어진 식과 구하는 식의 밑을 같게한다. 이때 $a^x=b$ 꼴이 주어지면 $x=\log_a b$임을 이용하여 로그로 나타낸 후, 밑을 같게한다.

❷ 구하는 식의 진수를 곱의 형태로 바꾼 후, 로그의 합으로 나타낸다.

❸ ❷의 식에 주어진 식을 대입한다.

0145 대표

$\log_2 7=a$, $\log_7 5=b$일 때, $\log_{40} 70$을 a, b에 대한 식으로 나타내면?

① $\dfrac{ab+1}{ab+2}$　② $\dfrac{ab+a+2}{ab+2}$　③ $\dfrac{ab+1}{ab+3}$

④ $\dfrac{ab+a+1}{ab+3}$　⑤ $\dfrac{ab+a+2}{ab+3}$

0146

$5^a=2$, $5^b=3$일 때, $\log_6 72$를 a, b에 대한 식으로 나타내시오.

0147

$2^x=a$, $2^y=b$, $2^z=c$일 때, $\log_{ab^2} c^3$을 x, y, z에 대한 식으로 나타내면? (단, $xyz\neq0$, $ab^2\neq1$)

① $\dfrac{3z}{x+2y}$　② $\dfrac{3x}{2y+z}$　③ $\dfrac{3y}{z+2x}$

④ $\dfrac{y+2z}{3x}$　⑤ $\dfrac{3z+x}{2y}$

0148

$\log_3 14=a$, $\log_3 \dfrac{2}{7}=b$일 때, $\log_3 28$을 a, b에 대한 식으로 나타내시오.

유형07 조건을 이용하여 식의 값 구하기

개념 03-4

로그의 정의와 성질을 이용하여 식의 값을 구할 때는 다음과 같은 순서로 한다.

❶ 주어진 조건을 이용하여 문자 사이의 관계식을 구한다.

❷ 구하는 식을 변형한 후, ❶의 식을 대입한다.

0149 대표

두 양수 a, b에 대하여 $a^3b^4=1$일 때, $\log_a a^4b^3$의 값은? (단, $a\neq1$)

① 1　② $\dfrac{5}{4}$　③ $\dfrac{3}{2}$

④ $\dfrac{7}{4}$　⑤ 2

0150

$6^a=81$, $2^b=27$일 때, $\dfrac{4}{a}-\dfrac{3}{b}$의 값은?

① -2　② -1　③ 1

④ 2　⑤ 3

0151 [서술형]

1이 아닌 세 양수 a, b, c에 대하여 $a^3=b^5=c^8$이 성립할 때, 세 수 $A=\log_a b$, $B=\log_b c$, $C=\log_c a$의 대소를 비교하시오.

0152

1이 아닌 네 양수 a, b, c, x에 대하여

$$\log_a x=1,\ \log_b x=3,\ \log_c x=5$$

일 때, $\log_{abc} x$의 값을 구하시오.

빈출 유형08 로그와 이차방정식

개념 03-4

이차방정식 $px^2+qx+r=0$의 두 근이 $\log_a \alpha$, $\log_a \beta$이면

(1) $\log_a \alpha+\log_a \beta=\log_a \alpha\beta=-\frac{q}{p}$

(2) $\log_a \alpha\times\log_a \beta=\frac{r}{p}$

0153 대표

이차방정식 $x^2-8x+4=0$의 두 근을 $\log_2 \alpha$, $\log_2 \beta$라 할 때, $\log_\alpha \beta+\log_\beta \alpha$의 값을 구하시오.

0154

이차방정식 $x^2-15x+5=0$의 두 근을 α, β라 할 때, $\log_{\alpha+\beta} \alpha+\log_{\alpha+\beta} 3\beta$의 값을 구하시오.

0155

이차방정식 $x^2-x\log_3 k+\log_3 2=0$의 두 근을 α, β라 할 때, $(\alpha+1)(\beta+1)=2$이다. 이때 양수 k의 값은?

① $\frac{1}{2}$　② 1　③ $\frac{3}{2}$

④ 2　⑤ $\frac{5}{2}$

0156

이차방정식 $x^2+ax+b=0$의 두 근이 1, $\log_5 3$일 때, 실수 a, b에 대하여 $\frac{a}{b}$의 값은?

① $-\log_{15} 3$　② $-\log_5 3$　③ $-\log_3 15$

④ $-\log_3 5$　⑤ -1

유형09 로그의 정수 부분과 소수 부분

개념 03-4

$a>1$이고 양수 N과 정수 n에 대하여 $a^n\le N<a^{n+1}$일 때,

$\log_a a^n\le\log_a N<\log_a a^{n+1}$　$\therefore n\le\log_a N<n+1$

⇨ $\log_a N$의 정수 부분은 n, 소수 부분은 $\log_a N-n$이다.

0157 대표

$\log_2 12$의 정수 부분을 a, 소수 부분을 b라 할 때, $2(3^a+2^b)$의 값은?

① 53　② 55　③ 57

④ 59　⑤ 61

0158

$\log_3 24$의 소수 부분을 a라 할 때, 3^a의 값은?

① $\frac{2}{3}$　② $\frac{10}{9}$　③ $\frac{5}{3}$

④ $\frac{20}{9}$　⑤ $\frac{8}{3}$

0159 〔서술형〕

$\log_5 20$의 정수 부분을 a, 소수 부분을 b라 할 때, $\frac{5^a+5^b}{5^a-5^b}$의 값을 구하시오.

02 로그

바른답 · 알찬풀이 013쪽

상용로그

기본 익히기

23쪽 | 개념 04-1, 2 |

0160~0162 다음 상용로그의 값을 구하시오.

0160 $\log 1000$

0161 $\log \sqrt[3]{100}$

0162 $\log \dfrac{1}{10000}$

0163~0165 아래 상용로그표를 이용하여 다음 값을 구하시오.

수	0	1	2	3	4	…	7	8	9
1.0	.0000	.0043	.0086	.0128	.0170	…	.0294	.0334	.0374
1.1	.0414	.0453	.0492	.0531	.0569	…	.0682	.0719	.0755
⋮	⋮	⋮	⋮	⋮	⋮	…	⋮	⋮	⋮
3.3	.5185	.5198	.5211	.5224	.5237	…	.5276	.5289	.5302
3.4	.5315	.5328	.5340	.5353	.5366	…	.5403	.5416	.5428
⋮	⋮	⋮	⋮	⋮	⋮	…	⋮	⋮	⋮

0163 $\log 1.07$

0164 $\log 3.31$

0165 $\log 3.43$

0166~0168 $\log 5.51=0.7412$임을 이용하여 다음 값을 구하시오.

0166 $\log 55.1$

0167 $\log 5510$

0168 $\log 0.0551$

유형 익히기

유형 10 상용로그의 값 (1) 개념 04-1, 2

양수 A에 대하여 n은 실수이고 $\log A=k$일 때,
(1) $\log A^n=n\log A=nk$
(2) $\log(10^n\times A)=\log 10^n+\log A=n+k$

0169 대표

$\log 2=0.3010$, $\log 3=0.4771$일 때, $\log 50+\log 36$의 값은?

① 1.2552 ② 1.9542 ③ 2.2552
④ 2.9542 ⑤ 3.2552

0170

다음 상용로그표를 이용하여 $\log 14-\log \sqrt[6]{1.32}$의 값을 구하시오.

수	0	1	2	3
⋮	⋮	⋮	⋮	⋮
1.2	.0792	.0828	.0864	.0899
1.3	.1139	.1173	.1206	.1239
1.4	.1461	.1492	.1523	.1553
⋮	⋮	⋮	⋮	⋮

0171

$\log \sqrt{x}=0.309$일 때, $\log x^2+\log \sqrt[3]{x}$의 값을 구하시오.

빈출 유형 11 상용로그의 값 (2)

개념 04-1, 2

(1) 진수의 숫자 배열이 같은 상용로그는 소수 부분이 같다.
(2) 상용로그의 소수 부분이 같으면 진수의 숫자 배열이 같다.
⇨ $\log a = n + \alpha$ (n은 정수, $0 \le \alpha < 1$)이면
 (i) $\log (10 \times a) = (n+1) + \alpha$
 (ii) $\log (100 \times a) = (n+2) + \alpha$
 (iii) $\log (0.1 \times a) = (n-1) + \alpha$
 (iv) $\log (0.01 \times a) = (n-2) + \alpha$

0172 대표

$\log 6.72 = 0.8274$일 때, $\log 6720 = x$, $\log y = -1.1726$이다. 이때 $x+y$의 값은?

① 2.8946　② 3.4994　③ 3.8946
④ 4.4994　⑤ 4.8946

0173

$\log 4.05 = 0.6075$일 때, 다음 중 옳지 않은 것은?

① $\log 40.5 = 1.6075$
② $\log 405 = 2.6075$
③ $\log 40500 = 4.6075$
④ $\log 0.405 = -1.3925$
⑤ $\log 0.000405 = -3.3925$

0174

$\log 238 = 2.3766$일 때, $\log x = -2.6234$를 만족시키는 x의 값을 구하시오.

유형 12 상용로그의 응용

개념 04-1, 2

두 상용로그 $\log x^n$과 $\log x^m$의 합 또는 차가 정수가 되도록 하는 x의 값을 구할 때는 다음과 같은 순서로 한다.
❶ 로그의 성질을 이용하여 두 상용로그의 합 또는 차를 간단히 한다.
❷ $0 < a < x < b$이면 $\log a < \log x < \log b$임을 이용하여 $\log x$의 값의 범위를 구한다.
❸ ❶에서 구한 값이 정수임을 이용하여 $\log x$의 값을 구한 후, 로그의 정의를 이용하여 x의 값을 구한다.

0175 대표

$10 < x < 100$일 때, $\log x$와 $\log \sqrt[3]{x}$의 합이 정수가 되도록 하는 x의 값은?

① $6\sqrt{10}$　② $7\sqrt{10}$　③ $8\sqrt{10}$
④ $9\sqrt{10}$　⑤ $10\sqrt{10}$

0176 [서술형]

$1 < x < 100$일 때, $\log x^2$과 $\log \dfrac{1}{x}$의 차가 정수가 되도록 하는 x의 개수를 구하시오.

0177

$100 \le x < 1000$일 때, $\log x^3$과 $\log \dfrac{1}{\sqrt{x}}$의 합이 정수가 되도록 하는 모든 x의 값의 곱은?

① $10^{\frac{22}{5}}$　② $10^{\frac{26}{5}}$　③ 10^6
④ $10^{\frac{36}{5}}$　⑤ $10^{\frac{42}{5}}$

바른답 · 알찬풀이 014쪽

유형 13 상용로그의 실생활에의 활용 (1)

개념 04-1, 2

주어진 관계식에서 각 문자가 나타내는 것을 확인하고, 주어진 조건을 관계식에 대입한다.

0178 대표

별의 등급 m과 별의 밝기 I 사이에는 다음과 같은 관계식이 성립한다고 한다.

$$m=-\frac{5}{2}\log I+C\ (C\text{는 상수})$$

이때 3등급인 별의 밝기는 5등급인 별의 밝기의 몇 배인가?

$\left(\text{단, } 10^{\frac{2}{5}}=\frac{5}{2}\text{로 계산한다.}\right)$

① $\frac{2}{5}$배 ② $\frac{5}{2}$배 ③ $\frac{15}{4}$배
④ $\frac{25}{4}$배 ⑤ $\frac{25}{2}$배

0179

디지털 사진을 압축할 때 원본 사진과 압축한 사진의 다른 정도를 나타내는 지표인 최대 신호 대 잡음비를 P, 원본 사진과 압축한 사진의 평균 제곱 오차를 E라 할 때, 다음과 같은 관계식이 성립한다고 한다.

$$P=20\log 255-10\log E\ (E>0)$$

두 원본 사진 A, B를 압축했을 때 최대 신호 대 잡음비를 각각 P_A, P_B라 하고, 평균 제곱 오차를 각각 E_A, E_B라 하자. $E_B=1000E_A$일 때, P_A-P_B의 값을 구하시오.

0180 [서술형]

화재가 발생한 실험실의 온도는 시간에 따라 변한다. 어떤 실험실의 초기 온도를 T_0 (°C), 화재가 발생한 지 t분 후의 온도를 T (°C)라 할 때, 다음과 같은 관계식이 성립한다고 한다.

$$T=T_0+k\log(8t+1)\ (k\text{는 상수})$$

초기 온도가 25 °C인 이 실험실에서 화재가 발생한 지 $\frac{9}{8}$분 후의 온도는 295 °C이었고, 화재가 발생한 지 a분 후의 온도는 565 °C이었다. 이때 a의 값을 구하시오.

유형 14 상용로그의 실생활에의 활용 (2)

개념 04-1, 2

처음의 양이 A이고 매번 a %씩 증가하여 n번 후 k배가 되면

$$A\left(1+\frac{a}{100}\right)^n=kA$$

이때 a의 값은 양변에 상용로그를 취하여 구한다.

0181 대표

어느 농장에서 품종 개량을 통해 매년 일정한 비율로 생산량을 증가시켜 9년 후의 생산량이 올해 생산량의 1.5배가 되도록 하려고 한다. 이 농장에서는 생산량을 매년 몇 %씩 증가시켜야 하는가? (단, $\log 1.05=0.02$, $\log 2=0.3$, $\log 3=0.48$로 계산한다.)

① 3 % ② 4 % ③ 5 %
④ 6 % ⑤ 7 %

0182

바닷물 속으로 내려갈수록 빛의 세기가 줄어들어 점점 어두워진다. 빛이 바닷물 속으로 들어갈 때, 일정한 비율로 세기가 줄어들어 해수면으로부터 2 m 통과할 때마다 빛의 세기가 10 %씩 감소한다고 한다. 빛의 세기가 해수면에서의 빛의 세기의 40 %가 되는 지점은 해수면으로부터 몇 m인지 구하시오. (단, $\log 2=0.3$, $\log 3=0.48$로 계산한다.)

0183

어떤 세균을 일정한 온도에서 배양하면 30분마다 그 수가 2배씩 증가한다고 한다. 이 세균 160마리를 일정한 온도에서 배양하면 13시간 후 세균은 10^k마리가 된다. 이때 k의 값을 구하시오. (단, 세균은 배양 중에 죽지 않고, $\log 2=0.3$으로 계산한다.)

중단원 마무리

06 일차

STEP1 실전 문제

0184
25쪽 유형 01

$a=\log_7(2+\sqrt{3})$일 때, $\dfrac{7^a+7^{-a}}{7^a-7^{-a}}$의 값은?

① $\dfrac{\sqrt{3}}{3}$　② $\dfrac{2\sqrt{3}}{3}$　③ $\sqrt{3}$
④ $2\sqrt{3}$　⑤ $2+\sqrt{3}$

0185 중요!
25쪽 유형 02

$\log_{\frac{1}{5}}(10-x)$와 $\log_{2x}(x^2-10x+16)$이 정의되도록 하는 모든 정수 x의 값의 합을 구하시오.

0186
26쪽 유형 03

225의 모든 양의 약수를 $a_1, a_2, a_3, \cdots, a_9$라 할 때,

$$\log_{15}a_1+\log_{15}a_2+\log_{15}a_3+\cdots+\log_{15}a_9$$

의 값은?

① 9　② 10　③ 11
④ 12　⑤ 13

0187
26쪽 유형 04+27쪽 유형 05

$x=\log_{27}25+\dfrac{2}{\log_5 27}-\dfrac{\log_{\sqrt{2}}5}{\log_{\sqrt{2}}3}$일 때, 27^x의 값을 구하시오.

0188
28쪽 유형 06

1이 아닌 두 양수 a, b에 대하여 $a^m=b^n=3$이다. 이때 $\log_{b^2}ab$를 m, n에 대한 식으로 나타내면? (단, $ab\neq1$)

① $\dfrac{m}{2n}$　② $\dfrac{m+n}{2n}$　③ $\dfrac{n}{2m}$
④ $\dfrac{m-n}{2m}$　⑤ $\dfrac{m+n}{2m}$

0189
28쪽 유형 07

1이 아닌 세 양수 a, b, c에 대하여

$$\log_a b=\frac{1}{3},\ \log_c b=2$$

일 때, $3\log_a b+4\log_b c+5\log_c a$의 값을 구하시오.

0190 교육청
28쪽 유형 07

세 양수 a, b, c가 다음 조건을 만족시킨다.

> (가) $\sqrt[3]{a}=\sqrt{b}=\sqrt[4]{c}$
> (나) $\log_8 a+\log_4 b+\log_2 c=2$

$\log_2 abc$의 값은?

① 2　② $\dfrac{7}{3}$　③ $\dfrac{8}{3}$
④ 3　⑤ $\dfrac{10}{3}$

바른답·알찬풀이 016쪽

0191

28쪽 유형 07

1보다 큰 세 실수 a, b, c에 대하여 $\log_a c : \log_b c = 3 : 1$일 때, $\log_a b + \log_b a$의 값을 구하시오.

0192 중요!

29쪽 유형 08

이차방정식 $x^2 - 4x + 2 = 0$의 두 근을 α, β라 할 때, $\log_{\alpha\beta}(\alpha^2+1) + \log_{\alpha\beta}(\beta^2+1)$의 값은?

① $\log_2 13$　② $\log_2 15$　③ $\log_2 17$
④ $\log_2 19$　⑤ $\log_2 21$

0193

29쪽 유형 09

$x = \log_4 56$의 정수 부분을 y라 할 때, $2^{2x} + 3^y$의 값을 구하시오.

0194

29쪽 유형 09+30쪽 유형 10

자연수 N에 대하여 $\log N$의 정수 부분을 $f(N)$이라 할 때, $f(1)+f(2)+f(3)+\cdots+f(499)$의 값을 구하시오.

0195

31쪽 유형 11

$\log 1.42 = 0.1523$일 때, $\log 142 + \log 0.0142$의 값은?

① 0.3046　② 0.6954　③ 1.1523
④ 1.3046　⑤ 1.6954

0196

31쪽 유형 12

$100 < x < 1000$이고 $\log x^2$과 $\log \sqrt[3]{x}$의 차가 정수일 때, x^5의 값을 구하시오.

0197 평가원

32쪽 유형 13

고속철도의 최고소음도 L(dB)을 예측하는 모형에 따르면 한 지점에서 가까운 선로 중앙 지점까지의 거리를 d(m), 열차가 가까운 선로 중앙 지점을 통과할 때의 속력을 v(km/h)라 할 때, 다음과 같은 관계식이 성립한다고 한다.

$$L = 80 + 28\log\frac{v}{100} - 14\log\frac{d}{25}$$

가까운 선로 중앙 지점 P까지의 거리가 75 m인 한 지점에서 속력이 서로 다른 두 열차 A, B의 최고소음도를 예측하고자 한다. 열차 A가 지점 P를 통과할 때의 속력이 열차 B가 지점 P를 통과할 때의 속력의 0.9배일 때, 두 열차 A, B의 예측 최고소음도를 각각 L_A, L_B라 하자. $L_B - L_A$의 값은?

① $14 - 28\log 3$　② $28 - 56\log 3$
③ $28 - 28\log 3$　④ $56 - 34\log 3$
⑤ $56 - 56\log 3$

STEP2 실력 UP 문제

0198
25쪽 유형 02

$\log_3(2+2ax-x^2)$의 값이 자연수가 되도록 하는 실수 x가 5개일 때, 자연수 a의 값을 구하시오.

0199
26쪽 유형 04+28쪽 유형 07

1이 아닌 서로 다른 두 양수 a, b에 대하여 $\log_a b=\log_b a$가 성립할 때, $ab+2a+18b$의 최솟값은?

① 11 ② 13 ③ 15
④ 17 ⑤ 19

0200
32쪽 유형 14

어느 오리 농장의 오리의 수가 5년 전부터 매년 20 %씩 감소하였다. 앞으로 5년 동안 오리의 수가 매년 10 %씩 증가하면 5년 후 오리의 수는 5년 전 오리의 수의 몇 %인지 구하시오.

(단, $\log 8.8=0.945$, $\log 5.31=0.725$로 계산한다.)

적중 서술형 문제

0201
26쪽 유형 03

삼각형 ABC의 세 변의 길이 a, b, c 사이에

$$\log_a(2b^2+c^2)-\log_a(b^2+2c^2)=0$$

인 관계가 성립할 때, 삼각형 ABC는 어떤 삼각형인지 말하시오. (단, $a\neq1$)

0202
29쪽 유형 09

$\log A$에 대하여 $n=[\log A]$, $\alpha=\log A-[\log A]$라 하자. 이차방정식 $2x^2-5x+k-4=0$의 두 근이 n, α일 때, 다음을 구하시오. (단, k는 상수이고, $[x]$는 x보다 크지 않은 최대의 정수이다.)

(1) n, α의 값

(2) k의 값

0203
32쪽 유형 14

원본의 크기를 20 % 확대하여 출력하는 복사기가 있다. 20 % 확대된 복사본을 다시 원본으로 하여 확대 복사하는 과정을 되풀이할 때, n번 확대 복사하면 복사본의 크기가 처음 원본의 크기의 4배보다 크게 된다. 이때 n의 최솟값을 구하시오. (단, $\log 2=0.3010$, $\log 3=0.4771$로 계산한다.)

바른답·알찬풀이 017쪽

03 지수함수

Ⅰ 지수함수와 로그함수

중단원 핵심 개념을 정리하였습니다.
Lecture별 유형 학습 전에 관련 개념을 완벽하게 알아두세요.

Lecture 05 지수함수

07 일차

개념 05-1 지수함수

40쪽 | 유형 03 |

a가 1이 아닌 양수일 때, 실수 x에 대하여

$y=a^x\,(a>0,\ a\neq1)$

을 a를 밑으로 하는 **지수함수**라 한다.

참고 | 함수 $y=a^x$에서 지수 x는 실수이므로 $a>0$인 경우만 생각한다. 또, $a=1$이면 함수 $y=a^x$은 $y=1$인 상수함수가 된다. 따라서 지수함수에서는 밑이 1이 아닌 양수인 경우만 생각한다.

예 $y=3^x$, $y=(\sqrt{5})^x$ ⇨ 지수함수이다.

$y=x^2$, $y=x^{\frac{1}{3}}$ ⇨ 지수함수가 아니다.

개념 05-2 지수함수 $y=a^x\,(a>0,\ a\neq1)$의 성질

38, 40~41쪽 | 유형 01, 04, 05 |

(1) 정의역은 실수 전체의 집합이고, 치역은 양의 실수 전체의 집합이다.

(2) $a>1$일 때, x의 값이 증가하면 y의 값도 증가한다.
$0<a<1$일 때, x의 값이 증가하면 y의 값은 감소한다.

(3) 그래프는 점 $(0,\ 1)$을 지나고, x축을 점근선으로 갖는다.

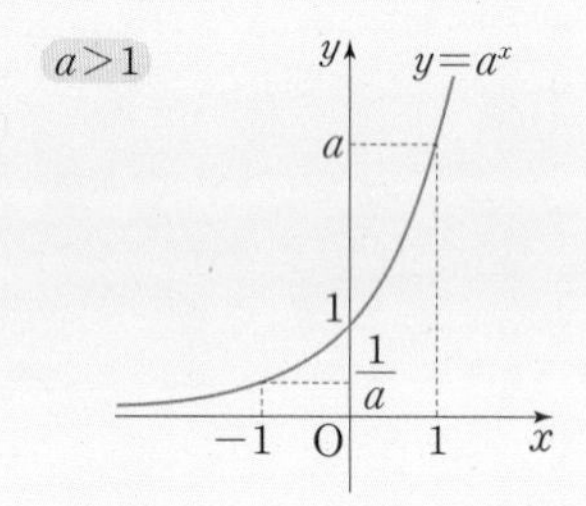

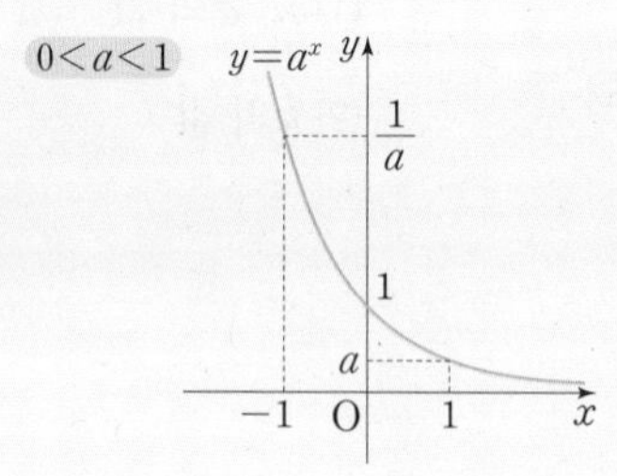

참고 | $a>0$, $a\neq1$일 때, 두 지수함수 $y=a^x$, $y=\left(\frac{1}{a}\right)^x$의 그래프는 y축에 대하여 대칭이다.

개념 05-3 지수함수의 그래프의 평행이동과 대칭이동

39쪽 | 유형 02 |

지수함수 $y=a^x\,(a>0,\ a\neq1)$의 그래프를 평행이동하거나 대칭이동한 그래프의 식은 다음과 같다. ($\rightarrow f(x,\ y)=0$)

(1) x축의 방향으로 m만큼, y축의 방향으로 n만큼 평행이동 ⇨ $y=a^{x-m}+n$ $\rightarrow f(x-m,\ y-n)=0$

(2) x축에 대하여 대칭이동 ⇨ $y=-a^x$ $\rightarrow f(x,\ -y)=0$

(3) y축에 대하여 대칭이동 ⇨ $y=\left(\frac{1}{a}\right)^x$ $\rightarrow f(-x,\ y)=0$

(4) 원점에 대하여 대칭이동 ⇨ $y=-\left(\frac{1}{a}\right)^x$ $\rightarrow f(-x,\ -y)=0$

예 지수함수 $y=2^x$의 그래프를 평행이동하거나 대칭이동한 그래프의 식은

① x축의 방향으로 1만큼, y축의 방향으로 2만큼 평행이동 ⇨ $y=2^{x-1}+2$

② x축에 대하여 대칭이동 ⇨ $y=-2^x$

③ y축에 대하여 대칭이동 ⇨ $y=2^{-x}=\left(\frac{1}{2}\right)^x$

④ 원점에 대하여 대칭이동 ⇨ $y=-2^{-x}=-\left(\frac{1}{2}\right)^x$

개념 CHECK

1 다음 함수 중 지수함수인 것은 ○표, 지수함수가 아닌 것은 ×표를 하시오.

(1) $y=2^x$ ( )

(2) $y=0.1^x$ ( )

(3) $y=-2x^3$ ( )

(4) $y=\left(\frac{1}{2}\right)^x$ ( )

2 다음은 함수 $f(x)=3^x$에 대한 설명이다. □ 안에 알맞은 것을 써넣으시오.

(1) 정의역은 □ 전체의 집합이다.

(2) 치역은 □ 전체의 집합이다.

(3) $x_1<x_2$이면 $f(x_1)$ □ $f(x_2)$이다.

(4) 그래프의 점근선은 □축이다.

3 다음 □ 안에 알맞은 것을 써넣으시오.

함수 $y=5^x$의 그래프를

(1) x축의 방향으로 2만큼, y축의 방향으로 -1만큼 평행이동한 그래프의 식은 $y-(\square)=5^{x-\square}$, 즉 $y=5^{x-\square}-\square$

(2) x축에 대하여 대칭이동한 그래프의 식은 $\square=5^x$, 즉 $y=\square$

(3) y축에 대하여 대칭이동한 그래프의 식은 $y=5^{\square}$, 즉 $y=\left(\frac{1}{\square}\right)^x$

(4) 원점에 대하여 대칭이동한 그래프의 식은 $-y=5^{\square}$, 즉 $y=-\left(\frac{1}{\square}\right)^x$

---

1 (1) ○ (2) ○ (3) × (4) ○
2 (1) 실수 (2) 양의 실수 (3) < (4) x
3 (1) -1, 2, 2, 1 (2) $-y$, -5^x (3) $-x$, 5 (4) $-x$, 5

개념 05-4 지수함수의 최대·최소

42~43쪽 | 유형 06~09 |

정의역이 $\{x|\alpha\le x\le\beta\}$일 때, 지수함수 $f(x)=a^x\ (a>0,\ a\ne1)$은

(1) $a>1$이면 $x=\alpha$일 때 최솟값 $f(\alpha)$, $x=\beta$일 때 최댓값 $f(\beta)$를 갖는다.

(2) $0<a<1$이면 $x=\alpha$일 때 최댓값 $f(\alpha)$, $x=\beta$일 때 최솟값 $f(\beta)$를 갖는다.

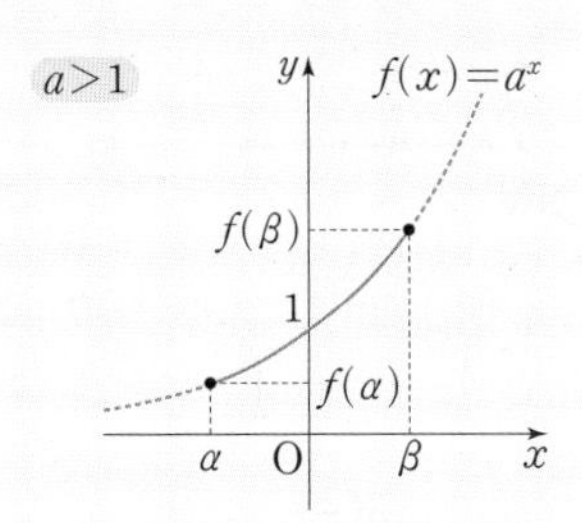

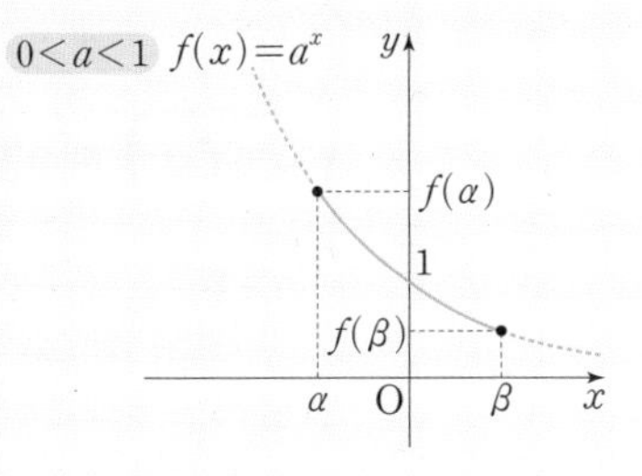

참고 | 함수 $y=a^{f(x)}$은

① $a>1$이면 $f(x)$가 최대일 때 최댓값, $f(x)$가 최소일 때 최솟값을 갖는다.

② $0<a<1$이면 $f(x)$가 최대일 때 최솟값, $f(x)$가 최소일 때 최댓값을 갖는다.

개념 CHECK

4 다음은 정의역이 $\{x|-1\le x\le2\}$인 함수 $y=2^x$의 최댓값과 최솟값을 구하는 과정이다. □ 안에 알맞은 것을 써넣으시오.

> 함수 $y=2^x$은 x의 값이 증가하면 y의 값은 □하는 함수이다.
> 따라서 $-1\le x\le2$에서 함수 $y=2^x$은 $x=$□일 때 최댓값 □, $x=$□일 때 최솟값 □을 갖는다.

Lecture 06 지수함수의 활용

개념 06-1 지수방정식 → 지수에 미지수가 있는 방정식

44~46, 49쪽 | 유형 10~14, 19 |

일반적으로 지수방정식은 지수의 성질을 이용하여 다음과 같이 풀 수 있다.

(1) 밑을 같게 할 수 있는 경우: 주어진 방정식을 $a^{f(x)}=a^{g(x)}$ 꼴로 변형한 후,

$$a^{f(x)}=a^{g(x)} \iff f(x)=g(x)$$

임을 이용하여 푼다. (단, $a>0$, $a\ne1$)

(2) a^x 꼴이 반복되는 경우: $a^x=t$로 치환하여 t에 대한 방정식을 푼다.
이때 $a^x>0$이므로 $t>0$임에 주의한다.

(3) 밑에 미지수가 있는 경우

① 밑이 같을 때, 밑이 1이거나 지수가 같음을 이용하여 푼다.

$$\{a(x)\}^{f(x)}=\{a(x)\}^{g(x)} \iff a(x)=1 \text{ 또는 } f(x)=g(x) \ (\text{단, } a(x)>0)$$

② 지수가 같을 때, 지수가 0이거나 밑이 같음을 이용하여 푼다.

$$\{a(x)\}^{f(x)}=\{b(x)\}^{f(x)} \iff f(x)=0 \text{ 또는 } a(x)=b(x)$$

$$(\text{단, } a(x)>0,\ b(x)>0)$$

5 다음 방정식을 푸시오.

(1) $2^x=\frac{1}{8}$

(2) $3^{x+1}=81$

(3) $2^{3x-1}=32$

(4) $5^{2x+3}=\sqrt[3]{125}$

개념 06-2 지수부등식 → 지수에 미지수가 있는 부등식

47~49쪽 | 유형 15~19 |

일반적으로 지수부등식은 지수의 성질을 이용하여 다음과 같이 풀 수 있다.

(1) 밑을 같게 할 수 있는 경우: 주어진 부등식을 $a^{f(x)}<a^{g(x)}$ 꼴로 변형한 후,

① $a>1$일 때, $a^{f(x)}<a^{g(x)} \iff f(x)<g(x)$임을 이용하여 푼다.

② $0<a<1$일 때, $a^{f(x)}<a^{g(x)} \iff f(x)>g(x)$임을 이용하여 푼다.

(2) a^x 꼴이 반복되는 경우: $a^x=t$로 치환하여 t에 대한 부등식을 푼다.
이때 $a^x>0$이므로 $t>0$임에 주의한다.

(3) 밑에 미지수가 있는 경우: 밑에 미지수가 있고 밑이 같은 부등식, 즉

$$x^{f(x)}>x^{g(x)}\ (x>0)$$

꼴의 부등식은 밑의 범위를 $x>1$, $0<x<1$, $x=1$의 세 가지 경우로 나누어 푼다.

6 다음 부등식을 푸시오.

(1) $4^x\le64$

(2) $\left(\frac{1}{3}\right)^x>\frac{1}{9}$

(3) $\left(\frac{1}{5}\right)^{x-1}\le25$

(4) $3^{2x}>\frac{1}{27}$

---

4 증가, 2, 4, -1, $\frac{1}{2}$

5 (1) $x=-3$ (2) $x=3$ (3) $x=2$ (4) $x=-1$

6 (1) $x\le3$ (2) $x<2$ (3) $x\ge-1$ (4) $x>-\frac{3}{2}$

03 지수함수

Lecture 05 지수함수

기본 익히기

36~37쪽 | 개념 05-1~4 |

0204 지수함수인 것만을 **보기**에서 있는 대로 고르시오.

보기
ㄱ. $y=(-2)^x$　　ㄴ. $y=2\times x^{-3}$
ㄷ. $y=0.9^x$　　ㄹ. $y=\frac{1}{5^x}$

0205~0207 함수 $y=a^x$의 그래프가 오른쪽 그림과 같을 때, 다음 함수의 그래프를 그리시오.

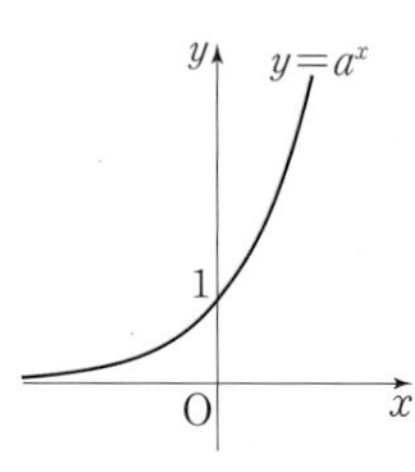

0205 $y=-a^x$

0206 $y=-\left(\frac{1}{a}\right)^x$

0207 $y=a^{x+2}$

0208 다음 □ 안에 알맞은 것을 써넣으시오.

$y=-3^{x-2}+1$의 그래프는 $y=3^x$의 그래프를 □축에 대하여 대칭이동한 후, x축의 방향으로 □만큼, y축의 방향으로 □만큼 평행이동한 것이다.

0209~0210 지수함수를 이용하여 다음 두 수의 대소를 비교하시오.

0209 $\sqrt[3]{5^2}$, $\sqrt[4]{5^3}$　　**0210** $\left(\frac{1}{2}\right)^{-2}$, $\left(\frac{1}{2}\right)^4$

0211~0212 다음 함수의 최댓값과 최솟값을 각각 구하시오.

0211 $y=6^x\ (-2\le x\le 0)$

0212 $y=\left(\frac{1}{5}\right)^x-2\ (-1\le x\le 1)$

유형 익히기

유형 01 지수함수의 성질 개념 05-2

지수함수 $y=a^x\ (a>0,\ a\ne 1)$에 대하여
(1) 정의역: 실수 전체의 집합
(2) 치역: 양의 실수 전체의 집합
(3) $a>1$일 때, x의 값이 증가하면 y의 값도 증가한다.
　$0<a<1$일 때, x의 값이 증가하면 y의 값은 감소한다.
(4) 그래프의 점근선: x축 (직선 $y=0$)

0213 대표

다음 중에서 함수 $y=a^x\ (a>0,\ a\ne 1)$에 대한 설명으로 옳은 것은?

① 정의역과 치역은 실수 전체의 집합이다.
② 그래프는 점 $(1,\ 0)$을 지난다.
③ 그래프의 점근선의 방정식은 $x=0$이다.
④ x의 값이 증가하면 y의 값은 감소한다.
⑤ $y=\left(\frac{1}{a}\right)^x$의 그래프와 y축에 대하여 대칭이다.

0214

다음 함수 중 임의의 실수 a, b에 대하여
　$a<b$일 때, $f(a)<f(b)$
를 만족시키는 함수는?

① $f(x)=5^{-x}$　　② $f(x)=0.3^x$
③ $f(x)=\left(\frac{1}{4}\right)^x$　　④ $f(x)=\left(\frac{1}{6}\right)^{-x}$
⑤ $f(x)=\left(\frac{\sqrt{7}}{7}\right)^x$

0215

함수 $y=(a^2-a+1)^x$에서 x의 값이 증가할 때 y의 값도 증가하도록 하는 실수 a의 값의 범위를 구하시오.

빈출

유형02 지수함수의 그래프의 평행이동과 대칭이동

개념 05-3

지수함수 $y=a^x$ $(a>0,\ a\neq1)$의 그래프를 평행이동하거나 대칭이동한 그래프의 식은 다음과 같이 구한다.

x축의 방향으로 m만큼, y축의 방향으로 n만큼 평행이동	x 대신 $x-m$, y 대신 $y-n$ 대입	$y-n=a^{x-m}$, 즉 $y=a^{x-m}+n$
x축에 대하여 대칭이동	y 대신 $-y$ 대입	$-y=a^x$, 즉 $y=-a^x$
y축에 대하여 대칭이동	x 대신 $-x$ 대입	$y=a^{-x}$, 즉 $y=\left(\frac{1}{a}\right)^x$
원점에 대하여 대칭이동	x 대신 $-x$, y 대신 $-y$ 대입	$-y=a^{-x}$, 즉 $y=-\left(\frac{1}{a}\right)^x$

0216 대표

함수 $y=a^x$ $(a>0,\ a\neq1)$의 그래프를 x축의 방향으로 -2만큼, y축의 방향으로 2만큼 평행이동한 그래프가 점 $(1,\ 10)$을 지날 때, a의 값은?

① 2 ② 4 ③ 6
④ 8 ⑤ 10

0217

함수 $y=2^{x-1}-3$의 그래프가 지나지 않는 사분면은?

① 제1사분면 ② 제2사분면 ③ 제3사분면
④ 제4사분면 ⑤ 제3, 4사분면

0218

함수 $y=4^{x+a}+b$의 그래프가 오른쪽 그림과 같을 때, 상수 a, b에 대하여 $a+b$의 값을 구하시오.

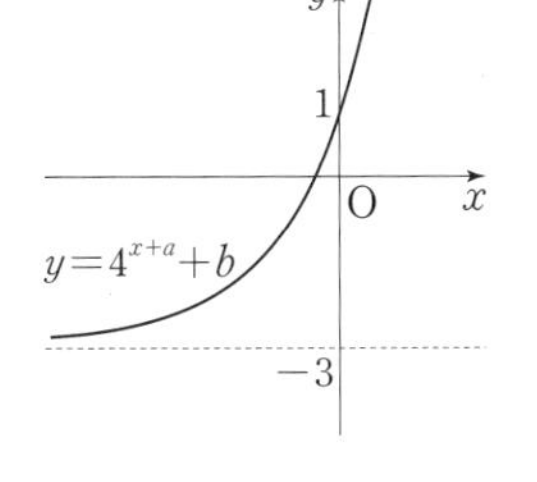

0219 [서술형]

함수 $y=\left(\frac{1}{5}\right)^x$의 그래프를 x축의 방향으로 3만큼, y축의 방향으로 -4만큼 평행이동한 그래프가 직선 $x=2$와 만나는 점의 y좌표를 p, y축과 만나는 점의 y좌표를 q라 할 때, $q-p$의 값을 구하시오.

0220

함수 $y=7^x$의 그래프를 평행이동 또는 대칭이동하여 완전히 겹쳐질 수 있는 그래프의 식인 것만을 **보기**에서 있는 대로 고른 것은?

보기

ㄱ. $y=\frac{1}{7^x}$　　ㄴ. $y=\sqrt{7}\times7^x$

ㄷ. $y=\frac{1}{7}\times49^x$　　ㄹ. $y=-7^x+3$

① ㄱ, ㄴ ② ㄱ, ㄹ ③ ㄴ, ㄷ
④ ㄱ, ㄴ, ㄹ ⑤ ㄴ, ㄷ, ㄹ

0221

함수 $y=4^x$의 그래프를 x축의 방향으로 4만큼 평행이동한 후, x축에 대하여 대칭이동한 그래프가 점 $(6,\ k)$를 지날 때, k의 값을 구하시오.

0222

함수 $y=3\times a^{2x-4}+5$ $(a>0,\ a\neq1)$의 그래프가 a의 값에 관계없이 항상 점 $(p,\ q)$를 지날 때, $p+q$의 값은?

① 2 ② 4 ③ 6
④ 8 ⑤ 10

바른답·알찬풀이 019쪽

유형 03 지수함수의 함숫값 ∞ 개념 05-1

지수함수 $f(x)=a^x$ $(a>0,\ a\neq1)$에 대하여
(1) $f(p)$의 값을 구할 때,
⇨ $f(x)$에 x 대신 p를 대입하고 지수법칙을 이용한다.
(2) 함숫값 $f(p)=k$가 주어지고 다른 함숫값을 구할 때,
⇨ $a^p=k$와 지수법칙을 이용한다.

0223 대표

함수 $f(x)=a^{x-1}+b$ $(a>0,\ a\neq1)$에서 $f(1)=3$, $f(3)=6$일 때, $f(-1)$의 값은?

① 2 ② $\frac{9}{4}$ ③ $\frac{5}{2}$
④ $\frac{11}{4}$ ⑤ 3

0224

함수 $f(x)=a^x$ $(a>0,\ a\neq1)$에서 $f(3)=m$, $f(7)=n$일 때, 다음 중 $f(8)$의 값을 m, n에 대한 식으로 나타낸 것은?

① mn ② m^2n ③ $\frac{n}{m^2}$
④ $\left(\frac{n}{m}\right)^2$ ⑤ $\left(\frac{m}{n}\right)^2$

0225

함수 $f(x)=2^{mx+n}$에서 $f(0)=4$, $f(2)=8$일 때, $f(1)$의 값을 구하시오. (단, m, n은 상수이다.)

0226 [서술형]

함수 $f(x)=\left(\frac{1}{2}\right)^x$에 대하여

$f(a-2b)=4$, $f(a-b)=2$

일 때, $f(a-3b)$의 값을 구하시오.

빈출

유형 04 지수함수의 그래프에서의 함숫값 ∞ 개념 05-2

지수함수 $y=a^x$ $(a>0,\ a\neq1)$의 그래프가 점 $(p,\ q)$를 지날 때,
⇨ $q=a^p$

0227 대표

오른쪽 그림은 함수 $y=\left(\frac{1}{3}\right)^x$의 그래프이다. 이때 $a+b$의 값은?

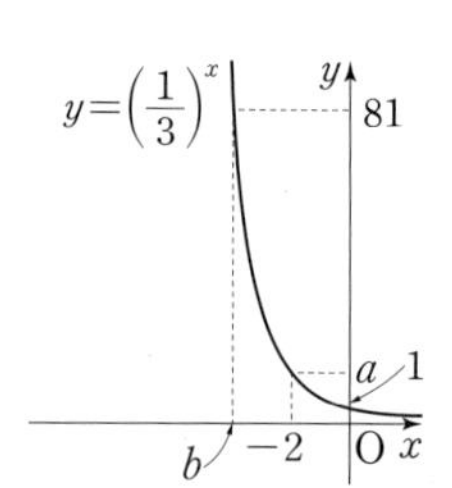

① 5 ② 7
③ 9 ④ 11
⑤ 13

0228

오른쪽 그림은 함수 $y=2^x$의 그래프와 직선 $y=x$를 나타낸 것이다. 이때 $\log_{bc}8$의 값은? (단, 점선은 x축 또는 y축에 평행하다.)

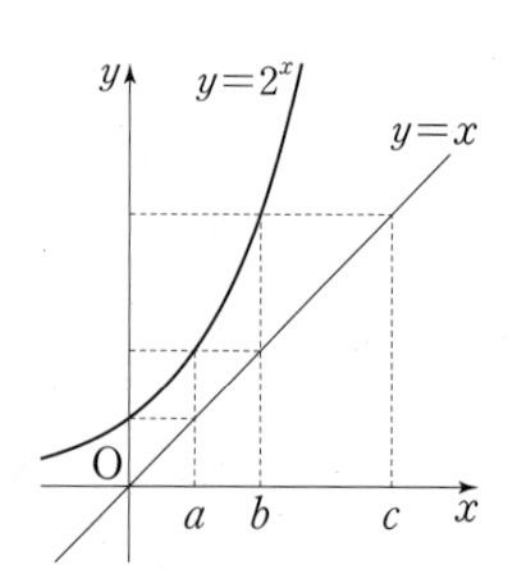

① 1 ② $\frac{3}{2}$
③ 2 ④ $\frac{5}{2}$
⑤ 3

0229

오른쪽 그림과 같이 함수 $y=3^x$의 그래프 위의 점 $(a,\ 32)$와 함수 $y=2^x$의 그래프 위의 점 $(b,\ 81)$에 대하여 ab의 값은?

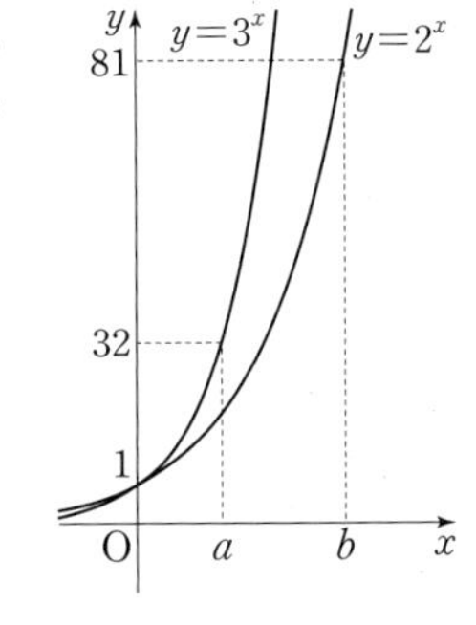

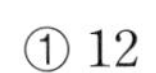

① 12　　② 14
③ 16　　④ 18
⑤ 20

0230 [서술형]

오른쪽 그림과 같이 두 함수 $y=2^x$, $y=4^x$의 그래프가 직선 $y=4$와 만나는 점을 각각 A, B라 할 때, 삼각형 OAB의 넓이를 구하시오.

(단, O는 원점이다.)

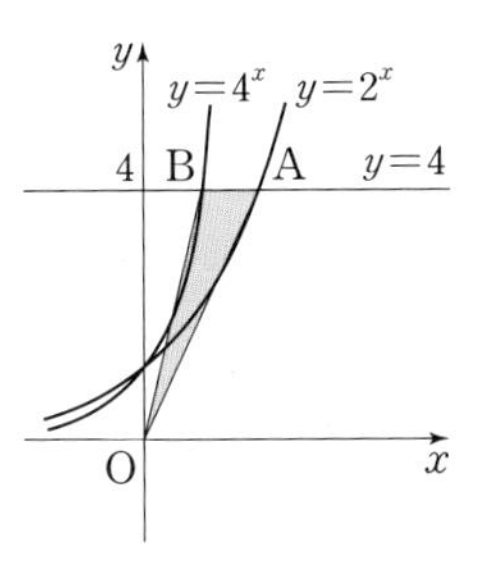

0231

오른쪽 그림과 같이 두 함수 $y=2^x$, $y=k\times 2^x$ $(0<k<1)$의 그래프 위의 점 중 제1사분면에 있는 점을 각각 A, B라 하고 두 점 A, B에서 x축에 내린 수선의 발을 각각 C, D라 하자. 사각형 ACDB가 정사각형이고 선분 AD의 길이가 $4\sqrt{2}$일 때, 상수 k의 값을 구하시오.

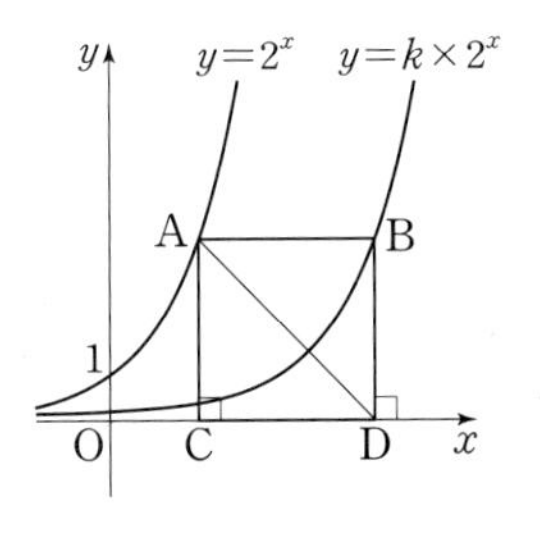

유형 05 지수함수를 이용한 수의 대소 비교

개념 05-2

지수를 포함한 수의 대소는 다음과 같은 순서로 비교한다.

❶ 주어진 수의 밑을 같게 한다.

❷ 지수함수 $y=a^x$의 성질을 이용하여 ❶에서 구한 수의 대소를 비교한다.
이때 a의 값의 범위에 따라 다음을 이용한다.
(i) $a>1$일 때, $x_1<x_2 \Longleftrightarrow a^{x_1}<a^{x_2}$
(ii) $0<a<1$일 때, $x_1<x_2 \Longleftrightarrow a^{x_1}>a^{x_2}$

0232 대표

다음 세 수 A, B, C의 대소 관계를 바르게 나타낸 것은?

$$A=\frac{1}{\sqrt[5]{16}},\ B=\sqrt[3]{\frac{1}{32}},\ C=\left(\frac{1}{2}\right)^{\frac{3}{4}}$$

① $A<B<C$　　② $A<C<B$
③ $B<A<C$　　④ $B<C<A$
⑤ $C<B<A$

0233

세 수 $\sqrt{3}$, $\left(\frac{1}{9}\right)^{-\frac{1}{3}}$, $\sqrt[5]{27}$ 중에서 가장 작은 수를 a, 가장 큰 수를 b라 할 때, a^2b의 값은?

① $3^{\frac{2}{3}}$　　② 3　　③ $3^{\frac{4}{3}}$
④ $3^{\frac{5}{3}}$　　⑤ 9

0234

$0<a<b<1$일 때, 세 수 1, a^a, a^b의 대소 관계를 바르게 나타낸 것은?

① $1<a^a<a^b$　　② $1<a^b<a^a$
③ $a^a<1<a^b$　　④ $a^a<a^b<1$
⑤ $a^b<a^a<1$

바른답 · 알찬풀이 020쪽

빈출

유형 06 지수함수의 최대·최소; $y=a^{px+q}+r$ 꼴 ∞ 개념 05-4

정의역이 $\{x\,|\,m\le x\le n\}$인 지수함수 $f(x)=a^{px+q}+r\ (p>0)$의 최대·최소는 다음과 같이 구한다.
(i) $a>1$일 때 ⇨ 최댓값: $f(n)$, 최솟값: $f(m)$
(ii) $0<a<1$일 때 ⇨ 최댓값: $f(m)$, 최솟값: $f(n)$

0235 대표

정의역이 $\{x\,|\,-1\le x\le 2\}$인 함수 $y=\left(\frac{1}{2}\right)^{x+1}+3$의 최댓값을 M, 최솟값을 m이라 할 때, Mm의 값은?

① 12 ② $\frac{25}{2}$ ③ 13
④ $\frac{27}{2}$ ⑤ 14

0236

정의역이 $\{x\,|\,-2\le x\le 1\}$인 함수 $f(x)=5^{x+a}$의 최솟값이 5일 때, 최댓값은? (단, a는 상수이다.)

① 10 ② 25 ③ 125
④ 250 ⑤ 625

0237

정의역이 $\{x\,|\,3\le x\le 6\}$인 함수 $f(x)=a^{x-1}\ (a\ne 1)$의 최댓값이 최솟값의 27배가 되도록 하는 모든 양수 a의 값의 합은?

① $\frac{4}{3}$ ② $\frac{7}{3}$ ③ $\frac{10}{3}$
④ $\frac{13}{3}$ ⑤ $\frac{16}{3}$

유형 07 지수함수의 최대·최소; $y=a^{f(x)}$ 꼴 ∞ 개념 05-4

지수함수 $y=a^{f(x)}$의 최대·최소는 다음과 같은 순서로 구한다.
❶ 주어진 범위에서 $f(x)$의 최댓값과 최솟값을 구한다.
❷ a의 값의 범위에 따라 다음을 이용한다.
(i) $a>1$일 때 ⇨ $f(x)$가 최대이면 y도 최대
$f(x)$가 최소이면 y도 최소
(ii) $0<a<1$일 때 ⇨ $f(x)$가 최대이면 y는 최소
$f(x)$가 최소이면 y는 최대

0238 대표

정의역이 $\{x\,|\,-2\le x\le 1\}$인 함수 $y=2^{-x^2-2x+3}$의 최댓값을 M, 최솟값을 m이라 할 때, $M+m$의 값은?

① 3 ② 5 ③ 6
④ 9 ⑤ 17

0239

정의역이 $\{x\,|\,0\le x\le 2\}$인 함수 $y=\left(\frac{1}{3}\right)^{x^2-2x}$이 $x=a$에서 최댓값 b를 가질 때, $b-a$의 값은?

① -2 ② 1 ③ 2
④ 4 ⑤ 6

0240 [서술형]

정의역이 $\{x\,|\,-1\le x\le 3\}$인 함수 $y=4^{x^2-6x-a}$의 최솟값이 64일 때, 상수 a의 값을 구하시오.

0241

정의역이 $\{x\,|\,-2\le x\le 0\}$인 함수 $y=a^{x^2+4x+5}\ (a>1)$의 최댓값이 32일 때, 최솟값을 구하시오.

유형08 지수함수의 최대·최소; a^x 꼴이 반복되는 경우

개념 05-4

지수함수 $y=pa^{2x}+qa^x+r$ (p, q, r는 상수)의 최대·최소는 다음과 같은 순서로 구한다.

❶ $a^x=t$ $(t>0)$로 치환하여 t에 대한 이차함수로 나타낸다.
⇨ $y=pt^2+qt+r$

❷ ❶에서 얻은 이차함수의 최댓값과 최솟값을 구한다. 이때 t의 값의 범위에 주의한다.

0242 대표

정의역이 $\{x|1\le x\le 2\}$인 함수 $y=4^x-2\times 2^x+3$의 최댓값을 M, 최솟값을 m이라 할 때, $M+m$의 값을 구하시오.

0243

정의역이 $\{x|-2\le x\le 1\}$인 함수 $y=9^x-3^{x+1}+a$의 최댓값이 4, 최솟값이 b일 때, ab의 값을 구하시오. (단, a는 상수이다.)

0244

함수 $y=\left(\frac{1}{4}\right)^x-k\left(\frac{1}{2}\right)^{x-1}+k+3$의 최솟값이 1일 때, 양수 k의 값은?

① 1 ② $\frac{5}{4}$ ③ $\frac{3}{2}$
④ $\frac{7}{4}$ ⑤ 2

유형09 지수함수의 최대·최소; 산술평균과 기하평균의 관계 이용

개념 05-4

함수 $y=a^x+a^{-x}$ $(a>0,\ a\ne 1)$의 최대·최소는
⇨ 모든 실수 x에 대하여 $a^x>0$, $a^{-x}>0$이므로 산술평균과 기하평균의 관계에 의하여

$$a^x+a^{-x}\ge 2\sqrt{a^x\times a^{-x}}=2$$

(단, 등호는 $a^x=a^{-x}$, 즉 $x=0$일 때 성립)

임을 이용하여 구한다.

0245 대표

두 함수 $f(x)=3^x$, $g(x)=\left(\frac{1}{3}\right)^x$에 대하여 함수 $h(x)$가 $h(x)=f(x)+g(x)-1$일 때, $h(x)$의 최솟값을 구하시오.

0246

함수 $y=\left(\frac{1}{4}\right)^x+\left(\frac{1}{4}\right)^{-x-2}$이 $x=a$에서 최솟값 b를 가질 때, $b-a$의 값을 구하시오.

0247

함수 $y=-(4^x+4^{-x})+2(2^x+2^{-x})-1$의 최댓값은?

① -4 ② -2 ③ -1
④ 1 ⑤ 2

0248 [서술형]

$x+2y-6=0$을 만족시키는 두 실수 x, y에 대하여 2^x+4^y이 $x=a$, $y=b$에서 최솟값 c를 가질 때, $\frac{ac}{b}$의 값을 구하시오.

바른답·알찬풀이 021쪽

Lecture 06 지수함수의 활용

기본 익히기

37쪽 | 개념 06-1, 2 |

0249~0250 다음 방정식을 푸시오.

0249 $9^x=243$

0250 $\left(\frac{1}{4}\right)^x=2^{x-3}$

0251 다음은 방정식 $4^{2x}+4^x-6=0$의 해를 구하는 과정이다.

> $4^x=t\ (t>0)$로 놓으면
> [(가)]$=0$ $\quad\therefore t=$[(나)] $(\because t>0)$
> 즉, $4^x=$[(나)]이므로
> $x=$[(다)]

위의 과정에서 (가), (나), (다)에 알맞은 것을 각각 구하시오.

0252 방정식 $\left(\frac{1}{9}\right)^x-7\times\left(\frac{1}{3}\right)^x-18=0$을 푸시오.

0253~0254 다음 부등식을 푸시오.

0253 $2^{x+3}>4\sqrt{2}$

0254 $\left(\frac{1}{5}\right)^{3x-4}\le5^{-x}$

0255 다음은 부등식 $\left(\frac{1}{4}\right)^x-5\times\left(\frac{1}{2}\right)^x+4\le0$의 해를 구하는 과정이다.

> $\left(\frac{1}{2}\right)^x=t\ (t>0)$로 놓으면
> [(가)]≤0 $\quad\therefore$ [(나)]$\le t\le$[(다)]
> 즉, [(나)]$\le\left(\frac{1}{2}\right)^x\le$[(다)]이므로
> [(라)]$\le x\le$[(마)]

위의 과정에서 (가)~(마)에 알맞은 것을 각각 구하시오.

0256 부등식 $3^{2x+4}-3^{x+2}-6\ge0$을 푸시오.

유형 익히기

빈출 유형 10 지수방정식; 밑을 같게 할 수 있는 경우 개념 06-1

밑을 같게 할 수 있는 방정식의 해는 다음과 같은 순서로 구한다.

❶ 주어진 방정식의 양변의 밑을 같게 하여

$$a^{f(x)}=a^{g(x)}$$

꼴로 변형한다.

❷ ❶에서 변형한 방정식의 해는 다음을 이용하여 구한다.

$$a^{f(x)}=a^{g(x)}\iff f(x)=g(x)\ (\text{단, } a>0,\ a\neq1)$$

0257 대표

방정식 $4^x\times\left(\frac{1}{2}\right)^{x^2-3}=\frac{1}{4}$의 모든 근의 합은?

① -4 ② -2 ③ -1
④ 1 ⑤ 2

0258

x에 대한 방정식 $\left(\frac{1}{\sqrt{3}}\right)^{3x}=27^{k-x}$의 근이 8일 때, 상수 k의 값을 구하시오.

0259

방정식 $\frac{7^{x^2-2x}}{7^{4x-10}}=49$의 두 근을 α, β라 할 때, $\alpha-\beta$의 값은? (단, $\alpha>\beta$)

① 2 ② 4 ③ 6
④ 8 ⑤ 10

빈출

유형 11 지수방정식; a^x 꼴이 반복되는 경우

개념 06-1

a^x $(a>0, a\neq1)$ 꼴이 반복되는 방정식, 즉 $pa^{2x}+qa^x+r=0$ $(p, q, r$는 상수$)$의 해는 다음과 같은 순서로 구한다.

❶ $a^x=t$ $(t>0)$로 치환하여 t에 대한 이차방정식을 만든다.
⇨ $pt^2+qt+r=0$

❷ ❶에서 만든 방정식의 해를 구한다. 이때 $t>0$임에 주의한다.

0260 대표

방정식 $5^{x+1}+5\times5^{-x}-26=0$의 두 근을 α, β라 할 때, $\alpha+\beta$의 값은?

① -1 ② $-\frac{1}{5}$ ③ 0
④ $\frac{1}{5}$ ⑤ 1

0261

방정식 $4^x-10\times2^x+16=0$을 푸시오.

0262

방정식 $a^{2x}+a^x=6$의 해가 $x=\frac{1}{3}$일 때, 상수 a의 값은?
(단, $a>0$, $a\neq1$)

① $\frac{1}{8}$ ② $\frac{1}{4}$ ③ 2
④ 4 ⑤ 8

0263 [서술형]

방정식 $4(9^x+9^{-x})-9(3^x+3^{-x})+10=0$을 푸시오.

유형 12 지수방정식; 밑에 미지수가 있는 경우

개념 06-1

밑에 미지수가 있는 방정식의 해는 다음을 이용하여 구한다.

(1) $\{a(x)\}^{f(x)}=\{a(x)\}^{g(x)}$ $(a(x)>0)$ 꼴의 방정식
⇨ $a(x)=1$ 또는 $f(x)=g(x)$의 해를 구한다.

(2) $\{a(x)\}^{f(x)}=\{b(x)\}^{f(x)}$ $(a(x)>0, b(x)>0)$ 꼴의 방정식
⇨ $f(x)=0$ 또는 $a(x)=b(x)$의 해를 구한다.

0264 대표

방정식 $x^x\times x^6=(x^2)^{x+2}$의 모든 근의 합은? (단, $x>0$)

① 1 ② 2 ③ 3
④ 4 ⑤ 5

0265

방정식 $(x^2+3)^{x-2}=(4x)^{x-2}$의 모든 근의 곱은?
(단, $x>0$)

① 6 ② 12 ③ 15
④ 18 ⑤ 21

0266

방정식 $(x^2+x+1)^{x+4}=1$의 모든 근의 합을 a, 모든 근의 곱을 b라 할 때, $b-a$의 값은?

① -5 ② -4 ③ -1
④ 4 ⑤ 5

바른답 · 알찬풀이 023쪽

유형 13 지수방정식으로 이루어진 연립방정식 개념 06-1

연립방정식의 꼴로 주어진 지수방정식의 해는 다음과 같은 순서로 구한다.

❶ $a^x=X$, $b^y=Y$ $(X>0, Y>0)$로 치환하여 X, Y에 대한 연립방정식을 만든다.

❷ ❶에서 만든 X, Y에 대한 연립방정식의 해를 구한다.

❸ $a^x=X$, $b^y=Y$에서 x, y의 값을 구한다.

0267 대표

연립방정식 $\begin{cases} 3^x-3\times5^y=-6 \\ 2\times3^x+5^y=23 \end{cases}$의 해를 $x=\alpha$, $y=\beta$라 할 때, $\alpha+\beta$의 값은?

① 3 ② 4 ③ 5
④ 6 ⑤ 7

0268

연립방정식 $\begin{cases} 2^{x+1}-3^{y+1}=-11 \\ 2^{x-2}+3^{y-1}=5 \end{cases}$의 해를 $x=\alpha$, $y=\beta$라 할 때, $\alpha^2+\beta^2$의 값은?

① 5 ② 10 ③ 13
④ 17 ⑤ 20

0269 [서술형]

연립방정식 $\begin{cases} \left(\frac{1}{5}\right)^x+\left(\frac{1}{5}\right)^y=6 \\ \left(\frac{1}{5}\right)^{x+y}=5 \end{cases}$의 해를 $x=\alpha$, $y=\beta$라 할 때, $\alpha\beta$의 값을 구하시오.

유형 14 지수방정식의 응용 개념 06-1

x에 대한 방정식 $pa^{2x}+qa^x+r=0$ (p, q, r는 상수)의 두 근이 α, β일 때,

⇨ $pt^2+qt+r=0$의 두 근은 a^α, a^β이다.
└→ $a^x=t$ $(t>0)$로 치환하여 만든 t에 대한 방정식

0270 대표

방정식 $16^x-3\times4^{x+1}+16=0$의 두 근을 α, β라 할 때, $\alpha+\beta$의 값은?

① -2 ② -1 ③ 0
④ 1 ⑤ 2

0271

방정식 $25^x-6\times5^x+4=0$의 두 근을 α, β라 할 때, $5^{2\alpha}+5^{2\beta}$의 값은?

① 28 ② 30 ③ 32
④ 34 ⑤ 36

0272

방정식 $9^x-3^{x+1}+k=0$의 서로 다른 두 실근의 합이 -2일 때, 상수 k의 값을 구하시오.

0273

방정식 $4^x-k\times2^x+4=0$이 서로 다른 두 실근을 갖도록 하는 정수 k의 최솟값은?

① 3 ② 4 ③ 5
④ 6 ⑤ 7

빈출 유형 15 지수부등식; 밑을 같게 할 수 있는 경우 개념 06-2

밑을 같게 할 수 있는 부등식의 해는 다음과 같은 순서로 구한다.

❶ 주어진 부등식의 양변의 밑을 같게 하여

$a^{f(x)} < a^{g(x)}$

꼴로 변형한다.

❷ ❶에서 변형한 부등식의 해는 a의 값의 범위에 따라 다음을 이용하여 구한다.

(i) $a>1$일 때, $a^{f(x)} < a^{g(x)} \Longleftrightarrow f(x) < g(x)$

(ii) $0<a<1$일 때, $a^{f(x)} < a^{g(x)} \Longleftrightarrow f(x) > g(x)$

0274 대표

부등식 $3^{x^2+x-6} < 9^x$을 풀면?

① $-3<x<-2$ ② $-3<x<2$
③ $-2<x<2$ ④ $-2<x<3$
⑤ $2<x<3$

0275

부등식 $2^{-2x-1} \le 2^x \le 16 \times 2^{-x}$을 만족시키는 정수 x의 개수는?

① 2 ② 3 ③ 4
④ 5 ⑤ 6

0276

이차함수 $y=f(x)$의 그래프와 직선 $y=g(x)$가 오른쪽 그림과 같을 때, 부등식

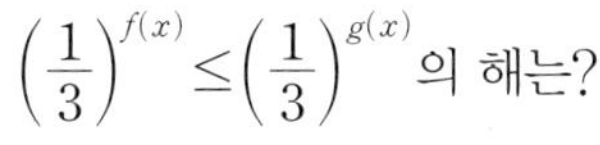

$\left(\frac{1}{3}\right)^{f(x)} \le \left(\frac{1}{3}\right)^{g(x)}$ 의 해는?

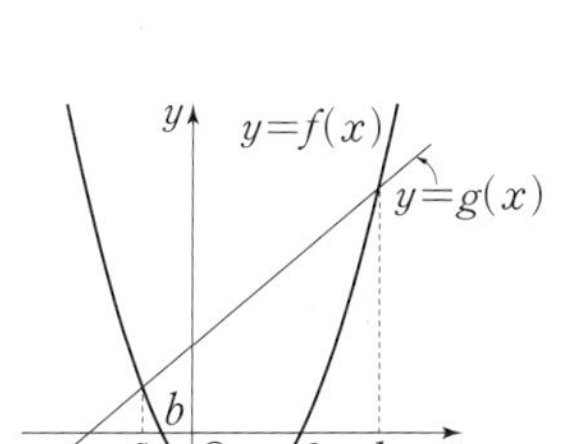

① $x \le a$
② $x \ge d$
③ $b \le x \le c$
④ $x \le b$ 또는 $x \ge c$
⑤ $x \le a$ 또는 $x \ge d$

빈출 유형 16 지수부등식; a^x 꼴이 반복되는 경우 개념 06-2

a^x $(a>0, a \ne 1)$ 꼴이 반복되는 부등식, 즉 $pa^{2x}+qa^x+r>0$ (p, q, r는 상수)의 해는 다음과 같은 순서로 구한다.

❶ $a^x=t$ $(t>0)$로 치환하여 t에 대한 이차부등식을 만든다.

⇨ $pt^2+qt+r>0$

❷ ❶에서 만든 부등식의 해를 구한다. 이때 $t>0$임에 주의한다.

0277 대표

부등식 $4^x - 10 \times 2^{x+1} + 64 < 0$의 해가 $\alpha < x < \beta$일 때, $2^\alpha + 2^\beta$의 값은?

① 8 ② 10 ③ 16
④ 18 ⑤ 20

0278 [서술형]

부등식 $\left(\frac{1}{9}\right)^x - 12 \times \left(\frac{1}{3}\right)^x + 27 \le 0$을 만족시키는 실수 x의 최댓값을 M, 최솟값을 m이라 할 때, $M+m$의 값을 구하시오.

0279

연립부등식 $\begin{cases} 5^x \ge 5^{1-x}+4 \\ \left(\frac{1}{4}\right)^x - 2 \times \left(\frac{1}{2}\right)^x - 8 < 0 \end{cases}$ 을 만족시키는 실수 x의 최솟값은?

① -2 ② -1 ③ 1
④ 2 ⑤ 4

바른답 · 알찬풀이 025쪽

0280

부등식 $9^x-a\times3^{x+1}+b<0$의 해가 $1<x<3$일 때, 상수 a, b에 대하여 $a+b$의 값을 구하시오.

유형 17 지수부등식; 밑에 미지수가 있는 경우 개념 06-2

$x^{f(x)}>x^{g(x)}$ $(x>0)$ 꼴의 부등식의 해는 x의 값의 범위에 따라 다음과 같이 구한다.

(i) $x>1$일 때, $f(x)>g(x)$를 만족시키는 x의 값의 범위를 구한다.

(ii) $0<x<1$일 때, $f(x)<g(x)$를 만족시키는 x의 값의 범위를 구한다.

(iii) $x=1$일 때, 주어진 부등식의 양변에 $x=1$을 대입하여 부등식이 성립하거나 성립하지 않음을 보인다.

0281 대표

부등식 $x^{2x-5}>x^{-x+4}$을 풀면? (단, $x>0$)

① $0<x<1$ ② $0<x<1$ 또는 $x>3$
③ $3<x<5$ ④ $0<x<3$ 또는 $x>5$
⑤ $x>3$

0282

부등식 $x^{5x+6}>x^{x^2}$을 풀면? (단, $x>1$)

① $1<x<3$ ② $1<x<6$
③ $2<x<4$ ④ $2<x<6$
⑤ $3<x<8$

0283 [서술형]

부등식 $x^{x^2-5x}\le x^{2x-10}$의 해가 $\alpha<x\le\beta$ 또는 $\gamma\le x\le\delta$일 때, $\alpha+\beta-\gamma+\delta$의 값을 구하시오. (단, $x>0$)

0284

부등식 $(x^2-2x+1)^{x-1}<1$의 해의 집합을 S라 할 때, 다음 중 집합 S의 원소가 아닌 것은? (단, $x\ne1$)

① $-\frac{3}{4}$ ② $-\frac{1}{2}$ ③ $\frac{5}{4}$
④ $\frac{7}{4}$ ⑤ $\frac{9}{4}$

유형 18 지수부등식의 응용 개념 06-2

모든 실수 x에 대하여 부등식

$a^{2x}+pa^x+q>0$ (p, q는 상수)

이 성립할 때,

⇨ $t^2+pt+q>0$은 $t>0$에서 항상 성립한다.
└→ $a^x=t$ $(t>0)$로 치환하여 만든 t에 대한 부등식

0285 대표

모든 실수 x에 대하여 부등식

$9^x-3^{x+1}+2k\ge0$

이 성립하도록 하는 실수 k의 최솟값은?

① $\frac{1}{8}$ ② $\frac{3}{8}$ ③ $\frac{5}{8}$
④ $\frac{7}{8}$ ⑤ $\frac{9}{8}$

0286
$x\le0$인 모든 실수 x에 대하여 부등식

$$\left(\frac{1}{2}\right)^{x+1}-\left(\frac{1}{4}\right)^{x}+a<0$$

이 성립하도록 하는 정수 a의 최댓값은?

① -1 ② 0 ③ 1
④ 2 ⑤ 3

0287
모든 실수 x에 대하여 이차부등식

$$x^2-2(3^a+1)x+10(3^a+1)\ge0$$

이 성립하도록 하는 실수 a의 최댓값을 구하시오.

빈출

유형 19 지수방정식과 지수부등식의 실생활에의 활용 개념 06-1, 2

지수방정식과 지수부등식의 실생활에의 활용 문제는 다음과 같은 순서로 해결한다.

❶ 처음의 양을 a, 매시간마다 그 양이 p배씩 변하는 물질의 x시간 후의 양을 y라 하면

$$y=a\times p^x$$

임을 이용하여 방정식 또는 부등식을 세운다.

❷ ❶에서 세운 식을 이용하여 주어진 조건을 만족시키는 해를 구한다.

0288 대표
1마리의 어떤 박테리아는 1시간마다 분열하여 t시간 후에 그 개체 수가 a^t마리가 된다고 한다. 처음에 4마리였던 이 박테리아가 2시간 후에 36마리가 되었을 때, 4마리였던 박테리아가 972마리가 되는 것은 처음으로부터 몇 시간 후인지 구하시오. (단, $a>0$, $a\ne1$)

0289
반감기가 36년인 방사성 탄소 동위 원소 A의 처음의 양이 a g이었을 때, x년 후 남아 있는 양을 $f(x)$ g이라 하면

$$f(x)=a\times\left(\frac{1}{2}\right)^{\frac{x}{36}}$$

이 성립한다고 한다. 어떤 화석에 A가 12.5 g 남아 있었다. 처음 A의 양이 100 g이었다면 이 화석은 몇 년 전의 것인가?

① 96년 전 ② 102년 전 ③ 108년 전
④ 114년 전 ⑤ 120년 전

0290 [서술형]
어느 주식에 A원을 투자했을 때, t년 후의 이익금을 $f(t)$원이라 하면

$$f(t)=A\times\left(\frac{5}{3}\right)^{\frac{t}{3}}$$

이 성립한다고 한다. 투자 금액이 180만 원일 때, 이익금이 처음으로 500만 원 이상이 되는 것은 투자를 시작하고부터 몇 년 후인지 구하시오.

0291
어떤 공을 땅에 떨어뜨리면 그 공은 직전에 낙하한 높이의 80 %만큼 수직으로 튀어 오른다고 한다. 이 공을 지면으로부터 15 m 높이에서 떨어뜨렸을 때, 튀어 오른 공의 최고 높이가 지면으로부터 7.68 m 이하가 되려면 이 공이 지면에서 최소 몇 번 튀어 올라야 하는가?

① 2번 ② 3번 ③ 4번
④ 5번 ⑤ 6번

바른답·알찬풀이 027쪽

중단원 마무리

09 일차

STEP1 실전 문제

0292 중요!
38쪽 유형 01+39쪽 유형 02

다음 중에서 함수 $y=2^{x+4}+2$에 대한 설명으로 옳지 않은 것을 모두 고르면? (정답 2개)

① x의 값이 증가하면 y의 값도 증가한다.
② 정의역은 $\{x|x>-4\}$, 치역은 $\{y|y>2\}$이다.
③ 그래프는 $y=2^x$의 그래프를 x축의 방향으로 -4만큼, y축의 방향으로 2만큼 평행이동한 것이다.
④ 그래프의 점근선은 직선 $y=-2$이다.
⑤ 그래프는 점 $(-4, 3)$을 지난다.

0293 평가원
39쪽 유형 02

함수 $f(x)=-2^{4-3x}+k$의 그래프가 제2사분면을 지나지 않도록 하는 자연수 k의 최댓값은?

① 10 ② 12 ③ 14 ④ 16 ⑤ 18

0294
40쪽 유형 03

함수 $f(x)=a^x\ (a>0,\ a\neq1)$에 대하여 $f(2)+f(-2)=14$일 때, $f(3)+f(-3)$의 값은?

① 46 ② 48 ③ 50 ④ 52 ⑤ 54

0295
39쪽 유형 02+40쪽 유형 04

두 함수 $y=3^x$, $y=9\times3^x$의 그래프와 두 직선 $y=3$, $y=9$로 둘러싸인 부분의 넓이는?

① 12 ② 14 ③ 16 ④ 18 ⑤ 20

0296
40쪽 유형 04

함수 $y=2^x$의 그래프 위의 두 점 A, B에 대하여 직선 AB의 기울기가 2이고 $\overline{AB}=5$이다. 두 점 A, B의 x좌표를 각각 a, b라 할 때, 2^b-2^a의 값을 구하시오. (단, $a<b$)

0297
41쪽 유형 05

$0<x<1$일 때, 다음 세 수 A, B, C의 대소 관계를 바르게 나타낸 것은?

$$A=\left(\frac{2}{3}\right)^{x^3},\ B=\left(\frac{2}{3}\right)^{x^2},\ C=\left(\frac{2}{3}\right)^{x}$$

① $A<B<C$ ② $B<A<C$ ③ $B<C<A$ ④ $C<A<B$ ⑤ $C<B<A$

0298
42쪽 유형 06

정의역이 $\{x|-4\leq x\leq2\}$인 두 함수 $f(x)=2^x\times3^x$, $g(x)=3^x\times5^{-x}$에 대하여 $f(x)$의 최댓값을 M, $g(x)$의 최솟값을 m이라 할 때, $\frac{M}{m}$의 값을 구하시오.

0299 교육청 42쪽 유형 06

정의역이 $\{x|-1\le x\le 2\}$인 함수 $f(x)=\left(\frac{3}{a}\right)^x$의 최댓값이 4가 되도록 하는 모든 양수 a의 값의 곱은?

① 16 ② 18 ③ 20 ④ 22 ⑤ 24

0300 42쪽 유형 06

정의역이 $\{x|0\le x\le 2\}$인 함수 $f(x)=a\times 2^x+b$의 최댓값이 최솟값의 3배이고, $f(1)=5$일 때, $a+b$의 값은?

(단, $a>0$이고, a, b는 상수이다.)

① -3 ② -2 ③ 1 ④ 2 ⑤ 3

0301 43쪽 유형 09

함수 $y=(2^{x-1}+2^{-x})^2-(2^x+2^{1-x})+k$의 최솟값이 2일 때, 상수 k의 값은?

① $\sqrt{2}$ ② 2 ③ $2\sqrt{2}$ ④ 4 ⑤ $4\sqrt{2}$

0302 44쪽 유형 10

방정식 $2^{2x}\times 5^{x^2-12}=20^x$의 모든 근의 곱은?

① -12 ② -6 ③ -2 ④ 6 ⑤ 12

0303 중요! 45쪽 유형 11

방정식 $9^{x+\frac{1}{2}}-7\times 3^x+2=0$의 두 근을 α, β라 할 때, $3^{\alpha\beta}$의 값을 구하시오.

0304 45쪽 유형 12

방정식 $(x-1)^{x^2+2}=(x-1)^{5x-4}$의 모든 근의 합을 a, 방정식 $\left(x-\frac{1}{5}\right)^{6-5x}=2^{6-5x}$의 모든 근의 합을 b라 할 때, ab의 값을 구하시오. (단, $x>1$)

0305 47쪽 유형 15

부등식 $\frac{27}{9^x}\ge 3^{x-9}$을 만족시키는 자연수 x의 개수는?

① 1 ② 2 ③ 3 ④ 4 ⑤ 5

0306 47쪽 유형 15

부등식 $\left(\frac{1}{4}\right)^{x^2}>\left(\frac{1}{2}\right)^{ax}$을 만족시키는 정수 x가 4개일 때, 자연수 a의 최댓값을 구하시오.

바른답·알찬풀이 029쪽

STEP 2 실력 UP 문제

0307

39쪽 유형 02

오른쪽 그림은 함수 $y=a\times2^{-x}$의 그래프를 x축에 대하여 대칭이동한 후, x축의 방향으로 1만큼, y축의 방향으로 b만큼 평행이동한 그래프이다. 이 그래프의 점근선이 직선 $y=4$일 때, 이 그래프가 y축과 만나는 점 P의 위치가 x축보다 위쪽에 있도록 하는 정수 a의 개수는?

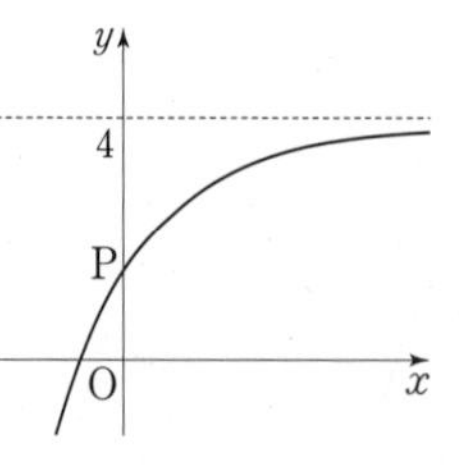

① 1 ② 2 ③ 3 ④ 4 ⑤ 5

0308

40쪽 유형 03

0이 아닌 실수 x에 대하여 $2f\left(\frac{2}{x}\right)+f(2x)=4^x$을 만족시키는 함수 $f(x)$가 있다. 이때 $f(1)+f(-1)$의 값을 구하시오.

0309

43쪽 유형 09 + 45쪽 유형 11

방정식 $4^x+4^{-x}=2(2^x+2^{-x}+3)$의 두 근 α, β에 대하여 $\frac{2^\alpha+2^\beta}{4^{\alpha+\beta}}$의 값은?

① $\frac{1}{4}$ ② $\frac{1}{2}$ ③ 1 ④ 2 ⑤ 4

0310

46쪽 유형 14

방정식 $9^x-a\times3^{x+1}+9a-9=0$의 두 근의 비가 $1:2$일 때, 자연수 a의 값을 구하시오.

0311

47쪽 유형 16

부등식 $2^x+2^{\frac{x}{2}+\log_2 3}-4\le0$을 풀면?

① $x\le0$ ② $0\le x\le2$ ③ $x\ge0$ ④ $x\le0$ 또는 $x\ge2$ ⑤ $x\ge2$

0312 수능

49쪽 유형 19

어느 금융상품에 초기자산 W_0을 투자하고 t년이 지난 시점에서의 기대자산 W가 다음과 같이 주어진다고 한다.

$$W=\frac{W_0}{2}10^{at}(1+10^{at})$$

(단, $W_0>0$, $t\ge0$이고, a는 상수이다.)

이 금융상품에 초기자산 w_0을 투자하고 15년이 지난 시점에서의 기대자산은 초기자산의 3배이다. 이 금융상품에 초기자산 w_0을 투자하고 30년이 지난 시점에서의 기대자산이 초기자산의 k배일 때, 실수 k의 값은? (단, $w_0>0$)

① 9 ② 10 ③ 11 ④ 12 ⑤ 13

적중 서술형 문제

0313
39쪽 유형 02

함수 $y=4^x$의 그래프를 y축에 대하여 대칭이동한 후, x축의 방향으로 m만큼, y축의 방향으로 n만큼 평행이동한 그래프가 두 점 $(1, 17)$, $(2, 5)$를 지날 때, $m+n$의 값을 구하시오.

0314
42쪽 유형 07

정의역이 $\{x|2\le x\le 4\}$인 함수 $y=a^{-x^2+4x+b}$의 최솟값이 $\frac{1}{729}$, 최댓값이 9일 때, 상수 a, b에 대하여 ab의 값을 구하시오. (단, $0<a<1$)

0315
43쪽 유형 08

정의역이 $\{x|1\le x\le 2\}$인 함수 $y=|4^{x-1}-2^x|$이 $x=a$에서 최댓값 b를 가질 때, $a+b$의 값을 구하시오.

0316
44쪽 유형 10

방정식 $4^x=2^{x^2-2}$의 두 근 α, β에 대하여 $\frac{2^{\alpha^2+\beta^2}}{4^{\alpha\beta}}$의 값을 구하시오.

0317
47쪽 유형 15

두 집합

$$A=\left\{x\left|\left(\frac{1}{3}\right)^{-2x+4}<3^{-x^2-1},\ x\text{는 정수}\right.\right\},$$

$$B=\{x|2^{-x^2+2x+12}\ge 4^{-x},\ x\text{는 정수}\}$$

에 대하여 다음 물음에 답하시오.

(1) 부등식 $\left(\frac{1}{3}\right)^{-2x+4}<3^{-x^2-1}$을 푸시오.

(2) 부등식 $2^{-x^2+2x+12}\ge 4^{-x}$을 푸시오.

(3) 집합 $A\cap B$의 모든 원소의 합을 구하시오.

바른답·알찬풀이 030쪽

04 로그함수

Ⅰ 지수함수와 로그함수

중단원 핵심 개념을 정리하였습니다.
Lecture별 유형 학습 전에 관련 개념을 완벽하게 알아두세요.

Lecture 07 로그함수

10일차

개념 07-1 로그함수

57~58쪽 | 유형 03, 05 |

지수함수 $y=a^x$ ($a>0$, $a\neq1$)의 역함수

$y=\log_a x$ ($a>0$, $a\neq1$)

를 a를 밑으로 하는 **로그함수**라 한다.

참고 지수함수 $y=a^x$ ($a>0$, $a\neq1$)은 실수 전체의 집합에서 양의 실수 전체의 집합으로의 일대일대응이므로 역함수를 갖는다.

예 $y=5^x$의 역함수 ⇨ $y=\log_5 x$

$y=\left(\frac{1}{2}\right)^x$의 역함수 ⇨ $y=\log_{\frac{1}{2}} x$

개념 07-2 로그함수 $y=\log_a x$ ($a>0$, $a\neq1$)의 성질

56, 58~59쪽 | 유형 01, 04, 06 |

(1) 정의역은 양의 실수 전체의 집합이고, 치역은 실수 전체의 집합이다.

(2) $a>1$일 때, x의 값이 증가하면 y의 값도 증가한다.
$0<a<1$일 때, x의 값이 증가하면 y의 값은 감소한다.

(3) 그래프는 점 $(1, 0)$을 지나고, y축을 점근선으로 갖는다.

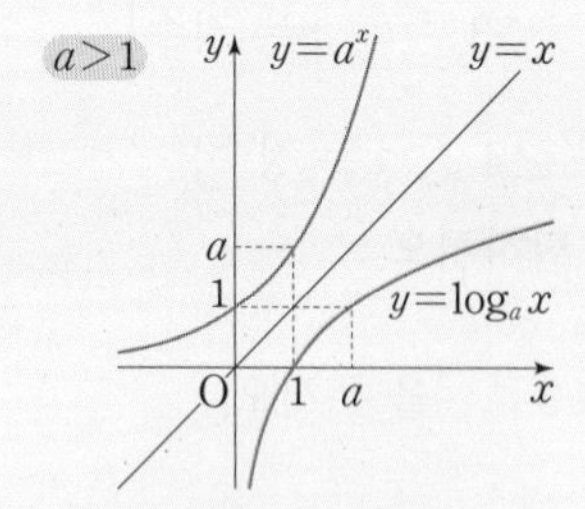

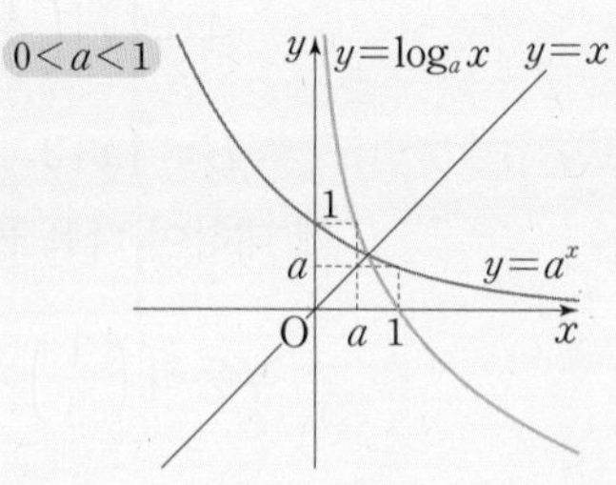

참고 $a>0$, $a\neq1$일 때, 두 로그함수 $y=\log_a x$, $y=\log_{\frac{1}{a}} x$의 그래프는 x축에 대하여 대칭이다.

개념 07-3 로그함수의 그래프의 평행이동과 대칭이동

57쪽 | 유형 02 |

로그함수 $y=\log_a x$ ($a>0$, $a\neq1$)의 그래프를 평행이동하거나 대칭이동한 그래프의 식은 다음과 같다. ($\rightarrow f(x, y)=0$)

(1) x축의 방향으로 m만큼, y축의 방향으로 n만큼 평행이동 ⇨ $y=\log_a(x-m)+n$ ($\rightarrow f(x-m, y-n)=0$)

(2) x축에 대하여 대칭이동 ⇨ $y=-\log_a x$ $\rightarrow f(x, -y)=0$

(3) y축에 대하여 대칭이동 ⇨ $y=\log_a(-x)$ $\rightarrow f(-x, y)=0$

(4) 원점에 대하여 대칭이동 ⇨ $y=-\log_a(-x)$ $\rightarrow f(-x, -y)=0$

(5) 직선 $y=x$에 대하여 대칭이동 ⇨ $y=a^x$ $\rightarrow f(y, x)=0$

예 로그함수 $y=\log_2 x$의 그래프를 평행이동하거나 대칭이동한 그래프의 식은

① x축의 방향으로 1만큼, y축의 방향으로 2만큼 평행이동 ⇨ $y=\log_2(x-1)+2$

② x축에 대하여 대칭이동 ⇨ $y=-\log_2 x$

③ y축에 대하여 대칭이동 ⇨ $y=\log_2(-x)$

④ 원점에 대하여 대칭이동 ⇨ $y=-\log_2(-x)$

⑤ 직선 $y=x$에 대하여 대칭이동 ⇨ $y=2^x$

개념 CHECK

1 다음은 함수 $y=2^x$의 역함수를 구하는 과정이다. □ 안에 알맞은 것을 써넣으시오.

> 함수 $y=2^x$은 실수 전체의 집합에서 □ 전체의 집합으로의 □이므로 역함수를 갖는다.
> $y=2^x$에서 로그의 정의에 의하여
> $x=$□
> x와 y를 서로 바꾸면 함수 $y=2^x$의 역함수는
> $y=$□

2 다음은 함수 $f(x)=\log_3 x$에 대한 설명이다. □ 안에 알맞은 것을 써넣으시오.

(1) 정의역은 □ 전체의 집합이다.

(2) 치역은 □ 전체의 집합이다.

(3) $x_1<x_2$이면 $f(x_1)$□$f(x_2)$이다.

(4) 그래프의 점근선은 □축이다.

3 다음 □ 안에 알맞은 것을 써넣으시오.

함수 $y=\log_5 x$의 그래프를

(1) x축의 방향으로 2만큼, y축의 방향으로 -1만큼 평행이동한 그래프의 식은 $y-(□)=\log_5(x-□)$, 즉 $y=\log_5(x-□)-□$

(2) x축에 대하여 대칭이동한 그래프의 식은 □$=\log_5 x$, 즉 $y=$□

(3) y축에 대하여 대칭이동한 그래프의 식은 $y=\log_5(□)$

(4) 원점에 대하여 대칭이동한 그래프의 식은 $y=-\log_5(□)$

1 양의 실수, 일대일대응, $\log_2 y$, $\log_2 x$
2 (1) 양의 실수 (2) 실수 (3) $<$ (4) y
3 (1) -1, 2, 2, 1 (2) $-y$, $-\log_5 x$ (3) $-x$ (4) $-x$

개념 07-4 로그함수의 최대·최소

59~61쪽 | 유형 07~11 |

정의역이 $\{x|\alpha \le x \le \beta\}$일 때, 로그함수 $f(x)=\log_a x$ $(a>0, a\ne1)$는

(1) $a>1$이면 $x=\alpha$일 때 최솟값 $f(\alpha)$, $x=\beta$일 때 최댓값 $f(\beta)$를 갖는다.

(2) $0<a<1$이면 $x=\alpha$일 때 최댓값 $f(\alpha)$, $x=\beta$일 때 최솟값 $f(\beta)$를 갖는다.

$a>1$ — $f(x)=\log_a x$

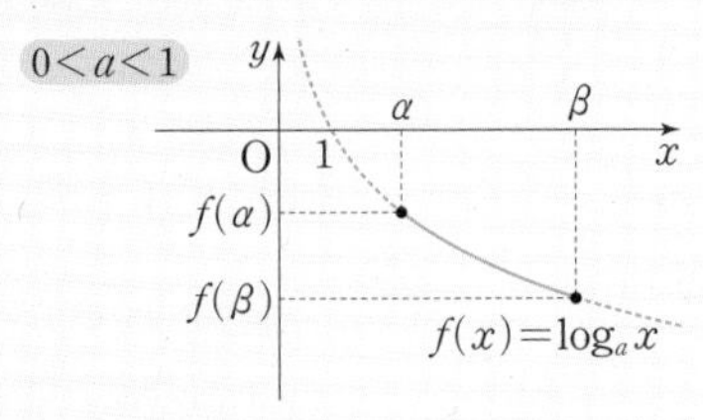

참고 | 함수 $y=\log_a f(x)$는

① $a>1$이면 $f(x)$가 최대일 때 최댓값, $f(x)$가 최소일 때 최솟값을 갖는다.

② $0<a<1$이면 $f(x)$가 최대일 때 최솟값, $f(x)$가 최소일 때 최댓값을 갖는다.

개념 CHECK

4 다음은 정의역이 $\left\{x \middle| \frac{1}{3} \le x \le 9\right\}$인 함수 $y=\log_3 x$의 최댓값과 최솟값을 구하는 과정이다. □ 안에 알맞은 것을 써넣으시오.

> 함수 $y=\log_3 x$는 x의 값이 증가하면 y의 값은 □하는 함수이다.
> 따라서 $\frac{1}{3} \le x \le 9$에서 함수 $y=\log_3 x$는 $x=$□일 때 최댓값 □, $x=$□일 때 최솟값 □을 갖는다.

Lecture 08 로그함수의 활용

개념 08-1 로그방정식 → 로그의 진수 또는 밑에 미지수가 있는 방정식

62~64, 67쪽 | 유형 12~16, 22 |

일반적으로 로그방정식은 로그의 성질을 이용하여 다음과 같이 풀 수 있다.

(1) 밑을 같게 할 수 있는 경우

주어진 방정식을 $\log_a f(x)=\log_a g(x)$ $(a>0, a\ne1)$ 꼴로 변형한 후,

$$\log_a f(x)=\log_a g(x) \iff f(x)=g(x)$$

임을 이용하여 푼다. (단, $f(x)>0$, $g(x)>0$)

(2) $\log_a x$ 꼴이 반복되는 경우: $\log_a x=t$로 치환하여 t에 대한 방정식을 푼다.

(3) 진수가 같은 경우

밑이 같거나 진수가 1임을 이용하여 푼다.

$$\log_{a(x)} f(x)=\log_{b(x)} f(x) \iff a(x)=b(x) \text{ 또는 } f(x)=1$$

(단, $a(x)>0$, $a(x)\ne1$, $b(x)>0$, $b(x)\ne1$, $f(x)>0$)

(4) 지수에 로그가 있는 경우: 양변에 로그를 취하여 푼다.

주의 | 로그방정식을 풀 때는 구한 해가 (밑)>0, (밑)$\ne1$, (진수)>0의 조건을 모두 만족시키는지 확인한다.

5 다음 방정식을 푸시오.

(1) $\log_2 x=-1$

(2) $\log_{\frac{1}{2}}(x-1)=-3$

(3) $\log_3(2x-5)=\log_3 x$

(4) $\log_5(x+3)=\log_5(2x-1)$

개념 08-2 로그부등식 → 로그의 진수 또는 밑에 미지수가 있는 부등식

65~67쪽 | 유형 17~22 |

일반적으로 로그부등식은 로그의 성질을 이용하여 다음과 같이 풀 수 있다.

(1) 밑을 같게 할 수 있는 경우

주어진 부등식을 $\log_a f(x)<\log_a g(x)$ 꼴로 변형한 후,

① $a>1$일 때, $\log_a f(x)<\log_a g(x) \iff 0<f(x)<g(x)$임을 이용하여 푼다.

② $0<a<1$일 때, $\log_a f(x)<\log_a g(x) \iff f(x)>g(x)>0$임을 이용하여 푼다.

(2) $\log_a x$ 꼴이 반복되는 경우: $\log_a x=t$로 치환하여 t에 대한 부등식을 푼다.

(3) 지수에 로그가 있는 경우: 양변에 로그를 취하여 푼다.

주의 | 로그부등식을 풀 때는 밑이 1보다 큰지 작은지에 따라 부등호의 방향이 달라짐에 유의한다.

6 다음 부등식을 푸시오.

(1) $\log_3 x\le2$

(2) $\log_{\frac{1}{2}} x>1$

(3) $\log_2(2x-3)\ge\log_2 x$

(4) $\log_{\frac{1}{5}}(x+3)<\log_{\frac{1}{5}} 2x$

---

4 증가, 9, 2, $\frac{1}{3}$, -1

5 (1) $x=\frac{1}{2}$ (2) $x=9$ (3) $x=5$ (4) $x=4$

6 (1) $0<x\le9$ (2) $0<x<\frac{1}{2}$ (3) $x\ge3$ (4) $0<x<3$

04 로그함수

Lecture 07 로그함수

기본 익히기

54~55쪽 | 개념 07-1~4 |

0318~0321 다음 함수의 역함수를 구하시오.

0318 $y=6^x$

0319 $y=2\times 3^{x+1}$

0320 $y=\log_4 x$

0321 $y=\log_{\frac{1}{10}} x$

0322~0324 함수 $y=\log_a x$의 그래프가 오른쪽 그림과 같을 때, 다음 함수의 그래프를 그리시오.

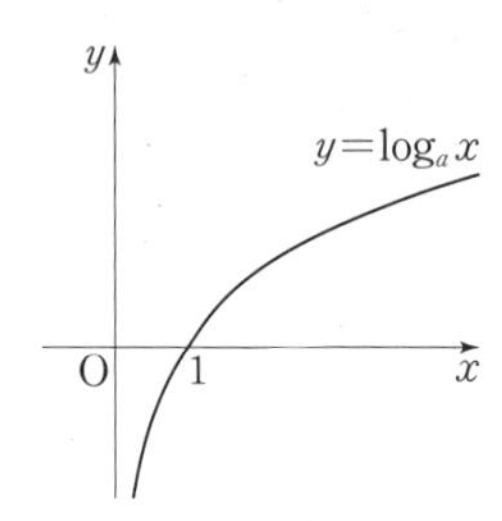

0322 $y=\log_a(-x)$

0323 $y=-\log_a(-x)$

0324 $y=\log_a ax$

0325~0327 로그함수를 이용하여 다음 두 수의 대소를 비교하시오.

0325 $\log_3 10,\ 3\log_3 2$

0326 $\log_2 3,\ \log_4 81$

0327 $\frac{1}{2}\log_{\frac{1}{3}} 36,\ \frac{1}{4}\log_{\frac{1}{3}} 25$

0328~0329 다음 함수의 최댓값과 최솟값을 각각 구하시오.

0328 $y=\log_3(x+2)-3\ (-1\le x\le 25)$

0329 $y=\log_{\frac{1}{2}} 5x+1\ \left(\frac{1}{5}\le x\le \frac{16}{5}\right)$

유형 익히기

유형 01 로그함수의 성질

개념 07-2

로그함수 $y=\log_a x\ (a>0,\ a\neq 1)$에 대하여
(1) 정의역: 양의 실수 전체의 집합
(2) 치역: 실수 전체의 집합
(3) $a>1$일 때, x의 값이 증가하면 y의 값도 증가
$0<a<1$일 때, x의 값이 증가하면 y의 값은 감소
(4) 그래프의 점근선: y축 (직선 $x=0$)

0330 대표

다음 중에서 함수 $y=\log_{\frac{1}{a}} x\ (0<a<1)$에 대한 설명으로 옳지 않은 것은?

① 정의역은 $\{x\,|\,x>0\}$이다.
② 그래프는 점 $(1,\ 0)$을 지난다.
③ 그래프의 점근선의 방정식은 $x=0$이다.
④ $0<x_1<x_2$이면 $\log_{\frac{1}{a}} x_1>\log_{\frac{1}{a}} x_2$이다.
⑤ 그래프는 제1, 4사분면을 지난다.

0331

함수 $y=\log_9(-x^2+3x+18)$의 정의역을 집합 A라 할 때, 집합 A의 원소 중에서 정수의 개수를 구하시오.

0332

함수 $y=\log_2 x$와 같은 함수인 것만을 **보기**에서 있는 대로 고르시오.

보기

ㄱ. $y=-\log_2 \frac{1}{x}$　　ㄴ. $y=\log_{\frac{1}{2}}(-x)$

ㄷ. $y=\log_4 x^2$　　ㄹ. $y=\frac{1}{3}\log_2 x^3$

유형02 로그함수의 그래프의 평행이동과 대칭이동

개념 07-3

로그함수 $y=\log_a x$ $(a>0, a\neq1)$의 그래프를 평행이동하거나 대칭이동한 그래프의 식은 다음과 같이 구한다.

x축의 방향으로 m만큼, y축의 방향으로 n만큼 평행이동	x 대신 $x-m$, y 대신 $y-n$ 대입	$y-n=\log_a(x-m)$, 즉 $y=\log_a(x-m)+n$
x축에 대하여 대칭이동	y 대신 $-y$ 대입	$-y=\log_a x$, 즉 $y=-\log_a x$
y축에 대하여 대칭이동	x 대신 $-x$ 대입	$y=\log_a(-x)$
원점에 대하여 대칭이동	x 대신 $-x$, y 대신 $-y$ 대입	$-y=\log_a(-x)$, 즉 $y=-\log_a(-x)$
직선 $y=x$에 대하여 대칭이동	x 대신 y, y 대신 x 대입	$x=\log_a y$, 즉 $y=a^x$

0333 대표

함수 $y=\log_2(4x-8)+2$의 그래프는 함수 $y=\log_2 x$의 그래프를 x축의 방향으로 a만큼, y축의 방향으로 b만큼 평행이동한 것이다. 이때 $a+b$의 값을 구하시오.

0334 [서술형]

함수 $y=\log_5 x$의 그래프를 원점에 대하여 대칭이동한 후, x축의 방향으로 k만큼 평행이동한 그래프가 점 $(2, -2)$를 지날 때, k의 값을 구하시오.

0335

함수 $y=\log_3(x+m)+n$의 그래프가 오른쪽 그림과 같을 때, 상수 m, n에 대하여 $m+n$의 값을 구하시오.

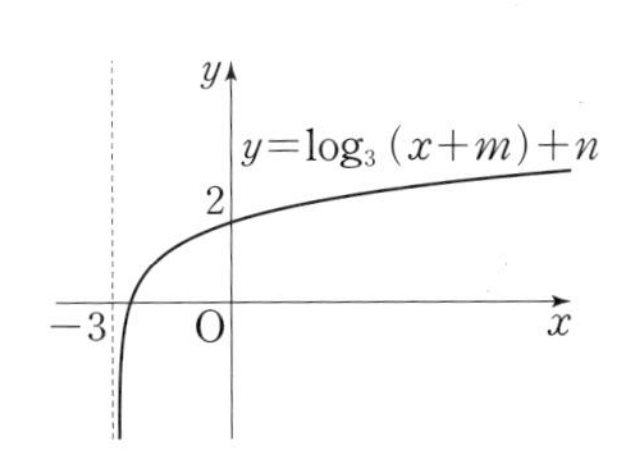

유형03 로그함수의 함숫값

개념 07-1

로그함수 $f(x)=\log_a x$ $(a>0, a\neq1)$에 대하여

(1) $f(p)$의 값을 구할 때,

⇨ $f(x)$에 x 대신 p를 대입하고 로그의 성질을 이용한다.

(2) 함숫값 $f(p)=k$가 주어지고 다른 함숫값을 구할 때,

⇨ $\log_a p=k \Longleftrightarrow a^k=p$와 로그의 성질을 이용한다.

0336 대표

함수 $f(x)=\log_a(2x+1)+3$에 대하여 $f(2)=4$일 때, $f(12)$의 값은? (단, $a>0$, $a\neq1$)

① 5 ② 6 ③ 7 ④ 8 ⑤ 9

0337

함수 $f(x)=\log_{\frac{1}{3}} x^2$에 대하여 $f(27)-f(3)$의 값은?

① -5 ② -4 ③ -3 ④ -2 ⑤ -1

0338

두 함수 $f(x)=2^x$, $g(x)=\log_4\sqrt{x}$에 대하여 $(g\circ f)(-4)$의 값을 구하시오.

0339

함수 $f(x)=\log_8\left(1+\frac{1}{x}\right)$에 대하여

$$f(1)+f(2)+f(3)+\cdots+f(63)$$

의 값을 구하시오.

바른답·알찬풀이 033쪽

빈출 유형04 로그함수의 그래프에서의 함숫값 개념 07-2

로그함수 $y=\log_a x$ $(a>0, a\neq1)$의 그래프가 점 (p, q)를 지날 때,
⇨ $q=\log_a p \Longleftrightarrow a^q=p$

0340 대표

오른쪽 그림은 함수 $y=\log_4 x$의 그래프와 직선 $y=x$를 나타낸 것이다. 이때 $\log_4 \dfrac{bc}{a}$의 값은?
(단, 점선은 x축 또는 y축에 평행하다.)

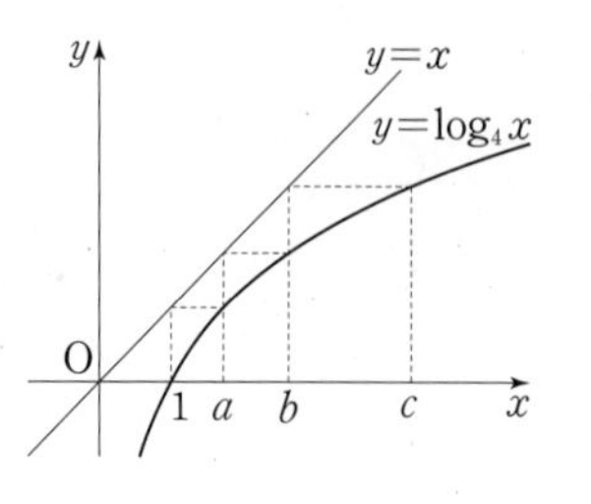

① 253 ② 255 ③ 257
④ 259 ⑤ 261

0341

두 함수 $y=\log x$, $y=\log_2 x$의 그래프와 직선 $y=2$의 교점을 각각 A, B라 할 때, 선분 AB의 길이를 구하시오.

0342

오른쪽 그림에서 사각형 ABCD는 한 변의 길이가 3인 정사각형이다. 점 A가 함수 $y=\log_3 x$의 그래프 위에 있을 때, 점 C의 x좌표는?
(단, 두 점 B, C는 x축 위에 있고, 점 D는 점 A의 오른쪽에 있다.)

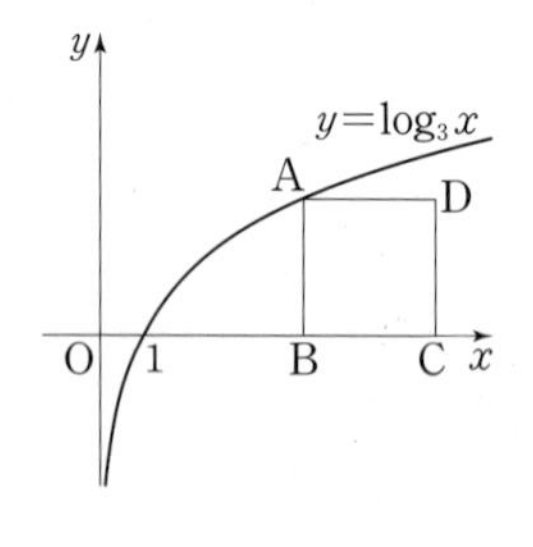

① 18 ② 21 ③ 24
④ 27 ⑤ 30

빈출 유형05 로그함수의 역함수 개념 07-1

(1) 로그함수 $y=\log_a (x-p)+q$ $(a>0, a\neq1)$의 역함수는 다음과 같은 순서로 구한다.
❶ x에 대하여 푼다. ⇨ $x=a^{y-q}+p$
❷ x와 y를 서로 바꾼다. ⇨ $y=a^{x-q}+p$
(2) 함수 $f(x)$의 역함수를 $g(x)$라 할 때,
⇨ $f(m)=n \Longleftrightarrow g(n)=m$
⇨ 두 함수 $y=f(x)$, $y=g(x)$의 그래프는 직선 $y=x$에 대하여 대칭이다.

0343 대표

함수 $y=\log_3 (x+a)+3$의 역함수가 $y=3^{x+b}-2$일 때, 상수 a, b에 대하여 $a+b$의 값을 구하시오.

0344

함수 $y=\log_2 (x-m)+n$의 그래프와 그 역함수의 그래프가 두 점에서 만나고, 두 교점의 x좌표가 각각 0, 1일 때, $m-n$의 값은? (단, m, n은 상수이다.)

① -2 ② -1 ③ 0
④ 1 ⑤ 2

0345

함수 $f(x)=\log_4 x$의 역함수 $g(x)$에 대하여 $g(\alpha)=2$, $g(\beta)=8$일 때, $g(2\alpha-\beta)$의 값을 구하시오.

0346 [서술형]

함수 $f(x)=2^x+5$에 대하여 함수 $g(x)$가 $(f\circ g)(x)=x$를 만족시킬 때, $(g\circ g)(133)$의 값을 구하시오.

유형06 로그함수를 이용한 수의 대소 비교 (개념 07-2)

로그를 포함한 수의 대소는 다음과 같은 순서로 비교한다.

❶ 주어진 수의 밑을 같게 한다.

❷ 로그함수 $y=\log_a x$의 성질을 이용하여 ❶에서 구한 수의 대소를 비교한다. 이때 a의 값의 범위에 따라 다음을 이용한다.

(i) $a>1$일 때, $0<x_1<x_2 \iff \log_a x_1<\log_a x_2$

(ii) $0<a<1$일 때, $0<x_1<x_2 \iff \log_a x_1>\log_a x_2$

0347 대표

세 수 $A=\log_{\frac{1}{2}}\frac{1}{5}$, $B=-\log_2\frac{1}{10}$, $C=2\log_2 3$의 대소 관계를 바르게 나타낸 것은?

① $A<B<C$ ② $A<C<B$
③ $B<A<C$ ④ $B<C<A$
⑤ $C<B<A$

0348 [서술형]

$1<a<5$일 때, 세 수

$A=\log_5 a$, $B=(\log_5 a)^2$, $C=\log_a 5$

의 대소를 비교하시오.

0349

$0<b<1<a<\frac{1}{b}$일 때, 옳은 것만을 **보기**에서 있는 대로 고른 것은?

보기

ㄱ. $a^a>a^b$

ㄴ. $\log(a+1)-\log a>\log(b+1)-\log b$

ㄷ. $\log_b a>\log_a b$

① ㄱ ② ㄴ ③ ㄱ, ㄷ
④ ㄴ, ㄷ ⑤ ㄱ, ㄴ, ㄷ

유형07 로그함수의 최대·최소; $y=\log_a(px+q)+r$ 꼴 (개념 07-4)

정의역이 $\{x|m\le x\le n\}$인 로그함수 $f(x)=\log_a(px+q)+r$ (p, q, r는 상수, $p>0$)의 최대·최소는 다음과 같이 구한다.

(i) $a>1$일 때 ⇨ 최댓값: $f(n)$, 최솟값: $f(m)$

(ii) $0<a<1$일 때 ⇨ 최댓값: $f(m)$, 최솟값: $f(n)$

0350 대표

정의역이 $\{x|-2\le x\le 4\}$인 함수 $y=\log_{\frac{1}{10}}(x+6)+k$의 최솟값이 3일 때, 상수 k의 값을 구하시오.

0351

정의역이 $\{x|0\le x\le 12\}$인 함수 $y=\log_3(2x+3)-2$의 최댓값을 M, 최솟값을 m이라 할 때, $M+m$의 값은?

① 0 ② 1 ③ 2
④ 3 ⑤ 4

빈출 유형08 로그함수의 최대·최소; $y=\log_a f(x)$ 꼴 (개념 07-4)

로그함수 $y=\log_a f(x)$의 최대·최소는 다음과 같은 순서로 구한다.

❶ 주어진 범위에서 $f(x)$의 최댓값과 최솟값을 구한다.

❷ a의 값의 범위에 따라 다음을 이용한다.

(i) $a>1$일 때 ⇨ $f(x)$가 최대이면 y도 최대
$f(x)$가 최소이면 y도 최소

(ii) $0<a<1$일 때 ⇨ $f(x)$가 최대이면 y는 최소
$f(x)$가 최소이면 y는 최대

0352 대표

정의역이 $\{x|2\le x\le 6\}$인 함수 $y=\log_3(2x^2-12x+27)$의 최댓값과 최솟값의 곱을 구하시오.

바른답·알찬풀이 034쪽

0353

정의역이 $\{x|0\le x\le 4\}$인 함수 $y=\log_{\frac{1}{2}}(-x^2+4x+4)$의 최솟값은?

① -6　② -3　③ 0
④ 3　⑤ 6

0354

정의역이 $\{x|3\le x\le 5\}$인 함수 $y=\log_a(-x^2+2x+18)$의 최댓값이 -1일 때, 상수 a의 값을 구하시오.

(단, $0<a<1$)

0355 [서술형]

$x+y=4$를 만족시키는 두 양수 x, y에 대하여 $\log_2 x+\log_2 y$는 $x=a$일 때 최댓값 b를 갖는다. 이때 ab의 값을 구하시오.

0356

함수 $y=\log_a(x+2)+\log_a(4-x)$의 최솟값이 -2일 때, 상수 a의 값은? (단, $a>0$, $a\neq 1$)

① $\frac{1}{8}$　② $\frac{1}{4}$　③ $\frac{1}{3}$
④ 3　⑤ 4

빈출

유형09 로그함수의 최대·최소; $\log_a x$ 꼴이 반복되는 경우

개념 07-4

로그함수 $y=p(\log_a x)^2+q\log_a x+r$ (p, q, r는 상수)의 최대·최소는 다음과 같은 순서로 구한다.

❶ $\log_a x=t$로 치환하여 t에 대한 이차함수로 나타낸다.
⇨ $y=pt^2+qt+r$

❷ ❶에서 얻은 이차함수의 최댓값과 최솟값을 구한다. 이때 x의 값의 범위에 따른 t의 값의 범위에 주의한다.

0357 대표

$1\le x\le 27$에서 함수 $y=(\log_{\frac{1}{3}} x)^2+2\log_{\frac{1}{3}} x+3$의 최댓값을 M, 최솟값을 m이라 할 때, $M-m$의 값은?

① 2　② 3　③ 4
④ 5　⑤ 6

0358

정의역이 $\left\{x\,\middle|\,\frac{1}{25}\le x\le 125\right\}$인 함수

$y=\log_5 125x\times\log_5\frac{5}{x}$의 최댓값과 최솟값의 합은?

① -8　② -4　③ 4
④ 12　⑤ 16

0359

$x>1$에서 함수 $y=3^{\log x}\times x^{\log 3}-3(3^{\log x}+x^{\log 3})+2$가 $x=a$일 때 최솟값 b를 갖는다. 이때 $a+b$의 값을 구하시오.

유형 10 로그함수의 최대·최소; $y=x^{f(x)}$ 꼴

개념 07-4

지수에 로그를 포함한 $f(x)$가 있는 $y=x^{f(x)}$ 꼴의 함수의 최대·최소는 다음과 같은 순서로 구한다.

❶ 주어진 식의 양변에 로그를 취한다.

❷ $\log x^{\log x}=\log x\times\log x=(\log x)^2$임을 이용하여 ❶의 식을 정리한 후, 치환을 이용하여 최댓값과 최솟값을 구한다.

0360 대표

$1\le x\le 8$에서 함수 $y=x^{4+\log_2 x}$의 최댓값을 M, 최솟값을 m이라 할 때, Mm의 값은?

① 2^{21} ② 2^{23} ③ 2^{25}
④ 2^{27} ⑤ 2^{29}

0361

함수 $y=5x^{2-\log_5 x}$의 최댓값은?

① 5 ② 10 ③ 15
④ 20 ⑤ 25

0362

함수 $y=\dfrac{x^6}{x^{\log x}}$이 $x=a$일 때 최댓값 b를 갖는다. 이때 $\dfrac{b}{a}$의 값은?

① 10^{-6} ② 10^{-2} ③ 10^2
④ 10^6 ⑤ 10^{10}

유형 11 로그함수의 최대·최소; 산술평균과 기하평균의 관계 이용

개념 07-4

$\log_a b+\log_b a$ ($\log_a b>0$, $\log_b a>0$)의 최대·최소는

⇨ 산술평균과 기하평균의 관계에 의하여

$$\log_a b+\log_b a\ge 2\sqrt{\log_a b\times\log_b a}=2$$

(단, 등호는 $\log_a b=\log_b a$일 때 성립)

임을 이용하여 구한다.

0363 대표

$x>1$일 때, 함수 $y=\log_3 x+\log_x 81$의 최솟값은?

① $\sqrt{2}$ ② 2 ③ $\sqrt{5}$
④ 4 ⑤ $2\sqrt{5}$

0364

$x>0$, $y>0$일 때, $\log_5\left(x+\dfrac{4}{y}\right)+\log_5\left(y+\dfrac{9}{x}\right)$의 최솟값을 구하시오.

0365

$x>1$, $y>1$일 때, $\log_x y^8+\log_{\sqrt{y}} x$의 최솟값은?

① $2\sqrt{2}$ ② 4 ③ $2\sqrt{6}$
④ 6 ⑤ 8

0366 [서술형]

두 양수 x, y에 대하여 $x+3y=18$일 때, $\log_3 x+\log_3 3y$의 최댓값을 구하시오.

04 로그함수

바른답·알찬풀이 036쪽

Lecture 08 로그함수의 활용

기본 익히기

55쪽 | 개념 08-1, 2 |

0367~0369 다음 방정식을 푸시오.

0367 $\log_3(2x-3)=1$

0368 $\log_{\frac{1}{7}}(x-2)=\log_7(x+2)$

0369 $(\log_5 x)^2-2\log_5 x-3=0$

0370 다음은 방정식 $x^{\log_4 x}=4$의 해를 구하는 과정이다.

> 진수의 조건에서 $x>0$
> $x^{\log_4 x}=4$의 양변에 밑이 4인 로그를 취하면
> $\log_4 x^{\log_4 x}=\log_4 4$, $(\boxed{(가)})^2=1$
> 이므로 $\log_4 x=\boxed{(나)}$ 또는 $\log_4 x=1$
> $\therefore x=\boxed{(다)}$ 또는 $x=4$

위의 과정에서 (가), (나), (다)에 알맞은 것을 각각 구하시오.

0371~0373 다음 부등식을 푸시오.

0371 $\log_6(5x+1)\geq 2$

0372 $\log_{\frac{1}{4}}(2-3x)<-\log_4(2x+7)$

0373 $(\log_2 x)^2-3\log_2 x-10>0$

0374 다음은 부등식 $x^{\log_3 x}\leq 81$의 해를 구하는 과정이다.

> 진수의 조건에서 $x>\boxed{(가)}$ ······ ㉠
> $x^{\log_3 x}\leq 81$의 양변에 밑이 3인 로그를 취하면
> $\log_3 x^{\log_3 x}\leq\log_3 81$, $(\boxed{(나)})^2\leq 4$
> $\boxed{(나)}=t$로 놓으면 $t^2\leq 4$　　$\therefore -2\leq t\leq\boxed{(다)}$
> 즉, $-2\leq\log_3 x\leq\boxed{(다)}$이므로
> $\log_3\boxed{(라)}\leq\log_3 x\leq\log_3\boxed{(마)}$
> 밑이 3이고 $3>1$이므로 $\boxed{(라)}\leq x\leq\boxed{(마)}$ ······ ㉡
> ㉠, ㉡에서 $\boxed{(라)}\leq x\leq\boxed{(마)}$

위의 과정에서 (가)~(마)에 알맞은 것을 각각 구하시오.

유형 익히기

빈출 유형 12 로그방정식; 밑을 같게 할 수 있는 경우

개념 08-1

밑을 같게 할 수 있는 방정식의 해는 다음과 같은 순서로 구한다.
❶ 주어진 방정식의 양변의 밑을 같게 하여
$\log_a f(x)=\log_a g(x)$ $(a>0, a\neq 1)$
꼴로 변형한다.
❷ ❶에서 변형한 방정식의 해는 다음을 이용하여 구한다.
$\log_a f(x)=\log_a g(x) \Longleftrightarrow f(x)=g(x)$
(단, $f(x)>0$, $g(x)>0$)

0375 대표

방정식 $\log_{\sqrt{2}}(x-3)+\log_2 x=2$를 풀면?

① $x=4$　② $x=5$
③ $x=6$　④ $x=1$ 또는 $x=4$
⑤ $x=4$ 또는 $x=5$

0376

방정식 $\log_{\frac{1}{3}}(x-2)+\log_{\frac{1}{9}}(x+4)^2=-3$을 풀면?

① $x=5$　② $x=6$　③ $x=7$
④ $x=8$　⑤ $x=9$

0377

방정식 $\log_{x^2}(5x+1)=\log_{4x+12}(5x+1)$을 푸시오.

빈출

유형 13 로그방정식; $\log_a x$ 꼴이 반복되는 경우 개념 08-1

$\log_a x\ (a>0,\ a\neq 1)$ 꼴이 반복되는 방정식, 즉
$p(\log_a x)^2+q\log_a x+r=0$ (p, q, r는 상수)의 해는 다음과 같은 순서로 구한다.

❶ $\log_a x=t$로 치환하여 t에 대한 이차방정식으로 나타낸다.
⇨ $pt^2+qt+r=0$

❷ ❶에서 얻은 방정식의 해를 구한다.

0378 대표

방정식 $(\log 10x)^2-\log x^2-2=0$의 두 근을 α, β라 할 때, $\alpha\beta$의 값은?

① $\frac{1}{5}$ ② $\frac{1}{3}$ ③ 1
④ 3 ⑤ 5

0379

방정식 $\log_2 x-\log_4 x=\log_2 x\times\log_4 x$의 모든 근의 합은?

① 3 ② 4 ③ 5
④ 6 ⑤ 7

0380

방정식 $\log_5 x+\log_x 125=4$의 두 근을 α, β라 할 때, $\frac{\alpha}{\beta}$의 값은? (단, $\alpha>\beta$)

① 5 ② 10 ③ 15
④ 20 ⑤ 25

유형 14 로그방정식; 지수에 로그가 있는 경우 개념 08-1

(1) $x^{\log_a f(x)}=g(x)$ 꼴의 방정식
⇨ 양변에 밑이 a인 로그를 취하여 해를 구한다.
$\log_a f(x)\times\log_a x=\log_a g(x)$

(2) $a^{f(x)}=b^{g(x)}\ (a\neq b)$ 꼴의 방정식
⇨ 양변에 밑이 c인 로그를 취하여 해를 구한다.
$f(x)\log_c a=g(x)\log_c b$

0381 대표

방정식 $x^{\log_3 x}=81x^3$의 모든 근의 곱은?

① 3 ② 9 ③ 27
④ 81 ⑤ 243

0382

방정식 $3^x=2^{1-2x}$을 풀면?

① $x=\log_{12} 2$ ② $x=1-\log_{12} 2$
③ $x=\log_2 12$ ④ $x=1-\log_2 12$
⑤ $x=1+\log_2 12$

0383 [서술형]

방정식 $(8x)^{\log 8}=(5x)^{\log 5}$의 해를 $x=\alpha$라 할 때, 40α의 값을 구하시오. (단, $x>0$)

바른답 · 알찬풀이 038쪽

유형 15 로그방정식으로 이루어진 연립방정식 (개념 08-1)

로그방정식으로 이루어진 연립방정식의 해는 다음과 같은 순서로 구한다.

❶ $\log_a x=X$, $\log_b y=Y$로 치환하여 X, Y에 대한 연립방정식으로 나타낸다.

❷ ❶에서 얻은 X, Y에 대한 연립방정식의 해를 구한다.

❸ $\log_a x=X$, $\log_b y=Y$에서 x, y의 값을 구한다.

❹ ❸에서 구한 해가 진수의 조건을 만족시키는지 확인한다.

0384 대표

연립방정식 $\begin{cases}\log_{\sqrt{2}} x-\log_{\sqrt{3}} y=2\\ \log_2 x^2+\log_3 y=8\end{cases}$의 해가 $x=\alpha$, $y=\beta$일 때, $\alpha+\beta$의 값을 구하시오.

0385

연립방정식 $\begin{cases}\log_4 x+\log_5 y=3\\ \log_4 x\times\log_5 y=2\end{cases}$를 만족시키는 두 실수 x, y에 대하여 xy의 값은? (단, $x>y$)

① 60 ② 70 ③ 80 ④ 90 ⑤ 100

0386 [서술형]

연립방정식 $\begin{cases}\log_2\{\log_2(x+y)\}=1\\ \log_3 x^2+\log_3 y=2\end{cases}$를 만족시키는 두 정수 x, y에 대하여 $x-y$의 값을 구하시오.

유형 16 로그방정식의 응용 (개념 08-1)

방정식 $p(\log_a x)^2+q\log_a x+r=0$ (p, q, r는 상수)의 두 근이 α, β일 때,

⇨ $pt^2+qt+r=0$의 두 근은 $\log_a\alpha$, $\log_a\beta$이다.
 └ $\log_a x=t$로 치환하여 만든 t에 대한 방정식

0387 대표

방정식 $(\log_3 3x)^2-2\log_3 x^3=0$의 두 근을 α, β라 할 때, $\alpha\beta$의 값은?

① 1 ② 3 ③ 9 ④ 27 ⑤ 81

0388

방정식 $(\log_2 x)^2+k\log_{\frac{1}{\sqrt{2}}} x-7=0$의 두 근의 곱이 32일 때, 상수 k의 값은?

① $\frac{1}{2}$ ② 1 ③ $\frac{3}{2}$ ④ 2 ⑤ $\frac{5}{2}$

0389

x에 대한 이차방정식 $x^2-2x\log a+\log a^2+3=0$이 중근을 갖도록 하는 상수 a의 값을 모두 구하시오.

빈출 유형 17 로그부등식; 밑을 같게 할 수 있는 경우 (개념 08-2)

밑을 같게 할 수 있는 부등식의 해는 다음과 같은 순서로 구한다.

❶ 주어진 부등식의 양변의 밑을 같게 하여

$\log_a f(x) < \log_a g(x)$

꼴로 변형한다.

❷ ❶에서 변형한 부등식의 해는 a의 값의 범위에 따라 다음을 이용하여 구한다.

(i) $a>1$일 때,

$\log_a f(x) < \log_a g(x) \iff 0<f(x)<g(x)$

(ii) $0<a<1$일 때,

$\log_a f(x) < \log_a g(x) \iff f(x)>g(x)>0$

0390 대표

부등식 $\log_2(x-4)+\log_2(x+2)\le 4$의 해가 $\alpha<x\le\beta$일 때, $\alpha+\beta$의 값은?

① 6 ② 7 ③ 8
④ 9 ⑤ 10

0391

부등식 $\log_{\frac{1}{2}}(x^2-x-6)\ge\log_{\frac{1}{2}}(6-5x)$를 만족시키는 정수 x의 최솟값은?

① -10 ② -8 ③ -6
④ -4 ⑤ -2

0392 [서술형]

부등식 $\log_{11}(3x-1)+\log_{11}(x-3)<1$의 해와 x에 대한 이차부등식 $x^2+ax+b<0$의 해가 서로 같다. 이때 상수 a, b에 대하여 $b-a$의 값을 구하시오.

유형 18 로그부등식; 진수에 로그가 있는 경우 (개념 08-2)

진수에 로그가 있는 부등식, 즉 $\log_a(\log_b x)>k$ ($a>0$, $a\ne1$, $b>0$, $b\ne1$)의 해는 다음과 같은 순서로 구한다.

❶ 진수의 조건에서 $\log_b x>0$, $x>0$

❷ a의 값의 범위에 따라 다음을 이용하여 해를 구한다.

(i) $a>1$일 때, $\log_b x>a^k$

(ii) $0<a<1$일 때, $\log_b x<a^k$

❸ ❶, ❷의 공통 범위를 구한다.

0393 대표

부등식 $\log_{\frac{1}{3}}(\log_2 x)>-1$을 만족시키는 정수 x의 개수를 구하시오.

0394

부등식 $\log_2\{\log_{\frac{1}{3}}(\log_5 x)\}>1$의 해가 $a<x<5^b$일 때, $a+18b$의 값은?

① 1 ② 2 ③ 3
④ 4 ⑤ 5

빈출 유형 19 로그부등식; $\log_a x$ 꼴이 반복되는 경우 (개념 08-2)

$\log_a x$ ($a>0$, $a\ne1$) 꼴이 반복되는 부등식, 즉

$p(\log_a x)^2+q\log_a x+r>0$ (p, q, r는 상수)의 해는 다음과 같은 순서로 구한다.

❶ $\log_a x=t$로 치환하여 t에 대한 이차부등식으로 나타낸다.

⇨ $pt^2+qt+r>0$

❷ ❶에서 얻은 부등식의 해를 구한다.

0395 대표

부등식 $2(\log_{\frac{1}{3}}x)^2-\log_{\frac{1}{3}}x^3+1\ge0$을 푸시오.

04 로그함수

바른답·알찬풀이 040쪽

0396

부등식 $(\log_2 x)^2+a\log_2 x+b<0$의 해가 $\frac{1}{2}<x<16$일 때, 상수 a, b에 대하여 a^2+b^2의 값은?

① 4 ② 10 ③ 13
④ 16 ⑤ 25

0397

부등식 $\log_2 \frac{x}{4}\times\log_{\frac{1}{2}} 16x\geq 0$의 해가 $\alpha\leq x\leq\beta$일 때, $\alpha\beta$의 값을 구하시오.

유형20 로그부등식; 지수에 로그가 있는 경우 ∞ 개념 08-2

(1) $x^{\log_a f(x)}<g(x)$ 꼴의 부등식
⇨ 양변에 밑이 a인 로그를 취한 후, a의 값의 범위에 따라 다음을 이용하여 해를 구한다.
(i) $a>1$일 때, $\log_a f(x)\times\log_a x<\log_a g(x)$
(ii) $0<a<1$일 때, $\log_a f(x)\times\log_a x>\log_a g(x)$

(2) $a^{f(x)}<b^{g(x)}$ $(a\neq b)$ 꼴의 부등식
⇨ 양변에 밑이 c인 로그를 취한 후, c의 값의 범위에 따라 다음을 이용하여 해를 구한다.
(i) $c>1$일 때, $f(x)\log_c a<g(x)\log_c b$
(ii) $0<c<1$일 때, $f(x)\log_c a>g(x)\log_c b$

0398 대표

부등식 $x^{\log x}<100x$를 만족시키는 정수 x의 개수는?

① 19 ② 39 ③ 59
④ 79 ⑤ 99

0399

부등식 $x^{\log_3 x+4}<\frac{1}{27}$을 만족시키는 x의 값의 범위가 $\alpha<x<\beta$일 때, $\frac{\beta}{\alpha}$의 값은?

① 5 ② 7 ③ 9
④ 11 ⑤ 13

0400 [서술형]

부등식 $2^{x-1}>3^{x+2}$을 만족시키는 정수 x의 최댓값을 구하시오. (단, $\log 2=0.3$, $\log 3=0.48$로 계산한다.)

유형 21 로그부등식의 응용 ∞ 개념 08-2

모든 양수 x에 대하여 부등식
$(\log_a x)^2+p\log_a x+q>0$ (p, q는 상수)
이 성립할 때,
⇨ $t^2+pt+q>0$이 항상 성립한다.
└ $\log_a x=t$로 치환하여 만든 t에 대한 부등식

0401 대표

모든 양수 x에 대하여 부등식

$$(\log_4 x)^2-2\log_4 x-\log_4 k>0$$

이 성립하도록 하는 실수 k의 값의 범위를 구하시오.

0402

x에 대한 이차방정식 $x^2+x\log_2 a+\log_2 32a^2=0$이 실근을 갖지 않도록 하는 실수 a의 값의 범위가 $\alpha<a<\beta$일 때, $\alpha\beta$의 값을 구하시오.

0403

방정식

$$(\log_3 x+\log_3 4)(\log_3 x+\log_3 64)=-(\log_3 k)^2$$

이 서로 다른 두 양의 실근을 갖도록 하는 정수 k의 개수는?

① 1 ② 2 ③ 3
④ 4 ⑤ 5

빈출

유형22 로그방정식과 로그부등식의 실생활에의 활용

개념 08-1, 2

로그방정식과 로그부등식의 실생활에의 활용 문제는 다음과 같은 순서로 해결한다.

❶ 처음의 양을 a, 매시간마다 그 양이 p배씩 변하는 물질의 x시간 후의 양을 y라 하면

$$y=a\times p^x$$

임을 이용하여 방정식 또는 부등식을 세운다.

❷ ❶에서 세운 식의 양변에 상용로그를 취하여 주어진 조건을 만족시키는 해를 구한다.

0404 대표

어떤 노트북의 가격은 매년 전년보다 10 %씩 떨어진다고 한다. 2020년에 100만 원인 노트북의 가격이 처음으로 10만 원 이하가 되는 해는? (단, $\log 9=0.9542$로 계산한다.)

① 2040년 ② 2042년 ③ 2044년
④ 2046년 ⑤ 2048년

0405

화학 퍼텐셜 이론에 의하면 절대온도 T K에서 이상 기체의 압력을 P_1기압에서 P_2기압으로 변화시켰을 때의 이상 기체의 화학 퍼텐셜 변화량을 E kJ/mol이라 하면 다음과 같은 관계식이 성립한다고 한다.

$$E=RT\log_a \frac{P_2}{P_1}$$

(단, a, R는 1이 아닌 양의 상수이다.)

절대온도 200 K에서 이상 기체의 압력을 1기압에서 32기압으로 변화시켰을 때의 이상 기체의 화학 퍼텐셜 변화량을 E_1, 절대온도 125 K에서 이상 기체의 압력을 1기압에서 k기압으로 변화시켰을 때의 이상 기체의 화학 퍼텐셜 변화량을 E_2라 하자. 이때 $E_1=4E_2$를 만족시키는 k의 값을 구하시오.

0406

소리의 세기가 I W/m^{2}인 음원으로부터 r m만큼 떨어진 지점에서 측정된 소리의 상대적 세기를 P dB이라 할 때,

$$P=10\left(12+\log\frac{I}{r^2}\right)$$

가 성립한다. 어떤 음원으로부터 5 m만큼 떨어진 지점에서 측정된 소리의 상대적 세기가 40 dB일 때, 같은 음원으로부터 50 m만큼 떨어진 지점에서 측정된 소리의 상대적 세기는 p dB이다. 이때 p의 값을 구하시오.

0407 〔서술형〕

실험실에서 배양 중인 두 미생물 A, B가 있다. 동일한 개체 수로 시작한 두 미생물의 개체 수의 변화를 조사하였더니 미생물 A의 개체 수는 매일 10 %씩, 미생물 B의 개체 수는 매일 20 %씩 증가하였다. 미생물 B의 개체 수가 처음으로 미생물 A의 개체 수의 2배 이상이 되는 것은 조사를 시작한 지 며칠 후인지 구하시오. (단, $\log 1.1=0.04$, $\log 1.2=0.08$, $\log 2=0.3$으로 계산한다.)

바른답 · 알찬풀이 042쪽

중단원 마무리

12 일차

STEP1 실전 문제

0408 56쪽 유형 01

함수 $f(x)=\log_a x$에 대하여 $f(25)=2$일 때, 함수 $f(x)$에 대한 설명으로 옳은 것만을 **보기**에서 있는 대로 고르시오.

(단, $a>0$, $a\neq1$)

보기

ㄱ. x의 값이 증가하면 y의 값도 증가한다.
ㄴ. 치역은 양의 실수 전체의 집합이다.
ㄷ. 그래프의 점근선의 방정식은 $y=0$이다.
ㄹ. 그래프는 점 $(5, 1)$을 지난다.

0409 수능 57쪽 유형 02

함수 $y=2^x+2$의 그래프를 x축의 방향으로 m만큼 평행이동한 그래프가 함수 $y=\log_2 8x$의 그래프를 x축의 방향으로 2만큼 평행이동한 그래프와 직선 $y=x$에 대하여 대칭일 때, 상수 m의 값은?

① 1 ② 2 ③ 3
④ 4 ⑤ 5

0410 중요! 57쪽 유형 02+58쪽 유형 04

오른쪽 그림과 같이 두 함수 $y=\log_4 16x$, $y=\log_4 \frac{x}{4}$의 그래프가 x축과 평행한 직선과 만나는 점을 각각 A, B라 하고, 두 점 A, B를 지나면서 x축에 수직인 직선이 다른 함수의 그래프와 만나는 점을 각각 C, D라 하자. $\overline{AB}=10$일 때, 두 함수 $y=\log_4 16x$, $y=\log_4 \frac{x}{4}$의 그래프와 두 선분 AC, BD로 둘러싸인 도형의 넓이를 구하시오.

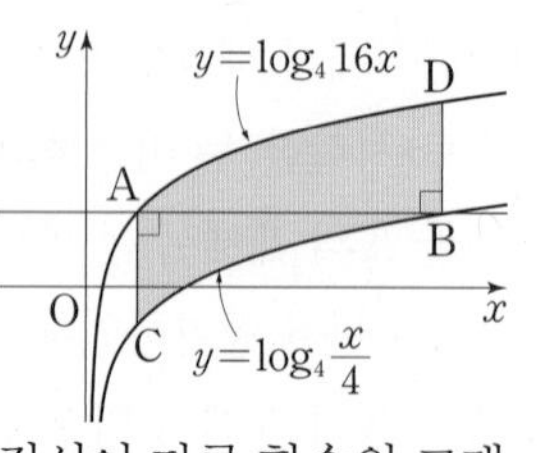

0411 58쪽 유형 05

함수 $f(x)=\log_2 x-k$의 역함수를 $g(x)$라 하자. 실수 a에 대하여 $g(a)g(-a)=10$일 때, $f(10)$의 값은?

(단, k는 상수이다.)

① $\log_8 \sqrt{10}$ ② $\log_8 10$ ③ $\log_4 \sqrt{10}$
④ $\log_2 \sqrt{10}$ ⑤ $\log_2 10$

0412 59쪽 유형 06

세 수 $A=\log_3 \frac{1}{5}$, $B=\log_{\frac{1}{2}} \frac{1}{3}$, $C=-\log_{\frac{1}{3}} \sqrt{2}$의 대소 관계를 바르게 나타낸 것은?

① $A<B<C$ ② $A<C<B$
③ $B<A<C$ ④ $B<C<A$
⑤ $C<B<A$

0413 59쪽 유형 07

정의역이 $\{x|4\leq x\leq 19\}$인 함수 $y=\log_{\frac{1}{2}}(x-a)+b$의 최댓값이 5, 최솟값이 1일 때, 상수 a, b에 대하여 $b-a$의 값은?

① -2 ② -1 ③ 0
④ 1 ⑤ 2

0414 60쪽 유형 09

$1<x<9$에서 함수 $y=\log_3 x\times\log_3 \frac{9}{x}$는 $x=a$일 때 최댓값 b를 갖는다. 이때 ab의 값을 구하시오.

0415 61쪽 유형 11

두 양수 a, b에 대하여 $ab=81$일 때,
$\log_{54}(a+b)+\log_{54}(a^2+b^2)$의 최솟값을 구하시오.

0416 63쪽 유형 13

$x>1$, $y>1$이고 $3\log_x y-\log_y x+2=0$일 때, $4y^3-x^2$의 최댓값은?

① 1 ② 2 ③ 3
④ 4 ⑤ 5

0417 중요! 63쪽 유형 13

방정식 $3^{\log x}\times x^{\log 3}+\frac{1}{2}(3^{\log x}+x^{\log 3})-12=0$을 푸시오.

0418 교육청 64쪽 유형 15

두 실수 x, y에 대한 연립방정식

$$\begin{cases} 2^x-2\times 4^{-y}=7 \\ \log_2(x-2)-\log_2 y=1 \end{cases}$$

의 해를 $x=\alpha$, $y=\beta$라 할 때, $10\alpha\beta$의 값을 구하시오.

0419 64쪽 유형 16

방정식 $\log_4 x^{2a+\log_4 x}-\log_4 4x=0$의 두 근의 곱이 $\frac{1}{64}$일 때, 상수 a의 값은?

① -5 ② -2 ③ -1
④ 2 ⑤ 5

0420 64쪽 유형 16

방정식 $\log_3 x^3+\log_x 3=6$의 두 근의 곱은?

① 1 ② 3 ③ 6
④ 9 ⑤ 12

0421 65쪽 유형 17

부등식 $\log_5(x-3)\le\log_5\left(\frac{1}{2}x+k\right)$를 만족시키는 정수 x가 9개일 때, 자연수 k의 값을 구하시오.

0422 66쪽 유형 20+유형 21

모든 양수 x에 대하여 부등식 $x^{\log_2 x}\ge(16x)^{2k}$이 성립하도록 하는 모든 정수 k의 값의 합을 구하시오.

바른답·알찬풀이 044쪽

STEP 2 실력 UP 문제

0423
56쪽 유형 01+58쪽 유형 04

함수 $y=\log_a bx$의 그래프가 오른쪽 그림과 같을 때, 옳은 것만을 **보기**에서 있는 대로 고른 것은? (단, $a\neq b$)

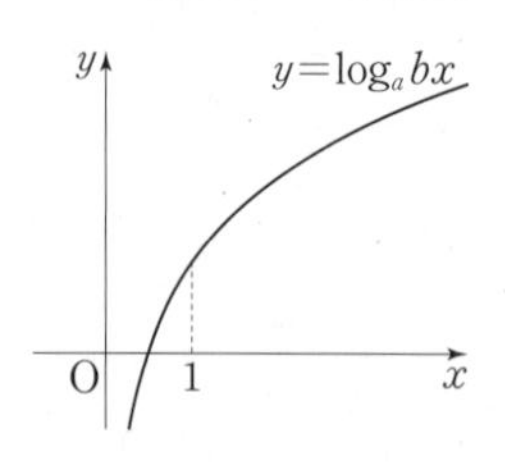

보기

ㄱ. $a>1$

ㄴ. $b<1$

ㄷ. 두 함수 $y=\log_a bx$, $y=\log_b ax$의 그래프는 한 점에서 만난다.

① ㄱ ② ㄴ ③ ㄱ, ㄴ
④ ㄱ, ㄷ ⑤ ㄴ, ㄷ

0424
60쪽 유형 09

$\frac{1}{9}\leq x\leq 3$, $y>0$인 두 실수 x, y에 대하여

$\log_3 y=(2+\log_3 x)^2$이 성립할 때, $\frac{3x^2}{y}$의 최댓값을 M, 최솟값을 m이라 하자. 이때 $\frac{M}{m}$의 값을 구하시오.

0425
62쪽 유형 12

방정식 $\log(x^2-4x+4)+\log(x^2+4x+4)=\log 25$의 두 실근을 α, β라 할 때, $\alpha+\beta$의 값을 구하시오.

0426
65쪽 유형 17

부등식 $|\log_3 a-2|-\log_{\frac{1}{3}} b\leq 1$을 만족시키는 두 자연수 a, b의 순서쌍 (a, b)의 개수는?

① 26 ② 28 ③ 30
④ 32 ⑤ 34

0427 교육청
65쪽 유형 19

두 집합

$A=\{x\,|\,x^2-5x+4\leq 0\}$,

$B=\{x\,|\,(\log_2 x)^2-2k\log_2 x+k^2-1\leq 0\}$

에 대하여 $A\cap B\neq\varnothing$을 만족시키는 정수 k의 개수는?

① 5 ② 6 ③ 7
④ 8 ⑤ 9

0428
67쪽 유형 22

총 공기 흡입량을 V m^3, 공기 포집 전후 여과지의 질량 차를 W mg, 공기 중 먼지 농도를 C μg/m^{3}라 하면 다음과 같은 관계식이 성립한다고 한다.

$$\log C=3-\log V+\log W\ (W>0)$$

A 지역에서 총 공기 흡입량이 V_0 m^{3}이고 공기 포집 전후 여과지의 질량 차가 W_0 mg일 때의 공기 중 먼지 농도를 C_A μg/m^3, B 지역에서 총 공기 흡입량이 $\frac{1}{25}V_0$ m^{3}이고 공기 포집 전후 여과지의 질량 차가 $\frac{1}{125}W_0$ mg일 때의 공기 중 먼지 농도를 C_B μg/m^{3}라 하자. 이때 $C_A=kC_B$를 만족시키는 상수 k의 값을 구하시오.

적중 서술형 문제

0429 58쪽 유형 04

오른쪽 그림과 같이 함수 $y=\log_3 x$의 그래프 위의 두 점 A, B에서 x축에 내린 수선의 발을 각각 C$(2p, 0)$, D$(6p, 0)$이라 하자. 삼각형 BCD와 삼각형 ACB의 넓이의 차가 12일 때, 다음 물음에 답하시오. $\left(\text{단, } p>\frac{1}{2}\right)$

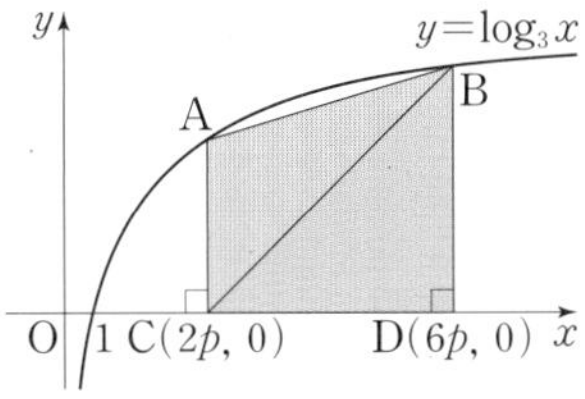

(1) 삼각형 BCD의 넓이를 p에 대한 식으로 나타내시오.

(2) 삼각형 ACB의 넓이를 p에 대한 식으로 나타내시오.

(3) 실수 p의 값을 구하시오.

0430 59쪽 유형 08

정의역 $\{x|-3\leq x\leq 1\}$인 함수 $y=\log_a(x^2-4|x|+10)$의 최댓값이 -2일 때, 상수 a의 값을 구하시오.

(단, $0<a<1$)

0431 60쪽 유형 09

함수 $y=-\left(\log_2 \frac{x}{16}\right)^2+a\log_{\frac{1}{2}} x^2+b$는 $x=2$일 때 최댓값 7을 갖는다. 이때 상수 a, b에 대하여 $a+b$의 값을 구하시오.

0432 65쪽 유형 19

부등식 $\log_{\sqrt{2}} x\times\log_2 2x\leq 12$를 만족시키는 자연수 x의 최댓값을 구하시오.

0433 66쪽 유형 21

모든 실수 x에 대하여 부등식

$$(\log_5 a-2)x^2+2(\log_5 a-2)x-\log_5 a^2<0$$

이 성립하도록 하는 자연수 a의 개수를 구하시오.

바른답·알찬풀이 047쪽

성공한 이유

"나는 선수 시절 9000번 이상의 슛을 놓쳤다. 300번의 경기에서 졌다.
20여 번은 꼭 승리로 이끌라는 특별 임무를 부여 받고도 졌다.
나는 인생에서 실패를 거듭해 왔다.
이것이 내가 성공한 정확한 이유다."

"나는 훈련에서건 실전에서건 이기기 위해 경기를 한다.
그 어떤 것도 이기려는 나의 경쟁적 열정에 방해가 되도록 내버려 두지 않는다."

한때 미국 프로 농구의 전성기를 수놓았던 농구 황제 마이클 조던의 명언입니다.
승리는 조던처럼 지는 경험 없이는 불가능합니다. 그리고 반드시 이기겠다는 열정으로 어제의 나와, 숨어 있는 나의 잠재력과 경쟁하다 보면 우리는 어느새 진짜 이기는 경기를 하고 있습니다.

삼각함수

05 삼각함수

Ⅱ 삼각함수

중단원 핵심 개념을 정리하였습니다.
Lecture별 유형 학습 전에 관련 개념을 완벽하게 알아두세요.

Lecture 09 일반각과 호도법

개념 09-1 일반각

76~77쪽 | 유형 01~04

(1) 평면 위의 두 반직선 OX와 OP에 의하여 $\angle XOP$가 정해질 때, $\angle XOP$의 크기는 $\overrightarrow{OP}$가 고정된 $\overrightarrow{OX}$의 위치에서 점 O를 중심으로 $\overrightarrow{OP}$의 위치까지 회전한 양으로 정한다. 이때 $\overrightarrow{OX}$를 **시초선**, $\overrightarrow{OP}$를 **동경**이라 한다.

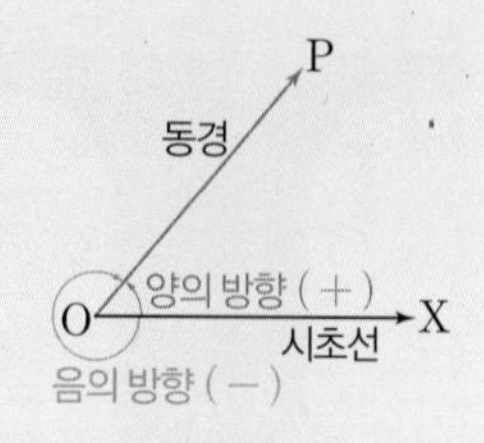

참고 | 동경 OP가 점 O를 중심으로 회전할 때, 시곗바늘이 도는 방향과 반대인 방향을 양의 방향, 시곗바늘이 도는 방향을 음의 방향이라 한다.

(2) 시초선 OX와 동경 OP가 나타내는 한 각의 크기를 $\alpha°$라 하면 $\angle XOP$의 크기는

$$360° \times n + \alpha° \ (n\text{은 정수})$$

꼴로 나타낼 수 있고, 이것을 동경 OP가 나타내는 **일반각**이라 한다.

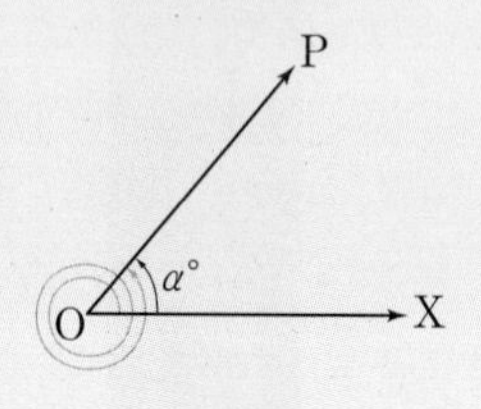

예 $750° = 360° \times 2 + 30°$

참고 | 일반각으로 나타낼 때, $\alpha°$는 보통 $0° \le \alpha° < 360°$인 것을 택한다.

(3) 사분면의 각: 좌표평면에서 시초선을 원점 O에서 x축의 양의 방향으로 잡을 때, 제1사분면, 제2사분면, 제3사분면, 제4사분면에 있는 동경 OP가 나타내는 각을 각각 **제1사분면의 각, 제2사분면의 각, 제3사분면의 각, 제4사분면의 각**이라 한다.

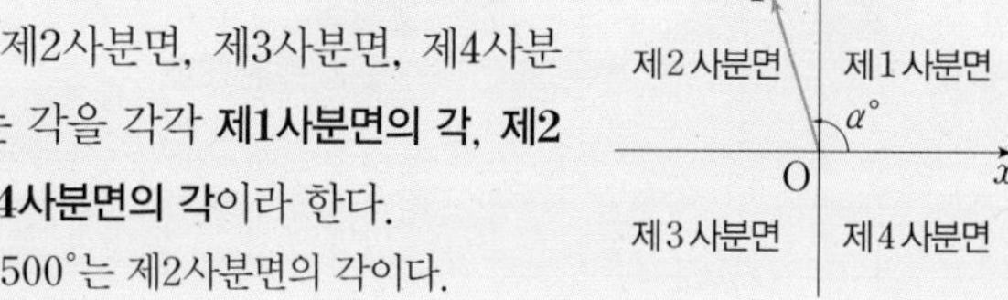

예 $500° = 360° \times 1 + 140°$이므로 $500°$는 제2사분면의 각이다.

개념 09-2 호도법

78쪽 | 유형 05

(1) 1라디안: 반지름의 길이가 r인 원에서 길이가 r인 호의 중심각의 크기

(2) 호도법: 라디안을 단위로 각의 크기를 나타내는 방법

(3) 호도법과 육십분법 사이의 관계

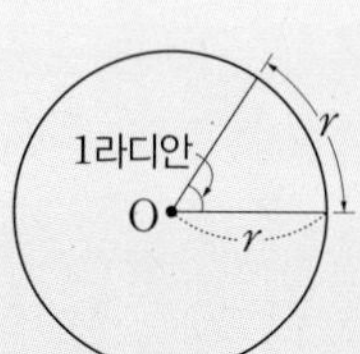
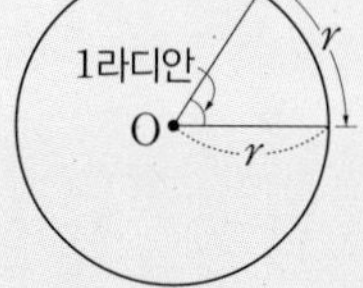

$$1\text{라디안} = \frac{180°}{\pi},\ 1° = \frac{\pi}{180}\text{라디안}$$

예 ① $30° = 30 \times 1° = 30 \times \frac{\pi}{180}(\text{라디안}) = \frac{\pi}{6}$ → 호도법에서 단위인 라디안은 생략한다.

② $\frac{5}{6}\pi = \frac{5}{6}\pi \times 1(\text{라디안}) = \frac{5}{6}\pi \times \frac{180°}{\pi} = 150°$

참고 | 도(°)를 단위로 각의 크기를 나타내는 방법을 육십분법이라 한다.

개념 09-3 부채꼴의 호의 길이와 넓이

79쪽 | 유형 06, 07

반지름의 길이가 r, 중심각의 크기가 θ인 부채꼴의 호의 길이를 l, 넓이를 S라 하면

$$l = r\theta,\ S = \frac{1}{2}r^2\theta = \frac{1}{2}rl$$

주의 | 부채꼴의 중심각의 크기 θ는 호도법으로 나타낸 각임에 유의한다.

개념 CHECK

1 다음 □ 안에 알맞은 수를 써넣으시오.

오른쪽 그림에서 시초선 OX와 동경 OP가 나타내는 한 각의 크기가 $380°$일 때,

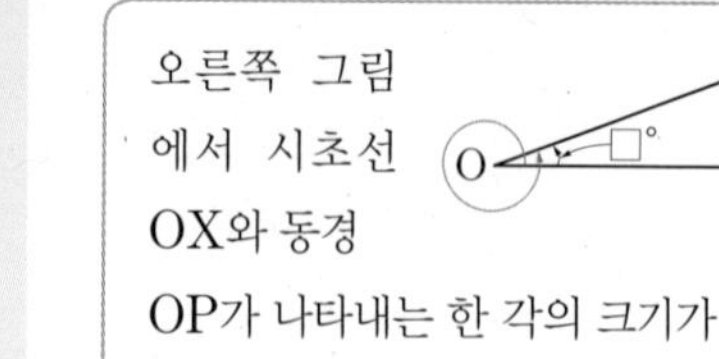

$380° = 360° \times 1 + □°$

이므로 동경 OP가 나타내는 일반각은

$360° \times n + □°$ (n은 정수)

와 같이 나타낼 수 있다.

2 다음 □ 안에 알맞은 수를 써넣으시오.

(1) $45° = 45 \times 1°$

$= 45 \times \frac{\pi}{□} = \frac{\pi}{□}$

(2) $\frac{7}{6}\pi = \frac{7}{6}\pi \times 1$

$= \frac{7}{6}\pi \times \frac{180°}{□} = □°$

3 다음 □ 안에 알맞은 수를 써넣으시오.

오른쪽 그림과 같이 반지름의 길이가 6, 중심각의 크기가 $\frac{\pi}{3}$인 부채꼴의 호의 길이를 l, 넓이를 S라 하면

$l = □ \times \frac{\pi}{3} = □$

$S = \frac{1}{2} \times 6^2 \times □ = □$

1 20, 20, 20
2 (1) 180, 4 (2) π, 210
3 6, 2π, $\frac{\pi}{3}$, 6π

Lecture 10 삼각함수의 뜻과 성질

개념 10-1 삼각함수

80쪽 | 유형 08 |

원점을 중심으로 하고 반지름의 길이가 r인 원 O 위의 점 $P(x, y)$에 대하여 동경 OP가 나타내는 일반각 중 하나의 크기를 θ라 할 때,

$$\sin\theta=\frac{y}{r},\ \cos\theta=\frac{x}{r},\ \tan\theta=\frac{y}{x}\ (x\neq0)$$

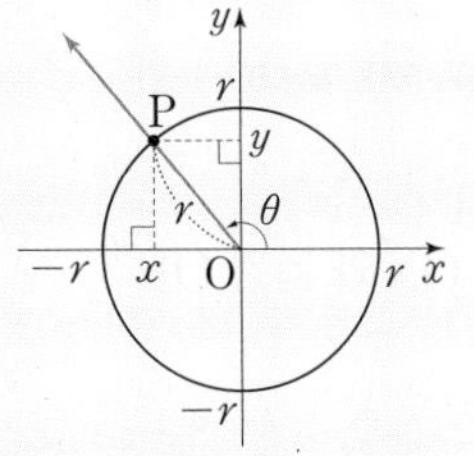

이들 함수를 차례로 θ의 **사인함수**, **코사인함수**, **탄젠트함수**라 하고, 이와 같은 함수들을 θ에 대한 **삼각함수**라 한다.

참고 $\angle C=90^\circ$인 직각삼각형 ABC에서 $\angle A$의 삼각비는

$$\sin A=\frac{a}{c},\ \cos A=\frac{b}{c},\ \tan A=\frac{a}{b}$$

로 정의한다.

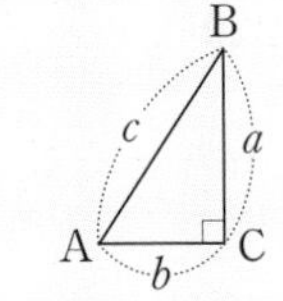

예 오른쪽 그림과 같이 각 θ를 나타내는 동경과 원점 O를 중심으로 하는 원의 교점이 $P(-3, 4)$일 때,

$\overline{OP}=\sqrt{(-3)^2+4^2}=5$

이므로

$\sin\theta=\frac{4}{5},\ \cos\theta=-\frac{3}{5},\ \tan\theta=-\frac{4}{3}$

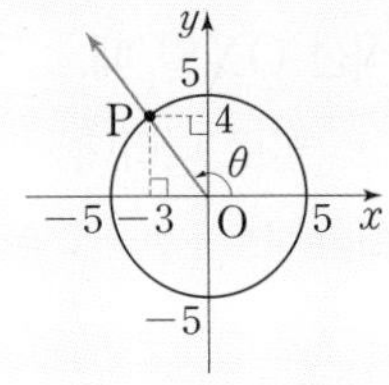

개념 10-2 삼각함수의 값의 부호

81쪽 | 유형 09 |

각 θ에 대한 삼각함수의 값의 부호는 θ를 나타내는 동경이 위치한 사분면에 따라 다음과 같이 정해진다.

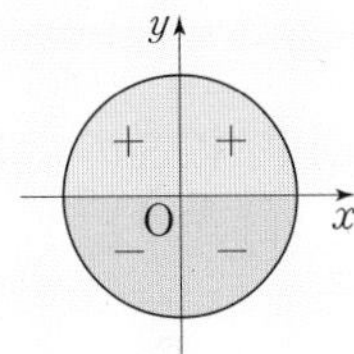

[$\sin\theta$의 값의 부호]

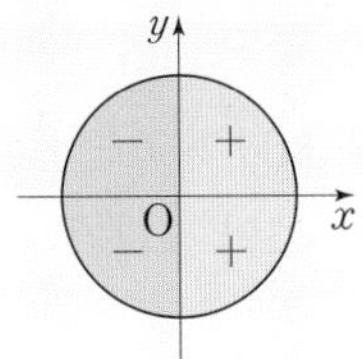

[$\cos\theta$의 값의 부호]

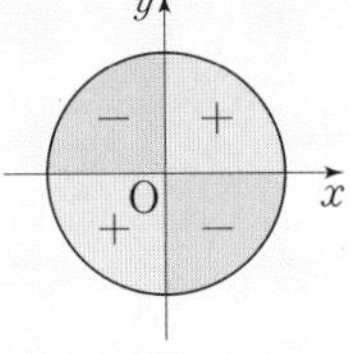

[$\tan\theta$의 값의 부호]

예 ① 130°는 제2사분면의 각이므로 $\sin130^\circ>0,\ \cos130^\circ<0,\ \tan130^\circ<0$

② $\frac{4}{3}\pi$는 제3사분면의 각이므로 $\sin\frac{4}{3}\pi<0,\ \cos\frac{4}{3}\pi<0,\ \tan\frac{4}{3}\pi>0$

개념 10-3 삼각함수 사이의 관계

81~83쪽 | 유형 10~13 |

삼각함수 사이에는 다음과 같은 관계가 성립한다.

① $\tan\theta=\frac{\sin\theta}{\cos\theta}$　　② $\sin^2\theta+\cos^2\theta=1$

참고 오른쪽 그림과 같이 각 θ를 나타내는 동경과 단위원의 교점을 $P(x, y)$라 하면

$x=\cos\theta,\ y=\sin\theta$

① $x\neq0$이면　$\tan\theta=\frac{y}{x}=\frac{\sin\theta}{\cos\theta}$

② 단위원에서 $x^2+y^2=1$이므로　$\cos^2\theta+\sin^2\theta=1$

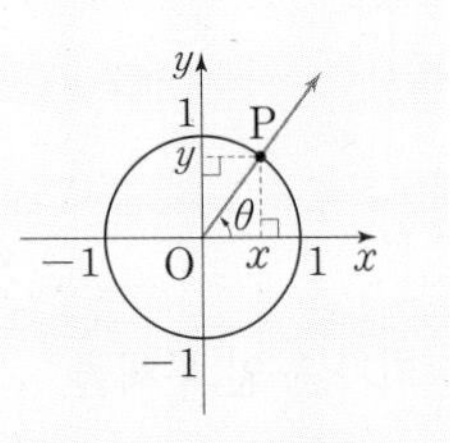

예 θ가 제2사분면의 각이고 $\sin\theta=\frac{3}{5}$일 때,

$\cos^2\theta=1-\sin^2\theta=1-\left(\frac{3}{5}\right)^2=\left(\frac{4}{5}\right)^2$　　$\therefore \cos\theta=-\frac{4}{5}\ (\because \cos\theta<0)$

개념 CHECK

4 다음 (가), (나), (다)에 알맞은 수를 각각 구하시오.

위의 그림과 같이 원점 O와 점 $P(5, -12)$를 지나는 동경 OP가 나타내는 각의 크기를 θ라 할 때, $\overline{OP}=\sqrt{5^2+(-12)^2}=13$이므로

$\sin\theta=-\frac{12}{\boxed{(가)}}$

$\cos\theta=\frac{\boxed{(나)}}{13}$

$\tan\theta=\boxed{(다)}$

5 다음은 θ가 제3사분면의 각이고 $\cos\theta=-\frac{\sqrt{3}}{2}$일 때, $\sin\theta$, $\tan\theta$의 값을 구하는 과정이다. □ 안에 알맞은 것을 써넣으시오.

$\sin^2\theta+\boxed{}=1$이므로

$\sin^2\theta=1-\boxed{}$

$=1-\left(-\frac{\sqrt{3}}{2}\right)^2=\boxed{}$

이때 θ가 제3사분면의 각이므로

$\sin\theta<0$

$\therefore \sin\theta=\boxed{}$

$\therefore \tan\theta=\frac{\boxed{}}{\cos\theta}=\frac{-\frac{1}{2}}{-\frac{\sqrt{3}}{2}}=\boxed{}$

4 (가): 13, (나): 5, (다): $-\frac{12}{5}$

5 $\cos^2\theta$, $\cos^2\theta$, $\frac{1}{4}$, $-\frac{1}{2}$, $\sin\theta$, $\frac{\sqrt{3}}{3}$

05 삼각함수

일반각과 호도법

기본 익히기

74쪽 | 개념 09-1~3 |

0434~0435 다음 각을 나타내는 시초선 OX와 동경 OP의 위치를 그림으로 나타내시오.

0434 45°

0435 -230°

0436~0437 다음 그림에서 시초선이 반직선 OX일 때, 동경 OP가 나타내는 일반각을 $360^\circ \times n+\alpha^\circ$ 꼴로 나타내시오. (단, n은 정수이고, $0^\circ \le \alpha^\circ < 360^\circ$이다.)

0436 **0437**

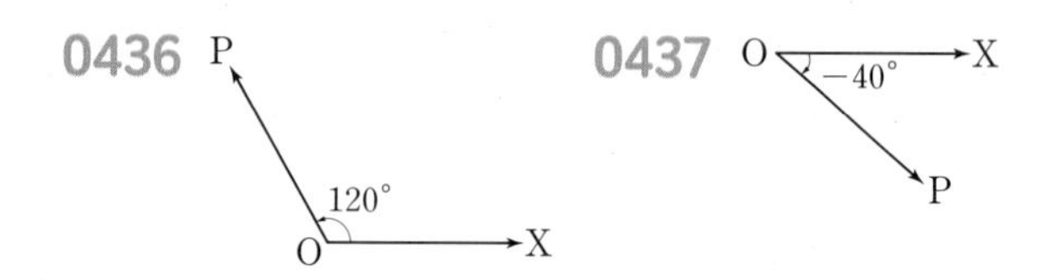

0438~0439 다음 각의 동경이 나타내는 일반각을 $360^\circ \times n+\alpha^\circ$ 꼴로 나타내고, 그 각이 제몇 사분면의 각인지 말하시오. (단, n은 정수이고, $0^\circ \le \alpha^\circ < 360^\circ$이다.)

0438 490°

0439 -2600°

0440~0443 다음에서 육십분법으로 나타낸 각은 호도법으로, 호도법으로 나타낸 각은 육십분법으로 나타내시오.

0440 60°

0441 -135°

0442 $\frac{2}{3}\pi$

0443 $-\frac{\pi}{6}$

0444 반지름의 길이가 3, 중심각의 크기가 $\frac{\pi}{6}$인 부채꼴의 호의 길이 l과 넓이 S를 각각 구하시오.

유형 익히기

유형 01 | 일반각 개념 09-1

시초선 OX와 동경 OP가 나타내는 한 각의 크기를 α°라 하면 동경 OP가 나타내는 일반각은 다음과 같다.

$360^\circ \times n+\alpha^\circ$ (단, n은 정수이다.)

0445 대표

시초선 OX와 동경 OP의 위치가 오른쪽 그림과 같을 때, 다음 중 동경 OP가 나타내는 각이 될 수 없는 것은?

P
O 30° X

① -690°　② -320°　③ 390°
④ 750°　⑤ 1110°

0446

다음 각을 $360^\circ \times n+\alpha^\circ$ (n은 정수, $0^\circ \le \alpha^\circ < 360^\circ$) 꼴로 나타낼 때, α°의 크기가 가장 작은 것은?

① -650°　② -210°　③ -80°
④ 425°　⑤ 890°

0447

보기의 각을 나타내는 동경 중에서 -300°를 나타내는 동경과 일치하는 것만을 있는 대로 고르시오.

보기

ㄱ. -800°　ㄴ. -660°
ㄷ. 420°　ㄹ. 1160°

유형 02 각의 사분면 개념 09-1

각 $\theta°$를 나타내는 동경이 제몇 사분면의 각인지 구할 때는

$\theta° = 360° \times n + \alpha°$ (n은 정수, $0° \le \alpha° < 360°$)

로 나타낸 후, 각 $\theta°$를 나타내는 동경과 각 $\alpha°$를 나타내는 동경이 일치함을 이용한다.

0448 대표

다음 중에서 각을 나타내는 동경이 제2사분면에 존재하는 것은?

① $-1200°$ ② $-730°$ ③ $-280°$
④ $550°$ ⑤ $870°$

0449

좌표평면에서 시초선을 원점 O에서 x축의 양의 방향으로 잡을 때, 동경 OP가 원점 O를 중심으로 시초선에서 양의 방향으로 $250°$만큼 회전한 후, 음의 방향으로 $335°$만큼 회전하였다. 이때 동경 OP는 제몇 사분면에 있는지 말하시오.

유형 03 사분면의 일반각 개념 09-1

(1) $\theta°$가 제1사분면의 각 ⇨ $360° \times n < \theta° < 360° \times n + 90°$
(2) $\theta°$가 제2사분면의 각 ⇨ $360° \times n + 90° < \theta° < 360° \times n + 180°$
(3) $\theta°$가 제3사분면의 각 ⇨ $360° \times n + 180° < \theta° < 360° \times n + 270°$
(4) $\theta°$가 제4사분면의 각 ⇨ $360° \times n + 270° < \theta° < 360° \times n + 360°$
(단, n은 정수이다.)

0450 대표

$\theta°$가 제2사분면의 각일 때, 각 $\frac{\theta°}{3}$를 나타내는 동경이 존재할 수 없는 사분면은?

① 제1사분면 ② 제2사분면 ③ 제3사분면
④ 제4사분면 ⑤ 제2사분면과 제3사분면

0451 [서술형]

$3\theta°$가 제3사분면의 각일 때, $\theta°$는 제몇 사분면의 각인지 말하시오.

0452

각 $\theta°$를 나타내는 동경이 속하는 영역을 좌표평면 위에 나타내면 오른쪽 그림의 색칠한 부분과 같을 때, 각 $\frac{\theta°}{2}$를 나타내는 동경이 존재할 수 있는 사분면을 말하시오. (단, 경계선은 제외한다.)

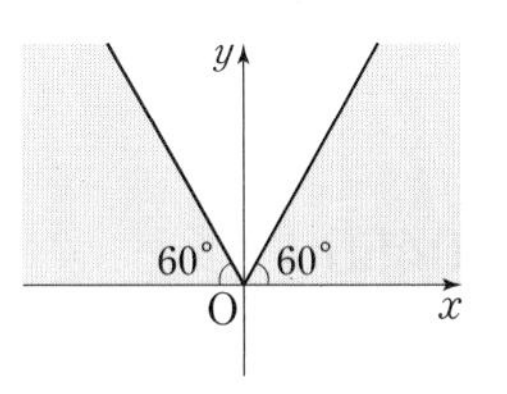

유형 04 두 동경의 위치 관계 개념 09-1

서로 다른 두 동경이 나타내는 각의 크기를 각각 $\alpha°$, $\beta°$라 할 때, 두 동경의 위치 관계에 따라 다음이 성립한다. (단, n은 정수이다.)
(1) 일치한다. ⇨ $\alpha° - \beta° = 360° \times n$
(2) 일직선 위에 있고 방향이 반대이다. (원점에 대하여 대칭이다.)
⇨ $\alpha° - \beta° = 360° \times n + 180°$
(3) x축에 대하여 대칭이다. ⇨ $\alpha° + \beta° = 360° \times n$
(4) y축에 대하여 대칭이다. ⇨ $\alpha° + \beta° = 360° \times n + 180°$
(5) 직선 $y=x$에 대하여 대칭이다. ⇨ $\alpha° + \beta° = 360° \times n + 90°$

0453 대표

각 $\theta°$를 나타내는 동경과 각 $6\theta°$를 나타내는 동경이 일치할 때, 각 $\theta°$의 크기는? (단, $180° < \theta° < 270°$)

① $198°$ ② $204°$ ③ $210°$
④ $216°$ ⑤ $222°$

바른답 · 알찬풀이 049쪽

0454

각 $\theta°$를 나타내는 동경과 각 $5\theta°$를 나타내는 동경이 일직선 위에 있고 방향이 반대일 때, 모든 각 $\theta°$의 크기의 합은?

(단, $0°<\theta°<180°$)

① $45°$ ② $90°$ ③ $135°$
④ $180°$ ⑤ $225°$

0455

각 $3\theta°$를 나타내는 동경과 각 $7\theta°$를 나타내는 동경이 x축에 대하여 대칭일 때, 각 $\theta°$의 개수는? (단, $0°<\theta°<180°$)

① 1 ② 2 ③ 3
④ 4 ⑤ 5

0456

각 $\theta°$를 나타내는 동경과 각 $2\theta°$를 나타내는 동경이 y축에 대하여 대칭일 때, 각 $\theta°$의 크기는? (단, $180°<\theta°<360°$)

① $200°$ ② $220°$ ③ $240°$
④ $280°$ ⑤ $300°$

0457 [서술형]

각 $\theta°$를 나타내는 동경과 각 $9\theta°$를 나타내는 동경이 직선 $y=x$에 대하여 대칭일 때, 각 $\theta°$의 크기를 모두 구하시오.

(단, $0°<\theta°<90°$)

유형05 육십분법과 호도법

개념 09-2

(1) 육십분법의 각을 호도법의 각으로 나타내면

⇨ (육십분법의 각) $\times \frac{\pi}{180}$

(2) 호도법의 각을 육십분법의 각으로 나타내면

⇨ (호도법의 각) $\times \frac{180°}{\pi}$

0458 대표

옳은 것만을 **보기**에서 있는 대로 고른 것은?

보기

ㄱ. $45°=\frac{\pi}{4}$ ㄴ. $75°=\frac{5}{12}\pi$

ㄷ. $144°=\frac{3}{5}\pi$ ㄹ. $\frac{5}{4}\pi=245°$

ㅁ. $\frac{3}{2}\pi=270°$ ㅂ. $\frac{11}{6}\pi=330°$

① ㄱ, ㄷ ② ㄴ, ㄷ, ㅁ ③ ㄷ, ㄹ, ㅂ
④ ㄱ, ㄴ, ㄹ, ㅁ ⑤ ㄱ, ㄴ, ㅁ, ㅂ

0459

다음 중에서 각을 나타내는 동경이 존재하는 사분면이 나머지 넷과 다른 하나는?

① $-1000°$ ② $-690°$ ③ $432°$
④ $-\frac{29}{3}\pi$ ⑤ $\frac{11}{4}\pi$

0460

$\theta=\frac{20}{3}\pi$일 때, $\frac{\theta}{4}$는 제몇 사분면의 각인지 말하시오.

빈출

유형 06 부채꼴의 호의 길이와 넓이

개념 09-3

반지름의 길이가 r, 중심각의 크기가 θ인 부채꼴의 호의 길이를 l, 넓이를 S라 하면

(1) $l=r\theta$

(2) $S=\frac{1}{2}r^2\theta=\frac{1}{2}rl$

(3) (부채꼴의 둘레의 길이)$=2r+r\theta$

0461 대표

호의 길이가 2π이고 넓이가 3π인 부채꼴의 중심각의 크기는?

① $\frac{\pi}{6}$ ② $\frac{\pi}{3}$ ③ $\frac{\pi}{2}$
④ $\frac{2}{3}\pi$ ⑤ $\frac{5}{6}\pi$

0462

중심각의 크기가 $\frac{3}{4}$이고 둘레의 길이가 11인 부채꼴의 넓이는?

① 5 ② 6 ③ 7
④ 8 ⑤ 9

0463

반지름의 길이가 4인 원의 넓이와 중심각의 크기가 $\frac{\pi}{4}$인 부채꼴의 넓이가 서로 같을 때, 이 부채꼴의 호의 길이를 구하시오.

0464 [서술형]

반지름의 길이가 2인 원과 부채꼴이 있다. 부채꼴의 둘레의 길이가 원의 둘레의 길이의 $\frac{1}{2}$배일 때, 부채꼴의 중심각의 크기를 구하시오.

유형 07 부채꼴의 호의 길이와 넓이의 활용

개념 09-3

(1) 반지름의 길이가 r, 둘레의 길이가 a인 부채꼴의 넓이 S는 $S=\frac{1}{2}r(a-2r)$이므로 S의 최댓값을 구할 때는 이차함수의 최대·최소를 이용한다.

(2) 원뿔의 전개도는 부채꼴과 원으로 이루어져 있으므로 원뿔의 겉넓이를 구할 때는 부채꼴의 호의 길이와 넓이를 이용한다.

0465 대표

둘레의 길이가 16인 부채꼴의 넓이의 최댓값을 a, 그때의 반지름의 길이를 b라 할 때, $a+b$의 값은?

① 5 ② 10 ③ 15
④ 20 ⑤ 25

0466

밑면인 원의 반지름의 길이가 3이고 모선의 길이가 8인 원뿔의 겉넓이는?

① 30π ② 33π ③ 36π
④ 39π ⑤ 42π

0467

둘레의 길이가 20인 부채꼴 중에서 그 넓이가 최대인 것으로 원뿔의 옆면을 만들 때, 이 원뿔의 밑면의 넓이는?

① $\frac{5}{\pi}$ ② $\frac{10}{\pi}$ ③ $\frac{15}{\pi}$
④ $\frac{20}{\pi}$ ⑤ $\frac{25}{\pi}$

바른답·알찬풀이 051쪽

삼각함수의 뜻과 성질

기본 익히기

75쪽 | 개념 10-1~3 |

0468 원점 O와 점 P$(-1,\ 2)$를 지나는 동경 OP가 나타내는 각의 크기를 θ라 할 때, $\sin\theta$, $\cos\theta$, $\tan\theta$의 값을 각각 구하시오.

0469 $\theta=\frac{5}{4}\pi$일 때, $\sin\theta$, $\cos\theta$, $\tan\theta$의 값을 각각 구하시오.

0470~0473 각 θ가 다음과 같을 때, $\sin\theta$, $\cos\theta$, $\tan\theta$의 값의 부호를 각각 말하시오.

0470 $760°$

0471 $-240°$

0472 $\frac{28}{9}\pi$

0473 $\frac{11}{3}\pi$

0474~0476 다음을 만족시키는 θ는 제몇 사분면의 각인지 말하시오.

0474 $\sin\theta<0$, $\cos\theta>0$

0475 $\cos\theta<0$, $\tan\theta<0$

0476 $\sin\theta\tan\theta<0$

0477 θ가 제2사분면의 각이고 $\sin\theta=\frac{5}{13}$일 때, $\cos\theta$, $\tan\theta$의 값을 각각 구하시오.

0478 $\sin\theta+\cos\theta=\frac{1}{2}$일 때, $\sin\theta\cos\theta$의 값을 구하시오.

유형 익히기

빈출 **유형 08** 삼각함수 — 개념 10-1

중심이 원점 O이고 반지름의 길이가 r인 원 위의 임의의 점 P$(x,\ y)$에 대하여 동경 OP가 나타내는 각의 크기를 θ라 하면

(1) $r=\overline{\mathrm{OP}}=\sqrt{x^2+y^2}$

(2) $\sin\theta=\frac{y}{r}$, $\cos\theta=\frac{x}{r}$, $\tan\theta=\frac{y}{x}$ (단, $x\neq0$)

0479 대표

원점 O와 점 P$(4,\ -3)$을 지나는 동경 OP가 나타내는 각의 크기를 θ라 할 때, $5(\sin\theta+\cos\theta)$의 값은?

① -2 ② -1 ③ 1
④ 2 ⑤ 3

0480

오른쪽 그림과 같이 제2사분면 위의 점 P$(a,\ 4)$에 대하여 동경 OP가 나타내는 각의 크기를 θ라 하면 $\sin\theta=\frac{2}{3}$이다. $\overline{\mathrm{OP}}=r$라 할 때, a^2+r의 값을 구하시오. (단, O는 원점이다.)

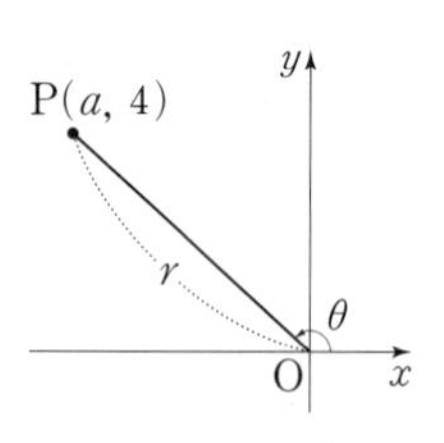

0481

θ가 제3사분면의 각이고 $\tan\theta=\frac{\sqrt{5}}{2}$일 때, $9(\sin^2\theta+\cos\theta)$의 값은?

① -5 ② -4 ③ -3
④ -2 ⑤ -1

0482 [서술형]

오른쪽 그림과 같이 가로와 세로의 길이가 각각 $2\sqrt{3}$, 2인 직사각형 ABCD가 원 $x^2+y^2=4$에 내접하고 있다. 두 동경 OB, OD가 나타내는 각의 크기를 각각 α, β라 할 때, $\sin\alpha+\cos\beta$의 값을 구하시오.

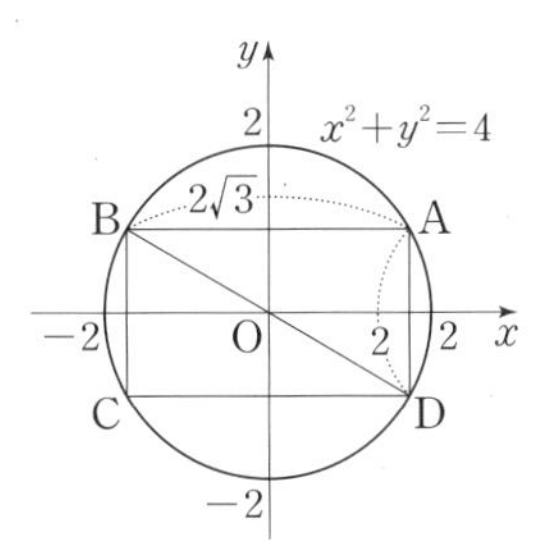

(단, O는 원점이고, 직사각형의 각 변은 좌표축과 평행하다.)

빈출 유형 09 삼각함수의 값의 부호 (개념 10-2)

각 사분면에서 값이 양수인 삼각함수는 오른쪽 그림과 같다.

(1) $\sin\theta>0$, $\cos\theta>0$, $\tan\theta>0$
⇨ θ는 제1사분면의 각

(2) $\sin\theta>0$, $\cos\theta<0$, $\tan\theta<0$
⇨ θ는 제2사분면의 각

(3) $\sin\theta<0$, $\cos\theta<0$, $\tan\theta>0$
⇨ θ는 제3사분면의 각

(4) $\sin\theta<0$, $\cos\theta>0$, $\tan\theta<0$
⇨ θ는 제4사분면의 각

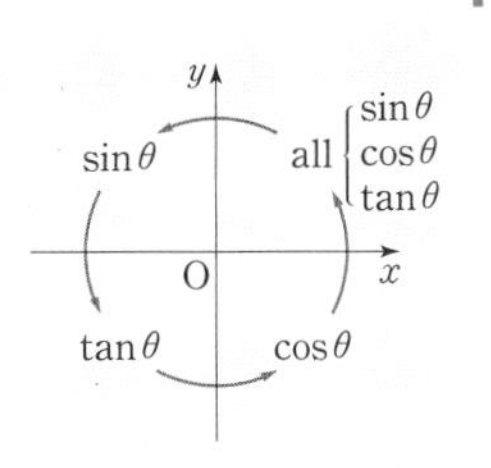

0483 대표

$\sin\theta\tan\theta>0$, $\frac{\cos\theta}{\tan\theta}<0$을 동시에 만족시키는 θ는 제몇 사분면의 각인지 말하시오.

0484

$\frac{\pi}{2}<\theta<\pi$일 때, $\sqrt{\sin^2\theta}-\sin\theta-\cos\theta+|\cos\theta|$를 간단히 하시오.

0485

다음 중에서 $\frac{\sqrt{\sin\theta}}{\sqrt{\cos\theta}}=-\sqrt{\frac{\sin\theta}{\cos\theta}}$를 만족시키는 θ의 크기가 될 수 있는 것은? (단, $\sin\theta\cos\theta\neq0$)

① $\frac{\pi}{4}$　② $\frac{3}{5}\pi$　③ $\frac{4}{3}\pi$　④ $\frac{7}{4}\pi$　⑤ $\frac{7}{3}\pi$

0486

$\sin\theta\cos\theta>0$, $\sin\theta+\cos\theta<0$을 동시에 만족시키는 각 θ에 대하여

$$|\cos\theta|+\sqrt{\tan^2\theta}+|\cos\theta-\tan\theta|$$

를 간단히 하면?

① $2\cos\theta$　② $2\tan\theta$　③ 0　④ $2\cos\theta-2\tan\theta$　⑤ $2\tan\theta-2\cos\theta$

유형 10 삼각함수 사이의 관계; 식 간단히 하기 (개념 10-3)

삼각함수를 포함한 식을 간단히 할 때는

$$\tan\theta=\frac{\sin\theta}{\cos\theta},\ \sin^2\theta+\cos^2\theta=1$$

임을 이용한다. 이때 $\sin\theta$, $\cos\theta$, $\tan\theta$를 문자로 생각하여 유리식의 계산과 같이 통분, 약분, 인수분해 등을 할 수 있다.

0487 대표

$\frac{\sin\theta}{1+\cos\theta}+\frac{1+\cos\theta}{\sin\theta}$를 간단히 하면?

① $\sin\theta$　② $2\sin\theta$　③ $\frac{1}{2\sin\theta}$　④ $\frac{1}{\sin\theta}$　⑤ $\frac{2}{\sin\theta}$

05 삼각함수

바른답·알찬풀이 053쪽

0488

옳은 것만을 **보기**에서 있는 대로 고른 것은?

보기

ㄱ. $\cos^2\theta-\sin^2\theta=2\cos^2\theta-1$

ㄴ. $\left(1+\frac{1}{\sin\theta}\right)\left(1-\frac{1}{\sin\theta}\right)=\frac{1}{\tan^2\theta}$

ㄷ. $(1-\sin^2\theta)(1+\tan^2\theta)=1$

① ㄱ　② ㄴ　③ ㄱ, ㄷ
④ ㄴ, ㄷ　⑤ ㄱ, ㄴ, ㄷ

0489

$\frac{\tan\theta+1}{\tan\theta-1}+\frac{\cos^2\theta-\sin^2\theta}{1-2\sin\theta\cos\theta}$를 간단히 하면?

① 0　② 1　③ $\sin^2\theta$
④ $\cos^2\theta$　⑤ 2

0490 [서술형]

$0<\sin\theta<\cos\theta$일 때,

$$\sqrt{1+2\sin\theta\cos\theta}-\sqrt{1-2\sin\theta\cos\theta}$$

를 간단히 하시오.

빈출

유형 11 삼각함수 사이의 관계; 식의 값 구하기 개념 10-3

삼각함수 중 하나의 값을 알면

$$\tan\theta=\frac{\sin\theta}{\cos\theta},\ \sin^2\theta+\cos^2\theta=1$$

임을 이용하여 주어진 식의 값을 구할 수 있다.

0491 대표

θ가 제3사분면의 각이고 $\sin\theta=-\frac{3}{5}$일 때,

$5\cos\theta-4\tan\theta$의 값을 구하시오.

0492

θ가 제2사분면의 각이고 $\frac{1}{1+\cos\theta}+\frac{1}{1-\cos\theta}=8$일 때,

$2\cos\theta+3\tan\theta$의 값은?

① $-2\sqrt{3}$　② $-\sqrt{3}$　③ 0
④ $\sqrt{3}$　⑤ $2\sqrt{3}$

0493

$\frac{3}{2}\pi<\theta<2\pi$이고 $\frac{1-\tan\theta}{1+\tan\theta}=2+\sqrt{3}$일 때, $\sin\theta$의 값을 구하시오.

0494

θ가 제2사분면의 각이고 $\frac{\cos\theta+2\sin\theta\cos\theta}{1+\sin\theta+\sin^2\theta-\cos^2\theta}=-2$

일 때, $\sin\theta+\cos\theta$의 값을 구하시오.

빈출 유형 12 삼각함수 사이의 관계; $\sin\theta \pm \cos\theta$, $\sin\theta\cos\theta$의 이용

개념 10-3

$\sin\theta \pm \cos\theta$의 값 또는 $\sin\theta\cos\theta$의 값이 주어질 때는 다음을 이용한다.

(1) $(\sin\theta+\cos\theta)^2=\sin^2\theta+\cos^2\theta+2\sin\theta\cos\theta$
$=1+2\sin\theta\cos\theta$

(2) $(\sin\theta-\cos\theta)^2=\sin^2\theta+\cos^2\theta-2\sin\theta\cos\theta$
$=1-2\sin\theta\cos\theta$

0495 대표

θ가 제2사분면의 각이고 $\sin\theta+\cos\theta=\frac{1}{5}$일 때, $\sin^2\theta-\cos^2\theta$의 값은?

① $\frac{1}{25}$ ② $\frac{3}{25}$ ③ $\frac{1}{5}$
④ $\frac{7}{25}$ ⑤ $\frac{9}{25}$

0496

$\sin\theta-\cos\theta=\frac{\sqrt{3}}{3}$일 때, $(\sin^2\theta+1)(\cos^2\theta+1)$의 값을 구하시오.

0497 [서술형]

$\pi<\theta<\frac{3}{2}\pi$이고 $\sin\theta\cos\theta=\frac{1}{2}$일 때, $\sin^3\theta+\cos^3\theta$의 값을 구하시오.

0498

$\tan\theta+\frac{1}{\tan\theta}=4$일 때, $\frac{1}{\sin^2\theta}+\frac{1}{\cos^2\theta}$의 값을 구하시오.

유형 13 삼각함수와 이차방정식

개념 10-3

x에 대한 이차방정식 $ax^2+bx+c=0$의 두 근이 $\sin\theta$, $\cos\theta$일 때, 이차방정식의 근과 계수의 관계를 이용하면

⇨ $\sin\theta+\cos\theta=-\frac{b}{a}$, $\sin\theta\cos\theta=\frac{c}{a}$

0499 대표

이차방정식 $3x^2+x+k=0$의 두 근이 $\sin\theta$, $\cos\theta$일 때, 상수 k의 값은?

① $-\frac{4}{3}$ ② $-\frac{2}{3}$ ③ 0
④ $\frac{2}{3}$ ⑤ $\frac{4}{3}$

0500

이차방정식 $2x^2-3x+k=0$의 두 근이 $\sin\theta+\cos\theta$, $\sin\theta-\cos\theta$일 때, 상수 k의 값을 구하시오.

0501

$\sin\theta\cos\theta=\frac{1}{2}$을 만족시키는 각 θ에 대하여 $\frac{1}{\sin^2\theta}$, $\frac{1}{\cos^2\theta}$을 두 근으로 하는 이차방정식이 $x^2-ax+b=0$이다. 이때 실수 a, b에 대하여 $a+b$의 값은?

① 5 ② 6 ③ 7
④ 8 ⑤ 9

05 삼각함수

바른답 · 알찬풀이 054쪽

중단원 마무리

15 일차

STEP1 실전 문제

0502
77쪽 유형 03

두 각 $2\theta°$, $648°$를 나타내는 두 동경이 같은 사분면에 있을 때, 각 $\theta°$를 나타내는 동경이 존재할 수 있는 사분면은?

① 제1사분면 또는 제2사분면
② 제1사분면 또는 제3사분면
③ 제2사분면 또는 제3사분면
④ 제2사분면 또는 제4사분면
⑤ 제3사분면 또는 제4사분면

0503
77쪽 유형 04+78쪽 유형 05

θ가 제2사분면의 각이고 각 θ를 나타내는 동경과 각 5θ를 나타내는 동경이 원점에 대하여 대칭일 때, $\cos\left(\theta-\frac{\pi}{2}\right)$의 값을 구하시오.

0504
77쪽 유형 04+78쪽 유형 05

옳은 것만을 **보기**에서 있는 대로 고르시오.

보기

ㄱ. $1000°$는 제3사분면의 각이다.

ㄴ. $125°=\frac{25}{36}\pi$

ㄷ. $-\frac{\pi}{6}$, $-390°$, $690°$를 나타내는 동경은 모두 일치한다.

ㄹ. $\frac{\pi}{3}$와 $\frac{8}{3}\pi$를 나타내는 동경은 x축에 대하여 대칭이다.

0505 중요!
79쪽 유형 06

반지름의 길이가 r인 원의 넓이가 반지름의 길이가 $6r$이고 호의 길이가 3π인 부채꼴의 넓이의 2배일 때, r의 값을 구하시오.

0506 교육청
79쪽 유형 06

그림과 같이 길이가 12인 선분 AB를 지름으로 하는 반원이 있다. 반원 위에서 호 BC의 길이가 4π인 점 C를 잡고 점 C에서 선분 AB에 내린 수선의 발을 H라 하자. $\overline{CH}^2$의 값을 구하시오.

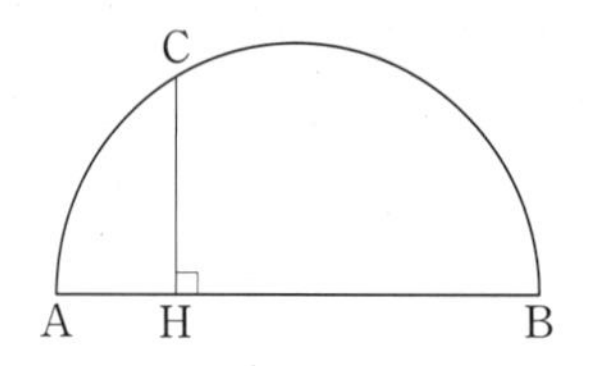

0507
79쪽 유형 07

넓이가 12인 부채꼴의 둘레의 길이의 최솟값은?

① 8 ② $8\sqrt{2}$ ③ $8\sqrt{3}$
④ 16 ⑤ $8\sqrt{5}$

0508
80쪽 유형 08

직선 $3x-2y=0$이 x축의 양의 방향과 이루는 각의 크기를 θ라 할 때, $\sin\theta\cos\theta$의 값은? (단, $0<\theta<\pi$)

① $\frac{2}{13}$ ② $\frac{3}{13}$ ③ $\frac{4}{13}$
④ $\frac{5}{13}$ ⑤ $\frac{6}{13}$

0509
80쪽 유형 08

오른쪽 그림과 같이 원 $x^2+y^2=25$와 직선 $y=\frac{4}{3}x$의 두 교점을 각각 P, R라 하고, 사각형 PQRS가 정사각형이 되도록 원 위의 또 다른 두 점 Q, S를 잡을 때, x축의 양의 방향과 두 동경 OQ, OR가 이루는 각의 크기를 각각 α, β라 하자. $\sin\alpha-\cos\beta$의 값을 구하시오.

(단, O는 원점이고, 점 P는 제1사분면 위의 점이다.)

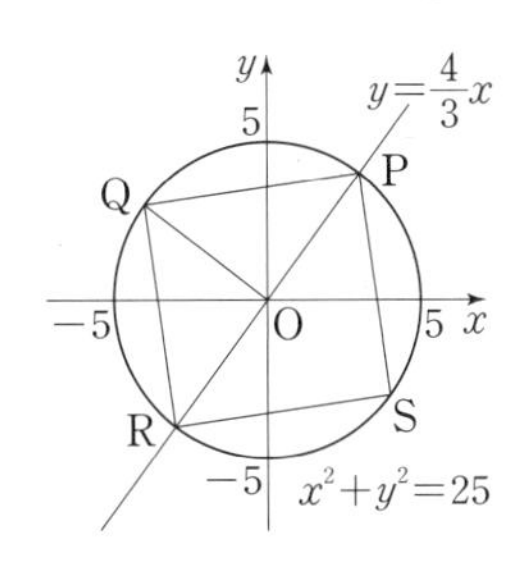

0510
81쪽 유형 09

$\sqrt{\cos\theta}\sqrt{\tan\theta}=-\sqrt{\cos\theta\tan\theta}$일 때,

$$\sqrt{\sin^2\theta}+|\sin\theta-\cos\theta|-\sqrt{(\tan\theta+\cos\theta)^2}$$

을 간단히 하시오. (단, $\cos\theta\tan\theta\neq0$)

0511
81쪽 유형 09+유형 10

θ가 제2사분면의 각일 때, 옳은 것만을 **보기**에서 있는 대로 고른 것은?

보기

ㄱ. $\frac{1}{\sin\theta}-\frac{1}{\cos\theta}<0$

ㄴ. $\frac{\cos\theta}{1+\sin\theta}-\frac{\cos\theta}{1-\sin\theta}>0$

ㄷ. $\frac{\cos\theta-1}{\sin\theta}-\frac{1}{\tan\theta}<0$

① ㄱ　② ㄴ　③ ㄱ, ㄷ
④ ㄴ, ㄷ　⑤ ㄱ, ㄴ, ㄷ

0512
82쪽 유형 11

$\frac{1-\sin\theta}{1+\sin\theta}=\frac{3}{4}$일 때, $\frac{\cos^2\theta-\sin^2\theta}{1+\cos^2\theta}=\frac{q}{p}$이다. 서로소인 자연수 p, q에 대하여 $p-q$의 값을 구하시오.

0513 교육청
83쪽 유형 12

$\sin\theta-\cos\theta=\frac{\sqrt{3}}{2}$일 때, $\tan\theta+\frac{1}{\tan\theta}$의 값은?

① 6　② 7　③ 8
④ 9　⑤ 10

0514 중요!
83쪽 유형 12

$\sin\theta+k\cos\theta=-\frac{1}{2}$, $k\sin\theta-\cos\theta=\frac{\sqrt{15}}{2}$일 때, 양수 k의 값은?

① 1　② $\sqrt{2}$　③ $\sqrt{3}$
④ 2　⑤ $\sqrt{5}$

0515
82쪽 유형 11+83쪽 유형 13

x에 대한 이차방정식 $x^2+2(1+\sin\theta)x-\cos^2\theta=0$의 두 근의 차가 2일 때, $\frac{\sin\theta\cos\theta}{\tan\theta}$의 값은?

① $-\frac{3}{4}$　② $-\frac{1}{4}$　③ $\frac{1}{4}$
④ $\frac{3}{4}$　⑤ $\frac{5}{4}$

05 삼각함수

바른답 · 알찬풀이 056쪽

STEP 2 실력 UP 문제

0516

79쪽 유형 06

오른쪽 그림과 같이 반지름의 길이가 각각 2, 6인 두 원 O_1, O_2가 한 점에서 만나고, 두 원은 직선 l과 각각 점 A와 점 B에서 접한다. 직선 l과 두 원으로 둘러싸인 부분의 넓이를 구하시오.

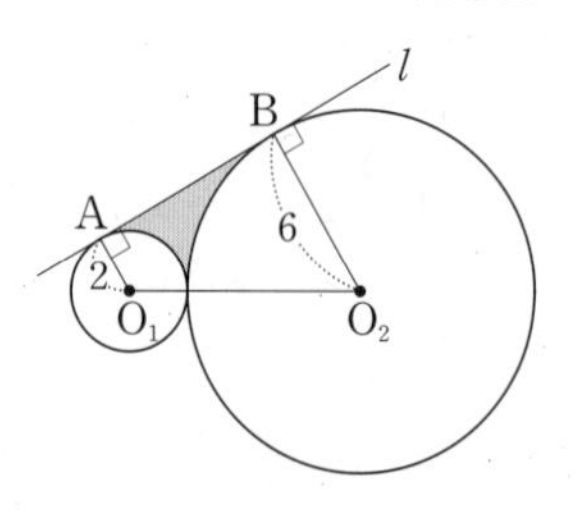

0517

80쪽 유형 08

오른쪽 그림과 같이 단위원의 둘레를 10등분 하는 각 점을 차례로 P_0, P_1, $\cdots$, P_9라 하자. $\angle P_0OP_1=\theta$일 때,

$$\sin\theta+\sin 2\theta+\sin 3\theta$$

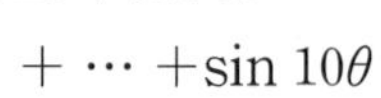

$$+\cdots+\sin 10\theta$$

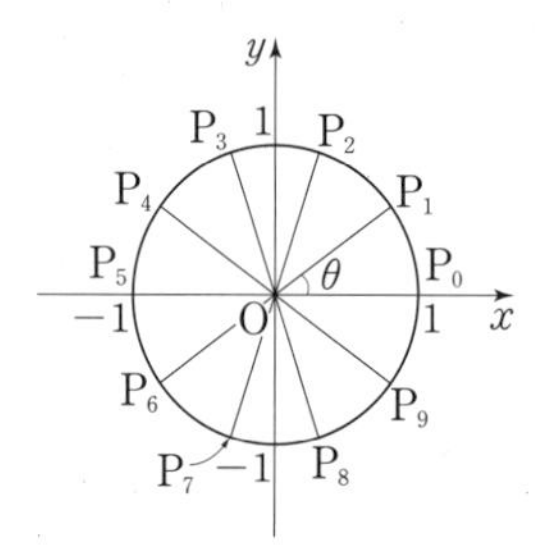

의 값은? (단, O는 원점이고, 점 P_0의 좌표는 $(1, 0)$이다.)

① -1　　② $-\sin\frac{\pi}{5}$　　③ 0

④ $\sin\frac{\pi}{5}$　　⑤ 1

0518

81쪽 유형 10

$\frac{x}{\sin\theta}=1+\frac{1}{\tan\theta}$, $\frac{y}{\sin\theta}=1-\frac{1}{\tan\theta}$을 만족시키는 실수 x, y에 대하여 점 $P(x, y)$가 나타내는 도형의 넓이를 구하시오.

적중 서술형 문제

0519

79쪽 유형 07

오른쪽 그림은 반지름의 길이가 9인 원에서 중심각의 크기가 120°인 부채꼴을 잘라 내고 남은 부채꼴이다. 이 부채꼴을 옆면으로 하는 원뿔의 겉넓이를 구하시오.

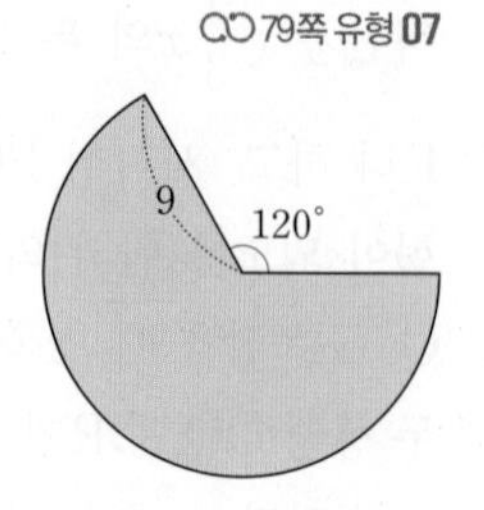

0520

83쪽 유형 12

$\sin\theta+\cos\theta=\sqrt{2}$일 때, $\tan^2\theta+\frac{1}{\tan^2\theta}$의 값을 구하시오.

0521

83쪽 유형 13

이차방정식 $9x^2+3x+k=0$의 두 근이 $\sin\theta$, $\cos\theta$일 때, 다음 물음에 답하시오.

(1) 상수 k의 값을 구하시오.

(2) $\frac{1}{\sin\theta}$, $\frac{1}{\cos\theta}$을 두 근으로 하고 x^2의 계수가 4인 이차방정식을 구하시오.

끝날 때까지 끝낼 수 없다, 자이가르닉 효과

러시아의 심리학자 블루머 자이가르닉은 레스토랑에서 식사하는 도중 흥미로운 사실에 주목합니다. 레스토랑의 점원들은 주문을 잘 외우고 정확하게 서빙을 하지만, 서빙을 마친 이후에는 지난 주문에 대해 기억하지 못한다는 것에 착안하여 한 가지 원칙을 발견했습니다.

인간은 완결된 일에 대해서는 금세 잊어버리는 반면, 미처 완성하지 못했거나 끝내지 못한 일은 머릿속에서 쉽게 지우지 못한다는 것입니다. 이것을 '자이가르닉 효과' 혹은 '미완성 효과'라고 하는데, 한마디로 끝내지 못한 일이 머릿속의 긴장감을 지속시켜 오랫동안 그 일이 기억에 남게 된다는 이론입니다.

이루지 못한 사랑이 오랫동안 기억에 남는 것이나 시험에서 풀지 못한 문제가 더욱 잘 기억나는 것이 바로 자이가르닉 효과의 좋은 예입니다.

우리는 잘 깨닫지 못하지만, 우리의 기억은 끝날 때까지 끝내지 않는답니다.

06 삼각함수의 그래프

중단원 핵심 개념을 정리하였습니다.
Lecture별 유형 학습 전에 관련 개념을 완벽하게 알아두세요.

Lecture 11 삼각함수의 그래프

16 일차

개념 11-1 삼각함수의 그래프

90~92, 94쪽 | 유형 01~03, 07 |

(1) 주기함수

함수 $f(x)$의 정의역에 속하는 모든 실수 x에 대하여

$$f(x+p)=f(x)$$

를 만족시키는 0이 아닌 상수 p가 존재할 때 함수 $f(x)$를 **주기함수**라 하고, 이러한 상수 p 중에서 최소인 양수를 그 함수의 **주기**라 한다.

(2) 함수 $y=\sin x$, $y=\cos x$의 성질

① 정의역은 실수 전체의 집합이고, 치역은 $\{y\mid -1\le y\le 1\}$이다.

② $y=\sin x$의 그래프는 원점에 대하여 대칭

⇨ $\sin(-x)=-\sin x$

$y=\cos x$의 그래프는 y축에 대하여 대칭

⇨ $\cos(-x)=\cos x$

③ 주기가 2π인 주기함수이다.

└ $\sin(x+2n\pi)=\sin x$, $\cos(x+2n\pi)=\cos x$ (n은 정수)

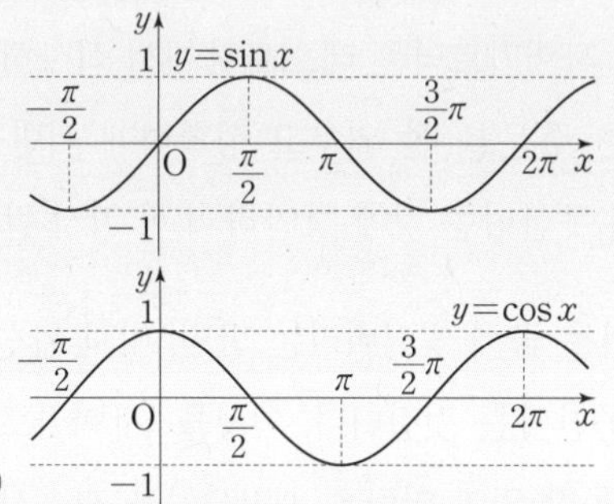

참고 함수 $y=\cos x$의 그래프는 함수 $y=\sin x$의 그래프를 x축의 방향으로 $-\frac{\pi}{2}$만큼 평행이동한 것과 같다.

(3) 함수 $y=\tan x$의 성질

① 정의역은 $n\pi+\frac{\pi}{2}$ (n은 정수)를 제외한 실수 전체의 집합이고, 치역은 실수 전체의 집합이다.

② $y=\tan x$의 그래프는 원점에 대하여 대칭

⇨ $\tan(-x)=-\tan x$

③ 주기가 π인 주기함수이다. → $\tan(x+n\pi)=\tan x$ (n은 정수)

④ 그래프의 점근선은 직선 $x=n\pi+\frac{\pi}{2}$ (n은 정수)이다.

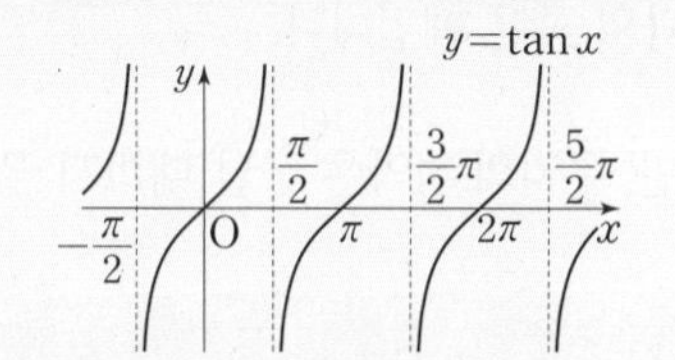

개념 11-2 삼각함수의 최대·최소와 주기

92~94쪽 | 유형 04~07 |

삼각함수	치역	최댓값	최솟값	주기
$y=a\sin(bx+c)+d$	$\{y\mid -\lvert a\rvert+d\le y\le \lvert a\rvert+d\}$	$\lvert a\rvert+d$	$-\lvert a\rvert+d$	$\frac{2\pi}{\lvert b\rvert}$
$y=a\cos(bx+c)+d$	$\{y\mid -\lvert a\rvert+d\le y\le \lvert a\rvert+d\}$	$\lvert a\rvert+d$	$-\lvert a\rvert+d$	$\frac{2\pi}{\lvert b\rvert}$
$y=a\tan(bx+c)+d$	실수 전체의 집합	없다.	없다.	$\frac{\pi}{\lvert b\rvert}$

참고 $y=a\sin(bx+c)+d$
- c: x축의 방향으로 평행이동 결정 → $-\frac{c}{b}$만큼
- d: y축의 방향으로 평행이동 결정 → d만큼
- b: 주기 결정
- a: 최댓값, 최솟값 결정

개념 CHECK

1 다음 삼각함수의 그래프에서 (가), (나), (다)에 알맞은 수를 각각 구하시오.

(1)

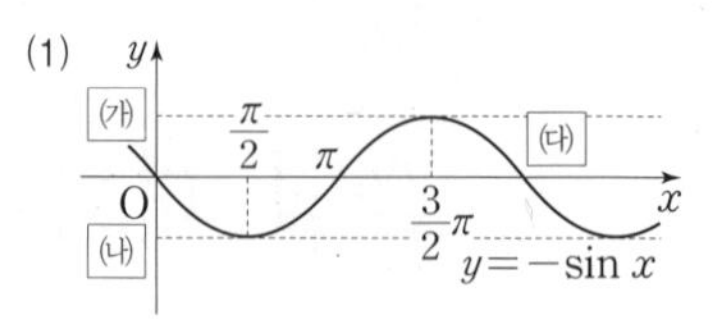

(2)

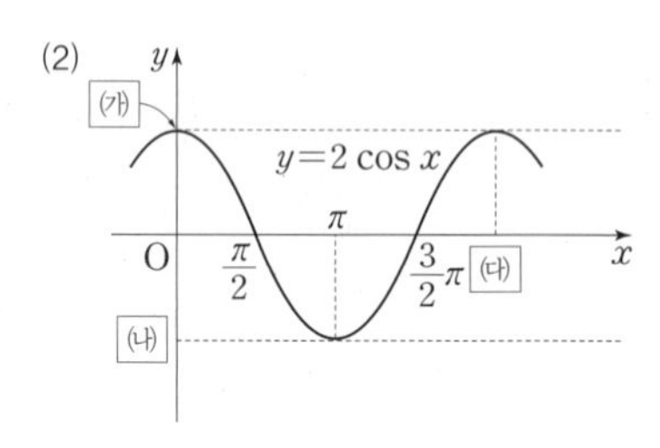

(3)

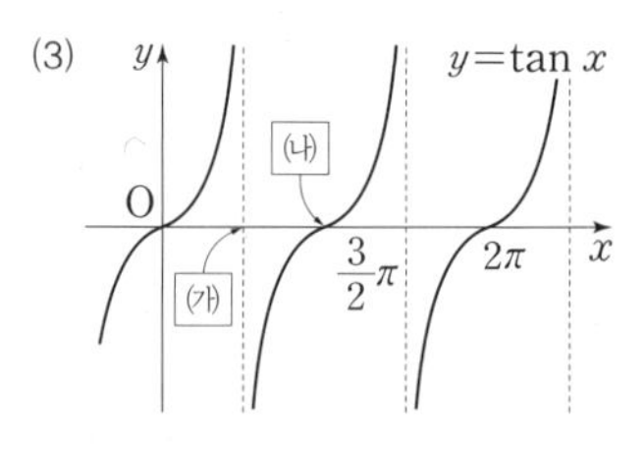

2 함수 $y=2\sin x$에 대하여 □ 안에 알맞은 것을 써넣으시오.

(1) 최댓값은 □이고, 최솟값은 □이다.

(2) 주기는 □이다.

(3) 그래프는 □에 대하여 대칭이다.

3 함수 $y=\cos 3x$에 대하여 □ 안에 알맞은 것을 써넣으시오.

(1) 최댓값은 □이고, 최솟값은 □이다.

(2) 주기는 □이다.

(3) 그래프는 □에 대하여 대칭이다.

---

1 (1) (가): 1, (나): -1, (다): 2π
(2) (가): 2, (나): -2, (다): 2π
(3) (가): $\frac{\pi}{2}$, (나): π

2 (1) 2, -2 (2) 2π (3) 원점

3 (1) 1, -1 (2) $\frac{2}{3}\pi$ (3) y축

Lecture 12 여러 가지 각의 삼각함수의 성질

개념 12-1 여러 가지 각의 삼각함수의 성질

95~97쪽 | 유형 08~12 |

(1) $2n\pi+\theta$ (n은 정수)의 삼각함수

$\sin(2n\pi+\theta)=\sin\theta$, $\cos(2n\pi+\theta)=\cos\theta$, $\tan(2n\pi+\theta)=\tan\theta$

(2) $-\theta$의 삼각함수

$\sin(-\theta)=-\sin\theta$, $\cos(-\theta)=\cos\theta$, $\tan(-\theta)=-\tan\theta$

(3) $\pi\pm\theta$의 삼각함수

$\sin(\pi+\theta)=-\sin\theta$, $\cos(\pi+\theta)=-\cos\theta$, $\tan(\pi+\theta)=\tan\theta$,

$\sin(\pi-\theta)=\sin\theta$, $\cos(\pi-\theta)=-\cos\theta$, $\tan(\pi-\theta)=-\tan\theta$

(4) $\frac{\pi}{2}\pm\theta$의 삼각함수

$\sin\left(\frac{\pi}{2}+\theta\right)=\cos\theta$, $\cos\left(\frac{\pi}{2}+\theta\right)=-\sin\theta$, $\tan\left(\frac{\pi}{2}+\theta\right)=-\frac{1}{\tan\theta}$,

$\sin\left(\frac{\pi}{2}-\theta\right)=\cos\theta$, $\cos\left(\frac{\pi}{2}-\theta\right)=\sin\theta$, $\tan\left(\frac{\pi}{2}-\theta\right)=\frac{1}{\tan\theta}$

참고 각이 복잡한 삼각함수는 다음과 같은 순서로 변형한다.

❶ 모든 각을 $90^\circ\times n\pm\theta$ 또는 $\frac{\pi}{2}\times n\pm\theta$ (n은 정수) 꼴로 고친다.

❷ 다음과 같이 삼각함수를 정한다.

(i) n이 짝수일 때, sin ⇨ sin, cos ⇨ cos, tan ⇨ tan

(ii) n이 홀수일 때, sin ⇨ cos, cos ⇨ sin, tan ⇨ $\frac{1}{\tan}$

❸ θ를 예각으로 생각하여 $90^\circ\times n\pm\theta$ 또는 $\frac{\pi}{2}\times n\pm\theta$를 나타내는 동경이 속한 사분면에서 원래 주어진 삼각함수의 부호가 양이면 +, 음이면 −를 붙인다.

Lecture 13 삼각방정식과 삼각부등식

개념 13-1 삼각방정식 → 삼각함수의 각의 크기에 미지수가 있는 방정식

98~101쪽 | 유형 13~16, 19 |

삼각방정식은 삼각함수의 그래프를 이용하여 다음과 같은 순서로 푼다.

❶ 주어진 방정식을 $\sin x=k$ (또는 $\cos x=k$ 또는 $\tan x=k$) 꼴로 나타낸다.

❷ 함수 $y=\sin x$ (또는 $y=\cos x$ 또는 $y=\tan x$)의 그래프와 직선 $y=k$의 교점의 x좌표를 찾아 방정식의 해를 구한다.

참고 방정식 $f(x)=g(x)$의 실근은 함수 $y=f(x)$의 그래프와 함수 $y=g(x)$의 그래프의 교점의 x좌표와 같다.

개념 13-2 삼각부등식 → 삼각함수의 각의 크기에 미지수가 있는 부등식

100~101쪽 | 유형 17~19 |

삼각부등식은 삼각함수의 그래프를 이용하여 다음과 같은 순서로 푼다.

❶ 부등호를 등호로 바꾼 후, 삼각방정식을 푼다.

❷ 삼각함수의 그래프를 이용하여 주어진 부등식을 만족시키는 미지수의 값의 범위를 구한다.

참고 두 종류 이상의 삼각함수가 포함된 방정식 (또는 부등식)인 경우 한 종류의 삼각함수에 대한 방정식 (또는 부등식)으로 변형하여 푼다.

개념 CHECK

4 다음 □ 안에 알맞은 수를 써넣으시오.

(1) $\sin 765^\circ=\sin(360^\circ\times2+\square^\circ)$
$=\sin\square^\circ=\square$

(2) $\cos\frac{5}{6}\pi=\cos(\pi-\square)$
$=-\cos\square=\square$

(3) $\tan\left(-\frac{\pi}{3}\right)=-\tan\square=\square$

(4) $\sin 150^\circ=\sin(90^\circ+\square^\circ)$
$=\cos\square^\circ=\square$

5 함수 $y=\sin x$의 그래프와 직선 $y=\frac{\sqrt{2}}{2}$가 다음 그림과 같을 때, 방정식 $\sin x=\frac{\sqrt{2}}{2}$를 푸시오. (단, $0\le x<2\pi$)

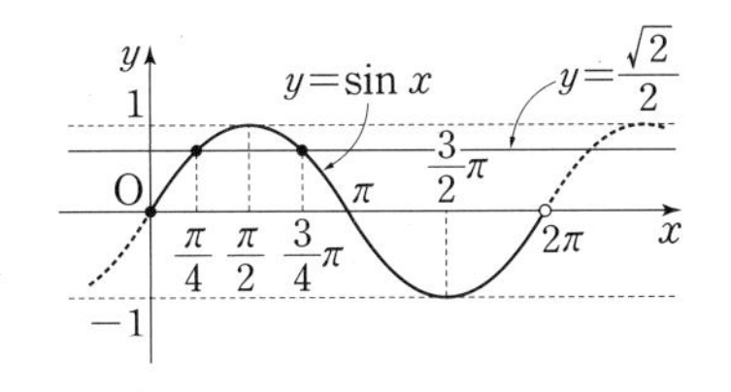

6 함수 $y=\cos x$의 그래프와 직선 $y=\frac{1}{2}$이 다음 그림과 같을 때, 부등식 $\cos x<\frac{1}{2}$을 푸시오. (단, $0\le x<2\pi$)

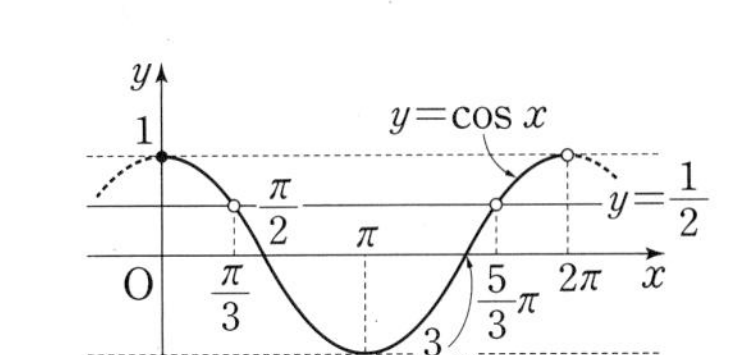

4 (1) 45, 45, $\frac{\sqrt{2}}{2}$ (2) $\frac{\pi}{6}$, $\frac{\pi}{6}$, $-\frac{\sqrt{3}}{2}$ (3) $\frac{\pi}{3}$, $-\sqrt{3}$ (4) 60, 60, $\frac{1}{2}$

5 $x=\frac{\pi}{4}$ 또는 $x=\frac{3}{4}\pi$

6 $\frac{\pi}{3}<x<\frac{5}{3}\pi$

삼각함수의 그래프

기본 익히기

88쪽 | 개념 11-1, 2 |

0522 함수 $f(x)$의 주기가 6이고 $f(3)=2$일 때, $f(27)$의 값을 구하시오.

0523~0526 다음 함수의 그래프를 그리고, 치역과 주기를 각각 구하시오.

0523 $y=\frac{2}{3}\sin x$

0524 $y=\cos 3x$

0525 $y=\sin\left(x-\frac{\pi}{3}\right)$

0526 $y=\cos x+1$

0527~0528 다음 함수의 그래프를 그리고, 주기와 점근선의 방정식을 각각 구하시오.

0527 $y=\tan 2x$

0528 $y=\tan\left(x-\frac{\pi}{6}\right)$

0529~0531 다음 함수의 최댓값, 최솟값, 주기를 각각 구하시오.

0529 $y=-\frac{1}{2}\sin(2x+\pi)$

0530 $y=3\cos\left(4x-\frac{\pi}{2}\right)+1$

0531 $y=5\tan\left(\frac{x}{2}+\frac{\pi}{8}\right)$

유형 익히기

유형 01 주기함수

개념 11-1

(1) 함수 $f(x)$가 주기가 p인 주기함수이면
⇨ $f(x)=f(x+p)=f(x+2p)=\cdots$
즉, $f(x+np)=f(x)$ (단, n은 정수이다.)

(2) 함수 $f(x)$가 주기가 $2k$인 주기함수이면
⇨ $f(x)=f(x+2k) \Longleftrightarrow f(x-k)=f(x+k)$

0532 대표

함수 $f(x)=\sin 2x+\cos\frac{x}{2}$의 주기를 p라 할 때, $f(p)$의 값은?

① -2　② -1　③ 0　④ 1　⑤ 2

0533

함수 $f(x)$가 다음 조건을 만족시킬 때, $f\left(\frac{25}{3}\right)$의 값은?

(가) 모든 실수 x에 대하여 $f(x+2)=f(x)$
(나) $0\le x<2$일 때, $f(x)=\sin\pi x$

① 0　② $\frac{1}{2}$　③ $\frac{\sqrt{2}}{2}$　④ $\frac{\sqrt{3}}{2}$　⑤ 1

0534 [서술형]

함수 $f(x)$가 모든 실수 x에 대하여 $f(x-1)=f(x+3)$을 만족시키고

$f(1)=3,\ f(2)=-1,\ f(3)=2$

일 때, $f(33)-f(34)+f(35)$의 값을 구하시오.

빈출 **유형02** 삼각함수의 그래프의 대칭성 개념 11-1

(1) 함수 $f(x)=\sin x\ (0\le x\le \pi)$에서 $f(a)=f(b)\ (a\ne b)$이면
⇨ $\frac{a+b}{2}=\frac{\pi}{2}$ ⇨ $a+b=\pi$

(2) 함수 $f(x)=\cos x\ (0\le x\le 2\pi)$에서 $f(a)=f(b)\ (a\ne b)$이면
⇨ $\frac{a+b}{2}=\pi$ ⇨ $a+b=2\pi$

(3) 함수 $f(x)=\tan x$에서 $f(a)=f(b)$이면
⇨ $a-b=n\pi$ (단, n은 정수이다.)

0535 대표

오른쪽 그림과 같이 함수 $y=\cos x\ (0\le x\le 2\pi)$의 그래프와 직선 $y=k\ (0<k<1)$의 교점의 x좌표를 작은 것부터 차례로 a, b라 할 때, $\sin\frac{a+b}{4}$의 값은?

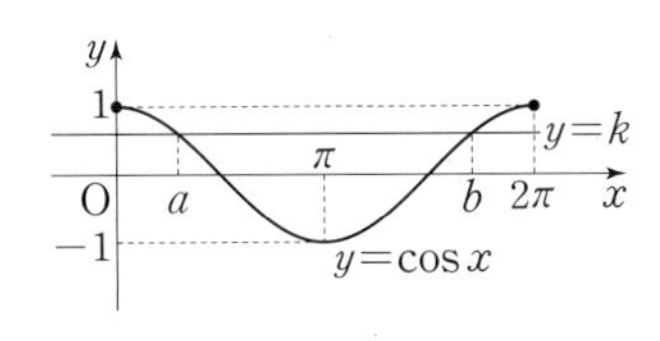

① -1　② $-\frac{\sqrt{2}}{2}$　③ 0
④ $\frac{\sqrt{2}}{2}$　⑤ 1

0536

다음 그림과 같이 함수 $y=\sin x\ (0\le x\le 3\pi)$의 그래프와 직선 $y=\frac{\sqrt{3}}{3}$의 교점의 x좌표를 작은 것부터 차례로 α, β, γ, δ라 할 때, $(\gamma+\delta)-(\alpha+\beta)$의 값은?

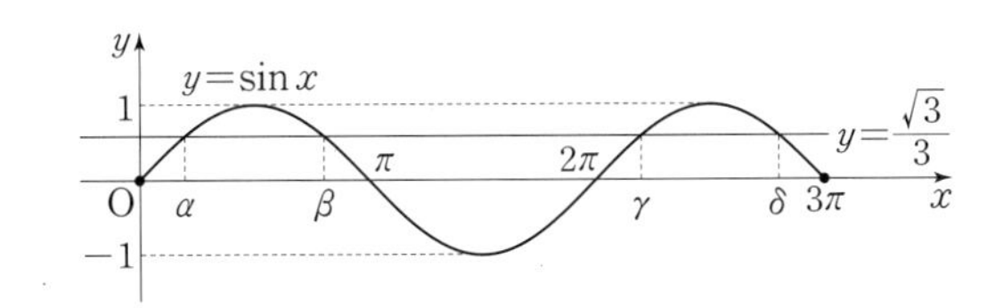

① $\frac{5}{2}\pi$　② 3π　③ $\frac{7}{2}\pi$
④ 4π　⑤ $\frac{9}{2}\pi$

0537 [서술형]

오른쪽 그림과 같이 $0\le x\le 2\pi$에서 두 함수 $y=\sin x$, $y=\cos x$의 그래프와 직선 $y=k\left(0<k<\frac{\sqrt{2}}{2}\right)$의 교점의 x좌표를 작은 것부터 차례로 a, b, c, d라 할 때, $\cos\frac{a+b+c+d}{12}$의 값을 구하시오.

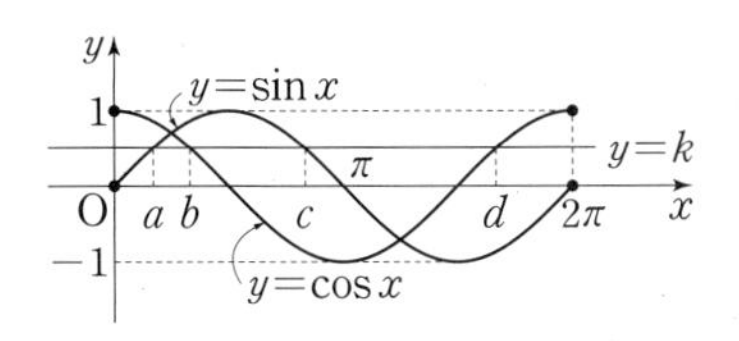

0538

오른쪽 그림과 같이 함수 $y=\tan x\left(-\frac{\pi}{2}<x<\frac{3}{2}\pi\right)$의 그래프와 두 직선 $y=k$, $y=-k\ (k>0)$로 둘러싸인 부분의 넓이가 6π일 때, 상수 k의 값은?

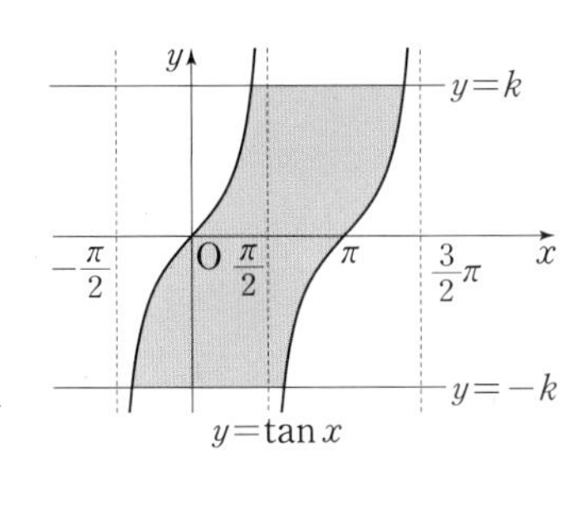

① 1　② 2　③ 3
④ 4　⑤ 5

0539

오른쪽 그림과 같이 함수 $y=\sin 2x\ (x\ge 0)$의 그래프와 두 직선 $y=k$, $y=-k\ (0<k<1)$의 교점의 x좌표를 작은 것부터 차례로 x_1, x_2, x_3, $\cdots$이라 할 때, $x_1+2x_2+2x_3+2x_4+x_5$의 값을 구하시오.

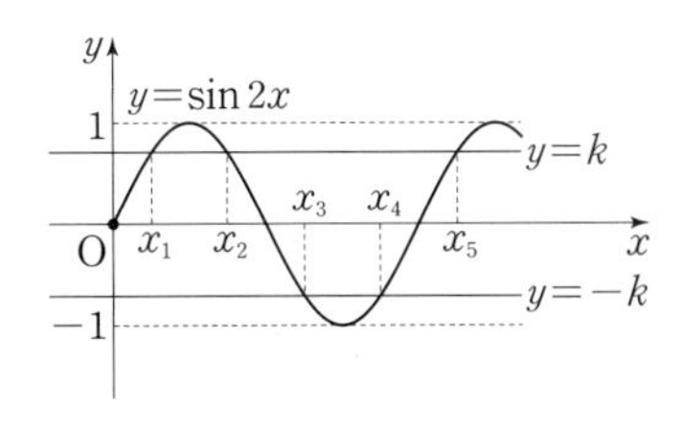

06 삼각함수의 그래프

바른답 · 알찬풀이 060쪽

유형03 삼각함수의 그래프의 평행이동과 대칭이동

개념 11-1

함수 $y=a\sin(bx+c)+d=a\sin b\left(x+\frac{c}{b}\right)+d$의 그래프

⇨ 함수 $y=a\sin bx$의 그래프를 x축의 방향으로 $-\frac{c}{b}$만큼, y축의 방향으로 d만큼 평행이동한 것이다.

0540 대표

함수 $y=\sin\left(\pi x-\frac{\pi}{2}\right)+1$의 그래프는 함수 $y=\sin\pi x$의 그래프를 x축의 방향으로 m만큼, y축의 방향으로 n만큼 평행이동한 것이다. 이때 $m+n$의 값은? (단, $0<m<2$)

① $\frac{1}{2}$　② 1　③ $\frac{3}{2}$
④ 2　⑤ $\frac{5}{2}$

0541

함수 $y=a\tan\pi x+2$의 그래프는 함수 $y=\tan\pi x$의 그래프를 x축에 대하여 대칭이동한 후, y축의 방향으로 b만큼 평행이동한 것이다. 이때 $b-a$의 값을 구하시오.

(단, a는 상수이다.)

0542

함수 $y=\cos 2x$의 그래프를 평행이동 또는 대칭이동하여 완전히 겹쳐질 수 있는 그래프의 식인 것만을 **보기**에서 있는 대로 고른 것은?

보기

ㄱ. $y=3\cos 2x+1$　ㄴ. $y=\cos(2x+\pi)-1$
ㄷ. $y=-\cos 2x+\pi$　ㄹ. $y=\cos(2x-3\pi)+2$

① ㄱ, ㄴ　② ㄱ, ㄹ　③ ㄷ, ㄹ
④ ㄱ, ㄴ, ㄷ　⑤ ㄴ, ㄷ, ㄹ

빈출 유형04 삼각함수의 최대·최소와 주기

개념 11-2

(1) $y=a\sin(bx+c)+d$ 또는 $y=a\cos(bx+c)+d$

⇨ 최댓값: $|a|+d$, 최솟값: $-|a|+d$, 주기: $\frac{2\pi}{|b|}$

(2) $y=a\tan(bx+c)+d$

⇨ 최댓값: 없다., 최솟값: 없다., 주기: $\frac{\pi}{|b|}$

0543 대표

다음 중 함수 $f(x)=2\sin(4x-\pi)+3$에 대한 설명으로 옳지 않은 것은?

① 최댓값은 5이다.
② 최솟값은 1이다.
③ 임의의 실수 x에 대하여 $f\left(x+\frac{\pi}{2}\right)=f(x)$이다.
④ 그래프는 원점을 지난다.
⑤ 그래프는 함수 $y=2\sin 4x$의 그래프를 x축의 방향으로 $\frac{\pi}{4}$만큼, y축의 방향으로 3만큼 평행이동한 것이다.

0544

다음 중 주기가 나머지 넷과 다른 하나는?

① $y=\sin(-2x+\pi)$　② $y=\cos 2x+1$
③ $y=2\sin(2x-1)+1$　④ $y=2\tan\frac{1}{2}x$
⑤ $y=-3\tan x-\pi$

0545 [서술형]

함수 $y=-5\cos\left(2x+\frac{\pi}{6}\right)-2$의 최댓값을 a, 최솟값을 b, 주기를 c라 할 때, $a+b+c$의 값을 구하시오.

0546

함수 $y=\tan(5x+\pi)+1$에 대한 설명으로 옳은 것만을 **보기**에서 있는 대로 고르시오.

보기

ㄱ. 주기가 $\frac{\pi}{5}$인 주기함수이다.

ㄴ. 최솟값은 0이다.

ㄷ. 그래프의 점근선은 직선 $x=\frac{n}{5}\pi-\frac{\pi}{10}$ (n은 정수)이다.

빈출

유형05 삼각함수의 미정계수의 결정; 조건이 주어진 경우

개념 11-2

(1) $y=a\sin(bx+c)+d$ 또는 $y=a\cos(bx+c)+d$

⇨
- a, d: 최댓값과 최솟값 결정 → 최댓값: $|a|+d$, 최솟값: $-|a|+d$
- b: 주기 결정 → $\frac{2\pi}{|b|}$
- b, c, d: 평행이동 결정

(2) $y=a\tan(bx+c)+d$

⇨
- b: 주기 결정 → $\frac{\pi}{|b|}$
- b, c: 점근선의 방정식 결정
- b, c, d: 평행이동 결정

0547 대표

함수 $f(x)=a\sin(x-\pi)+b$의 최댓값이 3이고 $f\left(\frac{7}{6}\pi\right)=2$일 때, $f(x)$의 최솟값은?

(단, $a>0$이고 a, b는 상수이다.)

① -2　② -1　③ 0　④ 1　⑤ 2

0548

함수 $y=a\cos bx+c$의 최댓값이 6, 최솟값이 4이고 주기가 $\frac{\pi}{3}$일 때, 상수 a, b, c에 대하여 $2a+b+c$의 값은?

(단, $a<0$, $b>0$)

① 9　② 10　③ 11　④ 12　⑤ 13

0549 [서술형]

함수 $y=\tan(ax+b)+2$의 주기가 2π이고 그래프의 점근선의 방정식이 $x=2n\pi$ (n은 정수)일 때, 상수 a, b에 대하여 $4ab$의 값을 구하시오. (단, $a>0$, $0<b<\pi$)

0550

함수 $f(x)=a\sin(bx+c)+d$가 다음 조건을 만족시킬 때, 상수 a, b, c, d에 대하여 $abcd$의 값을 구하시오.

(단, $a<0$, $b>0$, $-\pi<c<\pi$)

(가) 최솟값이 -4이다.

(나) 주기가 4π이다.

(다) 함수 $y=f(x)$의 그래프는 $y=a\sin bx$의 그래프를 x축의 방향으로 $\frac{\pi}{2}$만큼, y축의 방향으로 -1만큼 평행이동한 것이다.

빈출

유형06 삼각함수의 미정계수의 결정; 그래프가 주어진 경우

개념 11-2

주어진 그래프에서 삼각함수의 최댓값, 최솟값, 주기를 구한 후, 이를 이용하여 삼각함수의 미정계수를 결정한다.

0551 대표

함수 $y=a\sin(bx+c)$의 그래프가 오른쪽 그림과 같을 때, 상수 a, b, c에 대하여 $\frac{ac}{b}$의 값을 구하시오.

(단, $a>0$, $b>0$, $0<c<\pi$)

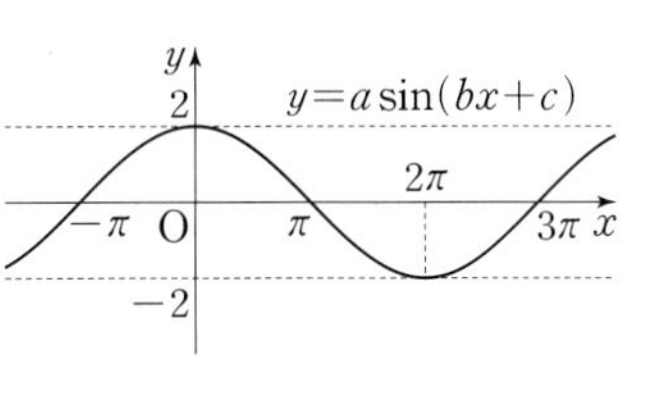

바른답·알찬풀이 061쪽

0552

함수 $y=a\cos\pi\left(x+\frac{1}{3}\right)+b$ 의 그래프가 오른쪽 그림과 같을 때, 상수 a, b, c에 대하여 $2a-4b+3c$의 값은?

(단, $a>0$)

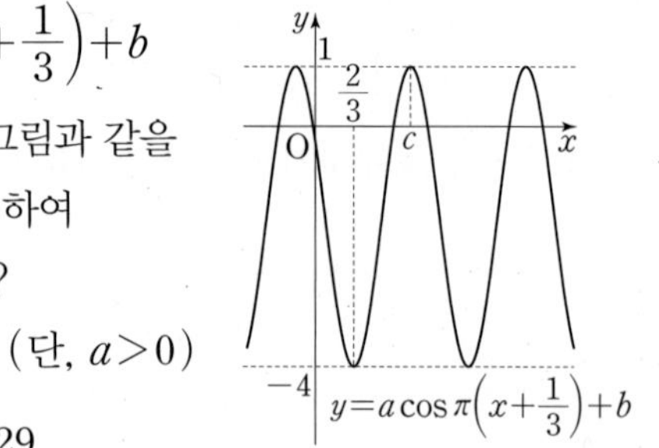

① 14 ② $\frac{29}{2}$

③ 15 ④ $\frac{31}{2}$

⑤ 16

0553 [서술형]

함수 $y=\tan(ax-b)$의 그래프가 오른쪽 그림과 같을 때, 상수 a, b에 대하여 ab의 값을 구하시오. (단, $a>0$, $0<b<\pi$)

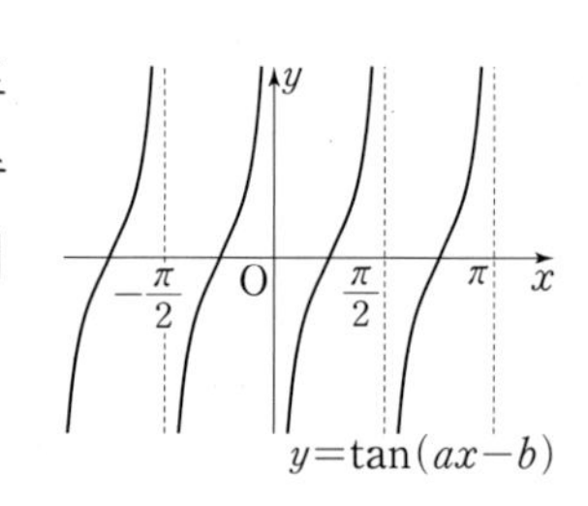

0554

함수 $y=a\sin bx+c$의 그래프가 오른쪽 그림과 같을 때, 상수 a, b, c에 대하여 $a+b+2c$의 값은?

(단, $a>0$, $b>0$)

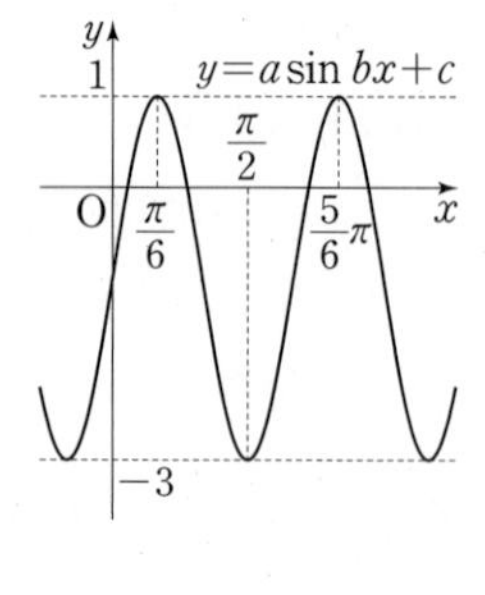

① -1 ② 0

③ 1 ④ 2

⑤ 3

유형 07 절댓값 기호를 포함한 삼각함수 개념 11-1, 2

(1) $y=f(|x|)$의 그래프
⇨ $y=f(x)$의 그래프에서 $x\geq0$인 부분만 그린 후, $x\geq0$인 부분을 y축에 대하여 대칭이동한다.

(2) $y=|f(x)|$의 그래프
⇨ $y=f(x)$의 그래프에서 $y\geq0$인 부분은 그대로 두고, $y<0$인 부분을 x축에 대하여 대칭이동한다.

0555 대표

두 함수의 그래프가 일치하는 것만을 **보기**에서 있는 대로 고른 것은?

보기

ㄱ. $y=\sin x$, $y=|\sin x|$
ㄴ. $y=|\tan x|$, $y=\tan|x|$
ㄷ. $y=|\cos x|$, $y=|\cos(x-\pi)|$

① ㄱ ② ㄴ ③ ㄷ
④ ㄱ, ㄷ ⑤ ㄴ, ㄷ

0556

다음 중 함수 $y=\left|\tan\frac{x}{2}\right|$에 대한 설명으로 옳은 것은?

① 주기가 π인 주기함수이다.
② 최댓값은 1이다.
③ 최솟값은 0이다.
④ 그래프는 원점에 대하여 대칭이다.
⑤ 그래프의 점근선은 직선 $x=n\pi$ (n은 정수)이다.

0557

함수 $f(x)=a|\cos bx|+c$의 주기가 $\frac{\pi}{6}$, 최댓값이 5, 최솟값이 3일 때, $f\left(\frac{\pi}{4}\right)$의 값을 구하시오.

(단, $a>0$, $b>0$이고 c는 상수이다.)

Lecture 12 여러 가지 각의 삼각함수의 성질

기본 익히기

89쪽 | 개념 12-1 |

0558~0560 다음 삼각함수의 값을 구하시오.

0558 $\sin\frac{17}{4}\pi$

0559 $\cos 390^\circ$

0560 $\tan\frac{19}{3}\pi$

0561~0563 다음 삼각함수의 값을 구하시오.

0561 $\sin\left(-\frac{\pi}{3}\right)$

0562 $\cos\left(-\frac{\pi}{4}\right)$

0563 $\tan(-30^\circ)$

0564~0566 다음 삼각함수의 값을 구하시오.

0564 $\sin 1050^\circ$

0565 $\cos\frac{17}{3}\pi$

0566 $\tan\frac{15}{4}\pi$

0567~0569 다음 삼각함수의 값을 구하시오.

0567 $\sin\frac{4}{3}\pi$

0568 $\cos 210^\circ$

0569 $\tan\frac{5}{4}\pi$

0570~0572 오른쪽 삼각함수표를 이용하여 다음 삼각함수의 값을 구하시오.

θ	$\sin\theta$	$\cos\theta$	$\tan\theta$
12°	0.2079	0.9781	0.2126
13°	0.2250	0.9744	0.2309
14°	0.2419	0.9703	0.2493

0570 $\sin 76^\circ$

0571 $\cos 102^\circ$

0572 $\tan 167^\circ$

유형 익히기

빈출 유형08 여러 가지 각의 삼각함수 개념 12-1

$90^\circ\times n\pm\theta$ 또는 $\frac{\pi}{2}\times n\pm\theta$ (n은 정수) 꼴의 삼각함수의 값은 다음과 같은 순서로 구한다.

❶ n이 짝수일 때: sin ⇨ sin, cos ⇨ cos, tan ⇨ tan

n이 홀수일 때: sin ⇨ cos, cos ⇨ sin, tan ⇨ $\frac{1}{\tan}$

❷ 부호는 θ를 예각으로 생각하여 $90^\circ\times n\pm\theta$ 또는 $\frac{\pi}{2}\times n\pm\theta$를 나타내는 동경이 속한 사분면에서 원래 주어진 삼각함수의 부호를 따른다.

0573 대표

$2\cos\frac{5}{3}\pi-\sqrt{3}\tan\frac{7}{3}\pi+\sin\frac{5}{6}\pi$의 값을 구하시오.

0574

옳은 것만을 **보기**에서 있는 대로 고르시오.

보기

ㄱ. $\sin 570^\circ\cos 870^\circ+\tan 480^\circ\cos 600^\circ=0$

ㄴ. $2\sin 210^\circ+2\tan(-135^\circ)=1$

ㄷ. $\sin\frac{13}{6}\pi+\cos\frac{5}{3}\pi-\tan\left(-\frac{17}{4}\pi\right)=2$

0575

다음 식을 간단히 하면?

$$\frac{\sin\left(\frac{\pi}{2}-\theta\right)}{\cos(\pi+\theta)}-\frac{\sin(\pi-\theta)\tan^2(\pi-\theta)}{\cos\left(\frac{3}{2}\pi+\theta\right)}$$

① $-\frac{1}{\cos^2\theta}$ ② $\frac{1}{\cos^2\theta}$ ③ $\frac{1}{\tan^2\theta}$

④ $-\tan^2\theta$ ⑤ $\tan^2\theta$

바른답 · 알찬풀이 063쪽

유형09 여러 가지 각의 삼각함수의 활용
개념 12-1

식에 포함된 삼각함수를 다음과 같이 묶어 간단히 계산할 수 있다.

(1) $\sin\theta+\sin(2\pi-\theta)=\sin\theta-\sin\theta=0$

(2) $\sin^2\theta+\sin^2\left(\frac{\pi}{2}\pm\theta\right)=\cos^2\theta+\cos^2\left(\frac{\pi}{2}\pm\theta\right)$
$=\sin^2\theta+\cos^2\theta=1$

(3) $\tan\theta\times\tan\left(\frac{\pi}{2}-\theta\right)=\tan\theta\times\frac{1}{\tan\theta}=1$

0576 대표

$\cos^2\frac{\pi}{20}+\cos^2\frac{3}{20}\pi+\cos^2\frac{\pi}{4}+\cos^2\frac{7}{20}\pi+\cos^2\frac{9}{20}\pi$
의 값을 구하시오.

0577 [서술형]

$\tan 1°\times\tan 2°\times\cdots\times\tan 88°\times\tan 89°$의 값을 구하시오.

0578

$\theta=\frac{\pi}{12}$일 때, $\sin\theta+\sin 2\theta+\sin 3\theta+\cdots+\sin 24\theta$의 값을 구하시오.

0579

삼각형 ABC의 세 내각의 크기 A, B, C에 대하여 옳은 것만을 **보기**에서 있는 대로 고르시오.

보기

ㄱ. $\sin A=\cos(B+C)$

ㄴ. $\cos\frac{A}{2}=\sin\frac{B+C}{2}$

ㄷ. $\tan B\tan(A+C)=1$

유형10 삼각함수를 포함한 함수의 최대·최소; 일차식의 꼴
개념 12-1

(1) 절댓값 기호를 포함한 삼각함수의 최대·최소
⇨ $-1\le\sin x\le1$, $-1\le\cos x\le1$임을 이용한다.

(2) 두 종류 이상의 삼각함수를 포함한 함수의 최대·최소
⇨ 한 종류의 삼각함수로 변형한다.

0580 대표

함수 $y=|2+3\sin x|-1$의 최댓값을 M, 최솟값을 m이라 할 때, $M+m$의 값은?

① 1 ② 2 ③ 3 ④ 4 ⑤ 5

0581

함수 $y=-3\sin x+\cos\left(\frac{3}{2}\pi-x\right)-1$의 최댓값을 M, 최솟값을 m이라 할 때, Mm의 값은?

① -15 ② -10 ③ -5 ④ 5 ⑤ 10

0582

함수 $y=a|2\cos x+3|+b$의 최댓값이 5, 최솟값이 -3일 때, 상수 a, b에 대하여 $a-b$의 값은? (단, $a>0$)

① 1 ② 3 ③ 5 ④ 7 ⑤ 9

유형 11 삼각함수를 포함한 함수의 최대·최소; 유리식의 꼴
개념 12-1

유리식의 꼴로 주어진 삼각함수를 포함한 함수의 최대·최소는 다음과 같은 순서로 구한다.

❶ 삼각함수를 t로 치환하여 t에 대한 함수를 얻는다.
❷ t의 값의 범위를 구하고, ❶에서 구한 함수의 그래프를 이용하여 최댓값과 최솟값을 구한다.

0583 대표

함수 $y=\frac{-\sin x+2}{\sin x+4}$의 최댓값과 최솟값의 합은?

① 1　② $\frac{6}{5}$　③ $\frac{7}{5}$
④ $\frac{8}{5}$　⑤ $\frac{9}{5}$

0584

함수 $y=\frac{\tan x+3}{2\tan x+4}$의 최댓값을 M, 최솟값을 m이라 할 때, $M-m$의 값은? $\left(단, -\frac{\pi}{4}\leq x\leq\frac{\pi}{4}\right)$

① $\frac{1}{5}$　② $\frac{1}{4}$　③ $\frac{1}{3}$
④ $\frac{1}{2}$　⑤ 1

0585 [서술형]

함수 $y=\frac{-2|\cos x|+1}{|\cos x|-3}$의 치역이 $\{y|a\leq y\leq b\}$일 때, $a+b$의 값을 구하시오.

빈출 유형 12 삼각함수를 포함한 함수의 최대·최소; 이차식의 꼴
개념 12-1

이차식의 꼴로 주어진 삼각함수를 포함한 함수의 최대·최소는 다음과 같은 순서로 구한다.

❶ $\sin^2 x+\cos^2 x=1$임을 이용하여 한 종류의 삼각함수로 변형한다.
❷ 삼각함수($\sin x$ 또는 $\cos x$)를 t로 치환하여 t에 대한 함수를 얻는다.
❸ t의 값의 범위를 구하고, ❷에서 구한 함수의 그래프를 이용하여 최댓값과 최솟값을 구한다.

0586 대표

함수 $y=-\sin^2 x+2\cos x+5$는 $x=a$일 때 최댓값 b를 갖는다. 이때 $a-b$의 값을 구하시오. (단, $0\leq x\leq\pi$)

0587

함수 $y=\cos^2(\pi+x)-2\sin^2 x+2\sin\left(\frac{\pi}{2}-x\right)$의 최댓값을 M, 최솟값을 m이라 할 때, Mm의 값을 구하시오.

0588

함수 $y=\cos^2 x+2a\sin x+b$의 최댓값이 5, 최솟값이 1일 때, 상수 a, b에 대하여 $a+b$의 값은? (단, $0\leq a\leq 1$)

① 1　② 2　③ 3
④ 4　⑤ 5

0589

x에 대한 이차방정식 $4x^2+8x\sin\theta-\cos^2\theta=0$의 두 근을 α, β라 할 때, $\alpha^2+\beta^2$의 최댓값을 구하시오. (단, $0\leq\theta\leq 2\pi$)

바른답·알찬풀이 065쪽

삼각방정식과 삼각부등식

기본 익히기

89쪽 | 개념 13-1, 2 |

0590 다음은 $0\le x<2\pi$일 때, 방정식 $\sin x=\frac{1}{2}$을 푸는 과정이다.

> 주어진 방정식의 해는 함수 $y=\sin x$ $(0\le x<2\pi)$의 그래프와 직선 $y=$ (가) 의 교점의 x좌표와 같다.
>
> 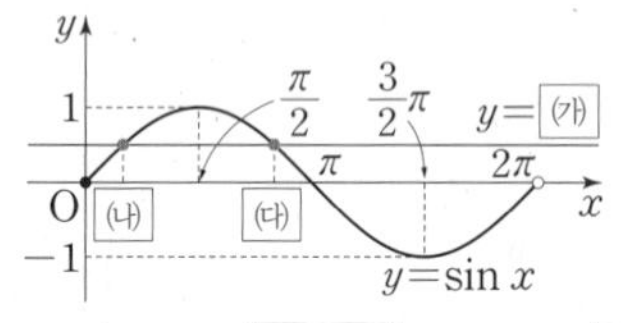
>
>
> 따라서 구하는 해는 $x=$ (나) 또는 $x=$ (다)

위의 과정에서 (가), (나), (다)에 알맞은 수를 각각 구하시오.

0591~0592 $0\le x<2\pi$일 때, 다음 방정식을 푸시오.

0591 $2\cos x-\sqrt{2}=0$

0592 $\sqrt{3}\tan x+1=0$

0593 다음은 $0\le x<2\pi$일 때, 부등식 $\cos x<\frac{\sqrt{2}}{2}$를 푸는 과정이다.

> 주어진 부등식의 해는 함수 $y=\cos x$ $(0\le x<2\pi)$의 그래프가 직선 $y=$ (가) 보다 아래쪽에 있는 부분의 x의 값의 범위와 같다.
>
> 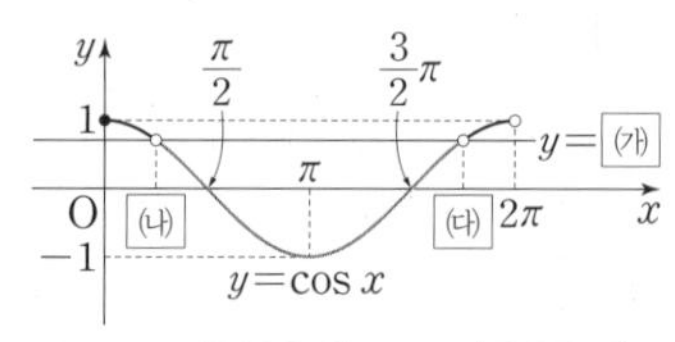
>
>
> 따라서 구하는 해는 (나) $<x<$ (다)

위의 과정에서 (가), (나), (다)에 알맞은 수를 각각 구하시오.

0594~0595 $0\le x<2\pi$일 때, 다음 부등식을 푸시오.

0594 $\sin x>\frac{\sqrt{3}}{2}$

0595 $\tan x\le -1$

유형 익히기

빈출 유형 13 삼각방정식; 일차식의 꼴 개념 13-1

> (1) $\sin x=k$ (또는 $\cos x=k$ 또는 $\tan x=k$) 꼴의 방정식
> ⇨ 주어진 범위에서 함수 $y=\sin x$ (또는 $y=\cos x$ 또는 $y=\tan x$)의 그래프와 직선 $y=k$의 교점의 x좌표를 구한다.
> (2) $\sin(ax+b)=k$ 꼴의 방정식
> ⇨ $ax+b=t$로 치환하여 (1)의 방법으로 푼다. 이때 t의 값의 범위에 유의한다.

0596 대표

$0\le x\le\pi$일 때, 방정식 $2\sin\left(x-\frac{\pi}{6}\right)=\sqrt{3}$의 모든 근의 합은?

① $\frac{2}{3}\pi$ ② π ③ $\frac{4}{3}\pi$
④ $\frac{5}{3}\pi$ ⑤ 2π

0597

$0\le x<\pi$일 때, 다음 중 방정식 $|\cos 2x|=\frac{1}{2}$의 근이 아닌 것을 모두 고르면? (정답 2개)

① $\frac{\pi}{6}$ ② $\frac{\pi}{4}$ ③ $\frac{\pi}{3}$
④ $\frac{2}{3}\pi$ ⑤ $\frac{3}{4}\pi$

0598

방정식 $\sin x=\sqrt{3}\cos x$의 서로 다른 두 근을 α, β라 할 때, $\cos(\alpha+\beta)$의 값을 구하시오. (단, $0\le x<2\pi$)

0599 [서술형]

$-\pi \le x < \pi$일 때, 방정식 $\sin(\pi\cos x)=1$의 두 근의 차를 구하시오.

빈출

유형 14 삼각방정식; 이차식의 꼴

개념 13-1

이차식의 꼴의 삼각방정식

⇨ 여러 종류의 삼각함수가 있으면 $\sin^2 x+\cos^2 x=1$임을 이용하여 한 종류의 삼각함수에 대한 방정식으로 변형한다.

0600 대표

$0\le x<\pi$일 때, 방정식 $8\cos^2 x+2\sin x-7=0$의 모든 근의 합을 구하시오.

0601

$0\le x<2\pi$일 때, 방정식 $\tan x-\dfrac{1}{\tan x}=\dfrac{2\sqrt{3}}{3}$의 근 중에서 최댓값을 M, 최솟값을 m이라 하자. 이때 $M-m$의 값은?

① $\dfrac{\pi}{6}$　② $\dfrac{\pi}{3}$　③ π

④ $\dfrac{3}{2}\pi$　⑤ $\dfrac{5}{3}\pi$

0602

$\dfrac{\pi}{2}<x<\pi$일 때, 방정식 $3\sin^2 x+\sin x\cos x-1=0$을 푸시오.

유형 15 삼각방정식; 그래프 이용

개념 13-1

삼각방정식 $f(x)=g(x)$의 서로 다른 실근

⇨ 함수 $y=f(x)$의 그래프와 함수 $y=g(x)$의 그래프의 교점의 x좌표와 같다.

0603 대표

방정식 $\cos\pi x=\dfrac{1}{5}x$의 서로 다른 양의 실근의 개수는?

① 4　② 5　③ 6

④ 7　⑤ 8

0604

$\dfrac{\pi}{2}\le x\le\dfrac{3}{2}\pi$일 때, 방정식 $\sin x=\tan 2x$의 서로 다른 실근의 개수는?

① 1　② 2　③ 3

④ 4　⑤ 5

0605

$0<x<2\pi$일 때, 방정식 $|\cos x|=\dfrac{1}{3}$의 서로 다른 네 실근을 작은 것부터 차례로 x_1, x_2, x_3, x_4라 하자. 이때 $\sin\dfrac{x_1+x_2}{2}+\cos\dfrac{x_3+x_4}{2}$의 값을 구하시오.

06 삼각함수의 그래프

바른답·알찬풀이 067쪽

유형 16 삼각방정식이 실근을 가질 조건 (개념 13-1)

삼각방정식이 실근을 가질 조건은 다음과 같은 순서로 구한다.

❶ 주어진 방정식을 $f(x)=k$ 꼴로 변형한다.

❷ 함수 $y=f(x)$의 그래프와 직선 $y=k$가 만나도록 하는 실수 k의 값의 범위를 구한다.

0606 대표

$0\le x<2\pi$일 때, 방정식 $\sin^2 x-2\cos x+k=0$이 실근을 갖도록 하는 실수 k의 값의 범위는?

① $-4\le k\le -2$ ② $-3\le k\le 0$ ③ $-2\le k\le 2$
④ $0\le k\le 3$ ⑤ $2\le k\le 4$

0607

$0\le x<2\pi$일 때, 방정식 $2\cos^2 x+4\sin\left(x-\frac{\pi}{2}\right)-a=0$이 실근을 갖도록 하는 실수 a의 최댓값은?

① 2 ② 3 ③ 4
④ 5 ⑤ 6

0608 [서술형]

$0<x\le\frac{3}{2}\pi$일 때, 방정식 $\sin x+\cos\left(\frac{3}{2}\pi+x\right)-a=0$이 하나의 실근을 갖도록 하는 정수 a의 개수를 구하시오.

빈출 유형 17 삼각부등식; 일차식의 꼴 (개념 13-2)

(1) 부등식 $\sin x>k$ (또는 $\cos x>k$ 또는 $\tan x>k$) 꼴의 해
⇨ 함수 $y=\sin x$ (또는 $y=\cos x$ 또는 $y=\tan x$)의 그래프가 직선 $y=k$보다 위쪽에 있는 부분의 x의 값의 범위

(2) 부등식 $\sin x<k$ (또는 $\cos x<k$ 또는 $\tan x<k$) 꼴의 해
⇨ 함수 $y=\sin x$ (또는 $y=\cos x$ 또는 $y=\tan x$)의 그래프가 직선 $y=k$보다 아래쪽에 있는 부분의 x의 값의 범위

0609 대표

$0<x\le 2\pi$일 때, 부등식 $\cos\left(x-\frac{\pi}{4}\right)>\frac{\sqrt{3}}{2}$의 해가 $\alpha<x<\beta$이다. 이때 $\alpha+\beta$의 값을 구하시오.

0610

$-\pi<x\le\pi$일 때, 부등식 $-\frac{1}{2}\le\sin x<\frac{\sqrt{2}}{2}$를 푸시오.

0611

$0\le x\le 2\pi$일 때, 다음 중 부등식 $\sin x>\cos x$의 해가 아닌 것은?

① $\frac{\pi}{3}$ ② $\frac{\pi}{2}$ ③ $\frac{3}{4}\pi$
④ π ⑤ $\frac{4}{3}\pi$

0612

$\frac{\pi}{2}<x<\frac{3}{2}\pi$일 때, 부등식 $\sqrt{3}\tan x-3\le 0$을 만족시키는 x의 최댓값을 구하시오.

빈출

유형 18 삼각부등식; 이차식의 꼴

개념 13-2

이차식의 꼴의 삼각함수를 포함한 부등식
⇨ 여러 종류의 삼각함수가 있으면 $\sin^2 x+\cos^2 x=1$임을 이용하여 한 종류의 삼각함수에 대한 부등식으로 변형한다.

0613 대표

$0\le x<2\pi$일 때, 부등식 $2\sin^2 x-3\cos x\ge 0$의 해는?

① $0\le x\le \frac{\pi}{6}$ ② $\frac{\pi}{6}\le x\le \frac{\pi}{3}$ ③ $\frac{\pi}{3}\le x\le \frac{5}{3}\pi$
④ $\frac{\pi}{2}\le x\le \frac{11}{6}\pi$ ⑤ $\frac{5}{3}\pi\le x<2\pi$

0614

$0\le x<\pi$일 때, 부등식

$$\tan^2 x+(\sqrt{3}+1)\tan x+\sqrt{3}<0$$

의 해가 $\alpha<x<\beta$이다. 이때 $\beta-\alpha$의 값은?

① $\frac{\pi}{12}$ ② $\frac{\pi}{6}$ ③ $\frac{\pi}{4}$
④ $\frac{\pi}{3}$ ⑤ $\frac{5}{12}\pi$

0615

$0\le x<\pi$일 때, 부등식 $2\sin^2\left(\frac{\pi}{2}+x\right)-5\sin x+1\le 0$의 해가 $\alpha\le x\le\beta$이다. 이때 $\frac{\beta}{\alpha}$의 값을 구하시오.

0616

모든 실수 θ에 대하여 부등식 $\cos^2\theta-2\sin\theta-1+a<0$이 항상 성립하도록 하는 실수 a의 값의 범위를 구하시오.

유형 19 삼각방정식과 삼각부등식의 활용

개념 13-1, 2

계수에 삼각함수가 포함된 이차방정식 또는 이차부등식의 해에 대한 조건이 주어진 경우
⇨ 이차방정식의 판별식을 이용하여 삼각방정식 또는 삼각부등식을 세운다.

0617 대표

$0\le\theta\le\pi$일 때, x에 대한 이차방정식

$$x^2+2\sqrt{3}x\sin\theta+\cos^2\theta-2\cos\theta+3=0$$

이 중근을 갖도록 하는 모든 θ의 값의 합을 구하시오.

0618 [서술형]

모든 실수 x에 대하여 부등식

$$x^2+2\sqrt{2}x\cos\theta-\sin\theta+1>0$$

이 항상 성립하도록 하는 θ의 값의 범위를 구하시오.
(단, $0\le\theta<2\pi$)

0619

x에 대한 이차함수 $y=x^2-2x\sin\theta+\cos^2\theta$의 그래프의 꼭짓점이 직선 $y=2x+1$ 위에 있도록 하는 θ의 값은?
(단, $0<\theta\le\pi$)

① $\frac{\pi}{6}$ ② $\frac{\pi}{3}$ ③ $\frac{\pi}{2}$
④ $\frac{3}{4}\pi$ ⑤ π

바른답 · 알찬풀이 069쪽

중단원 마무리

19 일차

STEP1 실전 문제

0620
90쪽 유형 01

함수 $f(x)=\sin\left(x-\frac{\pi}{3}\right)\cos\left(x+\frac{\pi}{3}\right)$의 주기를 p라 할 때, $\sin\left(2p-\frac{\pi}{3}\right)\cos\left(2p+\frac{\pi}{3}\right)$의 값은?

① $-\frac{\sqrt{3}}{2}$ ② $-\frac{\sqrt{3}}{4}$ ③ $-\frac{1}{2}$
④ $\frac{\sqrt{3}}{4}$ ⑤ $\frac{\sqrt{3}}{2}$

0621 중요!
92쪽 유형 03

함수 $y=\tan\frac{\pi}{3}x$의 그래프를 x축의 방향으로 $\frac{1}{2}$만큼 평행이동한 그래프가 점 $\left(\frac{5}{4}, a\right)$를 지날 때, a의 값을 구하시오.

0622
92쪽 유형 04

함수 $y=-2\tan 4x$에 대한 설명으로 옳은 것만을 **보기**에서 있는 대로 고른 것은?

보기

ㄱ. 주기가 $\frac{\pi}{4}$인 주기함수이다.

ㄴ. 치역은 $\{y|-2\le y\le 2\}$이다.

ㄷ. 그래프의 점근선의 방정식은 $x=\frac{n}{4}\pi+\frac{\pi}{8}$ (n은 정수)이다.

① ㄱ ② ㄴ ③ ㄱ, ㄷ
④ ㄴ, ㄷ ⑤ ㄱ, ㄴ, ㄷ

0623 교육청
93쪽 유형 06

다음 그림은 두 함수 $y=\tan x$와 $y=a\sin bx$의 그래프이다. 두 함수의 그래프가 점 $\left(\frac{\pi}{3}, c\right)$에서 만날 때, 세 상수 a, b, c의 곱 abc의 값은? (단, $a>0$, $b>0$)

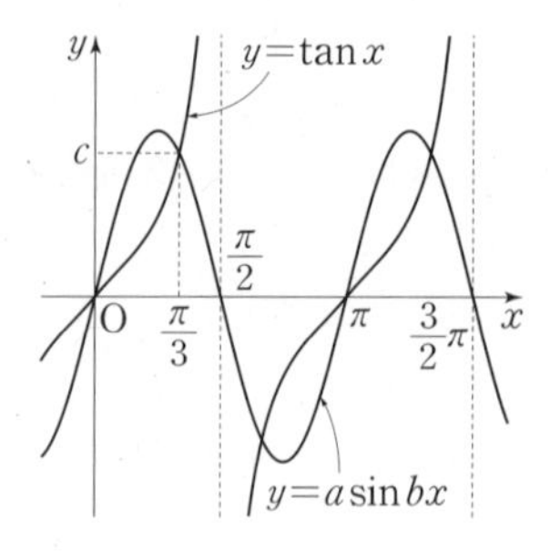

① 2 ② $2\sqrt{3}$ ③ 4
④ $4\sqrt{3}$ ⑤ 8

0624
94쪽 유형 07

보기의 함수 중 주기함수인 것만을 있는 대로 고른 것은?

보기

ㄱ. $y=\sin\left|x-\frac{\pi}{2}\right|$ ㄴ. $y=\left|\cos\left(x-\frac{\pi}{2}\right)\right|$

ㄷ. $y=\tan\left|x-\frac{\pi}{2}\right|$

① ㄱ ② ㄴ ③ ㄷ
④ ㄱ, ㄴ ⑤ ㄴ, ㄷ

0625
95쪽 유형 08

직선 $3x-4y+1=0$이 x축의 양의 방향과 이루는 예각의 크기를 θ라 할 때, $25\sin\left(\frac{\pi}{2}+\theta\right)\cos(\pi-\theta)$의 값을 구하시오.

0626 96쪽 유형 10

함수 $y=\sin^2 x+(|\cos x|+a)^2$의 최댓값과 최솟값의 합이 6일 때, 양수 a의 값을 구하시오.

0627 중요! 97쪽 유형 11

함수 $y=\dfrac{2\cos x-a}{\cos x-2}$의 최댓값이 3일 때, 상수 a의 값을 구하시오.

0628 98쪽 유형 13

방정식 $2\sin x-\cos\left(\dfrac{3}{2}\pi-x\right)=\dfrac{3\sqrt{2}}{2}$의 서로 다른 두 근을 α, β라 할 때, $|\alpha-\beta|$의 값은? (단, $0\le x<2\pi$)

① $\dfrac{\pi}{4}$ ② $\dfrac{\pi}{2}$ ③ $\dfrac{3}{4}\pi$
④ π ⑤ $\dfrac{5}{4}\pi$

0629 평가원 99쪽 유형 14

$0\le x<2\pi$일 때, 방정식 $2\sin^2 x+3\cos x=3$의 모든 해의 합은?

① $\dfrac{\pi}{2}$ ② π ③ $\dfrac{3}{2}\pi$
④ 2π ⑤ $\dfrac{5}{2}\pi$

0630 교육청 99쪽 유형 15

$0\le x<2\pi$일 때, 방정식 $\sin x\cos\left(\dfrac{\pi}{2}-x\right)=\dfrac{1}{3}$의 모든 해의 합은?

① π ② 2π ③ 3π
④ 4π ⑤ 5π

0631 100쪽 유형 16

$-\dfrac{\pi}{2}\le x\le\dfrac{\pi}{2}$일 때, 방정식

$$2\sin^2 x+2\cos\left(x+\frac{\pi}{2}\right)+\frac{a}{4}=0$$

이 서로 다른 2개의 실근을 갖도록 하는 정수 a의 개수를 구하시오.

0632 101쪽 유형 18

$0\le x<2\pi$일 때, 다음 중 부등식

$$2\cos^2\left(x-\frac{\pi}{3}\right)-\cos\left(x+\frac{\pi}{6}\right)-1\ge0$$

의 해가 아닌 것은?

① $\dfrac{\pi}{12}$ ② $\dfrac{\pi}{4}$ ③ $\dfrac{5}{12}\pi$
④ $\dfrac{7}{6}\pi$ ⑤ $\dfrac{4}{3}\pi$

0633 101쪽 유형 19

x에 대한 이차방정식 $x^2+x+|\tan\theta|-1=0$이 실근을 갖도록 하는 θ의 최댓값과 최솟값의 합을 구하시오.

$\left(\text{단, } -\dfrac{\pi}{2}<\theta<\dfrac{\pi}{2}\right)$

바른답 · 알찬풀이 072쪽

STEP 2 실력 UP 문제

0634
96쪽 유형 09

오른쪽 그림과 같이 반지름의 길이가 2인 사분원의 호 AB를 5등분하는 점을 각각 P_1, P_2, P_3, P_4라 하고, 점 P_n에서 선분 OB에 내린 수선의 발을 각각 Q_n이라 하자.

$\overline{P_1Q_1}^2+\overline{P_2Q_2}^2+\overline{P_3Q_3}^2+\overline{P_4Q_4}^2$의 값을 구하시오. (단, $n=1, 2, 3, 4$)

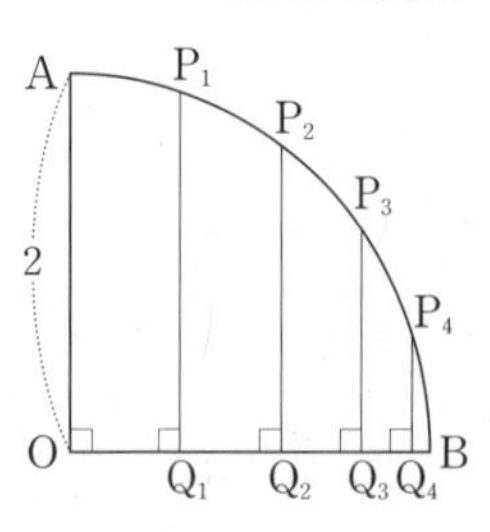

0635 교육청
98쪽 유형 13

다음 그림과 같이 어떤 용수철에 질량이 m g인 추를 매달아 아래쪽으로 L cm만큼 잡아당겼다가 놓으면 추는 지면과 수직인 방향으로 진동한다. 추를 놓은 지 t초가 지난 후의 추의 높이를 h cm라 하면 다음 관계식이 성립한다.

$$h=20-L\cos\frac{2\pi t}{\sqrt{m}}$$

이 용수철에 질량이 144 g인 추를 매달아 아래쪽으로 10 cm만큼 잡아당겼다가 놓은 지 2초가 지난 후의 추의 높이와 질량이 a g인 추를 매달아 아래쪽으로 $5\sqrt{2}$ cm만큼 잡아당겼다가 놓은 지 2초가 지난 후의 추의 높이가 같을 때, a의 값을 구하시오. (단, $L<20$이고 $a\ge100$이다.)

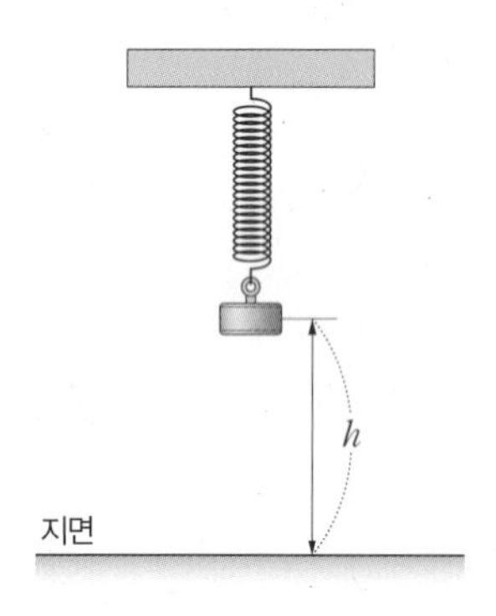

0636
98쪽 유형 13

오른쪽 그림과 같이 함수 $y=\sin kx$ $\left(0\le x\le\frac{\pi}{k}\right)$의 그래프와 x축으로 둘러싸인 부분에 내접하는 직사각형 ABCD가 있다.

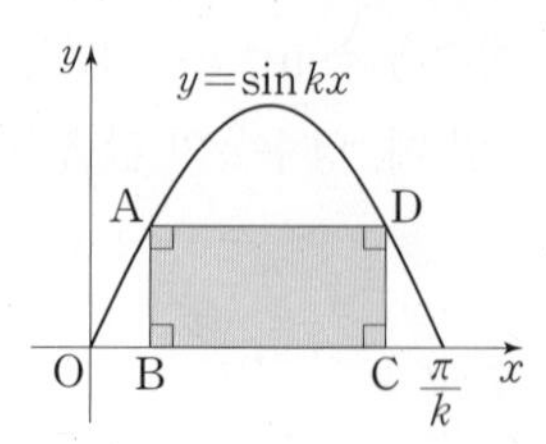

$\overline{BC}=1$이고 직사각형 ABCD의 넓이가 $\frac{1}{2}$일 때, 상수 k의 값을 구하시오. (단, $0<k<\pi$이고 $\overline{BC}$는 x축 위에 있다.)

0637 교육청
94쪽 유형 07+100쪽 유형 16

x에 대한 방정식 $\left|\cos x+\frac{1}{4}\right|=k$가 서로 다른 3개의 실근을 갖도록 하는 실수 k의 값을 α라 할 때, 40α의 값을 구하시오. (단, $0\le x<2\pi$)

0638
100쪽 유형 17

함수 $f(x)=[2\cos x]$에 대하여 $-\frac{\pi}{2}\le x\le\frac{\pi}{2}$에서 $1\le f(x)\le2$를 만족시키는 x의 값의 범위를 구하시오.

(단, $[x]$는 x보다 크지 않은 최대의 정수이다.)

적중 서술형 문제

0639

91쪽 유형 02+93쪽 유형 06

오른쪽 그림과 같이 함수 $y=a\cos bx\ (x\geq 0)$의 그래프와 직선 $y=1$의 교점의 x좌표 중 가장 작은 수를 p, 두 번째로 작은 수를 q라 할 때, $p+q=\pi$이다. 이때 상수 a, b에 대하여 ab의 값을 구하시오. (단, $b>0$)

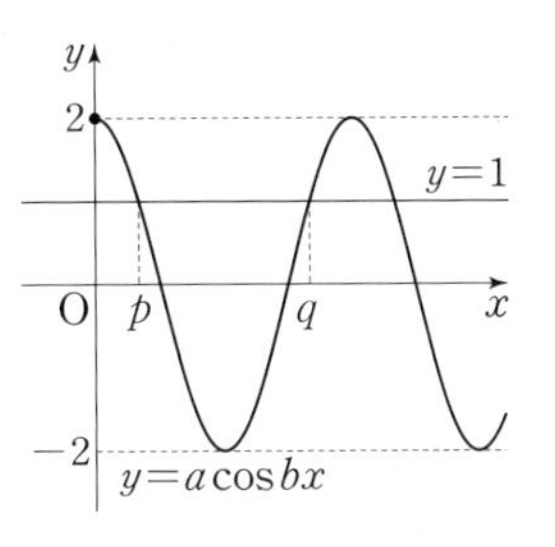

0640

96쪽 유형 09

삼각형 ABC에 대하여 $\sin^2\dfrac{A}{2}+4\cos\dfrac{A}{2}=2$가 성립할 때, $\cos^2\dfrac{B+C}{2}$의 값을 구하시오.

0641

97쪽 유형 12

함수 $y=2\cos^2\left(x+\dfrac{\pi}{6}\right)+4\sin\left(x+\dfrac{\pi}{6}\right)+1$의 최댓값과 최솟값의 합을 구하시오. (단, $0\leq x\leq \pi$)

0642

99쪽 유형 14

$0\leq x\leq 2\pi$일 때, 방정식 $\sqrt{3(\cos x+1)}=\sin x$의 해가 $x=\theta$이다. 이때 $\sin\left(\theta+\dfrac{\pi}{2}\right)$의 값을 구하시오.

0643

100쪽 유형 17

제1사분면의 각 θ에 대하여 부등식

$$-1<\log_2\cos\theta+\log_2\tan\theta<-\frac{1}{2}$$

을 만족시키는 θ의 값의 범위가 $\alpha<\theta<\beta$일 때, 다음 물음에 답하시오.

(1) $\sin\theta$의 값의 범위를 구하시오.

(2) $\alpha+\beta$의 값을 구하시오.

06 삼각함수의 그래프

바른답·알찬풀이 074쪽

Ⅱ 삼각함수

07 삼각함수의 활용

중단원 핵심 개념을 정리하였습니다.
Lecture별 유형 학습 전에 관련 개념을 완벽하게 알아두세요.

Lecture 14 사인법칙

개념 14-1 삼각형과 사각형의 넓이

108~109쪽 | 유형 01~03 |

(1) 삼각형의 넓이

삼각형 ABC의 넓이를 S라 하면

$$S=\frac{1}{2}ab\sin C$$
$$=\frac{1}{2}bc\sin A$$
$$=\frac{1}{2}ca\sin B$$

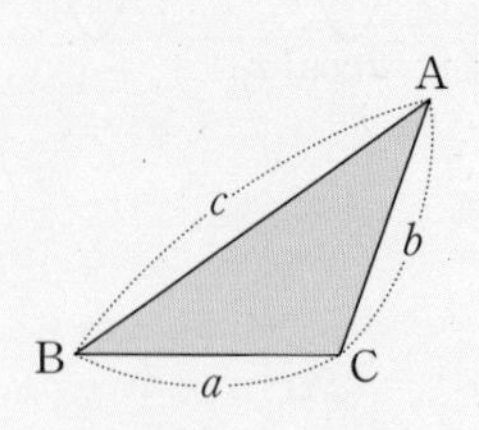

참고 삼각형 ABC에서 ∠A, ∠B, ∠C의 크기를 각각 A, B, C로 나타내고, 이들의 대변의 길이를 각각 a, b, c로 나타낸다.

(2) 사각형의 넓이

① 이웃하는 두 변의 길이가 a, b이고 그 끼인각의 크기가 θ인 평행사변형 ABCD의 넓이를 S라 하면

$$S=ab\sin\theta$$

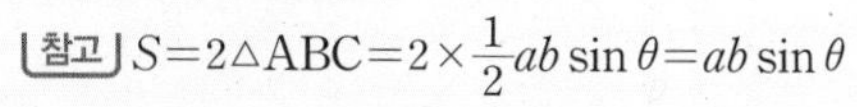

참고 $S=2\triangle ABC=2\times\frac{1}{2}ab\sin\theta=ab\sin\theta$

② 두 대각선의 길이가 a, b이고 두 대각선이 이루는 각의 크기가 θ인 사각형 ABCD의 넓이를 S라 하면

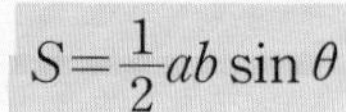

$$S=\frac{1}{2}ab\sin\theta$$

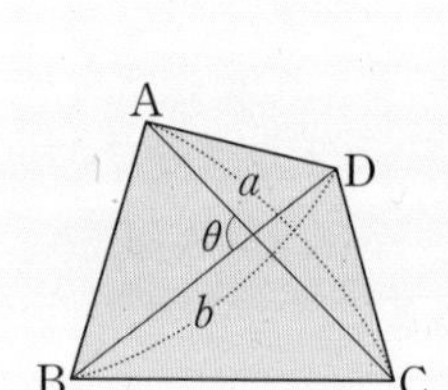

개념 14-2 사인법칙

109~111쪽 | 유형 04~08 |

(1) 사인법칙

삼각형 ABC의 외접원의 반지름의 길이를 R라 하면

$$\frac{a}{\sin A}=\frac{b}{\sin B}=\frac{c}{\sin C}=2R$$

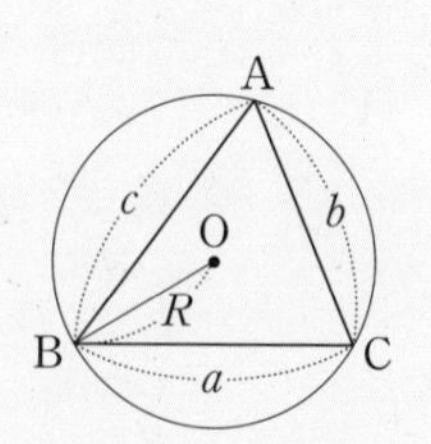

(2) 사인법칙의 변형

삼각형 ABC의 외접원의 반지름의 길이를 R라 하면

① $\sin A=\frac{a}{2R}$, $\sin B=\frac{b}{2R}$, $\sin C=\frac{c}{2R}$

② $a=2R\sin A$, $b=2R\sin B$, $c=2R\sin C$

③ $a:b:c=\sin A:\sin B:\sin C$

참고 **외접원의 반지름의 길이와 삼각형의 넓이**

삼각형 ABC의 넓이를 S, 외접원의 반지름의 길이를 R라 하면

① $S=\frac{1}{2}bc\sin A=\frac{1}{2}bc\times\frac{a}{2R}=\frac{abc}{4R}$

② $S=\frac{1}{2}bc\sin A=\frac{1}{2}\times 2R\sin B\times 2R\sin C\times\sin A$
$=2R^2\sin A\sin B\sin C$

개념 CHECK

1 다음 삼각형 ABC의 넓이를 구하시오.

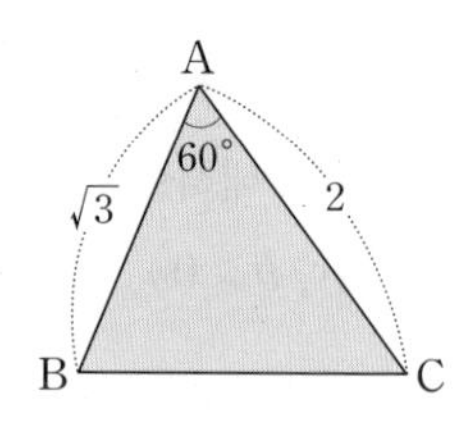

2 다음 사각형 ABCD의 넓이를 구하시오.

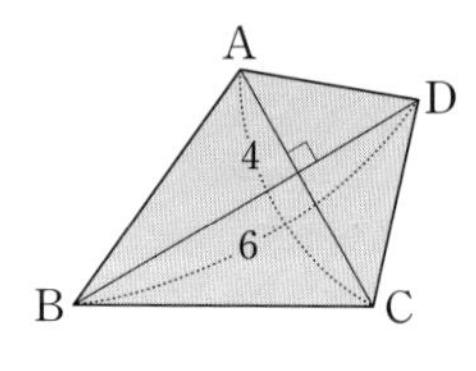

3 다음은 삼각형 ABC에서 $a=5$, $A=30°$일 때, 삼각형 ABC의 외접원의 반지름의 길이 R를 구하는 과정이다. □ 안에 알맞은 것을 써넣으시오.

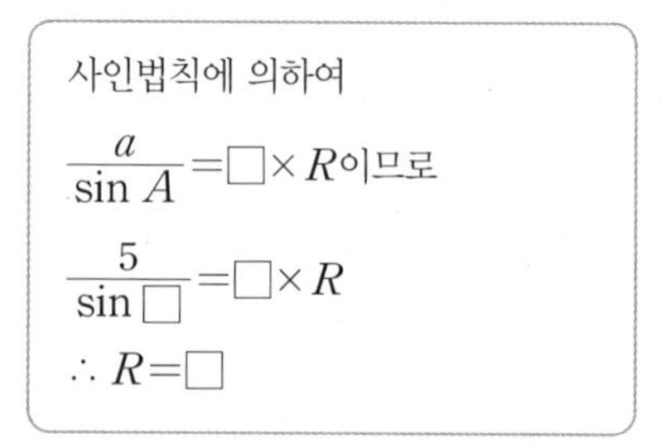

사인법칙에 의하여

$\frac{a}{\sin A}=\square\times R$이므로

$\frac{5}{\sin\square}=\square\times R$

$\therefore R=\square$

4 다음 삼각형 ABC의 외접원의 반지름의 길이를 구하시오.

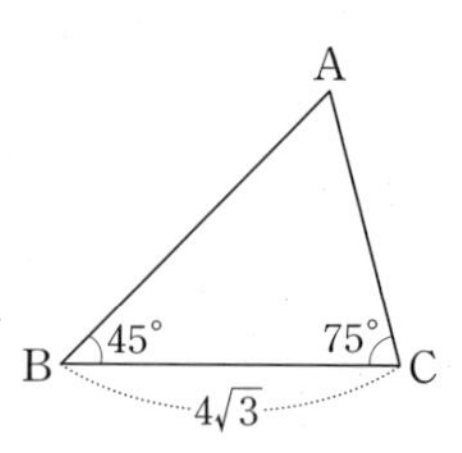

1 $\frac{3}{2}$ 2 12 3 2, 30°, 2, 5 4 4

개념 14-3 사인법칙의 활용

109~111쪽 | 유형 04~08 |

삼각형 ABC에서 주어진 조건에 따라 다음과 같이 사인법칙을 활용할 수 있다.

(1) 두 변의 길이와 그 끼인각이 아닌 다른 한 각의 크기가 주어지는 경우

a, b, A가 주어지면 사인법칙

$$\frac{a}{\sin A}=\frac{b}{\sin B}$$

를 이용하여 B의 크기를 구할 수 있다.

(2) 한 변의 길이와 두 각의 크기가 주어지는 경우

b, A, C가 주어지면 삼각형의 세 내각의 크기의 합이 $180°$임을 이용하여 B의 크기를 구하고, 사인법칙

$$\frac{a}{\sin A}=\frac{b}{\sin B},\ \frac{c}{\sin C}=\frac{b}{\sin B}$$

를 이용하여 a, c의 값을 구할 수 있다.

개념 CHECK

5 다음은 삼각형 ABC에서 $b=2\sqrt{3}$, $c=4$, $B=60°$일 때, C의 크기를 구하는 과정이다. □ 안에 알맞은 것을 써넣으시오.

> 사인법칙에 의하여
>
> $\frac{b}{\sin B}=\frac{c}{\sin C}$이므로
>
> $\frac{2\sqrt{3}}{\sin \square}=\frac{\square}{\sin C}$
>
> $\therefore \sin C=\square$
>
> 그런데 $0°<C<180°$이므로
>
> $C=\square$

Lecture 15 코사인법칙

개념 15-1 코사인법칙

112~114쪽 | 유형 09~13 |

(1) 코사인법칙

삼각형 ABC에서

$$a^2=b^2+c^2-2bc\cos A$$
$$b^2=c^2+a^2-2ca\cos B$$
$$c^2=a^2+b^2-2ab\cos C$$

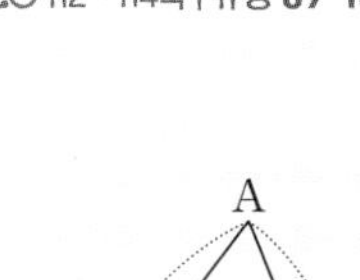

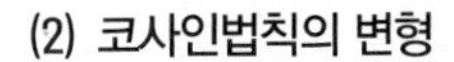

(2) 코사인법칙의 변형

삼각형 ABC에서

$$\cos A=\frac{b^2+c^2-a^2}{2bc}$$

$$\cos B=\frac{c^2+a^2-b^2}{2ca}$$

$$\cos C=\frac{a^2+b^2-c^2}{2ab}$$

6 다음 삼각형 ABC에서 $\overline{AC}$의 길이를 구하시오.

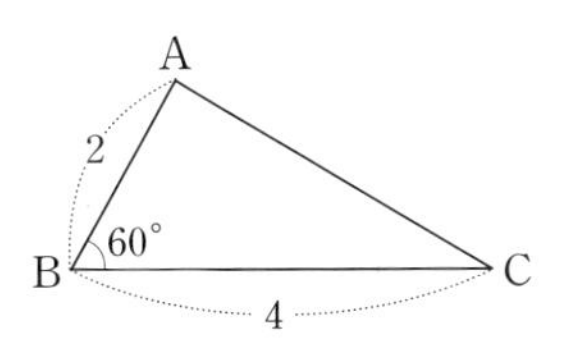

개념 15-2 코사인법칙의 활용

112~114쪽 | 유형 09~13 |

삼각형 ABC에서 주어진 조건에 따라 다음과 같이 코사인법칙을 활용할 수 있다.

(1) 두 변의 길이와 그 끼인각의 크기가 주어지는 경우

b, c, A가 주어지면 코사인법칙

$$a^2=b^2+c^2-2bc\cos A$$

를 이용하여 a의 값을 구할 수 있다.

(2) 세 변의 길이가 주어지는 경우

a, b, c가 주어지면 코사인법칙의 변형

$$\cos A=\frac{b^2+c^2-a^2}{2bc}$$

을 이용하여 A의 크기를 구할 수 있다.

7 다음은 삼각형 ABC에서 $a=\sqrt{7}$, $b=2$, $c=3$일 때, A의 크기를 구하는 과정이다. □ 안에 알맞은 것을 써넣으시오.

> 코사인법칙에 의하여
>
> $\cos A=\frac{b^2+c^2-\square^2}{2bc}$이므로
>
> $\cos A=\frac{\square^2+3^2-\square^2}{2\times2\times3}=\square$
>
> 그런데 $0°<A<180°$이므로
>
> $A=\square$

5 $60°$, 4, 1, $90°$ 6 $2\sqrt{3}$ 7 a, 2, $\sqrt{7}$, $\frac{1}{2}$, $60°$

07 삼각함수의 활용

Lecture 14 사인법칙

기본 익히기

106~107쪽 | 개념 14-1~3 |

0644~0645 다음 조건을 만족시키는 삼각형 ABC의 넓이를 구하시오.

0644 $a=4$, $c=\sqrt{2}$, $B=135°$

0645 $b=8$, $c=2\sqrt{2}$, $A=150°$

0646 오른쪽 그림과 같은 평행사변형 ABCD의 넓이를 구하시오.

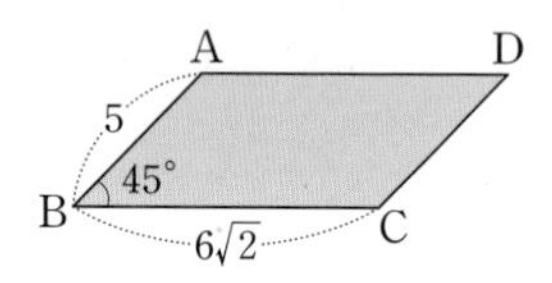

0647 오른쪽 그림과 같은 사각형 ABCD의 넓이를 구하시오.

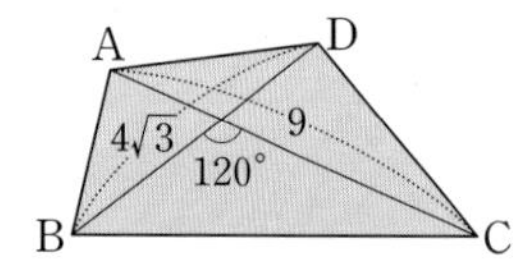

0648~0649 삼각형 ABC에 대하여 다음을 구하시오.

0648 $b=3\sqrt{2}$, $B=30°$, $C=45°$일 때, c의 값

0649 $a=\sqrt{3}$, $b=2$, $A=60°$일 때, B의 크기

0650~0651 다음 조건을 만족시키는 삼각형 ABC의 외접원의 반지름의 길이 R를 구하시오.

0650 $a=6\sqrt{2}$, $A=45°$

0651 $b=3$, $A=50°$, $C=100°$

0652 삼각형 ABC에서 $a=2$, $b=2$, $c=2\sqrt{3}$이고 외접원의 반지름의 길이가 2일 때, 삼각형 ABC의 넓이를 구하시오.

유형 익히기

빈출 **유형 01 삼각형의 넓이** 개념 14-1

이웃하는 두 변의 길이가 a, b이고 그 끼인각의 크기가 θ인 삼각형의 넓이
⇨ $\frac{1}{2}ab\sin\theta$

0653 대표

삼각형 ABC에서 $a=6$, $b=8$이고 넓이가 $12\sqrt{3}$일 때, C의 크기는? (단, $0°<C<90°$)

① 30° ② 45° ③ 60°
④ 75° ⑤ 80°

0654

오른쪽 그림과 같은 삼각형 ABC에서 $\overline{AC}=15$, $\overline{BC}=10$, $\angle ACD=\angle BCD=60°$일 때, $\overline{CD}$의 길이를 구하시오.

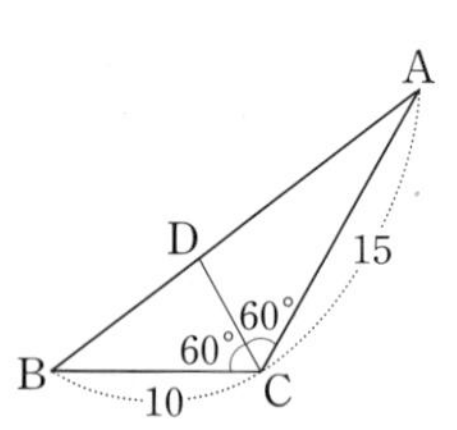

0655

오른쪽 그림과 같은 삼각형 ABC에서 점 D는 변 BC를 3 : 1로 내분하는 점이다. $\overline{AB}=4$, $\overline{AC}=5$이고 $\angle BAD=\alpha$, $\angle CAD=\beta$일 때, $\frac{\sin\alpha}{\sin\beta}$의 값을 구하시오.

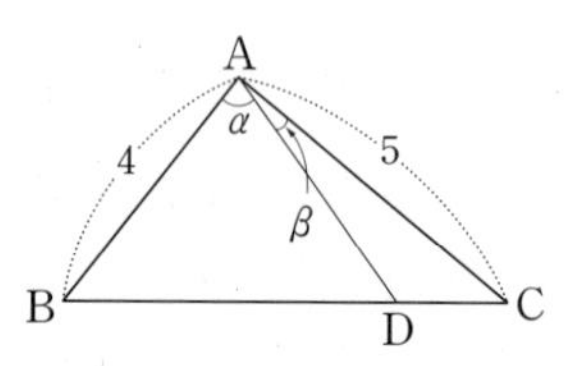

유형02 사각형의 넓이; 삼각형으로 나누기

개념 14-1

삼각형의 넓이를 이용하여 사각형의 넓이를 구할 때는 다음과 같은 순서로 한다.

❶ 사각형을 두 개의 삼각형으로 나눈다.

❷ 각각의 삼각형의 넓이를 구한다.

❸ ❷에서 구한 두 삼각형의 넓이의 합을 구한다.

0656 대표

오른쪽 그림과 같은 사각형 ABCD에서 $\overline{AD} /\!/ \overline{BC}$이다. $\overline{AD}=4$, $\overline{BC}=9$, $\overline{BD}=2\sqrt{6}$이고 $\angle DBC=45°$일 때, 사각형 ABCD의 넓이를 구하시오.

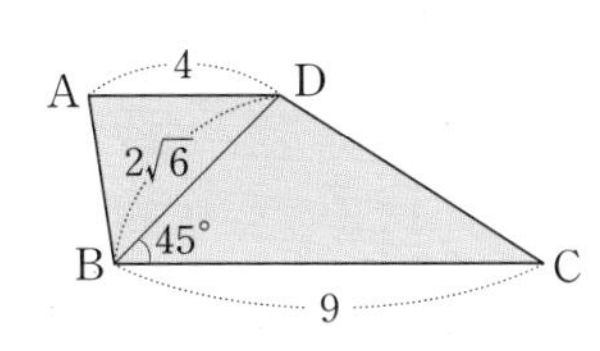

0657 (서술형)

오른쪽 그림과 같은 사각형 ABCD에서 $\overline{BC}=10$, $\overline{CD}=10$, $\overline{AD}=8$이고 $C=60°$, $D=90°$일 때, 사각형 ABCD의 넓이를 구하시오.

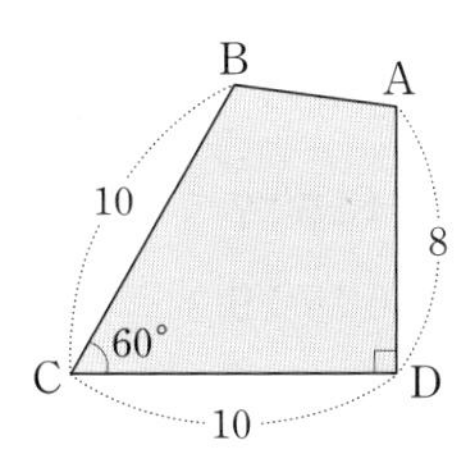

유형03 사각형의 넓이

개념 14-1

(1) 이웃하는 두 변의 길이가 a, b이고 그 끼인각의 크기가 θ인 평행사변형의 넓이 ⇨ $ab\sin\theta$

(2) 두 대각선의 길이가 a, b이고 두 대각선이 이루는 각의 크기가 θ인 사각형의 넓이 ⇨ $\frac{1}{2}ab\sin\theta$

0658 대표

오른쪽 그림과 같이 $\overline{AB}=5$, $\overline{BC}=6$인 평행사변형 ABCD의 넓이가 $15\sqrt{2}$일 때, A의 크기를 구하시오. (단, $90°<A<180°$)

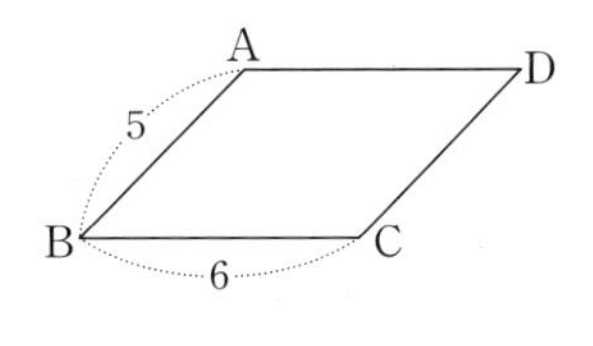

0659

오른쪽 그림과 같이 두 대각선의 길이가 각각 x, y이고 두 대각선이 이루는 각의 크기가 30°인 사각형 ABCD가 있다. 이 사각형의 넓이가 12이고 $x+y=14$일 때, x^2+y^2의 값은?

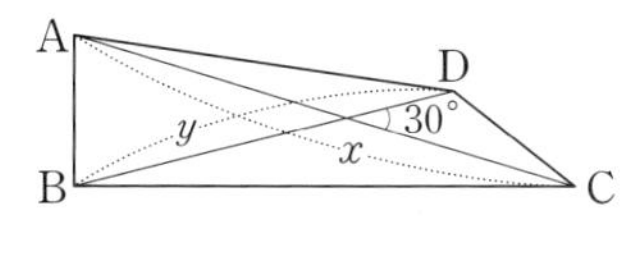

① 61 ② 72 ③ 85 ④ 98 ⑤ 100

빈출

유형04 사인법칙

개념 14-2, 3

삼각형 ABC에서 주어진 조건에 따라 다음과 같이 사인법칙을 이용한다.

(1) 두 변의 길이 a, b와 그 끼인각이 아닌 다른 한 각의 크기 A가 주어질 때,
⇨ $\frac{a}{\sin A}=\frac{b}{\sin B}$를 이용하여 B의 크기를 구한다.

(2) 한 변의 길이 b와 두 각의 크기 A, C가 주어질 때,
⇨ $A+B+C=180°$임을 이용하여 B의 크기를 구하고,
$\frac{a}{\sin A}=\frac{b}{\sin B}$와 $\frac{c}{\sin C}=\frac{b}{\sin B}$를 이용하여 a, c의 값을 구한다.

0660 대표

오른쪽 그림과 같은 삼각형 ABC에서 $\overline{AB}=4$, $A=75°$, $B=60°$일 때, $\overline{AC}$의 길이를 구하시오.

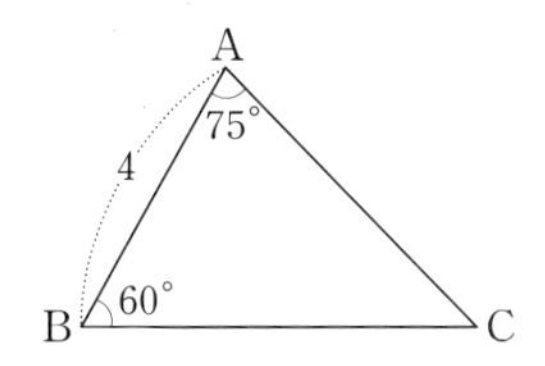

0661

삼각형 ABC에서 $b=3\sqrt{3}$, $c=3$, $C=30°$일 때, $\sin A-\cos B$의 값은? (단, $90°<B<180°$)

① $\frac{\sqrt{3}-\sqrt{2}}{2}$ ② $\frac{\sqrt{3}-1}{2}$ ③ $\frac{1}{2}$ ④ 1 ⑤ $\frac{\sqrt{3}+\sqrt{2}}{2}$

07 삼각함수의 활용

바른답·알찬풀이 076쪽

0662

삼각형 ABC에서 $\overline{AB}=1$, $A=30°$일 때, $\overline{BC}$의 길이의 최솟값은?

① $\frac{1}{4}$ ② $\frac{1}{3}$ ③ $\frac{1}{2}$
④ $\frac{\sqrt{2}}{2}$ ⑤ $\frac{\sqrt{3}}{2}$

빈출

유형05 사인법칙과 삼각형의 외접원

ꝏ 개념 14-2, 3

삼각형 ABC의 한 각의 크기 또는 한 변의 길이와 외접원의 반지름의 길이 R가 주어지면 다음을 이용한다.

$$\frac{a}{\sin A}=2R$$

0663 대표

삼각형 ABC의 외접원의 반지름의 길이가 6이고 $A=45°$, $b=6\sqrt{2}$일 때, C의 크기는?

① 30° ② 45° ③ 60°
④ 90° ⑤ 120°

0664

오른쪽 그림과 같이 반지름의 길이가 1인 원 O에 내접하는 삼각형 ABC가 있다. $\overline{BC}=\sqrt{3}$일 때, $\cos(B+C)$의 값을 구하시오. (단, $90°<A<180°$)

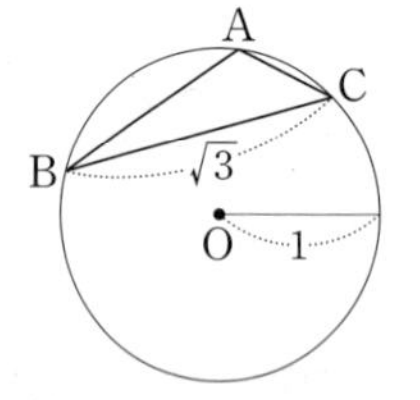

0665 [서술형]

$\overline{AB}=\overline{AC}$인 이등변삼각형 ABC에서 $A=120°$이고 외접원의 반지름의 길이가 6일 때, 삼각형 ABC의 둘레의 길이를 구하시오.

유형06 사인법칙의 변형

ꝏ 개념 14-2, 3

삼각형 ABC의 세 변의 길이의 비는 사인법칙을 이용하여 다음과 같이 구할 수 있다.

⇨ $a:b:c=\sin A:\sin B:\sin C$

0666 대표

삼각형 ABC에서 $A:B:C=1:3:2$일 때, $a:b:c$는?

① $1:1:\sqrt{2}$ ② $1:\sqrt{3}:2$ ③ $1:2:\sqrt{3}$
④ $\sqrt{3}:1:2$ ⑤ $\sqrt{3}:2:1$

0667

삼각형 ABC에서 $\sin A:\sin B:\sin C=2:4:5$일 때, $(a+b):(b+c):(c+a)$는?

① $4:5:7$ ② $4:7:5$ ③ $5:7:6$
④ $6:7:9$ ⑤ $6:9:7$

0668

삼각형 ABC에서 $ab:bc:ca=3:4:6$일 때, $\frac{\sin A\sin C}{\sin^2 B}$의 값은?

① $\frac{1}{2}$ ② 2 ③ 3
④ $\frac{9}{2}$ ⑤ 6

유형07 삼각형 모양의 결정(1)

개념 14-2, 3

삼각형 ABC에서 $\sin A$, $\sin B$, $\sin C$에 대한 관계식이 주어지면

$$\sin A=\frac{a}{2R},\ \sin B=\frac{b}{2R},\ \sin C=\frac{c}{2R}$$

(R는 외접원의 반지름의 길이)

를 이용하여 a, b, c에 대한 식으로 변형한다.

0669 대표

삼각형 ABC에서 $a\sin A=b\sin B+c\sin C$가 성립할 때, 이 삼각형은 어떤 삼각형인가?

① 정삼각형 ② $a=b$인 이등변삼각형 ③ $c=a$인 이등변삼각형 ④ $A=90°$인 직각삼각형 ⑤ $C=90°$인 직각삼각형

0670

삼각형 ABC에서 $a\sin^2 A=b\sin^2 B=c\sin^2 C$가 성립할 때, 이 삼각형은 어떤 삼각형인지 말하시오.

0671

삼각형 ABC에서 $c\sin C-a\sin A=(c-a)\sin B$가 성립할 때, 이 삼각형은 어떤 삼각형인가?

① $a=b$인 이등변삼각형 ② $b=c$인 이등변삼각형 ③ $c=a$인 이등변삼각형 ④ $B=90°$인 직각삼각형 ⑤ $C=90°$인 직각삼각형

유형08 외접원의 반지름의 길이와 삼각형의 넓이

개념 14-2, 3

삼각형 ABC의 외접원의 반지름의 길이를 R라 하면 삼각형 ABC의 넓이 S는

$$S=\frac{abc}{4R}=2R^2\sin A\sin B\sin C$$

0672 대표

세 변의 길이가 각각 3, 6, $3\sqrt{7}$인 삼각형 ABC의 넓이가 $\frac{9\sqrt{3}}{2}$일 때, 삼각형 ABC의 외접원의 반지름의 길이는?

① $2\sqrt{5}$ ② $\sqrt{21}$ ③ $2\sqrt{6}$ ④ 5 ⑤ $2\sqrt{7}$

0673

세 변의 길이가 각각 9, 10, 11인 삼각형 ABC의 내접원의 반지름의 길이가 $2\sqrt{2}$일 때, 삼각형 ABC의 외접원의 반지름의 길이를 구하시오.

0674 [서술형]

$a=7$, $b=5$, $c=8$, $A=60°$인 삼각형 ABC의 외접원의 반지름의 길이를 R, 내접원의 반지름의 길이를 r라 할 때, $R-r$의 값을 구하시오.

바른답 · 알찬풀이 077쪽

코사인법칙

기본 익히기

107쪽 | 개념 15-1, 2 |

0675~0677 삼각형 ABC에 대하여 다음을 구하시오.

0675 $b=\sqrt{2}$, $c=3$, $A=45°$일 때, a의 값

0676 $a=4\sqrt{3}$, $c=7$, $B=30°$일 때, b의 값

0677 $a=6$, $b=10$, $C=120°$일 때, c의 값

0678~0679 삼각형 ABC에서 $a=3$, $b=2$, $c=\sqrt{7}$일 때, 다음을 구하시오.

0678 $\cos A$의 값

0679 $\cos C$의 값

0680 삼각형 ABC에서 $a=3$, $b=7$, $c=5$일 때, B의 크기를 구하시오.

0681 다음은 삼각형 ABC에서 $a=\sqrt{2}$, $c=1+\sqrt{3}$, $B=45°$일 때, A의 크기를 구하는 과정이다.
(단, $0°<A<90°$)

> 코사인법칙에 의하여
> $b^2=(1+\sqrt{3})^2+(\sqrt{2})^2$
> $\quad -2\times(1+\sqrt{3})\times\sqrt{2}\times\cos 45°$
> $=$ (가)
> 그런데 $b>0$이므로 $b=$ (나)
> 사인법칙에 의하여
> $\dfrac{(나)}{\sin 45°}=\dfrac{\sqrt{2}}{\sin A}$ $\quad\therefore \sin A=$ (다)
> 그런데 $0°<A<90°$이므로 $A=$ (라)

위의 과정에서 (가)~(라)에 알맞은 것을 각각 구하시오.

유형 익히기

유형09 | 코사인법칙 개념 15-1, 2

삼각형 ABC의 두 변의 길이와 그 끼인각의 크기가 주어지면 코사인법칙
$a^2=b^2+c^2-2bc\cos A$, $b^2=c^2+a^2-2ca\cos B$,
$c^2=a^2+b^2-2ab\cos C$
를 이용하여 나머지 한 변의 길이를 구한다.

0682 대표

오른쪽 그림과 같은 삼각형 ABC에서 $\overline{AB}=7$, $\overline{AC}=5$, $C=120°$일 때, $\overline{BC}$의 길이를 구하시오.

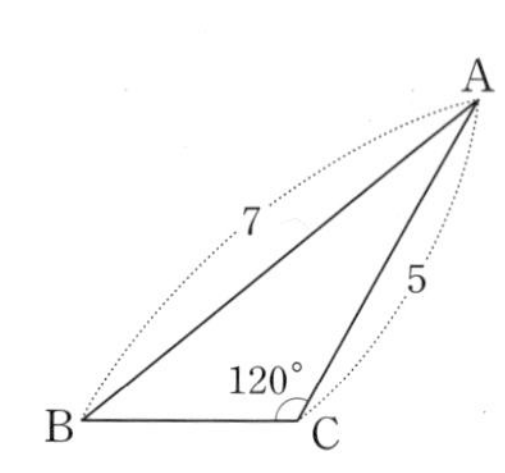

0683

오른쪽 그림과 같이 원에 내접하는 사각형 ABCD에서 $\overline{AB}=2$, $\overline{AD}=3$, $A=60°$이고 $\overline{BC}:\overline{CD}=2:1$일 때, $\overline{CD}$의 길이를 구하시오.

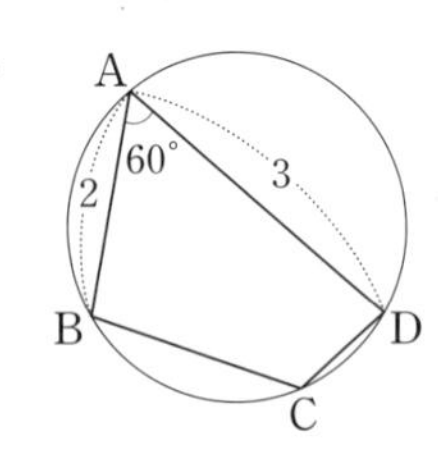

0684

오른쪽 그림과 같이 $\overline{AB}+\overline{BC}=9$, $B=60°$인 평행사변형 ABCD의 넓이가 $9\sqrt{3}$일 때, 대각선 AC의 길이는?

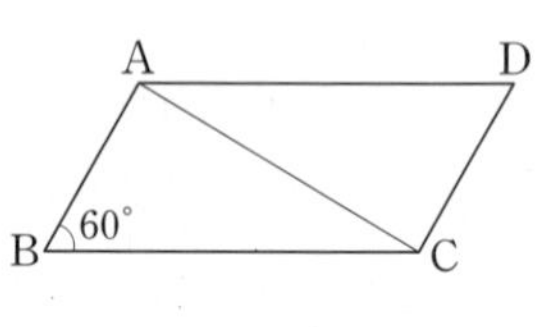

① $\sqrt{2}$ ② $\sqrt{3}$ ③ $2\sqrt{3}$
④ $3\sqrt{2}$ ⑤ $3\sqrt{3}$

빈출

유형 10 코사인법칙의 변형

개념 15-1, 2

삼각형 ABC의 세 변의 길이가 주어지면

$\cos A=\frac{b^2+c^2-a^2}{2bc}$, $\cos B=\frac{c^2+a^2-b^2}{2ca}$,

$\cos C=\frac{a^2+b^2-c^2}{2ab}$

을 이용하여 삼각형의 각의 크기를 구한다.

0685 대표

오른쪽 그림과 같은 삼각형 ABC에서 $\overline{AB}=6$, $\overline{AC}=8$, $\overline{BD}=3$, $\overline{CD}=4$일 때, $\overline{AD}$의 길이는?

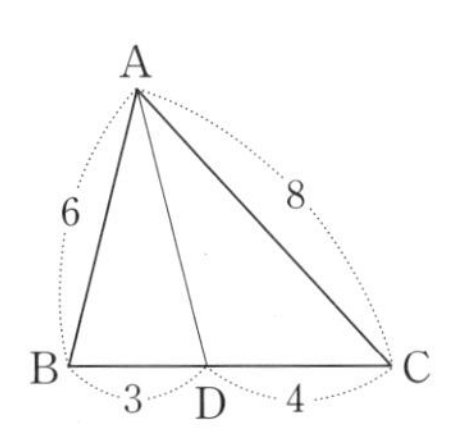

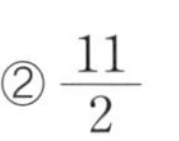
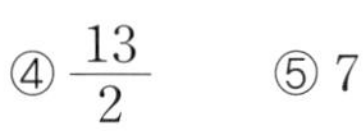

① 5　② $\frac{11}{2}$　③ 6　④ $\frac{13}{2}$　⑤ 7

0686

오른쪽 그림과 같은 평행사변형 ABCD에서 $\overline{AB}=2$, $\overline{BC}=3$, $\overline{BD}=\sqrt{7}$일 때, 평행사변형 ABCD의 넓이를 구하시오.

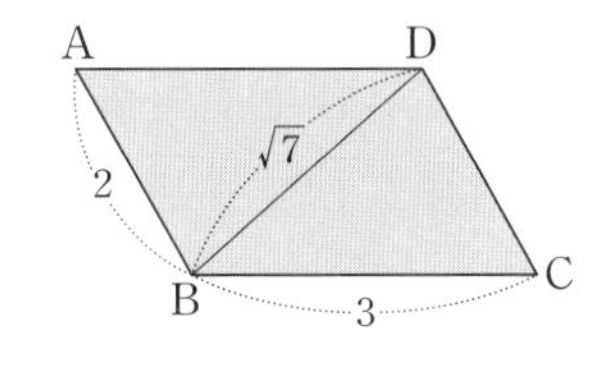

0687

오른쪽 그림과 같은 정사각형 ABCD에서 $\overline{AD}$의 중점을 E, $\overline{CD}$의 중점을 F라 하자. $\angle EBF=\theta$라 할 때, $\sin\theta$의 값을 구하시오.

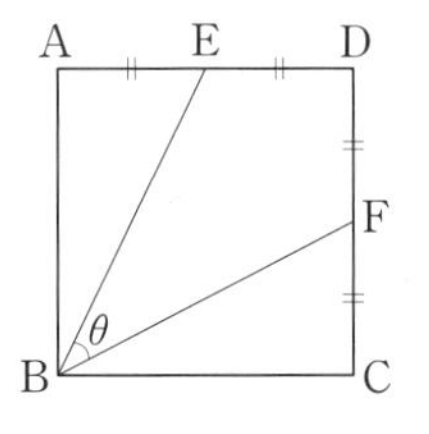

0688

삼각형 ABC에서

$$(a-b-c)(a+b+c)=-bc$$

가 성립할 때, A의 크기를 구하시오.

유형 11 사인법칙과 코사인법칙

개념 15-1, 2

다음과 같은 경우에는 사인법칙과 코사인법칙을 이용한다.

(1) 삼각형 ABC의 두 변의 길이와 그 끼인각의 크기가 주어질 때

(2) 삼각형 ABC에서 $\sin A$, $\sin B$, $\sin C$의 값의 비 또는 관계식이 주어질 때

0689 대표

오른쪽 그림과 같은 삼각형 ABC에서 $\overline{AB}=6$, $\overline{AC}=5$, $A=60°$일 때, 삼각형 ABC의 외접원의 넓이를 구하시오.

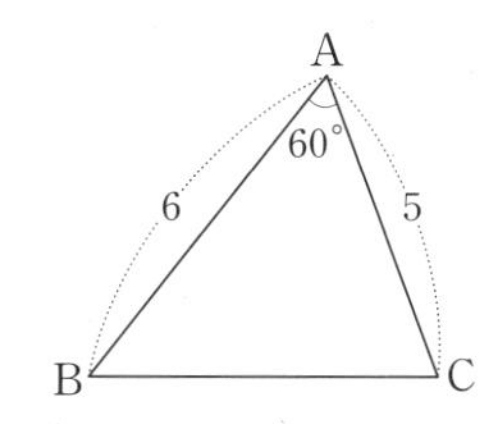

0690

삼각형 ABC에서 $\sin A:\sin B:\sin C=1:\sqrt{2}:\sqrt{3}$일 때, $\cos B$의 값을 구하시오.

0691 [서술형]

삼각형 ABC에서 $2\sqrt{3}\sin A=3\sin B=6\sin C$가 성립할 때, A의 크기를 구하시오.

0692

오른쪽 그림과 같은 사각형 ABCD에서 $\overline{AB}=4$, $\overline{BC}=8$, $\overline{CD}=3$이고 $B=60°$, $C=75°$일 때, 사각형 ABCD의 넓이를 구하시오.

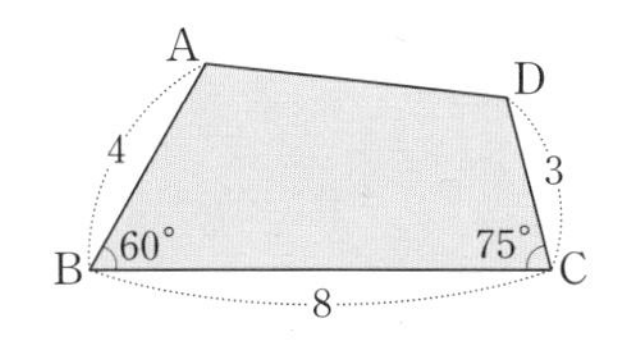

바른답·알찬풀이 079쪽

유형 12 삼각형 모양의 결정 (2)

개념 15-1, 2

삼각형 ABC에서 A, B, C에 대한 관계식이 주어질 때,
⇨ 사인법칙 또는 코사인법칙을 이용하여 a, b, c에 대한 식으로 변형한다.

0693 대표

삼각형 ABC에서 $\sin A - \sin B \cos C = 0$이 성립할 때, 이 삼각형은 어떤 삼각형인지 말하시오.

0694

삼각형 ABC에서 $b \cos A = a \cos B$가 성립할 때, 이 삼각형은 어떤 삼각형인가?

① $a=b$인 이등변삼각형　② $b=c$인 이등변삼각형
③ $c=a$인 이등변삼각형　④ $B=90°$인 직각삼각형
⑤ $C=90°$인 직각삼각형

0695 [서술형]

삼각형 ABC에서 $\dfrac{\sin B + \sin C}{\sin A} = \cos B + \cos C$가 성립할 때, 이 삼각형은 어떤 삼각형인지 말하시오.

빈출 유형 13 사인법칙과 코사인법칙의 실생활에의 활용

개념 15-1, 2

삼각형에 대한 여러 가지 문제에서 삼각형의 변의 길이와 각의 크기 사이의 관계가 주어질 때,
⇨ 사인법칙 또는 코사인법칙을 이용하여 식을 세운다.

0696 대표

오른쪽 그림과 같이 설치된 다리 AB가 있다. P 지점에서 두 지점 A, B까지의 거리와 두 지점 A, B를 바라본 각의 크기를 측정하였더니 $\overline{AP} = 8\,\text{km}$, $\overline{BP} = 4\,\text{km}$, $\angle APB = 120°$이었다. 다리 AB의 길이는?

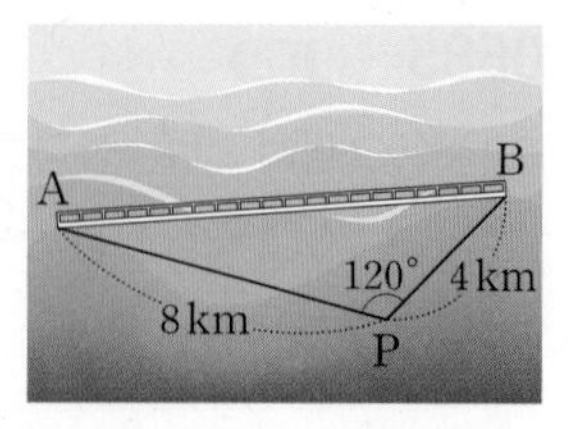

① $3\sqrt{7}$ km　② $4\sqrt{5}$ km　③ 10 km
④ $4\sqrt{7}$ km　⑤ $5\sqrt{5}$ km

0697

오른쪽 그림과 같이 중심이 표시되어 있지 않은 원에 세 변의 길이가 각각 5 cm, $5\sqrt{3}$ cm, 10 cm인 삼각자 2개를 가장 짧은 변을 서로 맞대어 원과 겹쳐 보았더니 두 삼각자로 이루어진 큰 삼각형이 원에 내접하였다. 이 원의 넓이를 구하시오.

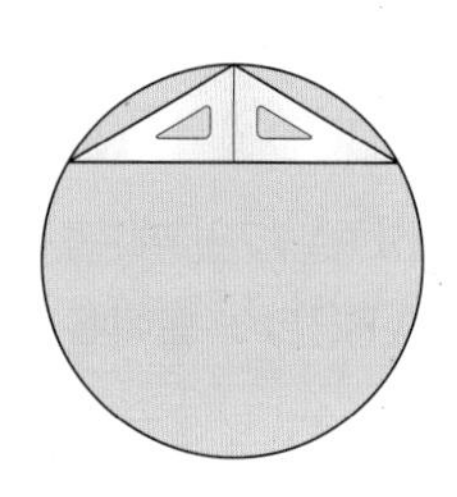

0698

오른쪽 그림과 같이 C 지점에서 5 m 높이에 떠 있는 드론 D를 두 지점 A, B에서 올려다본 각의 크기는 각각 30°, 45°이고, 두 지점 A, B 사이의 거리는 5 m이다. $\angle ACB = \theta$라 할 때, $\cos\theta$의 값은?

(단, 눈의 높이는 무시한다.)

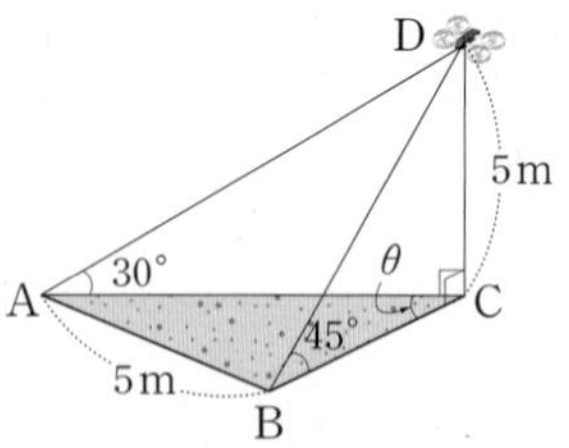

① $\dfrac{\sqrt{3}}{4}$　② $\dfrac{1}{2}$　③ $\dfrac{\sqrt{3}}{3}$
④ $\dfrac{\sqrt{2}}{2}$　⑤ $\dfrac{\sqrt{3}}{2}$

중단원 마무리

22 일차

STEP1 실전 문제

0699

108쪽 유형 01

오른쪽 그림과 같이 한 변의 길이가 3인 정삼각형 ABC의 세 변을 2 : 1로 내분하는 점을 각각 P, Q, R라 할 때, 삼각형 PQR의 넓이를 구하시오.

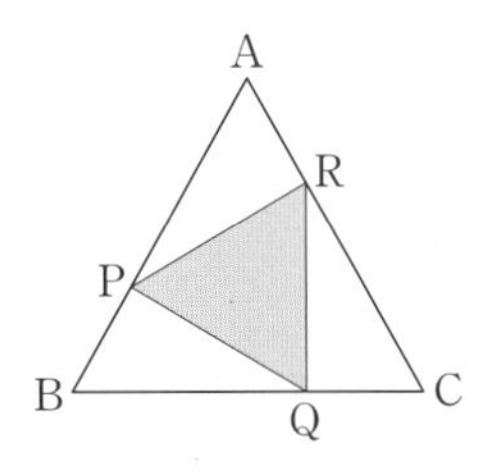

0700 교육청

109쪽 유형 02

오른쪽 그림은 선분 AB를 지름으로 하는 원 O에 내접하는 사각형 AQBP를 나타낸 것이다. $\overline{AP}=4$, $\overline{BP}=2$이고 $\overline{QA}=\overline{QB}$일 때, 선분 PQ의 길이는?

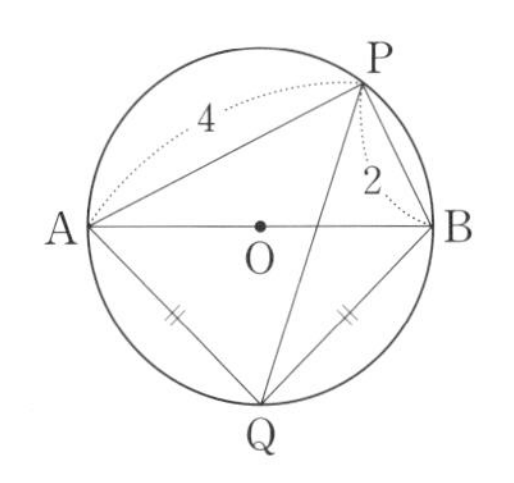

① $3\sqrt{2}$ ② $\frac{10\sqrt{2}}{3}$ ③ $\sqrt{14}$
④ $\frac{4\sqrt{10}}{3}$ ⑤ 4

0701

109쪽 유형 03

사각형 ABCD의 두 대각선의 길이의 합이 8이고, 두 대각선이 이루는 각의 크기가 120°일 때, 이 사각형의 넓이의 최댓값을 구하시오.

0702

109쪽 유형 04

오른쪽 그림과 같이 $\overline{AB}=2\sqrt{2}$, $\overline{AC}=2\sqrt{3}$인 삼각형 ABC에서 변 BC 위에 점 D를 잡을 때, $\angle BAD=45°$, $\angle DAC=60°$이다. $\overline{BD} : \overline{DC}=m : n$일 때, $m+n$의 값을 구하시오. (단, m, n은 서로소인 자연수이다.)

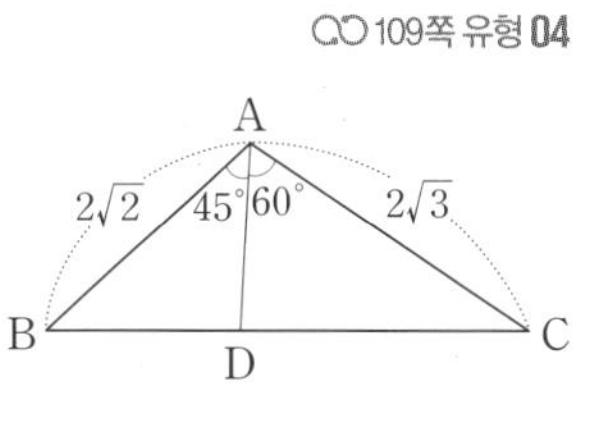

0703

110쪽 유형 05

오른쪽 그림과 같이 원의 접선 BC와 현 AB가 이루는 각의 크기는 60°이고 $\overline{AB}=12$일 때, 이 원의 반지름의 길이는?

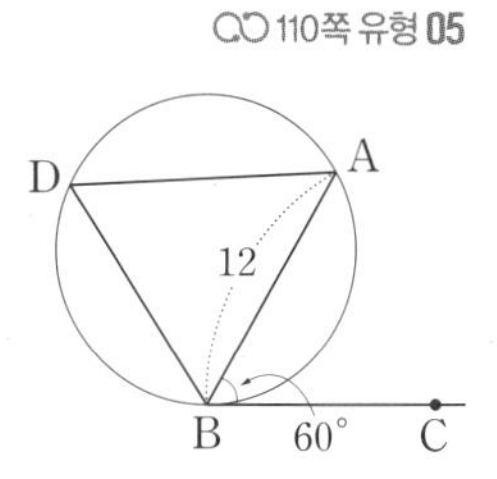

① $4\sqrt{3}$ ② $\frac{9\sqrt{3}}{2}$ ③ $5\sqrt{3}$
④ $\frac{11\sqrt{3}}{2}$ ⑤ $6\sqrt{3}$

0704 중요!

110쪽 유형 06

삼각형 ABC에서 $A : B : C=1 : 2 : 1$일 때, $\frac{(a+b+c)^2}{a^2+b^2+c^2}$의 값은?

① $\frac{2\sqrt{2}}{3}$ ② $\frac{2+3\sqrt{2}}{3}$ ③ $\frac{3\sqrt{2}}{2}$
④ $\frac{3+\sqrt{2}}{2}$ ⑤ $\frac{3+2\sqrt{2}}{2}$

07 삼각함수의 활용

바른답·알찬풀이 081쪽

0705

111쪽 유형 07

x에 대한 이차방정식

$$(\cos A+\cos B)x^2-2x\sin C+(\cos A-\cos B)=0$$

이 중근을 가질 때, 삼각형 ABC는 어떤 삼각형인가?

① 정삼각형 ② $a=b$인 이등변삼각형
③ $c=a$인 이등변삼각형 ④ $B=90°$인 직각삼각형
⑤ $C=90°$인 직각삼각형

0706

113쪽 유형 10

오른쪽 그림과 같이 $\overline{AD}/\!/\overline{BC}$인 사다리꼴 ABCD에서 $\overline{AB}=4$, $\overline{BC}=10$, $\overline{AD}=\overline{CD}=5$일 때, 대각선 BD의 길이를 구하시오.

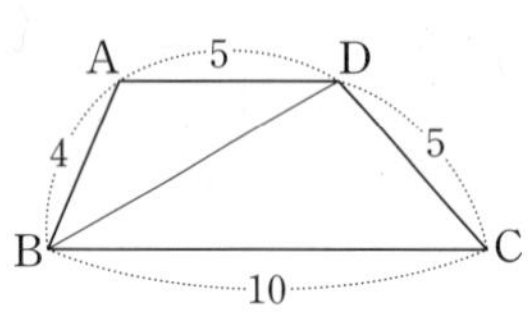

0707

113쪽 유형 10

세 변의 길이가 각각 1, $2\sqrt{3}$, $\sqrt{19}$인 삼각형 ABC의 세 내각 중 가장 큰 각의 크기를 구하시오.

0708 중요!

113쪽 유형 11

오른쪽 그림과 같이 $\overline{AB}=\sqrt{3}$, $B=45°$, $C=60°$인 삼각형 ABC에서 변 BC의 연장선 위에 $\overline{AC}=\overline{CD}$인 점 D를 잡을 때, $\overline{AD}$의 길이는?

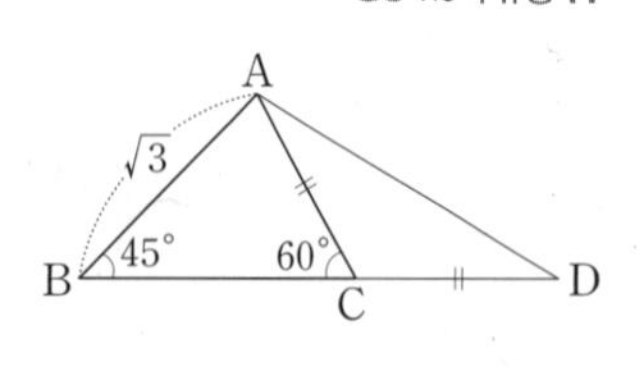

① 2 ② $\sqrt{5}$ ③ $\sqrt{6}$
④ $1+\sqrt{3}$ ⑤ $2+\sqrt{3}$

0709 교육청

113쪽 유형 11

오른쪽 그림과 같이 반지름의 길이가 R인 원 O에 내접하는 삼각형 ABC가 있다. $\overline{AB}=5$, $\overline{AC}=6$, $\cos A=\frac{3}{5}$일 때, $16R$의 값을 구하시오.

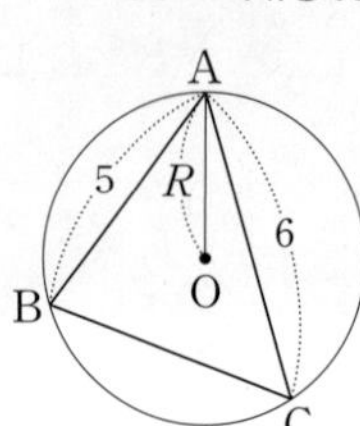

0710

114쪽 유형 13

오른쪽 그림과 같이 도로 한 쪽의 두 지점 A, B와 도로 건너편의 두 지점 C, D에 대하여 각의 크기를 측정하였더니 $\angle ABC=30°$, $\angle ABD=60°$, $\angle BAC=90°$, $\angle BAD=30°$이었다. $\overline{AB}=60$ m일 때, 두 지점 C, D 사이의 거리를 구하시오.

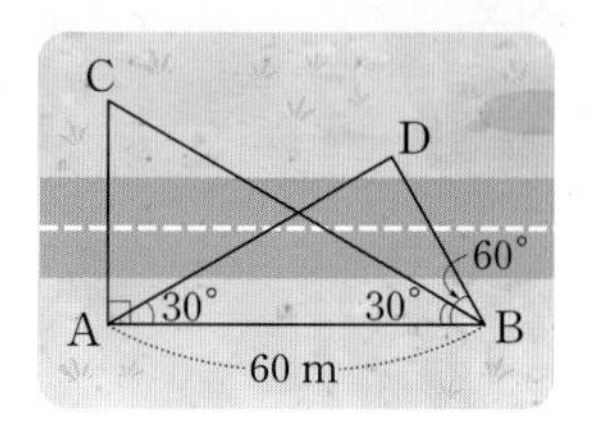

0711

114쪽 유형 13

오른쪽 그림과 같이 한 변의 길이가 1인 정삼각형 ABC에서 변 AB 위를 움직이는 점 P와 변 BC 위를 움직이는 점 Q가 있다. 점 P는 점 A에서 점 B까지, 점 Q는 점 B에서 점 C까지 움직이고 점 Q의 속력이 점 P의 속력의 2배일 때, 두 점 P, Q 사이의 거리의 최솟값을 구하시오.

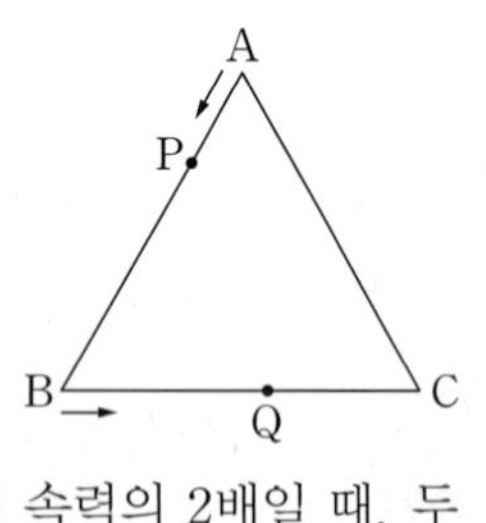

STEP 2 실력 UP 문제

0712

109쪽 유형 04

오른쪽 그림과 같이 반지름의 길이가 1인 원 O에서 지름 AB의 연장선 위에 $\overline{OB}=\overline{BC}$가 되도록 점 C를 잡는다. 점 C를 지나는 직선과 원이 만나는 두 점을 P, Q라 하고, $\angle AOP=2\alpha$, $\angle BOQ=2\beta$라 할 때, 다음 중 $\overline{CP}$의 길이를 나타내는 것은?

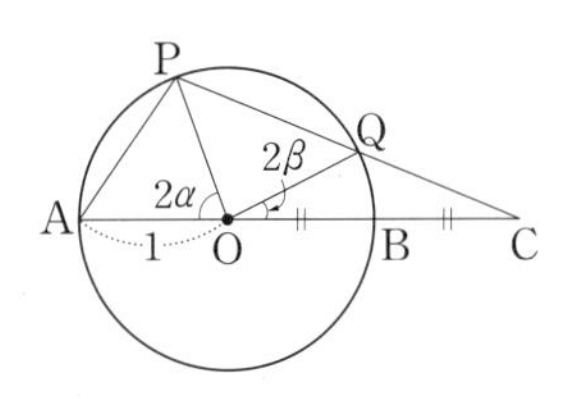

① $\dfrac{\sin\alpha}{\sin\beta}$　② $\dfrac{\cos\alpha}{\sin\beta}$　③ $\dfrac{\sin\beta}{\sin\alpha}$

④ $\dfrac{\cos\beta}{\sin\alpha}$　⑤ $\dfrac{\cos\beta}{\cos\alpha}$

0713

112쪽 유형 09

오른쪽 그림과 같이 모든 모서리의 길이가 1인 정사각뿔이 있다. 모서리 OC 위를 움직이는 점 P에 대하여 $\angle BPD=\theta$라 할 때, $\cos\theta$의 최댓값과 최솟값의 합은?

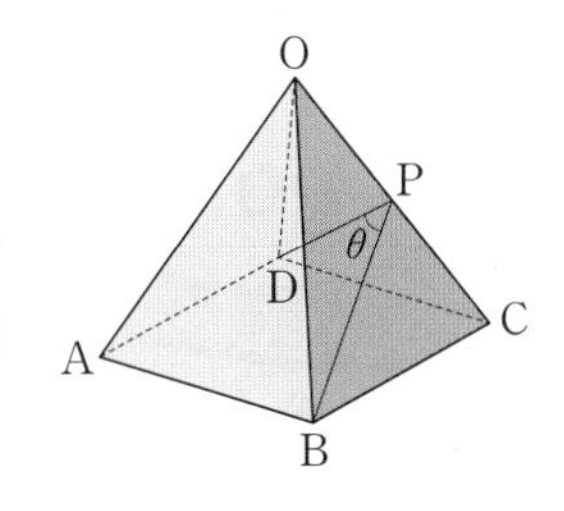

① $-\dfrac{1}{3}$　② $-\dfrac{\sqrt{3}}{6}$　③ 0

④ $\dfrac{\sqrt{3}}{6}$　⑤ $\dfrac{1}{3}$

0714

108쪽 유형 01+113쪽 유형 10

오른쪽 그림과 같이 $\overline{AB}=7$, $\overline{BC}=4$, $\overline{CA}=5$인 삼각형 ABC에 두 변 AB, BC를 각각 한 변으로 하는 정사각형을 그렸다. 이때 삼각형 BDE의 넓이를 구하시오.

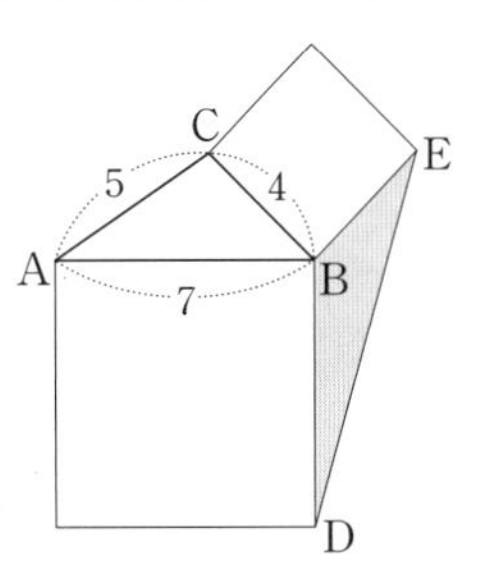

적중 서술형 문제

0715

108쪽 유형 01

오른쪽 그림과 같이 반지름의 길이가 2인 원 O 위의 세 점 A, B, C에 대하여 $\overset{\frown}{AB}:\overset{\frown}{BC}:\overset{\frown}{CA}=5:4:3$이다. 다음 물음에 답하시오.

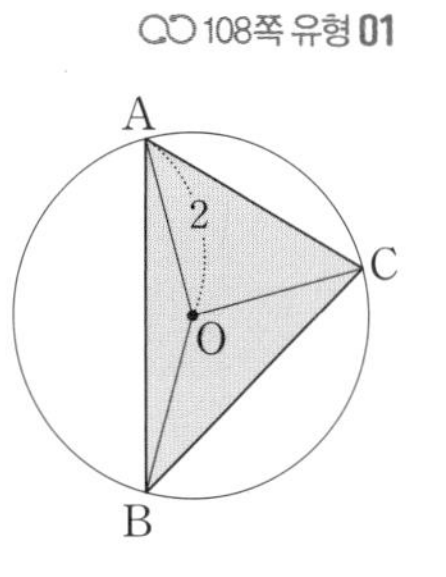

(1) $\angle AOB$, $\angle BOC$, $\angle COA$의 크기를 각각 구하시오.

(2) 삼각형 ABC의 넓이를 구하시오.

0716

109쪽 유형 03+112쪽 유형 09

오른쪽 그림과 같이 $\overline{AC}=5$, $\overline{BD}=9$, $B=45°$인 평행사변형 ABCD의 넓이를 구하시오.

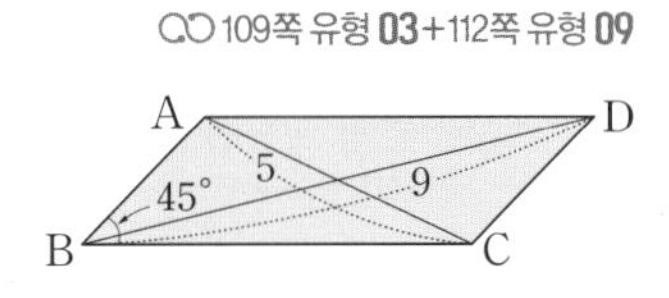

0717

113쪽 유형 11

한 원에 내접하는 삼각형의 세 변의 길이가 각각 4, 7, 9일 때, 이 원의 반지름의 길이를 구하시오.

07 삼각함수의 활용

바른답 · 알찬풀이 083쪽

감성사전

사각사각 네 컷 만화

은밀한 취향

글 / 그림 우쿠쥐

수열

Ⅲ 수열

08 등차수열과 등비수열

중단원 핵심 개념을 정리하였습니다.
Lecture별 유형 학습 전에 관련 개념을 완벽하게 알아두세요.

Lecture 16 등차수열

23일차

개념 16-1 등차수열

122~125쪽 | 유형 01~06 |

(1) 첫째항부터 차례로 일정한 수를 더하여 만든 수열을 **등차수열**이라 하고, 그 일정한 수를 **공차**라 한다.

참고 차례로 나열된 수의 열을 수열이라 하고, 나열된 각 수를 그 수열의 항이라 한다. 이때 각 항을 앞에서부터 차례로 첫째항, 둘째항, 셋째항, … 또는 제1항, 제2항, 제3항, …이라 한다.

예 수열 1, 3, 5, 7, …에서 5는 셋째항 또는 제3항이다.

(2) 등차수열의 일반항: 첫째항이 a, 공차가 d인 등차수열의 일반항 a_n은

$$a_n=a+(n-1)d\ (n=1,\ 2,\ 3,\ \cdots)$$

예 첫째항이 3, 공차가 2인 등차수열의 일반항 a_n은 $a_n=3+(n-1)\times2=2n+1$이다.

참고 일반적으로 공차가 d인 등차수열 $\{a_n\}$에서 제n항에 공차 d를 더하면 제$(n+1)$항이 되므로

$$a_{n+1}=a_n+d\ (n=1,\ 2,\ 3,\ \cdots)$$

(3) 등차중항: 세 수 a, b, c가 이 순서대로 등차수열을 이룰 때, b를 a와 c의 **등차중항**이라 한다. 이때 $b-a=c-b$이므로

$$b=\frac{a+c}{2}$$ → a와 c의 등차중항 b는 a와 c의 산술평균이다.

참고 등차수열을 이루는 세 수는 $a-d$, a, $a+d$와 같이 놓는 것이 편리하다.

Lecture 17 등차수열의 합

24일차

개념 17-1 등차수열의 합

126~129쪽 | 유형 07~12 |

등차수열의 첫째항부터 제n항까지의 합 S_n은

(1) 첫째항이 a, 제n항이 l일 때, $S_n=\dfrac{n(a+l)}{2}$

└ $l=a+(n-1)d$

(2) 첫째항이 a, 공차가 d일 때, $S_n=\dfrac{n\{2a+(n-1)d\}}{2}$

개념 17-2 수열의 합과 일반항 사이의 관계

129쪽 | 유형 13 |

수열 $\{a_n\}$의 첫째항부터 제n항까지의 합을 S_n이라 하면 다음이 성립한다.

$$a_1=S_1,\ a_n=S_n-S_{n-1}\ (n\ge2)$$

$\overbrace{a_1+a_2+a_3+\cdots+a_{n-1}}^{}+a_n$: 전체 합 S_n, a_1부터 a_{n-1}까지의 합 S_{n-1}

예 수열 $\{a_n\}$의 첫째항부터 제n항까지의 합 S_n이 다음과 같을 때, 일반항 a_n을 구해 보자.

$S_n=n^2+2n$

(i) $n=1$일 때, $a_1=S_1=1^2+2\times1=3$

(ii) $n\ge2$일 때,

$a_n=S_n-S_{n-1}=(n^2+2n)-\{(n-1)^2+2(n-1)\}=2n+1$ …… ㉠

이때 $a_1=3$은 ㉠에 $n=1$을 대입한 것과 같으므로 $a_n=2n+1$

개념 CHECK

1 다음 등차수열의 공차를 구하시오.

(1) 6, 11, 16, 21, 26, …

(2) 8, 5, 2, −1, −4, …

2 다음 등차수열의 일반항 a_n을 구하려고 한다. □ 안에 알맞은 것을 써넣으시오.

(1) 첫째항이 6, 공차가 −4인 수열

$a_n=\square+(n-1)\times(-4)$
$=\square$

(2) 첫째항이 $\frac{3}{4}$, 공차가 $-\frac{1}{2}$인 수열

$a_n=\frac{3}{4}+(n-1)\times\square$
$=\square$

3 다음을 구하시오.

(1) 첫째항이 1, 제10항이 46인 등차수열의 첫째항부터 제10항까지의 합

(2) 첫째항이 2, 공차가 −4인 등차수열의 첫째항부터 제20항까지의 합

4 수열 $\{a_n\}$의 첫째항부터 제n항까지의 합 S_n이 $S_n=2n^2$일 때, 다음을 구하시오.

(1) a_1

(2) a_5

(3) 일반항 a_n

1 (1) 5 (2) −3
2 (1) 6, $-4n+10$ (2) $-\frac{1}{2}$, $-\frac{1}{2}n+\frac{5}{4}$
3 (1) 235 (2) −720
4 (1) 2 (2) 18 (3) $a_n=4n-2$

Lecture 18 등비수열

25 일차

개념 18-1 등비수열

130~133쪽 | 유형 14~20 |

(1) 첫째항부터 차례로 일정한 수를 곱하여 만든 수열을 **등비수열**이라 하고, 그 일정한 수를 **공비**라 한다.

(2) 등비수열의 일반항: 첫째항이 a, 공비가 r $(r\neq0)$인 등비수열의 일반항 a_n은

$$a_n=ar^{n-1}\ (n=1,\ 2,\ 3,\ \cdots)$$

예 첫째항이 2, 공비가 3인 등비수열의 일반항 a_n은 $a_n=2\times3^{n-1}$이다.

참고 일반적으로 공비가 r인 등비수열 $\{a_n\}$에서 제n항에 공비 r를 곱하면 제$(n+1)$항이 되므로

$a_{n+1}=ra_n\ (n=1,\ 2,\ 3,\ \cdots)$

(3) 등비중항: 0이 아닌 세 수 a, b, c가 이 순서대로 등비수열을 이룰 때, b를 a와 c의 **등비중항**이라 한다. 이때 $\frac{b}{a}=\frac{c}{b}$이므로

$$b^2=ac$$ → $a>0$, $c>0$일 때, a와 c의 등비중항 $b=\sqrt{ac}$는 a와 c의 기하평균이다.

참고 등비수열을 이루는 세 수는 a, ar, ar^2 $(a\neq0,\ r\neq0)$과 같이 놓는 것이 편리하다.

개념 CHECK

5 다음 등비수열의 공비를 구하시오.

(1) $2,\ -4,\ 8,\ -16,\ 32,\ \cdots$

(2) $15,\ 5,\ \frac{5}{3},\ \frac{5}{9},\ \frac{5}{27},\ \cdots$

6 다음 등비수열의 일반항 a_n을 구하려고 한다. □ 안에 알맞은 수를 써넣으시오.

(1) 첫째항이 3, 공비가 -1인 수열

$a_n=\square\times(-1)^{n-1}$

(2) 첫째항이 18, 공비가 $\frac{1}{9}$인 수열

$a_n=18\times\square^{n-1}$

Lecture 19 등비수열의 합

개념 19-1 등비수열의 합

134~137쪽 | 유형 21~25 |

첫째항이 a, 공비가 r $(r\neq0)$인 등비수열의 첫째항부터 제n항까지의 합 S_n은

(1) $r\neq1$일 때, $S_n=\frac{a(1-r^n)}{1-r}=\frac{a(r^n-1)}{r-1}$

(↱ $r<1$일 때 이용하면 편리하다. / ↳ $r>1$일 때 이용하면 편리하다.)

(2) $r=1$일 때, $S_n=na$

예 첫째항이 2, 공비가 3인 등비수열의 첫째항부터 제5항까지의 합 S_5는

$$S_5=\frac{2(3^5-1)}{3-1}=3^5-1=242$$

참고 등비수열 $\{a_n\}$의 첫째항부터 제n항까지의 합을 S_n이라 하면

$a_1=S_1,\ a_n=S_n-S_{n-1}\ (n\geq2)$

개념 19-2 원리합계

137쪽 | 유형 26 |

연이율이 r이고 1년마다 복리로 a원씩 n년 동안 적립할 때, n년 말까지 적립금의 원리합계 S는

(1) 매년 초에 적립하는 경우

$$S=\frac{a(1+r)\{(1+r)^n-1\}}{r}\ (원)$$ → 첫째항이 $a(1+r)$, 공비가 $1+r$인 등비수열의 첫째항부터 제n항까지의 합

(2) 매년 말에 적립하는 경우

$$S=\frac{a\{(1+r)^n-1\}}{r}\ (원)$$ → 첫째항이 a, 공비가 $1+r$인 등비수열의 첫째항부터 제n항까지의 합

참고 원금 a원을 연이율 r로 n년 동안 예금할 때의 원리합계 S는

① 단리로 예금하는 경우: $S=a(1+rn)$(원)

② 복리로 예금하는 경우: $S=a(1+r)^n$(원)

7 다음을 구하시오.

(1) 첫째항이 4, 공비가 2인 등비수열의 첫째항부터 제7항까지의 합

(2) 첫째항이 $\frac{1}{2}$, 공비가 1인 등비수열의 첫째항부터 제16항까지의 합

8 등비수열 $\frac{1}{2^5},\ \frac{1}{2^4},\ \frac{1}{2^3},\ \frac{1}{2^2},\ \frac{1}{2},\ \cdots$에 대하여 다음을 구하시오.

(1) 일반항 a_n

(2) $a_k=4$인 자연수 k의 값

(3) $\frac{1}{2^5}+\frac{1}{2^4}+\frac{1}{2^3}+\cdots+4$

---

5 (1) -2 (2) $\frac{1}{3}$

6 (1) 3 (2) $\frac{1}{9}$

7 (1) 508 (2) 8

8 (1) $a_n=2^{n-6}$ (2) 8 (3) $\frac{255}{32}$

Lecture 16 등차수열

기본 익히기

120쪽 | 개념 16-1 |

0718~0719 다음 수열이 등차수열을 이룰 때, □ 안에 알맞은 수를 써넣으시오.

0718 $-5,\ -2,\ \square,\ 4,\ \square,\ \cdots$

0719 $\square,\ 9,\ 5,\ \square,\ -3,\ \cdots$

0720~0721 다음 등차수열의 일반항 a_n을 구하시오.

0720 첫째항이 20, 공차가 -4인 수열

0721 $-1,\ 4,\ 9,\ 14,\ 19,\ \cdots$

0722 첫째항이 16, 공차가 -3인 등차수열 $\{a_n\}$에 대하여 다음 물음에 답하시오.

(1) 제7항을 구하시오.

(2) -26은 제몇 항인지 구하시오.

0723~0724 다음을 만족시키는 등차수열 $\{a_n\}$의 공차를 구하시오.

0723 $a_1=-1,\ a_5=15$

0724 $a_1=3,\ a_{10}=-42$

0725~0726 다음 세 수가 주어진 순서대로 등차수열을 이룰 때, a의 값을 구하시오.

0725 $17,\ a,\ 13$

0726 $-6,\ a,\ 10$

유형 익히기

유형 01 | 등차수열의 일반항 개념 16-1

(1) 첫째항이 a, 공차가 d인 등차수열의 일반항 a_n은
$a_n=a+(n-1)d\ (n=1,\ 2,\ 3,\ \cdots)$

(2) 등차수열 $\{a_n\}$의 일반항 a_n을 구할 때는 첫째항을 a, 공차를 d라 하고 주어진 조건을 이용하여 방정식을 세워 a, d의 값을 구한 후, $a_n=a+(n-1)d$에 대입한다.

0727 대표

등차수열 $\{a_n\}$의 제5항이 12, 제9항이 -20일 때, 이 수열의 일반항 a_n을 구하시오.

0728

공차가 3인 등차수열 $\{a_n\}$의 제10항이 16이다. 수열 $\{b_n\}$에 대하여 $b_n=a_{2n}$일 때, 이 수열의 일반항 b_n을 구하시오.

0729

첫째항이 3인 등차수열 $\{a_n\}$의 제2항과 제6항은 절댓값이 같고 부호가 반대일 때, 이 수열의 공차는?

① -3 ② -1 ③ 0
④ 1 ⑤ 3

유형02 등차수열의 제k항

개념 16-1

첫째항이 a, 공차가 d인 등차수열의 제k항이 m이면

$a+(k-1)d=m$

임을 이용한다.

0730 대표

등차수열 57, 51, 45, 39, $\cdots$에서 -15는 제몇 항인가?

① 제9항 ② 제11항 ③ 제13항
④ 제15항 ⑤ 제17항

0731

등차수열 $\{a_n\}$에서 $a_4=\log 2$, $a_6=\log 8$일 때, a_9는?

① $4\log 2$ ② $5\log 2$ ③ $6\log 2$
④ $7\log 2$ ⑤ $8\log 2$

0732 [서술형]

등차수열 $\{a_n\}$에서 $a_3=11$, $a_6 : a_{10}=5 : 8$일 때, 62는 제몇 항인지 구하시오.

0733

등차수열 $\{a_n\}$에서 $a_1+a_5+a_9=9$, $a_8+a_{10}+a_{12}=39$일 때, a_{11}을 구하시오.

빈출 유형03 조건을 만족시키는 등차수열의 항

개념 16-1

첫째항이 a, 공차가 d인 등차수열 $\{a_n\}$에서

(1) 처음으로 양수가 되는 항
⇨ $a+(n-1)d>0$을 만족시키는 자연수 n의 최솟값을 구한다.

(2) 처음으로 음수가 되는 항
⇨ $a+(n-1)d<0$을 만족시키는 자연수 n의 최솟값을 구한다.

0734 대표

제5항이 67, 제17항이 31인 등차수열 $\{a_n\}$에서 처음으로 음수가 되는 항은 제몇 항인지 구하시오.

0735

첫째항이 -15, 공차가 $\frac{3}{5}$인 등차수열 $\{a_n\}$에서 $a_k>0$을 만족시키는 자연수 k의 최솟값은?

① 25 ② 26 ③ 27
④ 28 ⑤ 29

0736

두 등차수열 $\{a_n\}$, $\{b_n\}$이

$\{a_n\}$: 2, -2, -6, -10, $\cdots$,

$\{b_n\}$: -11, -10, -9, -8, $\cdots$

일 때, $a_k \geq 10b_k$를 만족시키는 자연수 k의 개수는?

① 8 ② 9 ③ 10
④ 11 ⑤ 12

바른답 · 알찬풀이 085쪽

0737 〔서술형〕

등차수열 $\{a_n\}$에서 $a_1=98$, $a_{13}=89$일 때, $|a_n|$의 값이 최소가 되는 자연수 n의 값을 구하시오.

유형04 두 수 사이에 수를 넣어 만든 등차수열 — 개념 16-1

두 수 a, b 사이에 n개의 수를 넣어 등차수열을 만들면 첫째항이 a, 제$(n+2)$항이 b이다.
⇨ $b=a+(n+1)d$ (단, d는 공차이다.)

0738 대표

2와 50 사이에 15개의 수를 넣어

$2,\ a_1,\ a_2,\ a_3,\ \cdots,\ a_{15},\ 50$

이 이 순서대로 등차수열을 이루도록 할 때, a_{10}을 구하시오.

0739

-12와 12 사이에 n개의 수를 넣어

$-12,\ a_1,\ a_2,\ a_3,\ \cdots,\ a_n,\ 12$

가 이 순서대로 공차가 $\frac{1}{2}$인 등차수열을 이루도록 할 때, 자연수 n의 값을 구하시오.

0740

1과 10 사이에 n개의 수를 넣어

$1,\ a_1,\ a_2,\ a_3,\ \cdots,\ a_n,\ 10$

이 이 순서대로 등차수열을 이루도록 할 때, 다음 중 이 수열의 공차가 될 수 없는 것은?

① $\frac{1}{2}$ ② $\frac{2}{3}$ ③ $\frac{3}{4}$
④ $\frac{3}{2}$ ⑤ 3

0741

두 등차수열 $\{a_n\}$, $\{b_n\}$이

$\{a_n\}$: $2,\ x_1,\ x_2,\ \cdots,\ x_l,\ 17$,
$\{b_n\}$: $20,\ y_1,\ y_2,\ \cdots,\ y_m,\ 50$

이고 수열 $\{a_n\}$, $\{b_n\}$의 공차가 서로 같을 때, 자연수 l, m 사이의 관계식은?

① $m-2l=1$ ② $2m-l=1$ ③ $2m-3l=1$
④ $lm=15$ ⑤ $2m=3l$

빈출 유형05 등차중항 — 개념 16-1

세 수 a, b, c가 이 순서대로 등차수열을 이루면
$b=\frac{a+c}{2} \Longleftrightarrow 2b=a+c$

0742 대표

세 수 16, a^2+2a, $8a$가 이 순서대로 등차수열을 이룰 때, 양수 a의 값은?

① 2 ② 4 ③ 6
④ 8 ⑤ 10

0743

다항식 ax^2+x-2를 $x-1$, $x-3$, $x-4$로 나누었을 때의 나머지를 각각 p, q, r라 하자. p, q, r가 이 순서대로 등차수열을 이룰 때, 상수 a의 값을 구하시오.

0744

이차방정식 $x^2-4x-10=0$의 두 근을 α, β라 할 때, p는 α와 β의 등차중항이고, q는 $\frac{1}{\alpha}$과 $\frac{1}{\beta}$의 등차중항이다. 이때 $5pq$의 값은?

① -5 ② -4 ③ -3
④ -2 ⑤ -1

0745

네 수 1, $\log a$, $\log 40$, $\log b$가 이 순서대로 등차수열을 이룰 때, $a+b$의 값은? (단, $a>0$, $b>0$)

① 20 ② 40 ③ 60
④ 80 ⑤ 100

0746 [서술형]

어느 직각삼각형의 세 변의 길이를 작은 것부터 순서대로 나열하면 a, b, 4이고 이 순서대로 등차수열을 이룰 때, 이 직각삼각형의 넓이를 S라 하자. 이때 $25S$의 값을 구하시오.

유형 06 등차수열을 이루는 수 (개념 16-1)

등차수열을 이루는 세 수 또는 네 수는 다음과 같이 놓고 주어진 조건을 이용하여 식을 세운다.

(1) 세 수 ⇨ $a-d$, a, $a+d$
(2) 네 수 ⇨ $a-3d$, $a-d$, $a+d$, $a+3d$

0747 대표

등차수열을 이루는 세 수의 합이 15이고 제곱의 합이 93일 때, 세 수의 곱은?

① 60 ② 65 ③ 70
④ 75 ⑤ 80

0748

삼차방정식 $x^3-6x^2+kx+10=0$의 서로 다른 세 실근이 등차수열을 이룰 때, 상수 k의 값은?

① -3 ② -1 ③ 1
④ 3 ⑤ 5

0749

네 수 a, b, c, d가 이 순서대로 등차수열을 이루고 다음 조건을 만족시킬 때, a의 값은?

(가) $a+b+c+d=64$
(나) $3(a+b)=c+d$

① 4 ② 8 ③ 12
④ 16 ⑤ 20

바른답 · 알찬풀이 086쪽

등차수열의 합

기본 익히기

120쪽 | 개념 17-1, 2 |

0750~0753 다음 등차수열의 첫째항부터 제15항까지의 합을 구하시오.

0750 첫째항이 5, 제15항이 33인 수열

0751 첫째항이 32, 공차가 -5인 수열

0752 $4, 8, 12, 16, 20, \cdots$

0753 $3, 1, -1, -3, -5, \cdots$

0754~0756 다음 등차수열의 합을 구하시오.

0754 $3+8+13+\cdots+58$

0755 $34+28+22+\cdots+(-20)$

0756 $-5+1+7+\cdots+31$

0757 수열 $\{a_n\}$의 첫째항부터 제n항까지의 합 S_n이 $S_n=n^2-2n$일 때, 다음을 구하시오.

(1) a_1

(2) a_6

(3) 일반항 a_n

0758~0759 수열 $\{a_n\}$의 첫째항부터 제n항까지의 합 S_n이 다음과 같을 때, 일반항 a_n을 구하시오.

0758 $S_n=n^2+n$

0759 $S_n=2n^2-n$

유형 익히기

빈출 **유형 07** 등차수열의 합 개념 17-1

첫째항이 a, 제n항이 l, 공차가 d인 등차수열의 첫째항부터 제n항까지의 합을 S_n이라 하면

(1) 첫째항과 제n항이 주어질 때 ⇨ $S_n=\dfrac{n(a+l)}{2}$

(2) 첫째항과 공차가 주어질 때 ⇨ $S_n=\dfrac{n\{2a+(n-1)d\}}{2}$

0760 대표

$a_3=11$, $a_7=19$인 등차수열 $\{a_n\}$의 첫째항부터 제10항까지의 합은?

① 140 ② 160 ③ 180
④ 200 ⑤ 220

0761

첫째항이 13, 제n항이 41인 등차수열 $\{a_n\}$의 첫째항부터 제n항까지의 합이 216일 때, 이 수열의 공차는?

① 2 ② 4 ③ 6
④ 8 ⑤ 10

0762

첫째항이 120, 공차가 -16인 등차수열 $\{a_n\}$에 대하여 $a_1+a_2+a_3+\cdots+a_n<0$을 만족시키는 자연수 n의 최솟값을 구하시오.

유형08 두 수 사이에 수를 넣어 만든 등차수열의 합

∞ 개념 17-1

두 수 a와 b 사이에 n개의 수를 넣어 만든 등차수열의 합을 S_n이라 하면 S_n은 첫째항이 a, 끝항이 b, 항의 개수가 $n+2$인 등차수열의 합이다.

⇨ $S_n=\frac{(n+2)(a+b)}{2}$

0763 대표

10과 30 사이에 n개의 수를 넣어

$10,\ x_1,\ x_2,\ x_3,\ \cdots,\ x_n,\ 30$

이 이 순서대로 등차수열을 이루도록 하였다. 이 수열의 모든 항의 합이 400일 때, 자연수 n의 값을 구하시오.

0764

1과 9 사이에 9개의 수를 넣어

$1,\ x_1,\ x_2,\ x_3,\ \cdots,\ x_9,\ 9$

가 이 순서대로 등차수열을 이루도록 할 때,

$x_1+x_2+x_3+\cdots+x_9$의 값을 구하시오.

0765

수열 $13,\ a_1,\ a_2,\ a_3,\ \cdots,\ a_n,\ 65$가 이 순서대로 등차수열을 이루고

$a_1+a_2+a_3+\cdots+a_n=507$

일 때, 자연수 n의 값과 공차를 차례로 구한 것은?

① 13, 3　② 13, $\frac{25}{7}$　③ 13, $\frac{26}{7}$

④ 15, 4　⑤ 15, $\frac{30}{7}$

빈출 유형09 부분의 합이 주어진 등차수열의 합

∞ 개념 17-1

등차수열의 첫째항부터 제k항까지의 합은 다음과 같은 순서로 구한다.

❶ 첫째항을 a, 공차를 d, 첫째항부터 제n항까지의 합을 S_n이라 하면

$$S_n=\frac{n\{2a+(n-1)d\}}{2}$$

임을 이용하여 a, d에 대한 방정식을 세운다.

❷ ❶의 식을 연립하여 풀어 a, d의 값을 구한다.

❸ S_k를 구한다.

0766 대표

등차수열 $\{a_n\}$에 대하여 첫째항부터 제4항까지의 합이 12, 첫째항부터 제8항까지의 합이 88일 때, 첫째항부터 제12항까지의 합을 구하시오.

0767 〔서술형〕

등차수열 $\{a_n\}$의 첫째항부터 제n항까지의 합을 S_n이라 할 때, $S_5=-15$, $S_{15}=180$이다. 이때 S_{10}을 구하시오.

0768

등차수열 $\{a_n\}$에 대하여 첫째항부터 제10항까지의 합이 200, 제11항부터 제20항까지의 합이 400일 때,

$a_{21}+a_{22}+a_{23}+\cdots+a_{30}$의 값은?

① 440　② 480　③ 520

④ 560　⑤ 600

바른답 · 알찬풀이 088쪽

빈출

유형 10 등차수열의 합의 최대·최소

개념 17-1

등차수열 $\{a_n\}$의 첫째항을 a, 공차를 d, 첫째항부터 제n항까지의 합을 S_n이라 할 때

(1) $a_k>0$, $a_{k+1}<0$
⇨ 제$(k+1)$항부터 음수 ⇨ S_n의 최댓값은 S_k

(2) $a_k<0$, $a_{k+1}>0$
⇨ 제$(k+1)$항부터 양수 ⇨ S_n의 최솟값은 S_k

0769 대표

첫째항이 -23, 공차가 2인 등차수열 $\{a_n\}$의 첫째항부터 제n항까지의 합을 S_n이라 할 때, S_n의 최솟값은?

① -156 ② -152 ③ -148
④ -144 ⑤ -140

0770 [서술형]

제3항이 53, 제11항이 21인 등차수열 $\{a_n\}$에서 첫째항부터 제p항까지의 합이 최대이고 그 최댓값이 q일 때, $p+q$의 값을 구하시오.

0771

첫째항이 -6인 등차수열 $\{a_n\}$의 첫째항부터 제n항까지의 합을 S_n이라 할 때, $S_4=S_{11}$이다. 이때 S_n의 최솟값을 구하시오.

유형 11 나머지가 같은 자연수의 합

개념 17-1

(1) 자연수 d로 나누었을 때의 나머지가 a $(0<a<d)$인 자연수를 작은 것부터 차례로 나열하면
$a, a+d, a+2d, \cdots$
⇨ 첫째항이 a, 공차가 d인 등차수열

(2) 자연수 d의 양의 배수를 작은 것부터 차례로 나열하면
$d, 2d, 3d, \cdots$
⇨ 첫째항과 공차가 모두 d인 등차수열

0772 대표

두 자리 자연수 중 4로 나누었을 때의 나머지가 3인 수의 총합은?

① 1257 ② 1261 ③ 1265
④ 1269 ⑤ 1273

0773

100 이하의 자연수 중 7의 배수의 총합은?

① 721 ② 728 ③ 735
④ 742 ⑤ 749

0774

두 자리 자연수 중 3 또는 4로 나누어떨어지는 수의 총합을 구하시오.

0775

3으로 나누었을 때의 나머지가 1이고, 5로 나누었을 때의 나머지가 2인 자연수를 작은 것부터 차례로 나열한 수열을 a_1, a_2, a_3, $\cdots$, a_n이라 할 때, $a_1+a_2+a_3+\cdots+a_9$의 값을 구하시오.

유형 12 등차수열의 합의 활용

개념 17-1

일정한 양으로 증가 또는 감소하는 상황은 등차수열을 의미하므로 주어진 상황에서 등차수열을 찾고, 주어진 조건을 등차수열의 합에 대한 식으로 나타낸다.

0776 대표

어느 공연장의 관람석은 1층, 2층으로 나누어져 있다. 1층의 관람석은 첫 번째 줄이 24석이고, 그다음 줄부터 3석씩 늘어나 20번째 줄까지 배치되어 있다. 또, 2층의 관람석은 첫 번째 줄이 36석이고, 그다음 줄부터 4석씩 늘어나 10번째 줄까지 배치되어 있다. 이때 이 공연장의 총관람석 수는?

① 1560 ② 1570 ③ 1580
④ 1590 ⑤ 1600

0777

어떤 n각형의 내각의 크기는 공차가 $20°$인 등차수열을 이룬다고 한다. 가장 작은 내각의 크기가 $60°$일 때, n의 값을 구하시오. (단, 한 내각의 크기는 $180°$보다 작다.)

0778 [서술형]

반지름의 길이가 20인 원을 오른쪽 그림과 같이 5개의 부채꼴로 나누었더니 부채꼴의 넓이가 작은 것부터 순서대로 등차수열을 이루었다. 가장 큰 부채꼴의 넓이가 가장 작은 부채꼴의 넓이의 3배일 때, 가장 큰 부채꼴의 넓이를 구하시오.

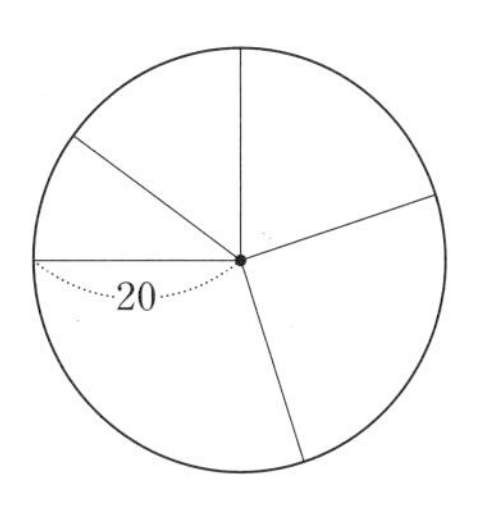

빈출 유형 13 등차수열의 합과 일반항 사이의 관계

개념 17-2

수열 $\{a_n\}$의 첫째항부터 제n항까지의 합 S_n이 주어진 경우 일반항 a_n은

(i) $n=1$일 때, $a_1=S_1$

(ii) $n\geq 2$일 때, $a_n=S_n-S_{n-1}$

임을 이용하여 구한다.

이때 (i)의 a_1과 (ii)의 a_n에 $n=1$을 대입한 값이 같으면 a_n은 모든 자연수 n에 대하여 성립한다.

0779 대표

수열 $\{a_n\}$의 첫째항부터 제n항까지의 합 S_n이 $S_n=n^2-4n$일 때, a_1+a_6의 값은?

① 4 ② 6 ③ 8
④ 10 ⑤ 12

0780

첫째항부터 제n항까지의 합이 각각 n^2-2n, $2n^2+kn+3$인 두 수열 $\{a_n\}$, $\{b_n\}$에 대하여 $a_8=b_8$일 때, 상수 k의 값을 구하시오.

0781

수열 $\{a_n\}$의 첫째항부터 제n항까지의 합 S_n이 $S_n=2n^2+5n-3$일 때, $a_k=63$을 만족시키는 자연수 k의 값은?

① 12 ② 13 ③ 14
④ 15 ⑤ 16

0782

첫째항부터 제n항까지의 합 S_n이 $S_n=kn^2-2n$인 수열 $\{a_n\}$에 대하여 $S_4=40$일 때, $1\leq a_n\leq 30$을 만족시키는 자연수 n의 개수를 구하시오. (단, k는 상수이다.)

바른답·알찬풀이 089쪽

등비수열

기본 익히기

121쪽 | 개념 18-1 |

0783~0784 다음 수열이 등비수열을 이룰 때, □ 안에 알맞은 수를 써넣으시오.

0783 1, 2, □, 8, □, ⋯

0784 □, -4, 2, □, $\frac{1}{2}$, ⋯

0785~0786 다음 등비수열의 일반항 a_n을 구하시오.

0785 첫째항이 3, 공비가 -2인 수열

0786 1, 3, 9, 27, 81, ⋯

0787~0788 다음을 만족시키는 등비수열 $\{a_n\}$의 공비를 구하시오. (단, 공비는 실수이다.)

0787 $a_1=2$, $a_4=-128$

0788 $a_1=100$, $a_5=\frac{25}{4}$

0789~0790 다음 세 수가 주어진 순서대로 등비수열을 이룰 때, 실수 a의 값을 구하시오.

0789 8, a, 2

0790 3, a, 14

유형 익히기

유형 14 등비수열의 일반항

개념 18-1

(1) 첫째항이 a, 공비가 r $(r\neq0)$인 등비수열의 일반항 a_n은

$a_n=ar^{n-1}$ $(n=1, 2, 3, \cdots)$

(2) 등비수열 $\{a_n\}$의 일반항 a_n을 구할 때는 첫째항을 a, 공비를 r라 하고 주어진 조건을 이용하여 방정식을 세워 a, r의 값을 구한 후, $a_n=ar^{n-1}$에 대입한다.

0791 대표

모든 항이 실수인 등비수열 $\{a_n\}$에 대하여

$a_1+a_2+a_3=6$, $a_4+a_5+a_6=48$

일 때, 이 수열의 일반항 a_n을 구하시오.

0792

모든 항이 실수이고 제3항이 -6, 제6항이 -162인 등비수열 $\{a_n\}$의 공비를 구하시오.

0793

첫째항과 공비가 모두 0이 아닌 등비수열 $\{a_n\}$에 대하여

$$\frac{a_9}{a_4}+\frac{a_{10}}{a_5}+\frac{a_{11}}{a_6}+\cdots+\frac{a_{24}}{a_{19}}=48$$

일 때, $\frac{a_{40}}{a_{30}}$의 값을 구하시오.

빈출

유형 15 | 등비수열의 제k항

개념 18-1

첫째항이 a, 공비가 r인 등비수열의 제k항이 m이면

$ar^{k-1}=m$

임을 이용한다.

0794 대표

등비수열 $-\frac{1}{2}, \frac{1}{4}, -\frac{1}{8}, \frac{1}{16}, \cdots$에서 $\frac{1}{256}$은 제몇 항인지 구하시오.

0795

공비가 양수인 등비수열 $\{a_n\}$에서 $a_3=3$, $a_7=48$일 때, a_{11}은?

① 96 ② 192 ③ 384
④ 768 ⑤ 1536

0796

등비수열 $\{a_n\}$에서 $a_2+a_4=30$, $a_3+a_5=-60$일 때, 96은 제몇 항인가?

① 제5항 ② 제6항 ③ 제7항
④ 제8항 ⑤ 제9항

0797

공비가 양수인 등비수열 $\{a_n\}$에서

$$a_1+a_2=8,\ \frac{a_3+a_7}{a_1+a_5}=9$$

일 때, a_4를 구하시오.

빈출

유형 16 | 조건을 만족시키는 등비수열의 항

개념 18-1

첫째항이 a, 공비가 r인 등비수열 $\{a_n\}$에서

(1) 처음으로 k보다 커지는 항

⇨ $ar^{n-1}>k$를 만족시키는 자연수 n의 최솟값을 구한다.

(2) 처음으로 k보다 작아지는 항

⇨ $ar^{n-1}<k$를 만족시키는 자연수 n의 최솟값을 구한다.

0798 대표

각 항이 실수이고 첫째항이 2, 제4항이 128인 등비수열 $\{a_n\}$에서 처음으로 1000보다 커지는 항은 제몇 항인가?

① 제6항 ② 제7항 ③ 제8항
④ 제9항 ⑤ 제10항

0799

공비가 양수인 등비수열 $\{a_n\}$에서 $a_2=8$, $a_4=2$일 때, $a_n<\frac{1}{100}$을 만족시키는 자연수 n의 최솟값은?

① 11 ② 12 ③ 13
④ 14 ⑤ 15

0800 [서술형]

등비수열 $\{a_n\}$에서 $a_2+a_3=18$, $a_3+a_4=36$일 때, $300<a_n<3000$을 만족시키는 자연수 n의 개수를 구하시오.

바른답·알찬풀이 092쪽

유형 17 두 수 사이에 수를 넣어 만든 등비수열 개념 18-1

두 수 a, b 사이에 n개의 수를 넣어 등비수열을 만들면 첫째항이 a, 제$(n+2)$항이 b이다.
⇨ $b=ar^{n+1}$ (단, r는 공비이다.)

0801 대표

6과 486 사이에 3개의 양수를 넣어

6, a_1, a_2, a_3, 486

이 이 순서대로 등비수열을 이루도록 할 때, a_1+a_3의 값은?

① 150 ② 180 ③ 210
④ 240 ⑤ 270

0802

8과 $\frac{1}{128}$ 사이에 $(n-2)$개의 수를 넣어

8, x_1, x_2, x_3, $\cdots$, x_{n-2}, $\frac{1}{128}$

이 이 순서대로 공비가 $\frac{1}{2}$인 등비수열을 이루도록 할 때, 자연수 n의 값은? (단, $n>2$)

① 7 ② 8 ③ 9
④ 10 ⑤ 11

0803

4와 256 사이에 8개의 양수를 넣어

4, a_1, a_2, a_3, $\cdots$, a_8, 256

이 이 순서대로 등비수열을 이루도록 할 때, $\log_2 a_3$의 값은?

① 3 ② 4 ③ 5
④ 6 ⑤ 7

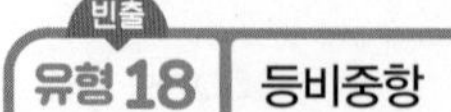

빈출 유형 18 등비중항 개념 18-1

0이 아닌 세 수 a, b, c가 이 순서대로 등비수열을 이루면
$b^2=ac$

0804 대표

세 수 $x-1$, $x+5$, $7x-1$이 이 순서대로 등비수열을 이룰 때, 양수 x의 값을 구하시오.

0805

세 수 $\sin\theta$, $\frac{1}{5}$, $\cos\theta$가 이 순서대로 등비수열을 이룰 때, $\tan\theta+\frac{1}{\tan\theta}$의 값은?

① $\frac{1}{25}$ ② $\frac{1}{5}$ ③ 5
④ 10 ⑤ 25

0806

다항식 $f(x)=x^2+2x+a$를 $x+1$, $x-1$, $x-2$로 나누었을 때의 나머지를 각각 p, q, r라 하자. p, q, r가 이 순서대로 등비수열을 이룰 때, $f(x)$를 $x+3$으로 나누었을 때의 나머지를 구하시오. (단, a는 상수이다.)

0807 [서술형]

세 수 20, $x-9$, $y+3$이 이 순서대로 등차수열을 이루고, 세 수 $x-9$, $y+3$, 2가 이 순서대로 등비수열을 이룰 때, 양수 x, y에 대하여 xy의 값을 구하시오.

유형 19 등비수열을 이루는 수

ⓒⓓ 개념 18-1

등비수열을 이루는 세 수를 a, ar, ar^2으로 놓고 주어진 조건을 이용하여 식을 세운다.

0808 대표

등비수열을 이루는 세 실수의 합이 14이고 곱이 64일 때, 세 수 중 가장 큰 수는?

① 6　② 7　③ 8
④ 9　⑤ 10

0809

삼차방정식 $x^3-kx^2+155x-125=0$의 서로 다른 세 실근이 등비수열을 이룰 때, 상수 k의 값은?

① 30　② 31　③ 32
④ 33　⑤ 34

0810

겉넓이가 90, 부피가 27인 직육면체의 가로의 길이, 세로의 길이, 높이가 이 순서대로 등비수열을 이룰 때, 이 직육면체의 모든 모서리의 길이의 합은?

① 36　② 45　③ 54
④ 60　⑤ 75

빈출 유형 20 등비수열의 활용

ⓒⓓ 개념 18-1

(1) 도형의 길이, 넓이, 부피 등이 일정한 비율로 변하면 처음 몇 개의 항을 나열하여 규칙성을 파악하고 등비수열의 일반항을 구한다.

(2) 처음의 양을 a, 매시간 (또는 매년) 증가율을 r라 하면 n시간 (또는 n년) 후의 양은 ⇨ $a(1+r)^n$

0811 대표

오른쪽 그림과 같이 $\angle C=90°$, $\overline{AC}=\overline{BC}=2$인 직각이등변삼각형 ABC가 있다. 첫 번째 시행에서 △ABC에 내접하는 정사각형 S_1을 그린다. 두 번째 시행에서는 첫 번째 시행에서 그린 정사각형 S_1 위쪽의 삼각형에 내접하는 정사각형 S_2를 그린다. 이와 같은 시행을 반복하여 정사각형 S_1, S_2, $\cdots$, S_8을 그릴 때, 정사각형 S_8의 넓이는?

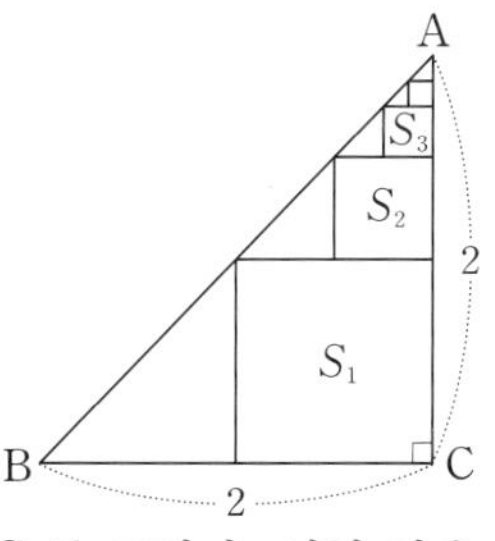

① $\left(\frac{1}{2}\right)^8$　② $\left(\frac{1}{2}\right)^{10}$　③ $\left(\frac{1}{2}\right)^{12}$
④ $\left(\frac{1}{2}\right)^{14}$　⑤ $\left(\frac{1}{2}\right)^{16}$

0812

공을 떨어뜨리면 떨어뜨린 높이의 $\frac{3}{5}$만큼을 다시 튀어 오르는 공이 있다. 이 공을 9 m 높이에서 떨어뜨렸을 때, 10번째 튀어 오른 공의 높이가 $\frac{3^q}{5^p}$ m이다. 이때 자연수 p, q에 대하여 $p+q$의 값을 구하시오.

0813 [서술형]

어느 도시의 인구는 올해부터 매년 일정한 비율로 증가하여 10년 후에는 36만 명, 20년 후에는 48만 명이 된다고 할 때, 이 도시의 30년 후의 인구는 몇만 명인지 구하시오.

바른답 · 알찬풀이 093쪽

등비수열의 합

기본 익히기

121쪽 | 개념 19-1, 2 |

0814~0815 다음 등비수열의 첫째항부터 제7항까지의 합을 구하시오.

0814 첫째항이 1, 공비가 3인 수열

0815 $-2,\ 4,\ -8,\ 16,\ -32,\ \cdots$

0816~0817 다음 등비수열의 합을 구하시오.

0816 $\frac{1}{2}+\frac{1}{4}+\frac{1}{8}+\cdots+\frac{1}{1024}$

0817 $7+14+28+\cdots+224$

0818~0819 수열 $\{a_n\}$의 첫째항부터 제n항까지의 합 S_n이 다음과 같을 때, 일반항 a_n을 구하시오.

0818 $S_n=2^n-1$

0819 $S_n=7^n-1$

0820 다음은 연이율이 4 %이고 1년마다 복리로 매년 말에 a원씩 5년 동안 적립할 때, 5년 말까지 적립금의 원리합계를 그림으로 나타낸 것이다. 물음에 답하시오.

	1년초	1년말	2년말	3년말	4년말	5년말
제1회		a	→ 4년간			$a\times1.04^4$
제2회			a	→ 3년간		(가)
⋮				⋮		⋮
제5회						a (나)

(1) (가), (나)에 알맞은 것을 각각 구하시오.

(2) 5년 말까지 적립금의 원리합계를 구하시오.
(단, $1.04^5=1.2$로 계산한다.)

유형 익히기

빈출 **유형 21** 등비수열의 합 개념 19-1

첫째항이 a, 공비가 r인 등비수열의 첫째항부터 제n항까지의 합 S_n은

(1) $r\neq1$일 때, $S_n=\frac{a(1-r^n)}{1-r}=\frac{a(r^n-1)}{r-1}$

(2) $r=1$일 때, $S_n=na$

0821 대표

수열 $\{a_n\}$에 대하여 $a_n=3\times2^{1-2n}$일 때,

$$a_1+a_2+a_3+\cdots+a_{20}=2-\left(\frac{1}{2}\right)^k$$

을 만족시키는 실수 k의 값을 구하시오.

0822

등비수열 4, 12, 36, 108, …의 첫째항부터 제n항까지의 합을 S_n이라 할 때, $S_k=1456$을 만족시키는 자연수 k의 값은?

① 5 ② 6 ③ 7
④ 8 ⑤ 9

0823

공비가 양수인 등비수열 $\{a_n\}$에 대하여

$$a_1+a_4=18,\ a_3+a_6=72$$

일 때, 이 수열의 첫째항부터 제8항까지의 합을 구하시오.

0824

첫째항이 $2\sqrt{2}$, 공비가 -3인 등비수열 $\{a_n\}$에 대하여 수열 $\{a_n{}^2\}$의 첫째항부터 제15항까지의 합은?

① $3^{15}-1$ ② $3^{15}+1$ ③ $8(3^{15}+1)$
④ $3^{30}-1$ ⑤ $8(3^{30}-1)$

유형22 부분의 합이 주어진 등비수열의 합 (개념 19-1)

첫째항이 a, 공비가 r $(r\neq1)$인 등비수열의 첫째항부터 제n항까지의 합을 S_n이라 하면

$S_n=\frac{a(r^n-1)}{r-1}$에서 $S_{2n}=\frac{a(r^{2n}-1)}{r-1}=\frac{a(r^n-1)(r^n+1)}{r-1}$

⇨ $S_{2n}\div S_n=r^n+1$

0825 대표

등비수열 $\{a_n\}$에 대하여 첫째항부터 제9항까지의 합이 2, 첫째항부터 제18항까지의 합이 8일 때, 첫째항부터 제27항까지의 합은?

① 16 ② 21 ③ 26
④ 31 ⑤ 36

0826

모든 항이 실수인 등비수열의 첫째항부터 제n항까지의 합을 S_n이라 할 때, $S_3=28$, $S_6=-728$이다. 이때 이 등비수열의 제5항은?

① -108 ② -12 ③ 12
④ 108 ⑤ 324

0827

모든 항이 실수인 등비수열 $\{a_n\}$에 대하여

$a_1+a_2+a_3+a_4+a_5=8$,

$a_6+a_7+a_8+a_9+a_{10}=256$

일 때, 이 수열의 공비는?

① $\frac{1}{4}$ ② $\frac{1}{2}$ ③ 2
④ 4 ⑤ 8

0828

모든 항이 양수인 등비수열 $\{a_n\}$에 대하여

$a_1+a_2+a_3+\cdots+a_n=20$,

$a_{2n+1}+a_{2n+2}+a_{2n+3}+\cdots+a_{3n}=180$

일 때, $a_{n+1}+a_{n+2}+a_{n+3}+\cdots+a_{2n}$의 값은?

① 48 ② 54 ③ 60
④ 66 ⑤ 72

0829 〔서술형〕

등비수열 $\{a_n\}$에 대하여 $S_n=\frac{1}{a_1}+\frac{1}{a_2}+\frac{1}{a_3}+\cdots+\frac{1}{a_n}$

이라 하자. $S_4=\frac{1}{16}$, $S_8=2$일 때, S_{16}을 구하시오.

바른답 · 알찬풀이 095쪽

유형23 조건을 만족시키는 등비수열의 합 ∞ 개념 19-1

첫째항이 a, 공비가 r인 등비수열의 첫째항부터 제n항까지의 합이 처음으로 k보다 커질 때의 자연수 n의 값

⇨ $\frac{a(r^n-1)}{r-1}>k\ (r\neq1)$를 만족시키는 자연수 n의 최솟값을 구한다.

0830 대표

각 항이 양수이고 제3항이 24, 제5항이 96인 등비수열 $\{a_n\}$의 첫째항부터 제n항까지의 합이 처음으로 900보다 커질 때, 자연수 n의 값은?

① 7 ② 8 ③ 9
④ 10 ⑤ 11

0831

등비수열 2, $\frac{2}{3}$, $\frac{2}{9}$, $\frac{2}{27}$, …의 첫째항부터 제n항까지의 합을 S_n이라 할 때, $|3-S_k|<0.005$를 만족시키는 자연수 k의 최솟값은?

① 4 ② 5 ③ 6
④ 7 ⑤ 8

0832 [서술형]

각 항이 실수이고 첫째항이 3, 제4항이 192인 등비수열 $\{a_n\}$의 첫째항부터 제n항까지의 합이 처음으로 10^7 이상이 될 때, 자연수 n의 값을 구하시오.

(단, $\log 2=0.3$으로 계산한다.)

유형24 등비수열의 합의 활용 ∞ 개념 19-1

일정한 비율로 증가 또는 감소하는 상황은 등비수열을 의미하므로 주어진 상황에서 등비수열을 찾고, 주어진 조건을 등비수열의 합에 대한 식으로 나타낸다.

0833 대표

어느 보험사의 신규 가입자 수가 매년 일정한 비율로 증가하고 있다. 2000년부터 2009년까지 10년 동안의 신규 가입자 수는 8만 명이고, 2010년부터 2019년까지 10년 동안의 신규 가입자 수가 14만 명일 때, 2020년의 신규 가입자 수는 2000년의 신규 가입자 수의 몇 배인가?

① $\frac{25}{16}$배 ② $\frac{16}{9}$배 ③ $\frac{9}{4}$배
④ $\frac{25}{9}$배 ⑤ $\frac{49}{16}$배

0834

한 변의 길이가 9인 정사각형이 있다. 다음 그림과 같이 첫 번째 시행에서 정사각형을 9등분 하여 중앙의 정사각형을 색칠한다. 두 번째 시행에서는 첫 번째 시행 후 남은 8개의 정사각형을 각각 9등분 하여 중앙의 정사각형을 색칠한다. 이와 같은 시행을 반복할 때, 10번째 시행까지 색칠된 부분의 넓이는 $81-\frac{2^q}{3^p}$이다. 이때 자연수 p, q에 대하여 $p+q$의 값을 구하시오.

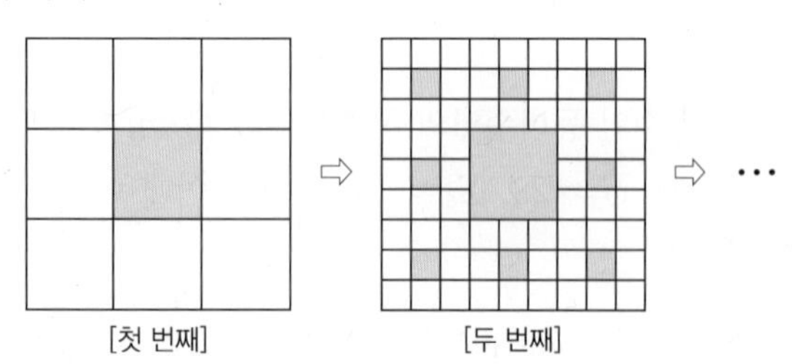

유형 25 등비수열의 합과 일반항 사이의 관계

개념 19-1

수열 $\{a_n\}$의 첫째항부터 제n항까지의 합 S_n이 주어진 경우 일반항 a_n은
(i) $n=1$일 때, $a_1=S_1$
(ii) $n\geq 2$일 때, $a_n=S_n-S_{n-1}$
임을 이용하여 구한다.
이때 (i)의 a_1과 (ii)의 a_n에 $n=1$을 대입한 값이 같으면 a_n은 모든 자연수 n에 대하여 성립한다.

0835 대표

첫째항부터 제n항까지의 합 S_n이 $S_n=4^n-1$인 수열 $\{a_n\}$의 일반항이 $a_n=kr^{n-1}$일 때, $k+r$의 값은?
(단, $r>1$이고 k, r는 상수이다.)

① 3 ② 5 ③ 7
④ 9 ⑤ 11

0836

수열 $\{a_n\}$의 첫째항부터 제n항까지의 합 S_n이 $S_n=2^{n+1}-2$일 때, $a_1+a_3+a_5+a_7+a_9$의 값은?

① 622 ② 642 ③ 662
④ 682 ⑤ 702

0837

첫째항부터 제n항까지의 합 S_n이 $S_n=4\times 3^{n+1}+2k$인 수열 $\{a_n\}$이 첫째항부터 등비수열을 이룰 때, 상수 k의 값은?

① -6 ② -2 ③ 2
④ 6 ⑤ 10

빈출 유형 26 원리합계

개념 19-2

연이율이 r이고 1년마다 복리로 a원씩 n년 동안 적립할 때, n년 말까지 적립금의 원리합계를 S라 하면
(1) 매년 초에 적립하는 경우

$$S=a(1+r)+a(1+r)^2+a(1+r)^3+\cdots+a(1+r)^n$$
$$=\frac{a(1+r)\{(1+r)^n-1\}}{r}\text{(원)}$$

(2) 매년 말에 적립하는 경우

$$S=a+a(1+r)+a(1+r)^2+\cdots+a(1+r)^{n-1}$$
$$=\frac{a\{(1+r)^n-1\}}{r}\text{(원)}$$

0838 대표

월이율이 1 %이고 1개월마다 복리로 매월 초에 10만 원씩 3년 동안 적립할 때, 3년째 말까지 적립금의 원리합계는?
(단, $1.01^{36}=1.4$로 계산한다.)

① 360만 원 ② 396만 원 ③ 404만 원
④ 440만 원 ⑤ 460만 원

0839

매년 말에 a만 원씩 10년 동안 적립하여 10년째 말까지 1억 원을 만들려고 한다. 연이율이 6 %이고 1년마다 복리로 계산할 때, a의 값은? (단, $1.06^{10}=1.8$로 계산한다.)

① 700 ② 750 ③ 800
④ 850 ⑤ 900

0840 [서술형]

준호는 매년 초에 100만 원씩 연이율 5 %의 복리로 6년 동안 적립하고, 윤혜는 매년 말에 150만 원씩 연이율 5 %의 복리로 3년 동안 적립하였다. 준호가 6년째 말에 받는 금액은 윤혜가 3년째 말에 받는 금액의 몇 배인지 구하시오.
(단, $1.05^3=1.2$로 계산한다.)

바른답·알찬풀이 097쪽

중단원 마무리

27 일차

STEP1 실전 문제

0841

123쪽 유형 02

공차가 6인 등차수열 $\{a_n\}$에 대하여

$$|a_2-3|=|a_3-3|$$

일 때, a_7은?

① 15 ② 18 ③ 24
④ 27 ⑤ 30

0842 중요!

123쪽 유형 03

등차수열 $\{a_n\}$에 대하여 $a_8=26$, $a_6:a_{10}=8:5$일 때, 수열 $\{a_n\}$에서 처음으로 음수가 되는 항은 제몇 항인지 구하시오.

0843

124쪽 유형 04

-28과 107 사이에 26개의 수를 넣어

$$-28,\ a_1,\ a_2,\ a_3,\ \cdots,\ a_{26},\ 107$$

이 이 순서대로 등차수열을 이루도록 할 때, a_3+a_{14}의 값을 구하시오.

0844

124쪽 유형 05

오른쪽 그림에서 같은 줄에 있는 수들이 각각 순서대로 등차수열을 이루고 $e=7$일 때, $a+b+c+d+e+f+g+h$의 값을 구하시오.

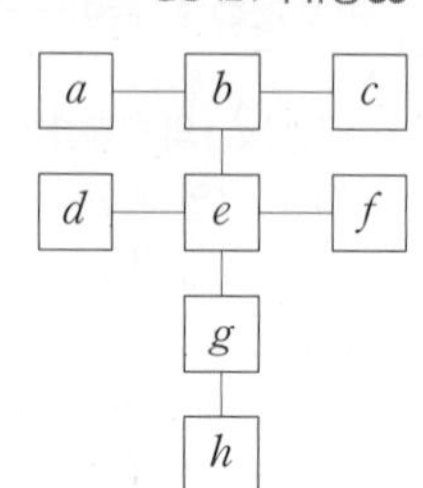

0845

126쪽 유형 07

두 등차수열 $\{a_n\}$, $\{b_n\}$의 일반항이 각각

$$a_n=3n-5,\ b_n=\frac{1}{2}n+5$$

이고 두 수열의 첫째항부터 제m항까지의 합이 서로 같을 때, 자연수 m의 값을 구하시오.

0846

122쪽 유형 01+127쪽 유형 09

두 등차수열 $\{a_n\}$, $\{b_n\}$의 첫째항부터 제n항까지의 합을 각각 S_n, T_n이라 하자.

$$\frac{S_n}{T_n}=\frac{2n+1}{3n-1}$$

일 때, 옳은 것만을 **보기**에서 있는 대로 고른 것은?

보기

ㄱ. $\dfrac{a_1+a_2+a_3}{b_1+b_2+b_3}=\dfrac{7}{8}$ ㄴ. $S_3=3a_2$

ㄷ. $\dfrac{a_2}{b_2}=1$

① ㄱ ② ㄱ, ㄴ ③ ㄱ, ㄷ
④ ㄴ, ㄷ ⑤ ㄱ, ㄴ, ㄷ

0847 128쪽 유형 10

첫째항이 17인 등차수열 $\{a_n\}$의 첫째항부터 제n항까지의 합을 S_n이라 할 때, $S_{12}=6$이다. 이때 S_n의 최댓값을 구하시오.

0848 129쪽 유형 13

첫째항부터 제n항까지의 합 S_n이 $S_n=n^2+3n$인 수열 $\{a_n\}$에서 $a_2+a_4+a_6+\cdots+a_{2n}=448$을 만족시키는 자연수 n의 값은?

① 10 ② 11 ③ 12
④ 13 ⑤ 14

0849 122쪽 유형 01+130쪽 유형 14

등차수열 $\{a_n\}$에 대하여 등비수열 $\{2^{a_n}\}$의 공비가 4일 때, $a_{2021}-a_{2012}$의 값을 구하시오.

0850 교육청 132쪽 유형 18

유리함수 $f(x)=\frac{k}{x}$와 $a<b<12$인 두 자연수 a, b에 대하여 $f(a)$, $f(b)$, $f(12)$가 이 순서대로 등비수열을 이룬다. $f(a)=3$일 때, $a+b+k$의 값은? (단, k는 상수이다.)

① 10 ② 12 ③ 14
④ 16 ⑤ 18

0851 133쪽 유형 19

곡선 $y=x^3-3x^2-6x-k$는 x축과 서로 다른 세 점에서 만나고 그 교점의 x좌표가 등비수열을 이룰 때, 상수 k의 값을 구하시오.

0852 중요! 135쪽 유형 22

첫째항이 1인 등비수열 $\{a_n\}$이

$$a_2+a_4+a_6+\cdots+a_{2k}=170,$$
$$a_1+a_3+a_5+\cdots+a_{2k-1}=85$$

를 만족시킬 때, a_8을 구하시오.

0853 교육청 135쪽 유형 22+136쪽 유형 23

첫째항이 2인 등비수열 $\{a_n\}$의 첫째항부터 제n항까지의 합 S_n이 다음 조건을 만족시킬 때, a_4를 구하시오.

(가) $S_{12}-S_2=4S_{10}$ (나) $S_{12}<S_{10}$

0854 137쪽 유형 26

연아는 여행 비용을 마련하기 위하여 월이율 1.1 %인 은행에 1개월마다 복리로 다음 규칙을 지키며 저축을 시작하였다.

(가) 2020년 1월부터 2021년 12월까지 매달 초에 입금한다.
(나) 첫째 달은 10만 원을, 두 번째 달부터는 바로 전달보다 1.1 % 증가한 금액을 입금한다.

2021년 12월 31일까지 적립금의 원리합계를 구하시오.
(단, $1.011^{24}=1.3$으로 계산한다.)

바른답·알찬풀이 099쪽

STEP 2 실력 UP 문제

0855 평가원
122쪽 유형 01

두 수열 $\{a_n\}$, $\{b_n\}$이 모든 자연수 k에 대하여

$$b_{2k-1}=\left(\frac{1}{2}\right)^{a_1+a_3+\cdots+a_{2k-1}},\quad b_{2k}=2^{a_2+a_4+\cdots+a_{2k}}$$

을 만족시킨다. $\{a_n\}$은 등차수열이고,

$$b_1\times b_2\times b_3\times\cdots\times b_{10}=8$$

일 때, $\{a_n\}$의 공차는?

① $\frac{1}{15}$　② $\frac{2}{15}$　③ $\frac{1}{5}$
④ $\frac{4}{15}$　⑤ $\frac{1}{3}$

0856
126쪽 유형 07

함수 $f(x)=x+2$에 대하여

$$f^1=f,\ f^{n+1}=f\circ f^n\ (n\text{은 자연수})$$

으로 정의할 때, $a_n=f^n(2n-1)$이다. 이때 수열 $\{a_n\}$의 첫째항부터 제12항까지의 합을 구하시오.

0857
129쪽 유형 12

다음 그림과 같이 반지름의 길이가 1인 원을 그리고, 원에 외접하는 정삼각형의 한 변의 길이를 a_1이라 하자. 반지름의 길이가 1인 원을 서로 외접하게 3개 그리고 3개의 원에 외접하는 정삼각형의 한 변의 길이를 a_2라 하자. 이와 같은 과정을 반복할 때, n 번째 정삼각형의 한 변의 길이를 a_n이라 하면 수열 $\{a_n\}$의 첫째항부터 제20항까지의 합은 $a+b\sqrt{3}$이다. 이때 $a-b$의 값을 구하시오. (단, a, b는 유리수이다.)

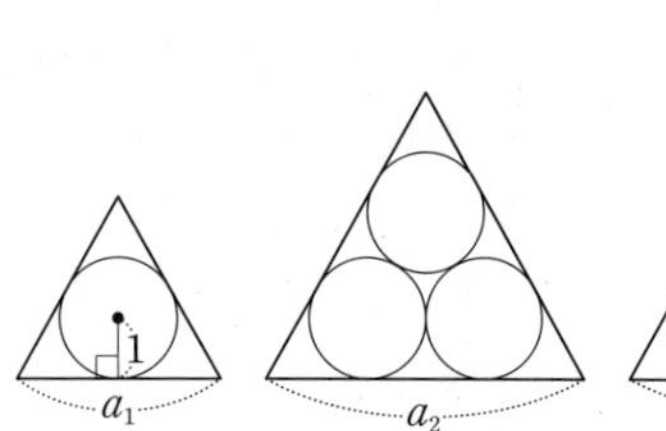

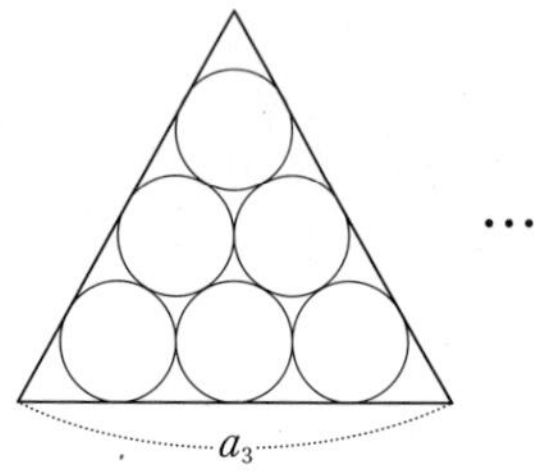

…

0858
129쪽 유형 13+130쪽 유형 14

수열 $\{a_n\}$의 첫째항부터 제n항까지의 합 S_n이 다음 조건을 만족시킬 때, S_{10}은?

> (가) $S_1=S_2=1$
> (나) 수열 $\{S_{2n-1}\}$은 공비가 2인 등비수열이다.
> (다) 수열 $\{a_{2n}\}$은 공차가 2인 등차수열이다.

① 16　② 20　③ 24
④ 28　⑤ 32

0859
134쪽 유형 21

$A=2^{2021}$, $B=3^{2021}$일 때, 다음 중 6^{2021}의 모든 양의 약수의 총합을 A와 B에 대한 식으로 바르게 나타낸 것은?

① $(A+B)^2$　② $(AB)^2$
③ $(A+1)(B+1)$　④ $\frac{(2A-1)(3B-1)}{2}$
⑤ $(A-B)(A+B)$

0860
137쪽 유형 26

예진이는 2011년 초에 1000만 원을 연이율 5 %, 1년마다 복리로 계산하는 예금 상품에 가입하고, 그해부터 매년 말 100만 원씩 인출하였다. 2021년 초에 통장에 남아 있는 금액이 A만 원일 때, A의 값을 구하시오.

(단, $1.05^{10}=1.63$으로 계산한다.)

적중 서술형 문제

0861
125쪽 유형 06

어떤 직육면체의 밑면의 가로의 길이, 세로의 길이, 높이가 이 순서대로 등차수열을 이룬다고 한다. 이 직육면체의 모든 모서리의 길이의 합이 96이고 겉넓이가 334일 때, 직육면체의 부피를 구하시오.

0862
123쪽 유형 03+126쪽 유형 07

첫째항이 47, 공차가 -5인 등차수열 $\{a_n\}$에 대하여 $|a_1|+|a_2|+|a_3|+\cdots+|a_{20}|$의 값을 구하시오.

0863
130쪽 유형 14

등비수열 $\{a_n\}$에 대하여

$$\frac{1}{a_1}+\frac{1}{a_2}+\frac{1}{a_3}+\frac{1}{a_4}+\frac{1}{a_5}=\frac{31}{16},\ \frac{1}{a_2a_4}=\frac{1}{4}$$

일 때, $a_1+a_2+a_3+a_4+a_5$의 값을 구하시오.

0864
131쪽 유형 16

등비수열 $\{a_n\}$에 대하여

$$a_2+a_3+a_4=-21,\ a_3+a_4+a_5=63$$

일 때, 다음 물음에 답하시오.

(1) 수열 $\{a_n\}$의 일반항 a_n을 구하시오.

(2) $\left|\frac{1}{a_n}\right|>\frac{1}{1000}$을 만족시키는 모든 자연수 n의 값의 합을 구하시오.

0865
137쪽 유형 25

첫째항이 6, 공비가 3인 등비수열 $\{a_n\}$의 첫째항부터 제n항까지의 합 S_n이 $S_{n+1}-S_n>1500$을 만족시킬 때, 자연수 n의 최솟값을 구하시오.

바른답·알찬풀이 101쪽

Ⅲ 수열

09 수열의 합

중단원 핵심 개념을 정리하였습니다.
Lecture별 유형 학습 전에 관련 개념을 완벽하게 알아두세요.

Lecture 20 자연수의 거듭제곱의 합

28 일차

개념 20-1 합의 기호 $\sum$

145, 149쪽 | 유형 01, 02, 09 |

수열 $\{a_n\}$의 첫째항부터 제n항까지의 합

$$a_1+a_2+a_3+\cdots+a_n$$

은 합의 기호 $\sum$를 사용하여 $\sum_{k=1}^{n} a_k$로 나타낼 수 있다. 즉,

$$a_1+a_2+a_3+\cdots+a_n=\sum_{k=1}^{n} a_k$$

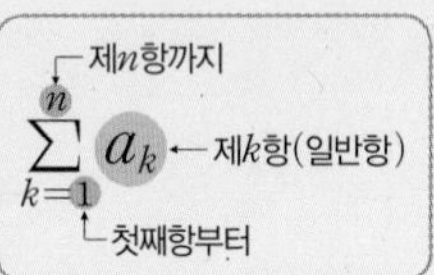

한편, $m\le n$일 때, 제m항부터 제n항까지의 합

$$a_m+a_{m+1}+a_{m+2}+\cdots+a_n$$

은 합의 기호 $\sum$를 사용하여 $\sum_{k=m}^{n} a_k$로 나타낸다.

예 $1+2+3+\cdots+n=\sum_{k=1}^{n} k$

참고 $\sum_{k=1}^{n} a_k$는 k 대신 다른 문자를 사용하여 $\sum_{i=1}^{n} a_i$, $\sum_{j=1}^{n} a_j$와 같이 나타낼 수 있다.

개념 20-2 $\sum$의 성질

146, 149쪽 | 유형 03, 04, 09 |

① $\sum_{k=1}^{n}(a_k+b_k)=\sum_{k=1}^{n} a_k+\sum_{k=1}^{n} b_k$

② $\sum_{k=1}^{n}(a_k-b_k)=\sum_{k=1}^{n} a_k-\sum_{k=1}^{n} b_k$

③ $\sum_{k=1}^{n} ca_k=c\sum_{k=1}^{n} a_k$ (단, c는 상수이다.)

④ $\sum_{k=1}^{n} c=cn$ (단, c는 상수이다.)

예 ① $\sum_{k=1}^{n}(3a_k+2b_k)=\sum_{k=1}^{n} 3a_k+\sum_{k=1}^{n} 2b_k=3\sum_{k=1}^{n} a_k+2\sum_{k=1}^{n} b_k$

② $\sum_{k=1}^{20} 3=3\times20=60$

주의 다음에 주의한다.

① $\sum_{k=1}^{n} a_kb_k\ne\sum_{k=1}^{n} a_k\sum_{k=1}^{n} b_k$　② $\sum_{k=1}^{n} \frac{a_k}{b_k}\ne\frac{\sum_{k=1}^{n} a_k}{\sum_{k=1}^{n} b_k}$　③ $\sum_{k=1}^{n} {a_k}^2\ne\left(\sum_{k=1}^{n} a_k\right)^2$

개념 20-3 자연수의 거듭제곱의 합

147~149쪽 | 유형 05~09 |

① $1+2+3+\cdots+n=\sum_{k=1}^{n} k=\frac{n(n+1)}{2}$

② $1^2+2^2+3^2+\cdots+n^2=\sum_{k=1}^{n} k^2=\frac{n(n+1)(2n+1)}{6}$

③ $1^3+2^3+3^3+\cdots+n^3=\sum_{k=1}^{n} k^3=\left\{\frac{n(n+1)}{2}\right\}^2$

예 ① $1+2+3+4+5=\sum_{k=1}^{5} k=\frac{5(5+1)}{2}=15$

② $1^2+2^2+3^2+4^2+5^2=\sum_{k=1}^{5} k^2=\frac{5(5+1)(2\times5+1)}{6}=55$

③ $1^3+2^3+3^3+4^3+5^3=\sum_{k=1}^{5} k^3=\left\{\frac{5(5+1)}{2}\right\}^2=225$

참고 $\sum_{k=1}^{n} k^3=\left\{\frac{n(n+1)}{2}\right\}^2=\left(\sum_{k=1}^{n} k\right)^2$

개념 CHECK

1 다음 □ 안에 알맞은 수를 써넣으시오.

(1) $\sum_{k=1}^{5}(2k-1)=1+3+5+7+\square$

(2) $\sum_{k=1}^{5} 3^{k-1}=1+3+9+\square+81$

(3) $3+6+9+\cdots+30=\sum_{k=1}^{\square} 3k$

(4) $2+4+8+\cdots+128=\sum_{i=1}^{7} \square^i$

(5) $\sum_{k=1}^{10} k^2-\sum_{k=1}^{6} k^2=7^2+8^2+9^2+\square^2$

2 다음은 $\sum_{k=1}^{n} a_k=10$일 때, $\sum_{k=1}^{n} 2a_k$의 값을 구하는 과정이다. □ 안에 알맞은 수를 써넣으시오.

$$\sum_{k=1}^{n} 2a_k$$
$$=2a_1+2a_2+2a_3+\cdots+2a_n$$
$$=\square(a_1+a_2+a_3+\cdots+a_n)$$
$$=\square\sum_{k=1}^{n} a_k=\square$$

3 다음 □ 안에 알맞은 수를 써넣으시오.

(1) $1+2+3+\cdots+\square$
$=\sum_{k=1}^{7} k=\frac{7(\square+1)}{2}=\square$

(2) $1^2+2^2+3^2+\cdots+7^2$
$=\sum_{k=1}^{\square} k^2$
$=\frac{7(\square+1)(2\times\square+1)}{6}$
$=\square$

(3) $1^3+2^3+3^3+\cdots+7^3$
$=\sum_{k=1}^{7} k^{\square}$
$=\left\{\frac{7(\square+1)}{2}\right\}^2=\square$

1 (1) 9 (2) 27 (3) 10 (4) 2 (5) 10
2 2, 2, 20
3 (1) 7, 7, 28 (2) 7, 7, 7, 140 (3) 3, 7, 784

Lecture 21 여러 가지 수열의 합

29일차

개념 21-1 분수 꼴인 수열의 합

150쪽 | 유형 10 |

일반항 a_n이 분수 꼴인 경우, a_n을 부분분수로 변형하여 수열의 합 $\sum_{k=1}^{n} a_k$를 구한다.

$$\sum_{k=1}^{n} \frac{1}{(k+a)(k+b)} = \frac{1}{b-a} \sum_{k=1}^{n} \left(\frac{1}{k+a} - \frac{1}{k+b} \right) \text{ (단, } a \neq b\text{)}$$

예 $\sum_{k=1}^{10} \frac{1}{k(k+1)} = \frac{1}{(k+1)-k} \sum_{k=1}^{10} \left(\frac{1}{k} - \frac{1}{k+1} \right) = \sum_{k=1}^{10} \left(\frac{1}{k} - \frac{1}{k+1} \right)$

$= \left(1-\frac{1}{2}\right) + \left(\frac{1}{2}-\frac{1}{3}\right) + \left(\frac{1}{3}-\frac{1}{4}\right) + \cdots + \left(\frac{1}{10}-\frac{1}{11}\right)$ → 항이 소거될 때 앞에 남는 항과 뒤에 남는 항은 서로 대칭되는 위치에 있다.

$= 1 - \frac{1}{11} = \frac{10}{11}$

개념 21-2 분모에 근호가 포함된 수열의 합

151쪽 | 유형 11 |

일반항 a_n의 분모에 근호가 포함된 경우, a_n의 분모를 유리화하여 수열의 합 $\sum_{k=1}^{n} a_k$를 구한다.

$$\sum_{k=1}^{n} \frac{1}{\sqrt{k+a}+\sqrt{k+b}} = \frac{1}{a-b} \sum_{k=1}^{n} (\sqrt{k+a}-\sqrt{k+b}) \text{ (단, } a \neq b\text{)}$$

예 $\sum_{k=1}^{10} \frac{1}{\sqrt{k+1}+\sqrt{k}} = \sum_{k=1}^{10} \frac{\sqrt{k+1}-\sqrt{k}}{(\sqrt{k+1}+\sqrt{k})(\sqrt{k+1}-\sqrt{k})} = \sum_{k=1}^{10} (\sqrt{k+1}-\sqrt{k})$

$= (\sqrt{2}-1) + (\sqrt{3}-\sqrt{2}) + (\sqrt{4}-\sqrt{3}) + \cdots + (\sqrt{11}-\sqrt{10}) = \sqrt{11}-1$

개념 21-3 로그가 포함된 수열의 합

151쪽 | 유형 12 |

일반항 a_n에 로그가 포함된 경우, 수열의 합 $\sum_{k=1}^{n} a_k$에서 k에 1, 2, 3, $\cdots$, n을 차례로 대입하여 합의 꼴로 나타낸 후, 다음과 같은 로그의 성질을 이용하여 식을 간단히 한다.

$a>0$, $a \neq 1$이고 $M>0$, $N>0$일 때,

① $\log_a M + \log_a N = \log_a MN$ ② $\log_a N^k = k \log_a N$ (단, k는 실수이다.)

개념 21-4 (등차수열)×(등비수열) 꼴인 수열의 합

152쪽 | 유형 13 |

(등차수열)×(등비수열) 꼴인 수열의 합은 다음과 같은 순서로 구한다.

❶ 주어진 수열의 첫째항부터 제n항까지의 합을 S로 놓는다.

❷ 등비수열의 공비를 r $(r \neq 1)$라 할 때, $S-rS$를 계산하여 S를 구한다.

개념 21-5 항을 묶어서 만드는 수열

152~153쪽 | 유형 14~16 |

수열의 항을 몇 개씩 묶었을 때, 각각의 묶음과 묶음 안의 수열이 규칙성을 갖는 수열이 있다. 수열의 항을 묶어서 푸는 문제는 다음과 같은 순서로 해결한다.

❶ 수열의 각 항의 규칙을 파악하여 항을 묶어서 나타낸다.

❷ 각 묶음에 대하여 다음을 파악한다.

(i) 각 묶음의 첫째항 또는 끝항이 갖는 규칙성

(ii) n 번째 묶음의 항의 개수와 첫 번째 묶음부터 n 번째 묶음까지의 항의 개수

❸ 구하는 항이 몇 번째 묶음의 몇 번째 항인지 파악한다.

개념 CHECK

4 다음 □ 안에 알맞은 수를 써넣으시오.

(1) $\sum_{k=1}^{8} \frac{1}{(k+1)(k+2)}$

$= \sum_{k=1}^{8} \left(\frac{1}{k+1} - \frac{1}{k+\square} \right)$

$= \left(\frac{1}{2}-\frac{1}{3}\right) + \left(\frac{1}{3}-\frac{1}{4}\right) + \cdots + \left(\frac{1}{9}-\frac{1}{\square}\right)$

$= \frac{1}{2} - \frac{1}{\square} = \square$

(2) $\sum_{k=1}^{21} \frac{1}{\sqrt{k+3}+\sqrt{k+4}}$

$= \sum_{k=1}^{21} (\sqrt{k+4}-\sqrt{k+\square})$

$= (\sqrt{5}-\sqrt{4}) + (\sqrt{6}-\sqrt{5}) + \cdots + (\sqrt{25}-\sqrt{\square})$

$= \sqrt{25}-\sqrt{\square} = \square$

(3) $\sum_{k=1}^{31} \log_2 \frac{k+1}{k}$

$= \sum_{k=1}^{31} \{\log_2 (k+\square) - \log_2 k\}$

$= (\log_2 2 - \log_2 1) + (\log_2 3 - \log_2 2) + \cdots + (\log_2 32 - \log_2 \square)$

$= \log_2 \square - \log_2 1 = \square$

5 수열 1, 1, 2, 1, 2, 3, 1, 2, 3, 4, 1, 2, 3, 4, 5, $\cdots$에 대하여 다음 물음에 답하시오.

(1) 항 사이의 규칙을 파악하여 항을 묶어서 나타내시오.

(2) n 번째 묶음의 항의 개수를 구하시오.

(3) 첫 번째 묶음부터 n 번째 묶음까지의 항의 개수를 구하시오.

(4) 처음으로 나타나는 8은 제몇 항인지 구하시오.

---

4 (1) 2, 10, 10, $\frac{2}{5}$ (2) 3, 24, 4, 3 (3) 1, 31, 32, 5

5 (1) 1, (1, 2), (1, 2, 3), (1, 2, 3, 4), (1, 2, 3, 4, 5), $\cdots$ (2) n (3) $\frac{n(n+1)}{2}$ (4) 제36항

Lecture 20 자연수의 거듭제곱의 합

기본 익히기

142쪽 | 개념 20-1~3 |

0866~0868 다음을 기호 $\sum$를 사용하여 나타내시오.

0866 $6+6^2+6^3+\cdots+6^n$

0867 $2+4+6+\cdots+2n$

0868 $4+4+4+4+4+4+4+4$

0869~0872 다음을 합의 꼴로 나타내시오.

0869 $\sum_{i=1}^{5}(4i+1)$

0870 $\sum_{m=1}^{5}m(m+1)$

0871 $\sum_{k=1}^{6}k^3$

0872 $\sum_{j=1}^{4}\frac{1}{2j}$

0873 $\sum_{k=1}^{15}a_k=8$, $\sum_{k=1}^{15}b_k=5$일 때, 다음 식의 값을 구하시오.

(1) $\sum_{k=1}^{15}(3a_k+2)$

(2) $\sum_{k=1}^{15}(-2a_k+b_k)$

(3) $\sum_{k=1}^{15}5(a_k+b_k)$

(4) $\sum_{k=1}^{15}(4a_k+b_k+1)$

0874~0876 다음 식의 값을 구하시오.

0874 $1+2+3+\cdots+15$

0875 $1^2+2^2+3^2+\cdots+8^2$

0876 $1^3+2^3+3^3+\cdots+10^3$

0877~0879 다음 식의 값을 구하시오.

0877 $\sum_{k=1}^{8}(5k+1)$

0878 $\sum_{i=1}^{5}(i^2+2i-3)$

0879 $\sum_{m=1}^{6}m(m-1)(m+1)$

0880 수열 1×3, 2×4, 3×5, $\cdots$에 대하여 다음 물음에 답하시오.

(1) 일반항 a_n을 구하시오.

(2) $a_k=120$을 만족시키는 자연수 k의 값을 구하시오.

(3) $1\times3+2\times4+3\times5+\cdots+10\times12$의 값을 구하시오.

0881~0883 다음 식의 값을 구하시오.

0881 $1^2+3^2+5^2+\cdots+13^2$

0882 $3^3+4^3+5^3+\cdots+8^3$

0883 $1\times2+2\times3+3\times4+\cdots+7\times8$

유형 익히기

유형 01 합의 기호 $\sum$ (개념 20-1)

(1) $\sum_{k=1}^{n} a_k = a_1 + a_2 + a_3 + \cdots + a_n$

(2) $\sum_{k=1}^{n} a_{2k-1} = a_1 + a_3 + a_5 + \cdots + a_{2n-1}$

(3) $\sum_{k=1}^{n} a_{2k} = a_2 + a_4 + a_6 + \cdots + a_{2n}$

0884 대표

$\sum_{k=1}^{n} (a_{2k-1} + a_{2k}) = n^2$일 때, $\sum_{k=1}^{100} a_k$의 값은?

① 1000 ② 2500 ③ 3600 ④ 4900 ⑤ 6400

0885

다음 중 나머지 넷과 그 값이 다른 하나는?

① $\sum_{k=0}^{9} (k+1)^2$ ② $\sum_{k=1}^{10} k^2$ ③ $\sum_{k=2}^{11} (k-1)^2$ ④ $\sum_{k=4}^{14} (k-4)^2$ ⑤ $\sum_{k=6}^{16} (k-5)^2$

0886

$\sum_{k=2}^{50} a_k = 8$, $\sum_{k=1}^{49} a_k = 5$일 때, $a_{50} - a_1$의 값을 구하시오.

0887

함수 $f(x)$가 $f(1)=10$, $f(10)=100$을 만족시킬 때, $\sum_{k=1}^{9} f(k+1) - \sum_{k=2}^{10} f(k-1)$의 값을 구하시오.

0888

옳은 것만을 **보기**에서 있는 대로 고른 것은?

보기

ㄱ. $\sum_{k=1}^{20} a_k = \sum_{k=1}^{10} a_{2k-1} + \sum_{k=1}^{10} a_{2k}$

ㄴ. $1-1+1-1+1-1+1 = \sum_{k=1}^{7} (-1)^{k+1}$

ㄷ. $\sum_{k=1}^{n} (k+1)^2 = \sum_{k=1}^{n+1} k^2 - 1$

① ㄱ ② ㄷ ③ ㄱ, ㄴ ④ ㄴ, ㄷ ⑤ ㄱ, ㄴ, ㄷ

유형 02 $\sum$와 등차수열, 등비수열 (개념 20-1)

(1) 수열 $\{a_n\}$이 첫째항이 a, 공차가 d인 등차수열일 때,

$a_n = a + (n-1)d$, $\sum_{k=1}^{n} a_k = \frac{n\{2a + (n-1)d\}}{2}$

(2) 수열 $\{a_n\}$이 첫째항이 a, 공비가 r인 등비수열일 때,

$a_n = ar^{n-1}$, $\sum_{k=1}^{n} a_k = \frac{a(1-r^n)}{1-r} = \frac{a(r^n-1)}{r-1}$ (단, $r \neq 1$)

0889 대표

등차수열 $\{a_n\}$에 대하여 $a_2 + a_4 = 10$, $a_{10} = 19$일 때, $\sum_{k=1}^{10} a_{2k+1} - \sum_{k=1}^{10} a_{2k-1}$의 값은?

① 20 ② 22 ③ 30 ④ 38 ⑤ 40

0890 [서술형]

등차수열 $\{a_n\}$에 대하여

$$a_3 + a_{11} = 3a_8,\ \sum_{k=1}^{13} a_k = 39$$

일 때, a_6을 구하시오.

바른답 · 알찬풀이 103쪽

0891

모든 항이 실수인 등비수열 $\{a_n\}$에 대하여

$$a_6=8a_3,\ \sum_{k=1}^{6} a_k=189$$

일 때, a_2는?

① 2 ② 3 ③ 4
④ 6 ⑤ 8

0892

첫째항이 양수이고 공비가 $-\sqrt{2}$인 등비수열 $\{a_n\}$에 대하여

$$\sum_{k=1}^{10} (|a_k|+a_k)=186$$

일 때, a_1을 구하시오.

빈출 유형03 Σ의 성질 (개념 20-2)

(1) $\sum_{k=1}^{n} (pa_k+qb_k+r)=p\sum_{k=1}^{n} a_k+q\sum_{k=1}^{n} b_k+rn$ (단, p, q, r는 상수이다.)

(2) $\sum_{k=1}^{n} (a_k+c)^2=\sum_{k=1}^{n} a_k^2+2c\sum_{k=1}^{n} a_k+c^2n$ (단, c는 상수이다.)

0893 대표

$\sum_{k=1}^{15} (a_k+b_k)=20,\ \sum_{k=1}^{15} a_kb_k=10$일 때, $\sum_{k=1}^{15} (a_k+2)(b_k+2)$의 값을 구하시오.

0894

두 수열 $\{a_n\}$, $\{b_n\}$에 대하여 $\sum_{k=1}^{10} a_k=5,\ \sum_{k=1}^{10} b_k=-7$일 때, $\sum_{k=1}^{10} (3a_k-4b_k+2)$의 값은?

① 61 ② 63 ③ 65
④ 67 ⑤ 69

0895

$\sum_{k=1}^{35} (a_k+b_k)^2=18,\ \sum_{k=1}^{35} (a_k-b_k)^2=6$일 때, $\sum_{k=1}^{35} a_kb_k$의 값을 구하시오.

0896 [서술형]

$\sum_{k=1}^{6} (2a_k+b_k)^2=25,\ \sum_{k=1}^{6} a_kb_k=3$일 때, $\sum_{k=1}^{6} (4a_k^2+b_k^2)$의 값을 구하시오.

0897

$\sum_{k=1}^{n} \frac{1}{1+a_k}=n^2+2n$일 때, $\sum_{k=1}^{10} \frac{1-a_k}{1+a_k}$의 값을 구하시오.

유형04 $\sum_{k=1}^{n} r^k$ 꼴의 계산 (개념 20-2)

$r\neq0$일 때, 수열 $\{r^n\}$은 첫째항이 r, 공비가 r인 등비수열이므로 $\sum_{k=1}^{n} r^k$ 꼴을 계산할 때는 등비수열의 합 공식을 이용한다.

⇨ $\sum_{k=1}^{n} r^k=r+r^2+r^3+\cdots+r^n=\frac{r(1-r^n)}{1-r}=\frac{r(r^n-1)}{r-1}$

(단, $r\neq1$)

0898 대표

$\sum_{k=1}^{10} \frac{6^k+4^k}{5^k}=a\left(\frac{6}{5}\right)^{10}+b\left(\frac{4}{5}\right)^{10}+c$를 만족시키는 정수 a, b, c에 대하여 $a+b+c$의 값은?

① -5 ② -3 ③ 0
④ 5 ⑤ 7

0899

$\sum_{k=1}^{20} 2^{-k}\cos\frac{k\pi}{2}$의 값은?

① $-\frac{2}{5}\left\{1-\left(\frac{1}{2}\right)^{20}\right\}$
② $-\frac{1}{3}\left\{1-\left(\frac{1}{2}\right)^{20}\right\}$
③ $-\frac{1}{5}\left\{1-\left(\frac{1}{2}\right)^{20}\right\}$
④ $\frac{1}{5}\left\{1-\left(\frac{1}{2}\right)^{20}\right\}$
⑤ $\frac{2}{5}\left\{1-\left(\frac{1}{2}\right)^{20}\right\}$

0900

$\sum_{k=1}^{n}(1+3+3^2+\cdots+3^{k-1})=\frac{3^8-17}{4}$을 만족시키는 자연수 n의 값을 구하시오.

빈출

유형05 자연수의 거듭제곱의 합 개념 20-3

(1) $\sum_{k=1}^{n} k=\frac{n(n+1)}{2}$

(2) $\sum_{k=1}^{n} k^2=\frac{n(n+1)(2n+1)}{6}$

(3) $\sum_{k=1}^{n} k^3=\left\{\frac{n(n+1)}{2}\right\}^2$

0901 대표

$\sum_{k=1}^{4} k^2(k+1)-\sum_{k=1}^{4}(k-2)(k+5)$의 값은?

① 90 ② 95 ③ 100
④ 105 ⑤ 110

0902

$\sum_{k=1}^{n}(4-2k)=-70$을 만족시키는 자연수 n의 값을 구하시오.

0903

$\sum_{k=1}^{16}\frac{1+2+3+\cdots+k}{k+1}$의 값은?

① 66 ② 68 ③ 70
④ 72 ⑤ 74

0904

$\sum_{k=1}^{5}(k-c)^2$의 값이 최소가 되도록 하는 상수 c의 값은?

① 1 ② $\frac{3}{2}$ ③ 2
④ $\frac{5}{2}$ ⑤ 3

0905 (서술형)

이차방정식 $x^2-4x+2=0$의 두 근을 α, β라 할 때, $\sum_{k=1}^{6}(k+\alpha^2)(k+\beta^2)$의 값을 구하시오.

바른답·알찬풀이 105쪽

유형06 ∑를 여러 개 포함한 식

개념 20-3

∑를 여러 개 포함한 식은
(1) ∑의 변수를 확인한 후, 일반항에서 상수인 것과 상수가 아닌 것을 구별하여 계산한다.
⇨ $\sum_{i=1}^{m}\left(\sum_{k=1}^{n} ia_k\right)=\sum_{i=1}^{m}\left(i\sum_{k=1}^{n} a_k\right)$
i는 상수 　 i는 변수
(2) 괄호가 있는 경우에는 괄호 안부터 차례로 계산한다.

0906 대표

$\sum_{i=1}^{6}\left(\sum_{j=1}^{i} ij\right)$의 값을 구하시오.

0907

$\sum_{m=1}^{n}\left(\sum_{k=1}^{m} k\right)=35$를 만족시키는 자연수 n의 값은?

① 4 　 ② 5 　 ③ 6
④ 7 　 ⑤ 8

0908

$\sum_{m=1}^{12}\left\{\sum_{l=1}^{m}\left(\sum_{k=1}^{l} 2\right)\right\}$의 값을 구하시오.

0909

$m+n=12$, $mn=32$일 때, $\sum_{l=1}^{m}\left\{\sum_{k=1}^{n}(l+k)\right\}$의 값은?

① 220 　 ② 224 　 ③ 228
④ 232 　 ⑤ 240

유형07 ∑를 이용한 여러 가지 수열의 합

개념 20-3

등차수열이나 등비수열이 아닌 수열의 합은 다음과 같은 순서로 구한다.
❶ 주어진 수열의 일반항 a_n을 구한다.
❷ 구하는 합을 ∑를 이용하여 나타낸 후, ∑의 성질과 자연수의 거듭제곱의 합을 이용한다.

0910 대표

수열 5^2, 7^2, 9^2, …의 첫째항부터 제7항까지의 합은?

① 919 　 ② 929 　 ③ 939
④ 949 　 ⑤ 959

0911

다음 등식을 만족시키는 자연수 n의 값은?

$$(1^2+1)+(2^2+2)+(3^2+3)+\cdots+(n^2+n)=240$$

① 8 　 ② 9 　 ③ 10
④ 11 　 ⑤ 12

0912 〔서술형〕

수열 1×2^2, 2×3^2, 3×4^2, …의 첫째항부터 제9항까지의 합을 구하시오.

0913

다음 식의 값을 구하시오.

$$1+(1+3)+(1+3+5)+\cdots+(1+3+5+\cdots+15)$$

유형08 제k항이 n에 대한 식일 때의 수열의 합 ∞ 개념 20-3

주어진 수열의 제k항 a_k를 k와 n에 대한 식으로 나타낸다. 이때 $\sum_{k=1}^{n} a_k$에서 a_k에 n이 포함된 경우에는 n을 상수로 생각하여 계산한다.

0914 대표

다음 수열의 합을 간단히 하면?

$$1\times n+2\times(n-1)+3\times(n-2)+\cdots+(n-1)\times 2+n\times 1$$

① $\frac{n(n+1)(n+2)}{6}$ ② $\frac{n(n+1)(n+3)}{6}$
③ $\frac{n(n+1)(2n+1)}{6}$ ④ $\frac{n(n+1)(n+2)}{3}$
⑤ $\frac{n(n+1)(2n+1)}{3}$

0915

자연수 n에 대하여 등식

$$\left(1+\frac{2}{n}\right)^2+\left(1+\frac{4}{n}\right)^2+\left(1+\frac{6}{n}\right)^2+\cdots+\left(1+\frac{2n}{n}\right)^2=\frac{13n^2+pn+q}{3n}$$

가 성립한다. 이때 정수 p, q에 대하여 pq의 값은?

① 12 ② 15 ③ 18
④ 21 ⑤ 24

0916

다음 수열의 합을 간단히 하시오.

$$1\times(2n-1)+3\times(2n-3)+5\times(2n-5)+\cdots+(2n-1)\times 1$$

빈출 유형09 $\sum$로 표현된 수열의 합과 일반항 사이의 관계 ∞ 개념 20-1~3

$\sum_{k=1}^{n} a_k$가 주어진 경우에는 $S_n=\sum_{k=1}^{n} a_k$로 놓고 다음을 이용한다.

(1) $S_1=a_1$

(2) $S_n-S_{n-1}=\sum_{k=1}^{n} a_k-\sum_{k=1}^{n-1} a_k=a_n\ (n\geq 2)$

0917 대표

수열 $\{a_n\}$에 대하여 $\sum_{k=1}^{n} a_k=n^2+3n$일 때, $\sum_{k=1}^{10} a_{3k+2}$의 값은?

① 310 ② 330 ③ 350
④ 370 ⑤ 390

0918

수열 $\{a_n\}$에 대하여 $\sum_{k=1}^{n} a_k=n^2+2$일 때, a_1+a_{10}의 값은?

① 20 ② 22 ③ 24
④ 26 ⑤ 28

0919 [서술형]

수열 $\{a_n\}$에 대하여 $\sum_{k=1}^{n} a_k=2^{n+1}-2$일 때, $\sum_{k=1}^{8} a_{2k}=\frac{2^q-4}{p}$이다. 이때 자연수 p, q에 대하여 $p+q$의 값을 구하시오.

바른답·알찬풀이 106쪽

여러 가지 수열의 합

기본 익히기

143쪽 | 개념 21-1~5 |

0920~0923 다음 합을 구하시오.

0920 $\sum_{k=1}^{n} \frac{1}{k(k+1)}$

0921 $\frac{1}{2\times3}+\frac{1}{3\times4}+\frac{1}{4\times5}+\cdots+\frac{1}{(n+1)(n+2)}$

0922 $\sum_{k=1}^{8} \frac{1}{k(k+2)}$

0923 $\frac{4}{3\times5}+\frac{4}{5\times7}+\frac{4}{7\times9}+\cdots+\frac{4}{19\times21}$

0924~0927 다음 합을 구하시오.

0924 $\sum_{k=1}^{n} \frac{3}{\sqrt{k}+\sqrt{k+1}}$

0925 $\frac{1}{\sqrt{4}+\sqrt{5}}+\frac{1}{\sqrt{5}+\sqrt{6}}+\frac{1}{\sqrt{6}+\sqrt{7}}+\cdots+\frac{1}{\sqrt{n+3}+\sqrt{n+4}}$

0926 $\sum_{k=1}^{8} \frac{2}{\sqrt{2k-1}+\sqrt{2k+1}}$

0927 $\frac{1}{\sqrt{3}+\sqrt{2}}+\frac{1}{\sqrt{4}+\sqrt{3}}+\frac{1}{\sqrt{5}+\sqrt{4}}+\cdots+\frac{1}{\sqrt{8}+\sqrt{7}}$

0928 수열

$$1,\ 1,\ 1,\ 2,\ 1,\ 3,\ 1,\ 4,\ 1,\ 5,\ \cdots$$

에 대하여 다음 물음에 답하시오.

(1) 항 사이의 규칙을 파악하여 항을 묶어서 나타내시오.

(2) 13은 제몇 항인지 구하시오.

(3) 제50항을 구하시오.

유형 익히기

빈출 유형 10 | 분수 꼴인 수열의 합 개념 21-1

일반항 a_n이 분수 꼴인 수열의 합 $\sum_{k=1}^{n} a_k$는 다음과 같은 순서로 구한다.

❶ 수열 $\{a_n\}$의 제k항 a_k를 부분분수로 변형한다.

⇨ $a_k=\frac{1}{(k+a)(k+b)}=\frac{1}{b-a}\left(\frac{1}{k+a}-\frac{1}{k+b}\right)$ (단, $a\neq b$)

❷ k에 1, 2, 3, ⋯, n을 차례로 대입하여 식을 간단히 한다.

0929 대표

$\frac{1}{2^2-1}+\frac{1}{4^2-1}+\frac{1}{6^2-1}+\cdots+\frac{1}{20^2-1}$의 값은?

① $\frac{10}{21}$　② $\frac{11}{21}$　③ $\frac{4}{7}$　④ $\frac{13}{21}$　⑤ $\frac{2}{3}$

0930

수열

$$\frac{1}{1\times4},\ \frac{1}{4\times7},\ \frac{1}{7\times10},\ \cdots$$

의 첫째항부터 제12항까지의 합을 구하시오.

0931

$\sum_{k=1}^{n} \frac{3}{k(k+1)}=\frac{14}{5}$일 때, 자연수 n의 값은?

① 7　② 10　③ 14　④ 17　⑤ 21

0932 [서술형]

수열 $\{a_n\}$의 첫째항부터 제n항까지의 합 S_n이 $S_n=3n^2+2n$일 때,

$$\frac{1}{a_1a_2}+\frac{1}{a_2a_3}+\frac{1}{a_3a_4}+\cdots+\frac{1}{a_{10}a_{11}}=\frac{q}{p}$$

를 만족시키는 서로소인 자연수 p, q에 대하여 $p-q$의 값을 구하시오.

0933

x에 대한 이차방정식 $x^2-30x+n(n+1)=0$의 두 근을 α_n, β_n이라 할 때, $\sum_{n=1}^{14}\left(\frac{1}{\alpha_n}+\frac{1}{\beta_n}\right)$의 값은?

① 28 ② 29 ③ 30 ④ 31 ⑤ 32

빈출 유형 11 분모에 근호가 포함된 수열의 합 (개념 21-2)

일반항 a_n의 분모에 근호가 포함된 수열의 합 $\sum_{k=1}^{n}a_k$는 다음과 같은 순서로 구한다.

❶ 수열 $\{a_n\}$의 제k항 a_k의 분모를 유리화한다.

⇨ $a_k=\frac{1}{\sqrt{k+c}+\sqrt{k}}=\frac{\sqrt{k+c}-\sqrt{k}}{(\sqrt{k+c}+\sqrt{k})(\sqrt{k+c}-\sqrt{k})}$

$=\frac{1}{c}(\sqrt{k+c}-\sqrt{k})$ (단, $c\neq0$)

❷ k에 1, 2, 3, $\cdots$, n을 차례로 대입하여 식을 간단히 한다.

0934 대표

수열

$$\frac{1}{\sqrt{3}+\sqrt{4}},\ \frac{1}{\sqrt{4}+\sqrt{5}},\ \frac{1}{\sqrt{5}+\sqrt{6}},\ \cdots$$

의 첫째항부터 제22항까지의 합은?

① $2-\sqrt{3}$ ② $4-\sqrt{3}$ ③ $5-\sqrt{3}$ ④ $4+\sqrt{3}$ ⑤ $5+\sqrt{3}$

0935

$\sum_{k=1}^{24}\frac{a}{\sqrt{2k+1}+\sqrt{2k-1}}=60$을 만족시키는 상수 a의 값은?

① 18 ② 20 ③ 22 ④ 24 ⑤ 26

0936

수열 $\{a_n\}$이 첫째항과 공차가 모두 3인 등차수열일 때, $\sum_{k=1}^{15}\frac{1}{\sqrt{a_k}+\sqrt{a_{k+1}}}$의 값을 구하시오.

유형 12 로그가 포함된 수열의 합 (개념 21-3)

일반항 a_n에 로그가 포함된 수열의 합 $\sum_{k=1}^{n}a_k$는 다음과 같은 순서로 구한다.

❶ k에 1, 2, 3, $\cdots$, n을 차례로 대입하여 합의 꼴로 나타낸다.

❷ 다음과 같은 로그의 성질을 이용하여 ❶의 식을 간단히 한다.

⇨ $a>0$, $a\neq1$, $M>0$, $N>0$일 때,

(1) $\log_a M+\log_a N=\log_a MN$

(2) $\log_a M-\log_a N=\log_a \frac{M}{N}$

(3) $\log_a M^k=k\log_a M$ (단, k는 실수이다.)

(4) $\log_a b=\frac{\log_c b}{\log_c a}$ (단, $b>0$, $c>0$, $c\neq1$)

0937 대표

$\sum_{n=2}^{10}\log\left(1-\frac{1}{n}\right)$의 값은?

① -2 ② -1 ③ 0 ④ 1 ⑤ 2

09 수열의 합

바른답 · 알찬풀이 109쪽

0938

$\sum_{k=1}^{24} \log_5 \{\log_{k+2}(k+3)\}$의 값은?

① $\log_5 2$　② $\log_5 3$　③ $\log_5 4$
④ 1　⑤ $\log_5 6$

0939

수열 $\{a_n\}$이 첫째항이 2이고 공비가 4인 등비수열일 때, $\sum_{k=1}^{n} \log_8 a_k = 48$을 만족시키는 자연수 n의 값을 구하시오.

유형 13 (등차수열)×(등비수열) 꼴인 수열의 합 ∞ 개념 21-4

(등차수열)×(등비수열) 꼴인 수열의 합 S를 구할 때는
⇨ S에 등비수열의 공비 r $(r \neq 1)$를 곱하여 $S - rS$를 구한다.

0940 대표

$1 \times 3 + 2 \times 3^2 + 3 \times 3^3 + 4 \times 3^4 + \cdots + 15 \times 3^{15} = \frac{a \times 3^{16} + b}{4}$

를 만족시키는 30 이하의 자연수 a, b에 대하여 $a+b$의 값은?

① 30　② 31　③ 32
④ 33　⑤ 34

0941

$f(x) = 2 + 4x + 6x^2 + 8x^3 + \cdots + 18x^{10}$일 때, $f(2)$의 값을 구하시오.

유형 14 정수로 이루어진 항을 묶어서 만드는 수열 ∞ 개념 21-5

수열의 항을 묶어서 푸는 문제는 다음과 같은 순서로 해결한다.
❶ 주어진 수열을 규칙성을 갖도록 묶는다.
❷ 각 묶음의 항의 개수와 규칙성을 파악한다.
참고 순서쌍으로 주어진 수열
⇨ 두 수의 합 또는 곱이 같은 것끼리 묶는다.

0942 대표

수열 1, 2, 1, 4, 2, 1, 8, 4, 2, 1, …에서 처음으로 나타나는 128은 제몇 항인지 구하시오.

0943 [서술형]

다음과 같은 수열에서 첫째항부터 제81항까지의 합을 구하시오.

1, 1, 2, 1, 1, 2, 3, 2, 1, 1, 2, 3, 4, 3, 2, 1, …

0944

다음과 같이 순서쌍으로 이루어진 수열에서 (10, 16)은 제몇 항인가?

(1, 1), (1, 2), (2, 1), (1, 3), (2, 2), (3, 1),
(1, 4), (2, 3), (3, 2), (4, 1), …

① 제270항　② 제280항　③ 제290항
④ 제300항　⑤ 제310항

유형 15 분수로 이루어진 항을 묶어서 만드는 수열 (개념 21-5)

분수로 주어진 수열은 분모가 같은 것끼리 묶거나 (분자)+(분모)의 값이 같은 것끼리 묶어서 규칙을 찾는다.

0945 대표

수열 $\frac{1}{1}, \frac{1}{2}, \frac{2}{2}, \frac{1}{3}, \frac{2}{3}, \frac{3}{3}, \frac{1}{4}, \frac{2}{4}, \frac{3}{4}, \frac{4}{4}, \cdots$에서 $\frac{13}{22}$은 제몇 항인가?

① 제214항 ② 제224항 ③ 제234항
④ 제244항 ⑤ 제254항

0946

수열 $\frac{1}{2}, \frac{2}{3}, \frac{1}{3}, \frac{3}{4}, \frac{2}{4}, \frac{1}{4}, \frac{4}{5}, \frac{3}{5}, \frac{2}{5}, \frac{1}{5}, \cdots$에서 $\frac{7}{10}$은 제몇 항인가?

① 제35항 ② 제36항 ③ 제37항
④ 제38항 ⑤ 제39항

0947

수열 $\frac{1}{1}, \frac{1}{2}, \frac{2}{1}, \frac{1}{3}, \frac{2}{2}, \frac{3}{1}, \frac{1}{4}, \frac{2}{3}, \frac{3}{2}, \frac{4}{1}, \cdots$에서 제83항은?

① $\frac{2}{11}$ ② $\frac{4}{11}$ ③ $\frac{5}{9}$
④ $\frac{5}{8}$ ⑤ $\frac{9}{5}$

유형 16 다각형 모양으로 이루어진 수열 (개념 21-5)

(1) 바둑판 모양으로 주어진 수열
⇨ 수가 배열된 방향에 따른 규칙을 찾는다.
(2) 삼각형 모양으로 주어진 수열
⇨ 각 줄을 하나의 묶음으로 생각한다.

0948 대표

오른쪽과 같이 규칙적으로 배열된 55개의 수의 합은?

1
1 2
1 2 2^2
1 2 2^2 2^3
⋮
1 2 2^2 2^3 ⋯ 2^9

① 2016 ② 2026
③ 2036 ④ 2046
⑤ 2056

0949 [서술형]

오른쪽과 같이 자연수를 규칙적으로 배열할 때, 위에서 12번째 줄의 왼쪽에서 10번째에 있는 수를 구하시오.

1	2	5	10	17	⋯
4	3	6	11	18	
9	8	7	12	19	
16	15	14	13	20	
25	24	23	22	21	
⋮					⋱

0950

오른쪽과 같이 자연수를 규칙적으로 배열할 때, 위에서 9번째 줄에 있는 모든 수의 합을 구하시오.

1
2 3
4 5 6
7 8 9 10
11 12 13 14 15
⋮

바른답·알찬풀이 111쪽

중단원 마무리

30 일차

STEP1 실전 문제

0951 145쪽 유형 01

수열 $\{a_n\}$의 일반항이 $a_n=n\times 2^n$일 때, $a_2+a_4+a_6+\cdots+a_{100}$을 기호 $\sum$를 사용하여 바르게 나타낸 것은?

① $\sum_{k=1}^{50}(k\times 2^k)$ ② $2\sum_{k=1}^{50}(k\times 4^k)$ ③ $2\sum_{k=1}^{100}(k\times 2^k)$
④ $\sum_{k=2}^{50}(k\times 4^k)$ ⑤ $2\sum_{k=2}^{100}(k\times 4^k)$

0952 145쪽 유형 02

등차수열 $\{a_n\}$에 대하여 $a_5+a_8=15$일 때, $\sum_{k=1}^{12}a_k$의 값은?

① 80 ② 85 ③ 90
④ 95 ⑤ 100

0953 수능 146쪽 유형 03

수열 $\{a_n\}$에 대하여

$$\sum_{k=1}^{10}(a_k+1)^2=28,\ \sum_{k=1}^{10}a_k(a_k+1)=16$$

일 때, $\sum_{k=1}^{10}{a_k}^2$의 값을 구하시오.

0954 중요! 147쪽 유형 05

수열 $\{a_n\}$에 대하여 $a_n=\begin{cases}-n & (n\text{이 홀수})\\ 2n & (n\text{이 짝수})\end{cases}$으로 정의할 때, $\sum_{k=1}^{20}a_k$의 값은?

① 80 ② 90 ③ 100
④ 110 ⑤ 120

0955 147쪽 유형 05

n이 자연수일 때, x에 대한 방정식

$$\sum_{k=0}^{n}(x-k)^2=\sum_{k=1}^{n}(x+k)^2$$

의 0이 아닌 해를 $x=a_n$이라 하자. 수열 $\{a_n\}$에 대하여 a_{15}를 구하시오.

0956 148쪽 유형 06

$\sum_{m=1}^{n}\left\{\sum_{k=1}^{m}(2k-m)\right\}=78$을 만족시키는 자연수 n의 값은?

① 10 ② 11 ③ 12
④ 13 ⑤ 14

0957 146쪽 유형 04+148쪽 유형 07

수열 $2^2-2,\ 2^3-4,\ 2^4-6,\ \cdots$의 첫째항부터 제8항까지의 합을 구하시오.

0958 교육청

149쪽 유형 09

수열 $\{a_n\}$이 모든 자연수 n에 대하여 $\sum_{k=1}^{n} a_k = \log n$을 만족시킨다. $10^{a_n} = 1.04$일 때, n의 값은?

① 24 ② 25 ③ 26 ④ 27 ⑤ 28

0959

150쪽 유형 10

자연수 전체의 집합을 정의역으로 하는 두 함수 f, g를 각각

$$f(n) = 2n+3,\ g(n) = (n-1)(n+1)$$

로 정의할 때, $\sum_{n=1}^{10} \frac{16}{(g \circ f)(n)}$의 값을 구하시오.

0960 중요!

150쪽 유형 10

다항식 x^2+6x+8을 $x-n$으로 나누었을 때의 나머지를 a_n이라 할 때, $\sum_{n=1}^{9} \frac{1}{a_n}$의 값은?

① $\frac{9}{50}$ ② $\frac{10}{51}$ ③ $\frac{11}{52}$ ④ $\frac{12}{53}$ ⑤ $\frac{13}{54}$

0961

151쪽 유형 12

수열 $\{a_n\}$에 대하여 $a_{2n-1} = 4^n$, $a_{2n} = 25^n$일 때, $\sum_{n=1}^{20} \log a_n$의 값을 구하시오.

0962

151쪽 유형 12

수열 $\{a_n\}$이

$$a_n = 1+3+5+\cdots+(2n-1)$$

일 때, $\sum_{k=1}^{13} \log_8 2^{a_k}$의 값을 구하시오.

0963

152쪽 유형 14

수열 $\{a_n\}$이

$$1, 1, 2, 1, 2, 3, 1, 2, 3, 4, 1, 2, 3, 4, 5, \cdots$$

일 때, $\sum_{k=37}^{55} a_k$의 값을 구하시오.

0964

153쪽 유형 15

2 이상의 자연수 n에 대하여 분모는 2^n 꼴이고, 분자는 분모보다 작은 홀수인 분수로 이루어진 다음 수열에서 제70항을 구하시오.

$$\frac{1}{2^2}, \frac{3}{2^2}, \frac{1}{2^3}, \frac{3}{2^3}, \frac{5}{2^3}, \frac{7}{2^3}, \frac{1}{2^4}, \frac{3}{2^4}, \frac{5}{2^4}, \frac{7}{2^4}, \cdots$$

0965

153쪽 유형 16

오른쪽과 같이 자연수를 삼각형 모양에 규칙적으로 배열할 때, 위에서 10번째 줄의 왼쪽에서 5번째에 있는 수를 구하시오.

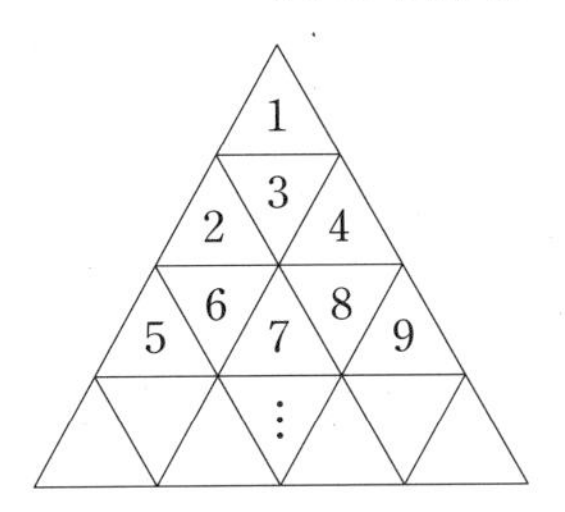

09 수열의 합

바른답·알찬풀이 113쪽

STEP 2 실력 UP 문제

0966
145쪽 유형 01

다음 조건을 만족시키는 수열 $\{a_n\}$에 대하여 $\sum_{k=1}^{n} a_k=100$일 때, 자연수 n의 값은?

> (가) $a_1=1$
> (나) 모든 자연수 n에 대하여 a_{n+1}은 a_n과 n의 합을 3으로 나누었을 때의 나머지이다.

① 70 ② 75 ③ 80
④ 85 ⑤ 90

0967 교육청
145쪽 유형 02

좌표평면에 오른쪽 그림과 같이 직선 l이 있다. 자연수 n에 대하여 점 $(n,\ 0)$을 지나고 x축에 수직인 직선이 직선 l과 만나는 점의 y좌표를 a_n이라 하자. $a_4=\frac{7}{2}$, $a_7=5$일 때, $\sum_{k=1}^{25} a_k$의 값을 구하시오.

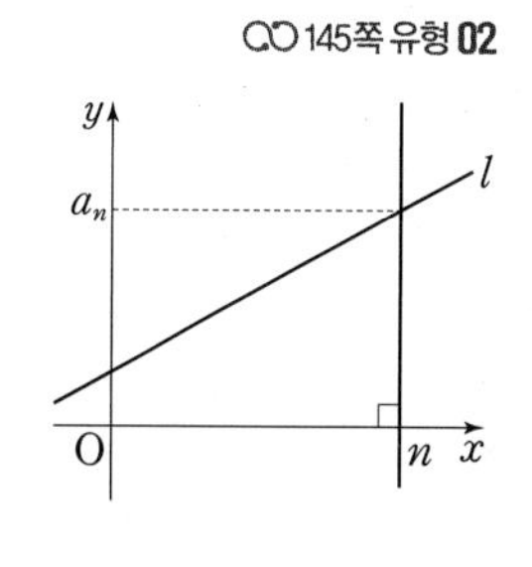

0968
147쪽 유형 05

$\sum_{k=1}^{10} 2k+\sum_{k=2}^{10} 2k+\sum_{k=3}^{10} 2k+\cdots+\sum_{k=10}^{10} 2k$의 값은?

① 110 ② 330 ③ 550
④ 770 ⑤ 990

0969
150쪽 유형 10

오른쪽 그림과 같이 자연수 n에 대하여 곡선 $y=\frac{2}{x}$ $(x>0)$ 위의 점 $\left(n,\ \frac{2}{n}\right)$와 두 점 $(n-1,\ 0)$, $(n+1,\ 0)$을 세 꼭짓점으로 하는 삼각형의 넓이를 a_n이라 할 때, $\sum_{n=1}^{11} a_na_{n+1}=\frac{q}{p}$이다. 이때 pq의 값은?

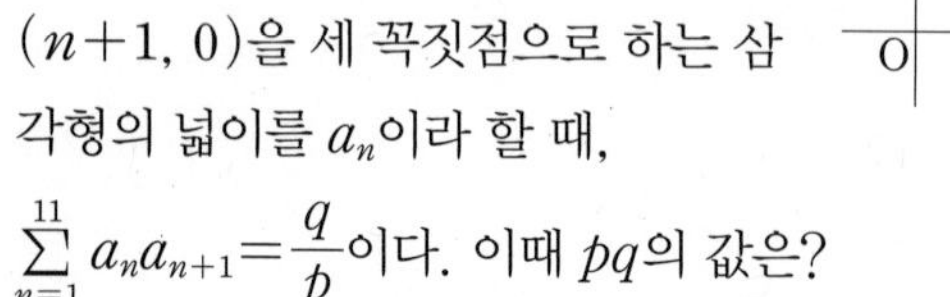

(단, p, q는 서로소인 자연수이다.)

① 22 ② 33 ③ 44
④ 55 ⑤ 66

0970
149쪽 유형 09+151쪽 유형 11

수열 $\{a_n\}$에 대하여 $\sum_{k=1}^{n} a_k=\frac{n(n+1)}{2}$일 때,

$$\sum_{k=1}^{14} \frac{2}{a_{k+2}\sqrt{a_k}+a_k\sqrt{a_{k+2}}}=a\sqrt{2}+b\sqrt{15}+c$$

를 만족시킨다. 이때 유리수 a, b, c에 대하여 abc의 값을 구하시오.

0971
147쪽 유형 05+153쪽 유형 16

오른쪽과 같이 가로줄의 개수와 세로줄의 개수가 같은 정사각형 모양의 표에 자연수를 규칙적으로 배열하였다. 다음 중 배열된 100개의 수의 합과 같은 것은?

1	2	3	4	⋯	10
2	4	6	8	⋯	20
3	6	9	12	⋯	30
4	8	12	16	⋯	40
⋮	⋮	⋮	⋮	⋱	⋮
10	20	30	40	⋯	100

① $\sum_{k=1}^{10} 10k$ ② $\sum_{k=1}^{10} 100k$ ③ $\sum_{k=1}^{10} k^2$
④ $\sum_{k=1}^{10} 10k^2$ ⑤ $\sum_{k=1}^{10} k^3$

적중 서술형 문제

0972

147쪽 유형 05

이차방정식 $x^2-kx+k-1=0$의 두 근을 α_k, β_k라 할 때, $\sum_{k=1}^{5}(\alpha_k^3+\beta_k^3)$의 값을 구하시오.

0973

148쪽 유형 07

수열 $\{a_n\}$이

$1\times4,\ 3\times6,\ 5\times8,\ 7\times10,\ \cdots$

일 때, $\sum_{k=1}^{15}a_k$의 값을 구하시오.

0974

146쪽 유형 04+148쪽 유형 07

수열 3, 33, 333, 3333, …에 대하여 다음 물음에 답하시오.

(1) 일반항 a_n을 구하시오.

(2) 첫째항부터 제10항까지의 합이 $\dfrac{10^q-100}{p}$일 때, 자연수 p, q에 대하여 $p+q$의 값을 구하시오.

0975

149쪽 유형 09

수열 $\{a_n\}$에 대하여 $\sum_{k=1}^{n}a_k=n^2-2n$일 때, $\sum_{k=1}^{10}ka_k$의 값을 구하시오.

0976

150쪽 유형 10

$1+\dfrac{1}{1+2}+\dfrac{1}{1+2+3}+\cdots+\dfrac{1}{1+2+3+\cdots+10}$의 값을 구하시오.

0977

149쪽 유형 09+151쪽 유형 12

수열 $\{a_n\}$이 모든 자연수 n에 대하여

$\sum_{k=1}^{n}a_k=\log\dfrac{(n+1)(n+2)}{2}$

를 만족시킨다. $\sum_{k=1}^{22}a_{2k}=p$라 할 때, 10^p의 값을 구하시오.

바른답 · 알찬풀이 115쪽

10 Ⅲ 수열
수학적 귀납법

중단원 핵심 개념을 정리하였습니다.
Lecture별 유형 학습 전에 관련 개념을 완벽하게 알아두세요.

Lecture 22 수열의 귀납적 정의 (31일차)

개념 22-1 수열의 귀납적 정의

160~163쪽 | 유형 01~07 |

처음 몇 개의 항과 이웃하는 여러 항 사이의 관계식으로 수열을 정의하는 것을 수열의 **귀납적 정의**라 한다.
일반적으로 수열 $\{a_n\}$을 다음과 같이 귀납적으로 정의할 수 있다.

(i) 첫째항 a_1
(ii) 두 항 a_n, a_{n+1} $(n=1, 2, 3, \cdots)$ 사이의 관계식

이때 (ii)의 관계식의 n에 1, 2, 3, …을 차례로 대입하면 수열 $\{a_n\}$의 모든 항을 구할 수 있다.

예 수열 $\{a_n\}$이 $a_1=2$, $a_{n+1}=a_n+n$ $(n=1, 2, 3, \cdots)$으로 정의될 때,
$a_2=a_1+1=2+1=3$, $a_3=a_2+2=3+2=5$,
$a_4=a_3+3=5+3=8$, $a_5=a_4+4=8+4=12$, $\cdots$

개념 22-2 등차수열의 귀납적 정의

160, 163쪽 | 유형 01, 06, 07 |

(1) 첫째항이 a, 공차가 d인 등차수열

$$a_1=a,\ a_{n+1}=a_n+d\ (n=1, 2, 3, \cdots)$$

예 수열 1, 3, 5, 7, …은 첫째항이 1, 공차가 2인 등차수열이므로 귀납적으로 정의하면
$a_1=1$, $a_{n+1}=a_n+2$ $(n=1, 2, 3, \cdots)$

(2) 공차가 d인 등차수열

$$a_{n+1}-a_n=d\ (\text{일정}) \iff a_{n+1}=a_n+d\ (n=1, 2, 3, \cdots)$$

(3) 등차수열

$$a_{n+1}-a_n=a_{n+2}-a_{n+1} \iff 2a_{n+1}=a_n+a_{n+2}\ (n=1, 2, 3, \cdots)$$

└ $a_{n+1}=\frac{a_n+a_{n+2}}{2}$이므로 a_{n+1}은 a_n과 a_{n+2}의 등차중항이다.

개념 22-3 등비수열의 귀납적 정의

161, 163쪽 | 유형 02, 06, 07 |

(1) 첫째항이 a, 공비가 r $(r\neq0)$인 등비수열

$$a_1=a,\ a_{n+1}=ra_n\ (n=1, 2, 3, \cdots)$$

예 수열 1, 2, 4, 8, …은 첫째항이 1, 공비가 2인 등비수열이므로 귀납적으로 정의하면
$a_1=1$, $a_{n+1}=2a_n$ $(n=1, 2, 3, \cdots)$

(2) 공비가 r인 등비수열

$$a_{n+1}\div a_n=r\ (\text{일정}) \iff a_{n+1}=ra_n\ (n=1, 2, 3, \cdots)$$

(3) 등비수열

$$a_{n+1}\div a_n=a_{n+2}\div a_{n+1} \iff {a_{n+1}}^2=a_na_{n+2}\ (n=1, 2, 3, \cdots)$$

└ a_{n+1}은 a_n과 a_{n+2}의 등비중항이다.

개념 CHECK

1 다음 □ 안에 알맞은 말을 써넣으시오.

처음 몇 개의 항과 이웃하는 여러 항 사이의 관계식으로 수열을 정의하는 것을 수열의 □라 한다.

2 다음 □ 안에 알맞은 수를 써넣으시오.

수열 $\{a_n\}$이
$a_1=1$, $a_{n+1}=3a_n$ $(n=1, 2, 3, \cdots)$
으로 정의될 때, 제2항부터 제4항까지 구하면
$a_2=3a_1=3\times\square=\square$,
$a_3=3a_2=3\times\square=\square$,
$a_4=3a_3=3\times\square=\square$

3 다음 □ 안에 알맞은 수를 써넣으시오.

(1) 첫째항이 3, 공차가 -2인 등차수열 $\{a_n\}$을 귀납적으로 정의하면
$a_1=\square$, $a_{n+1}=a_n+(\square)$
$(n=1, 2, 3, \cdots)$

(2) 첫째항이 -1, 공비가 4인 등비수열 $\{a_n\}$을 귀납적으로 정의하면
$a_1=\square$, $a_{n+1}=\square a_n$
$(n=1, 2, 3, \cdots)$

1 귀납적 정의
2 1, 3, 3, 9, 9, 27
3 (1) 3, -2 (2) -1, 4

개념 22-4 여러 가지 수열의 귀납적 정의

161~163쪽 | 유형 03~07 |

(1) $a_{n+1}=a_n+f(n)$ 꼴로 정의된 수열

$a_{n+1}=a_n+f(n)$의 n에 1, 2, 3, ⋯, $n-1$을 차례로 대입한 후, 변끼리 더한다.

⇨ $a_n=a_1+f(1)+f(2)+f(3)+\cdots+f(n-1)$

$=a_1+\sum_{k=1}^{n-1} f(k)$

(2) $a_{n+1}=a_n f(n)$ 꼴로 정의된 수열

$a_{n+1}=a_n f(n)$의 n에 1, 2, 3, ⋯, $n-1$을 차례로 대입한 후, 변끼리 곱한다.

⇨ $a_n=a_1 f(1)f(2)f(3)\times\cdots\times f(n-1)$

참고 ①

$a_2=a_1+f(1)$
$a_3=a_2+f(2)$
$a_4=a_3+f(3)$
⋮
$+)\ a_n=a_{n-1}+f(n-1)$
$a_n=a_1+f(1)+f(2)+\cdots+f(n-1)$

②

$a_2=a_1 f(1)$
$a_3=a_2 f(2)$
$a_4=a_3 f(3)$
⋮
$\times)\ a_n=a_{n-1} f(n-1)$
$a_n=a_1 f(1)f(2)\times\cdots\times f(n-1)$

Lecture 23 수학적 귀납법

32 일차

개념 23-1 수학적 귀납법

164~167쪽 | 유형 08~11 |

자연수 n에 대한 명제 $p(n)$이 모든 자연수에 대하여 성립함을 증명하려면 다음 두 가지를 보이면 된다.

(i) $n=1$일 때, 명제 $p(n)$이 성립한다.
(ii) $n=k$일 때, 명제 $p(n)$이 성립한다고 가정하면 $n=k+1$일 때도 명제 $p(n)$이 성립한다.

자연수에 대한 어떤 명제가 참임을 증명하는 이와 같은 방법을 **수학적 귀납법**이라 한다.

예 모든 자연수 n에 대하여 등식

$2+4+6+\cdots+2n=n(n+1)$

이 성립함을 수학적 귀납법으로 증명해 보자.

(i) $n=1$일 때, (좌변)$=2$, (우변)$=1\times(1+1)=2$
따라서 $n=1$일 때, 주어진 등식이 성립한다.

(ii) $n=k$일 때, 주어진 등식이 성립한다고 가정하면
$2+4+6+\cdots+2k=k(k+1)$
$n=k+1$일 때,
$2+4+6+\cdots+2k+2(k+1)=k(k+1)+2(k+1)$
$=(k+1)(k+2)$
따라서 $n=k+1$일 때도 주어진 등식이 성립한다.

(i), (ii)에 의하여 모든 자연수 n에 대하여 주어진 등식이 성립한다.

참고 자연수 n에 대한 명제 $p(n)$이 m ($m\geq 2$인 자연수) 이상인 모든 자연수에 대하여 성립함을 증명하려면 다음 두 가지를 보이면 된다.

(i) $n=m$일 때, 명제 $p(n)$이 성립한다.
(ii) $n=k$ ($k\geq m$)일 때, 명제 $p(n)$이 성립한다고 가정하면 $n=k+1$일 때도 명제 $p(n)$이 성립한다.

개념 CHECK

4 모든 자연수 n에 대하여 명제 $p(n)$이 성립함을 수학적 귀납법으로 증명하려면 다음 두 가지를 보이면 된다. □ 안에 알맞은 것을 써넣으시오.

(i) $n=$□일 때, 명제 $p(n)$이 성립한다.
(ii) $n=k$일 때, 명제 $p(n)$이 성립한다고 가정하면 $n=$□일 때도 명제 $p(n)$이 성립한다.

5 다음은 모든 자연수 n에 대하여 등식

$1+3+5+\cdots+(2n-1)=n^2$

이 성립함을 수학적 귀납법으로 증명한 것이다. ㉠~㉣을 차례로 나열하시오.

㉠	$n=k$일 때, 주어진 등식이 성립한다고 가정하면 $1+3+5+\cdots+(2k-1)=k^2$
㉡	따라서 모든 자연수 n에 대하여 주어진 등식이 성립한다.
㉢	$n=1$일 때, (좌변)$=1$, (우변)$=1^2=1$ 따라서 $n=1$일 때, 주어진 등식이 성립한다.
㉣	$n=k+1$일 때, $1+3+5+\cdots+(2k-1)+(2k+1)$ $=k^2+2k+1$ $=(k+1)^2$ 따라서 $n=k+1$일 때도 주어진 등식이 성립한다.

4 1, $k+1$
5 ㉢, ㉠, ㉣, ㉡

10 수학적 귀납법

Lecture 22 수열의 귀납적 정의

기본 익히기

158~159쪽 | 개념 22-1~4 |

0978~0979 다음과 같이 정의된 수열 $\{a_n\}$에서 a_5를 구하시오. (단, $n=1, 2, 3, \cdots$)

0978 $a_1=2,\ a_{n+1}=a_n+n+2$

0979 $a_1=1,\ a_{n+1}=2na_n$

0980~0983 다음 수열을 $\{a_n\}$이라 할 때, 수열 $\{a_n\}$을 귀납적으로 정의하시오.

0980 첫째항이 -3, 공차가 5인 등차수열

0981 첫째항이 9, 공비가 $\frac{1}{3}$인 등비수열

0982 $7,\ 4,\ 1,\ -2,\ -5,\ \cdots$

0983 $8,\ -4,\ 2,\ -1,\ \frac{1}{2},\ \cdots$

0984~0987 다음과 같이 정의된 수열 $\{a_n\}$의 일반항 a_n을 구하시오. (단, $n=1, 2, 3, \cdots$)

0984 $a_1=2,\ a_{n+1}-a_n=4$

0985 $a_1=1,\ a_2=4,\ 2a_{n+1}=a_n+a_{n+2}$

0986 $a_1=-3,\ a_{n+1}=-\frac{1}{4}a_n$

0987 $a_1=2,\ a_2=10,\ {a_{n+1}}^2=a_na_{n+2}$

유형 익히기

빈출 **유형 01** 등차수열의 귀납적 정의 개념 22-1, 2

수열 $\{a_n\}$에서 $n=1, 2, 3, \cdots$일 때,
(1) $a_{n+1}-a_n=d$ 또는 $a_{n+1}=a_n+d$ ⇨ 공차가 d인 등차수열
(2) $a_{n+1}-a_n=a_{n+2}-a_{n+1}$ 또는 $2a_{n+1}=a_n+a_{n+2}$ ⇨ 등차수열

0988 대표

수열 $\{a_n\}$이

$$a_1=8,\ a_{n+1}=a_n+4\ (n=1, 2, 3, \cdots)$$

로 정의될 때, a_{15}를 구하시오.

0989

수열 $\{a_n\}$이 $a_8=6,\ a_{16}=10$이고

$$a_{n+2}-a_{n+1}=a_{n+1}-a_n\ (n=1, 2, 3, \cdots)$$

으로 정의될 때, a_{24}를 구하시오.

0990 [서술형]

수열 $\{a_n\}$이 $a_1=4,\ a_2=8$이고

$$a_{n+2}-2a_{n+1}+a_n=0\ (n=1, 2, 3, \cdots)$$

으로 정의될 때, $\sum_{k=1}^{16}\frac{1}{a_ka_{k+1}}$의 값을 구하시오.

빈출 유형02 등비수열의 귀납적 정의 개념 22-1, 3

수열 $\{a_n\}$에서 $n=1, 2, 3, \cdots$일 때,

(1) $a_{n+1} \div a_n = r$ 또는 $a_{n+1}=ra_n$ ⇨ 공비가 r인 등비수열

(2) $a_{n+1} \div a_n = a_{n+2} \div a_{n+1}$ 또는 $a_{n+1}^2 = a_n a_{n+2}$ ⇨ 등비수열

0991 대표

수열 $\{a_n\}$이

$$a_1=3,\ a_{n+1}=2a_n\ (n=1, 2, 3, \cdots)$$

으로 정의될 때, $\sum_{k=1}^{6} a_k$의 값은?

① 177 ② 181 ③ 185
④ 189 ⑤ 193

0992

수열 $\{a_n\}$이 $a_1=9$, $a_2=27$이고

$$\frac{a_{n+1}}{a_n}=\frac{a_{n+2}}{a_{n+1}}\ (n=1, 2, 3, \cdots)$$

로 정의될 때, a_{19}는?

① 3^{17} ② 3^{18} ③ 3^{19}
④ 3^{20} ⑤ 3^{21}

0993

수열 $\{a_n\}$이

$$a_1=1,\ a_{n+1}^2=a_n a_{n+2}\ (n=1, 2, 3, \cdots)$$

로 정의되고 $\frac{a_5}{a_1}+\frac{a_6}{a_2}+\frac{a_7}{a_3}=75$일 때, $\frac{a_{27}}{a_{11}}$의 값은?

① 5^7 ② 5^8 ③ 5^9
④ 5^{10} ⑤ 5^{11}

유형03 $a_{n+1}=a_n+f(n)$ 꼴로 정의된 수열 개념 22-1, 4

$a_{n+1}=a_n+f(n)$ 꼴로 정의된 수열의 일반항 a_n을 구할 때는 n에 $1, 2, 3, \cdots, n-1$을 차례로 대입한 후, 변끼리 더한다.

⇨ $a_n=a_1+f(1)+f(2)+f(3)+\cdots+f(n-1)=a_1+\sum_{k=1}^{n-1} f(k)$

0994 대표

수열 $\{a_n\}$이

$$a_1=1,\ a_{n+1}=a_n+4n\ (n=1, 2, 3, \cdots)$$

으로 정의될 때, a_{10}은?

① 178 ② 181 ③ 184
④ 187 ⑤ 190

0995

수열 $\{a_n\}$이

$$a_1=3,\ a_n=a_{n-1}+2^{n-1}\ (n=2, 3, 4, \cdots)$$

으로 정의될 때, $a_k<1000$을 만족시키는 자연수 k의 최댓값을 구하시오.

0996

수열 $\{a_n\}$이

$$a_1=1,\ a_{n+1}=a_n+f(n)\ (n=1, 2, 3, \cdots)$$

으로 정의되고 $\sum_{k=1}^{n} f(k)=n^2+2n$일 때, a_{11}을 구하시오.

0997 [서술형]

수열 $\{a_n\}$이

$$a_1=4,\ a_{n+1}=a_n+\frac{1}{n(n+1)}\ (n=1, 2, 3, \cdots)$$

로 정의될 때, $a_{36}-a_6$의 값을 구하시오.

바른답 · 알찬풀이 118쪽

유형04 $a_{n+1}=a_nf(n)$ 꼴로 정의된 수열 개념 22-1, 4

$a_{n+1}=a_nf(n)$ 꼴로 정의된 수열의 일반항 a_n을 구할 때는 n에 $1, 2, 3, \cdots, n-1$을 차례로 대입한 후, 변끼리 곱한다.
⇨ $a_n=a_1f(1)f(2)f(3)\times\cdots\times f(n-1)$

0998 대표

수열 $\{a_n\}$이

$$a_1=1,\ a_{n+1}=2^na_n\ (n=1, 2, 3, \cdots)$$

으로 정의될 때, 2^{55}은 제몇 항인가?

① 제11항 ② 제12항 ③ 제13항
④ 제14항 ⑤ 제15항

0999

수열 $\{a_n\}$이

$$a_1=2,\ a_{n+1}=\frac{n}{n+1}a_n\ (n=1, 2, 3, \cdots)$$

으로 정의될 때, $\sum_{k=1}^{20}\frac{1}{a_k}$의 값은?

① 96 ② 99 ③ 102
④ 105 ⑤ 108

1000 [서술형]

수열 $\{a_n\}$이

$$a_1=2,\ \sqrt{n}a_{n+1}=\sqrt{n+1}a_n\ (n=1, 2, 3, \cdots)$$

으로 정의될 때, $\log_2 a_{16}$의 값을 구하시오.

유형05 여러 가지 수열의 귀납적 정의 개념 22-1, 4

수열 $\{a_n\}$의 일반항을 구하기 어려운 경우에는 주어진 식의 n에 $1, 2, 3, \cdots$을 차례로 대입하여 항을 구하거나 규칙을 찾는다.

1001 대표

수열 $\{a_n\}$이

$$a_1=1,\ a_{n+1}=\frac{a_n}{3a_n+1}\ (n=1, 2, 3, \cdots)$$

으로 정의될 때, a_5를 구하시오.

1002

수열 $\{a_n\}$이

$$a_1=-5,\ a_n+a_{n+1}=3n\ (n=1, 2, 3, \cdots)$$

으로 정의될 때, a_3+a_6의 값을 구하시오.

1003

수열 $\{a_n\}$이

$$a_1=1,\ a_{n+1}=2a_n+1\ (n=1, 2, 3, \cdots)$$

로 정의될 때, a_{20}은?

① $2^{19}-2$ ② $2^{19}-1$ ③ $2^{20}-2$
④ $2^{20}-1$ ⑤ $2^{20}+1$

1004

수열 $\{a_n\}$이

$$a_1=1,\ a_{n+1}=3-a_n^2\ (n=1, 2, 3, \cdots)$$

으로 정의될 때, $\sum_{k=1}^{31}a_k$의 값을 구하시오.

빈출 유형06 S_n이 포함된 수열의 귀납적 정의 개념 22-1~4

일반항 a_n과 합 S_n 사이의 관계식이 주어지면
⇨ $a_1=S_1$, $a_n=S_n-S_{n-1}$ $(n\ge2)$임을 이용하여 a_n 또는 S_n에 대한 식으로 변형한다.

1005 대표

수열 $\{a_n\}$의 첫째항부터 제n항까지의 합을 S_n이라 하면

$$S_1=1,\ S_{n+1}=2S_n+3\ (n=1,\ 2,\ 3,\ \cdots)$$

이 성립한다. 이때 a_5는?

① 8　② 16　③ 32
④ 64　⑤ 128

1006

수열 $\{a_n\}$의 첫째항부터 제n항까지의 합을 S_n이라 하면

$$a_1=-1,\ S_n=2a_n+1\ (n=1,\ 2,\ 3,\ \cdots)$$

이 성립한다. 이때 $a_k=-64$를 만족시키는 자연수 k의 값은?

① 5　② 6　③ 7
④ 8　⑤ 9

1007

수열 $\{a_n\}$이 $a_1=3$이고

$$a_{n+1}=2(a_1+a_2+a_3+\cdots+a_n)\ (n=1,\ 2,\ 3,\ \cdots)$$

으로 정의될 때, a_8+a_9의 값은?

① 3^5　② 2×3^6　③ 4×3^6
④ 2×3^8　⑤ 8×3^7

유형07 수열의 귀납적 정의의 활용 개념 22-1~4

수열의 귀납적 정의를 활용하는 문제는 다음과 같은 순서로 해결한다.
❶ 문제에서 주어진 조건을 파악하여 제n항과 제$(n+1)$항 사이의 관계식을 구한다.
❷ ❶의 식의 n에 1, 2, 3, …을 차례로 대입하여 규칙을 찾는다.

1008 대표

어느 연구소에서 세균으로 실험을 하는데 매 실험 후 5마리는 죽고 나머지는 각각 2마리로 분열한다고 한다. 현재 50마리의 세균이 살아 있을 때, n 번째 실험 후 살아 있는 세균의 수를 a_n이라 하자. 이때 a_n과 a_{n+1} 사이의 관계식을 구하시오.

1009 [서술형]

정현이는 여름 방학 동안 매일 달리기를 하려고 한다. 방학 첫째 날에는 4 km를 뛰고 다음 날부터는 전날 뛴 거리의 $\frac{9}{8}$배만큼 뛸 때, 12일째 날 뛴 거리는 $\frac{3^b}{2^a}$ km이다. 이때 자연수 a, b에 대하여 $a+b$의 값을 구하시오.

1010

어떤 물탱크에 200 L의 물이 들어 있다. 매일 전날 물탱크에 들어 있던 물의 절반을 사용하고 다시 20 L의 물을 채워 넣는다고 할 때, 물탱크의 물의 양이 처음 물의 양의 $\frac{1}{4}$ 미만이 되는 것은 며칠 후부터인가?

① 3일 후　② 4일 후　③ 5일 후
④ 6일 후　⑤ 7일 후

바른답 · 알찬풀이 119쪽

수학적 귀납법

기본 익히기

159쪽 | 개념 23-1 |

1011 $n\geq3$인 모든 자연수 n에 대하여 명제 $p(n)$이 성립함을 수학적 귀납법으로 증명하려면 다음 두 가지를 보이면 된다.

(i) $n=$ (가) 일 때, 명제 $p(n)$이 성립한다.
(ii) $n=k$ ($k\geq$ (가))일 때, 명제 $p(n)$이 성립한다고 가정하면 $n=$ (나) 일 때도 명제 $p(n)$이 성립한다.

위의 (가), (나)에 알맞은 것을 각각 구하시오.

1012 다음은 모든 자연수 n에 대하여 등식

$$1+2+2^2+\cdots+2^{n-1}=2^n-1$$

이 성립함을 수학적 귀납법으로 증명한 것이다.

증명

(i) $n=1$일 때, (좌변)$=1$, (우변)$=2^1-1=1$
따라서 $n=1$일 때, 주어진 등식이 성립한다.
(ii) $n=k$일 때, 주어진 등식이 성립한다고 가정하면
$1+2+2^2+\cdots+2^{k-1}=2^k-1$
$n=k+1$일 때,
$1+2+2^2+\cdots+2^{k-1}+$ (가)
$=2^k-1+$ (가)
$=$ (나)
따라서 $n=k+1$일 때도 주어진 등식이 성립한다.
(i), (ii)에 의하여 모든 자연수 n에 대하여 주어진 등식이 성립한다.

위의 과정에서 (가), (나)에 알맞은 것을 각각 구하시오.

유형 익히기

유형08 수학적 귀납법 개념 23-1

모든 자연수 n에 대하여 명제 $p(n)$이 다음 조건을 만족시키면 명제 $p(n)$이 참이다.
(i) $p(1)$이 참이다.
(ii) $p(k)$가 참이면 $p(k+1)$도 참이다. (단, k는 자연수이다.)

1013 대표

모든 자연수 n에 대하여 명제 $p(n)$이 아래 조건을 만족시킬 때, 다음 중에서 반드시 참인 명제는?

(가) $p(1)$이 참이다.
(나) $p(n)$이 참이면 $p(3n)$도 참이다.

① $p(162)$ ② $p(189)$ ③ $p(216)$
④ $p(243)$ ⑤ $p(270)$

1014

모든 자연수 n에 대하여 명제 $p(n)$이 참이면 명제 $p(n+2)$가 참일 때, 옳은 것만을 **보기**에서 있는 대로 고른 것은?

보기

ㄱ. $p(1)$이 참이면 $p(n)$이 참이다.
ㄴ. $p(2)$가 참이면 $p(2n)$이 참이다.
ㄷ. $p(1)$, $p(2)$가 참이면 $p(n)$이 참이다.

① ㄱ ② ㄴ ③ ㄷ
④ ㄴ, ㄷ ⑤ ㄱ, ㄴ, ㄷ

유형09 수학적 귀납법; 등식의 증명

개념 23-1

모든 자연수 n에 대하여 등식이 성립함은 다음과 같은 순서로 증명한다.

(i) $n=1$일 때, 등식이 성립함을 확인한다.

(ii) $n=k$일 때, 등식이 성립한다고 가정하면 $n=k+1$일 때도 등식이 성립함을 보인다.

1015 대표

다음은 모든 자연수 n에 대하여 등식

$$1^2+2^2+3^2+\cdots+n^2=\frac{1}{6}n(n+1)(2n+1)$$

이 성립함을 수학적 귀납법으로 증명한 것이다.

증명

(i) $n=1$일 때,

$(좌변)=1^2=1$, $(우변)=\frac{1}{6}\times1\times2\times3=1$

따라서 $n=1$일 때, 주어진 등식이 성립한다.

(ii) $n=k$일 때, 주어진 등식이 성립한다고 가정하면

$1^2+2^2+3^2+\cdots+k^2=\frac{1}{6}k(k+1)(2k+1)$

$n=k+1$일 때,

$1^2+2^2+3^2+\cdots+k^2+\boxed{(가)}$

$=\frac{1}{6}k(k+1)(2k+1)+\boxed{(가)}$

$=\frac{1}{6}(k+1)(k+2)(\boxed{(나)})$

따라서 $n=k+1$일 때도 주어진 등식이 성립한다.

(i), (ii)에 의하여 모든 자연수 n에 대하여 주어진 등식이 성립한다.

위의 과정에서 (가), (나)에 알맞은 식은?

	(가)	(나)
①	$(k-1)^2$	$k+3$
②	$(k-1)^2$	$2k+3$
③	$(k+1)^2$	$k+3$
④	$(k+1)^2$	$2k+1$
⑤	$(k+1)^2$	$2k+3$

1016

다음은 모든 자연수 n에 대하여 등식

$$1\times2+2\times3+3\times4+\cdots+n(n+1)$$
$$=\frac{1}{3}n(n+1)(n+2)$$

가 성립함을 수학적 귀납법으로 증명한 것이다.

증명

(i) $n=1$일 때,

$(좌변)=1\times2=2$, $(우변)=\frac{1}{3}\times1\times2\times3=2$

따라서 $n=1$일 때, 주어진 등식이 성립한다.

(ii) $n=k$일 때, 주어진 등식이 성립한다고 가정하면

$1\times2+2\times3+3\times4+\cdots+k(k+1)$

$=\frac{1}{3}k(k+1)(k+2)$

$n=k+1$일 때,

$1\times2+2\times3+3\times4+\cdots+k(k+1)+\boxed{(가)}$

$=\frac{1}{3}k(k+1)(k+2)+\boxed{(가)}$

$=\frac{1}{3}(k+1)(k+2)(\boxed{(나)})$

따라서 $n=k+1$일 때도 주어진 등식이 성립한다.

(i), (ii)에 의하여 모든 자연수 n에 대하여 주어진 등식이 성립한다.

위의 과정에서 (가), (나)에 알맞은 식을 각각 구하시오.

1017 [서술형]

모든 자연수 n에 대하여 등식

$$\frac{1}{1\times3}+\frac{1}{3\times5}+\frac{1}{5\times7}+\cdots+\frac{1}{(2n-1)(2n+1)}$$
$$=\frac{n}{2n+1}$$

이 성립함을 수학적 귀납법으로 증명하려고 한다. 다음 물음에 답하시오.

(1) $n=1$일 때, 주어진 등식이 성립함을 보이시오.

(2) $n=k$일 때, 주어진 등식이 성립하면 $n=k+1$일 때도 등식이 성립함을 보이시오.

바른답·알찬풀이 121쪽

유형 10 | 수학적 귀납법; 배수의 증명

개념 23-1

모든 자연수 n에 대하여 $f(n)$이 m의 배수임은 다음과 같은 순서로 증명한다.

(i) $f(1)$이 m의 배수임을 확인한다.

(ii) $n=k$일 때, $f(n)$이 m의 배수라 가정하면 $n=k+1$일 때, $f(k+1)=m(●+▲)$ 꼴로 정리하여 $f(k+1)$도 m의 배수임을 보인다.

1018 대표

다음은 모든 자연수 n에 대하여 16^n-1이 5의 배수임을 수학적 귀납법으로 증명한 것이다.

증명

(i) $n=1$일 때, $16^1-1=15$

따라서 $n=1$일 때, 16^n-1은 5의 배수이다.

(ii) $n=k$일 때, 16^n-1이 5의 배수라 가정하면

$16^k-1=5m$ (m은 자연수)

으로 놓을 수 있다.

$n=k+1$일 때,

$16^{k+1}-1=16\times16^k-1$

$=16(5m+\boxed{\text{(가)}})-1$

$=16\times5m+\boxed{\text{(나)}}$

$=5(\boxed{\text{(다)}})$

따라서 $n=k+1$일 때도 16^n-1은 5의 배수이다.

(i), (ii)에 의하여 모든 자연수 n에 대하여 16^n-1은 5의 배수이다.

위의 과정에서 (가), (나)에 알맞은 수를 각각 a, b라 하고, (다)에 알맞은 식을 $f(m)$이라 할 때, $f(a+b)$의 값은?

① 215 ② 227 ③ 243 ④ 259 ⑤ 271

1019

다음은 모든 자연수 n에 대하여 n^3+5n이 6의 배수임을 수학적 귀납법으로 증명한 것이다.

증명

(i) $n=1$일 때, $1^3+5\times1=6$

따라서 $n=1$일 때, n^3+5n은 6의 배수이다.

(ii) $n=k$일 때, n^3+5n이 6의 배수라 가정하면

$k^3+5k=6m$ (m은 자연수)

으로 놓을 수 있다.

$n=k+1$일 때,

$(k+1)^3+5(k+1)=k^3+3k^2+\boxed{\text{(가)}}$

$=\boxed{\text{(나)}}+6+3k^2+3k$

$=6(m+1)+3k(k+1)$

이때 k 또는 $k+1$이 $\boxed{\text{(다)}}$의 배수이므로 $3k(k+1)$은 $\boxed{\text{(라)}}$의 배수이다.

따라서 $n=k+1$일 때도 n^3+5n은 6의 배수이다.

(i), (ii)에 의하여 모든 자연수 n에 대하여 n^3+5n은 6의 배수이다.

위의 과정에서 (가), (나)에 알맞은 식을 각각 $f(k)$, $g(k)$라 하고, (다), (라)에 알맞은 수를 각각 α, β라 할 때, $f(\beta)-g(\alpha)$의 값을 구하시오.

1020

다음은 모든 자연수 n에 대하여 $2^{n+1}+3^{2n-1}$이 7의 배수임을 수학적 귀납법으로 증명한 것이다.

증명

(i) $n=1$일 때, $2^2+3^1=7$

따라서 $n=1$일 때, $2^{n+1}+3^{2n-1}$은 7의 배수이다.

(ii) $n=k$일 때, $2^{n+1}+3^{2n-1}$이 7의 배수라 가정하면

$2^{k+1}+3^{2k-1}=7m$ (m은 자연수)

으로 놓을 수 있다.

$n=k+1$일 때,

$2^{k+2}+3^{2k+1}=2\times2^{k+1}+3^{2k+1}$

$=2(\boxed{\text{(가)}})-2\times3^{2k-1}+3^{2k+1}$

$=14m+\boxed{\text{(나)}}\times3^{2k-1}$

$=7(\boxed{\text{(다)}})$

따라서 $n=k+1$일 때도 $2^{n+1}+3^{2n-1}$은 7의 배수이다.

(i), (ii)에 의하여 모든 자연수 n에 대하여 $2^{n+1}+3^{2n-1}$은 7의 배수이다.

위의 과정에서 (가), (나), (다)에 알맞은 것을 각각 구하시오.

유형 11 수학적 귀납법; 부등식의 증명

개념 23-1

$n\geq a$ ($a\geq 2$인 자연수)인 모든 자연수 n에 대하여 부등식이 성립함은 다음과 같은 순서로 증명한다.
(i) $n=a$일 때, 부등식이 성립함을 확인한다.
(ii) $n=k$ $(k\geq a)$일 때, 부등식이 성립한다고 가정하고, $A>B$, $B>C$ 이면 $A>C$임을 이용하여 $n=k+1$일 때도 부등식이 성립함을 보인다.

1021 대표

다음은 $n\geq 2$인 모든 자연수 n에 대하여 부등식

$$1+\frac{1}{2}+\frac{1}{3}+\cdots+\frac{1}{n}>\frac{2n}{n+1}$$

이 성립함을 수학적 귀납법으로 증명한 것이다.

증명

(i) $n=2$일 때,

(좌변)$=1+\frac{1}{2}=\frac{3}{2}$, (우변)$=\frac{2\times 2}{2+1}=\frac{4}{3}$

따라서 $n=2$일 때, 주어진 부등식이 성립한다.

(ii) $n=k$ $(k\geq 2)$일 때, 주어진 부등식이 성립한다고 가정하면

$$1+\frac{1}{2}+\frac{1}{3}+\cdots+\frac{1}{k}>\frac{2k}{k+1}$$

$n=k+1$일 때,

$$1+\frac{1}{2}+\frac{1}{3}+\cdots+\frac{1}{k}+\boxed{(가)}>\frac{2k}{k+1}+\boxed{(가)}=\boxed{(나)}$$

이때

$$\boxed{(나)}-\frac{2(k+1)}{k+2}=\frac{\boxed{(다)}}{(k+1)(k+2)}>0$$

이므로 $\boxed{(나)}>\frac{2(k+1)}{k+2}$

$$\therefore 1+\frac{1}{2}+\frac{1}{3}+\cdots+\frac{1}{k}+\boxed{(가)}>\frac{2(k+1)}{k+2}$$

따라서 $n=k+1$일 때도 주어진 부등식이 성립한다.

(i), (ii)에 의하여 $n\geq 2$인 모든 자연수 n에 대하여 주어진 부등식이 성립한다.

위의 과정에서 (가), (나), (다)에 알맞은 식을 각각 구하시오.

1022

다음은 $n\geq 2$인 모든 자연수 n에 대하여 부등식

$$1+\frac{1}{2^2}+\frac{1}{3^2}+\cdots+\frac{1}{n^2}<2-\frac{1}{n}$$

이 성립함을 수학적 귀납법으로 증명한 것이다.

증명

(i) $n=2$일 때,

(좌변)$=1+\frac{1}{2^2}=\frac{5}{4}$, (우변)$=2-\frac{1}{2}=\frac{3}{2}$

따라서 $n=2$일 때, 주어진 부등식이 성립한다.

(ii) $n=k$ $(k\geq 2)$일 때, 주어진 부등식이 성립한다고 가정하면

$$1+\frac{1}{2^2}+\frac{1}{3^2}+\cdots+\frac{1}{k^2}<2-\frac{1}{k}$$

$n=k+1$일 때,

$$1+\frac{1}{2^2}+\frac{1}{3^2}+\cdots+\frac{1}{k^2}+\boxed{(가)}<2-\frac{1}{k}+\boxed{(가)}$$

이때

$$\left\{2-\frac{1}{k}+\boxed{(가)}\right\}-\left(2-\frac{1}{k+1}\right)=\boxed{(나)}<0$$

이므로 $2-\frac{1}{k}+\boxed{(가)}<2-\frac{1}{k+1}$

$$\therefore 1+\frac{1}{2^2}+\frac{1}{3^2}+\cdots+\frac{1}{k^2}+\boxed{(가)}<2-\frac{1}{k+1}$$

따라서 $n=k+1$일 때도 주어진 부등식이 성립한다.

(i), (ii)에 의하여 $n\geq 2$인 모든 자연수 n에 대하여 주어진 부등식이 성립한다.

위의 과정에서 (가), (나)에 알맞은 식을 각각 $f(k)$, $g(k)$라 할 때, $f(1)+g(1)$의 값은?

① $-\frac{1}{2}$ ② $-\frac{1}{4}$ ③ 0
④ $\frac{1}{4}$ ⑤ $\frac{1}{2}$

바른답 · 알찬풀이 122쪽

중단원 마무리

33 일차

STEP1 실전 문제

1023 중요!

160쪽 유형 01

수열 $\{a_n\}$이 $a_1=-10$, $a_8=4$이고

$$2a_{n+1}-a_n=a_{n+2}\ (n=1, 2, 3, \cdots)$$

로 정의될 때, $\sum_{k=1}^{m} a_k=0$을 만족시키는 자연수 m의 값을 구하시오.

1024 평가원

161쪽 유형 02

모든 항이 양수인 수열 $\{a_n\}$이 $a_1=2$이고

$$\log_2 a_{n+1}=1+\log_2 a_n\ (n\ge1)$$

을 만족시킨다. $a_1\times a_2\times a_3\times \cdots \times a_8=2^k$일 때, 상수 k의 값은?

① 36 ② 40 ③ 44
④ 48 ⑤ 52

1025

161쪽 유형 03

수열 $\{a_n\}$이 $a_2=5$, $a_5=32$이고

$$a_{n+1}-a_n=pn+3\ (n=1, 2, 3, \cdots)$$

으로 정의될 때, 상수 p의 값을 구하시오.

1026

162쪽 유형 04

수열 $\{a_n\}$이

$$a_1=\frac{1}{2},\ (n+2)a_{n+1}=na_n\ (n=1, 2, 3, \cdots)$$

으로 정의될 때, $\sum_{k=1}^{30} a_k=\frac{q}{p}$이다. 이때 $p+q$의 값을 구하시오. (단, p와 q는 서로소인 자연수이다.)

1027

162쪽 유형 05

수열 $\{a_n\}$이

$$a_1=1,\ 2a_na_{n+1}=a_n-a_{n+1}\ (n=1, 2, 3, \cdots)$$

로 정의될 때, $\frac{a_3}{a_5}$의 값은?

① $\frac{5}{9}$ ② $\frac{7}{9}$ ③ $\frac{4}{5}$
④ $\frac{7}{5}$ ⑤ $\frac{9}{5}$

1028

162쪽 유형 05

수열 $\{a_n\}$이

$$a_1=4,\ a_{n+1}=(13a_n\text{을 5로 나누었을 때의 나머지})\ (n=1, 2, 3, \cdots)$$

로 정의될 때, $a_{99}+a_{100}+a_{101}$의 값은?

① 6 ② 7 ③ 8
④ 9 ⑤ 10

1029

163쪽 유형 06

수열 $\{a_n\}$의 첫째항부터 제n항까지의 합을 S_n이라 하면

$$S_1=3,\ S_{n+1}=2S_n+7\ (n=1, 2, 3, \cdots)$$

이 성립한다. 이때 $a_k>5000$을 만족시키는 자연수 k의 최솟값을 구하시오.

1030 중요!

163쪽 유형 07

성냥개비를 사용하여 다음 그림과 같이 도형을 만들려고 한다. [n단계]의 도형을 만드는 데 필요한 성냥개비의 개수를 a_n이라 할 때, a_{15}를 구하시오.

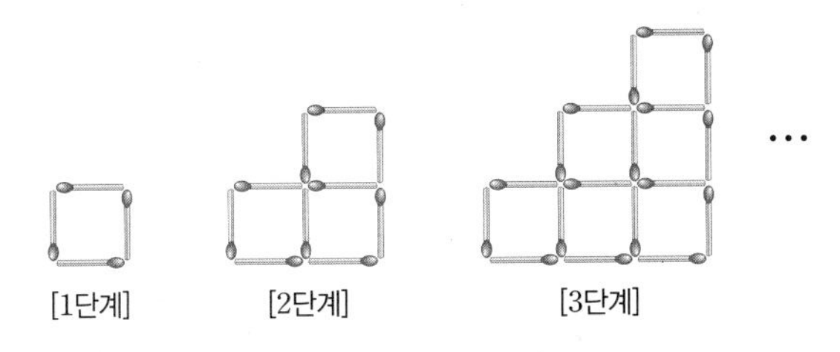

1031 교육청

165쪽 유형 09

다음은 모든 자연수 n에 대하여

$$\frac{4}{3}+\frac{8}{3^2}+\frac{12}{3^3}+\cdots+\frac{4n}{3^n}=3-\frac{2n+3}{3^n} \quad \cdots\cdots ㉠$$

이 성립함을 수학적 귀납법으로 증명한 것이다.

증명

(i) $n=1$일 때,

(좌변)$=\frac{4}{3}$, (우변)$=3-\frac{5}{3}=\frac{4}{3}$

이므로 ㉠이 성립한다.

(ii) $n=k$일 때, ㉠이 성립한다고 가정하면

$$\frac{4}{3}+\frac{8}{3^2}+\frac{12}{3^3}+\cdots+\frac{4k}{3^k}=3-\frac{2k+3}{3^k}$$

위 등식의 양변에 $\frac{4(k+1)}{3^{k+1}}$을 더하여 정리하면

$$\frac{4}{3}+\frac{8}{3^2}+\frac{12}{3^3}+\cdots+\frac{4k}{3^k}+\frac{4(k+1)}{3^{k+1}}$$

$$=3-\frac{1}{3^k}\{(2k+3)-\boxed{(가)}\}$$

$$=3-\frac{\boxed{(나)}}{3^{k+1}}$$

따라서 $n=k+1$일 때도 ㉠이 성립한다.

(i), (ii)에 의하여 모든 자연수 n에 대하여 ㉠이 성립한다.

위의 과정에서 (가), (나)에 알맞은 식을 각각 $f(k)$, $g(k)$라 할 때, $f(3)\times g(2)$의 값은?

① 36 ② 39 ③ 42 ④ 45 ⑤ 48

1032

166쪽 유형 10

다음은 모든 자연수 n에 대하여 $3^{2n}-1$이 8의 배수임을 수학적 귀납법으로 증명한 것이다.

증명

(i) $n=1$일 때, $3^2-1=8$

따라서 $n=1$일 때, $3^{2n}-1$은 8의 배수이다.

(ii) $n=k$일 때, $3^{2n}-1$이 8의 배수라 가정하면

$3^{2k}-1=8m$ (m은 자연수)

으로 놓을 수 있다.

$n=k+1$일 때,

$$3^{2(k+1)}-1=\boxed{(가)}\times 3^{2k}-1$$
$$=9(3^{2k}-1)+\boxed{(나)}$$
$$=9\times 8m+\boxed{(나)}$$
$$=8(\boxed{(다)})$$

따라서 $n=k+1$일 때도 $3^{2n}-1$은 8의 배수이다.

(i), (ii)에 의하여 모든 자연수 n에 대하여 $3^{2n}-1$은 8의 배수이다.

위의 과정에서 (가), (나)에 알맞은 수를 각각 α, β라 하고, (다)에 알맞은 식을 $f(m)$이라 할 때, $\alpha+f(\beta)$의 값을 구하시오.

1033

167쪽 유형 11

다음은 $h>0$일 때, $n\geq 2$인 모든 자연수 n에 대하여 부등식

$$(1+h)^n>1+nh$$

가 성립함을 수학적 귀납법으로 증명한 것이다.

증명

(i) $n=2$일 때,

(좌변)$=(1+h)^2=1+2h+h^2$, (우변)$=1+2h$

이때 $h^2>0$이므로 $1+2h+h^2>1+2h$

따라서 $n=2$일 때, 주어진 부등식이 성립한다.

(ii) $n=k\ (k\geq 2)$일 때, 주어진 부등식이 성립한다고 가정하면

$(1+h)^k>1+kh$

$n=k+1$일 때,

$$(1+h)^{k+1}>(1+kh)(\boxed{(가)})$$
$$=1+\boxed{(나)}+kh^2$$
$$>1+\boxed{(나)}$$

따라서 $n=k+1$일 때도 주어진 부등식이 성립한다.

(i), (ii)에 의하여 $n\geq 2$인 모든 자연수 n에 대하여 주어진 부등식이 성립한다.

위의 과정에서 (가), (나)에 알맞은 것을 각각 구하시오.

10 수학적 귀납법

바른답 · 알찬풀이 123쪽

STEP 2 실력 UP 문제

1034

160쪽 유형 01

첫째항이 3인 수열 $\{a_n\}$이 다음 조건을 만족시킬 때, $\sum_{k=1}^{50} a_k$의 값을 구하시오.

> (가) $a_{k+1}=a_k+2$ ($k=1, 2, 3, 4, 5$)
> (나) 모든 자연수 k에 대하여 $a_{k+6}=a_k$이다.

1035 평가원

162쪽 유형 05

공차가 0이 아닌 등차수열 $\{a_n\}$이 있다. 수열 $\{b_n\}$은

$$b_1=a_1$$

이고, 2 이상의 자연수 n에 대하여

$$b_n=\begin{cases} b_{n-1}+a_n & (n\text{이 3의 배수가 아닌 경우}) \\ b_{n-1}-a_n & (n\text{이 3의 배수인 경우}) \end{cases}$$

이다. $b_{10}=a_{10}$일 때, $\frac{b_8}{b_{10}}=\frac{q}{p}$이다. 이때 $p+q$의 값을 구하시오. (단, p와 q는 서로소인 자연수이다.)

1036

163쪽 유형 07

오른쪽 그림과 같이 자연수 n에 대하여 직선 $x+y=n$과 x축 및 y축으로 둘러싸인 삼각형의 내부에 있는 점 중에서 x좌표와 y좌표가 모두 자연수인 점의 개수를 a_n이라 하자. 예를 들어 $a_2=0$, $a_3=1$이다. 이때 $\sum_{k=3}^{10} a_k$의 값을 구하시오. (단, 직선 $x+y=n$ 위의 점은 제외한다.)

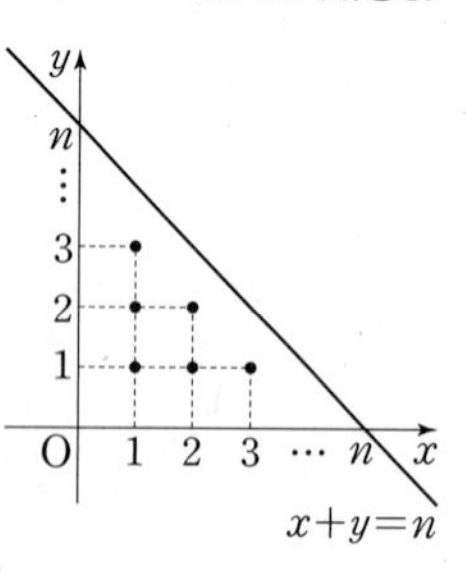

적중 서술형 문제

1037

161쪽 유형 02

모든 항이 양수인 수열 $\{a_n\}$이

$$a_1a_2=12,\ a_{n+1}^2-9a_n^2=0\ (n=1, 2, 3, \cdots)$$

으로 정의될 때, $\sum_{k=1}^{5} a_k$의 값을 구하시오.

1038

163쪽 유형 06

수열 $\{a_n\}$의 첫째항부터 제n항까지의 합을 S_n이라 하면

$$a_1=-3,\ S_n=2a_n+3n\ (n=1, 2, 3, \cdots)$$

이 성립한다. 이때 a_5를 구하시오.

1039

167쪽 유형 11

$n\geq4$인 모든 자연수 n에 대하여 부등식

$$1\times2\times3\times\ \cdots\ \times n>2^n$$

이 성립함을 수학적 귀납법으로 증명하려고 한다. 다음 물음에 답하시오.

(1) $n=4$일 때, 주어진 부등식이 성립함을 보이시오.

(2) $n=k$ ($k\geq4$)일 때, 주어진 부등식이 성립하면 $n=k+1$일 때도 부등식이 성립함을 보이시오.

말 없는 위로

아무에게도 들키고 싶지 않은 기분일 때
말없이 위로해 주는 너에게 고마워.

그래서.. 왜 울었어? ㅋㅋㅋㅋㅋㅋ
야...
흑역사는 놀려야 제맛!

빠른답 체크 Speed Check

0001 3　0002 -0.2　0003 없다.　0004 $-3, 3$　0005 5　0006 2　0007 2　0008 $-\frac{1}{3}$　0009 4　0010 3

0011 16　0012 3　0013 ㄱ, ㄴ, ㄹ　0014 3　0015 ④　0016 ①　0017 4　0018 ④　0019 ②　0020 ⑤

0021 ③　0022 15　0023 ⑤　0024 2　0025 ④　0026 $\sqrt[24]{x^5}$　0027 ③　0028 ②　0029 $C<B<A$

0030 1　0031 1　0032 $\frac{1}{7}$　0033 $-\frac{125}{27}$　0034 2　0035 7　0036 $\frac{1}{3}$　0037 25　0038 4　0039 3

0040 2^{13}　0041 $3^{-\frac{11}{2}}$　0042 $3^{-\sqrt{2}}$　0043 $6^{4\sqrt{2}}$　0044 ④　0045 ③　0046 -31　0047 2　0048 ⑤　0049 6

0050 ②　0051 9　0052 3　0053 $\frac{15}{16}$　0054 $\frac{1}{8}$　0055 3^{23}　0056 ④　0057 $a^{\frac{7}{2}}$　0058 $\frac{1}{3}$　0059 2

0060 14　0061 ④　0062 ②　0063 -4　0064 ②　0065 ①　0066 $\frac{5\sqrt{7}}{7}$　0067 $24\sqrt{2}$　0068 ②　0069 ①

0070 $\frac{5}{21}$　0071 $\frac{5}{2}$　0072 ⑤　0073 ①　0074 -2　0075 ②　0076 ③　0077 49　0078 ②　0079 ③

0080 ④　0081 12만 명　0082 20　0083 ②　0084 ④　0085 ②　0086 ①　0087 $\frac{1}{2}$　0088 33　0089 ⑤

0090 12　0091 26　0092 $\frac{1}{81}$　0093 119　0094 47　0095 ⑤　0096 ②　0097 ①　0098 ②　0099 216

0100 14

0101 (1) $\sqrt[4]{512}$　(2) $\sqrt[4]{8}$　0102 $\frac{12}{5}$　0103 $5=\log_2 32$　0104 $-3=\log_{\frac{1}{3}} 27$　0105 $\frac{1}{2}=\log_{25} 5$

0106 $5^3=125$　0107 $16^{\frac{1}{4}}=2$　0108 $(\sqrt{7})^4=49$　0109 32　0110 1　0111 25　0112 $2<x<3$ 또는 $x>3$　0113 $x>5$

0114 $\frac{1}{3}<x<\frac{2}{3}$ 또는 $\frac{2}{3}<x<7$　0115 (가): M, (나): N, (다): MN　0116 2　0117 3　0118 $\frac{a+2}{a}$　0119 $\frac{b+1}{b}$　0120 $\frac{a+b}{a+1}$

0121 $\frac{3}{2}$　0122 6　0123 6　0124 ④　0125 8　0126 9　0127 10　0128 ③　0129 ②　0130 7

0131 ③　0132 ④　0133 ②　0134 -4　0135 49　0136 ④　0137 6　0138 30　0139 ②　0140 ④

0141 ②　0142 ⑤　0143 67　0144 ③　0145 ④　0146 $\frac{3a+2b}{a+b}$　0147 ①　0148 $\frac{3a+b}{2}$　0149 ④　0150 ③

0151 $A<B<C$　0152 $\frac{15}{23}$　0153 14　0154 1　0155 ③　0156 ③　0157 ③　0158 ⑤　0159 9

0160 3　0161 $\frac{2}{3}$　0162 -4　0163 0.0294　0164 0.5198　0165 0.5353　0166 1.7412　0167 3.7412　0168 -1.2588

0169 ⑤　0170 1.126　0171 1.442　0172 ③　0173 ④　0174 0.00238　0175 ⑤　0176 5　0177 ④　0178 ④

0179 30　0180 $\frac{99}{8}$　0181 ③　0182 20 m　0183 10　0184 ②　0185 10　0186 ①　0187 5　0188 ⑤

0189 33　0190 ④　0191 $\frac{10}{3}$　0192 ③　0193 65　0194 890　0195 ①　0196 10^{12}　0197 ②　0198 5

0199 ②　0200 53.1 %

0201 $b=c$인 이등변삼각형　0202 (1) $n=2$, $a=\frac{1}{2}$　(2) 6　0203 8　0204 ㄷ, ㄹ　0205 풀이 참조　0206 풀이 참조　0207 풀이 참조　0208 x, 2, 1

0209 $\sqrt[3]{5^2}<\sqrt[4]{5^3}$　0210 $\left(\frac{1}{2}\right)^{-2}>\left(\frac{1}{2}\right)^4$　0211 최댓값: 1, 최솟값: $\frac{1}{36}$　0212 최댓값: 3, 최솟값: $-\frac{9}{5}$　0213 ⑤　0214 ④

0215 $a<0$ 또는 $a>1$　0216 ①　0217 ②　0218 -2　0219 120　0220 ④　0221 -16　0222 ⑤　0223 ②

0224 ④　0225 $4\sqrt{2}$　0226 8　0227 ①　0228 ①　0229 ⑤　0230 2　0231 $\frac{1}{16}$　0232 ③　0233 ④

0234 ⑤　0235 ②　0236 ⑤　0237 ③　0238 ⑤　0239 ③　0240 -12　0241 2　0242 14　0243 7

0244 ⑤　0245 1　0246 9　0247 ④　0248 32　0249 $x=\frac{5}{2}$　0250 $x=1$　0251 (가): t^2+t-6, (나): 2, (다): $\frac{1}{2}$

0252 $x=-2$ 0253 $x>-\frac{1}{2}$ 0254 $x\geq 2$ 0255 (가): t^2-5t+4, (나): 1, (다): 4, (라): -2, (마): 0 0256 $x\geq -1$ 0257 ⑤ 0258 4 0259 ①

0260 ③ 0261 $x=1$ 또는 $x=3$ 0262 ⑤ 0263 $x=0$ 0264 ③ 0265 ① 0266 ⑤ 0267 ① 0268 ③

0269 0 0270 ⑤ 0271 ① 0272 $\frac{1}{9}$ 0273 ③ 0274 ④ 0275 ② 0276 ⑤ 0277 ⑤ 0278 -3

0279 ③ 0280 91 0281 ② 0282 ② 0283 4 0284 ⑤ 0285 ⑤ 0286 ② 0287 2

0288 5시간 후 0289 ③ 0290 6년 후 0291 ② 0292 ②, ④ 0293 ④ 0294 ④ 0295 ① 0296 $2\sqrt{5}$ 0297 ⑤

0298 100 0299 ② 0300 ⑤

0301 ③ 0302 ① 0303 $\frac{1}{2}$ 0304 17 0305 ④ 0306 10 0307 ① 0308 $\frac{79}{8}$ 0309 ⑤ 0310 4

0311 ① 0312 ② 0313 4 0314 $-\frac{1}{9}$ 0315 2 0316 2^{12} 0317 (1) $-3<x<1$ (2) $-2\leq x\leq 6$ (3) -3

0318 $y=\log_6 x$ 0319 $y=\log_3 \frac{x}{2}-1$ 0320 $y=4^x$ 0321 $y=\left(\frac{1}{10}\right)^x$ 0322 풀이 참조 0323 풀이 참조

0324 풀이 참조 0325 $\log_3 10>3\log_3 2$ 0326 $\log_2 3<\log_4 81$ 0327 $\frac{1}{2}\log_{\frac{1}{3}}36<\frac{1}{4}\log_{\frac{1}{3}}25$ 0328 최댓값: 0, 최솟값: -3

0329 최댓값: 1, 최솟값: -3 0330 ④ 0331 8 0332 ㄱ, ㄹ 0333 6 0334 27 0335 4 0336 ① 0337 ②

0338 -1 0339 2 0340 ④ 0341 96 0342 ⑤ 0343 -1 0344 ② 0345 $\frac{1}{2}$ 0346 1 0347 ②

0348 $B<A<C$ 0349 ③ 0350 4 0351 ① 0352 6 0353 ② 0354 $\frac{1}{3}$ 0355 4 0356 ③

0357 ③ 0358 ① 0359 3 0360 ① 0361 ⑤ 0362 ④ 0363 ④ 0364 2 0365 ⑤ 0366 4

0367 $x=3$ 0368 $x=\sqrt{5}$ 0369 $x=\frac{1}{5}$ 또는 $x=125$ 0370 (가): $\log_4 x$, (나): -1, (다): $\frac{1}{4}$ 0371 $x\geq 7$ 0372 $-\frac{7}{2}<x<-1$

0373 $0<x<\frac{1}{4}$ 또는 $x>32$ 0374 (가): 0, (나): $\log_3 x$, (다): 2, (라): $\frac{1}{9}$, (마): 9 0375 ① 0376 ① 0377 $x=6$ 0378 ③ 0379 ①

0380 ⑤ 0381 ③ 0382 ① 0383 1 0384 17 0385 ③ 0386 2 0387 ⑤ 0388 ⑤

0389 $\frac{1}{10}$, 1000 0390 ⑤ 0391 ③ 0392 19 0393 6 0394 ③ 0395 $0<x\leq\frac{1}{3}$ 또는 $x\geq\frac{\sqrt{3}}{3}$ 0396 ⑤

0397 $\frac{1}{4}$ 0398 ⑤ 0399 ③ 0400 -8

0401 $0<k<\frac{1}{4}$ 0402 256 0403 ③ 0404 ② 0405 4 0406 20 0407 8일 후 0408 ㄱ, ㄹ 0409 ③

0410 30 0411 ④ 0412 ② 0413 ⑤ 0414 3 0415 2 0416 ④ 0417 $x=10$ 0418 15 0419 ④

0420 ④ 0421 3 0422 -36 0423 ④ 0424 81 0425 0 0426 ⑤ 0427 ① 0428 5

0429 (1) $2p\log_3 6p$ (2) $2p\log_3 2p$ (3) 6 0430 $\frac{\sqrt{6}}{6}$ 0431 25 0432 4 0433 23 0434 풀이 참조 0435 풀이 참조

0436 $360°\times n+120°$ 0437 $360°\times n+320°$ 0438 $360°\times n+130°$, 제2사분면 0439 $360°\times n+280°$, 제4사분면

0440 $\frac{\pi}{3}$ 0441 $-\frac{3}{4}\pi$ 0442 $120°$ 0443 $-30°$ 0444 $l=\frac{\pi}{2}$, $S=\frac{3}{4}\pi$ 0445 ② 0446 ④ 0447 ㄴ, ㄷ 0448 ⑤

0449 제4사분면 0450 ③ 0451 제1사분면 또는 제3사분면 또는 제4사분면 0452 제1사분면 또는 제3사분면 0453 ④ 0454 ④ 0455 ④

0456 ⑤ 0457 $9°$, $45°$, $81°$ 0458 ⑤ 0459 ⑤ 0460 제4사분면 0461 ④ 0462 ② 0463 $2\sqrt{2}\pi$ 0464 $\pi-2$

0465 ④ 0466 ② 0467 ⑤ 0468 $\sin\theta=\frac{2\sqrt{5}}{5}$, $\cos\theta=-\frac{\sqrt{5}}{5}$, $\tan\theta=-2$ 0469 $\sin\theta=-\frac{\sqrt{2}}{2}$, $\cos\theta=-\frac{\sqrt{2}}{2}$, $\tan\theta=1$

0470 $\sin\theta>0$, $\cos\theta>0$, $\tan\theta>0$ 0471 $\sin\theta>0$, $\cos\theta<0$, $\tan\theta<0$ 0472 $\sin\theta<0$, $\cos\theta<0$, $\tan\theta>0$

0473 $\sin\theta<0$, $\cos\theta>0$, $\tan\theta<0$ 0474 제4사분면 0475 제2사분면 0476 제2사분면 또는 제3사분면 0477 $\cos\theta=-\frac{12}{13}$, $\tan\theta=-\frac{5}{12}$

0478 $-\frac{3}{8}$　0479 ③　0480 26　0481 ⑤　0482 $\frac{1+\sqrt{3}}{2}$　0483 제4사분면　0484 $-2\cos\theta$　0485 ②　0486 ⑤　0487 ⑤

0488 ③　0489 ①　0490 $2\sin\theta$　0491 -7　0492 ①　0493 $-\frac{1}{2}$　0494 $-\frac{\sqrt{5}}{5}$　0495 ④　0496 $\frac{19}{9}$　0497 $-\frac{\sqrt{2}}{2}$

0498 16　0499 ①　0500 $\frac{1}{4}$

0501 ④　0502 ④　0503 $\frac{\sqrt{2}}{2}$　0504 ㄴ, ㄷ　0505 18　0506 27　0507 ③　0508 ⑤　0509 $\frac{6}{5}$

0510 $2\sin\theta+\tan\theta$　0511 ④　0512 50　0513 ③　0514 ③　0515 ④　0516 $16\sqrt{3}-\frac{22}{3}\pi$　0517 ③

0518 2π　0519 90π　0520 2　0521 (1) -4　(2) $4x^2-3x-9=0$　0522 2　0523 풀이 참조　0524 풀이 참조

0525 풀이 참조　0526 풀이 참조　0527 풀이 참조　0528 풀이 참조　0529 최댓값: $\frac{1}{2}$, 최솟값: $-\frac{1}{2}$, 주기: π　0530 최댓값: 4, 최솟값: -2, 주기: $\frac{\pi}{2}$

0531 최댓값: 없다., 최솟값: 없다., 주기: 2π　0532 ④　0533 ④　0534 6　0535 ⑤　0536 ④　0537 $\frac{\sqrt{2}}{2}$　0538 ③

0539 5π　0540 ③　0541 3　0542 ⑤　0543 ④　0544 ④　0545 $\pi-4$　0546 ㄱ, ㄷ　0547 ②　0548 ①

0549 π　0550 $-\frac{3}{8}\pi$　0551 2π　0552 ⑤　0553 π　0554 ⑤　0555 ③　0556 ③　0557 3　0558 $\frac{\sqrt{2}}{2}$

0559 $\frac{\sqrt{3}}{2}$　0560 $\sqrt{3}$　0561 $-\frac{\sqrt{3}}{2}$　0562 $\frac{\sqrt{2}}{2}$　0563 $-\frac{\sqrt{3}}{3}$　0564 $-\frac{1}{2}$　0565 $\frac{1}{2}$　0566 -1　0567 $-\frac{\sqrt{3}}{2}$　0568 $-\frac{\sqrt{3}}{2}$

0569 1　0570 0.9703　0571 -0.2079　0572 -0.2309　0573 $-\frac{3}{2}$　0574 ㄴ, ㄷ　0575 ①　0576 $\frac{5}{2}$　0577 1　0578 0

0579 ㄴ　0580 ③　0581 ①　0582 ④　0583 ②　0584 ③　0585 $\frac{1}{6}$　0586 -7　0587 -7　0588 ④

0589 4　0590 (가): $\frac{1}{2}$, (나): $\frac{\pi}{6}$, (다): $\frac{5}{6}\pi$　0591 $x=\frac{\pi}{4}$ 또는 $x=\frac{7}{4}\pi$　0592 $x=\frac{5}{6}\pi$ 또는 $x=\frac{11}{6}\pi$　0593 (가): $\frac{\sqrt{2}}{2}$, (나): $\frac{\pi}{4}$, (다): $\frac{7}{4}\pi$

0594 $\frac{\pi}{3}<x<\frac{2}{3}\pi$　0595 $\frac{\pi}{2}<x\le\frac{3}{4}\pi$ 또는 $\frac{3}{2}\pi<x\le\frac{7}{4}\pi$　0596 ③　0597 ②, ⑤　0598 $\frac{1}{2}$　0599 $\frac{2}{3}\pi$　0600 π

0601 ④　0602 $x=\frac{3}{4}\pi$　0603 ②　0604 ③　0605 1　0606 ③　0607 ⑤　0608 4　0609 $\frac{\pi}{2}$

0610 $-\pi<x\le-\frac{5}{6}\pi$ 또는 $-\frac{\pi}{6}\le x<\frac{\pi}{4}$ 또는 $\frac{3}{4}\pi<x\le\pi$　0611 ⑤　0612 $\frac{4}{3}\pi$　0613 ③　0614 ①　0615 5　0616 $a<-1$

0617 $\frac{5}{6}\pi$　0618 $\frac{7}{6}\pi<\theta<\frac{11}{6}\pi$　0619 ⑤　0620 ②　0621 1　0622 ③　0623 ④　0624 ②　0625 -16

0626 1　0627 5　0628 ②　0629 ④　0630 ④　0631 2　0632 ①　0633 0　0634 8　0635 256

0636 $\frac{2}{3}\pi$　0637 30　0638 $-\frac{\pi}{3}\le x\le\frac{\pi}{3}$　0639 4　0640 $4\sqrt{3}-6$　0641 $\frac{11}{2}$　0642 -1

0643 (1) $\frac{1}{2}<\sin\theta<\frac{\sqrt{2}}{2}$　(2) $\frac{5}{12}\pi$　0644 2　0645 $4\sqrt{2}$　0646 30　0647 27　0648 6　0649 90°　0650 6

0651 3　0652 $\sqrt{3}$　0653 ③　0654 6　0655 $\frac{15}{4}$　0656 $13\sqrt{3}$　0657 $20+25\sqrt{3}$　0658 135°　0659 ⑤

0660 $2\sqrt{6}$　0661 ④　0662 ③　0663 ④　0664 $\frac{1}{2}$　0665 $12+6\sqrt{3}$　0666 ③　0667 ⑤　0668 ③　0669 ④

0670 정삼각형　0671 ③　0672 ②　0673 $\frac{33\sqrt{2}}{8}$　0674 $\frac{4\sqrt{3}}{3}$　0675 $\sqrt{5}$　0676 $\sqrt{13}$　0677 14　0678 $\frac{\sqrt{7}}{14}$　0679 $\frac{1}{2}$

0680 120°　0681 (가): 4, (나): 2, (다): $\frac{1}{2}$, (라): 30°　0682 3　0683 1　0684 ⑤　0685 ③　0686 $3\sqrt{3}$　0687 $\frac{3}{5}$

0688 120°　0689 $\frac{31}{3}\pi$　0690 $\frac{\sqrt{3}}{3}$　0691 60°　0692 $8\sqrt{3}+3\sqrt{6}$　0693 $B=90^\circ$인 직각삼각형　0694 ①

0695 $A=90^\circ$인 직각삼각형　0696 ④　0697 $100\pi\ \text{cm}^2$　0698 ⑤　0699 $\frac{3\sqrt{3}}{4}$　0700 ①

0701 $4\sqrt{3}$ 0702 5 0703 ① 0704 ⑤ 0705 ④ 0706 $\sqrt{57}$ 0707 $150°$ 0708 ③ 0709 50

0710 $10\sqrt{21}$ m 0711 $\frac{\sqrt{21}}{7}$ 0712 ① 0713 ① 0714 $4\sqrt{6}$ 0715 (1) $\angle AOB=150°$, $\angle BOC=120°$, $\angle COA=90°$ (2) $3+\sqrt{3}$

0716 14 0717 $\frac{21\sqrt{5}}{10}$ 0718 1, 7 0719 13, 1 0720 $a_n=-4n+24$ 0721 $a_n=5n-6$ 0722 (1) -2 (2) 제15항

0723 4 0724 -5 0725 15 0726 2 0727 $a_n=-8n+52$ 0728 $b_n=6n-14$ 0729 ② 0730 ③

0731 ③ 0732 제20항 0733 15 0734 제28항 0735 ③ 0736 ② 0737 132 0738 32 0739 47 0740 ②

0741 ① 0742 ② 0743 -1 0744 ④ 0745 ⑤ 0746 96 0747 ⑤ 0748 ④ 0749 ① 0750 285

0751 -45 0752 480 0753 -165 0754 366 0755 70 0756 91 0757 (1) -1 (2) 9 (3) $a_n=2n-3$

0758 $a_n=2n$ 0759 $a_n=4n-3$ 0760 ② 0761 ② 0762 17 0763 18 0764 45 0765 ③ 0766 228

0767 45 0768 ⑤ 0769 ④ 0770 512 0771 -24 0772 ③ 0773 ③ 0774 2421 0775 603 0776 ④

0777 4 0778 120π 0779 ① 0780 -17 0781 ④ 0782 5 0783 4, 16 0784 8, -1 0785 $a_n=3\times(-2)^{n-1}$

0786 $a_n=3^{n-1}$ 0787 -4 0788 $-\frac{1}{2}$ 또는 $\frac{1}{2}$ 0789 -4 또는 4 0790 $-\sqrt{42}$ 또는 $\sqrt{42}$ 0791 $a_n=\frac{6}{7}\times 2^{n-1}$

0792 3 0793 9 0794 제8항 0795 ④ 0796 ② 0797 54 0798 ① 0799 ② 0800 3

0801 ② 0802 ⑤ 0803 ② 0804 4 0805 ⑤ 0806 20 0807 43 0808 ③ 0809 ② 0810 ④

0811 ④ 0812 22 0813 64만 명 0814 1093 0815 -86 0816 $\frac{1023}{1024}$ 0817 441 0818 $a_n=2^{n-1}$ 0819 $a_n=6\times 7^{n-1}$

0820 (1) (가): $a\times 1.04^3$, (나): a (2) $5a$원 0821 39 0822 ② 0823 510 0824 ④ 0825 ③ 0826 ⑤ 0827 ③

0828 ③ 0829 1924 0830 ② 0831 ③ 0832 12 0833 ⑤ 0834 46 0835 ③ 0836 ④ 0837 ①

0838 ③ 0839 ② 0840 1.54배 0841 ⑤ 0842 제17항 0843 29 0844 56 0845 7 0846 ② 0847 57

0848 ⑤ 0849 18 0850 ⑤ 0851 -8 0852 128 0853 -16 0854 312만 원 0855 ③ 0856 300 0857 340

0858 ③ 0859 ④ 0860 370 0861 312 0862 500 0863 $\frac{31}{4}$ 0864 (1) $a_n=(-3)^{n-1}$ (2) 28 0865 6 0866 $\sum_{k=1}^{n} 6^k$

0867 $\sum_{k=1}^{n} 2k$ 0868 $\sum_{k=1}^{8} 4$ 0869 $5+9+13+17+21$ 0870 $2+6+12+20+30$ 0871 $1+8+27+64+125+216$

0872 $\frac{1}{2}+\frac{1}{4}+\frac{1}{6}+\frac{1}{8}$ 0873 (1) 54 (2) -11 (3) 65 (4) 52 0874 120 0875 204 0876 3025 0877 188 0878 70

0879 420 0880 (1) $a_n=n(n+2)$ (2) 10 (3) 495 0881 455 0882 1287 0883 168 0884 ② 0885 ⑤ 0886 3

0887 90 0888 ⑤ 0889 ⑤ 0890 4 0891 ④ 0892 3 0893 110 0894 ② 0895 3 0896 13

0897 230 0898 ③ 0899 ③ 0900 7

0901 ⑤ 0902 10 0903 ② 0904 ⑤ 0905 367 0906 266 0907 ② 0908 728 0909 ② 0910 ⑤

0911 ① 0912 2640 0913 204 0914 ① 0915 ⑤ 0916 $\frac{n(2n^2+1)}{3}$ 0917 ⑤ 0918 ② 0919 21

0920 $\frac{n}{n+1}$ 0921 $\frac{n}{2(n+2)}$ 0922 $\frac{29}{45}$ 0923 $\frac{4}{7}$ 0924 $3(\sqrt{n+1}-1)$ 0925 $\sqrt{n+4}-2$

0926 $\sqrt{17}-1$ 0927 $\sqrt{2}$ 0928 (1) 풀이 참조 (2) 제26항 (3) 25 0929 ① 0930 $\frac{12}{37}$ 0931 ③ 0932 63 0933 ①

0934 ③ 0935 ② 0936 $\sqrt{3}$ 0937 ② 0938 ② 0939 12 0940 ③ 0941 $2^{15}+2$ 0942 제29항 0943 285

0944 ⑤ 0945 ④ 0946 ⑤ 0947 ③ 0948 ③ 0949 135 0950 369 0951 ② 0952 ③ 0953 14

0954 ⑤ 0955 480 0956 ③ 0957 948 0958 ③ 0959 $\frac{5}{3}$ 0960 ③ 0961 110 0962 273 0963 100

0964 $\frac{15}{128}$ 0965 86 0966 ② 0967 200 0968 ④ 0969 ② 0970 $-\frac{1}{40}$ 0971 ⑤ 0972 105 0973 5170

0974 (1) $a_n=\frac{1}{3}(10^n-1)$ (2) 38 0975 605 0976 $\frac{20}{11}$ 0977 23 0978 20 0979 384

0980 $a_1=-3$, $a_{n+1}=a_n+5$ $(n=1, 2, 3, \cdots)$ 0981 $a_1=9$, $a_{n+1}=\frac{1}{3}a_n$ $(n=1, 2, 3, \cdots)$ 0982 $a_1=7$, $a_{n+1}=a_n-3$ $(n=1, 2, 3, \cdots)$

0983 $a_1=8$, $a_{n+1}=-\frac{1}{2}a_n$ $(n=1, 2, 3, \cdots)$ 0984 $a_n=4n-2$ 0985 $a_n=3n-2$ 0986 $a_n=-3\times\left(-\frac{1}{4}\right)^{n-1}$

0987 $a_n=2\times5^{n-1}$ 0988 64 0989 14 0990 $\frac{1}{17}$ 0991 ④ 0992 ④ 0993 ② 0994 ② 0995 9

0996 121 0997 $\frac{5}{36}$ 0998 ① 0999 ④ 1000 3

1001 $\frac{1}{13}$ 1002 12 1003 ④ 1004 16 1005 ③ 1006 ③ 1007 ⑤ 1008 $a_{n+1}=2a_n-10$ $(n=1, 2, 3, \cdots)$

1009 53 1010 ③ 1011 (가): 3, (나): $k+1$ 1012 (가): 2^k, (나): $2^{k+1}-1$ 1013 ④ 1014 ④ 1015 ⑤

1016 (가): $(k+1)(k+2)$, (나): $k+3$ 1017 (1) 풀이 참조 (2) 풀이 참조 1018 ④ 1019 36 1020 (가): $2^{k+1}+3^{2k-1}$, (나): 7, (다): $2m+3^{2k-1}$

1021 (가): $\frac{1}{k+1}$, (나): $\frac{2k+1}{k+1}$, (다): k 1022 ③ 1023 11 1024 ① 1025 2 1026 61 1027 ⑤ 1028 ③

1029 11 1030 270 1031 ⑤ 1032 82 1033 (가): $1+h$, (나): $(k+1)h$ 1034 392 1035 13 1036 120 1037 242

1038 -93 1039 (1) 풀이 참조 (2) 풀이 참조

미래엔 에듀

수학 도서안내

1등급 달성을 위한 필수 코스

개념 기본서

수학중심

고등 수학(상), 고등 수학(하)
수학 I, 수학 II, 확률과 통계, 미적분, 기하

- 교과 내용에 맞춰 개념과 유형을 균형 있게 학습
- 주제별 개념과 유형을 필요한 만큼 충분하게 완벽 훈련
- 시험 출제율이 높은 문제와 수준별·단계별 문제로 실전 대비

문제 기본서

유형중심

고등 수학(상), 고등 수학(하)
수학 I, 수학 II, 확률과 통계, 미적분

- 학습 주제별 구성으로 주제별 완벽한 유형 학습
- 수준별 학습으로 기본부터 실력까지 완전 학습
- 최신 기출(수능, 평가원, 교육청) 문제로 자신 있는 실전 대비

기출 분석 문제집

1등급 만들기

고등 수학(상), 고등 수학(하)
수학 I, 수학 II, 확률과 통계, 미적분, 기하

- 1200여 학교의 기출에서 뽑은 고빈출 유형 학습
- 시험에 꼭 나오는 핵심 개념과 단계별 문제로 실력 향상
- 1등급 달성을 위한 고난도 문제와 마무리 문제로 자신감 강화

유형중심

수학Ⅰ

실전에서
완벽하게
중심을 잡는
문제 기본서

바른답·알찬풀이

Mirae N 에듀

바른답·알찬풀이

STUDY POINT

알찬풀이 정확하고 자세하며 명쾌한 풀이로 이해하기 쉽습니다.

해결 전략 문제 해결 방향을 잡는 전략을 세울 수 있습니다.

도움 개념 문제 해결에 도움이 되는 이전 학습 내용을 확인할 수 있습니다.

바른답·알찬풀이

수학 I

I 지수함수와 로그함수

II 삼각함수

III 수열

01 지수

Lecture » 10~12쪽

거듭제곱근

0001 답 3

27의 세제곱근은 방정식 $x^3=27$의 근이므로

$x^3-3^3=0$, $(x-3)(x^2+3x+9)=0$

이때 $x^2+3x+9=0$은 실근을 갖지 않으므로

$x-3=0$에서 $x=3$

따라서 27의 세제곱근 중 실수인 것은 3이다.

참고 $x^2+3x+9=0$에서

$$x=\frac{-3\pm\sqrt{3^2-4\times9}}{2}=\frac{-3\pm3\sqrt{3}i}{2}$$

0002 답 -0.2

-0.008의 세제곱근은 방정식 $x^3=-0.008$의 근이므로

$x^3+0.2^3=0$, $(x+0.2)(x^2-0.2x+0.04)=0$

이때 $x^2-0.2x+0.04=0$은 실근을 갖지 않으므로

$x+0.2=0$에서 $x=-0.2$

따라서 -0.008의 세제곱근 중 실수인 것은 -0.2이다.

0003 답 없다.

-16의 네제곱근은 방정식 $x^4=-16$의 근이다.

이때 실수 x에 대하여 $x^4\geq0$이므로 방정식 $x^4=-16$의 실근은 없다.

따라서 -16의 네제곱근 중 실수인 것은 없다.

0004 답 -3, 3

$(-3)^4=81$의 네제곱근은 방정식 $x^4=81$의 근이므로

$x^4-81=0$, $(x^2+9)(x^2-9)=0$

$(x^2+9)(x+3)(x-3)=0$

이때 $x^2+9=0$은 실근을 갖지 않으므로

$(x+3)(x-3)=0$에서 $x=-3$ 또는 $x=3$

따라서 $(-3)^4$의 네제곱근 중 실수인 것은 -3, 3이다.

0005 답 5

$\sqrt[3]{125}=\sqrt[3]{5^3}=5$

0006 답 2

$-\sqrt[3]{-8}=-\sqrt[3]{(-2)^3}=-(-2)=2$

0007 답 2

$\sqrt[4]{(-2)^4}=\sqrt[4]{2^4}=2$

0008 답 $-\frac{1}{3}$

$$-\sqrt[4]{\frac{1}{81}}=-\sqrt[4]{\left(\frac{1}{3}\right)^4}=-\frac{1}{3}$$

0009 답 4

$\sqrt[3]{2}\times\sqrt[3]{32}=\sqrt[3]{2\times32}=\sqrt[3]{64}=\sqrt[3]{4^3}=4$

0010 답 3

$$\frac{\sqrt[4]{243}}{\sqrt[4]{3}}=\sqrt[4]{\frac{243}{3}}=\sqrt[4]{81}=\sqrt[4]{3^4}=3$$

0011 답 16

$(\sqrt[6]{256})^3=\sqrt[6]{256^3}=\sqrt[6]{(16^2)^3}=\sqrt[6]{16^6}=16$

0012 답 3

$\sqrt[3]{\sqrt{729}}=\sqrt[6]{729}=\sqrt[6]{3^6}=3$

(하) **0013** 답 ㄱ, ㄴ, ㄹ

ㄱ. 16의 네제곱근 중 실수인 것은 2, -2의 2개이다.

ㄴ. -27의 세제곱근 중 실수인 것은 -3뿐이므로 1개이다.

ㄷ. 81의 네제곱근 중 실수인 것은 3, -3이다.

ㄹ. 125의 세제곱근 중 실수인 것은 5뿐이므로 125의 세제곱근 중 음의 실수인 것은 없다.

이상에서 옳은 것은 ㄱ, ㄴ, ㄹ이다.

(하) **0014** 답 3

5의 네제곱근 중 실수인 것은 $\sqrt[4]{5}$, $-\sqrt[4]{5}$의 2개이므로 $m=2$

-7의 세제곱근 중 실수인 것은 $\sqrt[3]{-7}$의 1개이므로 $n=1$

$\therefore m+n=2+1=3$

(중) **0015** 답 ④

① 8의 세제곱근은 방정식 $x^3=8$의 근이므로

$x^3-2^3=0$, $(x-2)(x^2+2x+4)=0$

$\therefore x=2$ 또는 $x=-1\pm\sqrt{3}i$

따라서 8의 세제곱근은 2, $-1+\sqrt{3}i$, $-1-\sqrt{3}i$이다.

② $(-4)^3=-64$의 네제곱근은 방정식 $x^4=-64$의 근이다. 이때 실수 x에 대하여 $x^4\geq0$이므로 방정식 $x^4=-64$의 실근은 없다. 따라서 $(-4)^3$의 네제곱근 중 실수인 것은 없다.

③ 제곱근 16은 $\sqrt{16}=4$이다.

⑤ n이 짝수일 때, $a>0$이면 a의 n제곱근 중 실수인 것은 $\sqrt[n]{a}$, $-\sqrt[n]{a}$이고, $a<0$이면 a의 n제곱근 중 실수인 것은 없다.

(중) **0016** 답 ①

-16의 세제곱근이 a이므로 $a^3=-16$

b의 네제곱근이 $\sqrt{2}$이므로 $(\sqrt{2})^4=b$ $\quad\therefore b=4$

$$\therefore \left(\frac{b}{a}\right)^3=\frac{b^3}{a^3}=\frac{4^3}{-16}=-4$$

(상) **0017** 답 4

-3의 8제곱근 중 실수인 것은 없으므로 $N(-3, 8)=0$

3의 8제곱근 중 실수인 것은 $\sqrt[8]{3}$, $-\sqrt[8]{3}$의 2개이므로

$N(3, 8)=2$

-5의 5제곱근 중 실수인 것은 $\sqrt[5]{-5}$의 1개이므로

$N(-5, 5)=1$

5의 5제곱근 중 실수인 것은 $\sqrt[5]{5}$의 1개이므로

$N(5, 5)=1$

$\therefore N(-3, 8)+N(3, 8)+N(-5, 5)+N(5, 5)$
$=0+2+1+1=4$

참고 (i) n이 짝수일 때,
$a>0$이면 $N(a, n)=2$
$a=0$이면 $N(a, n)=1$
$a<0$이면 $N(a, n)=0$
(ii) n이 홀수일 때, $N(a, n)=1$

하 0018 답 ④

① $\sqrt{(-2)^2}=\sqrt{2^2}=2$

② $(\sqrt[3]{-5})^3=-5$

③ $\sqrt[3]{3}\times\sqrt{3}=\sqrt[6]{3^2}\times\sqrt[6]{3^3}=\sqrt[6]{3^5}$

④ $\dfrac{\sqrt[3]{9}}{\sqrt[6]{27}}=\dfrac{\sqrt[3]{3^2}}{\sqrt[6]{3^3}}=\dfrac{\sqrt[6]{3^4}}{\sqrt[6]{3^3}}=\sqrt[6]{3}$

⑤ $\left(\sqrt[3]{7}\times\dfrac{1}{\sqrt[4]{7}}\right)^{12}=(\sqrt[3]{7})^{12}\times\left(\dfrac{1}{\sqrt[4]{7}}\right)^{12}=\{(\sqrt[3]{7})^3\}^4\times\dfrac{1}{\{(\sqrt[4]{7})^4\}^3}$
$=7^4\times\dfrac{1}{7^3}=7$

따라서 옳은 것은 ④이다.

하 0019 답 ②

$4\div(\sqrt[3]{2}\times\sqrt[6]{16})=\dfrac{2^2}{\sqrt[3]{2}\times\sqrt[6]{2^4}}=\dfrac{2^2}{\sqrt[3]{2}\times\sqrt[3]{2^2}}=\dfrac{2^2}{\sqrt[3]{2^3}}=\dfrac{2^2}{2}=2$

중 0020 답 ⑤

$\sqrt{\dfrac{4^7+16^7}{4^5+16^6}}=\sqrt{\dfrac{(2^2)^7+(2^4)^7}{(2^2)^5+(2^4)^6}}=\sqrt{\dfrac{2^{14}+2^{28}}{2^{10}+2^{24}}}=\sqrt{\dfrac{2^{14}(1+2^{14})}{2^{10}(1+2^{14})}}$
$=\sqrt{\dfrac{2^{14}}{2^{10}}}=\sqrt{2^4}=\sqrt{(2^2)^2}=2^2=4$

중 0021 답 ③

$\sqrt[3]{\dfrac{\sqrt[4]{7}}{\sqrt{3}}}\times\sqrt{\dfrac{\sqrt[3]{3}}{\sqrt[6]{7}}}=\dfrac{\sqrt[3]{\sqrt[4]{7}}}{\sqrt[3]{\sqrt{3}}}\times\dfrac{\sqrt{\sqrt[3]{3}}}{\sqrt{\sqrt[6]{7}}}=\dfrac{\sqrt[12]{7}}{\sqrt[6]{3}}\times\dfrac{\sqrt[6]{3}}{\sqrt[12]{7}}=1$

중 0022 답 15

해결 과정 $\sqrt[3]{4^m}\times\sqrt[6]{3^n}=\sqrt[3]{2^{2m}}\times\sqrt[6]{3^n}=\sqrt[6]{2^{4m}}\times\sqrt[6]{3^n}=\sqrt[6]{2^{4m}\times3^n}$,
$36=2^2\times3^2$ ◀ 30 %
이므로 $(\sqrt[6]{2^{4m}\times3^n})^6=(2^2\times3^2)^6$
$\therefore 2^{4m}\times3^n=2^{12}\times3^{12}$ ◀ 30 %
이때 2와 3은 서로소이므로 $4m=12$, $n=12$ ◀ 30 %
답 구하기 따라서 $m=3$, $n=12$이므로 $m+n=15$ ◀ 10 %

중 0023 답 ⑤

$\sqrt{4a^3b^2}\div\sqrt[3]{16a^2b}\times\sqrt[6]{4a^7b^2}=\dfrac{\sqrt[6]{4^3a^9b^6}\times\sqrt[6]{4a^7b^2}}{\sqrt[6]{16^2a^4b^2}}$
$=\sqrt[6]{a^{12}b^6}=\sqrt[6]{(a^2b)^6}=a^2b$

중 0024 답 2

$\sqrt[6]{a^4b^3}\times\sqrt{ab^3}\div\sqrt[4]{a^2b^5}=\dfrac{\sqrt[12]{a^8b^6}\times\sqrt[12]{a^6b^{18}}}{\sqrt[12]{a^6b^{15}}}$
$=\sqrt[12]{a^8b^9}=\sqrt[3]{a^2}\sqrt[4]{b^3}$

따라서 $m=3$, $n=4$, $p=2$, $q=3$이므로
$m+n-p-q=2$

중 0025 답 ④

$\sqrt[5]{\sqrt[3]{a^4}}\times\sqrt{\dfrac{\sqrt[3]{a^2}}{\sqrt{\sqrt[5]{a^6}}}}=\sqrt[15]{a^4}\times\dfrac{\sqrt[6]{a^2}}{\sqrt[20]{a^6}}$
$=\sqrt[60]{a^{16}}\times\dfrac{\sqrt[60]{a^{20}}}{\sqrt[60]{a^{18}}}$
$=\sqrt[60]{a^{18}}=\sqrt[10]{a^3}$

따라서 $m=3$, $n=10$이므로
$mn=30$

중 0026 답 $\sqrt[24]{x^5}$

$\sqrt[4]{\dfrac{\sqrt[3]{x}}{\sqrt{x^3}}}\times\sqrt[3]{\dfrac{\sqrt{x^4}}{\sqrt[4]{x}}}\times\sqrt{\dfrac{\sqrt[4]{x^6}}{\sqrt[3]{x^5}}}=\dfrac{\sqrt[12]{x}}{\sqrt[8]{x^3}}\times\dfrac{\sqrt[6]{x^4}}{\sqrt[12]{x}}\times\dfrac{\sqrt[8]{x^6}}{\sqrt[6]{x^5}}$
$=\dfrac{\sqrt[8]{x^3}}{\sqrt[6]{x}}=\dfrac{\sqrt[24]{x^9}}{\sqrt[24]{x^4}}=\sqrt[24]{x^5}$

하 0027 답 ③

3, 4, 6의 최소공배수는 12이므로
$A=\sqrt[3]{5}=\sqrt[12]{5^4}=\sqrt[12]{625}$
$B=\sqrt[4]{8}=\sqrt[12]{8^3}=\sqrt[12]{512}$
$C=\sqrt[6]{24}=\sqrt[12]{24^2}=\sqrt[12]{576}$
따라서 $\sqrt[12]{512}<\sqrt[12]{576}<\sqrt[12]{625}$이므로
$B<C<A$

중 0028 답 ②

$A=\sqrt[3]{3}$, $B=\sqrt{\sqrt{5}}=\sqrt[4]{5}$, $C=\sqrt{\sqrt[3]{11}}=\sqrt[6]{11}$에서 3, 4, 6의 최소공배수는 12이므로
$A=\sqrt[3]{3}=\sqrt[12]{3^4}=\sqrt[12]{81}$
$B=\sqrt[4]{5}=\sqrt[12]{5^3}=\sqrt[12]{125}$
$C=\sqrt[6]{11}=\sqrt[12]{11^2}=\sqrt[12]{121}$
따라서 $\sqrt[12]{81}<\sqrt[12]{121}<\sqrt[12]{125}$이므로
$A<C<B$

상 0029 답 $C<B<A$

해결 과정 (i) $A-B=(4\sqrt[3]{3}+\sqrt{2})-(3\sqrt[3]{3}+2\sqrt{2})$
$=\sqrt[3]{3}-\sqrt{2}=\sqrt[6]{3^2}-\sqrt[6]{2^3}$
$=\sqrt[6]{9}-\sqrt[6]{8}>0$
$\therefore A>B$ ◀ 40 %
(ii) $B-C=(3\sqrt[3]{3}+2\sqrt{2})-(\sqrt[3]{3}+4\sqrt{2})$
$=2\sqrt[3]{3}-2\sqrt{2}=\sqrt[3]{2^3\times3}-\sqrt{2^2\times2}$
$=\sqrt[3]{24}-\sqrt{8}=\sqrt[6]{24^2}-\sqrt[6]{8^3}$
$=\sqrt[6]{576}-\sqrt[6]{512}>0$
$\therefore B>C$ ◀ 40 %
답 구하기 (i), (ii)에서 $C<B<A$ ◀ 20 %

참고 두 수 A, B의 대소는 $A-B$의 부호를 조사하여 비교한다.
$A-B>0 \Longleftrightarrow A>B$, $A-B<0 \Longleftrightarrow A<B$

Lecture 02 지수의 확장

0030 답 1

0031 답 1

0032 답 $\frac{1}{7}$

$(\sqrt{7})^{-2}=\frac{1}{(\sqrt{7})^2}=\frac{1}{7}$

0033 답 $-\frac{125}{27}$

$\left(-\frac{3}{5}\right)^{-3}=\left(-\frac{5}{3}\right)^3=-\frac{5^3}{3^3}=-\frac{125}{27}$

0034 답 2

$16^{\frac{1}{4}}=\sqrt[4]{16}=\sqrt[4]{2^4}=2$

0035 답 7

$49^{0.5}=49^{\frac{1}{2}}=\sqrt{49}=\sqrt{7^2}=7$

0036 답 $\frac{1}{3}$

$243^{-\frac{1}{5}}=\frac{1}{\sqrt[5]{243}}=\frac{1}{\sqrt[5]{3^5}}=\frac{1}{3}$

0037 답 25

$\left(\frac{1}{125}\right)^{-\frac{2}{3}}=\sqrt[3]{125^2}=\sqrt[3]{(5^3)^2}=\sqrt[3]{(5^2)^3}=5^2=25$

0038 답 4

$(2^{\frac{3}{4}})^2\times 2^{\frac{1}{2}}=2^{\frac{3}{4}\times 2+\frac{1}{2}}=2^2=4$

0039 답 3

$\sqrt{27}\times\sqrt[3]{3}\div\sqrt[6]{3^5}=\sqrt{3^3}\times 3^{\frac{1}{3}}\div 3^{\frac{5}{6}}=3^{\frac{3}{2}+\frac{1}{3}-\frac{5}{6}}=3^1=3$

0040 답 2^{13}

$(\sqrt[4]{2}\times\sqrt[6]{2^5})^{12}=(2^{\frac{1}{4}}\times 2^{\frac{5}{6}})^{12}=(2^{\frac{13}{12}})^{12}=2^{13}$

0041 답 $3^{-\frac{11}{2}}$

$\left(\frac{\sqrt[5]{3}}{\sqrt[4]{3^3}}\right)^{10}=\left(\frac{3^{\frac{1}{5}}}{3^{\frac{3}{4}}}\right)^{10}=(3^{-\frac{11}{20}})^{10}=3^{-\frac{11}{2}}$

0042 답 $3^{-\sqrt{2}}$

$3^{\sqrt{8}}\times 3^{\sqrt{2}}\div 3^{\sqrt{32}}=3^{2\sqrt{2}}\times 3^{\sqrt{2}}\div 3^{4\sqrt{2}}=3^{2\sqrt{2}+\sqrt{2}-4\sqrt{2}}=3^{-\sqrt{2}}$

0043 답 $6^{4\sqrt{2}}$

$(2^{\sqrt{\frac{8}{3}}}\times 9^{\sqrt{\frac{2}{3}}})^{\sqrt{12}}=2^{\sqrt{\frac{8}{3}}\times\sqrt{12}}\times(3^2)^{\sqrt{\frac{2}{3}}\times\sqrt{12}}$

$=2^{4\sqrt{2}}\times 3^{4\sqrt{2}}=6^{4\sqrt{2}}$

(중) **0044** 답 ④

$\frac{10}{3^2+9^2}\times\frac{81}{2^{-5}+2^{-8}}=\frac{10}{3^2+3^4}\times\frac{81}{2^{-8}(2^3+1)}$

$=\frac{10}{3^2(1+3^2)}\times\frac{9}{2^{-8}}$

$=\frac{1}{2^{-8}}=2^8$

(중) **0045** 답 ③

$27^0\times 3^{-3}\times(9^{-4}\div 3^{-5})^2=1\times 3^{-3}\times\{(3^2)^{-4}\div 3^{-5}\}^2$

$=3^{-3}\times(3^{-8}\div 3^{-5})^2$

$=3^{-3}\times\{3^{-8-(-5)}\}^2$

$=3^{-3}\times(3^{-3})^2$

$=3^{-3}\times 3^{-6}$

$=3^{-9}$

(중) **0046** 답 -31

$8^{-3}\times 2^{-2}\div 64^4\times(2^{-2}\div 4^{-3})$

$=(2^3)^{-3}\times 2^{-2}\div(2^6)^4\times\{2^{-2}\div(2^2)^{-3}\}$

$=2^{-9}\times 2^{-2}\div 2^{24}\times(2^{-2}\div 2^{-6})$

$=2^{-9-2-24}\times 2^{-2-(-6)}$

$=2^{-35+4}=2^{-31}$

$\therefore n=-31$

(중) **0047** 답 2

$\frac{1}{2^{-3}+1}+\frac{1}{2^{-1}+1}+\frac{1}{2+1}+\frac{1}{2^3+1}$

$=\frac{2^3}{2^3(2^{-3}+1)}+\frac{2}{2(2^{-1}+1)}+\frac{1}{2+1}+\frac{1}{2^3+1}$

$=\frac{2^3}{1+2^3}+\frac{2}{1+2}+\frac{1}{2+1}+\frac{1}{2^3+1}$

$=\frac{2^3+1}{2^3+1}+\frac{2+1}{2+1}=1+1=2$

다른 풀이

$\frac{1}{2^{-3}+1}+\frac{1}{2^{-1}+1}+\frac{1}{2+1}+\frac{1}{2^3+1}$

$=\left(\frac{1}{2^{-3}+1}+\frac{1}{2^3+1}\right)+\left(\frac{1}{2^{-1}+1}+\frac{1}{2+1}\right)$

$=\frac{2^3+1+2^{-3}+1}{(2^{-3}+1)(2^3+1)}+\frac{2+1+2^{-1}+1}{(2^{-1}+1)(2+1)}$

$=\frac{2^3+2^{-3}+2}{1+2^{-3}+2^3+1}+\frac{2+2^{-1}+2}{1+2^{-1}+2+1}$

$=1+1=2$

(중) **0048** 답 ⑤

$3^{\frac{4}{3}}\times 2^{-\frac{5}{4}}\times(3^{-\frac{2}{3}}\times 8^{-\frac{1}{3}})^{-\frac{1}{4}}=3^{\frac{4}{3}}\times 2^{-\frac{5}{4}}\times 3^{\frac{1}{6}}\times 8^{\frac{1}{12}}$

$=3^{\frac{4}{3}}\times 2^{-\frac{5}{4}}\times 3^{\frac{1}{6}}\times(2^3)^{\frac{1}{12}}$

$=3^{\frac{4}{3}}\times 2^{-\frac{5}{4}}\times 3^{\frac{1}{6}}\times 2^{\frac{1}{4}}$

$=3^{\frac{4}{3}+\frac{1}{6}}\times 2^{-\frac{5}{4}+\frac{1}{4}}$

$=3^{\frac{3}{2}}\times 2^{-1}$

$=\frac{3\sqrt{3}}{2}$

하 **0049** 답 6

$$\left\{\left(\frac{1}{3}\right)^{-\frac{7}{2}}\right\}^{\frac{4}{7}}\times\left\{\left(\frac{4}{9}\right)^{\frac{2}{3}}\right\}^{\frac{3}{4}}=\left(\frac{1}{3}\right)^{\left(-\frac{7}{2}\right)\times\frac{4}{7}}\times\left(\frac{4}{9}\right)^{\frac{2}{3}\times\frac{3}{4}}$$
$$=\left(\frac{1}{3}\right)^{-2}\times\left(\frac{4}{9}\right)^{\frac{1}{2}}$$
$$=\left(\frac{1}{3}\right)^{-2}\times\left\{\left(\frac{2}{3}\right)^{2}\right\}^{\frac{1}{2}}$$
$$=3^2\times\frac{2}{3}=6$$

중 **0050** 답 ②

$$(a^{\sqrt{3}})^{2\sqrt{3}}\times a^5\div(a^{\frac{2}{3}})^{14}=a^6\times a^5\div a^{\frac{28}{3}}$$
$$=a^{6+5-\frac{28}{3}}=a^{\frac{5}{3}}$$

$\therefore k=\frac{5}{3}$

상 **0051** 답 9

[해결 과정] $\left(\frac{1}{8^{12}}\right)^{\frac{1}{n}}=\left\{\frac{1}{(2^3)^{12}}\right\}^{\frac{1}{n}}=(2^{-36})^{\frac{1}{n}}=2^{-\frac{36}{n}}$ ◀ 30 %

이때 $2^{-\frac{36}{n}}$이 자연수가 되려면 $-\frac{36}{n}$이 음이 아닌 정수이어야 한다.

◀ 40 %

[답 구하기] 따라서 정수 n은 -1, -2, -3, -4, -6, -9, -12, -18, -36의 9개이다. ◀ 30 %

중 **0052** 답 3

$$\sqrt[3]{a\times\sqrt[4]{a^k\times\sqrt[5]{a^3}}}=\sqrt[3]{a}\times\sqrt[12]{a^k}\times\sqrt[60]{a^3}$$
$$=a^{\frac{1}{3}}\times a^{\frac{k}{12}}\times a^{\frac{1}{20}}$$
$$=a^{\frac{23+5k}{60}} \quad\cdots\cdots ㉠$$

$$\sqrt{a\times\sqrt[3]{\sqrt[5]{a^4}}}=\sqrt{a}\times\sqrt[30]{a^4}=a^{\frac{1}{2}}\times a^{\frac{2}{15}}=a^{\frac{19}{30}} \quad\cdots\cdots ㉡$$

㉠, ㉡에서 $\frac{23+5k}{60}=\frac{19}{30}$이므로

$23+5k=38$, $5k=15$ $\quad\therefore k=3$

중 **0053** 답 $\frac{15}{16}$

$$\sqrt{5\sqrt{5\sqrt{5\sqrt{5}}}}=\sqrt{5}\times\sqrt[4]{5}\times\sqrt[8]{5}\times\sqrt[16]{5}$$
$$=5^{\frac{1}{2}}\times5^{\frac{1}{4}}\times5^{\frac{1}{8}}\times5^{\frac{1}{16}}$$
$$=5^{\frac{1}{2}+\frac{1}{4}+\frac{1}{8}+\frac{1}{16}}=5^{\frac{15}{16}}$$

$\therefore k=\frac{15}{16}$

중 **0054** 답 $\frac{1}{8}$

$$\sqrt[3]{\frac{\sqrt[4]{a}}{\sqrt{a}}}\times\sqrt[4]{\frac{\sqrt{a^3}}{\sqrt[3]{a^2}}}=\frac{\sqrt[12]{a}}{\sqrt[6]{a}}\times\frac{\sqrt[8]{a^3}}{\sqrt[12]{a^2}}$$
$$=\frac{a^{\frac{1}{12}}}{a^{\frac{1}{6}}}\times\frac{a^{\frac{3}{8}}}{a^{\frac{1}{6}}}$$
$$=a^{\frac{1}{12}+\frac{3}{8}-\frac{1}{6}-\frac{1}{6}}=a^{\frac{1}{8}}$$

$\therefore k=\frac{1}{8}$

중 **0055** 답 3^{23}

이차방정식 $x^2-12x+32=0$에서 이차방정식의 근과 계수의 관계에 의하여

$\alpha+\beta=12$, $\alpha\beta=32$

$$\sqrt[4]{27^\alpha}\times\sqrt[4]{27^\beta}=27^{\frac{\alpha}{4}}\times27^{\frac{\beta}{4}}=27^{\frac{\alpha+\beta}{4}}$$
$$=27^{\frac{12}{4}}=27^3=3^9$$

$(3^\alpha)^\beta=3^{\alpha\beta}=3^{32}$

$$\therefore \frac{(3^\alpha)^\beta}{\sqrt[4]{27^\alpha}\times\sqrt[4]{27^\beta}}=\frac{3^{32}}{3^9}=3^{23}$$

도움 개념 **이차방정식의 근과 계수의 관계**

이차방정식 $ax^2+bx+c=0$의 두 근을 α, β라 하면

(1) 두 근의 합: $\alpha+\beta=-\frac{b}{a}$

(2) 두 근의 곱: $\alpha\beta=\frac{c}{a}$

중 **0056** 답 ④

$2^3=a$에서 $2=a^{\frac{1}{3}}$

$9^5=b$에서 $(3^2)^5=b$, $3^{10}=b$ $\quad\therefore 3=b^{\frac{1}{10}}$

$$\therefore 54^5=(2\times3^3)^5=2^5\times3^{15}$$
$$=(a^{\frac{1}{3}})^5\times(b^{\frac{1}{10}})^{15}=a^{\frac{5}{3}}b^{\frac{3}{2}}$$

하 **0057** 답 $a^{\frac{7}{2}}$

$a=16^3=(2^4)^3=2^{12}$이므로

$2=a^{\frac{1}{12}}$

$\therefore 64^7=(2^6)^7=2^{42}=(a^{\frac{1}{12}})^{42}=a^{\frac{7}{2}}$

중 **0058** 답 $\frac{1}{3}$

[해결 과정] $a=\sqrt{7}$에서 $a^2=7$

$b=\sqrt[3]{2}$에서 $b^3=2$ ◀ 40 %

$$\therefore 98^{\frac{1}{6}}=(2\times7^2)^{\frac{1}{6}}=2^{\frac{1}{6}}\times7^{\frac{1}{3}}$$
$$=(b^3)^{\frac{1}{6}}\times(a^2)^{\frac{1}{3}}=a^{\frac{2}{3}}b^{\frac{1}{2}}$$ ◀ 40 %

[답 구하기] 따라서 $m=\frac{2}{3}$, $n=\frac{1}{2}$이므로

$mn=\frac{1}{3}$ ◀ 20 %

상 **0059** 답 2

$a^4=27$에서 $a=27^{\frac{1}{4}}=3^{\frac{3}{4}}$

$b^5=3$에서 $b=3^{\frac{1}{5}}$

$$\therefore (\sqrt[7]{a^2b^{10}})^k=(a^2b^{10})^{\frac{k}{7}}=\{(3^{\frac{3}{4}})^2\times(3^{\frac{1}{5}})^{10}\}^{\frac{k}{7}}=(3^{\frac{3}{2}}\times3^2)^{\frac{k}{7}}$$
$$=(3^{\frac{7}{2}})^{\frac{k}{7}}=3^{\frac{k}{2}}$$

이때 $3^{\frac{k}{2}}$이 자연수가 되려면 자연수 k가 2의 배수이어야 하므로 k의 최솟값은 2이다.

중 0060 답 14

$$(2^{\frac{2}{3}}-2^{-\frac{1}{3}})^3+(2^{\frac{2}{3}}+2^{-\frac{1}{3}})^3$$
$$=(2^{\frac{2}{3}})^3-3\times(2^{\frac{2}{3}})^2\times2^{-\frac{1}{3}}+3\times2^{\frac{2}{3}}\times(2^{-\frac{1}{3}})^2-(2^{-\frac{1}{3}})^3$$
$$+(2^{\frac{2}{3}})^3+3\times(2^{\frac{2}{3}})^2\times2^{-\frac{1}{3}}+3\times2^{\frac{2}{3}}\times(2^{-\frac{1}{3}})^2+(2^{-\frac{1}{3}})^3$$
$$=2^2-6+3-2^{-1}+2^2+6+3+2^{-1}$$
$$=14$$

중 0061 답 ④

$$(3^{\frac{1}{2}}+3^{-\frac{1}{2}})(3^{\frac{1}{2}}-3^{-\frac{1}{2}})-(3^{\frac{1}{2}}-3^{-\frac{1}{2}})^2$$
$$=(3^{\frac{1}{2}})^2-(3^{-\frac{1}{2}})^2-\{(3^{\frac{1}{2}})^2-2\times3^{\frac{1}{2}}\times3^{-\frac{1}{2}}+(3^{-\frac{1}{2}})^2\}$$
$$=3-3^{-1}-(3-2+3^{-1})$$
$$=-3^{-1}+2-3^{-1}$$
$$=2-\frac{2}{3}=\frac{4}{3}$$

중 0062 답 ②

$$(a^{\frac{1}{2}}+a^{-\frac{1}{2}}+2)(a^{\frac{1}{2}}+a^{-\frac{1}{2}}-2)$$
$$=(a^{\frac{1}{2}}+a^{-\frac{1}{2}})^2-2^2$$
$$=(a^{\frac{1}{2}})^2+2\times a^{\frac{1}{2}}\times a^{-\frac{1}{2}}+(a^{-\frac{1}{2}})^2-4$$
$$=a+2+a^{-1}-4$$
$$=a+\frac{1}{a}-2$$

중 0063 답 -4

$$\frac{1}{1-a^{\frac{1}{8}}}+\frac{1}{1+a^{\frac{1}{8}}}+\frac{2}{1+a^{\frac{1}{4}}}+\frac{4}{1+a^{\frac{1}{2}}}+\frac{8}{1+a}$$
$$=\frac{1+a^{\frac{1}{8}}+1-a^{\frac{1}{8}}}{(1-a^{\frac{1}{8}})(1+a^{\frac{1}{8}})}+\frac{2}{1+a^{\frac{1}{4}}}+\frac{4}{1+a^{\frac{1}{2}}}+\frac{8}{1+a}$$
$$=\frac{2}{1-a^{\frac{1}{4}}}+\frac{2}{1+a^{\frac{1}{4}}}+\frac{4}{1+a^{\frac{1}{2}}}+\frac{8}{1+a}$$
$$=\frac{2(1+a^{\frac{1}{4}}+1-a^{\frac{1}{4}})}{(1-a^{\frac{1}{4}})(1+a^{\frac{1}{4}})}+\frac{4}{1+a^{\frac{1}{2}}}+\frac{8}{1+a}$$
$$=\frac{4}{1-a^{\frac{1}{2}}}+\frac{4}{1+a^{\frac{1}{2}}}+\frac{8}{1+a}$$
$$=\frac{4(1+a^{\frac{1}{2}}+1-a^{\frac{1}{2}})}{(1-a^{\frac{1}{2}})(1+a^{\frac{1}{2}})}+\frac{8}{1+a}$$
$$=\frac{8}{1-a}+\frac{8}{1+a}$$
$$=\frac{8(1+a+1-a)}{(1-a)(1+a)}=\frac{16}{1-a^2}$$

이때 $a=\sqrt{5}$이므로

$$\frac{16}{1-(\sqrt{5})^2}=\frac{16}{-4}=-4$$

중 0064 답 ②

$x^{\frac{1}{3}}+x^{-\frac{1}{3}}=\sqrt{5}$의 양변을 세제곱하면

$x+x^{-1}+3(x^{\frac{1}{3}}+x^{-\frac{1}{3}})=5\sqrt{5}$

$x+x^{-1}+3\times\sqrt{5}=5\sqrt{5}$ $\quad\therefore x+x^{-1}=2\sqrt{5}$

$x+x^{-1}=2\sqrt{5}$의 양변을 제곱하면

$x^2+x^{-2}+2=20$ $\quad\therefore x^2+x^{-2}=18$

하 0065 답 ①

$2^x+2^{-x}=8$의 양변을 제곱하면

$2^{2x}+2^{-2x}+2=64$ $\quad\therefore 4^x+4^{-x}=62$

중 0066 답 $\frac{5\sqrt{7}}{7}$

$(a+a^{-1})^2=a^2+a^{-2}+2=23+2=25$

그런데 $a>0$이므로 $a+a^{-1}=5$

또, $(a^{\frac{1}{2}}+a^{-\frac{1}{2}})^2=a+a^{-1}+2=5+2=7$

그런데 $a>0$이므로 $a^{\frac{1}{2}}+a^{-\frac{1}{2}}=\sqrt{7}$

$\therefore \dfrac{a+a^{-1}}{a^{\frac{1}{2}}+a^{-\frac{1}{2}}}=\dfrac{5}{\sqrt{7}}=\dfrac{5\sqrt{7}}{7}$

상 0067 답 $24\sqrt{2}$

[해결 과정] $\dfrac{a^3+a^2+a}{a+a^{-1}+1}-\dfrac{a^{-2}+a^{-1}}{a+1}$

$=\dfrac{a^2(a+1+a^{-1})}{a+a^{-1}+1}-\dfrac{a^{-2}(1+a)}{a+1}$

$=a^2-a^{-2}=(a+a^{-1})(a-a^{-1})$ …… ㉠ ◀ 40 %

$\sqrt{a}-\dfrac{1}{\sqrt{a}}=2$의 양변을 제곱하면

$a+\dfrac{1}{a}-2=4$ $\quad\therefore a+a^{-1}=6$ …… ㉡ ◀ 20 %

$\therefore (a-a^{-1})^2=(a+a^{-1})^2-4=6^2-4=32$

그런데 $\sqrt{a}-\dfrac{1}{\sqrt{a}}>0$에서 $a>1$이므로

$a-a^{-1}=\sqrt{32}=4\sqrt{2}$ …… ㉢ ◀ 30 %

[답 구하기] ㉡, ㉢을 ㉠에 대입하면 구하는 식의 값은

$6\times4\sqrt{2}=24\sqrt{2}$ ◀ 10 %

하 0068 답 ②

주어진 식의 분모, 분자에 a^x을 곱하면

$$\frac{a^x+a^{-x}}{a^x-a^{-x}}=\frac{a^x(a^x+a^{-x})}{a^x(a^x-a^{-x})}=\frac{a^{2x}+1}{a^{2x}-1}=\frac{5+1}{5-1}=\frac{3}{2}$$

중 0069 답 ①

$2^{\frac{1}{x}}=9$에서 $2=9^x$ $\quad\therefore 3^{2x}=2$

주어진 식의 분모, 분자에 3^x을 곱하면

$$\frac{3^x-3^{-x}}{3^x+3^{-x}}=\frac{3^x(3^x-3^{-x})}{3^x(3^x+3^{-x})}=\frac{3^{2x}-1}{3^{2x}+1}=\frac{2-1}{2+1}=\frac{1}{3}$$

중 0070 답 $\frac{5}{21}$

주어진 식의 분모, 분자에 2^{2x}을 곱하면

$$\frac{2^{2x}+2^{-2x}}{2^{6x}+2^{-6x}}=\frac{2^{2x}(2^{2x}+2^{-2x})}{2^{2x}(2^{6x}+2^{-6x})}=\frac{2^{4x}+1}{2^{8x}+2^{-4x}}$$
$$=\frac{2^{4x}+1}{(2^{4x})^2+(2^{4x})^{-1}}=\frac{5+1}{25+\frac{1}{5}}=\frac{5}{21}$$

중 0071 답 $\frac{5}{2}$

주어진 등식에서 좌변의 분모, 분자에 2^x을 곱하면

$\frac{2^x+2^{-x}}{2^x-2^{-x}}=\frac{2^x(2^x+2^{-x})}{2^x(2^x-2^{-x})}=\frac{2^{2x}+1}{2^{2x}-1}=\frac{4^x+1}{4^x-1}$

즉, $\frac{4^x+1}{4^x-1}=3$이므로

$4^x+1=3(4^x-1)$, $4^x+1=3\times4^x-3$

$2\times4^x=4 \quad \therefore 4^x=2$

$\therefore 4^x+4^{-x}=4^x+(4^x)^{-1}=2+\frac{1}{2}=\frac{5}{2}$

중 0072 답 ⑤

$45^x=3$에서 $45=3^{\frac{1}{x}}$ …… ㉠

$\left(\frac{1}{5}\right)^y=9$에서 $\frac{1}{5}=9^{\frac{1}{y}}=(3^2)^{\frac{1}{y}}=3^{\frac{2}{y}}$ …… ㉡

㉠×㉡을 하면

$45\times\frac{1}{5}=3^{\frac{1}{x}}\times3^{\frac{2}{y}}$, $9=3^{\frac{1}{x}+\frac{2}{y}}$

$3^2=3^{\frac{1}{x}+\frac{2}{y}} \quad \therefore \frac{1}{x}+\frac{2}{y}=2$

하 0073 답 ①

$5^x=35$에서 $5=35^{\frac{1}{x}}$ …… ㉠

$7^y=35$에서 $7=35^{\frac{1}{y}}$ …… ㉡

㉠×㉡을 하면

$5\times7=35^{\frac{1}{x}}\times35^{\frac{1}{y}}$, $35=35^{\frac{1}{x}+\frac{1}{y}}$

$\therefore \frac{1}{x}+\frac{1}{y}=1$

중 0074 답 -2

[해결 과정] $15^m=27$에서

$15=27^{\frac{1}{m}}=(3^3)^{\frac{1}{m}}=3^{\frac{3}{m}}$ …… ㉠

$135^n=81$에서

$135=81^{\frac{1}{n}}=(3^4)^{\frac{1}{n}}=3^{\frac{4}{n}}$ …… ㉡ ◀ 40 %

㉠÷㉡을 하면

$\frac{15}{135}=3^{\frac{3}{m}}\div3^{\frac{4}{n}}$, $\frac{1}{9}=3^{\frac{3}{m}-\frac{4}{n}}$, $3^{-2}=3^{\frac{3}{m}-\frac{4}{n}}$ ◀ 40 %

[답 구하기] $\therefore \frac{3}{m}-\frac{4}{n}=-2$ ◀ 20 %

중 0075 답 ②

$40^x=2$에서 $40=2^{\frac{1}{x}}$ …… ㉠

$\left(\frac{1}{10}\right)^y=8$에서 $\frac{1}{10}=8^{\frac{1}{y}}=(2^3)^{\frac{1}{y}}=2^{\frac{3}{y}}$ …… ㉡

$a^z=16$에서 $a=16^{\frac{1}{z}}=(2^4)^{\frac{1}{z}}=2^{\frac{4}{z}}$ …… ㉢

㉠×㉡÷㉢을 하면

$40\times\frac{1}{10}\div a=2^{\frac{1}{x}}\times2^{\frac{3}{y}}\div2^{\frac{4}{z}}$, $\frac{4}{a}=2^{\frac{1}{x}+\frac{3}{y}-\frac{4}{z}}$

이때 $2^{\frac{1}{x}+\frac{3}{y}-\frac{4}{z}}=2^{-1}=\frac{1}{2}$이므로

$\frac{4}{a}=\frac{1}{2} \quad \therefore a=8$

중 0076 답 ③

$3^x=5^y=15^z=k\ (k>0)$로 놓으면 $x\neq0$, $y\neq0$, $z\neq0$이므로 $k\neq1$

$3^x=k$에서 $3=k^{\frac{1}{x}}$ …… ㉠

$5^y=k$에서 $5=k^{\frac{1}{y}}$ …… ㉡

$15^z=k$에서 $15=k^{\frac{1}{z}}$ …… ㉢

㉠×㉡÷㉢을 하면

$3\times5\div15=k^{\frac{1}{x}}\times k^{\frac{1}{y}}\div k^{\frac{1}{z}}$

$k^{\frac{1}{x}+\frac{1}{y}-\frac{1}{z}}=1$

그런데 $k\neq1$이므로 $\frac{1}{x}+\frac{1}{y}-\frac{1}{z}=0$

중 0077 답 49

$a^x=b^y=7^z=k\ (k>0)$로 놓으면 $xyz\neq0$이므로 $k\neq1$

$a^x=k$에서 $a=k^{\frac{1}{x}}$ …… ㉠

$b^y=k$에서 $b=k^{\frac{1}{y}}$ …… ㉡

$7^z=k$에서 $7=k^{\frac{1}{z}}$

이때 $\frac{1}{x}+\frac{1}{y}=\frac{2}{z}$이므로 ㉠×㉡을 하면

$ab=k^{\frac{1}{x}}\times k^{\frac{1}{y}}=k^{\frac{1}{x}+\frac{1}{y}}=k^{\frac{2}{z}}=(k^{\frac{1}{z}})^2=7^2=49$

중 0078 답 ②

$4^x=9^y=12^z=k\ (k>0)$로 놓으면 $xyz\neq0$이므로 $k\neq1$

$4^x=k$에서 $4=k^{\frac{1}{x}}$

$9^y=k$에서 $9=k^{\frac{1}{y}}$

$12^z=k$에서 $12=k^{\frac{1}{z}}$

이때 $\frac{2}{x}+\frac{1}{y}+\frac{a}{z}=0$이므로

$k^{\frac{2}{x}+\frac{1}{y}+\frac{a}{z}}=k^{\frac{2}{x}}\times k^{\frac{1}{y}}\times k^{\frac{a}{z}}=1$

즉, $(k^{\frac{1}{x}})^2\times k^{\frac{1}{y}}\times(k^{\frac{1}{z}})^a=1$에서

$4^2\times9\times12^a=1$, $12^a=\frac{1}{144}=\frac{1}{12^2}=12^{-2}$

$\therefore a=-2$

중 0079 답 ③

두 회사 A, B의 연평균 성장률을 각각 P_A, P_B라 하면

$P_A=\left(\frac{40}{20}\right)^{\frac{1}{10}}-1=2^{\frac{1}{10}}-1$

$P_B=\left(\frac{120}{30}\right)^{\frac{1}{10}}-1=4^{\frac{1}{10}}-1$

$=(2^{\frac{1}{10}}+1)(2^{\frac{1}{10}}-1)$

$=(2^{\frac{1}{10}}+1)P_A$

이때 $2^{\frac{11}{10}}=2^{1+\frac{1}{10}}=2\times2^{\frac{1}{10}}=2.14$이므로

$2^{\frac{1}{10}}=1.07$

$\therefore P_B=(1.07+1)P_A=2.07P_A$

$\therefore k=2.07$

중 0080 답 ④

$Q=12,\ H=8$일 때,

$S_1=N\times 12^{\frac{1}{2}}\times 8^{-\frac{3}{4}}$

$Q=6,\ H=32$일 때,

$S_2=N\times 6^{\frac{1}{2}}\times 32^{-\frac{3}{4}}$

$$\therefore \frac{S_1}{S_2}=\frac{N\times 12^{\frac{1}{2}}\times 8^{-\frac{3}{4}}}{N\times 6^{\frac{1}{2}}\times 32^{-\frac{3}{4}}}=\frac{(2^2\times 3)^{\frac{1}{2}}\times (2^3)^{-\frac{3}{4}}}{(2\times 3)^{\frac{1}{2}}\times (2^5)^{-\frac{3}{4}}}=\frac{2\times 3^{\frac{1}{2}}\times 2^{-\frac{9}{4}}}{2^{\frac{1}{2}}\times 3^{\frac{1}{2}}\times 2^{-\frac{15}{4}}}=2^{1-\frac{9}{4}-\frac{1}{2}+\frac{15}{4}}=2^2=4$$

중 0081 답 12만 명

도시의 인구가 매년 전년도의 $r\ (r>1)$배가 된다고 하자.
1999년 말부터 2019년 말까지 20년 동안 인구가 3만 명에서 48만 명으로 증가했으므로

$30000\times r^{20}=480000 \qquad \therefore r^{20}=16$

2009년 말의 인구는 1999년 말부터 10년 동안 증가한 것이므로

$$30000\times r^{10}=30000\times (r^{20})^{\frac{1}{2}}=30000\times 16^{\frac{1}{2}}=30000\times 4=120000=12(\text{만 명})$$

중 0082 답 20

[해결 과정] 20년 후의 질량을 G_1, 50년 후의 질량을 G_2라 하면

$G_1=Ap^{\frac{20}{2}}=Ap^{10}=\frac{1}{2}A$이므로

$p^{10}=\frac{1}{2}$ ◀ 40 %

$\therefore G_2=Ap^{\frac{50}{2}}=A(p^{10})^{\frac{5}{2}}=\left(\frac{1}{2}\right)^{\frac{5}{2}}A$ ◀ 40 %

[답 구하기] 따라서 $k=\frac{5}{2}$이므로

$8k=8\times\frac{5}{2}=20$ ◀ 20 %

≫ 19~21쪽

중단원 마무리

0083 답 ②

-64의 세제곱근 중 실수인 것은 $\sqrt[3]{-64}=-4$의 1개이므로 $a=1$
12의 네제곱근 중 실수인 것은 $-\sqrt[4]{12},\ \sqrt[4]{12}$의 2개이므로 $b=2$
$\therefore a+b=3$

도움 개념 실수 a의 n제곱근 중 실수인 것

n이 2 이상인 자연수일 때, 실수 a의 n제곱근 중 실수인 것은 다음과 같다.

	$a>0$	$a=0$	$a<0$
n이 짝수	$\sqrt[n]{a},\ -\sqrt[n]{a}$	0	없다.
n이 홀수	$\sqrt[n]{a}$	0	$\sqrt[n]{a}$

0084 답 ④

① $\sqrt[6]{81}=\sqrt[6]{3^4}=\sqrt[3]{3^2}=\sqrt[3]{9}$

② $\sqrt[3]{\sqrt[3]{-512}}=\sqrt[9]{-512}=\sqrt[9]{(-2)^9}=-2$

③ $\frac{\sqrt[4]{32}}{\sqrt{8}}=\frac{\sqrt[4]{32}}{\sqrt[4]{64}}=\sqrt[4]{\frac{32}{64}}=\sqrt[4]{\frac{1}{2}}$

④ $\sqrt[3]{5}\times\sqrt[4]{5}=\sqrt[12]{5^4}\times\sqrt[12]{5^3}=\sqrt[12]{5^7}$

⑤ $(-\sqrt[3]{-27})^3=(-\sqrt[3]{(-3)^3})^3=3^3=27$

따라서 옳지 않은 것은 ④이다.

0085 답 ②

$$24^{-\frac{1}{6}}\div 36^{-\frac{1}{4}}\times 9^{\frac{3}{4}}=(2^3\times 3)^{-\frac{1}{6}}\div(2^2\times 3^2)^{-\frac{1}{4}}\times(3^2)^{\frac{3}{4}}=2^{-\frac{1}{2}}\times 3^{-\frac{1}{6}}\times 2^{\frac{1}{2}}\times 3^{\frac{1}{2}}\times 3^{\frac{3}{2}}=2^{-\frac{1}{2}+\frac{1}{2}}\times 3^{-\frac{1}{6}+\frac{1}{2}+\frac{3}{2}}=3^{\frac{11}{6}}$$

0086 답 ①

$a=(2^{\sqrt{2}})^{2-\sqrt{2}}=2^{2\sqrt{2}-2},\ b=(2^{2+\sqrt{2}})^{\sqrt{2}}=2^{2\sqrt{2}+2}$

$$\therefore \frac{a}{2b}=\frac{2^{2\sqrt{2}-2}}{2\times 2^{2\sqrt{2}+2}}=\frac{2^{2\sqrt{2}-2}}{2^{2\sqrt{2}+3}}=2^{-5}=\frac{1}{32}$$

0087 답 $\frac{1}{2}$

(i) $\sqrt[5]{3}-\sqrt[3]{2}=\sqrt[15]{3^3}-\sqrt[15]{2^5}=\sqrt[15]{27}-\sqrt[15]{32}<0$

$\therefore \sqrt[5]{3}<\sqrt[3]{2}$

$\sqrt[3]{2}-\sqrt[4]{4}=\sqrt[12]{2^4}-\sqrt[12]{4^3}=\sqrt[12]{16}-\sqrt[12]{64}<0$

$\therefore \sqrt[3]{2}<\sqrt[4]{4}$

따라서 $\sqrt[5]{3}<\sqrt[3]{2}<\sqrt[4]{4}$이므로 $m=\sqrt[5]{3}$

(ii) $\sqrt[5]{5}-\sqrt[15]{40}=\sqrt[15]{5^3}-\sqrt[15]{40}=\sqrt[15]{125}-\sqrt[15]{40}>0$

$\therefore \sqrt[5]{5}>\sqrt[15]{40}$

$\sqrt[5]{5}-\sqrt[10]{28}=\sqrt[10]{5^2}-\sqrt[10]{28}=\sqrt[10]{25}-\sqrt[10]{28}<0$

$\therefore \sqrt[5]{5}<\sqrt[10]{28}$

따라서 $\sqrt[15]{40}<\sqrt[5]{5}<\sqrt[10]{28}$이므로 $M=\sqrt[10]{28}$

(i), (ii)에서

$$M\times m=\sqrt[10]{28}\times\sqrt[5]{3}=28^{\frac{1}{10}}\times 3^{\frac{1}{5}}=(2^2\times 7)^{\frac{1}{10}}\times 3^{\frac{1}{5}}=2^{\frac{1}{5}}\times 3^{\frac{1}{5}}\times 7^{\frac{1}{10}}=2^p\times 3^q\times 7^r$$

이므로 $p=\frac{1}{5},\ q=\frac{1}{5},\ r=\frac{1}{10}$

$\therefore p+q+r=\frac{1}{2}$

0088 답 33

$\sqrt[3]{4^n}=4^{\frac{n}{3}}=(2^2)^{\frac{n}{3}}=2^{\frac{2n}{3}}$이 정수가 되려면 $\frac{2n}{3}$이 음이 아닌 정수이어야 한다.

이때 자연수 n은 100 이하의 3의 배수이어야 하므로 n은 3, 6, 9, …, 99의 33개이다.

0089 답 ⑤

ㄱ. $\sqrt{a}=\sqrt[3]{b}=k$로 놓으면

$a=k^2$, $b=k^3$

$0<a<1$, $0<b<1$일 때 $0<k<1$이므로

$k^2>k^3$

$\therefore a>b$

ㄴ. $a^3=b^{-2}$에서 $a^3=\frac{1}{b^2}$

이때 $a>1$이므로 $a^3>1$

따라서 $0<b^2<1$이므로

$0<b<1$

ㄷ. $\sqrt{a\sqrt[3]{b}}=\sqrt{a}\sqrt[6]{b}=a^{\frac{1}{2}}b^{\frac{1}{6}}=(a^3b)^{\frac{1}{6}}$

$\sqrt[3]{b\sqrt{a}}=\sqrt[3]{b}\sqrt[6]{a}=b^{\frac{1}{3}}a^{\frac{1}{6}}=(ab^2)^{\frac{1}{6}}$

이때 $0<a^2<b$의 각 변을 b로 나누면 $0<\frac{a^2}{b}<1$이므로

$\frac{\sqrt{a\sqrt[3]{b}}}{\sqrt[3]{b\sqrt{a}}}=\left(\frac{a^3b}{ab^2}\right)^{\frac{1}{6}}=\left(\frac{a^2}{b}\right)^{\frac{1}{6}}<1$

$\therefore \sqrt{a\sqrt[3]{b}}<\sqrt[3]{b\sqrt{a}}$

이상에서 ㄱ, ㄴ, ㄷ 모두 옳다.

0090 답 12

$a^3=2$, $b^4=3$, $c^2=5$에서

$a=2^{\frac{1}{3}}$, $b=3^{\frac{1}{4}}$, $c=5^{\frac{1}{2}}$

$\therefore (abc)^n=(2^{\frac{1}{3}}\times3^{\frac{1}{4}}\times5^{\frac{1}{2}})^n=2^{\frac{n}{3}}\times3^{\frac{n}{4}}\times5^{\frac{n}{2}}$

이 수가 자연수가 되려면 자연수 n은 3, 4, 2의 공배수이어야 하므로 자연수 n의 최솟값은 3, 4, 2의 최소공배수인 12이다.

0091 답 26

$x=5^{\frac{1}{3}}+5^{-\frac{1}{3}}$의 양변을 세제곱하면

$x^3=(5^{\frac{1}{3}}+5^{-\frac{1}{3}})^3=5+5^{-1}+3(5^{\frac{1}{3}}+5^{-\frac{1}{3}})$

$=5+\frac{1}{5}+3x=\frac{26}{5}+3x$

즉, $x^3-3x=\frac{26}{5}$이므로

$5x^3-15x=26$

0092 답 $\frac{1}{81}$

$(3^a)^{b+c}\times(3^b)^{c+a}\times(3^c)^{a+b}=3^{ab+ac}\times3^{bc+ba}\times3^{ca+cb}$

$=3^{2(ab+bc+ca)}$

$(a+b+c)^2=a^2+b^2+c^2+2(ab+bc+ca)$이므로

$(2\sqrt{2})^2=12+2(ab+bc+ca)$

$\therefore ab+bc+ca=-2$

$\therefore (3^a)^{b+c}\times(3^b)^{c+a}\times(3^c)^{a+b}=3^{2(ab+bc+ca)}=3^{-4}=\frac{1}{81}$

0093 답 119

$\sqrt[3]{x}-\frac{1}{\sqrt[3]{x}}=3$에서 $x^{\frac{1}{3}}-x^{-\frac{1}{3}}=3$

$x^{\frac{1}{3}}-x^{-\frac{1}{3}}=3$의 양변을 제곱하면

$x^{\frac{2}{3}}+x^{-\frac{2}{3}}-2=9$

$\therefore x^{\frac{2}{3}}+x^{-\frac{2}{3}}=11$

$x^{\frac{2}{3}}+x^{-\frac{2}{3}}=11$의 양변을 제곱하면

$x^{\frac{4}{3}}+x^{-\frac{4}{3}}+2=121$

$\therefore x^{\frac{4}{3}}+x^{-\frac{4}{3}}=119$

$\therefore \sqrt[3]{x^4}+\frac{1}{\sqrt[3]{x^4}}=x^{\frac{4}{3}}+x^{-\frac{4}{3}}=119$

0094 답 47

$\frac{a^{4x}-a^{-2x}}{a^{3x}+a^{-x}}$의 분모, 분자에 a^{-x}을 곱하면

$\frac{a^{4x}-a^{-2x}}{a^{3x}+a^{-x}}=\frac{a^{-x}(a^{4x}-a^{-2x})}{a^{-x}(a^{3x}+a^{-x})}=\frac{a^{3x}-a^{-3x}}{a^{2x}+a^{-2x}}$

$a^x-a^{-x}=4$의 양변을 세제곱하면

$a^{3x}-a^{-3x}-3(a^x-a^{-x})=64$

$a^{3x}-a^{-3x}-12=64$

$\therefore a^{3x}-a^{-3x}=76$

$a^x-a^{-x}=4$의 양변을 제곱하면

$a^{2x}+a^{-2x}-2=16$

$\therefore a^{2x}+a^{-2x}=18$

$\therefore \frac{a^{4x}-a^{-2x}}{a^{3x}+a^{-x}}=\frac{a^{3x}-a^{-3x}}{a^{2x}+a^{-2x}}=\frac{76}{18}=\frac{38}{9}$

따라서 $p=9$, $q=38$이므로

$p+q=47$

0095 답 ⑤

$a^{2x}=b^{3y}=c^{4z}=3$에서

$a=3^{\frac{1}{2x}}$, $b=3^{\frac{1}{3y}}$, $c=3^{\frac{1}{4z}}$

$abc=81$에서 $abc=3^4$

즉, $3^{\frac{1}{2x}}\times3^{\frac{1}{3y}}\times3^{\frac{1}{4z}}=3^4$이므로

$3^{\frac{1}{2x}+\frac{1}{3y}+\frac{1}{4z}}=3^4$

$\therefore \frac{1}{2x}+\frac{1}{3y}+\frac{1}{4z}=4$

$\therefore \frac{6}{x}+\frac{4}{y}+\frac{3}{z}=12\left(\frac{1}{2x}+\frac{1}{3y}+\frac{1}{4z}\right)$

$=12\times4=48$

0096 답 ②

$a>0$에서 $0<2^{-\frac{2}{a}}<1$이므로 $1-2^{-\frac{2}{a}}>0$

$\frac{Q(4)}{Q(2)}=\frac{Q_0(1-2^{-\frac{4}{a}})}{Q_0(1-2^{-\frac{2}{a}})}=\frac{1-2^{-\frac{4}{a}}}{1-2^{-\frac{2}{a}}}$

$=\frac{(1+2^{-\frac{2}{a}})(1-2^{-\frac{2}{a}})}{1-2^{-\frac{2}{a}}}$

$=1+2^{-\frac{2}{a}}$

즉, $1+2^{-\frac{2}{a}}=\frac{3}{2}$이므로 $2^{-\frac{2}{a}}=\frac{1}{2}=2^{-1}$

따라서 $-\frac{2}{a}=-1$이므로 $a=2$

0097 답 ①

전략 양의 n제곱근 x를 지수가 유리수인 꼴로 나타낸 후, x가 100 이하의 자연수가 되도록 하는 자연수 n의 값을 구한다.

$x=\sqrt[n]{2^{16-n}}=2^{\frac{16-n}{n}}$

이때 $2^{\frac{16-n}{n}}$이 100 이하의 자연수가 되려면 $\frac{16-n}{n}$이 $0\le\frac{16-n}{n}\le6$인 정수이어야 한다.

$\frac{16-n}{n}=k$라 하면 k는 0 이상 6 이하의 정수이고, $n=\frac{16}{k+1}$이므로

$k=0$일 때 $n=16$

$k=1$일 때 $n=8$

$k=3$일 때 $n=4$

따라서 모든 자연수 n의 값의 합은

$16+8+4=28$

0098 답 ②

전략 거듭제곱근을 지수가 유리수인 꼴로 나타낸 후, 두 수의 비를 조사하여 대소 관계를 판단한다.

$A=\sqrt[3]{m\sqrt{n}}=m^{\frac{1}{3}}n^{\frac{1}{6}}=(m^4n^2)^{\frac{1}{12}}$

$B=\sqrt[3]{n\sqrt{m}}=n^{\frac{1}{3}}m^{\frac{1}{6}}=(m^2n^4)^{\frac{1}{12}}$

$C=\sqrt{\sqrt{mn}}=(mn)^{\frac{1}{4}}=(m^3n^3)^{\frac{1}{12}}$

(i) $\frac{A}{B}=\left(\frac{m^4n^2}{m^2n^4}\right)^{\frac{1}{12}}=\left(\frac{m^2}{n^2}\right)^{\frac{1}{12}}=\left(\frac{m}{n}\right)^{\frac{1}{6}}$

$1<m<n$에서 $0<\frac{m}{n}<1$이므로

$\frac{A}{B}=\left(\frac{m}{n}\right)^{\frac{1}{6}}<1$

$\therefore A<B$

(ii) $\frac{A}{C}=\left(\frac{m^4n^2}{m^3n^3}\right)^{\frac{1}{12}}=\left(\frac{m}{n}\right)^{\frac{1}{12}}$

$0<\frac{m}{n}<1$이므로 $\frac{A}{C}=\left(\frac{m}{n}\right)^{\frac{1}{12}}<1$

$\therefore A<C$

(iii) $\frac{B}{C}=\left(\frac{m^2n^4}{m^3n^3}\right)^{\frac{1}{12}}=\left(\frac{n}{m}\right)^{\frac{1}{12}}$

$1<m<n$에서 $1<\frac{n}{m}$이므로

$\frac{B}{C}=\left(\frac{n}{m}\right)^{\frac{1}{12}}>1$

$\therefore B>C$

이상에서 $A<C<B$

참고 $A>0$, $B>0$일 때,

$$\frac{A}{B}>1 \Longleftrightarrow A>B,\ \frac{A}{B}<1 \Longleftrightarrow A<B$$

0099 답 216

전략 주어진 조건을 이용하여 2^a의 값을 구한 후, $8^a\times3^b$을 2^a의 거듭제곱으로 나타낸다.

$2^a=3^b$의 양변에 2^b을 곱하면

$2^a\times2^b=3^b\times2^b \qquad \therefore 2^{a+b}=6^b$

이때 $a+b=\frac{4}{3}ab$이므로

$2^{\frac{4}{3}ab}=6^b \qquad \therefore 2^a=(6^b)^{\frac{3}{4b}}=6^{\frac{3}{4}}$

$\therefore 8^a\times3^b=(2^3)^a\times3^b=2^{3a}\times2^a$

$=2^{4a}=(2^a)^4=(6^{\frac{3}{4}})^4$

$=6^3=216$

0100 답 14

문제 이해 $\sqrt[4]{\frac{5^b}{3^{a+2}}}$이 유리수이므로 $a+2$, b가 모두 4의 배수이어야 하고, $\sqrt[3]{\frac{5^{b+1}}{3^a}}$이 유리수이므로 a, $b+1$이 모두 3의 배수이어야 한다. ◀ 40 %

해결 과정 a는 3의 배수, $a+2$는 4의 배수이므로 a의 최솟값은 6이다.

b는 4의 배수, $b+1$은 3의 배수이므로 b의 최솟값은 8이다. ◀ 50 %

답 구하기 따라서 $a+b$의 최솟값은

$6+8=14$ ◀ 10 %

0101 답 (1) $\sqrt[4]{512}$ (2) $\sqrt[4]{8}$

(1) $\sqrt[4]{8}\times\sqrt[6]{32}\times\sqrt[4]{\sqrt[3]{256}}=\sqrt[4]{2^3}\times\sqrt[6]{2^5}\times\sqrt[12]{2^8}$

$=\sqrt[12]{2^9}\times\sqrt[12]{2^{10}}\times\sqrt[12]{2^8}$

$=\sqrt[12]{2^{27}}=\sqrt[4]{2^9}$

$=\sqrt[4]{512}$

따라서 직육면체의 부피는 $\sqrt[4]{512}$이다. ◀ 50 %

(2) 정육면체의 부피가 직육면체의 부피와 같으므로 정육면체의 한 모서리의 길이를 x라 하면

$x^3=\sqrt[4]{512}$ ◀ 20 %

$\therefore x=\sqrt[3]{\sqrt[4]{512}}=\sqrt[12]{2^9}=\sqrt[4]{2^3}=\sqrt[4]{8}$

따라서 정육면체의 한 모서리의 길이는 $\sqrt[4]{8}$이다. ◀ 30 %

0102 답 $\frac{12}{5}$

해결 과정 $5^{\frac{x}{2}}=3^{\frac{1}{y}}=2^{-\frac{z}{3}}=k\ (k>0)$로 놓으면 $x\ne0$, $y\ne0$, $z\ne0$이므로

$k\ne1$

$5^{\frac{x}{2}}=k$에서 $5=k^{\frac{2}{x}}$ …… ㉠

$3^{\frac{1}{y}}=k$에서 $3=k^y$ …… ㉡

$2^{-\frac{z}{3}}=k$에서 $2=k^{-\frac{3}{z}}$ …… ㉢ ◀ 30 %

이때 $xy+3x=2$에서 $x\ne0$이므로 양변을 x로 나누면

$y+3=\frac{2}{x} \qquad \therefore \frac{2}{x}-y=3$

㉠÷㉡을 하면

$\frac{5}{3}=k^{\frac{2}{x}}\div k^y$, $\frac{5}{3}=k^{\frac{2}{x}-y}$

$\therefore k^3=\frac{5}{3}$ ◀ 30 %

㉢의 양변을 z제곱하면

$2^z=k^{-3}=\frac{3}{5}$ ◀ 20 %

답 구하기 $\therefore 2^{z+2}=2^z\times2^2=\frac{3}{5}\times4=\frac{12}{5}$ ◀ 20 %

02 로그

Lecture ≫ 24~29쪽

로그의 뜻과 성질

0103 답 $5=\log_2 32$

0104 답 $-3=\log_{\frac{1}{3}} 27$

0105 답 $\frac{1}{2}=\log_{25} 5$

0106 답 $5^3=125$

0107 답 $16^{\frac{1}{4}}=2$

0108 답 $(\sqrt{7})^4=49$

0109 답 32

$\log_2 x=5$에서 $2^5=x$ $\quad\therefore x=32$

0110 답 1

$\log_8 x=0$에서 $8^0=x$ $\quad\therefore x=1$

0111 답 25

$\log_{\frac{1}{5}} x=-2$에서 $\left(\frac{1}{5}\right)^{-2}=x$ $\quad\therefore x=25$

0112 답 $2<x<3$ 또는 $x>3$

밑의 조건에서 $x-2>0$, $x-2\neq1$

$x>2$, $x\neq3$ $\quad\therefore 2<x<3$ 또는 $x>3$

0113 답 $x>5$

진수의 조건에서 $x-5>0$ $\quad\therefore x>5$

0114 답 $\frac{1}{3}<x<\frac{2}{3}$ 또는 $\frac{2}{3}<x<7$

밑의 조건에서 $3x-1>0$, $3x-1\neq1$

$x>\frac{1}{3}$, $x\neq\frac{2}{3}$ $\quad\therefore \frac{1}{3}<x<\frac{2}{3}$ 또는 $x>\frac{2}{3}$ ...... ㉠

진수의 조건에서 $7-x>0$ $\quad\therefore x<7$ ...... ㉡

㉠, ㉡의 공통부분을 구하면

$\frac{1}{3}<x<\frac{2}{3}$ 또는 $\frac{2}{3}<x<7$

0115 답 (가): M, (나): N, (다): MN

$\log_a M=m$, $\log_a N=n$으로 놓으면 로그의 정의에 의하여

$a^m=\boxed{M}$, $a^n=\boxed{N}$이므로

$a^{m+n}=a^m\times a^n=\boxed{MN}$

따라서 로그의 정의에 의하여 $\log_a \boxed{MN}=m+n$이므로

$\log_a \boxed{MN}=\log_a \boxed{M}+\log_a \boxed{N}$

$\therefore$ (가): M, (나): N, (다): MN

0116 답 2

$\log_7 14+\log_7 \frac{7}{2}=\log_7\left(14\times\frac{7}{2}\right)=\log_7 7^2=2$

0117 답 3

$\log_3 54-\log_3 2=\log_3 \frac{54}{2}=\log_3 27=\log_3 3^3=3$

0118 답 $\frac{a+2}{a}$

$\log_2 50=\frac{\log_5 50}{\log_5 2}=\frac{\log_5(2\times5^2)}{\log_5 2}=\frac{\log_5 2+2\log_5 5}{\log_5 2}=\frac{a+2}{a}$

0119 답 $\frac{b+1}{b}$

$\log_3 15=\frac{\log_5 15}{\log_5 3}=\frac{\log_5(3\times5)}{\log_5 3}=\frac{\log_5 3+\log_5 5}{\log_5 3}=\frac{b+1}{b}$

0120 답 $\frac{a+b}{a+1}$

$\log_{10} 6=\frac{\log_5 6}{\log_5 10}=\frac{\log_5(2\times3)}{\log_5(2\times5)}=\frac{\log_5 2+\log_5 3}{\log_5 2+\log_5 5}=\frac{a+b}{a+1}$

0121 답 $\frac{3}{2}$

$\log_9 27=\log_{3^2} 3^3=\frac{3}{2}\log_3 3=\frac{3}{2}$

0122 답 6

$\log_5 8\times\log_2 25=\log_5 2^3\times\log_2 5^2$

$=3\log_5 2\times2\log_2 5$

$=3\log_5 2\times2\times\frac{1}{\log_5 2}=6$

0123 답 6

$2^{\log_2 6}=6^{\log_2 2}=6$

(중) **0124** 답 ④

$\log_a 2=2$에서 $a^2=2$

$\log_3 b=2$에서 $3^2=b$ $\quad\therefore b=9$

$\therefore a^{2b}=(a^2)^b=2^9=512$

(하) **0125** 답 8

$\log_a\sqrt{2}=\frac{5}{3}$에서 $a^{\frac{5}{3}}=\sqrt{2}$

$(a^{\frac{5}{3}})^6=(\sqrt{2})^6$ $\quad\therefore a^{10}=8$

(중) **0126** 답 9

$\log_5\{\log_2(\log_3 x)\}=0$에서 $\log_2(\log_3 x)=5^0=1$

$\log_3 x=2^1=2$

$\therefore x=3^2=9$

(중) **0127** 답 10

$x=\log_2(5+2\sqrt{6})$에서 $2^x=5+2\sqrt{6}$

$\therefore 2^x+2^{-x}=2^x+\frac{1}{2^x}=5+2\sqrt{6}+\frac{1}{5+2\sqrt{6}}$

$=5+2\sqrt{6}+\frac{5-2\sqrt{6}}{(5+2\sqrt{6})(5-2\sqrt{6})}$

$=5+2\sqrt{6}+5-2\sqrt{6}=10$

중 **0128** 답 ③

밑의 조건에서 $x+1>0$, $x+1\neq1$

$x>-1$, $x\neq0$ $\therefore -1<x<0$ 또는 $x>0$ …… ㉠

진수의 조건에서 $9-x^2>0$

$x^2-9<0$, $(x+3)(x-3)<0$ $\therefore -3<x<3$ …… ㉡

㉠, ㉡의 공통부분을 구하면

$-1<x<0$ 또는 $0<x<3$

따라서 정수 x는 1, 2이므로 구하는 합은 $1+2=3$

중 **0129** 답 ②

밑의 조건에서 $|x-2|>0$, $|x-2|\neq1$

$\therefore x\neq1$, $x\neq2$, $x\neq3$ …… ㉠

진수의 조건에서 $10+3x-x^2>0$

$x^2-3x-10<0$, $(x+2)(x-5)<0$

$\therefore -2<x<5$ …… ㉡

㉠, ㉡의 공통부분을 구하면

$-2<x<1$ 또는 $1<x<2$ 또는 $2<x<3$ 또는 $3<x<5$

따라서 정수 x는 -1, 0, 4의 3개이다.

중 **0130** 답 7

[해결 과정] 진수의 조건에서 모든 실수 x에 대하여 $x^2-ax+a+3>0$ 이어야 하므로 이차방정식 $x^2-ax+a+3=0$의 판별식을 D라 하면

$D=(-a)^2-4(a+3)<0$ ◀ 50 %

$a^2-4a-12<0$, $(a+2)(a-6)<0$

$\therefore -2<a<6$ ◀ 30 %

[답 구하기] 따라서 정수 a는 -1, 0, 1, 2, 3, 4, 5의 7개이다. ◀ 20 %

도움 개념 **이차부등식이 항상 성립할 조건**

이차방정식 $ax^2+bx+c=0$의 판별식을 D라 할 때, 모든 실수 x에 대하여

(1) 이차부등식 $ax^2+bx+c>0$이 성립 ⇨ $a>0$, $D<0$

(2) 이차부등식 $ax^2+bx+c\geq0$이 성립 ⇨ $a>0$, $D\leq0$

(3) 이차부등식 $ax^2+bx+c<0$이 성립 ⇨ $a<0$, $D<0$

(4) 이차부등식 $ax^2+bx+c\leq0$이 성립 ⇨ $a<0$, $D\leq0$

중 **0131** 답 ③

$$\begin{aligned}\log_3 3\sqrt{2}+\log_3 12-\frac{5}{2}\log_3 2&=\log_3 3\sqrt{2}+\log_3 12-\log_3 2^{\frac{5}{2}}\\&=\log_3 3\sqrt{2}+\log_3 12-\log_3 4\sqrt{2}\\&=\log_3\frac{3\sqrt{2}\times12}{4\sqrt{2}}\\&=\log_3 9=\log_3 3^2=2\end{aligned}$$

하 **0132** 답 ④

$\log_5 a+\log_5 2b-\log_5 10c=2$에서

$\log_5\dfrac{a\times2b}{10c}=2$, $\dfrac{ab}{5c}=5^2=25$

$\therefore \dfrac{ab}{c}=125$

중 **0133** 답 ②

$a=2\log_6 3+\log_6 24=\log_6 9+\log_6 24$

$=\log_6 216=\log_6 6^3=3$

$b=\log_2\dfrac{9}{4}-2\log_2 9+4\log_2\sqrt{3}$

$=\log_2\dfrac{9}{4}-\log_2 81+\log_2 9$

$=\log_2\dfrac{\frac{9}{4}\times9}{81}=\log_2\dfrac{1}{4}$

$=\log_2 2^{-2}=-2$

$\therefore ab=3\times(-2)=-6$

중 **0134** 답 -4

$$\log_2\left(1-\frac{1}{2}\right)+\log_2\left(1-\frac{1}{3}\right)+\log_2\left(1-\frac{1}{4}\right)+\cdots+\log_2\left(1-\frac{1}{16}\right)$$

$=\log_2\dfrac{1}{2}+\log_2\dfrac{2}{3}+\log_2\dfrac{3}{4}+\cdots+\log_2\dfrac{15}{16}$

$=\log_2\left(\dfrac{1}{2}\times\dfrac{2}{3}\times\dfrac{3}{4}\times\cdots\times\dfrac{15}{16}\right)=\log_2\dfrac{1}{16}$

$=\log_2 2^{-4}=-4$

중 **0135** 답 49

[해결 과정] $\log_3(a+b)=2$에서 $a+b=3^2=9$ ◀ 30 %

$\log_2 a+\log_2 b=4$에서 $\log_2 ab=4$

$\therefore ab=2^4=16$ ◀ 40 %

[답 구하기] $\therefore a^2+b^2=(a+b)^2-2ab$

$=9^2-2\times16=49$ ◀ 30 %

중 **0136** 답 ④

$\log_2 3\times\log_3 4\times\log_4 5\times\cdots\times\log_{15}16$

$=\log_2 3\times\dfrac{\log_2 4}{\log_2 3}\times\dfrac{\log_2 5}{\log_2 4}\times\cdots\times\dfrac{\log_2 16}{\log_2 15}$

$=\log_2 16=\log_2 2^4=4$

하 **0137** 답 6

$$\begin{aligned}\log_2 24-\log_2 15+\frac{\log_5 40}{\log_5 2}&=\log_2 24-\log_2 15+\log_2 40\\&=\log_2\frac{24\times40}{15}\\&=\log_2 64=\log_2 2^6=6\end{aligned}$$

중 **0138** 답 30

$$\begin{aligned}\frac{1}{\log_2 a}+\frac{1}{\log_3 a}+\frac{1}{\log_5 a}&=\log_a 2+\log_a 3+\log_a 5\\&=\log_a(2\times3\times5)\\&=\log_a 30\end{aligned}$$

즉, $\log_a 30=\log_a k$이므로 $k=30$

중 **0139** 답 ②

$$\begin{aligned}\log_3(\log_3 7)+\log_3(\log_7 27)&=\log_3(\log_3 7\times\log_7 27)\\&=\log_3\left(\log_3 7\times\frac{\log_3 27}{\log_3 7}\right)\\&=\log_3(\log_3 27)\\&=\log_3 3=1\end{aligned}$$

중 0140 답 ④

$$14\log_{\sqrt{bc}} a=\frac{14}{\log_a \sqrt{bc}}=\frac{14}{\log_a (bc)^{\frac{1}{2}}}$$
$$=\frac{14}{\frac{1}{2}\log_a bc}=\frac{28}{\log_a b+\log_a c}$$
$$=\frac{28}{\log_a b+\frac{1}{\log_c a}}=\frac{28}{3+\frac{1}{2}}$$
$$=8$$

중 0141 답 ②

$$\log_2 3+\log_4 9=\log_2 3+\log_{2^2} 3^2=\log_2 3+\log_2 3=2\log_2 3$$
$$\log_3 2+\log_9 4=\log_3 2+\log_{3^2} 2^2=\log_3 2+\log_3 2=2\log_3 2$$
$$\therefore (\log_2 3+\log_4 9)(\log_3 2+\log_9 4)=2\log_2 3\times 2\log_3 2=2\log_2 3\times 2\times\frac{1}{\log_2 3}=4$$

중 0142 답 ⑤

$$\log_2 9-3\log_{\frac{1}{2}} 5-2\log_2 15=\log_2 3^2+\log_2 5^3-\log_2 15^2=\log_2\frac{3^2\times 5^3}{15^2}=\log_2 5$$
$$\therefore 4^{\log_2 9-3\log_{\frac{1}{2}} 5-2\log_2 15}=4^{\log_2 5}=5^{\log_2 4}=5^2=25$$

중 0143 답 67

[해결 과정] $1+\log_{\frac{1}{6}} 2=\log_{\frac{1}{6}}\frac{1}{6}+\log_{\frac{1}{6}} 2$
$$=\log_{\frac{1}{6}}\left(\frac{1}{6}\times 2\right)=\log_{\frac{1}{6}}\frac{1}{3}$$
$$=\log_{6^{-1}} 3^{-1}=\log_6 3 \quad ◀ 30\%$$
$$-\log_3\frac{1}{27}=-\log_3 3^{-3}=3 \quad ◀ 30\%$$
[답 구하기] $\therefore 6^{1+\log_{\frac{1}{6}} 2}+4^{-\log_3\frac{1}{27}}=6^{\log_6 3}+4^3$
$$=3+64=67 \quad ◀ 40\%$$

중 0144 답 ③

$$A=\log_4 2+\log_9 27=\log_{2^2} 2+\log_{3^2} 3^3=\frac{1}{2}+\frac{3}{2}=2$$
$$B=\log_2\{\log_2(\log_2 16)\}=\log_2(\log_2 4)=\log_2 2=1$$
$$C=5^{\log_5 3+\log_5 2}=5^{\log_5 6}=6$$
따라서 $1<2<6$이므로
$B<A<C$

중 0145 답 ④

$\log_2 7=a$에서 $\log_7 2=\frac{1}{a}$
$$\therefore \log_{40} 70=\frac{\log_7 70}{\log_7 40}=\frac{\log_7(2\times 5\times 7)}{\log_7(2^3\times 5)}$$
$$=\frac{\log_7 2+\log_7 5+\log_7 7}{3\log_7 2+\log_7 5}$$
$$=\frac{\frac{1}{a}+b+1}{\frac{3}{a}+b}=\frac{ab+a+1}{ab+3}$$

중 0146 답 $\frac{3a+2b}{a+b}$

$5^a=2$, $5^b=3$에서
$a=\log_5 2$, $b=\log_5 3$
$$\therefore \log_6 72=\frac{\log_5 72}{\log_5 6}=\frac{\log_5(2^3\times 3^2)}{\log_5(2\times 3)}=\frac{3\log_5 2+2\log_5 3}{\log_5 2+\log_5 3}=\frac{3a+2b}{a+b}$$

중 0147 답 ①

$2^x=a$, $2^y=b$, $2^z=c$에서
$x=\log_2 a$, $y=\log_2 b$, $z=\log_2 c$
$$\therefore \log_{ab^2} c^3=\frac{\log_2 c^3}{\log_2 ab^2}=\frac{3\log_2 c}{\log_2 a+2\log_2 b}=\frac{3z}{x+2y}$$

중 0148 답 $\frac{3a+b}{2}$

$\log_3 14=a$에서 $\log_3(2\times 7)=a$
$\log_3 2+\log_3 7=a$ …… ㉠
$\log_3\frac{2}{7}=b$에서 $\log_3 2-\log_3 7=b$ …… ㉡
㉠+㉡을 하면 $2\log_3 2=a+b$
$\therefore \log_3 2=\frac{a+b}{2}$
이것을 ㉠에 대입하면 $\frac{a+b}{2}+\log_3 7=a$
$\therefore \log_3 7=\frac{a-b}{2}$
$$\therefore \log_3 28=\log_3(2^2\times 7)=2\log_3 2+\log_3 7=2\times\frac{a+b}{2}+\frac{a-b}{2}=\frac{3a+b}{2}$$

중 0149 답 ④

$a^3b^4=1$의 양변에 a를 밑으로 하는 로그를 취하면
$\log_a a^3b^4=\log_a 1$, $\log_a a^3+\log_a b^4=0$
$3+4\log_a b=0$
$\therefore \log_a b=-\frac{3}{4}$
$$\therefore \log_a a^4b^3=\log_a a^4+\log_a b^3=4+3\log_a b=4+3\times\left(-\frac{3}{4}\right)=\frac{7}{4}$$

중 0150 답 ③

$6^a=81$, $2^b=27$에서

$a=\log_6 81$, $b=\log_2 27$

$$\therefore \frac{4}{a}-\frac{3}{b}=\frac{4}{\log_6 81}-\frac{3}{\log_2 27}$$
$$=4\log_{81}6-3\log_{27}2$$
$$=4\log_{3^4}6-3\log_{3^3}2$$
$$=\log_3 6-\log_3 2$$
$$=\log_3\frac{6}{2}=\log_3 3=1$$

중 0151 답 $A<B<C$

[해결 과정] $a^3=b^5$에서 $b=(a^3)^{\frac{1}{5}}=a^{\frac{3}{5}}$

$\therefore A=\log_a b=\log_a a^{\frac{3}{5}}=\frac{3}{5}$ ◀ 30 %

$b^5=c^8$에서 $c=(b^5)^{\frac{1}{8}}=b^{\frac{5}{8}}$

$\therefore B=\log_b c=\log_b b^{\frac{5}{8}}=\frac{5}{8}$ ◀ 30 %

$a^3=c^8$에서 $a=(c^8)^{\frac{1}{3}}=c^{\frac{8}{3}}$

$\therefore C=\log_c a=\log_c c^{\frac{8}{3}}=\frac{8}{3}$ ◀ 30 %

[답 구하기] 따라서 $\frac{3}{5}<\frac{5}{8}<\frac{8}{3}$이므로

$A<B<C$ ◀ 10 %

중 0152 답 $\frac{15}{23}$

$\log_a x=1$, $\log_b x=3$, $\log_c x=5$에서

$\log_x a=1$, $\log_x b=\frac{1}{3}$, $\log_x c=\frac{1}{5}$

$$\therefore \log_{abc}x=\frac{1}{\log_x abc}=\frac{1}{\log_x a+\log_x b+\log_x c}$$
$$=\frac{1}{1+\frac{1}{3}+\frac{1}{5}}=\frac{15}{23}$$

중 0153 답 14

이차방정식 $x^2-8x+4=0$에서 이차방정식의 근과 계수의 관계에 의하여

$\log_2\alpha+\log_2\beta=8$, $\log_2\alpha\times\log_2\beta=4$

$$\therefore \log_\alpha\beta+\log_\beta\alpha=\frac{\log_2\beta}{\log_2\alpha}+\frac{\log_2\alpha}{\log_2\beta}$$
$$=\frac{(\log_2\beta)^2+(\log_2\alpha)^2}{\log_2\alpha\times\log_2\beta}$$
$$=\frac{(\log_2\alpha+\log_2\beta)^2-2\log_2\alpha\times\log_2\beta}{\log_2\alpha\times\log_2\beta}$$
$$=\frac{8^2-2\times4}{4}=14$$

하 0154 답 1

이차방정식 $x^2-15x+5=0$에서 이차방정식의 근과 계수의 관계에 의하여

$\alpha+\beta=15$, $\alpha\beta=5$

$$\therefore \log_{\alpha+\beta}\alpha+\log_{\alpha+\beta}3\beta=\log_{\alpha+\beta}3\alpha\beta=\log_{15}(3\times5)$$
$$=\log_{15}15=1$$

중 0155 답 ③

이차방정식 $x^2-x\log_3 k+\log_3 2=0$에서 이차방정식의 근과 계수의 관계에 의하여

$\alpha+\beta=\log_3 k$, $\alpha\beta=\log_3 2$

이때 $(\alpha+1)(\beta+1)=2$이므로 $\alpha\beta+\alpha+\beta+1=2$

$\log_3 2+\log_3 k+1=2$, $\log_3 2k=1$

즉, $2k=3$이므로 $k=\frac{3}{2}$

중 0156 답 ③

이차방정식 $x^2+ax+b=0$에서 이차방정식의 근과 계수의 관계에 의하여

$1+\log_5 3=-a$, $1\times\log_5 3=b$

$\therefore a=-(1+\log_5 3)=-(\log_5 5+\log_5 3)=-\log_5 15$,

$b=\log_5 3$

$$\therefore \frac{a}{b}=\frac{-\log_5 15}{\log_5 3}=-\log_3 15$$

중 0157 답 ③

$\log_2 8<\log_2 12<\log_2 16$에서 $3<\log_2 12<4$이므로

$a=3$

$b=\log_2 12-3=\log_2 12-\log_2 8$

$=\log_2\frac{12}{8}=\log_2\frac{3}{2}$

$$\therefore 2(3^a+2^b)=2(3^3+2^{\log_2\frac{3}{2}})=2\left(27+\frac{3}{2}\right)=57$$

중 0158 답 ⑤

$\log_3 9<\log_3 24<\log_3 27$에서 $2<\log_3 24<3$이므로

$a=\log_3 24-2=\log_3 24-\log_3 9=\log_3\frac{24}{9}=\log_3\frac{8}{3}$

$$\therefore 3^a=3^{\log_3\frac{8}{3}}=\frac{8}{3}$$

중 0159 답 9

[해결 과정] $\log_5 5<\log_5 20<\log_5 25$에서 $1<\log_5 20<2$이므로

$a=1$ ◀ 30 %

$b=\log_5 20-1=\log_5 20-\log_5 5=\log_5\frac{20}{5}=\log_5 4$ ◀ 30 %

[답 구하기] $\therefore \frac{5^a+5^b}{5^a-5^b}=\frac{5+5^{\log_5 4}}{5-5^{\log_5 4}}=\frac{5+4}{5-4}=9$ ◀ 40 %

Lecture

04 상용로그

>> 30~32쪽

0160 답 3

$\log 1000=\log 10^3=3$

0161 답 $\frac{2}{3}$

$$\log\sqrt[3]{100}=\log\sqrt[3]{10^2}=\log 10^{\frac{2}{3}}=\frac{2}{3}$$

0162 답 -4

$\log \frac{1}{10000}=\log 10^{-4}=-4$

0163 답 0.0294

0164 답 0.5198

0165 답 0.5353

0166 답 1.7412

$\log 55.1=\log (5.51\times 10)=\log 5.51+\log 10$
$=0.7412+1=1.7412$

0167 답 3.7412

$\log 5510=\log (5.51\times 10^3)=\log 5.51+\log 10^3$
$=0.7412+3=3.7412$

0168 답 -1.2588

$\log 0.0551=\log (5.51\times 10^{-2})=\log 5.51+\log 10^{-2}$
$=0.7412-2=-1.2588$

중 **0169** 답 ⑤

$\log 50+\log 36=\log \frac{100}{2}+\log (4\times 9)$
$=(\log 100-\log 2)+(\log 4+\log 9)$
$=2-\log 2+2\log 2+2\log 3$
$=2+\log 2+2\log 3$
$=2+0.3010+2\times 0.4771=3.2552$

중 **0170** 답 1.126

$\log 14-\log \sqrt[6]{1.32}=\log (1.4\times 10)-\log (1.32)^{\frac{1}{6}}$
$=\log 1.4+\log 10-\frac{1}{6}\log 1.32$
$=0.1461+1-\frac{1}{6}\times 0.1206=1.126$

중 **0171** 답 1.442

$\log \sqrt{x}=0.309$에서 $\log x^{\frac{1}{2}}=0.309$
$\frac{1}{2}\log x=0.309$ $\quad\therefore \log x=0.618$
$\therefore \log x^2+\log \sqrt[3]{x}=\log x^2+\log x^{\frac{1}{3}}=2\log x+\frac{1}{3}\log x$
$=\frac{7}{3}\log x=\frac{7}{3}\times 0.618=1.442$

중 **0172** 답 ③

$x=\log 6720=\log (6.72\times 10^3)=\log 6.72+\log 10^3$
$=0.8274+3=3.8274$
$\log y=-1.1726$에서
$\log y=-2+0.8274=\log 10^{-2}+\log 6.72$
$=\log (10^{-2}\times 6.72)=\log 0.0672$
$\therefore y=0.0672$
$\therefore x+y=3.8274+0.0672=3.8946$

하 **0173** 답 ④

① $\log 40.5=\log (4.05\times 10)=\log 4.05+\log 10$
$=0.6075+1=1.6075$
② $\log 405=\log (4.05\times 10^2)=\log 4.05+\log 10^2$
$=0.6075+2=2.6075$
③ $\log 40500=\log (4.05\times 10^4)=\log 4.05+\log 10^4$
$=0.6075+4=4.6075$
④ $\log 0.405=\log (4.05\times 10^{-1})=\log 4.05+\log 10^{-1}$
$=0.6075-1=-0.3925$
⑤ $\log 0.000405=\log (4.05\times 10^{-4})=\log 4.05+\log 10^{-4}$
$=0.6075-4=-3.3925$
따라서 옳지 않은 것은 ④이다.

중 **0174** 답 0.00238

$\log 238=2.3766$에서
$\log (2.38\times 10^2)=2.3766$, $\log 2.38+\log 10^2=2.3766$
$\log 2.38+2=2.3766$ $\quad\therefore \log 2.38=0.3766$
$\log x=-2.6234$에서
$\log x=-3+0.3766=\log 10^{-3}+\log 2.38$
$=\log (10^{-3}\times 2.38)=\log 0.00238$
$\therefore x=0.00238$

중 **0175** 답 ⑤

$\log x+\log \sqrt[3]{x}=\log x+\frac{1}{3}\log x=\frac{4}{3}\log x$
$10<x<100$에서 $1<\log x<2$이므로
$\frac{4}{3}<\frac{4}{3}\log x<\frac{8}{3}$
이때 $\frac{4}{3}\log x$가 정수가 되려면 $\frac{4}{3}\log x=2$, $\log x=\frac{3}{2}$
$\therefore x=10^{\frac{3}{2}}=10\sqrt{10}$

중 **0176** 답 5

[해결 과정] $\log x^2-\log \frac{1}{x}=2\log x+\log x=3\log x$ ◀ 30 %
$1<x<100$에서 $0<\log x<2$이므로
$0<3\log x<6$
이때 $3\log x$가 정수가 되려면 $3\log x=1, 2, 3, 4, 5$
$\log x=\frac{1}{3}, \frac{2}{3}, 1, \frac{4}{3}, \frac{5}{3}$
$\therefore x=10^{\frac{1}{3}}, 10^{\frac{2}{3}}, 10, 10^{\frac{4}{3}}, 10^{\frac{5}{3}}$ ◀ 50 %
[답 구하기] 따라서 조건을 만족시키는 x는 5개이다. ◀ 20 %

중 **0177** 답 ④

$\log x^3+\log \frac{1}{\sqrt{x}}=3\log x-\frac{1}{2}\log x=\frac{5}{2}\log x$
$100\le x<1000$에서 $2\le \log x<3$이므로
$5\le \frac{5}{2}\log x<\frac{15}{2}$
이때 $\frac{5}{2}\log x$가 정수가 되려면 $\frac{5}{2}\log x=5, 6, 7$
$\log x=2, \frac{12}{5}, \frac{14}{5}$ $\quad\therefore x=10^2, 10^{\frac{12}{5}}, 10^{\frac{14}{5}}$

따라서 모든 x의 값의 곱은

$10^2\times10^{\frac{12}{5}}\times10^{\frac{14}{5}}=10^{2+\frac{12}{5}+\frac{14}{5}}=10^{\frac{36}{5}}$

중 0178 답 ④

3등급인 별의 밝기를 I_1, 5등급인 별의 밝기를 I_2라 하면

$3=-\frac{5}{2}\log I_1+C$ …… ㉠

$5=-\frac{5}{2}\log I_2+C$ …… ㉡

㉠－㉡을 하면

$-2=-\frac{5}{2}\log I_1+\frac{5}{2}\log I_2$

$=-\frac{5}{2}(\log I_1-\log I_2)=-\frac{5}{2}\log\frac{I_1}{I_2}$

$\log\frac{I_1}{I_2}=\frac{4}{5}$ $\quad\therefore \frac{I_1}{I_2}=10^{\frac{4}{5}}=(10^{\frac{2}{5}})^2=\left(\frac{5}{2}\right)^2=\frac{25}{4}$

따라서 3등급인 별의 밝기는 5등급인 별의 밝기의 $\frac{25}{4}$배이다.

중 0179 답 30

두 원본 사진 A, B를 압축했을 때 최대 신호 대 잡음비가 각각 P_A, P_B, 평균 제곱 오차가 각각 E_A, E_B이므로

$P_A=20\log 255-10\log E_A$ …… ㉠

$P_B=20\log 255-10\log E_B$ …… ㉡

㉠－㉡을 하면

$P_A-P_B=-10\log E_A+10\log E_B$

$=10(\log E_B-\log E_A)=10\log\frac{E_B}{E_A}$

$=10\log\frac{1000E_A}{E_A}=10\log 10^3=30$

중 0180 답 $\frac{99}{8}$

[해결 과정] $T_0=25$, $t=\frac{9}{8}$일 때 $T=295$이므로

$295=25+k\log\left(8\times\frac{9}{8}+1\right)$

$k\log 10=270$ $\quad\therefore k=270$ ◀ 40 %

$\therefore T=T_0+270\log(8t+1)$ ◀ 20 %

[답 구하기] 또, $T_0=25$, $t=a$일 때 $T=565$이므로

$565=25+270\log(8a+1)$

$270\log(8a+1)=540$, $\log(8a+1)=2$

$8a+1=10^2$, $8a=99$ $\quad\therefore a=\frac{99}{8}$ ◀ 40 %

중 0181 답 ③

올해 생산량을 A라 하고 생산량이 매년 a %씩 증가한다고 하면

$A\left(1+\frac{a}{100}\right)^9=1.5A$ $\quad\therefore \left(1+\frac{a}{100}\right)^9=1.5$

양변에 상용로그를 취하면 $9\log\left(1+\frac{a}{100}\right)=\log 1.5$

$\therefore \log\left(1+\frac{a}{100}\right)=\frac{1}{9}\log 1.5=\frac{1}{9}\log\frac{3}{2}=\frac{1}{9}(\log 3-\log 2)$

$=\frac{1}{9}(0.48-0.3)=0.02$

이때 $\log 1.05=0.02$이므로

$1+\frac{a}{100}=1.05$, $\frac{a}{100}=0.05$ $\quad\therefore a=5$

따라서 생산량을 매년 5 %씩 증가시켜야 한다.

중 0182 답 20 m

해수면에서의 빛의 세기를 A라 하고 빛이 해수면으로부터 2 m씩 n회를 바닷물 속으로 들어갔을 때 빛의 세기가 해수면에서의 빛의 세기의 40 %라 하면

$A\left(1-\frac{10}{100}\right)^n=\frac{40}{100}A$ $\quad\therefore \left(\frac{9}{10}\right)^n=\frac{4}{10}$

양변에 상용로그를 취하면

$n\log\frac{9}{10}=\log\frac{4}{10}$, $n(\log 9-\log 10)=\log 4-\log 10$

$\therefore n=\frac{\log 4-\log 10}{\log 9-\log 10}=\frac{2\log 2-1}{2\log 3-1}$

$=\frac{2\times0.3-1}{2\times0.48-1}=10$

따라서 해수면으로부터 2 m씩 n회를 바닷물 속으로 들어갔으므로 구하는 지점은 해수면으로부터 $2n=2\times10=20$(m)이다.

중 0183 답 10

160마리의 세균을 13시간, 즉 780분 동안 배양하면 30분마다 그 수가 2배씩 증가하고 $780\div30=26$이므로 전체 세균은 160×2^{26}마리가 된다. 이때

$\log(160\times2^{26})=\log(10\times2^{30})=\log 10+30\log 2$

$=1+30\times0.3=10$

이므로 $160\times2^{26}=10^{10}$

따라서 13시간 후 세균은 10^{10}마리가 되므로 $k=10$

≫ 33~35쪽

중단원 마무리

0184 답 ②

$a=\log_7(2+\sqrt{3})$에서 $7^a=2+\sqrt{3}$

$7^{-a}=\frac{1}{7^a}=\frac{1}{2+\sqrt{3}}=\frac{2-\sqrt{3}}{(2+\sqrt{3})(2-\sqrt{3})}=2-\sqrt{3}$

$\therefore \frac{7^a+7^{-a}}{7^a-7^{-a}}=\frac{(2+\sqrt{3})+(2-\sqrt{3})}{(2+\sqrt{3})-(2-\sqrt{3})}=\frac{4}{2\sqrt{3}}=\frac{2\sqrt{3}}{3}$

0185 답 10

(i) $\log_{\frac{1}{5}}(10-x)$가 정의되려면

진수의 조건에서 $10-x>0$ $\quad\therefore x<10$

(ii) $\log_{2x}(x^2-10x+16)$이 정의되려면

밑의 조건에서 $2x>0$, $2x\neq1$

$x>0$, $x\neq\frac{1}{2}$ $\quad\therefore 0<x<\frac{1}{2}$ 또는 $x>\frac{1}{2}$ …… ㉠

진수의 조건에서 $x^2-10x+16>0$

$(x-2)(x-8)>0$ $\quad\therefore x<2$ 또는 $x>8$ …… ㉡

㉠, ㉡의 공통부분을 구하면

$0<x<\frac{1}{2}$ 또는 $\frac{1}{2}<x<2$ 또는 $x>8$

(i), (ii)에서 $0<x<\frac{1}{2}$ 또는 $\frac{1}{2}<x<2$ 또는 $8<x<10$

따라서 정수 x는 1, 9이므로 구하는 합은 $1+9=10$

0186 답 ①

$225=15^2$이므로 225의 양의 약수를 작은 것부터 차례로 a_1, a_2, a_3, $\cdots$, a_9라 하면

$a_1a_9=a_2a_8=a_3a_7=a_4a_6=15^2$, $a_5=15$

$\therefore \log_{15} a_1+\log_{15} a_2+\log_{15} a_3+\cdots+\log_{15} a_9$

$=\log_{15}(a_1\times a_2\times a_3\times\cdots\times a_9)$

$=\log_{15}\{(a_1a_9)(a_2a_8)(a_3a_7)(a_4a_6)\times a_5\}$

$=\log_{15}\{(15^2)^4\times 15\}$

$=\log_{15} 15^9=9$

0187 답 5

$x=\log_{27} 25+\dfrac{2}{\log_5 27}-\dfrac{\log_{\sqrt{2}} 5}{\log_{\sqrt{2}} 3}$

$=\log_{27} 25+2\log_{27} 5-\log_3 5$

$=\log_{27} 5^2+\log_{27} 5^2-\log_{27} 5^3$

$=\log_{27}\dfrac{5^2\times 5^2}{5^3}=\log_{27} 5$

$\therefore 27^x=5$

0188 답 ⑤

$a^m=b^n=3$에서 $\log_a 3=m$, $\log_b 3=n$이므로

$\log_3 a=\dfrac{1}{m}$, $\log_3 b=\dfrac{1}{n}$

$\therefore \log_{b^2} ab=\dfrac{\log_3 ab}{\log_3 b^2}$

$=\dfrac{\log_3 a+\log_3 b}{2\log_3 b}$

$=\dfrac{\dfrac{1}{m}+\dfrac{1}{n}}{2\times\dfrac{1}{n}}=\dfrac{m+n}{2m}$

0189 답 33

$\log_a b=\dfrac{1}{3}$에서 $a^{\frac{1}{3}}=b$ $\quad\therefore a=b^3$

$\log_c b=2$에서 $c^2=b$ $\quad\therefore c=b^{\frac{1}{2}}$

$\therefore 3\log_a b+4\log_b c+5\log_c a$

$=3\log_{b^3} b+4\log_b b^{\frac{1}{2}}+5\log_{b^{\frac{1}{2}}} b^3$

$=3\times\dfrac{1}{3}+4\times\dfrac{1}{2}+5\times 6=33$

0190 답 ④

조건 ㈎에서 $\sqrt[3]{a}=\sqrt{b}=\sqrt[4]{c}=k\ (k>0)$라 하면

$a=k^3$, $b=k^2$, $c=k^4$

이를 조건 ㈏에 대입하면

$\log_8 a+\log_4 b+\log_2 c=\log_{2^3} k^3+\log_{2^2} k^2+\log_2 k^4$

$=\log_2 k+\log_2 k+4\log_2 k$

$=6\log_2 k=2$

$\therefore \log_2 k=\dfrac{1}{3}$

$\therefore \log_2 abc=\log_2(k^3\times k^2\times k^4)=\log_2 k^9$

$=9\log_2 k=9\times\dfrac{1}{3}=3$

0191 답 $\dfrac{10}{3}$

$\log_a c:\log_b c=3:1$에서 $3\log_b c=\log_a c$

$\dfrac{3}{\log_c b}=\dfrac{1}{\log_c a}$, $3\log_c a=\log_c b$

$\log_c a^3=\log_c b$ $\quad\therefore b=a^3$

$\therefore \log_a b+\log_b a=\log_a a^3+\log_{a^3} a=3+\dfrac{1}{3}=\dfrac{10}{3}$

0192 답 ③

이차방정식 $x^2-4x+2=0$에서 이차방정식의 근과 계수의 관계에 의하여

$\alpha+\beta=4$, $\alpha\beta=2$

$\therefore \log_{\alpha\beta}(\alpha^2+1)+\log_{\alpha\beta}(\beta^2+1)$

$=\log_{\alpha\beta}(\alpha^2+1)(\beta^2+1)$

$=\log_{\alpha\beta}(\alpha^2\beta^2+\alpha^2+\beta^2+1)$

$=\log_{\alpha\beta}\{(\alpha\beta)^2+(\alpha+\beta)^2-2\alpha\beta+1\}$

$=\log_2(2^2+4^2-2\times 2+1)=\log_2 17$

0193 답 65

$\log_4 16<\log_4 56<\log_4 64$에서 $2<\log_4 56<3$이므로

$y=2$

$\therefore 2^{2x}+3^y=4^x+3^y=4^{\log_4 56}+3^2=56+9=65$

0194 답 890

$1\le N<10$일 때, $0\le\log N<1$이므로

$f(1)=f(2)=f(3)=\cdots=f(9)=0$

$10\le N<100$일 때, $1\le\log N<2$이므로

$f(10)=f(11)=f(12)=\cdots=f(99)=1$

$100\le N<1000$일 때, $2\le\log N<3$이므로

$f(100)=f(101)=f(102)=\cdots=f(499)=2$

$\therefore f(1)+f(2)+f(3)+\cdots+f(499)=0\times 9+1\times 90+2\times 400$

$=890$

0195 답 ①

$\log 142+\log 0.0142$

$=\log(1.42\times 10^2)+\log(1.42\times 10^{-2})$

$=\log 1.42+\log 10^2+\log 1.42+\log 10^{-2}$

$=\log 1.42+2+\log 1.42+(-2)$

$=2\log 1.42=2\times 0.1523=0.3046$

0196 답 10^{12}

$\log x^2-\log\sqrt[3]{x}=2\log x-\dfrac{1}{3}\log x=\dfrac{5}{3}\log x$

$100<x<1000$에서 $2<\log x<3$이므로

$\dfrac{10}{3}<\dfrac{5}{3}\log x<5$

이때 $\dfrac{5}{3}\log x$가 정수이므로 $\dfrac{5}{3}\log x=4$

$\log x=\dfrac{12}{5}$ $\quad\therefore x=10^{\frac{12}{5}}$

$\therefore x^5=(10^{\frac{12}{5}})^5=10^{12}$

0197 답 ②

$d=75$이고, 열차 B가 지점 P를 통과할 때의 속력을 v(km/h)라 하면 열차 A가 지점 P를 통과할 때의 속력은 $0.9v$(km/h)이므로

$L_A=80+28\log\frac{0.9v}{100}-14\log\frac{75}{25}$ …… ㉠

$L_B=80+28\log\frac{v}{100}-14\log\frac{75}{25}$ …… ㉡

㉡−㉠을 하면

$$L_B-L_A=28\left(\log\frac{v}{100}-\log\frac{0.9v}{100}\right)=28\log\frac{\frac{v}{100}}{\frac{0.9v}{100}}$$
$$=28\log\frac{10}{9}=28(\log 10-\log 9)$$
$$=28(1-2\log 3)=28-56\log 3$$

0198 답 5

전략 밑이 3인 로그의 값이 자연수가 되려면 진수가 3의 거듭제곱 꼴이어야 한다. 진수를 $f(x)$로 놓고 $y=f(x)$의 그래프를 그려 주어진 조건을 만족시키는 a의 값을 구한다.

$f(x)=2+2ax-x^2$이라 하면 $\log_3 f(x)$에서 진수의 조건에 의하여 $f(x)>0$이고, $\log_3 f(x)$의 값이 자연수가 되려면 $f(x)$의 값이 3의 거듭제곱 꼴이어야 한다.

즉, $f(x)=3^n$ (n은 자연수)이라 하면 $\log_3 f(x)$의 값이 자연수가 되도록 하는 실수 x의 개수는 함수 $y=f(x)$의 그래프와 직선 $y=3^n$의 교점의 개수와 같다.

$f(x)=2+2ax-x^2$
$=-(x-a)^2+a^2+2$

이때 $\log_3 f(x)$의 값이 자연수가 되도록 하는 실수 x가 5개이므로 함수 $y=f(x)$의 그래프는 오른쪽 그림과 같이 직선 $y=3$, $y=9$와 각각 두 점에서 만나며 직선 $y=27$과는 한 점에서 만나고, 직선 $y=3^n$ ($n\ge4$)과는 만나지 않아야 한다.

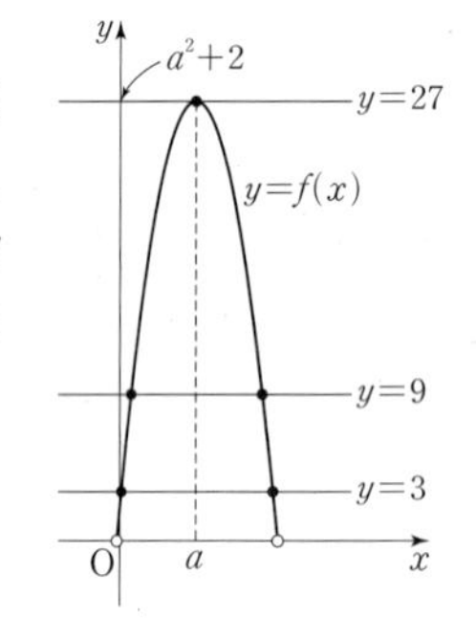

즉, $a^2+2=27$이므로

$a^2=25$ $\therefore a=\pm5$

그런데 a는 자연수이므로 $a=5$

0199 답 ②

전략 주어진 조건에서 a, b 사이의 관계식을 구하고, 산술평균과 기하평균의 관계를 이용한다.

$\log_a b=\log_b a$에서 $\log_a b=\frac{1}{\log_a b}$ $\therefore (\log_a b)^2=1$

(i) $\log_a b=1$일 때,
$a=b$
그런데 $a\ne b$이므로 조건을 만족시키지 않는다.

(ii) $\log_a b=-1$일 때,
$b=a^{-1}=\frac{1}{a}$ $\therefore ab=1$

(i), (ii)에서 $ab=1$이고 $a>0$, $b>0$이므로 산술평균과 기하평균의 관계에 의하여

$$ab+2a+18b=1+2a+\frac{18}{a}$$
$$\ge1+2\sqrt{2a\times\frac{18}{a}}$$
$$=1+2\times6=13$$
$\left(\text{단, 등호는 } 2a=\frac{18}{a}, \text{ 즉 } a=3\text{일 때 성립}\right)$

따라서 구하는 최솟값은 13이다.

도움 개념 산술평균과 기하평균의 관계

$a>0$, $b>0$일 때,
$\frac{a+b}{2}\ge\sqrt{ab}$ (단, 등호는 $a=b$일 때 성립)

0200 답 53.1 %

전략 5년 전 오리의 수를 A라 하고 5년 후 오리의 수를 A에 대한 식으로 나타낸 후, 주어진 로그의 값을 이용할 수 있도록 식을 변형한다.

5년 전 오리의 수를 A라 하면 5년 후 오리의 수는

$$A\left(1-\frac{20}{100}\right)^5\left(1+\frac{10}{100}\right)^5=A\times\left(\frac{8}{10}\right)^5\times\left(\frac{11}{10}\right)^5$$
$$=0.88^5A$$

0.88^5에 상용로그를 취하면

$$\log 0.88^5=5\log 0.88=5\log(8.8\times10^{-1})$$
$$=5(\log 8.8-\log 10)=5(0.945-1)$$
$$=-0.275=-1+0.725$$
$$=\log 10^{-1}+\log 5.31=\log 0.531$$

$\therefore 0.88^5=0.531$

따라서 5년 후의 오리의 수는 5년 전의 오리의 수의 53.1 %이다.

0201 답 $b=c$인 이등변삼각형

해결 과정 $\log_a(2b^2+c^2)-\log_a(b^2+2c^2)=0$에서

$\log_a\frac{2b^2+c^2}{b^2+2c^2}=0$ $\therefore \frac{2b^2+c^2}{b^2+2c^2}=1$ ◀ 40 %

즉, $2b^2+c^2=b^2+2c^2$이므로 $b^2-c^2=0$

$(b+c)(b-c)=0$ $\therefore b=-c$ 또는 $b=c$

그런데 $b>0$, $c>0$이므로 $b=c$ ◀ 40 %

답 구하기 따라서 삼각형 ABC는 $b=c$인 이등변삼각형이다. ◀ 20 %

0202 답 (1) $n=2$, $\alpha=\frac{1}{2}$ (2) 6

이차방정식 $2x^2-5x+k-4=0$에서 이차방정식의 근과 계수의 관계에 의하여

$n+\alpha=\frac{5}{2}$, $n\alpha=\frac{k-4}{2}$ ◀ 20 %

(1) $\log A=n+\alpha$에서 n은 정수이고 $0\le\alpha<1$이므로

$n+\alpha=\frac{5}{2}=2+\frac{1}{2}$ $\therefore n=2$, $\alpha=\frac{1}{2}$ ◀ 40 %

(2) $n\alpha=\frac{k-4}{2}$에서 $2\times\frac{1}{2}=\frac{k-4}{2}$ $\therefore k=6$ ◀ 40 %

0203 답 8

문제 이해 처음 원본의 크기를 A라 하고 n번 확대 복사하면 복사본의 크기가 처음 원본의 크기의 4배보다 크게 되므로

$A\left(1+\frac{20}{100}\right)^n>4A$ $\therefore \left(\frac{12}{10}\right)^n>4$ ◀ 30 %

해결 과정 양변에 상용로그를 취하면

$n\log\frac{12}{10}>\log 4$, $n(\log 12-1)>2\log 2$

$n\{\log(2^2\times3)-1\}>2\log 2$, $n(2\log 2+\log 3-1)>2\log 2$

$$\therefore n>\frac{2\log 2}{2\log 2+\log 3-1}=\frac{2\times0.3010}{2\times0.3010+0.4771-1}$$
$$=\frac{860}{113}=7.\times\times\times$$ ◀ 50 %

답 구하기 따라서 자연수 n의 최솟값은 8이다. ◀ 20 %

03 지수함수

Lecture ≫ 38~43쪽

지수함수

0204 답 ㄷ, ㄹ

ㄱ. $y=(-2)^x$은 $-2<0$이므로 지수함수가 아니다.

ㄴ. $y=2\times x^{-3}=\frac{2}{x^3}$이므로 지수함수가 아니다.

0205 답 풀이 참조

$y=-a^x$의 그래프는 $y=a^x$의 그래프를 x축에 대하여 대칭이동한 것이므로 오른쪽 그림과 같다.

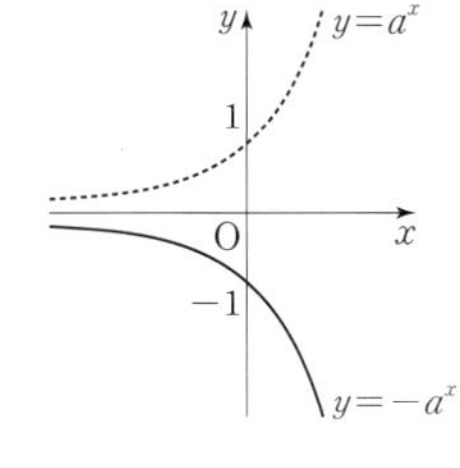

0206 답 풀이 참조

$y=-\left(\frac{1}{a}\right)^x=-a^{-x}$

즉, $y=-\left(\frac{1}{a}\right)^x$의 그래프는 $y=a^x$의 그래프를 원점에 대하여 대칭이동한 것이므로 오른쪽 그림과 같다.

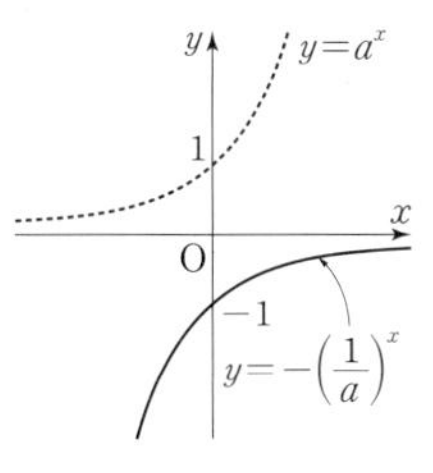

0207 답 풀이 참조

$y=a^{x+2}=a^{x-(-2)}$

즉, $y=a^{x+2}$의 그래프는 $y=a^x$의 그래프를 x축의 방향으로 -2만큼 평행이동한 것이므로 오른쪽 그림과 같다.

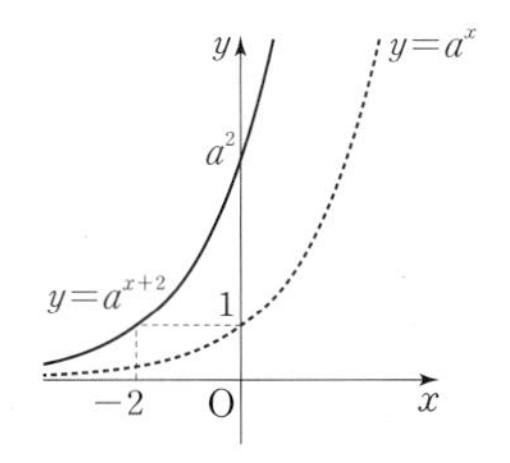

0208 답 x, 2, 1

0209 답 $\sqrt[3]{5^2}<\sqrt[4]{5^3}$

$\sqrt[3]{5^2}=5^{\frac{2}{3}}$, $\sqrt[4]{5^3}=5^{\frac{3}{4}}$

$\frac{2}{3}<\frac{3}{4}$이고, 밑 5가 $5>1$이므로 $5^{\frac{2}{3}}<5^{\frac{3}{4}}$, 즉 $\sqrt[3]{5^2}<\sqrt[4]{5^3}$

0210 답 $\left(\frac{1}{2}\right)^{-2}>\left(\frac{1}{2}\right)^4$

$-2<4$이고, 밑 $\frac{1}{2}$이 $0<\frac{1}{2}<1$이므로 $\left(\frac{1}{2}\right)^{-2}>\left(\frac{1}{2}\right)^4$

0211 답 최댓값: 1, 최솟값: $\frac{1}{36}$

$y=6^x$에서 밑이 6이고 $6>1$이므로 주어진 함수는 x의 값이 증가하면 y의 값도 증가한다.

따라서 $-2\le x\le 0$에서 함수 $y=6^x$은

$x=0$일 때 최대이고, 최댓값은 $6^0=1$

$x=-2$일 때 최소이고, 최솟값은 $6^{-2}=\frac{1}{36}$

0212 답 최댓값: 3, 최솟값: $-\frac{9}{5}$

$y=\left(\frac{1}{5}\right)^x-2$에서 밑이 $\frac{1}{5}$이고 $0<\frac{1}{5}<1$이므로 주어진 함수는 x의 값이 증가하면 y의 값은 감소한다.

따라서 $-1\le x\le 1$에서 함수 $y=\left(\frac{1}{5}\right)^x-2$는

$x=-1$일 때 최대이고, 최댓값은 $\left(\frac{1}{5}\right)^{-1}-2=5-2=3$

$x=1$일 때 최소이고, 최솟값은 $\left(\frac{1}{5}\right)^1-2=-\frac{9}{5}$

하 **0213** 답 ⑤

① 정의역은 실수 전체의 집합이고, 치역은 양의 실수 전체의 집합이다.

② 그래프는 점 $(0, 1)$을 지난다.

③ 그래프의 점근선은 x축, 즉 직선 $y=0$이다.

④ $a>1$일 때, x의 값이 증가하면 y의 값도 증가한다.

⑤ $y=\left(\frac{1}{a}\right)^x=a^{-x}$이므로 $y=a^x$의 그래프와 y축에 대하여 대칭이다.

따라서 옳은 것은 ⑤이다.

하 **0214** 답 ④

주어진 조건을 만족시키는 함수는 x의 값이 증가할 때 y의 값도 증가하는 함수이므로 (밑)>1인 지수함수이다.

① $f(x)=5^{-x}=\left(\frac{1}{5}\right)^x$

④ $f(x)=\left(\frac{1}{6}\right)^{-x}=6^x$

따라서 주어진 조건을 만족시키는 함수는 ④이다.

중 **0215** 답 $a<0$ 또는 $a>1$

함수 $y=(a^2-a+1)^x$에서 x의 값이 증가할 때 y의 값도 증가하려면 $a^2-a+1>1$이어야 하므로

$a^2-a>0$, $a(a-1)>0$ $\quad\therefore a<0$ 또는 $a>1$

중 **0216** 답 ①

$y=a^x$ $(a>0, a\ne 1)$의 그래프를 x축의 방향으로 -2만큼, y축의 방향으로 2만큼 평행이동한 그래프의 식은

$y=a^{x+2}+2$

이 그래프가 점 $(1, 10)$을 지나므로

$10=a^3+2$, $a^3=8$ $\quad\therefore a=2$

하 **0217** 답 ②

$y=2^{x-1}-3$의 그래프는 $y=2^x$의 그래프를 x축의 방향으로 1만큼, y축의 방향으로 -3만큼 평행이동한 것이므로 오른쪽 그림과 같다.

따라서 주어진 함수의 그래프가 지나지 않는 사분면은 제2사분면이다.

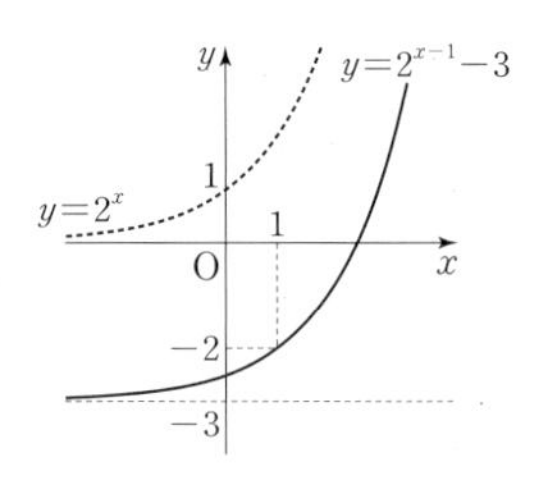

중 0218 답 -2

$y=4^{x+a}+b$의 그래프는 $y=4^x$의 그래프를 x축의 방향으로 $-a$만큼, y축의 방향으로 b만큼 평행이동한 것이다. 즉, 점근선의 방정식은 $y=b$이므로

$b=-3$

또, $y=4^{x+a}-3$의 그래프가 점 $(0, 1)$을 지나므로

$1=4^a-3$, $4^a=4$

$\therefore a=1$

$\therefore a+b=1+(-3)=-2$

중 0219 답 120

[해결 과정] $y=\left(\frac{1}{5}\right)^x$의 그래프를 x축의 방향으로 3만큼, y축의 방향으로 -4만큼 평행이동한 그래프의 식은

$y=\left(\frac{1}{5}\right)^{x-3}-4$ ◀ 20 %

$y=\left(\frac{1}{5}\right)^{x-3}-4$의 그래프가 직선 $x=2$와 만나는 점의 y좌표가 p이므로

$p=\left(\frac{1}{5}\right)^{-1}-4=5-4=1$ ◀ 30 %

또, $y=\left(\frac{1}{5}\right)^{x-3}-4$의 그래프가 y축과 만나는 점의 y좌표가 q이므로

$q=\left(\frac{1}{5}\right)^{-3}-4=125-4=121$ ◀ 30 %

[답 구하기] $\therefore q-p=121-1=120$ ◀ 20 %

중 0220 답 ④

ㄱ. $y=\frac{1}{7^x}=7^{-x}$이므로 $y=\frac{1}{7^x}$의 그래프는 $y=7^x$의 그래프를 y축에 대하여 대칭이동한 것이다.

ㄴ. $y=\sqrt{7}\times7^x=7^{x+\frac{1}{2}}$이므로 $y=\sqrt{7}\times7^x$의 그래프는 $y=7^x$의 그래프를 x축의 방향으로 $-\frac{1}{2}$만큼 평행이동한 것이다.

ㄷ. $y=\frac{1}{7}\times49^x=7^{2x-1}$이므로 $y=7^x$의 그래프를 평행이동 또는 대칭이동하여 $y=\frac{1}{7}\times49^x$의 그래프와 완전히 겹쳐질 수 없다.

ㄹ. $y=-7^x+3$의 그래프는 $y=7^x$의 그래프를 x축에 대하여 대칭이동한 후, y축의 방향으로 3만큼 평행이동한 것이다.

이상에서 $y=7^x$의 그래프를 평행이동 또는 대칭이동하여 완전히 겹쳐질 수 있는 그래프의 식은 ㄱ, ㄴ, ㄹ이다.

중 0221 답 -16

$y=4^x$의 그래프를 x축의 방향으로 4만큼 평행이동한 그래프의 식은

$y=4^{x-4}$

이 그래프를 x축에 대하여 대칭이동한 그래프의 식은

$-y=4^{x-4}$ $\therefore y=-4^{x-4}$

이 그래프가 점 $(6, k)$를 지나므로

$k=-4^{6-4}=-4^2=-16$

중 0222 답 ⑤

$y=3\times a^{2x-4}+5=3\times a^{2(x-2)}+5$의 그래프는 $y=3\times a^{2x}$의 그래프를 x축의 방향으로 2만큼, y축의 방향으로 5만큼 평행이동한 것이다.

이때 $y=3\times a^{2x}$의 그래프는 a의 값에 관계없이 항상 점 $(0, 3)$을 지나므로 $y=3\times a^{2x-4}+5$의 그래프는 항상 점 $(2, 8)$을 지난다.

따라서 $p=2$, $q=8$이므로

$p+q=10$

중 0223 답 ②

$f(1)=3$이므로 $1+b=3$ $\therefore b=2$

$\therefore f(x)=a^{x-1}+2$

이때 $f(3)=6$이므로 $a^2+2=6$, $a^2=4$

$\therefore a=2$ ($\because a>0$)

따라서 $f(x)=2^{x-1}+2$이므로

$f(-1)=2^{-2}+2=\frac{1}{4}+2=\frac{9}{4}$

중 0224 답 ④

$f(3)=m$에서 $a^3=m$ …… ㉠

$f(7)=n$에서 $a^7=n$ …… ㉡

㉡÷㉠을 하면 $a^4=\frac{n}{m}$

$\therefore f(8)=a^8=(a^4)^2=\left(\frac{n}{m}\right)^2$

중 0225 답 $4\sqrt{2}$

$f(0)=2^n=4$이므로

$f(2)=8$에서 $2^{2m+n}=2^{2m}\times2^n=2^{2m}\times4=8$

$2^{2m}=2$ $\therefore 2^m=\sqrt{2}$ ($\because 2^m>0$)

$\therefore f(1)=2^{m+n}=2^m\times2^n=\sqrt{2}\times4=4\sqrt{2}$

중 0226 답 8

[해결 과정] $f(a-2b)=4$에서

$\left(\frac{1}{2}\right)^{a-2b}=4$, $2^{-a+2b}=2^2$

$\therefore -a+2b=2$ …… ㉠ ◀ 30 %

$f(a-b)=2$에서

$\left(\frac{1}{2}\right)^{a-b}=2$, $2^{-a+b}=2^1$

$\therefore -a+b=1$ …… ㉡ ◀ 30 %

㉠, ㉡을 연립하여 풀면 $a=0$, $b=1$ ◀ 20 %

[답 구하기] $\therefore f(a-3b)=f(-3)=\left(\frac{1}{2}\right)^{-3}=8$ ◀ 20 %

하 0227 답 ①

$y=\left(\frac{1}{3}\right)^x$의 그래프가 점 $(-2, a)$를 지나므로

$a=\left(\frac{1}{3}\right)^{-2}=9$

또, 점 $(b, 81)$을 지나므로 $81=\left(\frac{1}{3}\right)^b$에서

$\left(\frac{1}{3}\right)^{-4}=\left(\frac{1}{3}\right)^b$ $\therefore b=-4$

$\therefore a+b=9+(-4)=5$

중 0228 답 ①

$y=2^x$의 그래프는 점 $(0, 1)$을 지나므로 $a=1$

$2^a=b$이므로 $b=2$

$2^b=c$이므로 $c=2^2=4$

$bc=2\times4=8$

$\therefore \log_{bc} 8=\log_8 8=1$

중 **0229** 답 ⑤

$y=3^x$의 그래프가 점 $(a, 32)$를 지나므로

$3^a=32=2^5 \quad \therefore 3^{\frac{a}{5}}=2$ ...... ㉠

$y=2^x$의 그래프가 점 $(b, 81)$을 지나므로 $2^b=81=3^4$

㉠에서 $2^b=(3^{\frac{a}{5}})^b=3^{\frac{ab}{5}}$

따라서 $\frac{ab}{5}=4$이므로 $ab=20$

중 **0230** 답 2

[해결 과정] $y=2^x$의 그래프가 직선 $y=4$와 만나는 점 A의 x좌표는 $2^x=4$에서

$x=2 \quad \therefore A(2, 4)$ ◀ 40 %

$y=4^x$의 그래프가 직선 $y=4$와 만나는 점 B의 x좌표는 $4^x=4$에서

$x=1 \quad \therefore B(1, 4)$ ◀ 40 %

[답 구하기] 이때 $\overline{AB}=2-1=1$이므로

$\triangle OAB=\frac{1}{2}\times1\times4=2$ ◀ 20 %

상 **0231** 답 $\frac{1}{16}$

점 C의 좌표를 $(a, 0)$이라 하면 점 A의 좌표는 $(a, 2^a)$

선분 AD는 정사각형 ACDB의 대각선이고 그 길이가 $4\sqrt{2}$이므로 정사각형 ACDB의 한 변의 길이는 4이다.

즉, $2^a=4$이므로 $2^a=2^2 \quad \therefore a=2$

이때 점 B의 좌표는 $(6, 4)$이므로

$4=k\times2^6$, $2^2=k\times2^6$

$\therefore k=\frac{1}{16}$

중 **0232** 답 ③

A, B, C를 각각 밑이 $\frac{1}{2}$인 거듭제곱 꼴로 나타내면

$A=\frac{1}{\sqrt[5]{16}}=\frac{1}{(2^4)^{\frac{1}{5}}}=\frac{1}{2^{\frac{4}{5}}}=\left(\frac{1}{2}\right)^{\frac{4}{5}}$

$B=\sqrt[3]{\frac{1}{32}}=\left\{\left(\frac{1}{2}\right)^5\right\}^{\frac{1}{3}}=\left(\frac{1}{2}\right)^{\frac{5}{3}}$

$C=\left(\frac{1}{2}\right)^{\frac{3}{4}}$

$\frac{3}{4}<\frac{4}{5}<\frac{5}{3}$이고, 밑 $\frac{1}{2}$이 $0<\frac{1}{2}<1$이므로

$\left(\frac{1}{2}\right)^{\frac{5}{3}}<\left(\frac{1}{2}\right)^{\frac{4}{5}}<\left(\frac{1}{2}\right)^{\frac{3}{4}} \quad \therefore B<A<C$

중 **0233** 답 ④

주어진 세 수를 각각 밑이 3인 거듭제곱 꼴로 나타내면

$\sqrt{3}=3^{\frac{1}{2}}$

$\left(\frac{1}{9}\right)^{-\frac{1}{3}}=(3^{-2})^{-\frac{1}{3}}=3^{\frac{2}{3}}$

$\sqrt[5]{27}=(3^3)^{\frac{1}{5}}=3^{\frac{3}{5}}$

$\frac{1}{2}<\frac{3}{5}<\frac{2}{3}$이고, 밑 3이 $3>1$이므로

$3^{\frac{1}{2}}<3^{\frac{3}{5}}<3^{\frac{2}{3}}$

따라서 $a=3^{\frac{1}{2}}$, $b=3^{\frac{2}{3}}$이므로 $a^2b=(3^{\frac{1}{2}})^2\times3^{\frac{2}{3}}=3^{\frac{5}{3}}$

중 **0234** 답 ⑤

$0<a<1$이므로 함수 $y=a^x$은 x의 값이 증가하면 y의 값은 감소한다. 이때 $0<a<b$이므로

$a^b<a^a<a^0 \quad \therefore a^b<a^a<1$

중 **0235** 답 ②

$y=\left(\frac{1}{2}\right)^{x+1}+3$에서 밑이 $\frac{1}{2}$이고 $0<\frac{1}{2}<1$이므로 주어진 함수는 x의 값이 증가하면 y의 값은 감소한다.

따라서 $-1\le x\le2$에서 함수 $y=\left(\frac{1}{2}\right)^{x+1}+3$은

$x=-1$일 때 최대이고, 최댓값은 $\left(\frac{1}{2}\right)^0+3=4$

$x=2$일 때 최소이고, 최솟값은 $\left(\frac{1}{2}\right)^3+3=\frac{25}{8}$

즉, $M=4$, $m=\frac{25}{8}$이므로 $Mm=\frac{25}{2}$

중 **0236** 답 ⑤

$f(x)=5^{x+a}$에서 밑이 5이고 $5>1$이므로 주어진 함수는 x의 값이 증가하면 y의 값도 증가한다.

따라서 $-2\le x\le1$에서 함수 $f(x)=5^{x+a}$은 $x=-2$일 때 최소이고, 최솟값은 $f(-2)=5^{-2+a}=5$이므로

$-2+a=1 \quad \therefore a=3$

즉, $-2\le x\le1$에서 함수 $f(x)=5^{x+3}$은 $x=1$일 때 최대이고, 최댓값은

$f(1)=5^4=625$

상 **0237** 답 ③

(i) $a>1$일 때,

함수 $f(x)$의 최댓값은 $f(6)$, 최솟값은 $f(3)$이므로

$f(6)=27f(3)$, $a^5=27a^2$

$a^3=27 \quad \therefore a=3$

(ii) $0<a<1$일 때,

함수 $f(x)$의 최댓값은 $f(3)$, 최솟값은 $f(6)$이므로

$f(3)=27f(6)$, $a^2=27a^5$

$a^3=\frac{1}{27} \quad \therefore a=\frac{1}{3}$

(i), (ii)에서 모든 양수 a의 값의 합은 $3+\frac{1}{3}=\frac{10}{3}$

중 **0238** 답 ⑤

$y=2^{-x^2-2x+3}$에서 밑이 2이고 $2>1$이므로

$-x^2-2x+3$이 최대일 때 y도 최대가 되고,

$-x^2-2x+3$이 최소일 때 y도 최소가 된다.

$f(x)=-x^2-2x+3$으로 놓으면

$f(x)=-(x+1)^2+4$

$f(-2)=3$, $f(-1)=4$, $f(1)=0$이므로

오른쪽 그림과 같이 $-2\le x\le 1$에서

$0\le f(x)\le 4$

따라서 함수 $y=2^{-x^2-2x+3}$은

$x=-1$, 즉 $-x^2-2x+3=4$일 때 최대이고, 최댓값은 $2^4=16$ $\therefore M=16$

또, $x=1$, 즉 $-x^2-2x+3=0$일 때 최소이고, 최솟값은 $2^0=1$ $\therefore m=1$

$\therefore M+m=16+1=17$

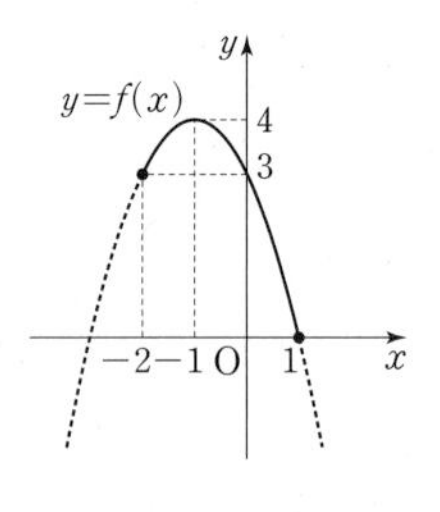

도움 개념 제한된 범위에서의 이차함수의 최댓값과 최솟값

x의 값의 범위가 $\alpha\le x\le\beta$일 때, 이차함수 $f(x)=a(x-m)^2+n$의 최댓값과 최솟값은 다음과 같이 구할 수 있다.

(1) m이 $\alpha\le x\le\beta$에 속하면, 즉 $\alpha\le m\le\beta$이면

⇨ $f(m)$, $f(\alpha)$, $f(\beta)$ 중 가장 큰 값이 최댓값, 가장 작은 값이 최솟값이다.

(2) m이 $\alpha\le x\le\beta$에 속하지 않으면, 즉 $m<\alpha$ 또는 $m>\beta$이면

⇨ $f(\alpha)$, $f(\beta)$ 중 큰 값이 최댓값, 작은 값이 최솟값이다.

하 0239 답 ③

$y=\left(\frac{1}{3}\right)^{x^2-2x}$에서 밑이 $\frac{1}{3}$이고 $0<\frac{1}{3}<1$이므로 x^2-2x가 최소일 때 y는 최대가 된다.

$f(x)=x^2-2x$로 놓으면

$f(x)=(x-1)^2-1$

$f(0)=0$, $f(1)=-1$, $f(2)=0$이므로

오른쪽 그림과 같이 $0\le x\le 2$에서

$-1\le f(x)\le 0$

따라서 함수 $y=\left(\frac{1}{3}\right)^{x^2-2x}$은 $x=1$,

즉 $x^2-2x=-1$일 때 최대이고, 최댓값은

$\left(\frac{1}{3}\right)^{-1}=3$이므로

$a=1$, $b=3$ $\therefore b-a=2$

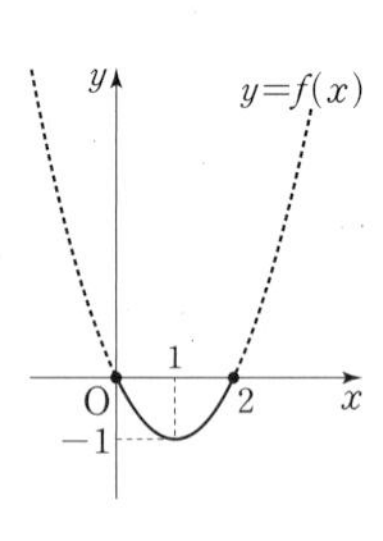

중 0240 답 -12

[문제 이해] $y=4^{x^2-6x-a}$에서 밑이 4이고 $4>1$이므로 x^2-6x-a가 최소일 때 y도 최소가 된다. ◀ 30 %

[해결 과정] $f(x)=x^2-6x-a$로 놓으면

$f(x)=(x-3)^2-a-9$

$f(-1)=-a+7$, $f(3)=-a-9$이므로

오른쪽 그림과 같이 $-1\le x\le 3$에서

$-a-9\le f(x)\le -a+7$ ◀ 30 %

[답 구하기] 따라서 함수 $y=4^{x^2-6x-a}$은 $x=3$, 즉 $x^2-6x-a=-a-9$일 때 최소이고, 최솟값이 64이므로

$4^{-a-9}=4^3$, $-a-9=3$

$\therefore a=-12$ ◀ 40 %

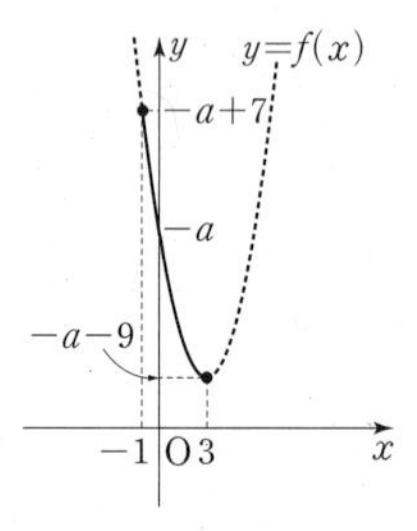

중 0241 답 2

$f(x)=x^2+4x+5$로 놓으면

$f(x)=(x+2)^2+1$

$f(-2)=1$, $f(0)=5$이므로

오른쪽 그림과 같이 $-2\le x\le 0$에서

$1\le f(x)\le 5$

$y=a^{x^2+4x+5}$에서 밑이 a이고 $a>1$이므로

함수 $y=a^{x^2+4x+5}$은 $x=0$, 즉

$x^2+4x+5=5$일 때 최대이고, 최댓값이 32이다.

따라서 $a^5=32=2^5$이므로 $a=2$

그러므로 함수 $y=2^{x^2+4x+5}$은 $x=-2$, 즉 $x^2+4x+5=1$일 때 최소이고, 최솟값은

$2^1=2$

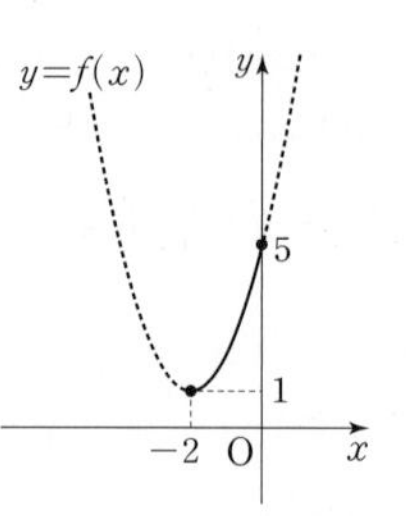

중 0242 답 14

$y=4^x-2\times 2^x+3=(2^x)^2-2\times 2^x+3$

$2^x=t\ (t>0)$로 놓으면 $1\le x\le 2$에서

$2^1\le t\le 2^2$ $\therefore 2\le t\le 4$

이때 주어진 함수는

$y=t^2-2t+3=(t-1)^2+2$

따라서 주어진 함수는 $t=4$일 때 최대이고, 최댓값은

$M=(4-1)^2+2=11$

또, $t=2$일 때 최소이고, 최솟값은

$m=(2-1)^2+2=3$

$\therefore M+m=11+3=14$

중 0243 답 7

$y=9^x-3^{x+1}+a=(3^x)^2-3\times 3^x+a$

$3^x=t\ (t>0)$로 놓으면 $-2\le x\le 1$에서

$3^{-2}\le t\le 3^1$ $\therefore \frac{1}{9}\le t\le 3$

이때 주어진 함수는

$y=t^2-3t+a=\left(t-\frac{3}{2}\right)^2+a-\frac{9}{4}$ …… ㉠

따라서 주어진 함수는 $t=3$일 때 최대이고, 최댓값이 4이므로

$\left(3-\frac{3}{2}\right)^2+a-\frac{9}{4}=4$

$\therefore a=4$

$a=4$를 ㉠에 대입하면

$y=\left(t-\frac{3}{2}\right)^2+4-\frac{9}{4}=\left(t-\frac{3}{2}\right)^2+\frac{7}{4}$

그러므로 주어진 함수는 $t=\frac{3}{2}$일 때 최소이고, 최솟값은 $\frac{7}{4}$

$\therefore b=\frac{7}{4}$

$\therefore ab=4\times\frac{7}{4}=7$

중 0244 답 ⑤

$y=\left(\frac{1}{4}\right)^x-k\left(\frac{1}{2}\right)^{x-1}+k+3$

$=\left\{\left(\frac{1}{2}\right)^x\right\}^2-2k\left(\frac{1}{2}\right)^x+k+3$

$\left(\frac{1}{2}\right)^x=t\ (t>0)$로 놓으면 주어진 함수는

$y=t^2-2kt+k+3=(t-k)^2-k^2+k+3$

따라서 주어진 함수는 $t=k$일 때 최소이고, 최솟값이 1이므로

$-k^2+k+3=1$

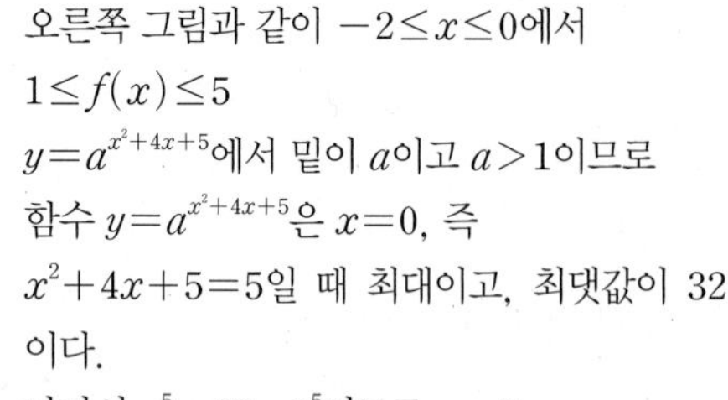

$k^2-k-2=0$, $(k+1)(k-2)=0$

$\therefore k=2$ ($\because k>0$)

(중) 0245 답 1

$3^x>0$, $\left(\frac{1}{3}\right)^x=3^{-x}>0$이므로 산술평균과 기하평균의 관계에 의하여

$h(x)=f(x)+g(x)-1$

$=3^x+3^{-x}-1$

$\geq 2\sqrt{3^x\times 3^{-x}}-1$

$=1$ (단, 등호는 $3^x=3^{-x}$, 즉 $x=0$일 때 성립)

따라서 $h(x)$의 최솟값은 1이다.

(중) 0246 답 9

$\left(\frac{1}{4}\right)^x>0$, $\left(\frac{1}{4}\right)^{-x-2}>0$이므로 산술평균과 기하평균의 관계에 의하여

$y=\left(\frac{1}{4}\right)^x+\left(\frac{1}{4}\right)^{-x-2}$

$\geq 2\sqrt{\left(\frac{1}{4}\right)^x\times\left(\frac{1}{4}\right)^{-x-2}}$

$=2\times 4=8$

이때 등호는 $\left(\frac{1}{4}\right)^x=\left(\frac{1}{4}\right)^{-x-2}$일 때 성립하므로

$x=-x-2$에서 $2x=-2$

$\therefore x=-1$

따라서 주어진 함수는 $x=-1$일 때 최솟값 8을 가지므로

$a=-1$, $b=8$ $\quad\therefore b-a=9$

(중) 0247 답 ④

$2^x+2^{-x}=t$로 놓으면 $2^x>0$, $2^{-x}>0$이므로 산술평균과 기하평균의 관계에 의하여

$t=2^x+2^{-x}$

$\geq 2\sqrt{2^x\times 2^{-x}}=2$ (단, 등호는 $2^x=2^{-x}$, 즉 $x=0$일 때 성립)

이때 $4^x+4^{-x}=(2^x+2^{-x})^2-2=t^2-2$이므로

$y=-(4^x+4^{-x})+2(2^x+2^{-x})-1$

$=-(t^2-2)+2t-1$

$=-t^2+2t+1=-(t-1)^2+2$

그런데 $t\geq 2$이므로 주어진 함수는 $t=2$일 때 최댓값 1을 갖는다.

(상) 0248 답 32

[문제 이해] $x+2y-6=0$에서 $x=6-2y$이므로

$2^x+4^y=2^{6-2y}+2^{2y}$ ◀ 20 %

[해결 과정] $2^{6-2y}>0$, $2^{2y}>0$이므로 산술평균과 기하평균의 관계에 의하여

$2^{6-2y}+2^{2y}\geq 2\sqrt{2^{6-2y}\times 2^{2y}}=2\times 8=16$ ◀ 40 %

이때 등호는 $2^{6-2y}=2^{2y}$일 때 성립하므로

$6-2y=2y$에서 $4y=6$ $\quad\therefore y=\frac{3}{2}$

$y=\frac{3}{2}$을 $x=6-2y$에 대입하면 $x=3$ ◀ 30 %

[답 구하기] 따라서 2^x+4^y은 $x=3$, $y=\frac{3}{2}$일 때 최솟값 16을 가지므로

$a=3$, $b=\frac{3}{2}$, $c=16$ $\quad\therefore \frac{ac}{b}=\frac{3\times 16}{\frac{3}{2}}=32$ ◀ 10 %

Lecture 06

지수함수의 활용

≫ 44~49쪽

0249 답 $x=\frac{5}{2}$

주어진 방정식을 변형하면

$3^{2x}=3^5$이므로 $2x=5$

$\therefore x=\frac{5}{2}$

0250 답 $x=1$

주어진 방정식을 변형하면

$2^{-2x}=2^{x-3}$이므로 $-2x=x-3$, $-3x=-3$

$\therefore x=1$

0251 답 (가): t^2+t-6, (나): 2, (다): $\frac{1}{2}$

$4^x=t$ ($t>0$)로 놓으면

$\boxed{t^2+t-6}=0$, $(t+3)(t-2)=0$

$\therefore t=\boxed{2}$ ($\because t>0$)

즉, $4^x=\boxed{2}$이므로 $2^{2x}=2^1$, $2x=1$

$\therefore x=\boxed{\frac{1}{2}}$

0252 답 $x=-2$

주어진 방정식을 변형하면

$\left(\frac{1}{3}\right)^{2x}-7\times\left(\frac{1}{3}\right)^x-18=0$

$\left(\frac{1}{3}\right)^x=t$ ($t>0$)로 놓으면

$t^2-7t-18=0$, $(t+2)(t-9)=0$

$\therefore t=9$ ($\because t>0$)

즉, $\left(\frac{1}{3}\right)^x=9$이므로 $3^{-x}=3^2$에서 $-x=2$

$\therefore x=-2$

0253 답 $x>-\frac{1}{2}$

주어진 부등식을 변형하면

$2^{x+3}>2^{\frac{5}{2}}$

밑이 2이고 $2>1$이므로

$x+3>\frac{5}{2}$ $\quad\therefore x>-\frac{1}{2}$

0254 답 $x\geq 2$

주어진 부등식을 변형하면

$\left(\frac{1}{5}\right)^{3x-4}\leq\left(\frac{1}{5}\right)^x$

밑이 $\frac{1}{5}$이고 $0<\frac{1}{5}<1$이므로

$3x-4\geq x$, $2x\geq 4$ $\quad\therefore x\geq 2$

0255 답 (가): t^2-5t+4, (나): 1, (다): 4, (라): -2, (마): 0

$\left(\frac{1}{2}\right)^x=t\ (t>0)$로 놓으면

$\boxed{t^2-5t+4}\le 0$, $(t-1)(t-4)\le 0$

$\therefore \boxed{1}\le t\le\boxed{4}$

즉, $\boxed{1}\le\left(\frac{1}{2}\right)^x\le\boxed{4}$이므로

$\left(\frac{1}{2}\right)^0\le\left(\frac{1}{2}\right)^x\le\left(\frac{1}{2}\right)^{-2}$

밑이 $\frac{1}{2}$이고 $0<\frac{1}{2}<1$이므로

$\boxed{-2}\le x\le\boxed{0}$

0256 답 $x\ge -1$

주어진 부등식을 변형하면

$81\times 3^{2x}-9\times 3^x-6\ge 0$

$3^x=t\ (t>0)$로 놓으면

$81t^2-9t-6\ge 0$, $(9t+2)(9t-3)\ge 0$

$\therefore t\le -\frac{2}{9}$ 또는 $t\ge\frac{1}{3}$

그런데 $t>0$이므로 $t\ge\frac{1}{3}$

즉, $3^x\ge\frac{1}{3}$이므로 $3^x\ge 3^{-1}$

밑이 3이고 $3>1$이므로

$x\ge -1$

중 **0257** 답 ⑤

주어진 방정식을 변형하면

$2^{2x}\times 2^{-x^2+3}=2^{-2}$, $2^{-x^2+2x+3}=2^{-2}$

이므로 $-x^2+2x+3=-2$

$x^2-2x-5=0$

따라서 이차방정식의 근과 계수의 관계에 의하여 모든 근의 합은 2이다.

중 **0258** 답 4

주어진 방정식을 변형하면

$3^{-\frac{3}{2}x}=3^{3k-3x}$

이므로 $-\frac{3}{2}x=3k-3x$

$\frac{3}{2}x=3k \qquad \therefore x=2k$

이때 주어진 방정식의 근이 8이므로

$2k=8 \qquad \therefore k=4$

중 **0259** 답 ①

주어진 방정식을 변형하면

$7^{(x^2-2x)-(4x-10)}=7^2$

이므로 $(x^2-2x)-(4x-10)=2$

$x^2-6x+8=0$, $(x-2)(x-4)=0$

$\therefore x=2$ 또는 $x=4$

그런데 $\alpha>\beta$이므로 $\alpha=4$, $\beta=2$

$\therefore \alpha-\beta=2$

중 **0260** 답 ③

$5^{x+1}+5\times 5^{-x}-26=0$의 양변에 5^x을 곱하면

$5\times(5^x)^2-26\times 5^x+5=0$

$5^x=t\ (t>0)$로 놓으면

$5t^2-26t+5=0$

$(5t-1)(t-5)=0 \qquad \therefore t=\frac{1}{5}$ 또는 $t=5$

즉, $5^x=\frac{1}{5}$에서 $5^x=5^{-1} \qquad \therefore x=-1$

$5^x=5$에서 $5^x=5^1 \qquad \therefore x=1$

따라서 주어진 방정식의 두 근이 -1, 1이므로

$\alpha+\beta=0$

중 **0261** 답 $x=1$ 또는 $x=3$

$4^x-10\times 2^x+16=0$에서

$(2^x)^2-10\times 2^x+16=0$

$2^x=t\ (t>0)$로 놓으면

$t^2-10t+16=0$

$(t-2)(t-8)=0 \qquad \therefore t=2$ 또는 $t=8$

즉, $2^x=2$에서 $2^x=2^1 \qquad \therefore x=1$

$2^x=8$에서 $2^x=2^3 \qquad \therefore x=3$

$\therefore x=1$ 또는 $x=3$

중 **0262** 답 ⑤

$a^{2x}+a^x=6$에서

$(a^x)^2+a^x-6=0$

$a^x=t\ (t>0)$로 놓으면

$t^2+t-6=0$

$(t+3)(t-2)=0 \qquad \therefore t=2\ (\because t>0)$

$\therefore a^x=2$ ······ ㉠

이때 주어진 방정식의 해가 $x=\frac{1}{3}$이므로 $x=\frac{1}{3}$을 ㉠에 대입하면

$a^{\frac{1}{3}}=2 \qquad \therefore a=2^3=8$

상 **0263** 답 $x=0$

해결 과정 $3^x+3^{-x}=t$로 놓으면 $3^x>0$, $3^{-x}>0$이므로 산술평균과 기하평균의 관계에 의하여

$t=3^x+3^{-x}$

$\ge 2\sqrt{3^x\times 3^{-x}}=2$ (단, 등호는 $3^x=3^{-x}$, 즉 $x=0$일 때 성립)

이때 $9^x+9^{-x}=(3^x+3^{-x})^2-2=t^2-2$이므로 주어진 방정식은

$4(t^2-2)-9t+10=0$, $4t^2-9t+2=0$ ◀ 30 %

$(4t-1)(t-2)=0 \qquad \therefore t=2\ (\because t\ge 2)$ ◀ 20 %

따라서 $3^x+3^{-x}=2$이므로 양변에 3^x을 곱하여 정리하면

$(3^x)^2-2\times 3^x+1=0$

$3^x=k\ (k>0)$로 놓으면 $k^2-2k+1=0$

$(k-1)^2=0 \qquad \therefore k=1$ ◀ 40 %

답 구하기 즉, $3^x=1$이므로 $3^x=3^0$

$\therefore x=0$ ◀ 10 %

중 **0264** 답 ③

$x^x\times x^6=(x^2)^{x+2}$에서 $x^{x+6}=x^{2x+4}$

밑이 같으므로 밑이 1이거나 지수가 같아야 한다.

(i) $x=1$일 때,

주어진 방정식은 $1^7=1^6$이므로 성립한다.

(ii) $x\neq1$일 때,

$x^{x+6}=x^{2x+4}$에서

$x+6=2x+4 \quad \therefore x=2$

(i), (ii)에서 $x=1$ 또는 $x=2$

따라서 모든 근의 합은

$1+2=3$

중 0265 답 ①

지수가 같으므로 지수가 0이거나 밑이 같아야 한다.

(i) $x-2=0$, 즉 $x=2$일 때,

주어진 방정식은 $7^0=8^0$이므로 성립한다.

(ii) $x-2\neq0$일 때,

$(x^2+3)^{x-2}=(4x)^{x-2}$에서

$x^2+3=4x$, $x^2-4x+3=0$

$(x-1)(x-3)=0 \quad \therefore x=1$ 또는 $x=3$

(i), (ii)에서 $x=1$ 또는 $x=2$ 또는 $x=3$

따라서 모든 근의 곱은

$1\times2\times3=6$

상 0266 답 ⑤

$(x^2+x+1)^{x+4}=1$을 만족시키려면 지수가 0이거나 밑이 1이어야 한다.

(i) $x+4=0$, 즉 $x=-4$일 때,

주어진 방정식은 $13^0=1$이므로 성립한다.

(ii) $x+4\neq0$일 때,

$(x^2+x+1)^{x+4}=1$에서

$x^2+x+1=1$, $x^2+x=0$

$x(x+1)=0 \quad \therefore x=-1$ 또는 $x=0$

(i), (ii)에서 $x=-4$ 또는 $x=-1$ 또는 $x=0$

따라서 모든 근의 합은

$(-4)+(-1)+0=-5$

$\therefore a=-5$

또, 모든 근의 곱은

$(-4)\times(-1)\times0=0$

$\therefore b=0$

$\therefore b-a=0-(-5)=5$

중 0267 답 ①

$\begin{cases}3^x-3\times5^y=-6\\2\times3^x+5^y=23\end{cases}$에서

$3^x=X$, $5^y=Y$ $(X>0, Y>0)$로 놓으면

$\begin{cases}X-3Y=-6\\2X+Y=23\end{cases}$

위의 연립방정식을 풀면 $X=9$, $Y=5$

즉, $3^x=9$, $5^y=5$이므로

$3^x=3^2$, $5^y=5^1 \quad \therefore x=2, y=1$

따라서 $\alpha=2$, $\beta=1$이므로

$\alpha+\beta=3$

중 0268 답 ③

$\begin{cases}2^{x+1}-3^{y+1}=-11\\2^{x-2}+3^{y-1}=5\end{cases}$에서 $\begin{cases}2\times2^x-3\times3^y=-11\\\frac{1}{4}\times2^x+\frac{1}{3}\times3^y=5\end{cases}$

$2^x=X$, $3^y=Y$ $(X>0, Y>0)$로 놓으면

$\begin{cases}2X-3Y=-11\\\frac{X}{4}+\frac{Y}{3}=5\end{cases}$

위의 연립방정식을 풀면

$X=8$, $Y=9$

즉, $2^x=8$, $3^y=9$이므로

$2^x=2^3$, $3^y=3^2 \quad \therefore x=3, y=2$

따라서 $\alpha=3$, $\beta=2$이므로

$\alpha^2+\beta^2=9+4=13$

중 0269 답 0

[문제 이해] $\begin{cases}\left(\frac{1}{5}\right)^x+\left(\frac{1}{5}\right)^y=6\\\left(\frac{1}{5}\right)^{x+y}=5\end{cases}$에서 $\begin{cases}\left(\frac{1}{5}\right)^x+\left(\frac{1}{5}\right)^y=6\\\left(\frac{1}{5}\right)^x\times\left(\frac{1}{5}\right)^y=5\end{cases}$

[해결 과정] $\left(\frac{1}{5}\right)^x=X$, $\left(\frac{1}{5}\right)^y=Y$ $(X>0, Y>0)$로 놓으면

$\begin{cases}X+Y=6 & \cdots\cdots ㉠\\XY=5 & \cdots\cdots ㉡\end{cases}$ ◀ 30 %

㉠에서 $Y=6-X$ …… ㉢

㉢을 ㉡에 대입하면

$X(6-X)=5$

$X^2-6X+5=0$, $(X-1)(X-5)=0$

$\therefore X=1$ 또는 $X=5$

$X=1$을 ㉢에 대입하면 $Y=5$

$X=5$를 ㉢에 대입하면 $Y=1$ ◀ 30 %

(i) $X=1$, $Y=5$일 때,

$\left(\frac{1}{5}\right)^x=1$, $\left(\frac{1}{5}\right)^y=5$이므로

$\left(\frac{1}{5}\right)^x=\left(\frac{1}{5}\right)^0$, $\left(\frac{1}{5}\right)^y=\left(\frac{1}{5}\right)^{-1}$

$\therefore x=0, y=-1$

(ii) $X=5$, $Y=1$일 때,

$\left(\frac{1}{5}\right)^x=5$, $\left(\frac{1}{5}\right)^y=1$이므로

$\left(\frac{1}{5}\right)^x=\left(\frac{1}{5}\right)^{-1}$, $\left(\frac{1}{5}\right)^y=\left(\frac{1}{5}\right)^0$

$\therefore x=-1, y=0$

(i), (ii)에서 주어진 연립방정식의 해는

$x=0$, $y=-1$ 또는 $x=-1$, $y=0$ ◀ 30 %

[답 구하기] $\therefore \alpha\beta=0$ ◀ 10 %

중 0270 답 ⑤

$16^x-3\times4^{x+1}+16=0$에서

$(4^x)^2-12\times4^x+16=0$

$4^x=t$ $(t>0)$로 놓으면

$t^2-12t+16=0$ …… ㉠

㉠의 두 근은 4^{α}, 4^{β}이므로 이차방정식의 근과 계수의 관계에 의하여

$4^{\alpha}\times4^{\beta}=16$, $4^{\alpha+\beta}=4^2$

$\therefore \alpha+\beta=2$

중 0271 답 ①

$25^x-6\times5^x+4=0$에서

$(5^x)^2-6\times5^x+4=0$

$5^x=t\ (t>0)$로 놓으면

$t^2-6t+4=0$ …… ㉠

㉠의 두 근은 5^{α}, 5^{β}이므로 이차방정식의 근과 계수의 관계에 의하여

$5^{\alpha}+5^{\beta}=6$, $5^{\alpha}\times5^{\beta}=4$

$\therefore 5^{2\alpha}+5^{2\beta}=(5^{\alpha})^2+(5^{\beta})^2$
$=(5^{\alpha}+5^{\beta})^2-2\times5^{\alpha}\times5^{\beta}$
$=6^2-2\times4=28$

중 0272 답 $\frac{1}{9}$

$9^x-3^{x+1}+k=0$에서

$(3^x)^2-3\times3^x+k=0$

$3^x=t\ (t>0)$로 놓으면

$t^2-3t+k=0$ …… ㉠

주어진 방정식의 두 근을 α, β라 하면 ㉠의 두 근은 3^{α}, 3^{β}이므로 이차방정식의 근과 계수의 관계에 의하여

$3^{\alpha}\times3^{\beta}=k$

$\therefore 3^{\alpha+\beta}=k$

이때 $\alpha+\beta=-2$이므로

$3^{-2}=k$ $\quad\therefore k=\frac{1}{9}$

중 0273 답 ③

$4^x-k\times2^x+4=0$에서

$(2^x)^2-k\times2^x+4=0$

$2^x=t\ (t>0)$로 놓으면

$t^2-kt+4=0$ …… ㉠

주어진 방정식이 서로 다른 두 실근을 가지려면 ㉠은 서로 다른 두 양의 실근을 가져야 한다.

(i) ㉠의 판별식을 D라 하면
$D=(-k)^2-4\times1\times4>0$
$k^2-16>0$, $(k+4)(k-4)>0$
$\therefore k<-4$ 또는 $k>4$

(ii) (㉠의 두 근의 합)$=k>0$

(iii) (㉠의 두 근의 곱)$=4>0$

이상에서 $k>4$

따라서 정수 k의 최솟값은 5이다.

도움 개념 이차방정식의 실근의 부호

계수가 실수인 이차방정식 $ax^2+bx+c=0$의 두 실근을 α, β라 하고 판별식을 D라 할 때,

(1) 두 실근이 모두 양수 ⇨ $D\ge0$, $\alpha+\beta>0$, $\alpha\beta>0$

(2) 두 실근이 모두 음수 ⇨ $D\ge0$, $\alpha+\beta<0$, $\alpha\beta>0$

(3) 두 실근이 서로 다른 부호 ⇨ $\alpha\beta<0$

이때 $\alpha\ne\beta$이면 (1), (2)에서 $D>0$이어야 한다.

중 0274 답 ④

주어진 부등식을 변형하면

$3^{x^2+x-6}<3^{2x}$

밑이 3이고 $3>1$이므로

$x^2+x-6<2x$, $x^2-x-6<0$

$(x+2)(x-3)<0$

$\therefore -2<x<3$

중 0275 답 ②

주어진 부등식을 변형하면

$2^{-2x-1}\le2^x\le2^{-x+4}$

밑이 2이고 $2>1$이므로

$-2x-1\le x\le -x+4$

$-2x-1\le x$에서 $-3x\le1$

$\therefore x\ge-\frac{1}{3}$ …… ㉠

$x\le -x+4$에서 $2x\le4$

$\therefore x\le2$ …… ㉡

㉠, ㉡에서 주어진 부등식의 해는 $-\frac{1}{3}\le x\le2$이므로 정수 x는 0, 1, 2의 3개이다.

중 0276 답 ⑤

$\left(\frac{1}{3}\right)^{f(x)}\le\left(\frac{1}{3}\right)^{g(x)}$에서 밑이 $\frac{1}{3}$이고 $0<\frac{1}{3}<1$이므로

$f(x)\ge g(x)$

따라서 주어진 부등식의 해는 $y=f(x)$의 그래프가 직선 $y=g(x)$보다 위쪽에 있거나 만날 때의 x의 값의 범위이므로

$x\le a$ 또는 $x\ge d$

중 0277 답 ⑤

$4^x-10\times2^{x+1}+64<0$에서

$(2^x)^2-20\times2^x+64<0$

$2^x=t\ (t>0)$로 놓으면

$t^2-20t+64<0$

$(t-4)(t-16)<0$

$\therefore 4<t<16$

따라서 $4<2^x<16$이므로 $2^2<2^x<2^4$

밑이 2이고 $2>1$이므로

$2<x<4$

즉, $\alpha=2$, $\beta=4$이므로

$2^{\alpha}+2^{\beta}=2^2+2^4=20$

중 0278 답 -3

[문제 이해] $\left(\frac{1}{9}\right)^x-12\times\left(\frac{1}{3}\right)^x+27\le0$에서

$\left\{\left(\frac{1}{3}\right)^x\right\}^2-12\times\left(\frac{1}{3}\right)^x+27\le0$ ◀ 20 %

[해결 과정] $\left(\frac{1}{3}\right)^x=t\ (t>0)$로 놓으면

$t^2-12t+27\le0$

$(t-3)(t-9)\le0$ $\quad\therefore 3\le t\le9$ ◀ 20 %

따라서 $3\le\left(\frac{1}{3}\right)^x\le9$이므로 $\left(\frac{1}{3}\right)^{-1}\le\left(\frac{1}{3}\right)^x\le\left(\frac{1}{3}\right)^{-2}$

밑이 $\frac{1}{3}$이고 $0<\frac{1}{3}<1$이므로

$-2\le x\le-1$ ◀ 40 %

[답 구하기] 따라서 $M=-1$, $m=-2$이므로

$M+m=-3$ ◀ 20 %

중 0279 답 ③

$5^x\ge5^{1-x}+4$에서

$5^x-5\times5^{-x}-4\ge0$

양변에 5^x을 곱하면

$(5^x)^2-4\times5^x-5\ge0$

$5^x=t\ (t>0)$로 놓으면 $t^2-4t-5\ge0$

$(t+1)(t-5)\ge0 \quad \therefore t\le-1$ 또는 $t\ge5$

그런데 $t>0$이므로 $t\ge5$

따라서 $5^x\ge5$이므로 $5^x\ge5^1$

밑이 5이고 $5>1$이므로

$x\ge1$ …… ㉠

또, $\left(\frac{1}{4}\right)^x-2\times\left(\frac{1}{2}\right)^x-8<0$에서

$\left\{\left(\frac{1}{2}\right)^x\right\}^2-2\times\left(\frac{1}{2}\right)^x-8<0$

$\left(\frac{1}{2}\right)^x=k\ (k>0)$로 놓으면

$k^2-2k-8<0$

$(k+2)(k-4)<0 \quad \therefore -2<k<4$

그런데 $k>0$이므로 $0<k<4$

따라서 $\left(\frac{1}{2}\right)^x<4$이므로 $\left(\frac{1}{2}\right)^x<\left(\frac{1}{2}\right)^{-2}$

밑이 $\frac{1}{2}$이고 $0<\frac{1}{2}<1$이므로

$x>-2$ …… ㉡

㉠, ㉡에서 $x\ge1$

따라서 실수 x의 최솟값은 1이다.

중 0280 답 91

$9^x-a\times3^{x+1}+b<0$에서

$(3^x)^2-3a\times3^x+b<0$ …… ㉠

$3^x=t\ (t>0)$로 놓으면

$t^2-3at+b<0$ …… ㉡

㉠의 해가 $1<x<3$이므로

$3^1<3^x<3^3$, 즉 $3<t<27$

즉, ㉡의 해가 $3<t<27$이므로

$(t-3)(t-27)<0$, $t^2-30t+81<0$

따라서 $3a=30$이므로 $a=10$

또, $b=81$

$\therefore a+b=91$

중 0281 답 ②

(i) $x>1$일 때,

$2x-5>-x+4$이므로 $3x>9$

$\therefore x>3$

(ii) $0<x<1$일 때,

$2x-5<-x+4$이므로 $3x<9$

$\therefore x<3$

그런데 $0<x<1$이므로 $0<x<1$

(iii) $x=1$일 때,

$1>1$이므로 주어진 부등식이 성립하지 않는다.

이상에서 주어진 부등식의 해는

$0<x<1$ 또는 $x>3$

하 0282 답 ②

$x>1$이므로 $x^{5x+6}>x^{x^2}$에서

$5x+6>x^2$, $x^2-5x-6<0$

$(x+1)(x-6)<0 \quad \therefore -1<x<6$

그런데 $x>1$이므로 $1<x<6$

중 0283 답 4

[해결 과정] (i) $x>1$일 때,

$x^2-5x\le2x-10$이므로 $x^2-7x+10\le0$

$(x-2)(x-5)\le0 \quad \therefore 2\le x\le5$ ◀ 20 %

(ii) $0<x<1$일 때,

$x^2-5x\ge2x-10$이므로 $x^2-7x+10\ge0$

$(x-2)(x-5)\ge0 \quad \therefore x\le2$ 또는 $x\ge5$

그런데 $0<x<1$이므로 $0<x<1$ ◀ 30 %

(iii) $x=1$일 때,

$1\le1$이므로 주어진 부등식이 성립한다. ◀ 20 %

이상에서 주어진 부등식의 해는

$0<x\le1$ 또는 $2\le x\le5$ ◀ 20 %

[답 구하기] 따라서 $\alpha=0$, $\beta=1$, $\gamma=2$, $\delta=5$이므로

$\alpha+\beta-\gamma+\delta=4$ ◀ 10 %

상 0284 답 ⑤

(i) $x^2-2x+1>1$일 때,

$x^2-2x>0$, $x(x-2)>0 \quad \therefore x<0$ 또는 $x>2$ …… ㉠

$(x^2-2x+1)^{x-1}<1$에서

$(x^2-2x+1)^{x-1}<(x^2-2x+1)^0$이므로

$x-1<0 \quad \therefore x<1$ …… ㉡

㉠, ㉡에서 $x<0$

(ii) $0<x^2-2x+1<1$일 때,

$0<(x-1)^2<1$에서

$-1<x-1<0$ 또는 $0<x-1<1$

$\therefore 0<x<1$ 또는 $1<x<2$ …… ㉢

$(x^2-2x+1)^{x-1}<1$에서

$(x^2-2x+1)^{x-1}<(x^2-2x+1)^0$이므로

$x-1>0 \quad \therefore x>1$ …… ㉣

㉢, ㉣에서 $1<x<2$

(iii) $x^2-2x+1=1$일 때,

$1<1$이므로 주어진 부등식이 성립하지 않는다.

이상에서 주어진 부등식의 해는

$x<0$ 또는 $1<x<2$

따라서 $S=\{x\,|\,x<0$ 또는 $1<x<2\}$이므로 집합 S의 원소가 아닌 것은 ⑤이다.

[참고] $x\ne1$이므로 $x^2-2x+1=(x-1)^2>0$

중 **0285** 답 ⑤

$9^x-3^{x+1}+2k\ge0$에서

$(3^x)^2-3\times3^x+2k\ge0$

$3^x=t\ (t>0)$로 놓으면 $t^2-3t+2k\ge0$

$\therefore \left(t-\frac{3}{2}\right)^2+2k-\frac{9}{4}\ge0$ …… ㉠

이때 $t>0$에서 이차부등식 ㉠이 항상 성립해야 하므로

$2k-\frac{9}{4}\ge0 \qquad \therefore k\ge\frac{9}{8}$

따라서 실수 k의 최솟값은 $\frac{9}{8}$이다.

도움 개념 **제한된 범위에서 항상 성립하는 이차부등식**

$\alpha\le x\le\beta$에서

(1) 부등식 $f(x)\ge0$이 항상 성립하려면
⇨ ($\alpha\le x\le\beta$에서의 $f(x)$의 최솟값)≥0

(2) 부등식 $f(x)\le0$이 항상 성립하려면
⇨ ($\alpha\le x\le\beta$에서의 $f(x)$의 최댓값)≤0

중 **0286** 답 ②

$\left(\frac{1}{2}\right)^{x+1}-\left(\frac{1}{4}\right)^x+a<0$에서

$\left\{\left(\frac{1}{2}\right)^x\right\}^2-\frac{1}{2}\times\left(\frac{1}{2}\right)^x-a>0$

$\left(\frac{1}{2}\right)^x=t\ (t>0)$로 놓으면 $x\le0$일 때 $t\ge1$이고

$t^2-\frac{1}{2}t-a>0 \qquad \therefore \left(t-\frac{1}{4}\right)^2-\frac{1}{16}-a>0$ …… ㉠

이때 $t\ge1$에서 이차부등식 ㉠이 항상 성립해야 하므로

$\left(1-\frac{1}{4}\right)^2-\frac{1}{16}-a>0 \qquad \therefore a<\frac{1}{2}$

따라서 정수 a의 최댓값은 0이다.

참고 지수함수 $y=\left(\frac{1}{2}\right)^x$의 그래프는 오른쪽 그림과 같으므로

$\left(\frac{1}{2}\right)^x=t$

로 놓으면 $x\le0$일 때 $t\ge1$이다.

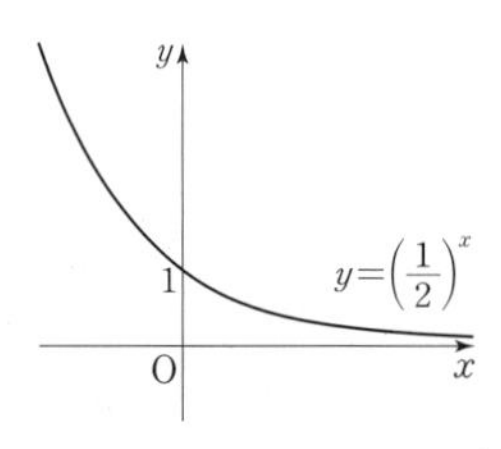

상 **0287** 답 2

$x^2-2(3^a+1)x+10(3^a+1)\ge0$에서

$3^a=t\ (t>0)$로 놓으면

$x^2-2(t+1)x+10(t+1)\ge0$ …… ㉠

이때 이차부등식 ㉠이 모든 실수 x에 대하여 성립하려면 이차방정식 $x^2-2(t+1)x+10(t+1)=0$의 판별식을 D라 할 때, $D\le0$이어야 한다.

즉, $\frac{D}{4}=\{-(t+1)\}^2-10(t+1)\le0$에서

$(t+1)\{(t+1)-10\}\le0,\ (t+1)(t-9)\le0$

$\therefore -1\le t\le9$

그런데 $t>0$이므로 $0<t\le9$

따라서 $3^a\le9$이므로 $3^a\le3^2$

밑이 3이고 $3>1$이므로 $a\le2$

따라서 실수 a의 최댓값은 2이다.

중 **0288** 답 5시간 후

4마리의 박테리아가 2시간 후에 36마리가 되므로

$4a^2=36,\ a^2=9$

$\therefore a=3\ (\because a>0)$

따라서 1마리의 박테리아가 t시간 후에 3^t마리가 되므로

$4\times3^t=972$에서

$3^t=243$

$3^t=3^5$

$\therefore t=5$

따라서 4마리였던 박테리아가 972마리가 되는 것은 처음으로부터 5시간 후이다.

중 **0289** 답 ③

처음 A의 양이 100 g일 때, x년 후 남아 있는 A의 양이 12.5 g이므로

$100\times\left(\frac{1}{2}\right)^{\frac{x}{36}}=12.5$

$\left(\frac{1}{2}\right)^{\frac{x}{36}}=\frac{1}{8}$

$\left(\frac{1}{2}\right)^{\frac{x}{36}}=\left(\frac{1}{2}\right)^3$

즉, $\frac{x}{36}=3$이므로 $x=108$

따라서 이 화석은 108년 전의 것이다.

중 **0290** 답 6년 후

해결 과정 투자 금액이 180만 원일 때, t년 후의 이익금이 500만 원 이상이 되려면

$180\times\left(\frac{5}{3}\right)^{\frac{t}{3}}\ge500$ ◀ 40 %

$\left(\frac{5}{3}\right)^{\frac{t}{3}}\ge\frac{25}{9}$

$\left(\frac{5}{3}\right)^{\frac{t}{3}}\ge\left(\frac{5}{3}\right)^2$

밑이 $\frac{5}{3}$이고 $\frac{5}{3}>1$이므로

$\frac{t}{3}\ge2 \qquad \therefore t\ge6$ ◀ 50 %

답 구하기 따라서 이익금이 처음으로 500만 원 이상이 되는 것은 투자를 시작하고부터 6년 후이다. ◀ 10 %

중 **0291** 답 ②

공을 지면으로부터 15 m 높이에서 떨어뜨렸을 때, n번 튀어 오른 공의 최고 높이가 지면으로부터 7.68 m 이하가 되려면

$15\times\left(\frac{4}{5}\right)^n\le7.68$

$1500\times\left(\frac{4}{5}\right)^n\le768$

$\left(\frac{4}{5}\right)^n\le\frac{64}{125}$

$\left(\frac{4}{5}\right)^n\le\left(\frac{4}{5}\right)^3$

밑이 $\frac{4}{5}$이고 $0<\frac{4}{5}<1$이므로 $n\ge3$

따라서 튀어 오른 공의 최고 높이가 지면으로부터 7.68 m 이하가 되려면 이 공은 지면에서 최소 3번 튀어 올라야 한다.

≫ 50~53쪽

중단원 마무리

0292 답 ②, ④

① 2^{x+4}의 밑이 2이고 $2>1$이므로 x의 값이 증가하면 y의 값도 증가한다.

② 정의역은 실수 전체의 집합, 치역은 $\{y|y>2\}$이다.

③ $y=2^x$의 그래프를 x축의 방향으로 -4만큼, y축의 방향으로 2만큼 평행이동한 그래프의 식은
$y-2=2^{x-(-4)}$, 즉 $y=2^{x+4}+2$

④ 그래프의 점근선은 직선 $y=2$이다.

⑤ $y=2^{x+4}+2$에서 $x=-4$일 때, $y=2^{-4+4}+2=3$이므로 그래프는 점 $(-4, 3)$을 지난다.

따라서 옳지 않은 것은 ②, ④이다.

0293 답 ④

$$f(x)=-2^{4-3x}+k=-\left(\frac{1}{8}\right)^{x-\frac{4}{3}}+k$$

이므로 함수 $y=f(x)$의 그래프는 함수 $y=\left(\frac{1}{8}\right)^x$의 그래프를 x축에 대하여 대칭이동한 후, x축의 방향으로 $\frac{4}{3}$만큼, y축의 방향으로 k만큼 평행이동한 것이다.

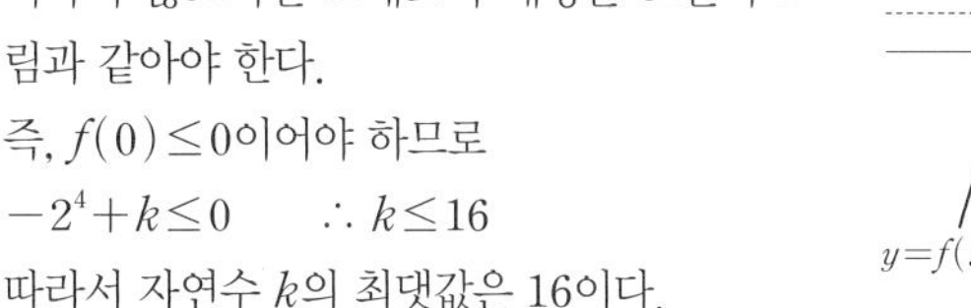

이때 함수 $y=f(x)$의 그래프가 제2사분면을 지나지 않으려면 그래프의 개형은 오른쪽 그림과 같아야 한다.

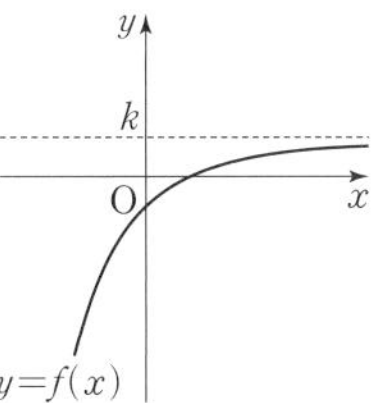

즉, $f(0)\le 0$이어야 하므로
$-2^4+k\le 0$ $\therefore k\le 16$
따라서 자연수 k의 최댓값은 16이다.

0294 답 ④

$f(2)+f(-2)=14$이므로 $a^2+a^{-2}=14$
$(a+a^{-1})^2=a^2+a^{-2}+2=14+2=16$
그런데 $a>0$이므로 $a+a^{-1}=4$
$\therefore f(3)+f(-3)=a^3+a^{-3}=(a+a^{-1})^3-3(a+a^{-1})$
$=4^3-3\times 4=52$

0295 답 ①

$y=9\times 3^x=3^{x+2}$이므로 $y=9\times 3^x$의 그래프는 $y=3^x$의 그래프를 x축의 방향으로 -2만큼 평행이동한 것이다.

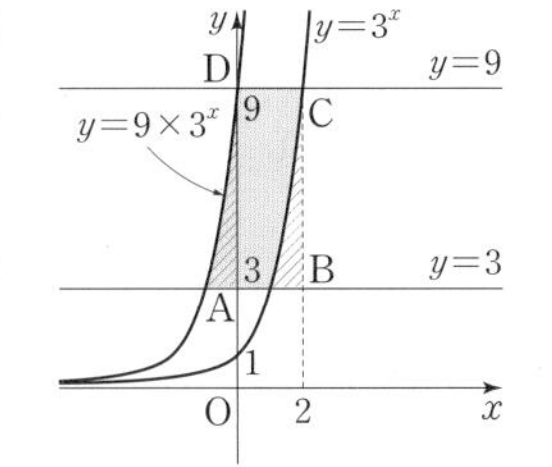

따라서 오른쪽 그림에서 빗금 친 두 부분의 넓이가 같으므로 두 함수 $y=3^x$, $y=9\times 3^x$의 그래프와 두 직선 $y=3$, $y=9$로 둘러싸인 부분의 넓이는 직사각형 ABCD의 넓이와 같다. 즉, 구하는 넓이는
$\overline{AD}\times\overline{CD}=6\times 2=12$

0296 답 $2\sqrt{5}$

$A(a, 2^a)$, $B(b, 2^b)$이고 직선 AB의 기울기가 2이므로

$\frac{2^b-2^a}{b-a}=2$ $\therefore b-a=\frac{1}{2}(2^b-2^a)$ …… ㉠

또, $\overline{AB}=5$이므로
$\sqrt{(b-a)^2+(2^b-2^a)^2}=5$
$(b-a)^2+(2^b-2^a)^2=25$
위의 식에 ㉠을 대입하면
$\frac{1}{4}(2^b-2^a)^2+(2^b-2^a)^2=25$
$\frac{5}{4}(2^b-2^a)^2=25$, $(2^b-2^a)^2=20$
$\therefore 2^b-2^a=2\sqrt{5}$ ($\because 2^a<2^b$)

0297 답 ⑤

$0<x<1$이므로
$x^3-x^2=x^2(x-1)<0$ $\therefore x^3<x^2$ …… ㉠
$x^2-x=x(x-1)<0$ $\therefore x^2<x$ …… ㉡
㉠, ㉡에서 $x^3<x^2<x$
이때 밑이 $\frac{2}{3}$이고 $0<\frac{2}{3}<1$이므로
$\left(\frac{2}{3}\right)^x<\left(\frac{2}{3}\right)^{x^2}<\left(\frac{2}{3}\right)^{x^3}$
$\therefore C<B<A$

0298 답 100

$f(x)=2^x\times 3^x=6^x$에서 밑이 6이고 $6>1$이므로 함수 $f(x)$는 x의 값이 증가하면 y의 값도 증가한다.
따라서 $-4\le x\le 2$에서 함수 $f(x)=2^x\times 3^x$은 $x=2$일 때 최대이고, 최댓값은
$f(2)=2^2\times 3^2=36$
$g(x)=3^x\times 5^{-x}=\left(\frac{3}{5}\right)^x$에서 밑이 $\frac{3}{5}$이고 $0<\frac{3}{5}<1$이므로 함수 $g(x)$는 x의 값이 증가하면 y의 값은 감소한다.
따라서 $-4\le x\le 2$에서 함수 $g(x)=3^x\times 5^{-x}$은 $x=2$일 때 최소이고, 최솟값은
$g(2)=3^2\times 5^{-2}=\frac{9}{25}$
즉, $M=36$, $m=\frac{9}{25}$이므로
$$\frac{M}{m}=\frac{36}{\frac{9}{25}}=100$$

0299 답 ②

(i) $\frac{3}{a}>1$, 즉 $0<a<3$일 때,
최댓값은 $f(2)$이므로 $f(2)=4$
$\left(\frac{3}{a}\right)^2=4$, $a^2=\frac{9}{4}$
$\therefore a=\frac{3}{2}$ ($\because 0<a<3$)

(ii) $0<\frac{3}{a}<1$, 즉 $a>3$일 때,
최댓값은 $f(-1)$이므로 $f(-1)=4$
$\left(\frac{3}{a}\right)^{-1}=4$, $\frac{a}{3}=4$ $\therefore a=12$

(i), (ii)에서 모든 양수 a의 값의 곱은
$\frac{3}{2}\times 12=18$

0300 답 ⑤

$a>0$이므로 $0\le x\le 2$에서 함수 $f(x)=a\times 2^x+b$의 최댓값은 $f(2)$, 최솟값은 $f(0)$이다.

따라서 $f(2)=3f(0)$이므로

$4a+b=3(a+b)$

즉, $a-2b=0$ …… ㉠

또, $f(1)=5$이므로

$2a+b=5$ …… ㉡

㉠, ㉡을 연립하여 풀면 $a=2$, $b=1$

$\therefore a+b=3$

0301 답 ③

$2^{x-1}+2^{-x}=t$로 놓으면 $2^{x-1}>0$, $2^{-x}>0$이므로 산술평균과 기하평균의 관계에 의하여

$t=2^{x-1}+2^{-x}\ge 2\sqrt{2^{x-1}\times 2^{-x}}=\sqrt{2}$

$\left(\text{단, 등호는 } 2^{x-1}=2^{-x}, \text{ 즉 } x=\frac{1}{2}\text{일 때 성립}\right)$

이때 $2^x+2^{1-x}=2(2^{x-1}+2^{-x})=2t$이므로

$y=(2^{x-1}+2^{-x})^2-(2^x+2^{1-x})+k$

$=t^2-2t+k=(t-1)^2+k-1$ …… ㉠

$t\ge\sqrt{2}$이므로 주어진 함수는 $t=\sqrt{2}$일 때 최솟값 2를 갖는다.

$t=\sqrt{2}$를 ㉠에 대입하면

$(\sqrt{2}-1)^2+k-1=2$, $2-2\sqrt{2}+k=2$

$\therefore k=2\sqrt{2}$

0302 답 ①

주어진 방정식을 변형하면

$4^x\times 5^{x^2-12}=4^x\times 5^x$

위의 식의 양변을 4^x으로 나누면

$5^{x^2-12}=5^x$

이므로

$x^2-12=x$, $x^2-x-12=0$

$(x+3)(x-4)=0$　　$\therefore x=-3$ 또는 $x=4$

따라서 모든 근의 곱은 $(-3)\times 4=-12$

0303 답 $\frac{1}{2}$

$9^{x+\frac{1}{2}}-7\times 3^x+2=0$에서 $3\times(3^x)^2-7\times 3^x+2=0$

$3^x=t\ (t>0)$로 놓으면 $3t^2-7t+2=0$

$(3t-1)(t-2)=0$　　$\therefore t=\frac{1}{3}$ 또는 $t=2$

즉, $3^x=\frac{1}{3}$에서 $3^x=3^{-1}$　　$\therefore x=-1$

$3^x=2$에서 $x=\log_3 2$

따라서 주어진 방정식의 두 근이 -1, $\log_3 2$이므로

$\alpha\beta=-\log_3 2$

$\therefore 3^{\alpha\beta}=3^{-\log_3 2}=3^{\log_3\frac{1}{2}}=\frac{1}{2}$

0304 답 17

$(x-1)^{x^2+2}=(x-1)^{5x-4}$에서

(i) $x-1=1$, 즉 $x=2$일 때,

　주어진 방정식은 $1^6=1^6$이므로 성립한다.

(ii) $x-1\ne 1$, 즉 $x\ne 2$일 때,

　$x^2+2=5x-4$에서 $x^2-5x+6=0$

　$(x-2)(x-3)=0$

　$\therefore x=2$ 또는 $x=3$

　그런데 $x\ne 2$이므로 $x=3$

(i), (ii)에서 $x=2$ 또는 $x=3$이므로 $a=5$

$\left(x-\frac{1}{5}\right)^{6-5x}=2^{6-5x}$에서

(iii) $6-5x=0$, 즉 $x=\frac{6}{5}$일 때,

　주어진 방정식은 $1^0=2^0$이므로 성립한다.

(iv) $6-5x\ne 0$일 때,

　$x-\frac{1}{5}=2$이므로 $x=\frac{11}{5}$

(iii), (iv)에서 $x=\frac{6}{5}$ 또는 $x=\frac{11}{5}$이므로 $b=\frac{17}{5}$

$\therefore ab=5\times\frac{17}{5}=17$

0305 답 ④

주어진 부등식을 변형하면

$3^{3-2x}\ge 3^{x-9}$

밑이 3이고 $3>1$이므로

$3-2x\ge x-9$

$-3x\ge -12$

$\therefore x\le 4$

따라서 자연수 x는 1, 2, 3, 4의 4개이다.

0306 답 10

주어진 부등식을 변형하면

$\left(\frac{1}{2}\right)^{2x^2}>\left(\frac{1}{2}\right)^{ax}$

밑이 $\frac{1}{2}$이고 $0<\frac{1}{2}<1$이므로

$2x^2<ax$

$x(2x-a)<0$

$\therefore 0<x<\frac{a}{2}$ ($\because a$는 자연수)

이때 주어진 부등식을 만족시키는 정수 x가 4개이므로

$4<\frac{a}{2}\le 5$　　$\therefore 8<a\le 10$

따라서 자연수 a의 최댓값은 10이다.

0307 답 ①

전략 $y=a\times 2^{-x}$의 그래프를 대칭이동한 후 평행이동한 그래프의 식을 구하고, 그래프의 점근선의 방정식이 $y=4$임을 이용한다.

$y=a\times 2^{-x}$의 그래프를 x축에 대하여 대칭이동한 그래프의 식은

$y=-a\times 2^{-x}$

$y=-a\times 2^{-x}$의 그래프를 x축의 방향으로 1만큼, y축의 방향으로 b만큼 평행이동한 그래프의 식은

$y=-a\times 2^{-(x-1)}+b$

이 그래프가 주어진 그림과 같은 모양이려면

$-a<0$, 즉 $a>0$ …… ㉠

$y=-a\times 2^{-(x-1)}+b$의 그래프의 점근선이 직선 $y=4$이므로

$b=4$

$y=-a\times 2^{-(x-1)}+4$의 그래프가 y축과 만나는 점 P의 좌표는
$(0, -2a+4)$
점 P의 위치가 x축보다 위쪽에 있으려면
$-2a+4>0 \quad \therefore a<2$ …… ㉡
㉠, ㉡에서 $0<a<2$이므로 정수 a는 1의 1개이다.

0308 답 $\frac{79}{8}$

전략 주어진 식에 x 대신 $\frac{1}{x}$을 대입하여 새로운 식을 세운 후, 원래의 식과 연립하여 $f(x)$의 식을 구한다.

$2f\left(\frac{2}{x}\right)+f(2x)=4^x$ …… ㉠

㉠에 x 대신 $\frac{1}{x}$을 대입하면

$2f(2x)+f\left(\frac{2}{x}\right)=4^{\frac{1}{x}}$ …… ㉡

$2\times$㉡$-$㉠을 하면

$3f(2x)=2\times 4^{\frac{1}{x}}-4^x \quad \therefore f(2x)=\frac{2}{3}\times 4^{\frac{1}{x}}-\frac{1}{3}\times 4^x$ …… ㉢

㉢에 x 대신 $\frac{x}{2}$를 대입하면

$f(x)=\frac{2}{3}\times 4^{\frac{2}{x}}-\frac{1}{3}\times 4^{\frac{x}{2}}$

따라서

$f(1)=\frac{2}{3}\times 4^2-\frac{1}{3}\times 4^{\frac{1}{2}}=\frac{2}{3}\times 16-\frac{1}{3}\times 2=10$

$f(-1)=\frac{2}{3}\times 4^{-2}-\frac{1}{3}\times 4^{-\frac{1}{2}}=\frac{2}{3}\times\frac{1}{16}-\frac{1}{3}\times\frac{1}{2}=-\frac{1}{8}$

이므로 $f(1)+f(-1)=10+\left(-\frac{1}{8}\right)=\frac{79}{8}$

0309 답 ⑤

전략 $2^x+2^{-x}=t$로 치환하여 주어진 방정식을 t에 대한 방정식으로 나타내고 산술평균과 기하평균의 관계를 이용하여 t의 값을 구한다.

$2^x+2^{-x}=t$로 놓으면 $2^x>0$, $2^{-x}>0$이므로 산술평균과 기하평균의 관계에 의하여

$t=2^x+2^{-x}$
$\geq 2\sqrt{2^x\times 2^{-x}}=2$ (단, 등호는 $2^x=2^{-x}$, 즉 $x=0$일 때 성립)

이때 $4^x+4^{-x}=(2^x+2^{-x})^2-2=t^2-2$이므로 주어진 방정식은

$t^2-2=2(t+3)$, $t^2-2t-8=0$

$(t+2)(t-4)=0 \quad \therefore t=4\ (\because t\geq 2)$

따라서 $2^x+2^{-x}=4$이므로 양변에 2^x을 곱하여 정리하면

$(2^x)^2-4\times 2^x+1=0$ …… ㉠

$2^x=k\ (k>0)$로 놓으면 $k^2-4k+1=0$ …… ㉡

방정식 ㉠의 두 근이 α, β이므로 이차방정식 ㉡의 두 근은 2^α, 2^β이다.
따라서 이차방정식의 근과 계수의 관계에 의하여

$2^\alpha+2^\beta=4$, $2^\alpha\times 2^\beta=1$

$2^\alpha\times 2^\beta=1$에서 $2^{\alpha+\beta}=2^0$이므로 $\alpha+\beta=0$

$\therefore \frac{2^\alpha+2^\beta}{4^{\alpha+\beta}}=\frac{4}{1}=4$

0310 답 4

전략 $3^x=t$로 치환하여 주어진 방정식을 t에 대한 이차방정식으로 나타낸 후, 주어진 방정식의 두 근을 m, $2m\ (m\neq 0)$으로 놓고 이차방정식의 근과 계수의 관계를 이용한다.

$9^x-a\times 3^{x+1}+9a-9=0$에서

$(3^x)^2-3a\times 3^x+9a-9=0$

$3^x=t\ (t>0)$로 놓으면

$t^2-3at+9a-9=0$ …… ㉠

주어진 방정식의 두 근을 m, $2m\ (m\neq 0)$이라 하면 이차방정식 ㉠의 두 근은 3^m, 3^{2m}이다.
따라서 이차방정식의 근과 계수의 관계에 의하여

$3^m+3^{2m}=3a$ …… ㉡

$3^m\times 3^{2m}=9a-9$ …… ㉢

$3^m=k\ (k>0)$로 놓으면

$k+k^2=3a$ …… ㉣

$k\times k^2=9a-9$ …… ㉤

㉣을 ㉤에 대입하면

$k^3=3(k+k^2)-9$, $k^3-3k^2-3k+9=0$

$(k-3)(k^2-3)=0$, $(k-3)(k+\sqrt{3})(k-\sqrt{3})=0$

$\therefore k=3$ 또는 $k=\sqrt{3}\ (\because k>0)$

$\therefore 3^m=3$ 또는 $3^m=\sqrt{3}$

(i) $3^m=3$일 때,
㉡에서 $3+9=3a \quad \therefore a=4$

(ii) $3^m=\sqrt{3}$일 때,
㉡에서 $\sqrt{3}+3=3a \quad \therefore a=\frac{3+\sqrt{3}}{3}$

(i), (ii)에서 $a=4$ 또는 $a=\frac{3+\sqrt{3}}{3}$

그런데 a는 자연수이므로 $a=4$

0311 답 ①

전략 $2^{\frac{x}{2}}=t$로 치환하여 주어진 부등식을 t에 대한 부등식으로 나타낸다.

$2^x+2^{\frac{x}{2}+\log_2 3}-4\leq 0$에서

$(2^{\frac{x}{2}})^2+2^{\frac{x}{2}+\log_2 3}-4\leq 0$, $(2^{\frac{x}{2}})^2+3\times 2^{\frac{x}{2}}-4\leq 0$

$2^{\frac{x}{2}}=t\ (t>0)$로 놓으면

$t^2+3t-4\leq 0$, $(t+4)(t-1)\leq 0$

$\therefore -4\leq t\leq 1$

그런데 $t>0$이므로 $0<t\leq 1$

따라서 $2^{\frac{x}{2}}\leq 1$이므로 $2^{\frac{x}{2}}\leq 2^0$

밑이 2이고 $2>1$이므로 $\frac{x}{2}\leq 0 \quad \therefore x\leq 0$

0312 답 ②

전략 주어진 관계식에 $W_0=w_0$, $t=15$, $W=3w_0$을 대입하여 a에 대한 식으로 나타낸다.

이 금융상품에 초기자산 w_0을 투자하고 15년이 지난 시점에서의 기대자산은 초기자산의 3배이므로

$3w_0=\frac{w_0}{2}10^{15a}(1+10^{15a})$에서

$6=10^{15a}(1+10^{15a})$

$10^{15a}=X\ (X>0)$로 놓으면

$X(1+X)=6$

$X^2+X-6=0$, $(X+3)(X-2)=0$

$\therefore X=2\ (\because X>0)$

즉, $10^{15a}=2$ …… ㉠

또, 이 금융상품에 초기자산 w_0을 투자하고 30년이 지난 시점에서의 기대자산이 초기자산의 k배이므로

$kw_0=\frac{w_0}{2}10^{30a}(1+10^{30a})$에서

$2k=10^{30a}(1+10^{30a})$

이때 ㉠에 의하여 $10^{30a}=(10^{15a})^2=2^2=4$이므로

$2k=4(1+4)$, $2k=20$

$\therefore k=10$

0313 답 4

[해결 과정] $y=4^x$의 그래프를 y축에 대하여 대칭이동한 그래프의 식은

$y=4^{-x}$

$y=4^{-x}$의 그래프를 x축의 방향으로 m만큼, y축의 방향으로 n만큼 평행이동한 그래프의 식은

$y=4^{-(x-m)}+n$ ◀ 40 %

이 그래프가 두 점 $(1, 17)$, $(2, 5)$를 지나므로

$4^{-1+m}+n=17$ …… ㉠

$4^{-2+m}+n=5$ …… ㉡

㉠−㉡을 하면 $4^{-1+m}-4^{-2+m}=12$

$4^m\left(\frac{1}{4}-\frac{1}{16}\right)=12$, $4^m\times\frac{3}{16}=12$

$4^m=64=4^3$ $\therefore m=3$

$m=3$을 ㉡에 대입하면 $4+n=5$

$\therefore n=1$ ◀ 50 %

[답 구하기] $\therefore m+n=3+1=4$ ◀ 10 %

0314 답 $-\frac{1}{9}$

[해결 과정] $f(x)=-x^2+4x+b$로 놓으면

$f(x)=-(x-2)^2+4+b$

$f(2)=b+4$, $f(4)=b$이므로 $2\le x\le 4$에서

$b\le f(x)\le b+4$ ◀ 30 %

$y=a^{-x^2+4x+b}=a^{f(x)}$에서 밑이 a이고 $0<a<1$이므로 함수 $y=a^{f(x)}$은 $f(x)=b$일 때 최댓값 9를 갖는다.

$\therefore a^b=9$ …… ㉠

또, $f(x)=b+4$일 때 최솟값 $\frac{1}{729}$을 가지므로

$a^{b+4}=\frac{1}{729}$ …… ㉡

㉡÷㉠을 하면 $a^4=\frac{1}{3^8}$

$\therefore a=\frac{1}{9}$ ($\because 0<a<1$) ◀ 40 %

$a=\frac{1}{9}$을 ㉠에 대입하면 $\left(\frac{1}{9}\right)^b=9$

$\left(\frac{1}{9}\right)^b=\left(\frac{1}{9}\right)^{-1}$ $\therefore b=-1$ ◀ 20 %

[답 구하기] $\therefore ab=\frac{1}{9}\times(-1)=-\frac{1}{9}$ ◀ 10 %

0315 답 2

[해결 과정] $y=|4^{x-1}-2^x|=\left|\frac{1}{4}\times(2^x)^2-2^x\right|$

$2^x=t$ $(t>0)$로 놓으면

$1\le x\le 2$에서 $2^1\le 2^x\le 2^2$

$\therefore 2\le t\le 4$ ◀ 30 %

이때 주어진 함수는

$y=\left|\frac{1}{4}t^2-t\right|=\left|\frac{1}{4}(t-2)^2-1\right|$

이므로 $2\le t\le 4$에서 그래프는 다음 그림과 같다.

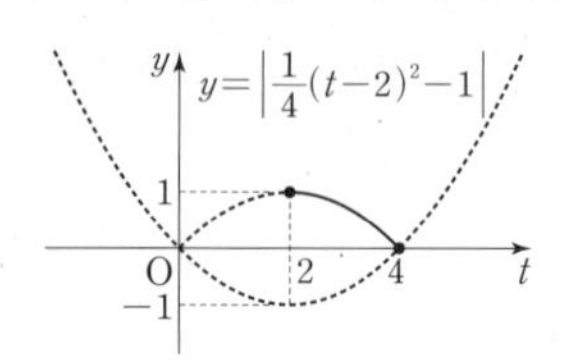

따라서 주어진 함수는 $t=2$, 즉 $x=1$일 때 최대이고, 최댓값은 1이다. ◀ 50 %

[답 구하기] 즉, $a=1$, $b=1$이므로

$a+b=2$ ◀ 20 %

0316 답 2^{12}

[해결 과정] 주어진 방정식을 변형하면

$2^{2x}=2^{x^2-2}$

이므로 $2x=x^2-2$, $x^2-2x-2=0$ ◀ 30 %

이차방정식의 근과 계수의 관계에 의하여

$\alpha+\beta=2$, $\alpha\beta=-2$ …… ㉠ ◀ 20 %

이때 주어진 식을 변형하면

$\frac{2^{\alpha^2+\beta^2}}{4^{\alpha\beta}}=\frac{2^{\alpha^2+\beta^2}}{2^{2\alpha\beta}}$

$=2^{\alpha^2+\beta^2-2\alpha\beta}$

$=2^{(\alpha-\beta)^2}$

㉠에서

$(\alpha-\beta)^2=(\alpha+\beta)^2-4\alpha\beta$

$=2^2-4\times(-2)=12$ ◀ 30 %

[답 구하기] 따라서 구하는 식의 값은

$\frac{2^{\alpha^2+\beta^2}}{4^{\alpha\beta}}=2^{(\alpha-\beta)^2}=2^{12}$ ◀ 20 %

0317 답 (1) $-3<x<1$ (2) $-2\le x\le 6$ (3) -3

(1) 주어진 부등식을 변형하면

$\left(\frac{1}{3}\right)^{-2x+4}<\left(\frac{1}{3}\right)^{x^2+1}$

밑이 $\frac{1}{3}$이고 $0<\frac{1}{3}<1$이므로

$-2x+4>x^2+1$, $x^2+2x-3<0$

$(x+3)(x-1)<0$

$\therefore -3<x<1$ ◀ 40 %

(2) 주어진 부등식을 변형하면

$2^{-x^2+2x+12}\ge 2^{-2x}$

밑이 2이고 $2>1$이므로

$-x^2+2x+12\ge -2x$, $x^2-4x-12\le 0$

$(x+2)(x-6)\le 0$

$\therefore -2\le x\le 6$ ◀ 40 %

(3) $A=\{x|-3<x<1, x\text{는 정수}\}=\{-2, -1, 0\}$

$B=\{x|-2\le x\le 6, x\text{는 정수}\}=\{-2, -1, 0, 1, 2, \cdots, 6\}$

$\therefore A\cap B=\{-2, -1, 0\}$

따라서 집합 $A\cap B$의 모든 원소의 합은

$-2+(-1)+0=-3$ ◀ 20 %

04 로그함수

Lecture ≫ 56~61쪽

07 로그함수

0318 답 $y=\log_6 x$

주어진 함수는 실수 전체의 집합에서 양의 실수 전체의 집합으로의 일대일대응이다.

$y=6^x$에서 로그의 정의에 의하여 $x=\log_6 y$

x와 y를 서로 바꾸면 구하는 역함수는 $y=\log_6 x$

0319 답 $y=\log_3 \frac{x}{2}-1$

주어진 함수는 실수 전체의 집합에서 양의 실수 전체의 집합으로의 일대일대응이다.

$y=2\times 3^{x+1}$에서 $3^{x+1}=\frac{y}{2}$

위의 식을 로그의 정의를 이용하여 x에 대하여 풀면

$x+1=\log_3 \frac{y}{2}$ $\quad\therefore x=\log_3 \frac{y}{2}-1$

x와 y를 서로 바꾸면 구하는 역함수는 $y=\log_3 \frac{x}{2}-1$

0320 답 $y=4^x$

주어진 함수는 양의 실수 전체의 집합에서 실수 전체의 집합으로의 일대일대응이다.

$y=\log_4 x$에서 로그의 정의에 의하여 $x=4^y$

x와 y를 서로 바꾸면 구하는 역함수는 $y=4^x$

0321 답 $y=\left(\frac{1}{10}\right)^x$

주어진 함수는 양의 실수 전체의 집합에서 실수 전체의 집합으로의 일대일대응이다.

$y=\log_{\frac{1}{10}} x$에서 로그의 정의에 의하여 $x=\left(\frac{1}{10}\right)^y$

x와 y를 서로 바꾸면 구하는 역함수는 $y=\left(\frac{1}{10}\right)^x$

도움 개념 **역함수 구하는 방법**

일대일대응인 함수 $y=f(x)$의 역함수는 다음과 같은 순서로 구한다.

❶ $y=f(x)$를 x에 대하여 푼다. 즉, $x=f^{-1}(y)$ 꼴로 변형한다.

❷ $x=f^{-1}(y)$에서 x와 y를 서로 바꾸어 $y=f^{-1}(x)$로 나타낸다.

0322 답 풀이 참조

$y=\log_a(-x)$의 그래프는 $y=\log_a x$의 그래프를 y축에 대하여 대칭이동한 것이므로 오른쪽 그림과 같다.

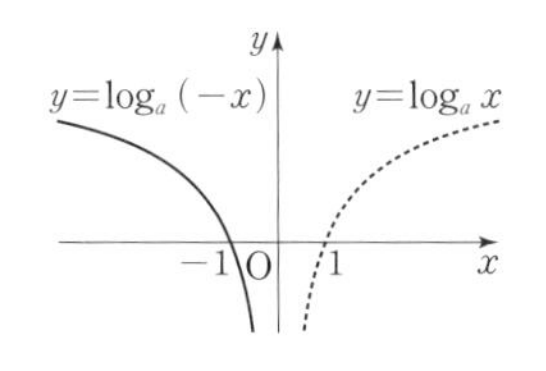

0323 답 풀이 참조

$y=-\log_a(-x)$의 그래프는 $y=\log_a x$의 그래프를 원점에 대하여 대칭이동한 것이므로 오른쪽 그림과 같다.

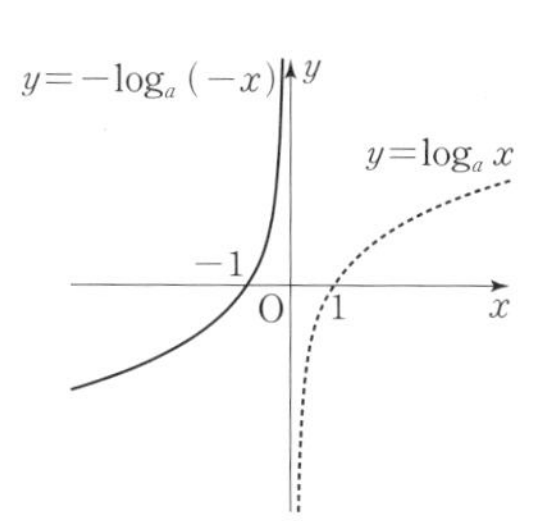

0324 답 풀이 참조

$y=\log_a ax=\log_a a+\log_a x$
$\quad=1+\log_a x$

즉, $y=\log_a ax$의 그래프는 $y=\log_a x$의 그래프를 y축의 방향으로 1만큼 평행이동한 것이므로 오른쪽 그림과 같다.

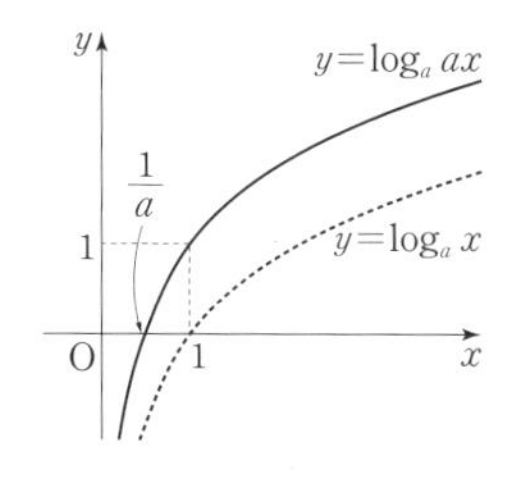

0325 답 $\log_3 10>3\log_3 2$

$3\log_3 2=\log_3 2^3=\log_3 8$

이때 $10>8$이고, 밑 3이 $3>1$이므로 $\log_3 10>\log_3 8$

$\therefore \log_3 10>3\log_3 2$

0326 답 $\log_2 3<\log_4 81$

$\log_4 81=\log_{2^2} 9^2=\log_2 9$

이때 $3<9$이고, 밑 2가 $2>1$이므로

$\log_2 3<\log_2 9$

$\therefore \log_2 3<\log_4 81$

0327 답 $\frac{1}{2}\log_{\frac{1}{3}} 36<\frac{1}{4}\log_{\frac{1}{3}} 25$

$\frac{1}{2}\log_{\frac{1}{3}} 36=\frac{1}{2}\log_{\frac{1}{3}} 6^2=\log_{\frac{1}{3}} 6$

$\frac{1}{4}\log_{\frac{1}{3}} 25=\frac{1}{4}\log_{\frac{1}{3}} 5^2=\log_{\frac{1}{3}} 5^{\frac{1}{2}}=\log_{\frac{1}{3}} \sqrt{5}$

이때 $6>\sqrt{5}$이고, 밑 $\frac{1}{3}$이 $0<\frac{1}{3}<1$이므로

$\log_{\frac{1}{3}} 6<\log_{\frac{1}{3}} \sqrt{5}$

$\therefore \frac{1}{2}\log_{\frac{1}{3}} 36<\frac{1}{4}\log_{\frac{1}{3}} 25$

0328 답 최댓값: 0, 최솟값: -3

$y=\log_3(x+2)-3$에서 밑이 3이고 $3>1$이므로 주어진 함수는 x의 값이 증가하면 y의 값도 증가한다.

따라서 $-1\le x\le 25$에서 함수 $y=\log_3(x+2)-3$은 $x=25$일 때 최대이고, 최댓값은

$\log_3 27-3=\log_3 3^3-3=3-3=0$

$x=-1$일 때 최소이고, 최솟값은

$\log_3 1-3=0-3=-3$

0329 답 최댓값: 1, 최솟값: -3

$y=\log_{\frac{1}{2}} 5x+1$에서 밑이 $\frac{1}{2}$이고 $0<\frac{1}{2}<1$이므로 주어진 함수는 x의 값이 증가하면 y의 값은 감소한다.

따라서 $\frac{1}{5} \le x \le \frac{16}{5}$에서 함수 $y=\log_{\frac{1}{2}} 5x+1$은

$x=\frac{1}{5}$일 때 최대이고, 최댓값은

$\log_{\frac{1}{2}} 1+1=0+1=1$

$x=\frac{16}{5}$일 때 최소이고, 최솟값은

$\log_{\frac{1}{2}} 16+1=\log_{2^{-1}} 2^4+1=-4+1=-3$

중 0330 답 ④

$0<a<1$이므로 $\frac{1}{a}>1$

즉, $y=\log_{\frac{1}{a}} x$의 그래프는 오른쪽 그림과 같다.

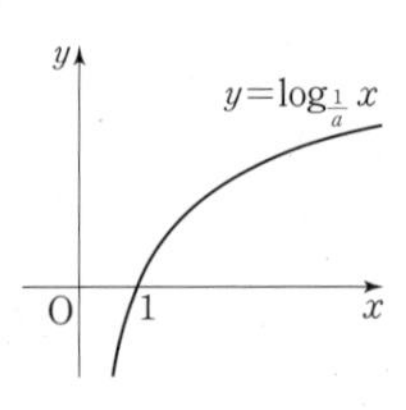

④ x의 값이 증가하면 y의 값도 증가하므로 $0<x_1<x_2$이면 $\log_{\frac{1}{a}} x_1<\log_{\frac{1}{a}} x_2$이다.

중 0331 답 8

$y=\log_9 (-x^2+3x+18)$에서 $-x^2+3x+18>0$이므로

$x^2-3x-18<0$, $(x+3)(x-6)<0$

$\therefore -3<x<6$

$\therefore A=\{x|-3<x<6\}$

따라서 집합 A의 원소 중 정수는 $-2, -1, 0, \cdots, 5$의 8개이다.

중 0332 답 ㄱ, ㄹ

ㄱ. $y=-\log_2 \frac{1}{x}=-\log_2 x^{-1}=\log_2 x$

ㄴ. $y=\log_{\frac{1}{2}} (-x)=\log_{2^{-1}} (-x)=-\log_2 (-x)$

ㄷ. $y=\log_4 x^2=\log_{2^2} x^2=\log_2 |x|$

ㄹ. $y=\frac{1}{3} \log_2 x^3=\frac{1}{3}\times 3 \log_2 x=\log_2 x$

이상에서 $y=\log_2 x$와 같은 함수인 것은 ㄱ, ㄹ이다.

중 0333 답 6

$y=\log_2 (4x-8)+2$

$=\log_2 4(x-2)+2$

$=\log_2 4+\log_2 (x-2)+2$

$=\log_2 (x-2)+4$

따라서 $y=\log_2 (4x-8)+2$의 그래프는 $y=\log_2 x$의 그래프를 x축의 방향으로 2만큼, y축의 방향으로 4만큼 평행이동한 것이므로

$a=2$, $b=4$

$\therefore a+b=6$

중 0334 답 27

해결 과정 $y=\log_5 x$의 그래프를 원점에 대하여 대칭이동한 그래프의 식은

$y=-\log_5 (-x)$ …… ㉠ ◀ 30 %

㉠의 그래프를 x축의 방향으로 k만큼 평행이동한 그래프의 식은

$y=-\log_5 \{-(x-k)\}$ …… ㉡ ◀ 30 %

답 구하기 ㉡의 그래프가 점 $(2, -2)$를 지나므로

$-2=-\log_5 \{-(2-k)\}$

$2=\log_5 (-2+k)$, $-2+k=5^2$

$\therefore k=27$ ◀ 40 %

중 0335 답 4

$y=\log_3 (x+m)+n$의 그래프는 $y=\log_3 x$의 그래프를 x축의 방향으로 $-m$만큼, y축의 방향으로 n만큼 평행이동한 것이다. 즉, 점근선의 방정식이 $x=-m$이므로

$m=3$

또, 이 그래프가 점 $(0, 2)$를 지나므로

$2=\log_3 (0+3)+n$, $2=1+n$

$\therefore n=1$

$\therefore m+n=3+1=4$

중 0336 답 ①

$f(2)=4$이므로 $\log_a 5+3=4$

$\log_a 5=1$ $\therefore a=5$

$\therefore f(12)=\log_5 25+3=\log_5 5^2+3$

$=2+3=5$

하 0337 답 ②

$f(27)-f(3)=\log_{\frac{1}{3}} 27^2-\log_{\frac{1}{3}} 3^2$

$=\log_{3^{-1}} 3^6-\log_{3^{-1}} 3^2$

$=-6-(-2)=-4$

하 0338 답 -1

$(g\circ f)(-4)=g(f(-4))$

$=g(2^{-4})$

$=\log_4 \sqrt{2^{-4}}$

$=\log_{2^2} 2^{-2}=-1$

중 0339 답 2

$f(x)=\log_8 \left(1+\frac{1}{x}\right)$

$=\log_8 \frac{x+1}{x}$

$\therefore f(1)+f(2)+f(3)+\cdots+f(63)$

$=\log_8 \frac{2}{1}+\log_8 \frac{3}{2}+\log_8 \frac{4}{3}+\cdots+\log_8 \frac{64}{63}$

$=\log_8 \left(\frac{2}{1}\times\frac{3}{2}\times\frac{4}{3}\times\cdots\times\frac{64}{63}\right)$

$=\log_8 64$

$=\log_8 8^2=2$

중 0340 답 ④

오른쪽 그림에서

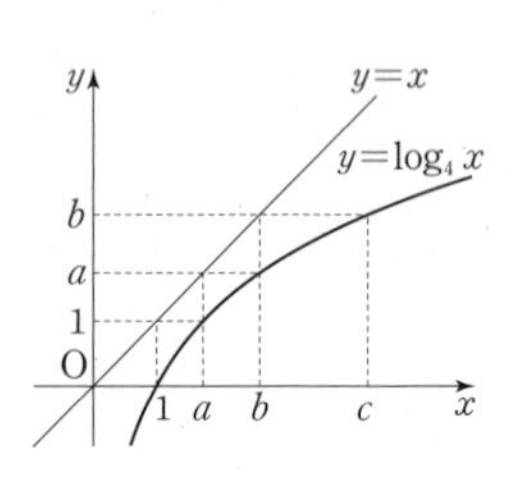

$\log_4 a=1$ $\therefore a=4$

$\log_4 b=a$에서 $\log_4 b=4$

$\therefore b=4^4=256$

$\log_4 c=b$에서 $\log_4 c=256$

$\therefore \log_4 \frac{bc}{a}=\log_4 bc-\log_4 a$

$=\log_4 b+\log_4 c-\log_4 a$

$=4+256-1$

$=259$

하 0341 답 96

$y=\log x$에 $y=2$를 대입하면

$2=\log x \quad \therefore x=10^2=100$

$\therefore \mathrm{A}(100, 2)$

$y=\log_2 x$에 $y=2$를 대입하면

$2=\log_2 x \quad \therefore x=2^2=4$

$\therefore \mathrm{B}(4, 2)$

$\therefore \overline{\mathrm{AB}}=100-4=96$

중 0342 답 ⑤

점 B의 좌표를 $(m, 0)$이라 하면 사각형 ABCD의 한 변의 길이가 3이므로

$\mathrm{A}(m, 3)$

이때 점 A는 $y=\log_3 x$의 그래프 위의 점이므로

$3=\log_3 m \quad \therefore m=3^3=27$

$\therefore \mathrm{B}(27, 0)$

따라서 $\mathrm{C}(30, 0)$이므로 점 C의 x좌표는 30이다.

중 0343 답 -1

$y=\log_3(x+a)+3$에서 $\log_3(x+a)=y-3$

$x+a=3^{y-3} \quad \therefore x=3^{y-3}-a$

x와 y를 서로 바꾸면 역함수는

$y=3^{x-3}-a$

위의 식이 $y=3^{x+b}-2$와 일치해야 하므로

$a=2,\ b=-3$

$\therefore a+b=-1$

중 0344 답 ②

$y=\log_2(x-m)+n$의 그래프와 그 역함수의 그래프의 교점은 $y=\log_2(x-m)+n$의 그래프와 직선 $y=x$의 교점과 같다.

이때 두 교점의 x좌표가 각각 0, 1이므로 $y=\log_2(x-m)+n$의 그래프는 두 점 $(0, 0)$, $(1, 1)$을 지난다. 즉,

$0=\log_2(0-m)+n \quad \therefore n=-\log_2(-m)$ …… ㉠

$1=\log_2(1-m)+n$ …… ㉡

㉠을 ㉡에 대입하면

$1=\log_2(1-m)-\log_2(-m)$

$1=\log_2\dfrac{1-m}{-m},\ 2=\dfrac{1-m}{-m}$

$-2m=1-m \quad \therefore m=-1$

$m=-1$을 ㉠에 대입하면 $n=-\log_2 1=0$

$\therefore m-n=-1$

중 0345 답 $\frac{1}{2}$

$g(\alpha)=2$에서 $f(2)=\alpha$이므로

$\alpha=\log_4 2=\log_{2^2} 2=\dfrac{1}{2}$

$g(\beta)=8$에서 $f(8)=\beta$이므로

$\beta=\log_4 8=\log_{2^2} 2^3=\dfrac{3}{2}$

$\therefore g(2\alpha-\beta)=g\left(1-\dfrac{3}{2}\right)=g\left(-\dfrac{1}{2}\right)$

$g\left(-\dfrac{1}{2}\right)=k$라 하면 $f(k)=-\dfrac{1}{2}$이므로

$\log_4 k=-\dfrac{1}{2}$

$\therefore k=4^{-\frac{1}{2}}=(2^2)^{-\frac{1}{2}}=2^{-1}=\dfrac{1}{2}$

$\therefore g(2\alpha-\beta)=\dfrac{1}{2}$

다른 풀이

$g(\alpha)=2$이므로 $f(2)=\alpha$

$g(\beta)=8$이므로 $f(8)=\beta$

$g(2\alpha-\beta)=k$라 하면 $f(k)=2\alpha-\beta$

즉, $f(k)=\log_4 k=2\alpha-\beta$이므로

$\log_4 k=2f(2)-f(8)=2\log_4 2-\log_4 8$

$\quad=\log_4 4-\log_4 8=\log_4\dfrac{1}{2}$

$\therefore k=\dfrac{1}{2} \quad \therefore g(2\alpha-\beta)=\dfrac{1}{2}$

중 0346 답 1

[문제 이해] $(f\circ g)(x)=x$이므로 $g(x)$는 $f(x)$의 역함수이다. ◀ 20 %

[해결 과정] $y=2^x+5$로 놓으면

$2^x=y-5 \quad \therefore x=\log_2(y-5)$

x와 y를 서로 바꾸면 역함수는 $y=\log_2(x-5)$

$\therefore g(x)=\log_2(x-5)$ ◀ 40 %

[답 구하기] $\therefore (g\circ g)(133)=g(g(133))$

$\quad=g(\log_2 128)$

$\quad=g(7)=\log_2 2=1$ ◀ 40 %

중 0347 답 ②

$A=\log_{\frac{1}{2}}\dfrac{1}{5}=\log_{2^{-1}}5^{-1}=\log_2 5$

$B=-\log_2\dfrac{1}{10}=-\log_2 10^{-1}=\log_2 10$

$C=2\log_2 3=\log_2 3^2=\log_2 9$

이때 $5<9<10$이고 밑 2가 $2>1$이므로

$\log_2 5<\log_2 9<\log_2 10$

$\therefore A<C<B$

중 0348 답 $B<A<C$

[해결 과정] $1<a<5$의 각 변에 밑이 5인 로그를 취하면

$\log_5 1<\log_5 a<\log_5 5,\ 0<\log_5 a<1$

$\therefore 0<A<1$ ◀ 30 %

$B=(\log_5 a)^2$이므로

$A-B=\log_5 a-(\log_5 a)^2=\log_5 a\times(1-\log_5 a)>0$

$\therefore A>B$ ◀ 30 %

$C=\log_a 5=\dfrac{1}{\log_5 a}>1$

$\therefore C>1$ ◀ 30 %

[답 구하기] $\therefore B<A<C$ ◀ 10 %

참고 $0<\log_5 a<1$에서 $-1<-\log_5 a<0$

$\therefore 0<1-\log_5 a<1$

상 0349 답 ③

ㄱ. $a>1$이고 $a>b$이므로 $a^a>a^b$

ㄴ. $\log(a+1)-\log a=\log\frac{a+1}{a}$

$=\log\left(1+\frac{1}{a}\right)$

$\log(b+1)-\log b=\log\frac{b+1}{b}$

$=\log\left(1+\frac{1}{b}\right)$

$0<b<1<a$에서 $\frac{1}{a}<\frac{1}{b}$이므로

$1+\frac{1}{a}<1+\frac{1}{b}$

이때 밑이 10이고 $10>1$이므로 $\log\left(1+\frac{1}{a}\right)<\log\left(1+\frac{1}{b}\right)$

$\therefore \log(a+1)-\log a<\log(b+1)-\log b$

ㄷ. $\log_b a-\log_a b=\frac{\log a}{\log b}-\frac{\log b}{\log a}$

$=\frac{(\log a)^2-(\log b)^2}{\log a\log b}$

$=\frac{(\log a+\log b)(\log a-\log b)}{\log a\log b}$

$b<1<a<\frac{1}{b}$의 각 변에 밑이 10인 로그를 취하면

$\log b<0<\log a<-\log b$이므로

$\log a+\log b<0$, $\log a-\log b>0$, $\log a\log b<0$

$\therefore \log_b a-\log_a b=\frac{(\log a+\log b)(\log a-\log b)}{\log a\log b}>0$

$\therefore \log_b a>\log_a b$

이상에서 옳은 것은 ㄱ, ㄷ이다.

중 0350 답 4

$y=\log_{\frac{1}{10}}(x+6)+k$에서 밑이 $\frac{1}{10}$이고 $0<\frac{1}{10}<1$이므로 주어진 함수는 x의 값이 증가하면 y의 값은 감소한다.

따라서 $-2\le x\le 4$에서 함수 $y=\log_{\frac{1}{10}}(x+6)+k$는 $x=4$일 때 최솟값 3을 가지므로

$\log_{\frac{1}{10}}(4+6)+k=3$

$\log_{10^{-1}}10+k=3$, $-1+k=3$

$\therefore k=4$

중 0351 답 ①

$y=\log_3(2x+3)-2$에서 밑이 3이고 $3>1$이므로 주어진 함수는 x의 값이 증가하면 y의 값도 증가한다.

따라서 $0\le x\le 12$에서 함수 $y=\log_3(2x+3)-2$는

$x=12$일 때 최대이고, 최댓값은

$\log_3(2\times12+3)-2=\log_3 27-2$

$=\log_3 3^3-2$

$=3-2=1$

$x=0$일 때 최소이고, 최솟값은

$\log_3(2\times0+3)-2=\log_3 3-2$

$=1-2=-1$

따라서 $M=1$, $m=-1$이므로

$M+m=0$

중 0352 답 6

$y=\log_3(2x^2-12x+27)$에서 밑이 3이고 $3>1$이므로

$2x^2-12x+27$이 최대일 때 y도 최대가 되고, $2x^2-12x+27$이 최소일 때 y도 최소가 된다.

$f(x)=2x^2-12x+27$로 놓으면

$f(x)=2x^2-12x+27=2(x-3)^2+9$

이때 $f(3)=9$, $f(6)=27$이므로 $2\le x\le 6$에서

$9\le f(x)\le 27$

따라서 함수 $y=\log_3 f(x)$는

$x=6$, 즉 $f(x)=27$일 때 최대이고, 최댓값은

$\log_3 27=\log_3 3^3=3$

$x=3$, 즉 $f(x)=9$일 때 최소이고, 최솟값은

$\log_3 9=\log_3 3^2=2$

따라서 구하는 곱은

$3\times2=6$

중 0353 답 ②

$y=\log_{\frac{1}{2}}(-x^2+4x+4)$에서 밑이 $\frac{1}{2}$이고 $0<\frac{1}{2}<1$이므로

$-x^2+4x+4$가 최대일 때 y는 최소가 된다.

$f(x)=-x^2+4x+4$로 놓으면

$f(x)=-x^2+4x+4=-(x-2)^2+8$

이때 $f(0)=f(4)=4$, $f(2)=8$이므로 $0\le x\le 4$에서

$4\le f(x)\le 8$

따라서 함수 $y=\log_{\frac{1}{2}}f(x)$는 $x=2$, 즉 $f(x)=8$일 때 최소이고, 최솟값은

$\log_{\frac{1}{2}}8=\log_{2^{-1}}2^3=-3$

중 0354 답 $\frac{1}{3}$

$y=\log_a(-x^2+2x+18)$에서 밑이 a이고 $0<a<1$이므로

$-x^2+2x+18$이 최소일 때 y는 최대가 된다.

$f(x)=-x^2+2x+18$로 놓으면

$f(x)=-x^2+2x+18=-(x-1)^2+19$

이때 $f(3)=15$, $f(5)=3$이므로 $3\le x\le 5$에서

$3\le f(x)\le 15$

따라서 함수 $y=\log_a f(x)$는 $x=5$, 즉 $f(x)=3$일 때 최댓값 -1을 가지므로

$\log_a 3=-1$, $a^{-1}=3$, $\frac{1}{a}=3$

$\therefore a=\frac{1}{3}$

중 0355 답 4

문제 이해 $x+y=4$에서 $y=4-x$

진수의 조건에서 $x>0$, $4-x>0$

$\therefore 0<x<4$ …… ㉠ ◀ 20 %

해결 과정 $\log_2 x+\log_2 y=\log_2 x+\log_2(4-x)$

$=\log_2 x(4-x)$

$=\log_2(-x^2+4x)$

이때 밑이 2이고 $2>1$이므로 $-x^2+4x$가 최대일 때 $\log_2(-x^2+4x)$도 최대가 된다. ◀ 40 %

$f(x)=-x^2+4x$로 놓으면

$f(x)=-x^2+4x=-(x-2)^2+4$

$f(2)=4$이므로 ㉠에서 $f(x)$의 최댓값은 4이고 최솟값은 없다.
따라서 $\log_2 f(x)$는 $x=2$, 즉 $f(x)=4$일 때 최대이고, 최댓값은
$\log_2 4=\log_2 2^2=2$
$\therefore a=2,\ b=2$ ◀ 30 %
[답 구하기] $\therefore ab=4$ ◀ 10 %

상 0356 답 ③
진수의 조건에서 $x+2>0,\ 4-x>0$
$\therefore -2<x<4$ …… ㉠
이때
$y=\log_a(x+2)+\log_a(4-x)$
$=\log_a(x+2)(4-x)$
$=\log_a(-x^2+2x+8)$
이므로 $f(x)=-x^2+2x+8$로 놓으면
$f(x)=-x^2+2x+8$
$=-(x-1)^2+9$
$f(1)=9$이므로 ㉠에서 $f(x)$의 최댓값은 9이고 최솟값은 없다.
그런데 주어진 함수가 최솟값을 가지므로 $0<a<1$이다.
따라서 함수 $y=\log_a f(x)$는 $x=1$, 즉 $f(x)=9$일 때 최솟값 -2를 가지므로
$\log_a 9=-2,\ a^{-2}=9$
$\frac{1}{a^2}=9,\ a^2=\frac{1}{9}$
$\therefore a=\frac{1}{3}\ (\because 0<a<1)$

중 0357 답 ③
$\log_{\frac{1}{3}} x=t$로 놓으면 $1\le x\le 27$에서
$\log_{\frac{1}{3}} 1\ge\log_{\frac{1}{3}} x\ge\log_{\frac{1}{3}} 27$, 즉 $-3\le t\le 0$
이때 주어진 함수는
$y=t^2+2t+3$
$=(t+1)^2+2$
따라서 $t=-3$일 때 최댓값 6, $t=-1$일 때 최솟값 2를 가지므로
$M=6,\ m=2$
$\therefore M-m=4$

중 0358 답 ①
$y=\log_5 125x\times\log_5\frac{5}{x}$
$=(\log_5 125+\log_5 x)(\log_5 5-\log_5 x)$
$=(3+\log_5 x)(1-\log_5 x)$
$=-(\log_5 x)^2-2\log_5 x+3$
$\log_5 x=t$로 놓으면 $\frac{1}{25}\le x\le 125$에서
$\log_5\frac{1}{25}\le\log_5 x\le\log_5 125$, 즉 $-2\le t\le 3$
이때 주어진 함수는
$y=-t^2-2t+3$
$=-(t+1)^2+4$
따라서 $t=-1$일 때 최댓값 4, $t=3$일 때 최솟값 -12를 가지므로
구하는 합은
$4+(-12)=-8$

중 0359 답 3
$x^{\log 3}=3^{\log x}$이므로
$y=3^{\log x}\times x^{\log 3}-3(3^{\log x}+x^{\log 3})+2$
$=(3^{\log x})^2-6\times 3^{\log x}+2$
$3^{\log x}=t$로 놓으면 $x>1$에서
$\log x>0$이므로 $3^{\log x}>1$, 즉 $t>1$
이때 주어진 함수는
$y=t^2-6t+2$
$=(t-3)^2-7$
따라서 $t=3$일 때 최솟값 -7을 가지므로 $b=-7$
$t=3$, 즉 $3^{\log x}=3$에서 $\log x=1$이므로 $x=10$ $\therefore a=10$
$\therefore a+b=3$

중 0360 답 ①
$y=x^{4+\log_2 x}$의 양변에 밑이 2인 로그를 취하면
$\log_2 y=(4+\log_2 x)\log_2 x$
$=(\log_2 x)^2+4\log_2 x$
$\log_2 x=t$로 놓으면 $1\le x\le 8$에서
$\log_2 1\le\log_2 x\le\log_2 8$, 즉 $0\le t\le 3$
이때 주어진 함수는
$\log_2 y=t^2+4t=(t+2)^2-4$
따라서 $\log_2 y$는 $t=3$일 때 최댓값 21, $t=0$일 때 최솟값 0을 가지므로
$\log_2 y=21$에서 $y=2^{21}$
$\log_2 y=0$에서 $y=1$
즉, $M=2^{21},\ m=1$이므로
$Mm=2^{21}$

중 0361 답 ⑤
$y=5x^{2-\log_5 x}$의 양변에 밑이 5인 로그를 취하면
$\log_5 y=\log_5 5+(2-\log_5 x)\log_5 x$
$=1+2\log_5 x-(\log_5 x)^2$
$\log_5 x=t$로 놓으면 주어진 함수는
$\log_5 y=-t^2+2t+1=-(t-1)^2+2$
따라서 $\log_5 y$는 $t=1$일 때 최댓값 2를 가지므로
$\log_5 y=2$에서 $y=5^2=25$
즉, 구하는 최댓값은 25이다.

중 0362 답 ④
$y=\frac{x^6}{x^{\log x}}$의 양변에 상용로그를 취하면
$\log y=\log x^6-\log x^{\log x}$
$=6\log x-(\log x)^2$
$\log x=t$로 놓으면 주어진 함수는
$\log y=-t^2+6t=-(t-3)^2+9$
따라서 $\log y$는 $t=3$일 때 최댓값 9를 갖는다.
즉, $\log x=3$일 때 $\log y=9$이므로
$x=10^3,\ y=10^9$
따라서 $a=10^3,\ b=10^9$이므로
$\frac{b}{a}=10^6$

중 **0363** 답 ④

$y=\log_3 x+\log_x 81$

$=\log_3 x+4\log_x 3$

$=\log_3 x+\dfrac{4}{\log_3 x}$

이때 $x>1$에서 $\log_3 x>0$이므로 산술평균과 기하평균의 관계에 의하여

$$\log_3 x+\frac{4}{\log_3 x}\ge 2\sqrt{\log_3 x\times\frac{4}{\log_3 x}}=4$$

$\left(\text{단, 등호는 } \log_3 x=\dfrac{4}{\log_3 x}\text{, 즉 } x=9\text{일 때 성립}\right)$

따라서 구하는 최솟값은 4이다.

중 **0364** 답 2

$\log_5\left(x+\dfrac{4}{y}\right)+\log_5\left(y+\dfrac{9}{x}\right)=\log_5\left(x+\dfrac{4}{y}\right)\left(y+\dfrac{9}{x}\right)$

$=\log_5\left(xy+\dfrac{36}{xy}+13\right)$

이때 밑이 5이고 $5>1$이므로 $xy+\dfrac{36}{xy}+13$이 최소일 때 $\log_5\left(xy+\dfrac{36}{xy}+13\right)$도 최소가 된다.

$x>0$, $y>0$에서 $xy>0$, $\dfrac{36}{xy}>0$이므로 산술평균과 기하평균의 관계에 의하여

$$xy+\frac{36}{xy}+13\ge 2\sqrt{xy\times\frac{36}{xy}}+13=25$$

$\left(\text{단, 등호는 } xy=\dfrac{36}{xy}\text{, 즉 } xy=6\text{일 때 성립}\right)$

$\therefore \log_5\left(x+\dfrac{4}{y}\right)+\log_5\left(y+\dfrac{9}{x}\right)=\log_5\left(xy+\dfrac{36}{xy}+13\right)$

$\ge\log_5 25$

$=2$

따라서 구하는 최솟값은 2이다.

중 **0365** 답 ⑤

$\log_x y^8+\log_{\sqrt{y}} x=8\log_x y+2\log_y x$

이때 $x>1$, $y>1$에서 $\log_x y>0$, $\log_y x>0$이므로 산술평균과 기하평균의 관계에 의하여

$8\log_x y+2\log_y x\ge 2\sqrt{8\log_x y\times 2\log_y x}$

$=8$

(단, 등호는 $8\log_x y=2\log_y x$, 즉 $x=y^2$일 때 성립)

따라서 구하는 최솟값은 8이다.

중 **0366** 답 4

[문제 이해] $\log_3 x+\log_3 3y=\log_3 3xy$

이때 밑이 3이고 $3>1$이므로 $3xy$가 최대일 때 $\log_3 3xy$도 최대가 된다. ◀ 30 %

[해결 과정] $x>0$, $y>0$이므로 산술평균과 기하평균의 관계에 의하여

$x+3y\ge 2\sqrt{3xy}$ (단, 등호는 $x=3y$일 때 성립)

$18\ge 2\sqrt{3xy}$, $9\ge\sqrt{3xy}$

$\therefore 3xy\le 81$ ◀ 50 %

[답 구하기] $\therefore \log_3 x+\log_3 3y=\log_3 3xy$

$\le\log_3 81=4$

따라서 구하는 최댓값은 4이다. ◀ 20 %

08 로그함수의 활용

0367 답 $x=3$

진수의 조건에서

$2x-3>0$ $\therefore x>\dfrac{3}{2}$ …… ㉠

$\log_3(2x-3)=1$에서 $2x-3=3$

$2x=6$ $\therefore x=3$

$x=3$은 ㉠을 만족시키므로 주어진 방정식의 해이다.

0368 답 $x=\sqrt{5}$

진수의 조건에서

$x-2>0$, $x+2>0$ $\therefore x>2$ …… ㉠

$\log_{\frac{1}{7}}(x-2)=\log_7(x+2)$에서

$\log_{\frac{1}{7}}(x-2)=-\log_{\frac{1}{7}}(x+2)$이므로

$x-2=\dfrac{1}{x+2}$, $(x-2)(x+2)=1$

$x^2=5$ $\therefore x=-\sqrt{5}$ 또는 $x=\sqrt{5}$

㉠에서 $x=\sqrt{5}$

0369 답 $x=\dfrac{1}{5}$ 또는 $x=125$

진수의 조건에서 $x>0$ …… ㉠

$(\log_5 x)^2-2\log_5 x-3=0$에서

$\log_5 x=t$로 놓으면

$t^2-2t-3=0$, $(t+1)(t-3)=0$

$\therefore t=-1$ 또는 $t=3$

즉, $\log_5 x=-1$ 또는 $\log_5 x=3$이므로

$x=5^{-1}=\dfrac{1}{5}$ 또는 $x=5^3=125$

이때 $x=\dfrac{1}{5}$, $x=125$는 ㉠을 만족시키므로 주어진 방정식의 해이다.

0370 답 (가): $\log_4 x$, (나): -1, (다): $\dfrac{1}{4}$

진수의 조건에서 $x>0$

$x^{\log_4 x}=4$의 양변에 밑이 4인 로그를 취하면

$\log_4 x^{\log_4 x}=\log_4 4$, $(\boxed{\log_4 x})^2=1$

이므로 $\log_4 x=\boxed{-1}$ 또는 $\log_4 x=1$

$\therefore x=4^{-1}=\boxed{\dfrac{1}{4}}$ 또는 $x=4^1=4$

$\therefore$ (가): $\log_4 x$, (나): -1, (다): $\dfrac{1}{4}$

0371 답 $x\ge 7$

진수의 조건에서 $5x+1>0$ $\therefore x>-\dfrac{1}{5}$ …… ㉠

$\log_6(5x+1)\ge 2$에서 $\log_6(5x+1)\ge\log_6 36$

밑이 6이고 $6>1$이므로 $5x+1\ge 36$, $5x\ge 35$

$\therefore x\ge 7$ …… ㉡

㉠, ㉡에서 $x\ge 7$

0372 답 $-\frac{7}{2}<x<-1$

진수의 조건에서 $2-3x>0$, $2x+7>0$

$\therefore -\frac{7}{2}<x<\frac{2}{3}$ …… ㉠

$\log_{\frac{1}{4}}(2-3x)<-\log_4(2x+7)$에서

$\log_{\frac{1}{4}}(2-3x)<\log_{\frac{1}{4}}(2x+7)$

밑이 $\frac{1}{4}$이고 $0<\frac{1}{4}<1$이므로

$2-3x>2x+7$, $-5x>5$

$\therefore x<-1$ …… ㉡

㉠, ㉡에서 $-\frac{7}{2}<x<-1$

0373 답 $0<x<\frac{1}{4}$ 또는 $x>32$

진수의 조건에서 $x>0$ …… ㉠

$(\log_2 x)^2-3\log_2 x-10>0$에서 $\log_2 x=t$로 놓으면

$t^2-3t-10>0$, $(t+2)(t-5)>0$

$\therefore t<-2$ 또는 $t>5$

즉, $\log_2 x<-2$ 또는 $\log_2 x>5$이므로

$\log_2 x<\log_2 2^{-2}$ 또는 $\log_2 x>\log_2 2^5$

밑이 2이고 $2>1$이므로

$x<\frac{1}{4}$ 또는 $x>32$ …… ㉡

㉠, ㉡에서 $0<x<\frac{1}{4}$ 또는 $x>32$

0374 답 (가): 0, (나): $\log_3 x$, (다): 2, (라): $\frac{1}{9}$, (마): 9

진수의 조건에서 $x>\boxed{0}$ …… ㉠

$x^{\log_3 x}\le 81$의 양변에 밑이 3인 로그를 취하면

$\log_3 x^{\log_3 x}\le\log_3 81$, $(\boxed{\log_3 x})^2\le 4$

$\boxed{\log_3 x}=t$로 놓으면 $t^2\le 4$

$\therefore -2\le t\le\boxed{2}$

즉, $-2\le\log_3 x\le\boxed{2}$이므로

$\log_3\boxed{\frac{1}{9}}\le\log_3 x\le\log_3\boxed{9}$

밑이 3이고 $3>1$이므로

$\boxed{\frac{1}{9}}\le x\le\boxed{9}$ …… ㉡

㉠, ㉡에서 $\boxed{\frac{1}{9}}\le x\le\boxed{9}$

$\therefore$ (가): 0, (나): $\log_3 x$, (다): 2, (라): $\frac{1}{9}$, (마): 9

중 **0375** 답 ①

진수의 조건에서 $x-3>0$, $x>0$

$\therefore x>3$ …… ㉠

주어진 방정식을 변형하면

$\log_{2^{\frac{1}{2}}}(x-3)+\log_2 x=\log_2 4$

$2\log_2(x-3)+\log_2 x=\log_2 4$

$\log_2 x(x-3)^2=\log_2 4$

따라서 $x(x-3)^2=4$이므로

$x^3-6x^2+9x-4=0$, $(x-1)^2(x-4)=0$

$\therefore x=1$ 또는 $x=4$

㉠에서 $x=4$

중 **0376** 답 ①

진수의 조건에서 $x-2>0$, $(x+4)^2>0$

$\therefore x>2$ …… ㉠

주어진 방정식을 변형하면

$\log_{\frac{1}{3}}(x-2)+\log_{(\frac{1}{3})^2}(x+4)^2=\log_{\frac{1}{3}}\left(\frac{1}{3}\right)^{-3}$

$\log_{\frac{1}{3}}(x-2)+\log_{\frac{1}{3}}(x+4)=\log_{\frac{1}{3}}3^3$

$\log_{\frac{1}{3}}(x-2)(x+4)=\log_{\frac{1}{3}}27$

따라서 $(x-2)(x+4)=27$이므로

$x^2+2x-35=0$, $(x+7)(x-5)=0$

$\therefore x=-7$ 또는 $x=5$

㉠에서 $x=5$

중 **0377** 답 $x=6$

밑과 진수의 조건에서

$x^2>0$, $x^2\ne 1$, $4x+12>0$, $4x+12\ne 1$, $5x+1>0$

$\therefore -\frac{1}{5}<x<0$ 또는 $0<x<1$ 또는 $x>1$ …… ㉠

(i) $x^2=4x+12$일 때,

$x^2-4x-12=0$, $(x+2)(x-6)=0$

$\therefore x=-2$ 또는 $x=6$

㉠에서 $x=6$

(ii) $5x+1=1$일 때,

$x=0$이므로 ㉠을 만족시키지 않는다.

(i), (ii)에서 $x=6$

중 **0378** 답 ③

진수의 조건에서 $10x>0$, $x^2>0$

$\therefore x>0$

$(\log 10x)^2-\log x^2-2=0$에서

$(1+\log x)^2-2\log x-2=0$

$\log x=t$로 놓으면

$(1+t)^2-2t-2=0$

$t^2-1=0$, $(t+1)(t-1)=0$

$\therefore t=-1$ 또는 $t=1$

즉, $\log x=-1$ 또는 $\log x=1$이므로

$x=10^{-1}=\frac{1}{10}$ 또는 $x=10^1=10$

$\therefore \alpha\beta=\frac{1}{10}\times 10=1$

중 **0379** 답 ①

진수의 조건에서 $x>0$

$\log_2 x-\log_4 x=\log_2 x\times\log_4 x$에서

$\log_2 x-\frac{1}{2}\log_2 x=\frac{1}{2}(\log_2 x)^2$

$(\log_2 x)^2-\log_2 x=0$

$\log_2 x=t$로 놓으면

$t^2-t=0,\ t(t-1)=0$

$\therefore t=0$ 또는 $t=1$

즉, $\log_2 x=0$ 또는 $\log_2 x=1$이므로

$x=2^0=1$ 또는 $x=2^1=2$

따라서 모든 근의 합은

$1+2=3$

중 0380 답 ⑤

밑과 진수의 조건에서 $x>0,\ x\neq1$

$\log_5 x+\log_x 125=4$에서

$\log_5 x+3\log_x 5=4,\ \log_5 x+\dfrac{3}{\log_5 x}=4$

$\log_5 x=t\ (t\neq0)$로 놓으면

$t+\dfrac{3}{t}=4$

$t^2-4t+3=0,\ (t-1)(t-3)=0$

$\therefore t=1$ 또는 $t=3$

즉, $\log_5 x=1$ 또는 $\log_5 x=3$이므로

$x=5^1=5$ 또는 $x=5^3=125$

따라서 $\alpha=125,\ \beta=5\ (\because \alpha>\beta)$이므로

$\dfrac{\alpha}{\beta}=25$

참고 $x\neq1$이므로 $\log_5 x\neq0$, 즉 $t\neq0$이다.

중 0381 답 ③

진수의 조건에서 $x>0$

$x^{\log_3 x}=81x^3$의 양변에 밑이 3인 로그를 취하면

$\log_3 x^{\log_3 x}=\log_3 81x^3$

$\log_3 x\times\log_3 x=\log_3 3^4+\log_3 x^3$

$(\log_3 x)^2=4+3\log_3 x$

$(\log_3 x)^2-3\log_3 x-4=0$

$\log_3 x=t$로 놓으면

$t^2-3t-4=0,\ (t+1)(t-4)=0$

$\therefore t=-1$ 또는 $t=4$

즉, $\log_3 x=-1$ 또는 $\log_3 x=4$이므로

$x=3^{-1}=\dfrac{1}{3}$ 또는 $x=3^4=81$

따라서 모든 근의 곱은

$\dfrac{1}{3}\times81=27$

중 0382 답 ①

$3^x=2^{1-2x}$의 양변에 밑이 2인 로그를 취하면

$\log_2 3^x=\log_2 2^{1-2x}$

$x\log_2 3=1-2x$

$x(2+\log_2 3)=1$

$x(\log_2 4+\log_2 3)=1$

$x\log_2 12=1$

$\therefore x=\dfrac{1}{\log_2 12}=\log_{12} 2$

상 0383 답 1

해결 과정 $(8x)^{\log 8}=(5x)^{\log 5}$의 양변에 상용로그를 취하면

$\log(8x)^{\log 8}=\log(5x)^{\log 5}$ ◀ 20 %

$\log 8\times\log 8x=\log 5\times\log 5x$

$\log 8\times(\log 8+\log x)=\log 5\times(\log 5+\log x)$

$(\log 8)^2+\log 8\times\log x=(\log 5)^2+\log 5\times\log x$

$(\log 8-\log 5)\log x=(\log 5)^2-(\log 8)^2$ ◀ 30 %

$$\log x=\frac{(\log 5)^2-(\log 8)^2}{\log 8-\log 5}=\frac{-(\log 8-\log 5)(\log 8+\log 5)}{\log 8-\log 5}=-(\log 8+\log 5)=-\log 40=\log 40^{-1}=\log\frac{1}{40}$$

$\therefore x=\dfrac{1}{40}$ ◀ 40 %

답 구하기 따라서 $a=\dfrac{1}{40}$이므로

$40a=1$ ◀ 10 %

중 0384 답 17

진수의 조건에서 $x>0,\ y>0$

$\begin{cases}\log_{\sqrt{2}} x-\log_{\sqrt{3}} y=2\\ \log_2 x^2+\log_3 y=8\end{cases}$에서

$\begin{cases}\log_2 x-\log_3 y=1\\ 2\log_2 x+\log_3 y=8\end{cases}$

$\log_2 x=X,\ \log_3 y=Y$로 놓으면

$\begin{cases}X-Y=1\\ 2X+Y=8\end{cases}$

위의 연립방정식을 풀면

$X=3,\ Y=2$

즉, $\log_2 x=3,\ \log_3 y=2$이므로

$x=2^3=8,\ y=3^2=9$

따라서 $\alpha=8,\ \beta=9$이므로

$\alpha+\beta=17$

중 0385 답 ③

진수의 조건에서 $x>0,\ y>0$

$\log_4 x=X,\ \log_5 y=Y$로 놓으면

$\begin{cases}X+Y=3\\ XY=2\end{cases}$

위의 연립방정식을 풀면

$X=1,\ Y=2$ 또는 $X=2,\ Y=1$

(i) $\log_4 x=1,\ \log_5 y=2$일 때,

$x=4,\ y=5^2=25$

(ii) $\log_4 x=2,\ \log_5 y=1$일 때,

$x=4^2=16,\ y=5$

그런데 $x>y$이므로 $x=16,\ y=5$

$\therefore xy=80$

참고 $\begin{cases} X+Y=3 & \cdots\cdots ㉠ \\ XY=2 & \cdots\cdots ㉡ \end{cases}$

㉠에서 $Y=-X+3$ ······ ㉢

㉢을 ㉡에 대입하면 $X(-X+3)=2$

$X^2-3X+2=0$, $(X-1)(X-2)=0$

$\therefore X=1$ 또는 $X=2$

$X=1$을 ㉢에 대입하면 $Y=2$

$X=2$를 ㉢에 대입하면 $Y=1$

따라서 위의 연립방정식의 해는

$X=1$, $Y=2$ 또는 $X=2$, $Y=1$

상 0386 답 2

[문제 이해] 진수의 조건에서

$\log_2(x+y)>0$, $x+y>0$, $x^2>0$, $y>0$

$\therefore x+y>1$, $x\neq 0$, $y>0$ ◀ 10 %

[해결 과정] $\log_2\{\log_2(x+y)\}=1$에서 $\log_2(x+y)=2$이므로

$x+y=4$

$\log_3 x^2+\log_3 y=2$에서 $\log_3 x^2y=2$이므로

$x^2y=9$

즉, 주어진 연립방정식은

$\begin{cases} x+y=4 & \cdots\cdots ㉠ \\ x^2y=9 & \cdots\cdots ㉡ \end{cases}$ ◀ 40 %

㉠에서 $y=-x+4$ ······ ㉢

㉢을 ㉡에 대입하면 $x^2(-x+4)=9$

$x^3-4x^2+9=0$, $(x-3)(x^2-x-3)=0$

$\therefore x=3$ ($\because x$는 정수)

따라서 위의 연립방정식의 해는

$x=3$, $y=1$ ◀ 40 %

[답 구하기] $\therefore x-y=2$ ◀ 10 %

중 0387 답 ⑤

$(\log_3 3x)^2-2\log_3 x^3=0$에서

$(1+\log_3 x)^2-6\log_3 x=0$ ······ ㉠

$\log_3 x=t$로 놓으면

$(1+t)^2-6t=0$ $\quad\therefore t^2-4t+1=0$ ······ ㉡

방정식 ㉠의 두 근이 α, β이므로 방정식 ㉡의 두 근은 $\log_3\alpha$, $\log_3\beta$이다.

이차방정식의 근과 계수의 관계에 의하여

$\log_3\alpha+\log_3\beta=4$

즉, $\log_3\alpha\beta=4$이므로 $\alpha\beta=3^4=81$

도움 개념 **이차방정식의 근과 계수의 관계**

이차방정식 $ax^2+bx+c=0$의 두 근을 α, β라 할 때,

$\alpha+\beta=-\dfrac{b}{a}$, $\alpha\beta=\dfrac{c}{a}$

중 0388 답 ⑤

$(\log_2 x)^2+k\log_{\frac{1}{\sqrt{2}}}x-7=0$에서

$(\log_2 x)^2-2k\log_2 x-7=0$ ······ ㉠

$\log_2 x=t$로 놓으면

$t^2-2kt-7=0$ ······ ㉡

방정식 ㉠의 두 근을 α, β라 하면 방정식 ㉡의 두 근은 $\log_2\alpha$, $\log_2\beta$이다.

이차방정식의 근과 계수의 관계에 의하여

$\log_2\alpha+\log_2\beta=2k$

즉, $\log_2\alpha\beta=2k$이므로 $\alpha\beta=2^{2k}$

이때 $\alpha\beta=32$이므로

$2^{2k}=32=2^5$, $2k=5$ $\quad\therefore k=\dfrac{5}{2}$

중 0389 답 $\dfrac{1}{10}$, 1000

x에 대한 이차방정식 $x^2-2x\log a+\log a^2+3=0$이 중근을 가지려면 이 이차방정식의 판별식을 D라 할 때,

$\dfrac{D}{4}=(-\log a)^2-(\log a^2+3)=0$

$(\log a)^2-2\log a-3=0$

$\log a=t$로 놓으면 $t^2-2t-3=0$

$(t+1)(t-3)=0$ $\quad\therefore t=-1$ 또는 $t=3$

즉, $\log a=-1$ 또는 $\log a=3$이므로

$a=10^{-1}=\dfrac{1}{10}$ 또는 $a=10^3=1000$

중 0390 답 ⑤

진수의 조건에서 $x-4>0$, $x+2>0$

$\therefore x>4$ ······ ㉠

$\log_2(x-4)+\log_2(x+2)\le 4$에서

$\log_2(x-4)(x+2)\le\log_2 16$

밑이 2이고 $2>1$이므로

$(x-4)(x+2)\le 16$, $x^2-2x-24\le 0$

$(x+4)(x-6)\le 0$

$\therefore -4\le x\le 6$ ······ ㉡

㉠, ㉡에서 $4<x\le 6$

따라서 $\alpha=4$, $\beta=6$이므로

$\alpha+\beta=10$

중 0391 답 ③

진수의 조건에서 $x^2-x-6>0$, $6-5x>0$

(i) $x^2-x-6>0$에서 $(x+2)(x-3)>0$

$\quad\therefore x<-2$ 또는 $x>3$

(ii) $6-5x>0$에서 $x<\dfrac{6}{5}$

(i), (ii)에서 $x<-2$ ······ ㉠

$\log_{\frac{1}{2}}(x^2-x-6)\ge\log_{\frac{1}{2}}(6-5x)$에서

밑이 $\dfrac{1}{2}$이고 $0<\dfrac{1}{2}<1$이므로

$x^2-x-6\le 6-5x$, $x^2+4x-12\le 0$

$(x+6)(x-2)\le 0$

$\therefore -6\le x\le 2$ ······ ㉡

㉠, ㉡에서 $-6\le x<-2$

따라서 정수 x의 최솟값은 -6이다.

중 0392 답 19

[문제 이해] 진수의 조건에서 $3x-1>0$, $x-3>0$

$\therefore x>3$ ······ ㉠ ◀ 20 %

해결 과정 $\log_{11}(3x-1)+\log_{11}(x-3)<1$에서
$\log_{11}(3x-1)(x-3)<\log_{11}11$
밑이 11이고 $11>1$이므로
$(3x-1)(x-3)<11$, $3x^2-10x-8<0$
$(3x+2)(x-4)<0$
$\therefore -\frac{2}{3}<x<4$ …… ㉡
㉠, ㉡에서 $3<x<4$ ◀ 40 %
이때 해가 $3<x<4$이고 x^2의 계수가 1인 이차부등식은
$(x-3)(x-4)<0$
$\therefore x^2-7x+12<0$ …… ㉢ ◀ 30 %
답 구하기 부등식 ㉢이 $x^2+ax+b<0$과 일치해야 하므로
$a=-7$, $b=12$
$\therefore b-a=19$ ◀ 10 %

중 0393 답 6
진수의 조건에서 $x>0$, $\log_2 x>0$
$\therefore x>1$ …… ㉠
$\log_{\frac{1}{3}}(\log_2 x)>-1$에서
$\log_{\frac{1}{3}}(\log_2 x)>\log_{\frac{1}{3}}3$
밑이 $\frac{1}{3}$이고 $0<\frac{1}{3}<1$이므로
$\log_2 x<3$, $\log_2 x<\log_2 8$
밑이 2이고 $2>1$이므로 $x<8$ …… ㉡
㉠, ㉡에서 $1<x<8$
따라서 정수 x는 2, 3, 4, 5, 6, 7의 6개이다.

상 0394 답 ③
진수의 조건에서
$x>0$, $\log_5 x>0$, $\log_{\frac{1}{3}}(\log_5 x)>0$
(i) $x>0$, $\log_5 x>0$에서
$x>1$
(ii) $\log_{\frac{1}{3}}(\log_5 x)>0$에서
$\log_{\frac{1}{3}}(\log_5 x)>\log_{\frac{1}{3}}1$
밑이 $\frac{1}{3}$이고 $0<\frac{1}{3}<1$이므로 $\log_5 x<1$
밑이 5이고 $5>1$이므로 $x<5$
(i), (ii)에서 $1<x<5$ …… ㉠
$\log_2\{\log_{\frac{1}{3}}(\log_5 x)\}>1$에서
$\log_2\{\log_{\frac{1}{3}}(\log_5 x)\}>\log_2 2$
밑이 2이고 $2>1$이므로
$\log_{\frac{1}{3}}(\log_5 x)>2$, $\log_{\frac{1}{3}}(\log_5 x)>\log_{\frac{1}{3}}\frac{1}{9}$
밑이 $\frac{1}{3}$이고 $0<\frac{1}{3}<1$이므로
$\log_5 x<\frac{1}{9}$, $\log_5 x<\log_5 5^{\frac{1}{9}}$
밑이 5이고 $5>1$이므로 $x<5^{\frac{1}{9}}$ …… ㉡
㉠, ㉡에서 $1<x<5^{\frac{1}{9}}$
따라서 $a=1$, $b=\frac{1}{9}$이므로
$a+18b=1+18\times\frac{1}{9}=3$

중 0395 답 $0<x\le\frac{1}{3}$ 또는 $x\ge\frac{\sqrt{3}}{3}$
진수의 조건에서 $x>0$ …… ㉠
$2(\log_{\frac{1}{3}}x)^2-\log_{\frac{1}{3}}x^3+1\ge0$에서
$2(\log_{\frac{1}{3}}x)^2-3\log_{\frac{1}{3}}x+1\ge0$
$\log_{\frac{1}{3}}x=t$로 놓으면
$2t^2-3t+1\ge0$, $(2t-1)(t-1)\ge0$
$\therefore t\le\frac{1}{2}$ 또는 $t\ge1$
즉, $\log_{\frac{1}{3}}x\le\frac{1}{2}$ 또는 $\log_{\frac{1}{3}}x\ge1$이므로
$\log_{\frac{1}{3}}x\le\log_{\frac{1}{3}}\left(\frac{1}{3}\right)^{\frac{1}{2}}$ 또는 $\log_{\frac{1}{3}}x\ge\log_{\frac{1}{3}}\frac{1}{3}$
밑이 $\frac{1}{3}$이고 $0<\frac{1}{3}<1$이므로
$x\ge\frac{\sqrt{3}}{3}$ 또는 $x\le\frac{1}{3}$ …… ㉡
㉠, ㉡에서 $0<x\le\frac{1}{3}$ 또는 $x\ge\frac{\sqrt{3}}{3}$

중 0396 답 ⑤
$(\log_2 x)^2+a\log_2 x+b<0$에서 $\log_2 x=t$로 놓으면
$t^2+at+b<0$ …… ㉠
주어진 부등식의 해가 $\frac{1}{2}<x<16$이므로 각 변에 밑이 2인 로그를 취하면
$\log_2\frac{1}{2}<\log_2 x<\log_2 16$, 즉 $-1<t<4$
따라서 부등식 ㉠의 해는 $-1<t<4$이다.
해가 $-1<t<4$이고 t^2의 계수가 1인 이차부등식은
$(t+1)(t-4)<0$
$\therefore t^2-3t-4<0$ …… ㉡
부등식 ㉡이 부등식 ㉠과 일치해야 하므로
$a=-3$, $b=-4$
$\therefore a^2+b^2=9+16=25$

중 0397 답 $\frac{1}{4}$
진수의 조건에서 $x>0$ …… ㉠
$\log_2\frac{x}{4}\times\log_{\frac{1}{2}}16x\ge0$에서 $\log_2\frac{x}{4}\times\log_2 16x\le0$
$(\log_2 x-\log_2 4)(\log_2 16+\log_2 x)\le0$
$(\log_2 x-2)(\log_2 x+4)\le0$
$\log_2 x=t$로 놓으면
$(t-2)(t+4)\le0$
$\therefore -4\le t\le2$
즉, $-4\le\log_2 x\le2$이므로
$\log_2 2^{-4}\le\log_2 x\le\log_2 2^2$
밑이 2이고 $2>1$이므로
$\frac{1}{16}\le x\le4$ …… ㉡
㉠, ㉡에서 $\frac{1}{16}\le x\le4$
따라서 $\alpha=\frac{1}{16}$, $\beta=4$이므로 $\alpha\beta=\frac{1}{4}$

중 **0398** 답 ⑤

진수의 조건에서 $x>0$ …… ㉠

$x^{\log x}<100x$의 양변에 상용로그를 취하면

$\log x^{\log x}<\log 100x$, $(\log x)^2<2+\log x$

$\log x=t$로 놓으면 $t^2<2+t$

$t^2-t-2<0$, $(t+1)(t-2)<0$

$\therefore -1<t<2$

즉, $-1<\log x<2$이므로

$\log 10^{-1}<\log x<\log 10^2$

밑이 10이고 $10>1$이므로

$\frac{1}{10}<x<100$ …… ㉡

㉠, ㉡에서 $\frac{1}{10}<x<100$

따라서 정수 x는 1, 2, 3, …, 99의 99개이다.

중 **0399** 답 ③

진수의 조건에서 $x>0$ …… ㉠

$x^{\log_3 x+4}<\frac{1}{27}$의 양변에 밑이 3인 로그를 취하면

$\log_3 x^{\log_3 x+4}<\log_3 \frac{1}{27}$

$(\log_3 x+4)\log_3 x<-3$

$\log_3 x=t$로 놓으면 $(t+4)t<-3$

$t^2+4t+3<0$, $(t+3)(t+1)<0$

$\therefore -3<t<-1$

즉, $-3<\log_3 x<-1$이므로

$\log_3 3^{-3}<\log_3 x<\log_3 3^{-1}$

밑이 3이고 $3>1$이므로

$\frac{1}{27}<x<\frac{1}{3}$ …… ㉡

㉠, ㉡에서 $\frac{1}{27}<x<\frac{1}{3}$

따라서 $\alpha=\frac{1}{27}$, $\beta=\frac{1}{3}$이므로 $\frac{\beta}{\alpha}=9$

중 **0400** 답 -8

[문제 이해] $2^{x-1}>3^{x+2}$의 양변에 상용로그를 취하면

$\log 2^{x-1}>\log 3^{x+2}$ ◀ 30 %

[해결 과정] $(x-1)\log 2>(x+2)\log 3$

$x(\log 2-\log 3)>\log 2+2\log 3$

$x(0.3-0.48)>0.3+2\times 0.48$

$-0.18x>1.26$

$\therefore x<-7$ ◀ 50 %

[답 구하기] 따라서 정수 x의 최댓값은 -8이다. ◀ 20 %

중 **0401** 답 $0<k<\frac{1}{4}$

진수의 조건에서 $k>0$ …… ㉠

$(\log_4 x)^2-2\log_4 x-\log_4 k>0$에서 $\log_4 x=t$로 놓으면

$t^2-2t-\log_4 k>0$

모든 실수 t에 대하여 위의 부등식이 성립해야 하므로 이차방정식 $t^2-2t-\log_4 k=0$의 판별식을 D라 하면

$\frac{D}{4}=(-1)^2-(-\log_4 k)<0$

$1+\log_4 k<0$, $\log_4 k<-1$

밑이 4이고 $4>1$이므로

$k<\frac{1}{4}$ …… ㉡

㉠, ㉡에서 $0<k<\frac{1}{4}$

[참고] $x>0$일 때 $\log_4 x$는 모든 실수이므로 주어진 부등식이 모든 양수 x에 대하여 성립하려면 부등식 $t^2-2t-\log_4 k>0$이 모든 실수 t에 대하여 성립해야 한다.

도움 개념 **이차부등식이 항상 성립할 조건**

이차방정식 $ax^2+bx+c=0$의 판별식을 D라 할 때, 모든 실수 x에 대하여

(1) 이차부등식 $ax^2+bx+c>0$이 성립한다.
⇨ $a>0$, $D<0$

(2) 이차부등식 $ax^2+bx+c\ge 0$이 성립한다.
⇨ $a>0$, $D\le 0$

(3) 이차부등식 $ax^2+bx+c<0$이 성립한다.
⇨ $a<0$, $D<0$

(4) 이차부등식 $ax^2+bx+c\le 0$이 성립한다.
⇨ $a<0$, $D\le 0$

한편, x^2의 계수가 미정일 때는 주어진 부등식이 이차부등식이 아닌 경우와 이차부등식인 경우로 나누어 생각한다.

중 **0402** 답 256

진수의 조건에서 $a>0$ …… ㉠

x에 대한 이차방정식 $x^2+x\log_2 a+\log_2 32a^2=0$이 실근을 갖지 않으려면 이 이차방정식의 판별식을 D라 할 때,

$D=(\log_2 a)^2-4\log_2 32a^2<0$

$(\log_2 a)^2-4(5+2\log_2 a)<0$

$(\log_2 a)^2-8\log_2 a-20<0$

$\log_2 a=t$로 놓으면

$t^2-8t-20<0$, $(t+2)(t-10)<0$

$\therefore -2<t<10$

즉, $-2<\log_2 a<10$이므로

$\log_2 2^{-2}<\log_2 a<\log_2 2^{10}$

밑이 2이고 $2>1$이므로

$\frac{1}{4}<a<1024$ …… ㉡

㉠, ㉡에서 $\frac{1}{4}<a<1024$

따라서 $\alpha=\frac{1}{4}$, $\beta=1024$이므로

$\alpha\beta=256$

중 **0403** 답 ③

진수의 조건에서 $k>0$ …… ㉠

$(\log_3 x+\log_3 4)(\log_3 x+\log_3 64)=-(\log_3 k)^2$에서

$(\log_3 x)^2+(\log_3 4+\log_3 64)\log_3 x$
$+\log_3 4\times\log_3 64+(\log_3 k)^2=0$

$(\log_3 x)^2+4\log_3 4\times\log_3 x+3(\log_3 4)^2+(\log_3 k)^2=0$

$\log_3 x=t$로 놓으면

$t^2+4t\log_3 4+3(\log_3 4)^2+(\log_3 k)^2=0$

주어진 방정식이 서로 다른 두 양의 실근을 가지려면 위의 이차방정식이 서로 다른 두 실근을 가져야 하므로 이 이차방정식의 판별식을 D라 할 때,

$\frac{D}{4}=(2\log_3 4)^2-\{3(\log_3 4)^2+(\log_3 k)^2\}>0$

$4(\log_3 4)^2-3(\log_3 4)^2-(\log_3 k)^2>0$

$(\log_3 k)^2-(\log_3 4)^2<0$

$(\log_3 k+\log_3 4)(\log_3 k-\log_3 4)<0$

$\therefore -\log_3 4<\log_3 k<\log_3 4$

$\log_3 4^{-1}<\log_3 k<\log_3 4$에서 밑이 3이고 $3>1$이므로

$\frac{1}{4}<k<4$ …… ㉡

㉠, ㉡에서 $\frac{1}{4}<k<4$

따라서 정수 k는 1, 2, 3의 3개이다.

중 0404 답 ②

어떤 노트북의 가격이 2020년에 100만 원이고 매년 전년보다 10 % 씩 떨어지므로 2020년으로부터 n년 후의 노트북의 가격은

$100\times\left(1-\frac{1}{10}\right)^n=100\times\left(\frac{9}{10}\right)^n$(만 원)

이때 n년 후의 노트북의 가격이 10만 원 이하가 된다고 하면

$100\times\left(\frac{9}{10}\right)^n\le 10$

$\left(\frac{9}{10}\right)^n\le\frac{1}{10}$

위의 식의 양변에 상용로그를 취하면

$n\log\frac{9}{10}\le\log\frac{1}{10}$

$n(\log 9-1)\le -1$

$n(0.9542-1)\le -1$

$-0.0458n\le -1$

$\therefore n\ge\frac{1}{0.0458}=21.\times\times\times$

따라서 노트북의 가격이 처음으로 10만 원 이하가 되는 해는 2020년으로부터 22년 후인 2042년이다.

중 0405 답 4

절대온도 200 K에서 이상 기체의 압력을 1기압에서 32기압으로 변화시켰을 때의 이상 기체의 화학 퍼텐셜 변화량 E_1은

$E_1=200R\log_a 32$

절대온도 125 K에서 이상 기체의 압력을 1기압에서 k기압으로 변화시켰을 때의 이상 기체의 화학 퍼텐셜 변화량 E_2는

$E_2=125R\log_a k$

이때 $E_1=4E_2$이므로

$200R\log_a 32=4\times125R\log_a k$

$\frac{2}{5}\log_a 2^5=\log_a k,\ \log_a 2^2=\log_a k$

$\therefore k=4$

중 0406 답 20

어떤 음원으로부터 5 m만큼 떨어진 지점에서 측정된 소리의 상대적 세기가 40 dB이므로

$40=10\left(12+\log\frac{I}{5^2}\right),\ 40=120+10\log\frac{I}{25}$

$10\log\frac{I}{25}=-80\qquad\therefore \log\frac{I}{25}=-8$ …… ㉠

같은 음원으로부터 50 m만큼 떨어진 지점에서 측정된 소리의 상대적 세기가 p dB이므로

$p=10\left(12+\log\frac{I}{50^2}\right)$

$=120+10(\log I-\log 50^2)$

$=120+10(\log I-\log 100-\log 25)$

$=120+10\log\frac{I}{25}-20$ …… ㉡

㉠을 ㉡에 대입하면

$p=120+10\times(-8)-20=20$

중 0407 답 8일 후

문제 이해 조사를 시작한 날의 두 미생물 A, B의 개체 수를 모두 a라 하면 n일 후의 두 미생물 A, B의 개체 수는

A: $a(1+0.1)^n=1.1^n a$

B: $a(1+0.2)^n=1.2^n a$ ◀ 30 %

해결 과정 이때 n일 후에 미생물 B의 개체 수가 미생물 A의 개체 수의 2배 이상이 된다고 하면

$1.2^n a\ge 2\times1.1^n a$

$1.2^n\ge 2\times1.1^n$ ◀ 20 %

위의 식의 양변에 상용로그를 취하면

$\log 1.2^n\ge\log(2\times1.1^n)$

$n\log 1.2\ge\log 2+n\log 1.1$

$0.08n\ge 0.3+0.04n$

$0.04n\ge 0.3,\ 4n\ge 30$

$\therefore n\ge\frac{30}{4}=7.5$ ◀ 40 %

답 구하기 따라서 미생물 B의 개체 수가 처음으로 미생물 A의 개체 수의 2배 이상이 되는 것은 조사를 시작한 지 8일 후이다. ◀ 10 %

>> 68~71쪽

중단원 마무리

0408 답 ㄱ, ㄹ

$f(25)=\log_a 25=\log_a 5^2=2\log_a 5=2$에서

$\log_a 5=1\qquad\therefore a=5$

$\therefore f(x)=\log_5 x$

ㄱ. 밑이 5이고 $5>1$이므로 주어진 함수는 x의 값이 증가하면 y의 값도 증가한다.

ㄴ. 치역은 실수 전체의 집합이다.

ㄷ. 그래프의 점근선은 y축이므로 점근선의 방정식은 $x=0$이다.

ㄹ. $f(5)=\log_5 5=1$이므로 그래프는 점 (5, 1)을 지난다.

이상에서 옳은 것은 ㄱ, ㄹ이다.

0409 답 ③

$y=2^x+2$의 그래프를 x축의 방향으로 m만큼 평행이동한 그래프의 식은

$y=2^{x-m}+2$ ⋯⋯ ㉠

$y=\log_2 8x$의 그래프를 x축의 방향으로 2만큼 평행이동한 그래프의 식은

$y=\log_2 8(x-2)$

이 그래프를 직선 $y=x$에 대하여 대칭이동한 그래프의 식은

$x=\log_2 8(y-2)$, $8(y-2)=2^x$

$y-2=2^{x-3}$ $\quad\therefore y=2^{x-3}+2$ ⋯⋯ ㉡

㉠과 ㉡이 일치해야 하므로 $m=3$

0410 답 30

$y=\log_4 16x=\log_4\left(64\times\frac{x}{4}\right)=\log_4\frac{x}{4}+3$

이므로 $y=\log_4 16x$의 그래프는 $y=\log_4\frac{x}{4}$의 그래프를 y축의 방향으로 3만큼 평행이동한 것이다.

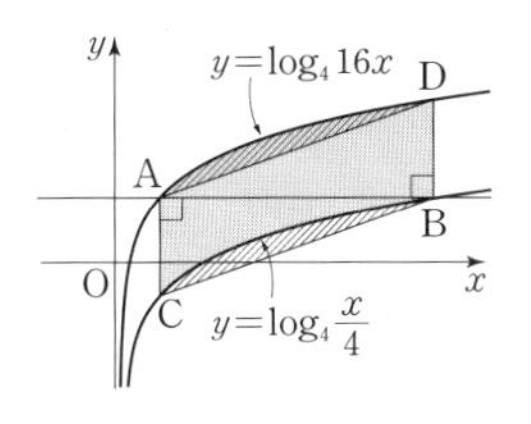

즉, 오른쪽 그림에서 빗금 친 두 부분의 넓이가 서로 같으므로 구하는 넓이는 평행사변형 ACBD의 넓이와 같다.

따라서 구하는 넓이는

$\overline{AC}\times\overline{AB}=3\times10=30$

0411 답 ④

$y=\log_2 x-k$로 놓으면

$\log_2 x=y+k$, $x=2^{y+k}$

x와 y를 서로 바꾸면 역함수는

$y=2^{x+k}$

$\therefore g(x)=2^{x+k}$

이때 $g(a)g(-a)=10$이므로

$2^{a+k}\times2^{-a+k}=2^{2k}=4^k=10$

$\therefore k=\log_4 10$

따라서 $f(x)=\log_2 x-\log_4 10$이므로

$f(10)=\log_2 10-\log_4 10$

$\quad=\log_2 10-\frac{1}{2}\log_2 10$

$\quad=\frac{1}{2}\log_2 10=\log_2\sqrt{10}$

0412 답 ②

(i) $A=\log_3\frac{1}{5}$, $C=-\log_{\frac{1}{3}}\sqrt{2}=\log_3\sqrt{2}$에서

$\frac{1}{5}<\sqrt{2}$이고, 밑 3이 $3>1$이므로

$\log_3\frac{1}{5}<\log_3\sqrt{2}$

$\therefore A<C$

(ii) $B=\log_{\frac{1}{2}}\frac{1}{3}$

$\quad=\log_2 3>1$

$C=-\log_{\frac{1}{3}}\sqrt{2}$

$\quad=\log_3\sqrt{2}<1$

따라서 $\log_3\sqrt{2}<1<\log_2 3$이므로

$C<B$

(i), (ii)에서 $A<C<B$

0413 답 ⑤

$y=\log_{\frac{1}{2}}(x-a)+b$에서 밑이 $\frac{1}{2}$이고, $0<\frac{1}{2}<1$이므로 주어진 함수는 x의 값이 증가하면 y의 값은 감소한다.

따라서 $4\le x\le19$에서 함수 $y=\log_{\frac{1}{2}}(x-a)+b$는

$x=4$일 때 최댓값 5를 가지므로

$\log_{\frac{1}{2}}(4-a)+b=5$ ⋯⋯ ㉠

$x=19$일 때 최솟값 1을 가지므로

$\log_{\frac{1}{2}}(19-a)+b=1$ ⋯⋯ ㉡

㉠−㉡을 하면

$\log_{\frac{1}{2}}(4-a)-\log_{\frac{1}{2}}(19-a)=4$

$\log_{\frac{1}{2}}\frac{4-a}{19-a}=\log_{\frac{1}{2}}\left(\frac{1}{2}\right)^4$

$\frac{4-a}{19-a}=\frac{1}{16}$, $19-a=64-16a$

$15a=45$ $\quad\therefore a=3$

$a=3$을 ㉠에 대입하면

$\log_{\frac{1}{2}}1+b=5$ $\quad\therefore b=5$

$\therefore b-a=5-3=2$

0414 답 3

$y=\log_3 x\times\log_3\frac{9}{x}$

$\quad=\log_3 x\times(\log_3 9-\log_3 x)$

$\quad=\log_3 x\times(2-\log_3 x)$

$\quad=-(\log_3 x)^2+2\log_3 x$

$\log_3 x=t$로 놓으면 $1<x<9$에서

$\log_3 1<\log_3 x<\log_3 9$, 즉 $0<t<2$

이때 주어진 함수는

$y=-t^2+2t=-(t-1)^2+1$

따라서 $t=1$일 때 최댓값 1을 가지므로 $b=1$

$t=1$, 즉 $\log_3 x=1$에서 $x=3$ $\quad\therefore a=3$

$\therefore ab=3$

다른 풀이

$1<x<9$에서 $\log_3 x>0$, $\log_3\frac{9}{x}>0$이므로 산술평균과 기하평균의 관계에 의하여

$\log_3 x+\log_3\frac{9}{x}\ge2\sqrt{\log_3 x\times\log_3\frac{9}{x}}$

이때

$\log_3 x+\log_3\frac{9}{x}=\log_3\left(x\times\frac{9}{x}\right)=\log_3 9=2$

이므로

$2\ge2\sqrt{\log_3 x\times\log_3\frac{9}{x}}$

$\therefore 0<\log_3 x\times\log_3\frac{9}{x}\le1$

따라서 함수 $y=\log_3 x\times\log_3 \frac{9}{x}$의 최댓값은 1이므로

$b=1$

한편, 등호는 $\log_3 x=\log_3 \frac{9}{x}$일 때 성립하므로

$x=\frac{9}{x}$에서 $x^2=9$ $\therefore x=3$ ($\because 1<x<9$)

$\therefore a=3$

$\therefore ab=3$

0415 답 2

$a>0$, $b>0$이므로 산술평균과 기하평균의 관계에 의하여

$a+b\geq 2\sqrt{ab}$

$=2\sqrt{81}$

$=18$ (단, 등호는 $a=b$일 때 성립)

$a^2>0$, $b^2>0$이므로 산술평균과 기하평균의 관계에 의하여

$a^2+b^2\geq 2\sqrt{a^2b^2}$

$=2ab$

$=2\times 81=162$ (단, 등호는 $a^2=b^2$, 즉 $a=b$일 때 성립)

이때 밑이 54이고, $54>1$이므로 $a+b$, a^2+b^2이 최소일 때

$\log_{54}(a+b)$, $\log_{54}(a^2+b^2)$도 최소가 된다.

$\therefore \log_{54}(a+b)+\log_{54}(a^2+b^2)\geq \log_{54}18+\log_{54}162$

$=\log_{54}(18\times 162)$

$=\log_{54}54^2=2$

따라서 구하는 최솟값은 2이다.

0416 답 ④

$3\log_x y-\log_y x+2=0$에서

$3\log_x y-\frac{1}{\log_x y}+2=0$, $3(\log_x y)^2+2\log_x y-1=0$

$\log_x y=t$ $(t>0)$로 놓으면

$3t^2+2t-1=0$, $(t+1)(3t-1)=0$

$\therefore t=\frac{1}{3}$ ($\because t>0$)

즉, $\log_x y=\frac{1}{3}$이므로

$x^{\frac{1}{3}}=y$ $\therefore x=y^3$

$\therefore 4y^3-x^2=4x-x^2=-(x-2)^2+4$ $(x>1)$

따라서 $4y^3-x^2$의 최댓값은 4이다.

참고 $x>1$, $y>1$이므로 $\log_x y>0$, 즉 $t>0$이다.

0417 답 $x=10$

$x^{\log 3}=3^{\log x}$이므로

$3^{\log x}\times x^{\log 3}+\frac{1}{2}(3^{\log x}+x^{\log 3})-12=0$에서

$3^{\log x}\times 3^{\log x}+\frac{1}{2}(3^{\log x}+3^{\log x})-12=0$

$(3^{\log x})^2+3^{\log x}-12=0$

$3^{\log x}=t$ $(t>0)$로 놓으면

$t^2+t-12=0$, $(t+4)(t-3)=0$

$\therefore t=3$ ($\because t>0$)

즉, $3^{\log x}=3$이므로 $\log x=1$

$\therefore x=10$

0418 답 15

$\log_2(x-2)-\log_2 y=1$에서 $\log_2\frac{x-2}{y}=1$

$\frac{x-2}{y}=2$ $\therefore 2y=x-2$ …… ㉠

$2^x-2\times 4^{-y}=7$에서

$2^x-2\times 2^{-2y}=7$ …… ㉡

㉠을 ㉡에 대입하면

$2^x-2\times 2^{-x+2}=7$

위의 식의 양변에 2^x을 곱하면

$2^{2x}-8=7\times 2^x$, $(2^x)^2-7\times 2^x-8=0$

$2^x=t$ $(t>0)$로 놓으면

$t^2-7t-8=0$, $(t+1)(t-8)=0$

$\therefore t=8$ ($\because t>0$)

즉, $2^x=8$이므로 $x=3$

$x=3$을 ㉠에 대입하면

$2y=1$ $\therefore y=\frac{1}{2}$

따라서 $\alpha=3$, $\beta=\frac{1}{2}$이므로

$10\alpha\beta=15$

0419 답 ④

$\log_4 x^{2a+\log_4 x}-\log_4 4x=0$에서

$(2a+\log_4 x)\log_4 x-(1+\log_4 x)=0$

$(\log_4 x)^2+(2a-1)\log_4 x-1=0$ …… ㉠

$\log_4 x=t$로 놓으면

$t^2+(2a-1)t-1=0$ …… ㉡

방정식 ㉠의 두 근을 α, β라 하면 방정식 ㉡의 두 근은 $\log_4\alpha$, $\log_4\beta$이다.

이차방정식의 근과 계수의 관계에 의하여

$\log_4\alpha+\log_4\beta=-(2a-1)$

$\log_4\alpha\beta=-2a+1$

$\alpha\beta=4^{-2a+1}$

이때 방정식 ㉠의 두 근의 곱이 $\frac{1}{64}$이므로

$\alpha\beta=\frac{1}{64}=4^{-3}$

즉, $4^{-2a+1}=4^{-3}$이므로

$-2a+1=-3$, $-2a=-4$ $\therefore a=2$

0420 답 ④

$\log_3 x^3+\log_x 3=6$에서

$3\log_3 x+\frac{1}{\log_3 x}-6=0$

$3(\log_3 x)^2-6\log_3 x+1=0$ …… ㉠

$\log_3 x=t$로 놓으면

$3t^2-6t+1=0$ …… ㉡

방정식 ㉠의 두 근을 α, β라 하면 방정식 ㉡의 두 근은 $\log_3\alpha$, $\log_3\beta$이다.

이차방정식의 근과 계수의 관계에 의하여

$\log_3\alpha+\log_3\beta=2$, $\log_3\alpha\beta=2$ $\therefore \alpha\beta=9$

따라서 주어진 방정식의 두 근의 곱은 9이다.

0421 답 3

진수의 조건에서 $x-3>0$, $\frac{1}{2}x+k>0$

$\therefore x>3$ ······ ㉠

$\log_5(x-3)\le\log_5\left(\frac{1}{2}x+k\right)$에서

$x-3\le\frac{1}{2}x+k$, $\frac{1}{2}x\le k+3$

$\therefore x\le 2k+6$ ······ ㉡

㉠, ㉡에서 $3<x\le 2k+6$

이 부등식을 만족시키는 정수 x가 9개이고 k가 자연수이므로

$2k+6-3=9$ $\quad\therefore k=3$

0422 답 -36

$x^{\log_2 x}\ge(16x)^{2k}$의 양변에 밑이 2인 로그를 취하면

$\log_2 x^{\log_2 x}\ge\log_2(16x)^{2k}$

$(\log_2 x)^2\ge 2k\log_2 16x$

$(\log_2 x)^2\ge 2k(4+\log_2 x)$

$(\log_2 x)^2-2k\log_2 x-8k\ge 0$

$\log_2 x=t$로 놓으면

$t^2-2kt-8k\ge 0$

모든 양수 x에 대하여 주어진 부등식이 성립하려면 모든 실수 t에 대하여 위의 부등식이 성립해야 하므로 이차방정식 $t^2-2kt-8k=0$의 판별식을 D라 할 때,

$\frac{D}{4}=(-k)^2-(-8k)\le 0$

$k^2+8k\le 0$, $k(k+8)\le 0$

$\therefore -8\le k\le 0$

따라서 정수 k는 $-8, -7, -6, \cdots, 0$이므로 그 합은

$(-8)+(-7)+(-6)+\cdots+0=-36$

0423 답 ④

전략 주어진 그래프를 이용하여 옳은 것을 찾는다.

ㄱ. x의 값이 증가할 때 y의 값도 증가하므로 $a>1$

ㄴ. $y=\log_a bx$의 그래프에서 $x=1$일 때의 함숫값이 양수이므로

$\log_a b>0$, $\log_a b>\log_a 1$

$\therefore b>1$

ㄷ. $\log_a bx=\log_b ax$에서 $\frac{\log bx}{\log a}=\frac{\log ax}{\log b}$

$\frac{\log x+\log b}{\log a}=\frac{\log x+\log a}{\log b}$

$\log b\times(\log x+\log b)=\log a\times(\log x+\log a)$

$\log x\times(\log b-\log a)=(\log a)^2-(\log b)^2$

$\log x=\frac{-(\log b-\log a)(\log b+\log a)}{\log b-\log a}$

$=-(\log a+\log b)$

$=-\log ab=\log(ab)^{-1}$

$\therefore x=\frac{1}{ab}$

이때 $a>1$, $b>1$에서 $ab>1$

따라서 $0<\frac{1}{ab}<1$이므로 두 함수 $y=\log_a bx$, $y=\log_b ax$의 그래프는 한 점에서 만난다.

이상에서 옳은 것은 ㄱ, ㄷ이다.

0424 답 81

전략 $\frac{3x^2}{y}=k\ (k>0)$로 놓고 양변에 밑이 3인 로그를 취하여 $\frac{3x^2}{y}$의 최댓값과 최솟값을 구한다.

$\frac{3x^2}{y}=k\ (k>0)$로 놓고 양변에 밑이 3인 로그를 취하면

$\log_3\frac{3x^2}{y}=\log_3 k$, $\log_3 3x^2-\log_3 y=\log_3 k$

$1+2\log_3 x-\log_3 y=\log_3 k$ ······ ㉠

$\log_3 y=(2+\log_3 x)^2$이므로 ㉠에 대입하면

$1+2\log_3 x-(2+\log_3 x)^2=\log_3 k$ ······ ㉡

$\log_3 x=t$로 놓으면 $\frac{1}{9}\le x\le 3$에서

$\log_3\frac{1}{9}\le\log_3 x\le\log_3 3$, 즉 $-2\le t\le 1$

이때 ㉡에서

$\log_3 k=1+2t-(2+t)^2$

$=-t^2-2t-3=-(t+1)^2-2$

따라서 $t=-1$일 때 $\log_3 k$의 최댓값은 -2이므로

$\log_3 k=-2$ $\quad\therefore k=3^{-2}=\frac{1}{9}$

또, $t=1$일 때 $\log_3 k$의 최솟값은 -6이므로

$\log_3 k=-6$ $\quad\therefore k=3^{-6}=\frac{1}{729}$

따라서 $\frac{3x^2}{y}$의 최댓값은 $\frac{1}{9}$, 최솟값은 $\frac{1}{729}$이므로

$M=\frac{1}{9}$, $m=\frac{1}{729}$

$\therefore \frac{M}{m}=81$

0425 답 0

전략 주어진 방정식의 좌변을 간단히 한 후, 진수의 조건을 만족시키는 두 실근을 구한다.

진수의 조건에서

$x^2-4x+4=(x-2)^2>0$, $x^2+4x+4=(x+2)^2>0$

$\therefore x\ne -2$, $x\ne 2$ ······ ㉠

$\log(x^2-4x+4)+\log(x^2+4x+4)=\log 25$에서

$\log(x-2)^2+\log(x+2)^2=\log 5^2$

$2\log|x-2|+2\log|x+2|=2\log 5$

$\log|(x-2)(x+2)|=\log 5$

즉, $|(x-2)(x+2)|=5$, $|x^2-4|=5$ $\quad\therefore x^2-4=\pm 5$

(i) $x^2-4=5$일 때, $x^2=9$

$\therefore x=\pm 3$

이것은 ㉠을 만족시키므로 주어진 방정식의 근이다.

(ii) $x^2-4=-5$일 때, $x^2=-1$

따라서 실근은 없다.

(i), (ii)에서 $x=\pm 3$

따라서 $\alpha=3$, $\beta=-3$ 또는 $\alpha=-3$, $\beta=3$이므로

$\alpha+\beta=0$

0426 답 ⑤

전략 밑을 같게 할 수 있는 경우의 부등식의 해를 이용하여 주어진 조건을 만족시키는 순서쌍의 개수를 구한다.

$|\log_3 a-2|-\log_{\frac{1}{3}} b\le 1$에서 $|\log_3 a-2|\le 1-\log_3 b$

04

$\left|\log_3 \frac{a}{9}\right| \le \log_3 \frac{3}{b}$ …… ㉠

이때 $\log_3 \frac{3}{b} \ge 0$, 즉 $b \le 3$이어야 하므로

$b=1, 2, 3$ ($\because$ b는 자연수)

㉠에서 $-\log_3 \frac{3}{b} \le \log_3 \frac{a}{9} \le \log_3 \frac{3}{b}$

$\log_3 \frac{b}{3} \le \log_3 \frac{a}{9} \le \log_3 \frac{3}{b}$

밑이 3이고 $3>1$이므로

$\frac{b}{3} \le \frac{a}{9} \le \frac{3}{b}$ $\quad \therefore 3b \le a \le \frac{27}{b}$

(i) $b=1$일 때,

$3 \le a \le 27$이므로 자연수 a, b의 순서쌍 (a, b)의 개수는 25

(ii) $b=2$일 때,

$6 \le a \le \frac{27}{2}$이므로 자연수 a, b의 순서쌍 (a, b)의 개수는 8

(iii) $b=3$일 때,

$9 \le a \le 9$, 즉 $a=9$이므로 자연수 a, b의 순서쌍 (a, b)의 개수는 1

이상에서 순서쌍 (a, b)의 개수는

$25+8+1=34$

0427 답 ①

전략 두 집합 A, B의 부등식을 풀고 $A \cap B \ne \varnothing$이 되기 위한 조건을 이용하여 정수 k의 개수를 구한다.

$x^2-5x+4 \le 0$에서

$(x-1)(x-4) \le 0$ $\quad \therefore 1 \le x \le 4$

$\therefore A=\{x \mid 1 \le x \le 4\}$

$(\log_2 x)^2-2k\log_2 x+k^2-1 \le 0$에서

$(\log_2 x)^2-2k\log_2 x+(k-1)(k+1) \le 0$

$(\log_2 x-k+1)(\log_2 x-k-1) \le 0$

$k-1 \le \log_2 x \le k+1$

$\log_2 2^{k-1} \le \log_2 x \le \log_2 2^{k+1}$

밑이 2이고 $2>1$이므로 $2^{k-1} \le x \le 2^{k+1}$

$\therefore B=\{x \mid 2^{k-1} \le x \le 2^{k+1}\}$

$A \cap B \ne \varnothing$이 되려면

$2^{k+1} \ge 1$에서 $2^{k+1} \ge 2^0$, $k+1 \ge 0$ $\quad \therefore k \ge -1$ …… ㉠

또, $2^{k-1} \le 4$에서 $2^{k-1} \le 2^2$, $k-1 \le 2$ $\quad \therefore k \le 3$ …… ㉡

㉠, ㉡에서 $-1 \le k \le 3$

따라서 정수 k는 $-1, 0, 1, 2, 3$의 5개이다.

0428 답 5

전략 $\log C_A - \log C_B = \log \frac{C_A}{C_B}$임을 이용하여 상수 k의 값을 구한다.

A 지역의 공기 중 먼지 농도는 C_A $\mu g/m^3$, 총 공기 흡입량은 V_0 m^3, 공기 포집 전후 여과지의 질량 차는 W_0 mg이므로

$\log C_A = 3-\log V_0 + \log W_0$ …… ㉠

B 지역의 공기 중 먼지 농도는 C_B $\mu g/m^3$, 총 공기 흡입량은 $\frac{1}{25}V_0$ m^3, 공기 포집 전후 여과지의 질량 차는 $\frac{1}{125}W_0$ mg이므로

$\log C_B = 3-\log \frac{1}{25}V_0 + \log \frac{1}{125}W_0$

즉, $\log C_B = 3-\log \frac{1}{25} - \log V_0 + \log \frac{1}{125} + \log W_0$ …… ㉡

㉠−㉡을 하면

$\log C_A - \log C_B = \log \frac{1}{25} - \log \frac{1}{125} = \log \frac{125}{25}$

$= \log 5$

즉, $\log \frac{C_A}{C_B} = \log 5$이므로

$\frac{C_A}{C_B}=5$ $\quad \therefore C_A = 5C_B$

$\therefore k=5$

0429 답 (1) $2p\log_3 6p$ (2) $2p\log_3 2p$ (3) 6

(1) 오른쪽 그림에서 $B(6p, \log_3 6p)$이므로

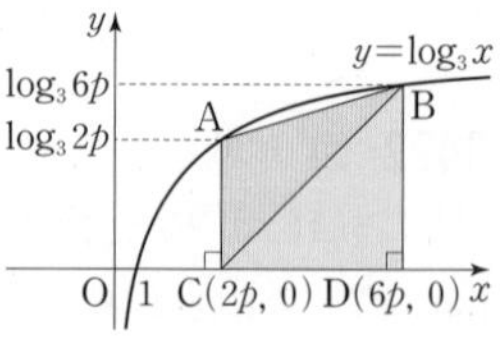

$\triangle BCD$

$=\frac{1}{2} \times (6p-2p) \times \log_3 6p$

$=2p\log_3 6p$ ◀ 30 %

(2) 위의 그림에서 $A(2p, \log_3 2p)$이므로

$\triangle ACB$

$=\frac{1}{2} \times (6p-2p) \times \log_3 2p$

$=2p\log_3 2p$ ◀ 30 %

(3) 두 삼각형 BCD와 ACB의 넓이의 차가 12이므로

$2p\log_3 6p - 2p\log_3 2p = 12$

$2p(\log_3 6p - \log_3 2p)=12$

$2p\log_3 3 = 12$, $2p=12$

$\therefore p=6$ ◀ 40 %

0430 답 $\frac{\sqrt{6}}{6}$

문제 이해 $y=\log_a(x^2-4|x|+10)$에서 밑 a가 $0<a<1$이므로 $x^2-4|x|+10$이 최소일 때 y는 최댓값 -2를 갖는다. ◀ 20 %

해결 과정 $f(x)=x^2-4|x|+10$으로 놓으면

$f(x)=x^2-4|x|+10$

$=|x|^2-4|x|+10$

$=(|x|-2)^2+6$

$f(-2)=6$, $f(0)=10$이므로 $-3 \le x \le 1$에서 $6 \le f(x) \le 10$

따라서 함수 $y=\log_a f(x)$는 $x=-2$, 즉 $f(x)=6$일 때 최댓값 -2를 가지므로

$\log_a 6 = -2$ ◀ 60 %

답 구하기 따라서 $a^{-2}=6$이므로 $\frac{1}{a^2}=6$, $a^2=\frac{1}{6}$

$\therefore a=\frac{\sqrt{6}}{6}$ ($\because 0<a<1$) ◀ 20 %

0431 답 25

해결 과정 $y=-\left(\log_2 \frac{x}{16}\right)^2 + a\log_{\frac{1}{2}} x^2 + b$

$=-(\log_2 x-4)^2 - 2a\log_2 x + b$ ◀ 20 %

$\log_2 x = t$로 놓으면 주어진 함수는

$y=-(t-4)^2-2at+b$

$=-t^2+8t-16-2at+b$

$=-\{t^2-2(4-a)t\}+b-16$

$=-\{t-(4-a)\}^2+(4-a)^2+b-16$ ◀ 30 %

따라서 $t=4-a$, 즉 $\log_2 x=4-a$일 때 최댓값 $(4-a)^2+b-16$을 갖는다.
이때 $x=2$일 때 최댓값 7을 가지므로
$\log_2 2=4-a$, $1=4-a$ $\therefore a=3$
$(4-3)^2+b-16=7$ $\therefore b=22$ ◀ 40 %
[답 구하기] $\therefore a+b=25$ ◀ 10 %

0432 답 4
[해결 과정] 진수의 조건에서 $x>0$ …… ㉠ ◀ 10 %
$\log_{\sqrt{2}} x\times\log_2 2x\le 12$에서
$2\log_2 x\times(1+\log_2 x)\le 12$
$\log_2 x\times(1+\log_2 x)\le 6$ ◀ 30 %
$\log_2 x=t$로 놓으면
$t(1+t)\le 6$, $t^2+t-6\le 0$
$(t+3)(t-2)\le 0$
$\therefore -3\le t\le 2$
즉, $-3\le\log_2 x\le 2$이므로 $\log_2 2^{-3}\le\log_2 x\le\log_2 2^2$
밑이 2이고 $2>1$이므로
$\frac{1}{8}\le x\le 4$ …… ㉡
㉠, ㉡에서 $\frac{1}{8}\le x\le 4$ ◀ 50 %
[답 구하기] 따라서 자연수 x의 최댓값은 4이다. ◀ 10 %

0433 답 23
[해결 과정] $(\log_5 a-2)x^2+2(\log_5 a-2)x-\log_5 a^2<0$에서
(i) $\log_5 a-2=0$, 즉 $a=25$일 때,
주어진 부등식은 $-4<0$이므로 모든 실수 x에 대하여 성립한다. ◀ 20 %
(ii) $\log_5 a-2\ne 0$, 즉 $a\ne 25$일 때,
모든 실수 x에 대하여 주어진 부등식이 성립하려면
이차방정식 $(\log_5 a-2)x^2+2(\log_5 a-2)x-\log_5 a^2=0$의 판별식을 D라 할 때, $\log_5 a-2<0$, $D<0$이어야 한다.
진수의 조건에서 $a>0$ …… ㉠ ◀ 10 %
$\log_5 a-2<0$에서 $\log_5 a<\log_5 5^2$
밑이 5이고 $5>1$이므로 $a<25$ …… ㉡ ◀ 20 %
$\frac{D}{4}=(\log_5 a-2)^2-(\log_5 a-2)(-\log_5 a^2)<0$
$(\log_5 a-2)(\log_5 a-2+2\log_5 a)<0$
$(\log_5 a-2)(3\log_5 a-2)<0$
$\frac{2}{3}<\log_5 a<2$
$\log_5 5^{\frac{2}{3}}<\log_5 a<\log_5 5^2$
밑이 5이고 $5>1$이므로
$5^{\frac{2}{3}}<a<5^2$, 즉 $\sqrt[3]{5^2}<a<25$
그런데 $\sqrt[3]{8}<\sqrt[3]{5^2}<\sqrt[3]{27}$에서 $2<\sqrt[3]{5^2}<3$이므로
$2.\times\times\times<a<25$ …… ㉢
㉠, ㉡, ㉢에서 $2.\times\times\times<a<25$ ◀ 30 %
[답 구하기] (i), (ii)에서 $2.\times\times\times<a\le 25$
따라서 구하는 자연수 a는 3, 4, 5, ⋯, 25의 23개이다. ◀ 20 %

05 삼각함수

Lecture

09 일반각과 호도법

≫ 76~79쪽

0434 답
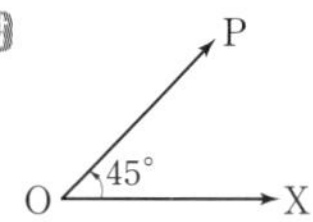

0435 답
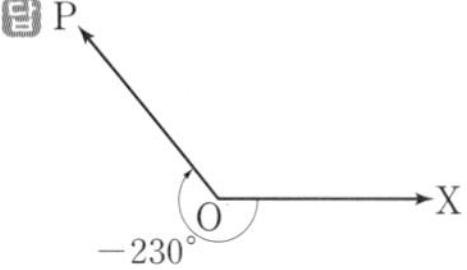

0436 답 $360^\circ\times n+120^\circ$
$120^\circ=360^\circ\times 0+120^\circ$이므로 $360^\circ\times n+120^\circ$

0437 답 $360^\circ\times n+320^\circ$
$-40^\circ=360^\circ\times(-1)+320^\circ$이므로 $360^\circ\times n+320^\circ$

0438 답 $360^\circ\times n+130^\circ$, 제2사분면
$490^\circ=360^\circ\times 1+130^\circ$이므로 $360^\circ\times n+130^\circ$
따라서 490°는 제2사분면의 각이다.

0439 답 $360^\circ\times n+280^\circ$, 제4사분면
$-2600^\circ=360^\circ\times(-8)+280^\circ$이므로 $360^\circ\times n+280^\circ$
따라서 -2600°는 제4사분면의 각이다.

0440 답 $\frac{\pi}{3}$
$60^\circ=60\times\frac{\pi}{180}=\frac{\pi}{3}$

0441 답 $-\frac{3}{4}\pi$
$-135^\circ=-135\times\frac{\pi}{180}=-\frac{3}{4}\pi$

0442 답 120°
$\frac{2}{3}\pi=\frac{2}{3}\pi\times\frac{180^\circ}{\pi}=120^\circ$

0443 답 -30°
$-\frac{\pi}{6}=-\frac{\pi}{6}\times\frac{180^\circ}{\pi}=-30^\circ$

0444 답 $l=\frac{\pi}{2}$, $S=\frac{3}{4}\pi$
$l=3\times\frac{\pi}{6}=\frac{\pi}{2}$
$S=\frac{1}{2}\times 3^2\times\frac{\pi}{6}=\frac{3}{4}\pi$

하 **0445** 답 ②

① $-690°=360°\times(-2)+30°$

② $-320°=360°\times(-1)+40°$

③ $390°=360°\times1+30°$

④ $750°=360°\times2+30°$

⑤ $1110°=360°\times3+30°$

따라서 동경 OP가 나타내는 각이 될 수 없는 것은 ②이다.

하 **0446** 답 ④

① $-650°=360°\times(-2)+70°$이므로 $\alpha°=70°$

② $-210°=360°\times(-1)+150°$이므로 $\alpha°=150°$

③ $-80°=360°\times(-1)+280°$이므로 $\alpha°=280°$

④ $425°=360°\times1+65°$이므로 $\alpha°=65°$

⑤ $890°=360°\times2+170°$이므로 $\alpha°=170°$

따라서 $\alpha°$의 크기가 가장 작은 것은 ④이다.

중 **0447** 답 ㄴ, ㄷ

$-300°=360°\times(-1)+60°$

ㄱ. $-800°=360°\times(-3)+280°$

ㄴ. $-660°=360°\times(-2)+60°$

ㄷ. $420°=360°\times1+60°$

ㄹ. $1160°=360°\times3+80°$

이상에서 $-300°$를 나타내는 동경과 일치하는 것은 ㄴ, ㄷ이다.

하 **0448** 답 ⑤

① $-1200°=360°\times(-4)+240°$ ⇨ 제3사분면

② $-730°=360°\times(-3)+350°$ ⇨ 제4사분면

③ $-280°=360°\times(-1)+80°$ ⇨ 제1사분면

④ $550°=360°\times1+190°$ ⇨ 제3사분면

⑤ $870°=360°\times2+150°$ ⇨ 제2사분면

따라서 제2사분면에 존재하는 것은 ⑤이다.

중 **0449** 답 제4사분면

동경 OP가 원점 O를 중심으로 시초선에서 양의 방향으로 $250°$만큼 회전하면 그 각의 크기는 $250°$이고, 음의 방향으로 $335°$만큼 회전하면 그 각의 크기는 $-335°$이므로 동경 OP가 나타내는 각의 크기는

$250°-335°=-85°$

이때 $-85°=360°\times(-1)+275°$이므로 동경 OP는 제4사분면에 있다.

중 **0450** 답 ③

$\theta°$가 제2사분면의 각이므로

$360°\times n+90°<\theta°<360°\times n+180°$ (n은 정수)

각 변을 3으로 나누면

$120°\times n+30°<\frac{\theta°}{3}<120°\times n+60°$

(i) $n=3k$ (k는 정수)일 때,

$120°\times3k+30°<\frac{\theta°}{3}<120°\times3k+60°$

$\therefore 360°\times k+30°<\frac{\theta°}{3}<360°\times k+60°$

따라서 $\frac{\theta°}{3}$는 제1사분면의 각이다.

(ii) $n=3k+1$ (k는 정수)일 때,

$120°\times(3k+1)+30°<\frac{\theta°}{3}<120°\times(3k+1)+60°$

$\therefore 360°\times k+150°<\frac{\theta°}{3}<360°\times k+180°$

따라서 $\frac{\theta°}{3}$는 제2사분면의 각이다.

(iii) $n=3k+2$ (k는 정수)일 때,

$120°\times(3k+2)+30°<\frac{\theta°}{3}<120°\times(3k+2)+60°$

$\therefore 360°\times k+270°<\frac{\theta°}{3}<360°\times k+300°$

따라서 $\frac{\theta°}{3}$는 제4사분면의 각이다.

이상에서 $\frac{\theta°}{3}$는 제1사분면 또는 제2사분면 또는 제4사분면의 각이므로 각 $\frac{\theta°}{3}$를 나타내는 동경이 존재할 수 없는 사분면은 제3사분면이다.

중 **0451** 답 제1사분면 또는 제3사분면 또는 제4사분면

해결 과정 $3\theta°$가 제3사분면의 각이므로

$360°\times n+180°<3\theta°<360°\times n+270°$ (n은 정수)

각 변을 3으로 나누면

$120°\times n+60°<\theta°<120°\times n+90°$ ◀ 30 %

(i) $n=3k$ (k는 정수)일 때,

$120°\times3k+60°<\theta°<120°\times3k+90°$

$\therefore 360°\times k+60°<\theta°<360°\times k+90°$

따라서 $\theta°$는 제1사분면의 각이다.

(ii) $n=3k+1$ (k는 정수)일 때,

$120°\times(3k+1)+60°<\theta°<120°\times(3k+1)+90°$

$\therefore 360°\times k+180°<\theta°<360°\times k+210°$

따라서 $\theta°$는 제3사분면의 각이다.

(iii) $n=3k+2$ (k는 정수)일 때,

$120°\times(3k+2)+60°<\theta°<120°\times(3k+2)+90°$

$\therefore 360°\times k+300°<\theta°<360°\times k+330°$

따라서 $\theta°$는 제4사분면의 각이다. ◀ 60 %

답 구하기 이상에서 $\theta°$는 제1사분면 또는 제3사분면 또는 제4사분면의 각이다. ◀ 10 %

상 **0452** 답 제1사분면 또는 제3사분면

각 $\theta°$를 나타내는 동경이 속하는 영역은

$360°\times n<\theta°<360°\times n+60°$ 또는

$360°\times n+120°<\theta°<360°\times n+180°$ (n은 정수)

각 변을 2로 나누면

$180°\times n<\frac{\theta°}{2}<180°\times n+30°$ 또는

$180°\times n+60°<\frac{\theta°}{2}<180°\times n+90°$

(i) $n=2k$ (k는 정수)일 때,

$180°\times2k<\frac{\theta°}{2}<180°\times2k+30°$ 또는

$180°\times2k+60°<\frac{\theta°}{2}<180°\times2k+90°$

$\therefore 360°\times k<\frac{\theta°}{2}<360°\times k+30°$ 또는

$360° \times k+60° < \frac{\theta°}{2} < 360° \times k+90°$

따라서 $\frac{\theta°}{2}$는 제1사분면의 각이다.

(ii) $n=2k+1$ (k는 정수)일 때,

$180° \times (2k+1) < \frac{\theta°}{2} < 180° \times (2k+1)+30°$ 또는

$180° \times (2k+1)+60° < \frac{\theta°}{2} < 180° \times (2k+1)+90°$

$\therefore 360° \times k+180° < \frac{\theta°}{2} < 360° \times k+210°$ 또는

$360° \times k+240° < \frac{\theta°}{2} < 360° \times k+270°$

따라서 $\frac{\theta°}{2}$는 제3사분면의 각이다.

(i), (ii)에서 각 $\frac{\theta°}{2}$를 나타내는 동경이 존재할 수 있는 사분면은 제1사분면 또는 제3사분면이다.

중 0453 답 ④

각 $\theta°$를 나타내는 동경과 각 $6\theta°$를 나타내는 동경이 일치하므로

$6\theta°-\theta°=360° \times n$ (n은 정수)

$5\theta°=360° \times n$

$\therefore \theta°=72° \times n$ …… ㉠

이때 $180° < \theta° < 270°$이므로

$180° < 72° \times n < 270°$ $\therefore 2.5 < n < 3.75$

n은 정수이므로 $n=3$

이것을 ㉠에 대입하면 $\theta°=216°$

중 0454 답 ④

각 $\theta°$를 나타내는 동경과 각 $5\theta°$를 나타내는 동경이 일직선 위에 있고 방향이 반대이므로

$5\theta°-\theta°=360° \times n+180°$ (n은 정수)

$4\theta°=360° \times n+180°$

$\therefore \theta°=90° \times n+45°$ …… ㉠

이때 $0° < \theta° < 180°$이므로

$0° < 90° \times n+45° < 180°$ $\therefore -0.5 < n < 1.5$

n은 정수이므로 $n=0$ 또는 $n=1$

이것을 ㉠에 대입하면

$\theta°=45°$ 또는 $\theta°=135°$

따라서 모든 각 $\theta°$의 크기의 합은

$45°+135°=180°$

중 0455 답 ④

각 $3\theta°$를 나타내는 동경과 각 $7\theta°$를 나타내는 동경이 x축에 대하여 대칭이므로

$3\theta°+7\theta°=360° \times n$ (n은 정수)

$10\theta°=360° \times n$

$\therefore \theta°=36° \times n$ …… ㉠

이때 $0° < \theta° < 180°$이므로

$0° < 36° \times n < 180°$ $\therefore 0 < n < 5$

n은 정수이므로 $n=1$ 또는 $n=2$ 또는 $n=3$ 또는 $n=4$

이것을 ㉠에 대입하면

$\theta°=36°$ 또는 $\theta°=72°$ 또는 $\theta°=108°$ 또는 $\theta°=144°$

따라서 각 $\theta°$는 4개이다.

중 0456 답 ⑤

각 $\theta°$를 나타내는 동경과 각 $2\theta°$를 나타내는 동경이 y축에 대하여 대칭이므로

$\theta°+2\theta°=360° \times n+180°$ (n은 정수)

$3\theta°=360° \times n+180°$

$\therefore \theta°=120° \times n+60°$ …… ㉠

이때 $180° < \theta° < 360°$이므로

$180° < 120° \times n+60° < 360°$ $\therefore 1 < n < 2.5$

n은 정수이므로 $n=2$

이것을 ㉠에 대입하면 $\theta°=300°$

중 0457 답 $9°$, $45°$, $81°$

[해결 과정] 각 $\theta°$를 나타내는 동경과 각 $9\theta°$를 나타내는 동경이 직선 $y=x$에 대하여 대칭이므로

$\theta°+9\theta°=360° \times n+90°$ (n은 정수)

$10\theta°=360° \times n+90°$

$\therefore \theta°=36° \times n+9°$ …… ㉠ ◀ 40 %

이때 $0° < \theta° < 90°$이므로

$0° < 36° \times n+9° < 90°$ $\therefore -0.25 < n < 2.25$

n은 정수이므로 $n=0$ 또는 $n=1$ 또는 $n=2$ ◀ 40 %

[답 구하기] 이것을 ㉠에 대입하면

$\theta°=9°$ 또는 $\theta°=45°$ 또는 $\theta°=81°$ ◀ 20 %

하 0458 답 ⑤

ㄱ. $45°=45 \times \frac{\pi}{180}=\frac{\pi}{4}$

ㄴ. $75°=75 \times \frac{\pi}{180}=\frac{5}{12}\pi$

ㄷ. $144°=144 \times \frac{\pi}{180}=\frac{4}{5}\pi$

ㄹ. $\frac{5}{4}\pi=\frac{5}{4}\pi \times \frac{180°}{\pi}=225°$

ㅁ. $\frac{3}{2}\pi=\frac{3}{2}\pi \times \frac{180°}{\pi}=270°$

ㅂ. $\frac{11}{6}\pi=\frac{11}{6}\pi \times \frac{180°}{\pi}=330°$

이상에서 옳은 것은 ㄱ, ㄴ, ㅁ, ㅂ이다.

중 0459 답 ⑤

① $-1000°=360° \times (-3)+80°$ ⇨ 제1사분면

② $-690°=360° \times (-2)+30°$ ⇨ 제1사분면

③ $432°=360° \times 1+72°$ ⇨ 제1사분면

④ $-\frac{29}{3}\pi=-\frac{29}{3}\pi \times \frac{180°}{\pi}$

$=-1740°=360° \times (-5)+60°$

⇨ 제1사분면

⑤ $\frac{11}{4}\pi=\frac{11}{4}\pi \times \frac{180°}{\pi}$

$=495°=360° \times 1+135°$

⇨ 제2사분면

따라서 사분면이 나머지 넷과 다른 하나는 ⑤이다.

중 **0460** 답 제4사분면

$\theta=\frac{20}{3}\pi$이므로

$\frac{\theta}{4}=\frac{1}{4}\times\frac{20}{3}\pi=\frac{5}{3}\pi=\frac{5}{3}\pi\times\frac{180^\circ}{\pi}=300^\circ$

따라서 $\frac{\theta}{4}$는 제4사분면의 각이다.

하 **0461** 답 ④

부채꼴의 반지름의 길이를 r, 중심각의 크기를 θ라 할 때, 부채꼴의 호의 길이를 l, 넓이를 S라 하면

$S=\frac{1}{2}rl$에서 $3\pi=\frac{1}{2}\times r\times 2\pi$

$\therefore r=3$

$l=r\theta$에서 $2\pi=3\theta$

$\therefore \theta=\frac{2}{3}\pi$

중 **0462** 답 ②

부채꼴의 반지름의 길이를 r라 하면 부채꼴의 호의 길이는 $\frac{3}{4}r$이다.

이때 부채꼴의 둘레의 길이가 11이므로

$2r+\frac{3}{4}r=11,\ \frac{11}{4}r=11$

$\therefore r=4$

따라서 부채꼴의 넓이는

$\frac{1}{2}\times 4^2\times\frac{3}{4}=6$

중 **0463** 답 $2\sqrt{2}\pi$

반지름의 길이가 4인 원의 넓이는

$\pi\times 4^2=16\pi$

부채꼴의 반지름의 길이를 r라 하면 부채꼴의 넓이는

$\frac{1}{2}\times r^2\times\frac{\pi}{4}=\frac{\pi}{8}r^2$

이때 원과 부채꼴의 넓이가 서로 같으므로

$16\pi=\frac{\pi}{8}r^2,\ r^2=128$

$\therefore r=8\sqrt{2}\ (\because r>0)$

따라서 부채꼴의 호의 길이는

$8\sqrt{2}\times\frac{\pi}{4}=2\sqrt{2}\pi$

중 **0464** 답 $\pi-2$

해결 과정 부채꼴의 중심각의 크기를 θ라 하면 부채꼴의 호의 길이는 2θ이므로 부채꼴의 둘레의 길이는

$2\times2+2\theta=4+2\theta$ ◀ 40 %

원의 둘레의 길이는

$2\pi\times2=4\pi$ ◀ 20 %

답 구하기 이때 부채꼴의 둘레의 길이가 원의 둘레의 길이의 $\frac{1}{2}$배이므로

$4+2\theta=\frac{1}{2}\times4\pi,\ 2\theta=2\pi-4$

$\therefore \theta=\pi-2$ ◀ 40 %

중 **0465** 답 ④

부채꼴의 반지름의 길이를 r, 호의 길이를 l이라 하면 부채꼴의 둘레의 길이가 16이므로

$2r+l=16$

$\therefore l=16-2r$

이때 $r>0,\ 16-2r>0$이므로

$0<r<8$

부채꼴의 넓이를 S라 하면

$S=\frac{1}{2}rl=\frac{1}{2}r(16-2r)$

$=-r^2+8r$

$=-(r-4)^2+16\ (0<r<8)$

즉, $r=4$일 때 S는 최댓값 16을 가지므로

$a=16,\ b=4$

$\therefore a+b=20$

중 **0466** 답 ②

원뿔의 전개도는 오른쪽 그림과 같고, 옆면인 부채꼴의 호의 길이는

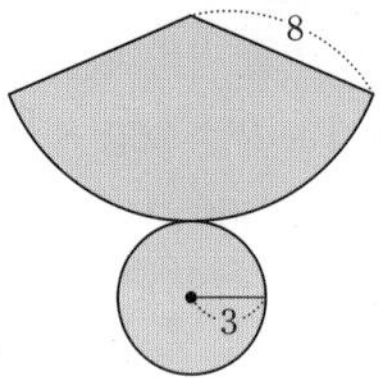

$2\pi\times3=6\pi$

이므로 부채꼴의 넓이는

$\frac{1}{2}\times8\times6\pi=24\pi$

또, 밑면인 원의 넓이는

$\pi\times3^2=9\pi$

따라서 원뿔의 겉넓이는

$24\pi+9\pi=33\pi$

참고 원뿔의 전개도에서 옆면인 부채꼴의 호의 길이는 밑면인 원의 둘레의 길이와 같다.

상 **0467** 답 ⑤

부채꼴의 반지름의 길이를 r, 호의 길이를 l이라 하면 부채꼴의 둘레의 길이가 20이므로

$2r+l=20$

$\therefore l=20-2r$ …… ㉠

이때 $r>0,\ 20-2r>0$이므로

$0<r<10$

부채꼴의 넓이를 S라 하면

$S=\frac{1}{2}rl=\frac{1}{2}r(20-2r)$

$=-r^2+10r$

$=-(r-5)^2+25\ (0<r<10)$

즉, $r=5$일 때 S가 최대이므로 원뿔의 옆면인 부채꼴의 호의 길이는 ㉠에서

$l=20-2\times5=10$

밑면인 원의 둘레의 길이가 10이므로 원의 반지름의 길이를 a라 하면

$2\pi\times a=10$

$\therefore a=\frac{5}{\pi}$

따라서 이 원뿔의 밑면의 넓이는

$\pi\times\left(\frac{5}{\pi}\right)^2=\frac{25}{\pi}$

≫ 80~83쪽

10 삼각함수의 뜻과 성질

0468 답 $\sin\theta=\frac{2\sqrt{5}}{5}$, $\cos\theta=-\frac{\sqrt{5}}{5}$, $\tan\theta=-2$

$\overline{OP}=\sqrt{(-1)^2+2^2}=\sqrt{5}$이므로

$\sin\theta=\frac{2}{\sqrt{5}}=\frac{2\sqrt{5}}{5}$, $\cos\theta=\frac{-1}{\sqrt{5}}=-\frac{\sqrt{5}}{5}$, $\tan\theta=\frac{2}{-1}=-2$

0469 답 $\sin\theta=-\frac{\sqrt{2}}{2}$, $\cos\theta=-\frac{\sqrt{2}}{2}$, $\tan\theta=1$

오른쪽 그림과 같이 각 $\frac{5}{4}\pi$를 나타내는 동경과 단위원의 교점을 P, 점 P에서 x축에 내린 수선의 발을 H라 하자.

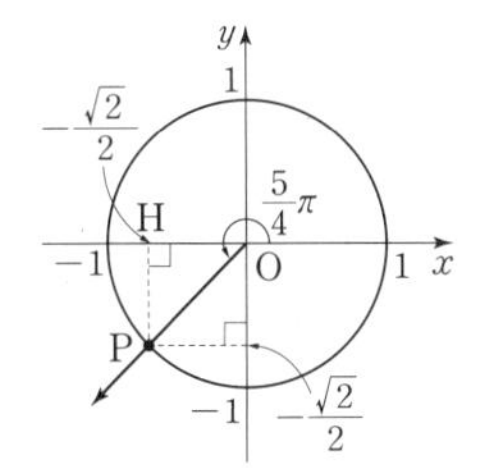

△OHP에서 $\overline{OP}=1$이고,

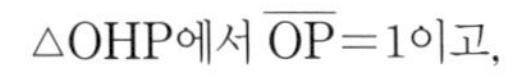

$\angle POH=\frac{\pi}{4}$이므로

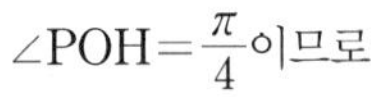

$\overline{OH}=\overline{OP}\times\cos\frac{\pi}{4}=1\times\frac{\sqrt{2}}{2}=\frac{\sqrt{2}}{2}$

$\overline{PH}=\overline{OP}\times\sin\frac{\pi}{4}=1\times\frac{\sqrt{2}}{2}=\frac{\sqrt{2}}{2}$

이때 점 P가 제3사분면 위의 점이므로 $P\left(-\frac{\sqrt{2}}{2}, -\frac{\sqrt{2}}{2}\right)$

따라서 삼각함수의 정의에 의하여

$\sin\theta=-\frac{\sqrt{2}}{2}$, $\cos\theta=-\frac{\sqrt{2}}{2}$, $\tan\theta=1$

0470 답 $\sin\theta>0$, $\cos\theta>0$, $\tan\theta>0$

$\theta=760°=360°\times2+40°$에서 θ는 제1사분면의 각이므로

$\sin\theta>0$, $\cos\theta>0$, $\tan\theta>0$

0471 답 $\sin\theta>0$, $\cos\theta<0$, $\tan\theta<0$

$\theta=-240°=360°\times(-1)+120°$에서 θ는 제2사분면의 각이므로

$\sin\theta>0$, $\cos\theta<0$, $\tan\theta<0$

0472 답 $\sin\theta<0$, $\cos\theta<0$, $\tan\theta>0$

$\theta=\frac{28}{9}\pi=2\pi\times1+\frac{10}{9}\pi$에서 θ는 제3사분면의 각이므로

$\sin\theta<0$, $\cos\theta<0$, $\tan\theta>0$

0473 답 $\sin\theta<0$, $\cos\theta>0$, $\tan\theta<0$

$\theta=\frac{11}{3}\pi=2\pi\times1+\frac{5}{3}\pi$에서 θ는 제4사분면의 각이므로

$\sin\theta<0$, $\cos\theta>0$, $\tan\theta<0$

0474 답 제4사분면

$\sin\theta<0$이므로 θ는 제3사분면 또는 제4사분면의 각이고,

$\cos\theta>0$이므로 θ는 제1사분면 또는 제4사분면의 각이다.

따라서 θ는 제4사분면의 각이다.

0475 답 제2사분면

$\cos\theta<0$이므로 θ는 제2사분면 또는 제3사분면의 각이고,

$\tan\theta<0$이므로 θ는 제2사분면 또는 제4사분면의 각이다.

따라서 θ는 제2사분면의 각이다.

0476 답 제2사분면 또는 제3사분면

$\sin\theta\tan\theta<0$에서

$\sin\theta>0$, $\tan\theta<0$ 또는 $\sin\theta<0$, $\tan\theta>0$

따라서 θ는 제2사분면 또는 제3사분면의 각이다.

0477 답 $\cos\theta=-\frac{12}{13}$, $\tan\theta=-\frac{5}{12}$

$\sin^2\theta+\cos^2\theta=1$이므로

$\cos^2\theta=1-\sin^2\theta$

$=1-\left(\frac{5}{13}\right)^2=\frac{144}{169}$

그런데 θ가 제2사분면의 각이므로 $\cos\theta<0$

$\therefore \cos\theta=-\frac{12}{13}$, $\tan\theta=\frac{\sin\theta}{\cos\theta}=\frac{\frac{5}{13}}{-\frac{12}{13}}=-\frac{5}{12}$

0478 답 $-\frac{3}{8}$

$\sin\theta+\cos\theta=\frac{1}{2}$의 양변을 제곱하면

$\sin^2\theta+\cos^2\theta+2\sin\theta\cos\theta=\frac{1}{4}$

$1+2\sin\theta\cos\theta=\frac{1}{4}$

$2\sin\theta\cos\theta=-\frac{3}{4}$

$\therefore \sin\theta\cos\theta=-\frac{3}{8}$

하 **0479** 답 ③

$\overline{OP}=\sqrt{4^2+(-3)^2}=5$이므로

$\sin\theta=-\frac{3}{5}$, $\cos\theta=\frac{4}{5}$

$\therefore 5(\sin\theta+\cos\theta)=5\left(-\frac{3}{5}+\frac{4}{5}\right)=5\times\frac{1}{5}=1$

중 **0480** 답 26

점 $P(a, 4)$이고 $\sin\theta=\frac{2}{3}$이므로 삼각함수의 정의에 의하여

$\frac{4}{r}=\frac{2}{3}$

$\therefore r=6$

이때 $r=\overline{OP}=\sqrt{a^2+4^2}=\sqrt{a^2+16}$이므로

$\sqrt{a^2+16}=6$, $a^2+16=36$

$\therefore a^2=20$

$\therefore a^2+r=20+6=26$

중 **0481** 답 ⑤

θ가 제3사분면의 각이므로 각 θ를 나타내는 동경을 OP라 할 때,

$\tan\theta=\frac{-\sqrt{5}}{-2}$에서 점 P의 좌표를 $(-2, -\sqrt{5})$로 놓을 수 있다.

이때 $\overline{OP}=\sqrt{(-2)^2+(-\sqrt{5})^2}=3$이므로

$\sin\theta=-\frac{\sqrt{5}}{3}$, $\cos\theta=-\frac{2}{3}$

$\therefore 9(\sin^2\theta+\cos\theta)=9\left\{\left(-\frac{\sqrt{5}}{3}\right)^2+\left(-\frac{2}{3}\right)\right\}$

$=9\left(\frac{5}{9}-\frac{2}{3}\right)=-1$

(중)0482 답 $\frac{1+\sqrt{3}}{2}$

[해결 과정] 오른쪽 그림에서

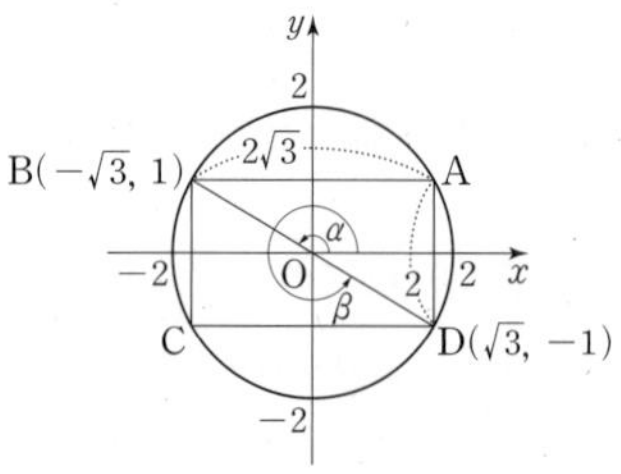

$\overline{AB}=2\sqrt{3}$, $\overline{AD}=2$이므로

$B(-\sqrt{3},\ 1)$, $D(\sqrt{3},\ -1)$ ◀ 20 %

이때 $\overline{OB}=2$이므로

$\sin\alpha=\frac{1}{2}$ ◀ 30 %

또, $\overline{OD}=2$이므로

$\cos\beta=\frac{\sqrt{3}}{2}$ ◀ 30 %

[답 구하기] $\therefore \sin\alpha+\cos\beta=\frac{1}{2}+\frac{\sqrt{3}}{2}=\frac{1+\sqrt{3}}{2}$ ◀ 20 %

(중)0483 답 제4사분면

(i) $\sin\theta\tan\theta>0$일 때,

$\sin\theta$와 $\tan\theta$의 값의 부호가 서로 같으므로 θ는 제1사분면 또는 제4사분면의 각이다.

(ii) $\frac{\cos\theta}{\tan\theta}<0$일 때,

$\cos\theta$와 $\tan\theta$의 값의 부호가 서로 다르므로 θ는 제3사분면 또는 제4사분면의 각이다.

(i), (ii)에서 θ는 제4사분면의 각이다.

(하)0484 답 $-2\cos\theta$

θ가 제2사분면의 각이므로 $\sin\theta>0$, $\cos\theta<0$

$\therefore \sqrt{\sin^2\theta}-\sin\theta-\cos\theta+|\cos\theta|$

$=\sin\theta-\sin\theta-\cos\theta+(-\cos\theta)$

$=-2\cos\theta$

(중)0485 답 ②

$\frac{\sqrt{\sin\theta}}{\sqrt{\cos\theta}}=-\sqrt{\frac{\sin\theta}{\cos\theta}}$, $\sin\theta\cos\theta\neq0$에서

$\sin\theta>0$, $\cos\theta<0$

따라서 θ는 제2사분면의 각이므로 θ의 크기가 될 수 있는 것은 ②이다.

도움 개념 **음수의 제곱근의 성질**

a, b가 실수일 때,

(1) $\sqrt{a}\sqrt{b}=-\sqrt{ab}$이면 ⇨ $a<0$, $b<0$ 또는 $a=0$ 또는 $b=0$

(2) $\frac{\sqrt{a}}{\sqrt{b}}=-\sqrt{\frac{a}{b}}$ 이면 ⇨ $a>0$, $b<0$ 또는 $a=0$, $b\neq0$

(상)0486 답 ⑤

$\sin\theta\cos\theta>0$이므로

$\sin\theta>0$, $\cos\theta>0$ 또는 $\sin\theta<0$, $\cos\theta<0$

이때 $\sin\theta+\cos\theta<0$이므로 $\sin\theta<0$, $\cos\theta<0$

따라서 θ는 제3사분면의 각이므로 $\tan\theta>0$이고

$\cos\theta-\tan\theta<0$

$\therefore |\cos\theta|+\sqrt{\tan^2\theta}+|\cos\theta-\tan\theta|$

$=-\cos\theta+\tan\theta-(\cos\theta-\tan\theta)$

$=2\tan\theta-2\cos\theta$

(중)0487 답 ⑤

$$\frac{\sin\theta}{1+\cos\theta}+\frac{1+\cos\theta}{\sin\theta}=\frac{\sin^2\theta+(1+\cos\theta)^2}{(1+\cos\theta)\sin\theta}$$
$$=\frac{\sin^2\theta+1+2\cos\theta+\cos^2\theta}{(1+\cos\theta)\sin\theta}$$
$$=\frac{2(1+\cos\theta)}{(1+\cos\theta)\sin\theta}=\frac{2}{\sin\theta}$$

(중)0488 답 ③

ㄱ. $\cos^2\theta-\sin^2\theta=\cos^2\theta-(1-\cos^2\theta)=2\cos^2\theta-1$

ㄴ. $\left(1+\frac{1}{\sin\theta}\right)\left(1-\frac{1}{\sin\theta}\right)=1-\frac{1}{\sin^2\theta}=\frac{\sin^2\theta-1}{\sin^2\theta}$

$$=-\frac{1-\sin^2\theta}{\sin^2\theta}$$
$$=-\frac{\cos^2\theta}{\sin^2\theta}=-\frac{1}{\tan^2\theta}$$

ㄷ. $(1-\sin^2\theta)(1+\tan^2\theta)=\cos^2\theta\left(1+\frac{\sin^2\theta}{\cos^2\theta}\right)$

$=\cos^2\theta+\sin^2\theta=1$

이상에서 옳은 것은 ㄱ, ㄷ이다.

(중)0489 답 ①

$$\frac{\tan\theta+1}{\tan\theta-1}+\frac{\cos^2\theta-\sin^2\theta}{1-2\sin\theta\cos\theta}$$
$$=\frac{\frac{\sin\theta}{\cos\theta}+1}{\frac{\sin\theta}{\cos\theta}-1}+\frac{\cos^2\theta-\sin^2\theta}{\sin^2\theta+\cos^2\theta-2\sin\theta\cos\theta}$$
$$=\frac{\frac{\sin\theta+\cos\theta}{\cos\theta}}{\frac{\sin\theta-\cos\theta}{\cos\theta}}+\frac{(\cos\theta+\sin\theta)(\cos\theta-\sin\theta)}{(\sin\theta-\cos\theta)^2}$$
$$=\frac{\sin\theta+\cos\theta}{\sin\theta-\cos\theta}+\frac{-\cos\theta-\sin\theta}{\sin\theta-\cos\theta}=0$$

(상)0490 답 $2\sin\theta$

[해결 과정] $\sin^2\theta+\cos^2\theta=1$이므로

$\sqrt{1+2\sin\theta\cos\theta}=\sqrt{\sin^2\theta+\cos^2\theta+2\sin\theta\cos\theta}$

$=\sqrt{(\sin\theta+\cos\theta)^2}$ ◀ 30 %

$\sqrt{1-2\sin\theta\cos\theta}=\sqrt{\sin^2\theta+\cos^2\theta-2\sin\theta\cos\theta}$

$=\sqrt{(\sin\theta-\cos\theta)^2}$ ◀ 30 %

[답 구하기] 이때 $0<\sin\theta<\cos\theta$이므로

$\sin\theta+\cos\theta>0$, $\sin\theta-\cos\theta<0$

$\therefore \sqrt{1+2\sin\theta\cos\theta}-\sqrt{1-2\sin\theta\cos\theta}$

$=\sqrt{(\sin\theta+\cos\theta)^2}-\sqrt{(\sin\theta-\cos\theta)^2}$

$=(\sin\theta+\cos\theta)+(\sin\theta-\cos\theta)=2\sin\theta$ ◀ 40 %

(하)0491 답 -7

$\cos^2\theta=1-\sin^2\theta=1-\left(-\frac{3}{5}\right)^2=\frac{16}{25}$

이때 θ가 제3사분면의 각이므로 $\cos\theta=-\frac{4}{5}$

$\tan\theta=\frac{\sin\theta}{\cos\theta}=\frac{-\frac{3}{5}}{-\frac{4}{5}}=\frac{3}{4}$

$\therefore 5\cos\theta-4\tan\theta=5\times\left(-\frac{4}{5}\right)-4\times\frac{3}{4}=-7$

중 0492 답 ①

$$\frac{1}{1+\cos\theta}+\frac{1}{1-\cos\theta}=\frac{(1-\cos\theta)+(1+\cos\theta)}{(1+\cos\theta)(1-\cos\theta)}$$
$$=\frac{2}{1-\cos^2\theta}=\frac{2}{\sin^2\theta}$$

즉, $\frac{2}{\sin^2\theta}=8$이므로 $\sin^2\theta=\frac{1}{4}$

$\cos^2\theta=1-\sin^2\theta=1-\frac{1}{4}=\frac{3}{4}$

이때 θ가 제2사분면의 각이므로

$\sin\theta=\frac{1}{2}$, $\cos\theta=-\frac{\sqrt{3}}{2}$

$$\tan\theta=\frac{\sin\theta}{\cos\theta}=\frac{\frac{1}{2}}{-\frac{\sqrt{3}}{2}}=-\frac{\sqrt{3}}{3}$$

$\therefore 2\cos\theta+3\tan\theta=2\times\left(-\frac{\sqrt{3}}{2}\right)+3\times\left(-\frac{\sqrt{3}}{3}\right)=-2\sqrt{3}$

중 0493 답 $-\frac{1}{2}$

$\frac{1-\tan\theta}{1+\tan\theta}=2+\sqrt{3}$에서

$1-\tan\theta=(2+\sqrt{3})(1+\tan\theta)$

$(3+\sqrt{3})\tan\theta=-1-\sqrt{3}$

$\therefore \tan\theta=\frac{-1-\sqrt{3}}{3+\sqrt{3}}=-\frac{\sqrt{3}}{3}$

$\tan^2\theta=\left(-\frac{\sqrt{3}}{3}\right)^2$이므로

$\frac{\sin^2\theta}{\cos^2\theta}=\frac{1}{3}$, $\frac{\sin^2\theta}{1-\sin^2\theta}=\frac{1}{3}$

$1-\sin^2\theta=3\sin^2\theta$

$\sin^2\theta=\frac{1}{4}$

$\therefore \sin\theta=-\frac{1}{2}$ 또는 $\sin\theta=\frac{1}{2}$

그런데 $\frac{3}{2}\pi<\theta<2\pi$이므로 $\sin\theta=-\frac{1}{2}$

중 0494 답 $-\frac{\sqrt{5}}{5}$

$$\frac{\cos\theta+2\sin\theta\cos\theta}{1+\sin\theta+\sin^2\theta-\cos^2\theta}=\frac{\cos\theta(1+2\sin\theta)}{1+\sin\theta+\sin^2\theta-(1-\sin^2\theta)}$$
$$=\frac{\cos\theta(1+2\sin\theta)}{\sin\theta(1+2\sin\theta)}=\frac{1}{\tan\theta}$$

즉, $\frac{1}{\tan\theta}=-2$이므로 $\tan\theta=-\frac{1}{2}$

$\sin^2\theta+\cos^2\theta=1$의 양변을 $\cos^2\theta$로 나누면

$\tan^2\theta+1=\frac{1}{\cos^2\theta}$이므로

$\frac{1}{\cos^2\theta}=\left(-\frac{1}{2}\right)^2+1=\frac{5}{4}$ $\quad\therefore \cos^2\theta=\frac{4}{5}$

$\sin^2\theta=1-\cos^2\theta=1-\frac{4}{5}=\frac{1}{5}$

이때 θ가 제2사분면의 각이므로

$\sin\theta=\frac{\sqrt{5}}{5}$, $\cos\theta=-\frac{2\sqrt{5}}{5}$

$\therefore \sin\theta+\cos\theta=-\frac{\sqrt{5}}{5}$

중 0495 답 ④

$\sin\theta+\cos\theta=\frac{1}{5}$의 양변을 제곱하면

$\sin^2\theta+\cos^2\theta+2\sin\theta\cos\theta=\frac{1}{25}$

$1+2\sin\theta\cos\theta=\frac{1}{25}$ $\quad\therefore \sin\theta\cos\theta=-\frac{12}{25}$

$$(\sin\theta-\cos\theta)^2=\sin^2\theta+\cos^2\theta-2\sin\theta\cos\theta$$
$$=1-2\sin\theta\cos\theta$$
$$=1-2\times\left(-\frac{12}{25}\right)=\frac{49}{25}$$

이때 θ가 제2사분면의 각이므로 $\sin\theta>0$, $\cos\theta<0$

즉, $\sin\theta-\cos\theta>0$이므로 $\sin\theta-\cos\theta=\frac{7}{5}$

$$\therefore \sin^2\theta-\cos^2\theta=(\sin\theta+\cos\theta)(\sin\theta-\cos\theta)$$
$$=\frac{1}{5}\times\frac{7}{5}=\frac{7}{25}$$

중 0496 답 $\frac{19}{9}$

$\sin\theta-\cos\theta=\frac{\sqrt{3}}{3}$의 양변을 제곱하면

$\sin^2\theta+\cos^2\theta-2\sin\theta\cos\theta=\frac{1}{3}$

$1-2\sin\theta\cos\theta=\frac{1}{3}$ $\quad\therefore \sin\theta\cos\theta=\frac{1}{3}$

$$\therefore (\sin^2\theta+1)(\cos^2\theta+1)=\sin^2\theta\cos^2\theta+\sin^2\theta+\cos^2\theta+1$$
$$=(\sin\theta\cos\theta)^2+2$$
$$=\left(\frac{1}{3}\right)^2+2=\frac{19}{9}$$

중 0497 답 $-\frac{\sqrt{2}}{2}$

해결 과정 $(\sin\theta+\cos\theta)^2=\sin^2\theta+\cos^2\theta+2\sin\theta\cos\theta$
$=1+2\sin\theta\cos\theta$
$=1+2\times\frac{1}{2}=2$ ◀ 30 %

이때 $\pi<\theta<\frac{3}{2}\pi$이므로 $\sin\theta<0$, $\cos\theta<0$

즉, $\sin\theta+\cos\theta<0$이므로 $\sin\theta+\cos\theta=-\sqrt{2}$ ◀ 30 %

답 구하기 $\therefore \sin^3\theta+\cos^3\theta$
$=(\sin\theta+\cos\theta)(\sin^2\theta-\sin\theta\cos\theta+\cos^2\theta)$
$=(\sin\theta+\cos\theta)(1-\sin\theta\cos\theta)$
$=(-\sqrt{2})\times\left(1-\frac{1}{2}\right)=-\frac{\sqrt{2}}{2}$ ◀ 40 %

중 0498 답 16

$$\tan\theta+\frac{1}{\tan\theta}=\frac{\sin\theta}{\cos\theta}+\frac{\cos\theta}{\sin\theta}$$
$$=\frac{\sin^2\theta+\cos^2\theta}{\sin\theta\cos\theta}=\frac{1}{\sin\theta\cos\theta}$$

즉, $\frac{1}{\sin\theta\cos\theta}=4$이므로 $\sin\theta\cos\theta=\frac{1}{4}$

$$\therefore \frac{1}{\sin^2\theta}+\frac{1}{\cos^2\theta}=\frac{\cos^2\theta+\sin^2\theta}{\sin^2\theta\cos^2\theta}$$
$$=\frac{1}{(\sin\theta\cos\theta)^2}=\frac{1}{\left(\frac{1}{4}\right)^2}=16$$

중0499 답 ①

이차방정식 $3x^2+x+k=0$에서 이차방정식의 근과 계수의 관계에 의하여

$\sin\theta+\cos\theta=-\frac{1}{3}$ …… ㉠

$\sin\theta\cos\theta=\frac{k}{3}$ …… ㉡

㉠의 양변을 제곱하면

$\sin^2\theta+\cos^2\theta+2\sin\theta\cos\theta=\frac{1}{9}$

$1+2\sin\theta\cos\theta=\frac{1}{9}$

$\therefore \sin\theta\cos\theta=-\frac{4}{9}$ …… ㉢

㉡, ㉢에서 $\frac{k}{3}=-\frac{4}{9}$ $\quad\therefore k=-\frac{4}{3}$

중0500 답 $\frac{1}{4}$

이차방정식 $2x^2-3x+k=0$에서 이차방정식의 근과 계수의 관계에 의하여

$(\sin\theta+\cos\theta)+(\sin\theta-\cos\theta)=\frac{3}{2}$ …… ㉠

$(\sin\theta+\cos\theta)(\sin\theta-\cos\theta)=\frac{k}{2}$ …… ㉡

㉠에서 $2\sin\theta=\frac{3}{2}$이므로 $\sin\theta=\frac{3}{4}$

㉡의 좌변을 간단히 하면

$$\begin{aligned}(\sin\theta+\cos\theta)(\sin\theta-\cos\theta)&=\sin^2\theta-\cos^2\theta\\&=\sin^2\theta-(1-\sin^2\theta)\\&=2\sin^2\theta-1\end{aligned}$$

즉, $2\sin^2\theta-1=\frac{k}{2}$이므로 $\sin\theta=\frac{3}{4}$을 대입하면

$2\times\left(\frac{3}{4}\right)^2-1=\frac{k}{2}$ $\quad\therefore k=\frac{1}{4}$

중0501 답 ④

이차방정식 $x^2-ax+b=0$에서 이차방정식의 근과 계수의 관계에 의하여

$\frac{1}{\sin^2\theta}+\frac{1}{\cos^2\theta}=a$ …… ㉠

$\frac{1}{\sin^2\theta}\times\frac{1}{\cos^2\theta}=b$ …… ㉡

㉠의 좌변을 간단히 하면

$$\begin{aligned}\frac{1}{\sin^2\theta}+\frac{1}{\cos^2\theta}&=\frac{\cos^2\theta+\sin^2\theta}{\sin^2\theta\cos^2\theta}=\frac{1}{(\sin\theta\cos\theta)^2}\\&=\frac{1}{\left(\frac{1}{2}\right)^2}=4\end{aligned}$$

이므로 $a=4$

㉡의 좌변을 간단히 하면

$$\begin{aligned}\frac{1}{\sin^2\theta}\times\frac{1}{\cos^2\theta}&=\frac{1}{\sin^2\theta\cos^2\theta}=\frac{1}{(\sin\theta\cos\theta)^2}\\&=\frac{1}{\left(\frac{1}{2}\right)^2}=4\end{aligned}$$

이므로 $b=4$

$\therefore a+b=4+4=8$

중단원 마무리

0502 답 ④

$648^\circ=360^\circ\times1+288^\circ$이므로 648°는 제4사분면의 각이다.

따라서 $2\theta^\circ$는 제4사분면의 각이므로

$360^\circ\times n+270^\circ<2\theta^\circ<360^\circ\times n+360^\circ$ (n은 정수)

각 변을 2로 나누면

$180^\circ\times n+135^\circ<\theta^\circ<180^\circ\times n+180^\circ$

(i) $n=2k$ (k는 정수)일 때,

$180^\circ\times2k+135^\circ<\theta^\circ<180^\circ\times2k+180^\circ$

$\therefore 360^\circ\times k+135^\circ<\theta^\circ<360^\circ\times k+180^\circ$

따라서 θ°는 제2사분면의 각이다.

(ii) $n=2k+1$ (k는 정수)일 때,

$180^\circ\times(2k+1)+135^\circ<\theta^\circ<180^\circ\times(2k+1)+180^\circ$

$\therefore 360^\circ\times k+315^\circ<\theta^\circ<360^\circ\times k+360^\circ$

따라서 θ°는 제4사분면의 각이다.

(i), (ii)에서 각 θ°를 나타내는 동경이 존재할 수 있는 사분면은 제2사분면 또는 제4사분면이다.

0503 답 $\frac{\sqrt{2}}{2}$

각 θ를 나타내는 동경과 각 5θ를 나타내는 동경이 원점에 대하여 대칭이므로

$5\theta-\theta=2n\pi+\pi$ (n은 정수)

$4\theta=2n\pi+\pi$

$\therefore \theta=\frac{n}{2}\pi+\frac{\pi}{4}$ …… ㉠

이때 θ가 제2사분면의 각, 즉 $\frac{\pi}{2}<\theta<\pi$이므로

$\frac{\pi}{2}<\frac{n}{2}\pi+\frac{\pi}{4}<\pi$

$\therefore \frac{1}{2}<n<\frac{3}{2}$

n은 정수이므로 $n=1$

이것을 ㉠에 대입하면 $\theta=\frac{3}{4}\pi$

$$\begin{aligned}\therefore \cos\left(\theta-\frac{\pi}{2}\right)&=\cos\left(\frac{3}{4}\pi-\frac{\pi}{2}\right)\\&=\cos\frac{\pi}{4}=\frac{\sqrt{2}}{2}\end{aligned}$$

0504 답 ㄴ, ㄷ

ㄱ. $1000^\circ=360^\circ\times2+280^\circ$이므로 1000°는 제4사분면의 각이다.

ㄴ. $125^\circ=125\times\frac{\pi}{180}=\frac{25}{36}\pi$

ㄷ. $-\frac{\pi}{6}=-\frac{\pi}{6}\times\frac{180^\circ}{\pi}$

$=-30^\circ=360^\circ\times(-1)+330^\circ$

$-390^\circ=360^\circ\times(-2)+330^\circ$

$690^\circ=360^\circ\times1+330^\circ$

따라서 $-\frac{\pi}{6}$, -390°, 690°를 나타내는 동경은 모두 일치한다.

ㄹ. $\frac{\pi}{3}+\frac{8}{3}\pi=3\pi=2\pi\times1+\pi$이므로 $\frac{\pi}{3}$와 $\frac{8}{3}\pi$를 나타내는 동경은 y축에 대하여 대칭이다.

이상에서 옳은 것은 ㄴ, ㄷ이다.

0505 답 18

반지름의 길이가 r인 원의 넓이는 πr^2

반지름의 길이가 $6r$이고 호의 길이가 3π인 부채꼴의 넓이는

$\frac{1}{2}\times6r\times3\pi=9\pi r$

이때 원의 넓이가 부채꼴의 넓이의 2배이므로

$\pi r^2=2\times9\pi r$, $r^2-18r=0$

$r(r-18)=0$

$\therefore r=18$ $(\because r>0)$

0506 답 27

오른쪽 그림과 같이 반원의 중심을 O라 하면 반원의 지름의 길이가 12이므로

$\overline{OC}=\overline{OB}=6$

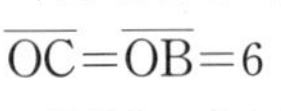

$\angle BOC=\theta$라 하면 부채꼴 BOC의 호의 길이가 4π이므로

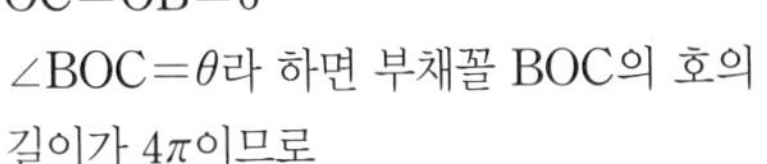

$6\theta=4\pi$ $\quad\therefore \theta=\frac{2}{3}\pi$

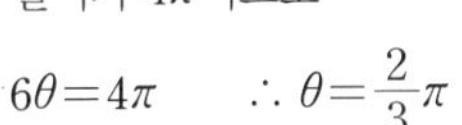

이때 삼각형 CHO는 직각삼각형이고

$\angle COH=\pi-\theta=\pi-\frac{2}{3}\pi=\frac{\pi}{3}$

이므로

$\overline{CH}=\overline{OC}\times\sin\frac{\pi}{3}$

$=6\times\frac{\sqrt{3}}{2}=3\sqrt{3}$

$\therefore \overline{CH}^2=(3\sqrt{3})^2=27$

0507 답 ③

부채꼴의 반지름의 길이를 r, 호의 길이를 l이라 하면 부채꼴의 넓이가 12이므로

$\frac{1}{2}rl=12$ $\quad\therefore l=\frac{24}{r}$

이 부채꼴의 둘레의 길이는

$2r+l=2r+\frac{24}{r}$

이때 $r>0$에서 $2r>0$, $\frac{24}{r}>0$이므로 산술평균과 기하평균의 관계에 의하여

$2r+\frac{24}{r}\ge2\sqrt{2r\times\frac{24}{r}}=2\sqrt{48}$

$=8\sqrt{3}$ $\left(\text{단, 등호는 } 2r=\frac{24}{r}\text{, 즉 } r=2\sqrt{3}\text{일 때 성립}\right)$

따라서 부채꼴의 둘레의 길이의 최솟값은 $8\sqrt{3}$이다.

도움 개념 **산술평균과 기하평균의 관계**

$a>0$, $b>0$일 때,

$\frac{a+b}{2}\ge\sqrt{ab}$ (단, 등호는 $a=b$일 때 성립)

0508 답 ⑤

$3x-2y=0$, 즉 $y=\frac{3}{2}x$에서

$\tan\theta=\frac{3}{2}$

$0<\theta<\pi$이므로 오른쪽 그림과 같이 직선 $y=\frac{3}{2}x$ 위의 점 P(2, 3)에 대하여

$\overline{OP}=\sqrt{2^2+3^2}=\sqrt{13}$

따라서

$\sin\theta=\frac{3}{\sqrt{13}}$, $\cos\theta=\frac{2}{\sqrt{13}}$

이므로 $\sin\theta\cos\theta=\frac{6}{13}$

0509 답 $\frac{6}{5}$

$y=\frac{4}{3}x$를 $x^2+y^2=25$에 대입하면

$x^2+\left(\frac{4}{3}x\right)^2=25$, $x^2=9$

$\therefore x=\pm3$

$x=-3$을 $y=\frac{4}{3}x$에 대입하면 $y=-4$

$\therefore$ R$(-3, -4)$

오른쪽 그림과 같이 두 점 Q, R에서 x축에 내린 수선의 발을 각각 H_1, H_2라 하면

$\angle QOH_1+\angle ROH_2=90°$

이므로

$\triangle QOH_1\equiv\triangle ORH_2$ (RHA 합동)

$\therefore$ Q$(-4, 3)$

이때 $\overline{OQ}=5$이므로 $\sin\alpha=\frac{3}{5}$

또, $\overline{OR}=5$이므로 $\cos\beta=-\frac{3}{5}$

$\therefore \sin\alpha-\cos\beta=\frac{6}{5}$

0510 답 $2\sin\theta+\tan\theta$

$\sqrt{\cos\theta}\sqrt{\tan\theta}=-\sqrt{\cos\theta\tan\theta}$, $\cos\theta\tan\theta\ne0$에서

$\cos\theta<0$, $\tan\theta<0$

따라서 θ는 제2사분면의 각이므로

$\sin\theta>0$, $\cos\theta<0$, $\tan\theta<0$

즉, $\sin\theta-\cos\theta>0$, $\tan\theta+\cos\theta<0$이므로

$\sqrt{\sin^2\theta}+|\sin\theta-\cos\theta|-\sqrt{(\tan\theta+\cos\theta)^2}$

$=\sin\theta+(\sin\theta-\cos\theta)+(\tan\theta+\cos\theta)$

$=2\sin\theta+\tan\theta$

0511 답 ④

θ가 제2사분면의 각이므로

$\sin\theta>0$, $\cos\theta<0$, $\tan\theta<0$

ㄱ. $\frac{1}{\sin\theta}>0$, $\frac{1}{\cos\theta}<0$이므로

$\frac{1}{\sin\theta}-\frac{1}{\cos\theta}>0$

ㄴ. $\frac{\cos\theta}{1+\sin\theta}-\frac{\cos\theta}{1-\sin\theta}$

$=\frac{\cos\theta(1-\sin\theta)-\cos\theta(1+\sin\theta)}{(1+\sin\theta)(1-\sin\theta)}$

$=\frac{\cos\theta-\cos\theta\sin\theta-\cos\theta-\cos\theta\sin\theta}{1-\sin^2\theta}$

$=\frac{-2\cos\theta\sin\theta}{\cos^2\theta}$

$=-2\tan\theta>0$

ㄷ. $\frac{\cos\theta-1}{\sin\theta}-\frac{1}{\tan\theta}=\frac{\cos\theta-1}{\sin\theta}-\frac{\cos\theta}{\sin\theta}$

$=-\frac{1}{\sin\theta}<0$

이상에서 옳은 것은 ㄴ, ㄷ이다.

0512 답 50

$\frac{1-\sin\theta}{1+\sin\theta}=\frac{3}{4}$에서 $4(1-\sin\theta)=3(1+\sin\theta)$

$-7\sin\theta=-1$　　$\therefore \sin\theta=\frac{1}{7}$

$\cos^2\theta=1-\sin^2\theta$

$=1-\left(\frac{1}{7}\right)^2=\frac{48}{49}$

$\therefore \frac{\cos^2\theta-\sin^2\theta}{1+\cos^2\theta}=\frac{\frac{48}{49}-\left(\frac{1}{7}\right)^2}{1+\frac{48}{49}}=\frac{47}{97}$

따라서 $p=97$, $q=47$이므로

$p-q=50$

0513 답 ③

$\sin\theta-\cos\theta=\frac{\sqrt{3}}{2}$의 양변을 제곱하면

$\sin^2\theta+\cos^2\theta-2\sin\theta\cos\theta=\frac{3}{4}$

$1-2\sin\theta\cos\theta=\frac{3}{4}$　　$\therefore \sin\theta\cos\theta=\frac{1}{8}$

$\therefore \tan\theta+\frac{1}{\tan\theta}=\frac{\sin\theta}{\cos\theta}+\frac{\cos\theta}{\sin\theta}$

$=\frac{\sin^2\theta+\cos^2\theta}{\sin\theta\cos\theta}$

$=\frac{1}{\sin\theta\cos\theta}$

$=\frac{1}{\frac{1}{8}}=8$

0514 답 ③

$\sin\theta+k\cos\theta=-\frac{1}{2}$의 양변을 제곱하면

$(\sin\theta+k\cos\theta)^2=\frac{1}{4}$　　…… ㉠

$k\sin\theta-\cos\theta=\frac{\sqrt{15}}{2}$의 양변을 제곱하면

$(k\sin\theta-\cos\theta)^2=\frac{15}{4}$　　…… ㉡

㉠+㉡을 하면

$(\sin\theta+k\cos\theta)^2+(k\sin\theta-\cos\theta)^2=4$　　…… ㉢

㉢의 좌변을 간단히 하면

$(\sin\theta+k\cos\theta)^2+(k\sin\theta-\cos\theta)^2$

$=(\sin^2\theta+2k\sin\theta\cos\theta+k^2\cos^2\theta)$

$+(k^2\sin^2\theta-2k\sin\theta\cos\theta+\cos^2\theta)$

$=k^2(\sin^2\theta+\cos^2\theta)+\sin^2\theta+\cos^2\theta$

$=k^2+1$

즉, $k^2+1=4$이므로

$k^2=3$　　$\therefore k=\pm\sqrt{3}$

그런데 k는 양수이므로 $k=\sqrt{3}$

0515 답 ④

이차방정식 $x^2+2(1+\sin\theta)x-\cos^2\theta=0$의 두 근을 α, β라 하면

이차방정식의 근과 계수의 관계에 의하여

$\alpha+\beta=-2(1+\sin\theta)$　　…… ㉠

$\alpha\beta=-\cos^2\theta$　　…… ㉡

$|\alpha-\beta|=2$이고, ㉠, ㉡을 $|\alpha-\beta|^2=(\alpha+\beta)^2-4\alpha\beta$에 대입하면

$2^2=\{-2(1+\sin\theta)\}^2-4\times(-\cos^2\theta)$

$4(\sin^2\theta+\cos^2\theta)+8\sin\theta=0$

$8\sin\theta=-4$　　$\therefore \sin\theta=-\frac{1}{2}$

$\therefore \frac{\sin\theta\cos\theta}{\tan\theta}=\frac{\sin\theta\cos\theta}{\frac{\sin\theta}{\cos\theta}}$

$=\cos^2\theta$

$=1-\sin^2\theta$

$=1-\left(-\frac{1}{2}\right)^2=\frac{3}{4}$

0516 답 $16\sqrt{3}-\frac{22}{3}\pi$

전략 점 O_1에서 선분 BO_2에 수선의 발을 내려서 만든 직각삼각형을 이용하여 부채꼴 BO_2C의 중심각의 크기와 선분 AB의 길이를 구한 후, 구하는 넓이는 사다리꼴 O_1O_2BA의 넓이에서 두 부채꼴의 넓이를 뺀 것과 같음을 이용한다.

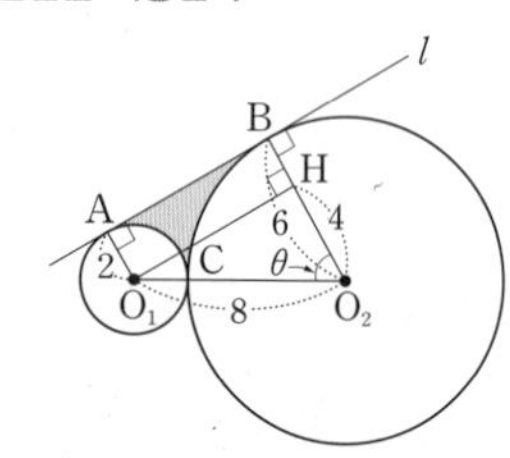

오른쪽 그림과 같이 점 O_1에서 선분 BO_2에 내린 수선의 발을 H, 두 원이 만나는 한 점을 C라 하면 직선 l과 두 원 O_1, O_2로 둘러싸인 부분의 넓이는 사다리꼴 O_1O_2BA의 넓이에서 부채꼴 AO_1C, 부채꼴 BO_2C의 넓이를 뺀 것과 같다.

이때 삼각형 O_1O_2H는 $\overline{O_1O_2}=8$, $\overline{O_2H}=6-2=4$, $\angle O_1HO_2=90°$인 직각삼각형이다.

$\angle O_1O_2H=\theta$라 하면 $\cos\theta=\frac{4}{8}=\frac{1}{2}$에서 $\theta=\frac{\pi}{3}$이므로

$\angle AO_1O_2=\pi-\theta=\pi-\frac{\pi}{3}=\frac{2}{3}\pi$

직각삼각형 O_1O_2H에서 $\overline{O_1H}=\sqrt{8^2-4^2}=4\sqrt{3}$이므로

$\overline{AB}=4\sqrt{3}$

따라서 사다리꼴 O_1O_2BA의 넓이는

$\frac{1}{2}\times(2+6)\times4\sqrt{3}=16\sqrt{3}$

또, 두 부채꼴 AO_1C, BO_2C의 넓이의 합은

$\frac{1}{2}\times2^2\times\frac{2}{3}\pi+\frac{1}{2}\times6^2\times\frac{\pi}{3}=\frac{22}{3}\pi$

따라서 직선 l과 두 원으로 둘러싸인 부분의 넓이는

$16\sqrt{3}-\frac{22}{3}\pi$

0517 답 ③

전략 두 점 P_k, P_{k+5} $(k=0, 1, 2, 3, 4)$가 원점에 대하여 대칭임을 이용하여 삼각함수의 값을 구한다.

주어진 그림에서 점 P_0과 점 P_5, 점 P_1과 점 P_6, 점 P_2와 점 P_7, 점 P_3과 점 P_8, 점 P_4와 점 P_9는 원점에 대하여 대칭이므로 이 점들의 y좌표는 절댓값이 같고 부호가 서로 반대이다.

이때 삼각함수의 정의에 의하여 점 P_1의 y좌표는 $\sin\theta$, 점 P_6의 y좌표는 $\sin 6\theta$이므로

$\sin\theta+\sin 6\theta=0$

같은 방법으로 하면

$\sin 2\theta+\sin 7\theta=0$, $\sin 3\theta+\sin 8\theta=0$,

$\sin 4\theta+\sin 9\theta=0$, $\sin 5\theta+\sin 10\theta=0$

$\therefore \sin\theta+\sin 2\theta+\sin 3\theta+\cdots+\sin 10\theta=0$

0518 답 2π

전략 주어진 조건에서 x, y를 θ에 대한 식으로 나타내고, 삼각함수 사이의 관계를 이용하여 점 P가 나타내는 도형을 파악한다.

$\dfrac{x}{\sin\theta}=1+\dfrac{1}{\tan\theta}$에서 $\dfrac{x}{\sin\theta}=1+\dfrac{\cos\theta}{\sin\theta}$

양변에 $\sin\theta$를 곱하면

$x=\sin\theta+\cos\theta$

$\dfrac{y}{\sin\theta}=1-\dfrac{1}{\tan\theta}$에서 $\dfrac{y}{\sin\theta}=1-\dfrac{\cos\theta}{\sin\theta}$

양변에 $\sin\theta$를 곱하면

$y=\sin\theta-\cos\theta$

$$\begin{aligned}\therefore x^2+y^2&=(\sin\theta+\cos\theta)^2+(\sin\theta-\cos\theta)^2\\&=1+2\sin\theta\cos\theta+1-2\sin\theta\cos\theta\\&=2\end{aligned}$$

따라서 점 $P(x, y)$가 나타내는 도형은 중심이 원점이고 반지름의 길이가 $\sqrt{2}$인 원이므로 그 넓이는

$\pi\times(\sqrt{2})^2=2\pi$

0519 답 90π

[문제 이해] 잘라 낸 부채꼴의 중심각의 크기가

$120°=120\times\dfrac{\pi}{180}=\dfrac{2}{3}\pi$

이므로 남은 부채꼴의 중심각의 크기는

$2\pi-\dfrac{2}{3}\pi=\dfrac{4}{3}\pi$ ◀ 20 %

[해결 과정] 옆면의 전개도가 주어진 부채꼴과 같은 원뿔은 오른쪽 그림과 같고 이때 원뿔의 밑면의 반지름의 길이를 r라 하면

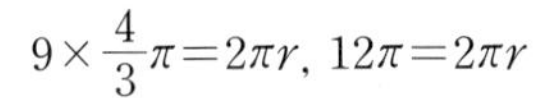

$9\times\dfrac{4}{3}\pi=2\pi r$, $12\pi=2\pi r$

$\therefore r=6$ ◀ 30 %

즉, 원뿔의 옆면인 부채꼴의 넓이는

$\dfrac{1}{2}\times 9^2\times\dfrac{4}{3}\pi=54\pi$

또, 밑면인 원의 넓이는

$\pi\times 6^2=36\pi$ ◀ 30 %

[답 구하기] 따라서 원뿔의 겉넓이는

$54\pi+36\pi=90\pi$ ◀ 20 %

0520 답 2

[해결 과정] $\sin\theta+\cos\theta=\sqrt{2}$의 양변을 제곱하면

$\sin^2\theta+\cos^2\theta+2\sin\theta\cos\theta=2$

$1+2\sin\theta\cos\theta=2$

$\therefore \sin\theta\cos\theta=\dfrac{1}{2}$ ◀ 50 %

[답 구하기]
$$\begin{aligned}\therefore \tan^2\theta+\frac{1}{\tan^2\theta}&=\frac{\sin^2\theta}{\cos^2\theta}+\frac{\cos^2\theta}{\sin^2\theta}\\&=\frac{\sin^4\theta+\cos^4\theta}{\sin^2\theta\cos^2\theta}\\&=\frac{(\sin^2\theta+\cos^2\theta)^2-2\sin^2\theta\cos^2\theta}{(\sin\theta\cos\theta)^2}\\&=\frac{1-2(\sin\theta\cos\theta)^2}{(\sin\theta\cos\theta)^2}\\&=\frac{1}{(\sin\theta\cos\theta)^2}-2\\&=\frac{1}{\left(\frac{1}{2}\right)^2}-2=4-2=2\end{aligned}$$
◀ 50 %

0521 답 (1) -4 (2) $4x^2-3x-9=0$

(1) 이차방정식 $9x^2+3x+k=0$에서 이차방정식의 근과 계수의 관계에 의하여

$\sin\theta+\cos\theta=-\dfrac{1}{3}$ …… ㉠

$\sin\theta\cos\theta=\dfrac{k}{9}$ …… ㉡

㉠의 양변을 제곱하면

$\sin^2\theta+\cos^2\theta+2\sin\theta\cos\theta=\dfrac{1}{9}$

$1+2\sin\theta\cos\theta=\dfrac{1}{9}$

$\therefore \sin\theta\cos\theta=-\dfrac{4}{9}$ …… ㉢

㉡, ㉢에서 $\dfrac{k}{9}=-\dfrac{4}{9}$ $\therefore k=-4$ ◀ 40 %

(2) $\dfrac{1}{\sin\theta}+\dfrac{1}{\cos\theta}=\dfrac{\cos\theta+\sin\theta}{\sin\theta\cos\theta}=\dfrac{-\frac{1}{3}}{-\frac{4}{9}}=\dfrac{3}{4}$

$\dfrac{1}{\sin\theta}\times\dfrac{1}{\cos\theta}=\dfrac{1}{\sin\theta\cos\theta}=\dfrac{1}{-\frac{4}{9}}=-\dfrac{9}{4}$ ◀ 30 %

따라서 $\dfrac{1}{\sin\theta}$, $\dfrac{1}{\cos\theta}$을 두 근으로 하고 x^2의 계수가 4인 이차방정식은

$4\left(x^2-\dfrac{3}{4}x-\dfrac{9}{4}\right)=0$, 즉 $4x^2-3x-9=0$ ◀ 30 %

도움 개념 **두 수를 근으로 하는 이차방정식**

(1) 두 수 α, β를 근으로 하고 x^2의 계수가 1인 이차방정식은
⇨ $x^2-(\alpha+\beta)x+\alpha\beta=0$

(2) 두 수 α, β를 근으로 하고 x^2의 계수가 a인 이차방정식은
⇨ $a\{x^2-(\alpha+\beta)x+\alpha\beta\}=0$

06 삼각함수의 그래프

Ⅱ 삼각함수

Lecture ≫90~94쪽

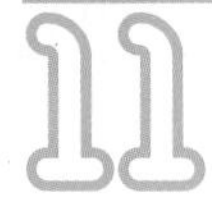

삼각함수의 그래프

0522 답 2

함수 $f(x)$의 주기가 6이므로

$f(x+6)=f(x)$

$\therefore f(27)=f(21)=f(15)=f(9)=f(3)=2$

0523 답 풀이 참조

$y=\frac{2}{3}\sin x$의 그래프는 $y=\sin x$의 그래프를 y축의 방향으로 $\frac{2}{3}$배 한 것이므로 오른쪽 그림과 같다.

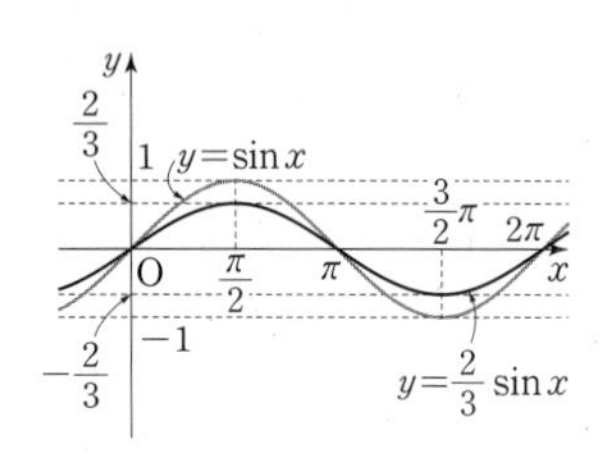

따라서 치역은 $\left\{y \,\middle|\, -\frac{2}{3}\le y\le \frac{2}{3}\right\}$, 주기는 2π이다.

0524 답 풀이 참조

$y=\cos 3x$의 그래프는 $y=\cos x$의 그래프를 x축의 방향으로 $\frac{1}{3}$배 한 것이므로 오른쪽 그림과 같다.

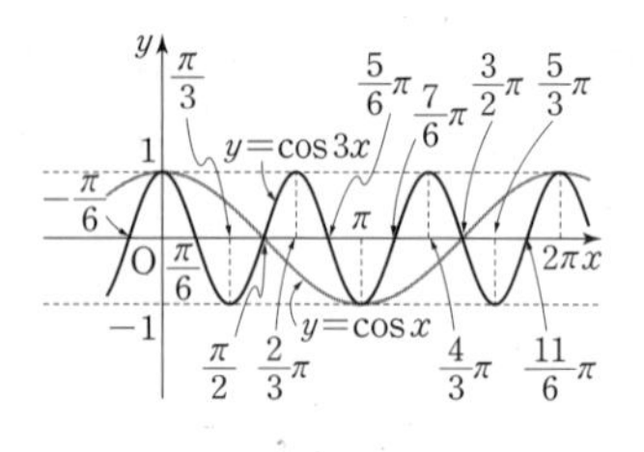

따라서 치역은 $\{y\,|\,-1\le y\le 1\}$, 주기는 $\frac{2}{3}\pi$이다.

0525 답 풀이 참조

$y=\sin\left(x-\frac{\pi}{3}\right)$의 그래프는 $y=\sin x$의 그래프를 x축의 방향으로 $\frac{\pi}{3}$만큼 평행이동한 것이므로 오른쪽 그림과 같다.

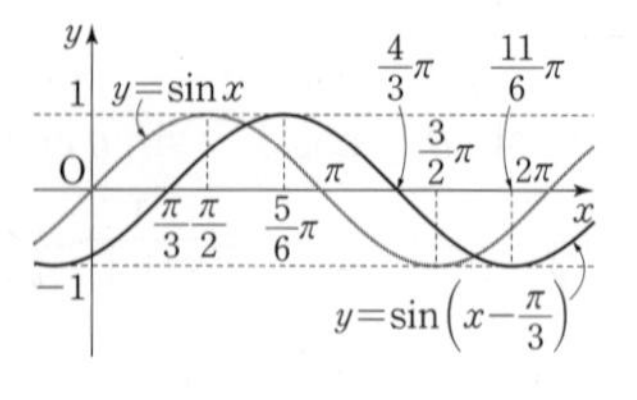

따라서 치역은 $\{y\,|\,-1\le y\le 1\}$, 주기는 2π이다.

0526 답 풀이 참조

$y=\cos x+1$의 그래프는 $y=\cos x$의 그래프를 y축의 방향으로 1만큼 평행이동한 것이므로 오른쪽 그림과 같다.

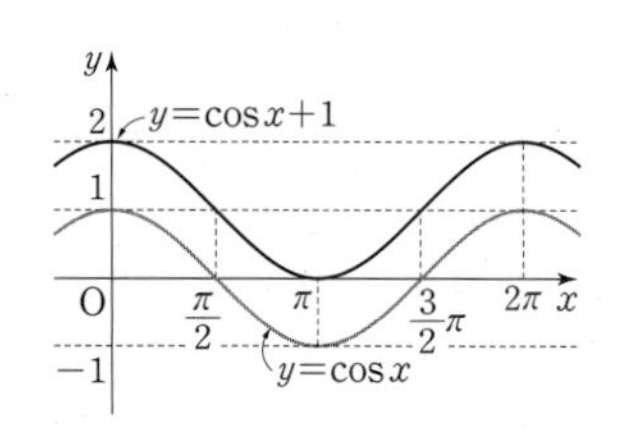

따라서 치역은 $\{y\,|\,0\le y\le 2\}$, 주기는 2π이다.

0527 답 풀이 참조

$y=\tan 2x$의 그래프는 $y=\tan x$의 그래프를 x축의 방향으로 $\frac{1}{2}$배 한 것이므로 오른쪽 그림과 같다.

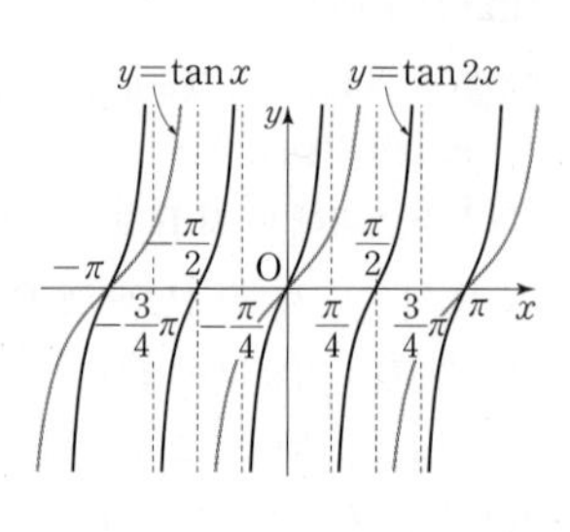

따라서 주기는 $\frac{\pi}{2}$, 점근선의 방정식은 $2x=n\pi+\frac{\pi}{2}$, 즉 $x=\frac{n}{2}\pi+\frac{\pi}{4}$ (n은 정수)이다.

0528 답 풀이 참조

$y=\tan\left(x-\frac{\pi}{6}\right)$의 그래프는 $y=\tan x$의 그래프를 x축의 방향으로 $\frac{\pi}{6}$만큼 평행이동한 것이므로 오른쪽 그림과 같다.

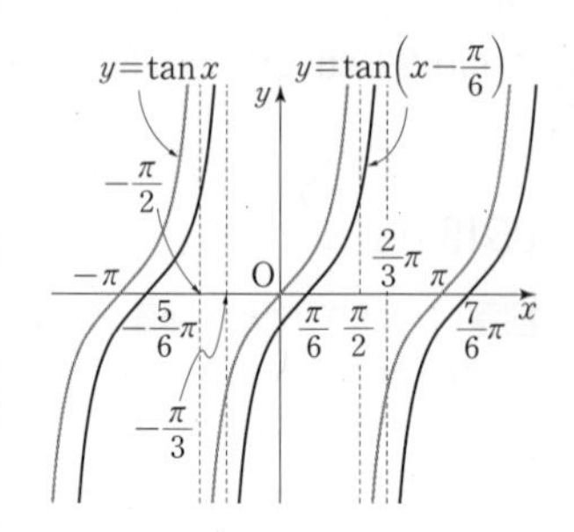

따라서 주기는 π, 점근선의 방정식은 $x-\frac{\pi}{6}=n\pi+\frac{\pi}{2}$, 즉 $x=n\pi+\frac{2}{3}\pi$ (n은 정수)이다.

0529 답 최댓값: $\frac{1}{2}$, 최솟값: $-\frac{1}{2}$, 주기: π

$y=-\frac{1}{2}\sin(2x+\pi)$에서

최댓값은 $\left|-\frac{1}{2}\right|=\frac{1}{2}$, 최솟값은 $-\left|-\frac{1}{2}\right|=-\frac{1}{2}$,

주기는 $\frac{2\pi}{|2|}=\pi$

0530 답 최댓값: 4, 최솟값: -2, 주기: $\frac{\pi}{2}$

$y=3\cos\left(4x-\frac{\pi}{2}\right)+1$에서

최댓값은 $|3|+1=4$, 최솟값은 $-|3|+1=-2$,

주기는 $\frac{2\pi}{|4|}=\frac{\pi}{2}$

0531 답 최댓값: 없다., 최솟값: 없다., 주기: 2π

$y=5\tan\left(\frac{x}{2}+\frac{\pi}{8}\right)$에서 최댓값과 최솟값은 없고,

주기는 $\frac{\pi}{\left|\frac{1}{2}\right|}=2\pi$

㉻ **0532** 답 ④

함수 $f(x)$의 주기가 p이므로 모든 실수 x에 대하여

$f(x+p)=f(x)$

$\therefore f(p)=f(0)$

$=\sin 0+\cos 0$

$=0+1=1$

중 **0533** 답 ④

조건 (가)에서

$f\left(\frac{25}{3}\right)=f\left(8+\frac{1}{3}\right)=f\left(6+\frac{1}{3}\right)$

$=f\left(4+\frac{1}{3}\right)=f\left(2+\frac{1}{3}\right)$

$=f\left(\frac{1}{3}\right)$

조건 (나)에서

$f\left(\frac{1}{3}\right)=\sin\frac{\pi}{3}=\frac{\sqrt{3}}{2}$

$\therefore f\left(\frac{25}{3}\right)=f\left(\frac{1}{3}\right)=\frac{\sqrt{3}}{2}$

중 **0534** 답 6

[해결 과정] 모든 실수 x에 대하여 $f(x-1)=f(x+3)$이 성립하므로 이 식의 양변에 x 대신 $x+1$을 대입하면

$f(x)=f(x+4)$ ◀ 30 %

따라서 함수 $f(x)$는 주기함수이므로

$f(33)=f(29)=f(25)=\cdots=f(1)=3$

$f(34)=f(30)=f(26)=\cdots=f(2)=-1$

$f(35)=f(31)=f(27)=\cdots=f(3)=2$ ◀ 60 %

[답 구하기] $\therefore f(33)-f(34)+f(35)=3-(-1)+2=6$ ◀ 10 %

하 **0535** 답 ⑤

함수 $y=\cos x$의 그래프에서

$\frac{a+b}{2}=\pi$이므로 $a+b=2\pi$

$\therefore \sin\frac{a+b}{4}=\sin\frac{\pi}{2}=1$

중 **0536** 답 ④

함수 $y=\sin x$의 그래프에서

$\frac{\alpha+\beta}{2}=\frac{\pi}{2}$, $\frac{\gamma+\delta}{2}=\frac{5}{2}\pi$이므로

$\alpha+\beta=\pi$, $\gamma+\delta=5\pi$

$\therefore (\gamma+\delta)-(\alpha+\beta)=5\pi-\pi=4\pi$

다른 풀이

함수 $y=\sin x$의 주기는 2π이므로

$\gamma-\alpha=2\pi$, $\delta-\beta=2\pi$

$\therefore (\gamma+\delta)-(\alpha+\beta)=(\gamma-\alpha)+(\delta-\beta)$

$=2\pi+2\pi=4\pi$

중 **0537** 답 $\frac{\sqrt{2}}{2}$

[해결 과정] 함수 $y=\sin x$의 그래프에서

$\frac{a+c}{2}=\frac{\pi}{2}$이므로

$a+c=\pi$ ◀ 30 %

함수 $y=\cos x$의 그래프에서

$\frac{b+d}{2}=\pi$이므로

$b+d=2\pi$ ◀ 30 %

$\therefore a+b+c+d=\pi+2\pi=3\pi$ ◀ 20 %

[답 구하기] $\therefore \cos\frac{a+b+c+d}{12}=\cos\frac{\pi}{4}=\frac{\sqrt{2}}{2}$ ◀ 20 %

중 **0538** 답 ③

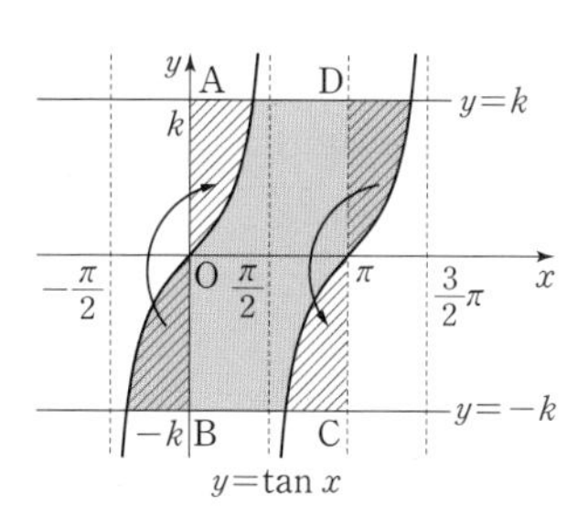

오른쪽 그림에서 빗금 친 부분의 넓이가 모두 같으므로 함수 $y=\tan x\left(-\frac{\pi}{2}<x<\frac{3}{2}\pi\right)$의 그래프와 두 직선 $y=k$, $y=-k$로 둘러싸인 부분의 넓이는 직사각형 ABCD의 넓이와 같다.

$\overline{AD}=\pi$, $\overline{AB}=2k$이므로

$\square ABCD=\pi\times 2k$

$=2k\pi$

따라서 $2k\pi=6\pi$이므로 $k=3$

중 **0539** 답 5π

함수 $y=\sin 2x$의 그래프에서

$\frac{x_1+x_2}{2}=\frac{\pi}{4}$이므로 $x_1+x_2=\frac{\pi}{2}$

$\frac{x_2+x_3}{2}=\frac{\pi}{2}$이므로 $x_2+x_3=\pi$

$\frac{x_3+x_4}{2}=\frac{3}{4}\pi$이므로 $x_3+x_4=\frac{3}{2}\pi$

$\frac{x_4+x_5}{2}=\pi$이므로 $x_4+x_5=2\pi$

$\therefore x_1+2x_2+2x_3+2x_4+x_5$

$=(x_1+x_2)+(x_2+x_3)+(x_3+x_4)+(x_4+x_5)$

$=\frac{\pi}{2}+\pi+\frac{3}{2}\pi+2\pi$

$=5\pi$

참고 $y=\sin 2x$의 그래프는 $y=\sin x$의 그래프를 x축의 방향으로 $\frac{1}{2}$배 한 것이므로 오른쪽 그림과 같다.

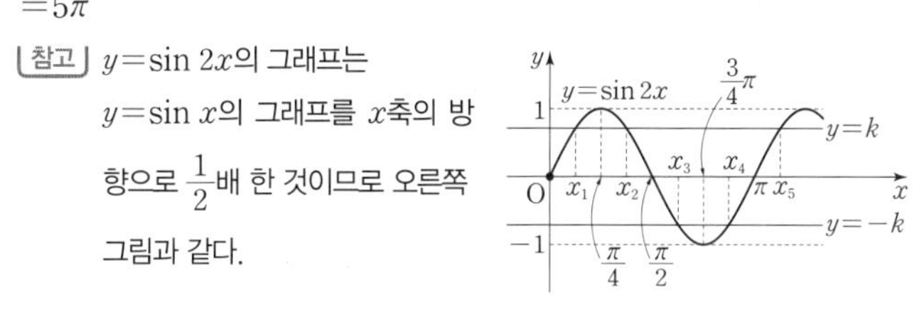

하 **0540** 답 ③

$y=\sin\left(\pi x-\frac{\pi}{2}\right)+1$

$=\sin\pi\left(x-\frac{1}{2}\right)+1$

의 그래프는 $y=\sin\pi x$의 그래프를 x축의 방향으로 $\frac{1}{2}$만큼, y축의 방향으로 1만큼 평행이동한 것이다.

따라서 $m=\frac{1}{2}$, $n=1$이므로

$m+n=\frac{3}{2}$

도움 개념 **도형의 평행이동과 대칭이동**

방정식 $f(x, y)=0$이 나타내는 도형을

(1) x축의 방향으로 a만큼, y축의 방향으로 b만큼 평행이동한 도형의 방정식은 ⇨ $f(x-a, y-b)=0$

(2) x축에 대하여 대칭이동한 도형의 방정식은 ⇨ $f(x, -y)=0$

(3) y축에 대하여 대칭이동한 도형의 방정식은 ⇨ $f(-x, y)=0$

(4) 원점에 대하여 대칭이동한 도형의 방정식은 ⇨ $f(-x, -y)=0$

㉻0541 답 3

함수 $y=\tan \pi x$의 그래프를 x축에 대하여 대칭이동한 그래프의 식은

$-y=\tan \pi x$

$\therefore y=-\tan \pi x$

함수 $y=-\tan \pi x$의 그래프를 y축의 방향으로 b만큼 평행이동한 그래프의 식은

$y=-\tan \pi x+b$

이 식이 $y=a\tan \pi x+2$와 같아야 하므로

$a=-1,\ b=2$

$\therefore b-a=3$

㉾0542 답 ⑤

ㄱ. $y=3\cos 2x+1$의 그래프는 $y=\cos 2x$의 그래프를 y축의 방향으로 3배 한 후, y축의 방향으로 1만큼 평행이동한 것이다.

ㄴ. $y=\cos(2x+\pi)-1=\cos 2\left(x+\frac{\pi}{2}\right)-1$의 그래프는

$y=\cos 2x$의 그래프를 x축의 방향으로 $-\frac{\pi}{2}$만큼, y축의 방향으로 -1만큼 평행이동한 것이다.

ㄷ. $y=-\cos 2x+\pi$의 그래프는 $y=\cos 2x$의 그래프를 x축에 대하여 대칭이동한 후, y축의 방향으로 π만큼 평행이동한 것이다.

ㄹ. $y=\cos(2x-3\pi)+2=\cos 2\left(x-\frac{3}{2}\pi\right)+2$의 그래프는

$y=\cos 2x$의 그래프를 x축의 방향으로 $\frac{3}{2}\pi$만큼, y축의 방향으로 2만큼 평행이동한 것이다.

이상에서 $y=\cos 2x$의 그래프를 평행이동 또는 대칭이동하여 겹쳐질 수 있는 그래프의 식인 것은 ㄴ, ㄷ, ㄹ이다.

㉾0543 답 ④

① 최댓값은 $|2|+3=5$

② 최솟값은 $-|2|+3=1$

③ 주기는 $\frac{2\pi}{|4|}=\frac{\pi}{2}$이므로 임의의 실수 x에 대하여

$f\left(x+\frac{\pi}{2}\right)=f(x)$

④ $f(0)=2\sin(-\pi)+3=3$

즉, 함수 $y=f(x)$의 그래프는 원점을 지나지 않는다.

⑤ $f(x)=2\sin(4x-\pi)+3$

$=2\sin 4\left(x-\frac{\pi}{4}\right)+3$

즉, 함수 $y=f(x)$의 그래프는 함수 $y=2\sin 4x$의 그래프를 x축의 방향으로 $\frac{\pi}{4}$만큼, y축의 방향으로 3만큼 평행이동한 것이다.

따라서 옳지 않은 것은 ④이다.

㉻0544 답 ④

주어진 함수의 주기는 각각 다음과 같다.

① $\frac{2\pi}{|-2|}=\pi$ ② $\frac{2\pi}{|2|}=\pi$ ③ $\frac{2\pi}{|2|}=\pi$

④ $\frac{\pi}{\left|\frac{1}{2}\right|}=2\pi$ ⑤ $\frac{\pi}{|1|}=\pi$

따라서 주기가 나머지 넷과 다른 하나는 ④이다.

㉾0545 답 $\pi-4$

해결 과정 함수 $y=-5\cos\left(2x+\frac{\pi}{6}\right)-2$의

최댓값은 $|-5|-2=3$이므로 $a=3$ ◀ 30 %

최솟값은 $-|-5|-2=-7$이므로 $b=-7$ ◀ 30 %

주기는 $\frac{2\pi}{|2|}=\pi$이므로 $c=\pi$ ◀ 30 %

답 구하기 $\therefore a+b+c=3+(-7)+\pi=\pi-4$ ◀ 10 %

㉾0546 답 ㄱ, ㄷ

ㄱ. 주기가 $\frac{\pi}{|5|}=\frac{\pi}{5}$인 주기함수이다.

ㄴ. 최솟값은 없다.

ㄷ. 그래프의 점근선은 직선 $5x+\pi=n\pi+\frac{\pi}{2}$, 즉 $x=\frac{n}{5}\pi-\frac{\pi}{10}$ (n은 정수)이다.

이상에서 옳은 것은 ㄱ, ㄷ이다.

㉾0547 답 ②

함수 $f(x)=a\sin(x-\pi)+b$의 최댓값이 3이고 $a>0$이므로

$a+b=3$ ...... ㉠

$f\left(\frac{7}{6}\pi\right)=2$이므로

$a\sin\frac{\pi}{6}+b=2$

$\therefore \frac{1}{2}a+b=2$ ...... ㉡

㉠, ㉡을 연립하여 풀면 $a=2,\ b=1$

따라서 $f(x)=2\sin(x-\pi)+1$이므로 $f(x)$의 최솟값은

$-|2|+1=-1$

㉻0548 답 ①

함수 $y=a\cos bx+c$의 최댓값이 6, 최솟값이 4이고 $a<0$이므로

$-a+c=6,\ a+c=4$

위의 두 식을 연립하여 풀면 $a=-1,\ c=5$

또, 주기가 $\frac{\pi}{3}$이고 $b>0$이므로

$\frac{2\pi}{b}=\frac{\pi}{3}$

$\therefore b=6$

$\therefore 2a+b+c=2\times(-1)+6+5=9$

㉾0549 답 π

해결 과정 함수 $y=\tan(ax+b)+2$의 주기가 2π이고 $a>0$이므로

$\frac{\pi}{a}=2\pi \quad \therefore a=\frac{1}{2}$ ◀ 30 %

$y=\tan\left(\frac{1}{2}x+b\right)+2$의 그래프의 점근선의 방정식은

$\frac{1}{2}x+b=n\pi+\frac{\pi}{2}$, 즉 $x=2n\pi+\pi-2b$ (n은 정수)

위의 식이 $x=2n\pi$와 일치하므로

$\pi-2b=2k\pi$ (k는 정수)

이때 $0<b<\pi$이므로 $b=\frac{\pi}{2}$ ◀ 50 %

답 구하기 $\therefore 4ab=4\times\frac{1}{2}\times\frac{\pi}{2}=\pi$ ◀ 20 %

중 **0550** 답 $-\frac{3}{8}\pi$

조건 (가)에서 함수 $f(x)=a\sin(bx+c)+d$의 최솟값이 -4이고 $a<0$이므로

$a+d=-4$ ...... ㉠

조건 (나)에서 함수 $f(x)$의 주기가 4π이고 $b>0$이므로

$\frac{2\pi}{b}=4\pi \quad \therefore b=\frac{1}{2}$

$\therefore f(x)=a\sin\left(\frac{1}{2}x+c\right)+d$

$=a\sin\frac{1}{2}(x+2c)+d$

즉, 함수 $y=f(x)$의 그래프는 $y=a\sin\frac{x}{2}$의 그래프를 x축의 방향으로 $-2c$만큼, y축의 방향으로 d만큼 평행이동한 것이므로 조건 (다)에서

$-2c=\frac{\pi}{2},\ d=-1 \quad \therefore c=-\frac{\pi}{4},\ d=-1$

$d=-1$을 ㉠에 대입하면 $a-1=-4 \quad \therefore a=-3$

$\therefore abcd=(-3)\times\frac{1}{2}\times\left(-\frac{\pi}{4}\right)\times(-1)$

$=-\frac{3}{8}\pi$

중 **0551** 답 2π

주어진 그래프에서 $y=a\sin(bx+c)$의 최댓값이 2, 최솟값이 -2이고 $a>0$이므로

$a=2$

또, 그래프에서 주기가 $3\pi-(-\pi)=4\pi$이고 $b>0$이므로

$\frac{2\pi}{b}=4\pi \quad \therefore b=\frac{1}{2}$

따라서 주어진 함수의 식은 $y=2\sin\left(\frac{1}{2}x+c\right)$이고, 그 그래프가 점 $(0, 2)$를 지나므로

$2=2\sin c \quad \therefore \sin c=1$

$0<c<\pi$이므로 $c=\frac{\pi}{2}$

$\therefore \frac{ac}{b}=2\times\frac{\pi}{2}\times2=2\pi$

중 **0552** 답 ⑤

주어진 그래프에서 $y=a\cos\pi\left(x+\frac{1}{3}\right)+b$의 최댓값이 1, 최솟값이 -4이고 $a>0$이므로

$a+b=1,\ -a+b=-4$

위의 두 식을 연립하여 풀면 $a=\frac{5}{2},\ b=-\frac{3}{2}$

또, 함수 $y=a\cos\pi\left(x+\frac{1}{3}\right)+b$의 주기는

$\frac{2\pi}{|\pi|}=2$

이때 그래프에서 주기가 $2\left(c-\frac{2}{3}\right)$이므로

$2\left(c-\frac{2}{3}\right)=2,\ c-\frac{2}{3}=1 \quad \therefore c=\frac{5}{3}$

$\therefore 2a-4b+3c=2\times\frac{5}{2}-4\times\left(-\frac{3}{2}\right)+3\times\frac{5}{3}$

$=16$

중 **0553** 답 π

해결 과정 주어진 그래프에서 $y=\tan(ax-b)$의 주기가 $\frac{\pi}{2}$이고 $a>0$이므로

$\frac{\pi}{a}=\frac{\pi}{2} \quad \therefore a=2$ ◀ 30 %

따라서 주어진 함수의 식은 $y=\tan(2x-b)$이고, 그 그래프가 점 $\left(\frac{\pi}{4}, 0\right)$을 지나므로

$0=\tan\left(\frac{\pi}{2}-b\right)$

$0<b<\pi$에서 $-\frac{\pi}{2}<\frac{\pi}{2}-b<\frac{\pi}{2}$이므로

$\frac{\pi}{2}-b=0 \quad \therefore b=\frac{\pi}{2}$ ◀ 50 %

답 구하기 $\therefore ab=2\times\frac{\pi}{2}=\pi$ ◀ 20 %

중 **0554** 답 ⑤

주어진 그래프에서 $y=a\sin bx+c$의 최댓값이 1, 최솟값이 -3이고 $a>0$이므로

$a+c=1,\ -a+c=-3$

위의 두 식을 연립하여 풀면

$a=2,\ c=-1$

또, 그래프에서 주기가 $\frac{5}{6}\pi-\frac{\pi}{6}=\frac{2}{3}\pi$이고 $b>0$이므로

$\frac{2\pi}{b}=\frac{2}{3}\pi$

$\therefore b=3$

$\therefore a+b+2c=2+3+2\times(-1)$

$=3$

중 **0555** 답 ③

ㄱ. $y=|\sin x|$의 그래프는 $y=\sin x$의 그래프에서 $y\geq0$인 부분은 그대로 두고, $y<0$인 부분을 x축에 대하여 대칭이동한 것이다.
따라서 두 함수 $y=\sin x$, $y=|\sin x|$의 그래프는 다음 그림과 같다.

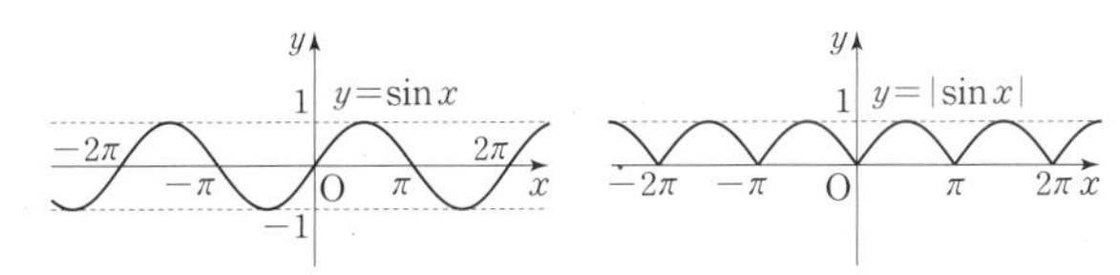

ㄴ. $y=|\tan x|$의 그래프는 $y=\tan x$의 그래프에서 $y\geq0$인 부분은 그대로 두고, $y<0$인 부분을 x축에 대하여 대칭이동한 것이다. 또, $y=\tan|x|$의 그래프는 $y=\tan x$의 그래프에서 $x\geq0$인 부분만 그린 후, $x\geq0$인 부분을 y축에 대하여 대칭이동한 것이다.
따라서 두 함수 $y=|\tan x|$, $y=\tan|x|$의 그래프는 다음 그림과 같다.

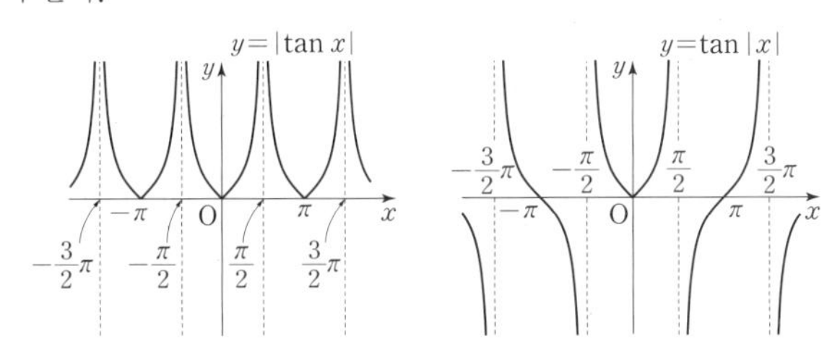

ㄷ. $y=|\cos x|$의 그래프는 $y=\cos x$의 그래프에서 $y\geq0$인 부분은 그대로 두고, $y<0$인 부분을 x축에 대하여 대칭이동한 것이다.
또, $y=|\cos(x-\pi)|$의 그래프는 $y=|\cos x|$의 그래프를 x축의 방향으로 π만큼 평행이동한 것이다.
따라서 두 함수 $y=|\cos x|$, $y=|\cos(x-\pi)|$의 그래프는 다음 그림과 같다.

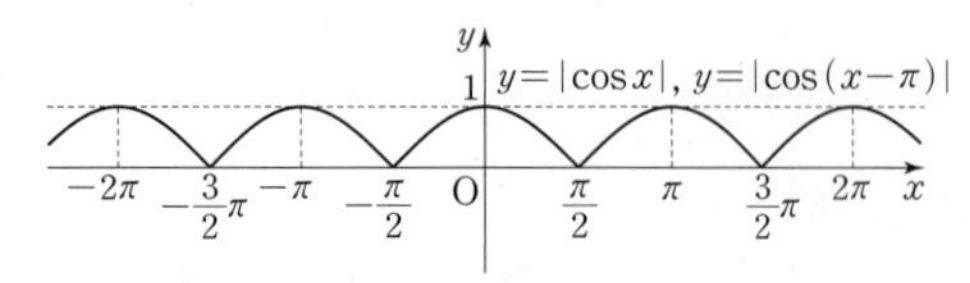

이상에서 두 함수의 그래프가 일치하는 것은 ㄷ뿐이다.

중 0556 답 ③

함수 $y=\left|\tan\frac{x}{2}\right|$의 그래프는 $y=\tan\frac{x}{2}$의 그래프에서 $y\geq0$인 부분은 그대로 두고, $y<0$인 부분을 x축에 대하여 대칭이동한 것이므로 다음 그림과 같다.

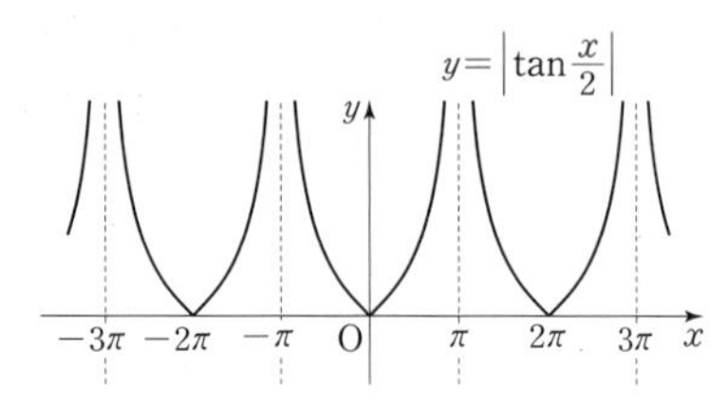

① 주기가 2π인 주기함수이다.
② 최댓값은 없다.
③ 최솟값은 0이다.
④ 그래프는 y축에 대하여 대칭이다.
⑤ 그래프의 점근선은 직선 $x=(2n-1)\pi$ (n은 정수)이다.
따라서 옳은 것은 ③이다.

중 0557 답 3

함수 $f(x)=a|\cos bx|+c$의 주기가 $\frac{\pi}{6}$이고 $b>0$이므로

$\frac{\pi}{b}=\frac{\pi}{6}$

$\therefore b=6$

한편, $0\leq|\cos bx|\leq1$이고 $a>0$이므로

$c\leq a|\cos bx|+c\leq a+c$

이때 $f(x)$의 최댓값이 5, 최솟값이 3이므로

$a+c=5$, $c=3$

$\therefore a=2$, $c=3$

따라서 $f(x)=2|\cos 6x|+3$이므로

$$f\left(\frac{\pi}{4}\right)=2\left|\cos\frac{3}{2}\pi\right|+3$$
$$=2\times0+3=3$$

도움 개념 절댓값 기호를 포함한 삼각함수의 주기

(1) $y=|\sin x|$의 주기가 π이므로 $y=|\sin ax|$의 주기는 ⇨ $\frac{\pi}{|a|}$

(2) $y=|\cos x|$의 주기가 π이므로 $y=|\cos ax|$의 주기는 ⇨ $\frac{\pi}{|a|}$

(3) $y=|\tan x|$의 주기가 π이므로 $y=|\tan ax|$의 주기는 ⇨ $\frac{\pi}{|a|}$

Lecture 12 ≫ 95~97쪽

여러 가지 각의 삼각함수의 성질

0558 답 $\frac{\sqrt{2}}{2}$

$\sin\frac{17}{4}\pi=\sin\left(4\pi+\frac{\pi}{4}\right)=\sin\frac{\pi}{4}=\frac{\sqrt{2}}{2}$

0559 답 $\frac{\sqrt{3}}{2}$

$\cos 390^\circ=\cos(360^\circ+30^\circ)=\cos 30^\circ=\frac{\sqrt{3}}{2}$

0560 답 $\sqrt{3}$

$\tan\frac{19}{3}\pi=\tan\left(6\pi+\frac{\pi}{3}\right)=\tan\frac{\pi}{3}=\sqrt{3}$

0561 답 $-\frac{\sqrt{3}}{2}$

$\sin\left(-\frac{\pi}{3}\right)=-\sin\frac{\pi}{3}=-\frac{\sqrt{3}}{2}$

0562 답 $\frac{\sqrt{2}}{2}$

$\cos\left(-\frac{\pi}{4}\right)=\cos\frac{\pi}{4}=\frac{\sqrt{2}}{2}$

0563 답 $-\frac{\sqrt{3}}{3}$

$\tan(-30^\circ)=-\tan 30^\circ=-\frac{\sqrt{3}}{3}$

0564 답 $-\frac{1}{2}$

$$\sin 1050^\circ=\sin(360^\circ\times3-30^\circ)$$
$$=\sin(-30^\circ)$$
$$=-\sin 30^\circ=-\frac{1}{2}$$

0565 답 $\frac{1}{2}$

$\cos\frac{17}{3}\pi=\cos\left(6\pi-\frac{\pi}{3}\right)=\cos\left(-\frac{\pi}{3}\right)=\cos\frac{\pi}{3}=\frac{1}{2}$

0566 답 -1

$\tan\frac{15}{4}\pi=\tan\left(4\pi-\frac{\pi}{4}\right)=\tan\left(-\frac{\pi}{4}\right)=-\tan\frac{\pi}{4}=-1$

0567 답 $-\frac{\sqrt{3}}{2}$

$\sin\frac{4}{3}\pi=\sin\left(\pi+\frac{\pi}{3}\right)=-\sin\frac{\pi}{3}=-\frac{\sqrt{3}}{2}$

0568 답 $-\frac{\sqrt{3}}{2}$

$\cos 210^\circ=\cos(180^\circ+30^\circ)=-\cos 30^\circ=-\frac{\sqrt{3}}{2}$

0569 답 1

$\tan\frac{5}{4}\pi=\tan\left(\pi+\frac{\pi}{4}\right)=\tan\frac{\pi}{4}=1$

0570 답 0.9703

$\sin 76^\circ=\sin(90^\circ-14^\circ)=\cos 14^\circ$

삼각함수표에서 $\cos 14^\circ=0.9703$이므로

$\sin 76^\circ=0.9703$

0571 답 -0.2079

$\cos 102^\circ=\cos(90^\circ+12^\circ)=-\sin 12^\circ$

삼각함수표에서 $\sin 12^\circ=0.2079$이므로

$\cos 102^\circ=-0.2079$

0572 답 -0.2309

$\tan 167^\circ=\tan(180^\circ-13^\circ)=-\tan 13^\circ$

삼각함수표에서 $\tan 13^\circ=0.2309$이므로

$\tan 167^\circ=-0.2309$

하 **0573** 답 $-\frac{3}{2}$

$\cos\frac{5}{3}\pi=\cos\left(2\pi-\frac{\pi}{3}\right)=\cos\frac{\pi}{3}=\frac{1}{2}$

$\tan\frac{7}{3}\pi=\tan\left(2\pi+\frac{\pi}{3}\right)=\tan\frac{\pi}{3}=\sqrt{3}$

$\sin\frac{5}{6}\pi=\sin\left(\pi-\frac{\pi}{6}\right)=\sin\frac{\pi}{6}=\frac{1}{2}$

$\therefore 2\cos\frac{5}{3}\pi-\sqrt{3}\tan\frac{7}{3}\pi+\sin\frac{5}{6}\pi=2\times\frac{1}{2}-\sqrt{3}\times\sqrt{3}+\frac{1}{2}$

$=1-3+\frac{1}{2}=-\frac{3}{2}$

중 **0574** 답 ㄴ, ㄷ

ㄱ. $\sin 570^\circ=\sin(90^\circ\times6+30^\circ)=-\sin 30^\circ=-\frac{1}{2}$

$\cos 870^\circ=\cos(90^\circ\times9+60^\circ)=-\sin 60^\circ=-\frac{\sqrt{3}}{2}$

$\tan 480^\circ=\tan(90^\circ\times5+30^\circ)=-\frac{1}{\tan 30^\circ}=-\sqrt{3}$

$\cos 600^\circ=\cos(90^\circ\times6+60^\circ)=-\cos 60^\circ=-\frac{1}{2}$

$\therefore \sin 570^\circ\cos 870^\circ+\tan 480^\circ\cos 600^\circ$

$=\left(-\frac{1}{2}\right)\times\left(-\frac{\sqrt{3}}{2}\right)+(-\sqrt{3})\times\left(-\frac{1}{2}\right)$

$=\frac{\sqrt{3}}{4}+\frac{\sqrt{3}}{2}=\frac{3\sqrt{3}}{4}$

ㄴ. $\sin 210^\circ=\sin(90^\circ\times2+30^\circ)=-\sin 30^\circ=-\frac{1}{2}$

$\tan(-135^\circ)=-\tan 135^\circ=-\tan(90^\circ+45^\circ)$

$=\frac{1}{\tan 45^\circ}=1$

$\therefore 2\sin 210^\circ+2\tan(-135^\circ)=2\times\left(-\frac{1}{2}\right)+2\times1=1$

ㄷ. $\sin\frac{13}{6}\pi=\sin\left(2\pi+\frac{\pi}{6}\right)=\sin\frac{\pi}{6}=\frac{1}{2}$

$\cos\frac{5}{3}\pi=\cos\left(2\pi-\frac{\pi}{3}\right)=\cos\frac{\pi}{3}=\frac{1}{2}$

$\tan\left(-\frac{17}{4}\pi\right)=-\tan\frac{17}{4}\pi=-\tan\left(4\pi+\frac{\pi}{4}\right)$

$=-\tan\frac{\pi}{4}=-1$

$\therefore \sin\frac{13}{6}\pi+\cos\frac{5}{3}\pi-\tan\left(-\frac{17}{4}\pi\right)$

$=\frac{1}{2}+\frac{1}{2}-(-1)=2$

이상에서 옳은 것은 ㄴ, ㄷ이다.

중 **0575** 답 ①

$\sin\left(\frac{\pi}{2}-\theta\right)=\cos\theta$, $\cos(\pi+\theta)=-\cos\theta$, $\sin(\pi-\theta)=\sin\theta$,

$\tan(\pi-\theta)=-\tan\theta$, $\cos\left(\frac{3}{2}\pi+\theta\right)=\sin\theta$

$\therefore \frac{\sin\left(\frac{\pi}{2}-\theta\right)}{\cos(\pi+\theta)}-\frac{\sin(\pi-\theta)\tan^2(\pi-\theta)}{\cos\left(\frac{3}{2}\pi+\theta\right)}$

$=\frac{\cos\theta}{-\cos\theta}-\frac{\sin\theta\times(-\tan\theta)^2}{\sin\theta}$

$=-1-\tan^2\theta=-1-\frac{\sin^2\theta}{\cos^2\theta}$

$=\frac{-\cos^2\theta-\sin^2\theta}{\cos^2\theta}$

$=\frac{-(\sin^2\theta+\cos^2\theta)}{\cos^2\theta}$

$=-\frac{1}{\cos^2\theta}$

중 **0576** 답 $\frac{5}{2}$

$\cos\left(\frac{\pi}{2}-\theta\right)=\sin\theta$이므로

$\cos\frac{9}{20}\pi=\cos\left(\frac{\pi}{2}-\frac{\pi}{20}\right)=\sin\frac{\pi}{20}$

$\cos\frac{7}{20}\pi=\cos\left(\frac{\pi}{2}-\frac{3}{20}\pi\right)=\sin\frac{3}{20}\pi$

$\therefore \cos^2\frac{\pi}{20}+\cos^2\frac{3}{20}\pi+\cos^2\frac{\pi}{4}+\cos^2\frac{7}{20}\pi+\cos^2\frac{9}{20}\pi$

$=\cos^2\frac{\pi}{20}+\cos^2\frac{3}{20}\pi+\cos^2\frac{\pi}{4}+\sin^2\frac{3}{20}\pi+\sin^2\frac{\pi}{20}$

$=\left(\sin^2\frac{\pi}{20}+\cos^2\frac{\pi}{20}\right)+\left(\sin^2\frac{3}{20}\pi+\cos^2\frac{3}{20}\pi\right)+\cos^2\frac{\pi}{4}$

$=1+1+\left(\frac{\sqrt{2}}{2}\right)^2$

$=\frac{5}{2}$

중 **0577** 답 1

[해결 과정] $\tan(90^\circ-\theta)=\frac{1}{\tan\theta}$이므로

$\tan 89^\circ=\tan(90^\circ-1^\circ)=\frac{1}{\tan 1^\circ}$

$\tan 88^\circ=\tan(90^\circ-2^\circ)=\frac{1}{\tan 2^\circ}$

⋮

$\tan 46^\circ=\tan(90^\circ-44^\circ)=\frac{1}{\tan 44^\circ}$ ◀ 50 %

06

답 구하기 $\therefore \tan 1^\circ \times \tan 2^\circ \times \cdots \times \tan 88^\circ \times \tan 89^\circ$

$=\tan 1^\circ \times \tan 2^\circ \times \cdots \times \tan 44^\circ \times \tan 45^\circ$

$\times \dfrac{1}{\tan 44^\circ} \times \cdots \times \dfrac{1}{\tan 2^\circ} \times \dfrac{1}{\tan 1^\circ}$

$=\tan 45^\circ = 1$ ◀ 50 %

상 0578 답 0

$\theta=\dfrac{\pi}{12}$에서 $24\theta=2\pi$이므로

$\sin 23\theta=\sin(2\pi-\theta)=-\sin\theta$

$\sin 22\theta=\sin(2\pi-2\theta)=-\sin 2\theta$

$\vdots$

$\sin 13\theta=\sin(2\pi-11\theta)=-\sin 11\theta$

$\therefore \sin\theta+\sin 2\theta+\sin 3\theta+\cdots+\sin 24\theta$

$=\sin\theta+\sin 2\theta+\sin 3\theta+\cdots+\sin 11\theta+\sin 12\theta$
$\quad -\sin 11\theta-\sin 10\theta-\sin 9\theta-\cdots-\sin\theta+\sin 24\theta$

$=(\sin\theta+\sin 2\theta+\sin 3\theta+\cdots+\sin 11\theta)+\sin 12\theta$
$\quad -(\sin 11\theta+\sin 10\theta+\sin 9\theta+\cdots+\sin\theta)+\sin 24\theta$

$=\sin 12\theta+\sin 24\theta$

$=\sin\pi+\sin 2\pi$

$=0+0=0$

상 0579 답 ㄴ

삼각형 ABC에서 $A+B+C=\pi$이므로

ㄱ. $\cos(B+C)=\cos(\pi-A)=-\cos A$

ㄴ. $\sin\dfrac{B+C}{2}=\sin\dfrac{\pi-A}{2}$

$=\sin\left(\dfrac{\pi}{2}-\dfrac{A}{2}\right)=\cos\dfrac{A}{2}$

ㄷ. $\tan(A+C)=\tan(\pi-B)=-\tan B$이므로

$\tan B\tan(A+C)=\tan B\times(-\tan B)=-\tan^2 B$

이상에서 옳은 것은 ㄴ뿐이다.

중 0580 답 ③

$-1\le\sin x\le 1$이므로

$-1\le 2+3\sin x\le 5$, $0\le|2+3\sin x|\le 5$

$-1\le|2+3\sin x|-1\le 4$

따라서 주어진 함수의 최댓값은 4, 최솟값은 -1이므로

$M=4$, $m=-1$ $\quad\therefore M+m=3$

중 0581 답 ①

$\cos\left(\dfrac{3}{2}\pi-x\right)=-\sin x$이므로

$y=-3\sin x+\cos\left(\dfrac{3}{2}\pi-x\right)-1$

$=-3\sin x-\sin x-1$

$=-4\sin x-1$

$-1\le\sin x\le 1$이므로

$-5\le -4\sin x-1\le 3$

따라서 주어진 함수의 최댓값은 3, 최솟값은 -5이므로

$M=3$, $m=-5$ $\quad\therefore Mm=-15$

중 0582 답 ④

$-1\le\cos x\le 1$이므로 $1\le 2\cos x+3\le 5$

즉, $2\cos x+3>0$이므로

$y=a|2\cos x+3|+b=2a\cos x+3a+b$

$-1\le\cos x\le 1$이고 $a>0$이므로

$a+b\le 2a\cos x+3a+b\le 5a+b$

이때 주어진 함수의 최댓값이 5, 최솟값이 -3이므로

$5a+b=5$, $a+b=-3$

위의 두 식을 연립하여 풀면 $a=2$, $b=-5$

$\therefore a-b=7$

중 0583 답 ②

$y=\dfrac{-\sin x+2}{\sin x+4}$에서 $\sin x=t$로 놓으면

$-1\le t\le 1$이고

$y=\dfrac{-t+2}{t+4}=\dfrac{-(t+4)+6}{t+4}=\dfrac{6}{t+4}-1$

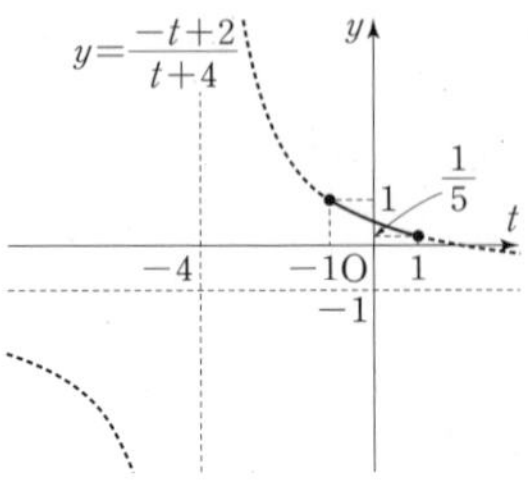

오른쪽 그림에서

$t=-1$일 때 최댓값 1,

$t=1$일 때 최솟값 $\dfrac{1}{5}$

을 갖는다.

따라서 최댓값과 최솟값의 합은

$1+\dfrac{1}{5}=\dfrac{6}{5}$

중 0584 답 ③

$y=\dfrac{\tan x+3}{2\tan x+4}$에서 $\tan x=t$로 놓으면

$-\dfrac{\pi}{4}\le x\le\dfrac{\pi}{4}$에서 $-1\le t\le 1$이고

$y=\dfrac{t+3}{2t+4}=\dfrac{(t+2)+1}{2(t+2)}=\dfrac{1}{2(t+2)}+\dfrac{1}{2}$

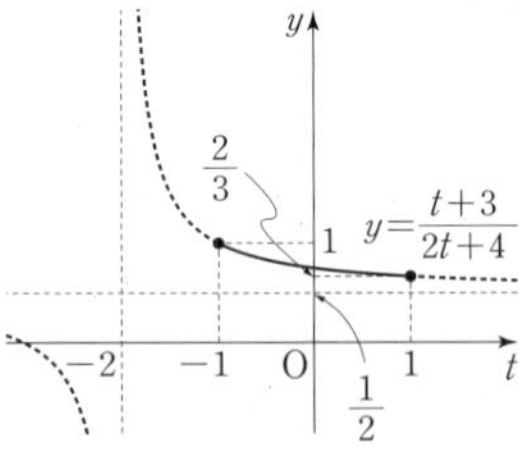

오른쪽 그림에서

$t=-1$일 때 최댓값 1,

$t=1$일 때 최솟값 $\dfrac{2}{3}$

를 갖는다.

따라서 $M=1$, $m=\dfrac{2}{3}$이므로

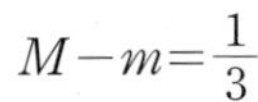

$M-m=\dfrac{1}{3}$

중 0585 답 $\dfrac{1}{6}$

문제 이해 $y=\dfrac{-2|\cos x|+1}{|\cos x|-3}$에서 $|\cos x|=t$로 놓으면

$0\le t\le 1$이고

$y=\dfrac{-2t+1}{t-3}=\dfrac{-2(t-3)-5}{t-3}=-\dfrac{5}{t-3}-2$ ◀ 30 %

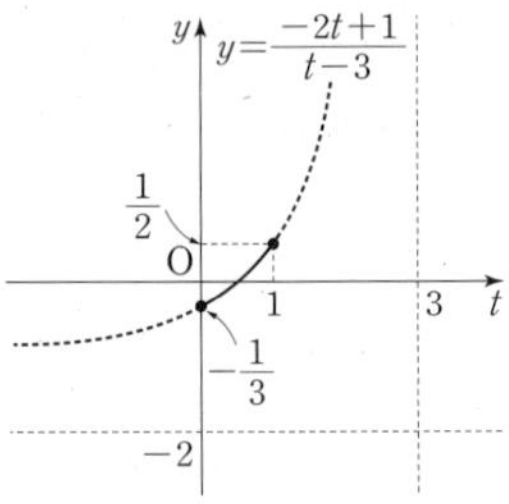

해결 과정 오른쪽 그림에서

$t=1$일 때 최댓값 $\dfrac{1}{2}$,

$t=0$일 때 최솟값 $-\dfrac{1}{3}$

을 가지므로 주어진 함수의 치역은

$\left\{y\,\middle|\,-\dfrac{1}{3}\le y\le\dfrac{1}{2}\right\}$ ◀ 50 %

답 구하기 따라서 $a=-\dfrac{1}{3}$, $b=\dfrac{1}{2}$이므로

$a+b=\dfrac{1}{6}$ ◀ 20 %

중 0586 답 -7

$y=-\sin^2 x+2\cos x+5$

$=-(1-\cos^2 x)+2\cos x+5$

$=\cos^2 x+2\cos x+4$

이때 $\cos x=t$로 놓으면

$0\le x\le\pi$에서 $-1\le t\le 1$이고

$y=t^2+2t+4$

$=(t+1)^2+3$

오른쪽 그림에서 $t=1$일 때 최댓값 7을 가지므로

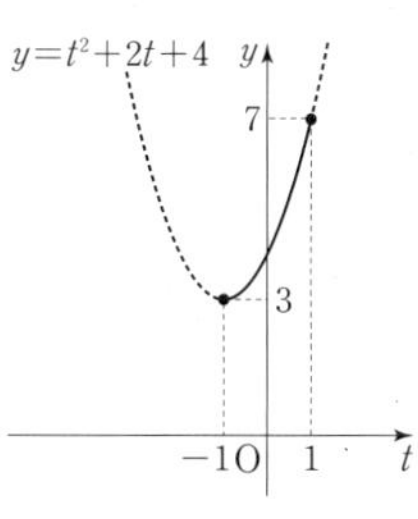

$b=7$

한편, $t=1$, 즉 $\cos x=1$에서

$x=0$ ($\because 0\le x\le\pi$)

$\therefore a=0$

$\therefore a-b=0-7=-7$

중 0587 답 -7

$\cos(\pi+x)=-\cos x$, $\sin\left(\frac{\pi}{2}-x\right)=\cos x$이므로

$y=\cos^2(\pi+x)-2\sin^2 x+2\sin\left(\frac{\pi}{2}-x\right)$

$=(-\cos x)^2-2(1-\cos^2 x)+2\cos x$

$=3\cos^2 x+2\cos x-2$

이때 $\cos x=t$로 놓으면 $-1\le t\le 1$이고

$y=3t^2+2t-2$

$=3\left(t+\frac{1}{3}\right)^2-\frac{7}{3}$

오른쪽 그림에서

$t=1$일 때 최댓값 3,

$t=-\frac{1}{3}$일 때 최솟값 $-\frac{7}{3}$

을 갖는다.

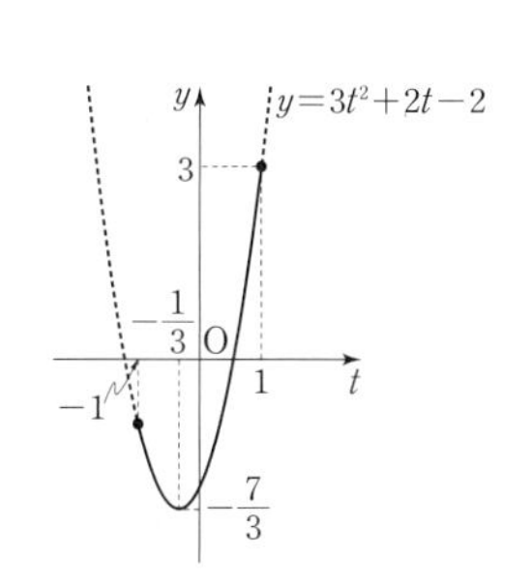

따라서 $M=3$, $m=-\frac{7}{3}$이므로

$Mm=-7$

중 0588 답 ④

$y=\cos^2 x+2a\sin x+b$

$=(1-\sin^2 x)+2a\sin x+b$

$=-\sin^2 x+2a\sin x+b+1$

이때 $\sin x=t$로 놓으면 $-1\le t\le 1$이고

$y=-t^2+2at+b+1$

$=-(t-a)^2+a^2+b+1$

$0\le a\le 1$이므로 오른쪽 그림에서

$t=a$일 때 최댓값 a^2+b+1,

$t=-1$일 때 최솟값 $-2a+b$

를 갖는다. 즉,

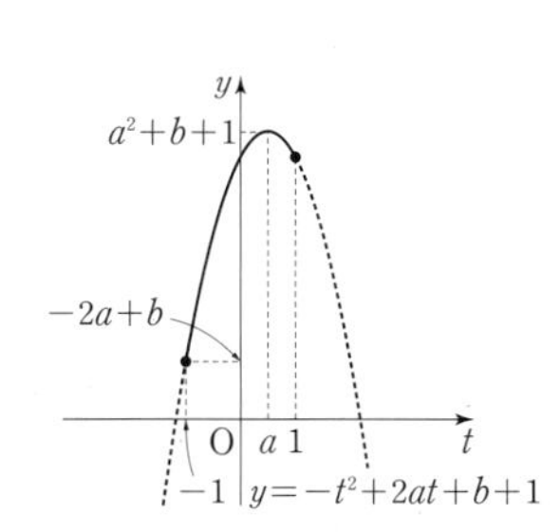

$a^2+b+1=5$ …… ㉠

$-2a+b=1$ …… ㉡

㉡에서 $b=2a+1$이므로 이를 ㉠에 대입하면

$a^2+(2a+1)+1=5$

$a^2+2a-3=0$

$(a+3)(a-1)=0$ $\therefore a=1$ ($\because 0\le a\le 1$)

$a=1$을 $b=2a+1$에 대입하면 $b=3$

$\therefore a+b=1+3=4$

중 0589 답 4

이차방정식 $4x^2+8x\sin\theta-\cos^2\theta=0$에서 이차방정식의 근과 계수의 관계에 의하여

$\alpha+\beta=-\frac{8\sin\theta}{4}=-2\sin\theta$, $\alpha\beta=-\frac{\cos^2\theta}{4}$

$\therefore \alpha^2+\beta^2=(\alpha+\beta)^2-2\alpha\beta$

$=(-2\sin\theta)^2-2\times\left(-\frac{\cos^2\theta}{4}\right)$

$=4\sin^2\theta+\frac{1}{2}\cos^2\theta$

$=4\sin^2\theta+\frac{1}{2}(1-\sin^2\theta)$

$=\frac{7}{2}\sin^2\theta+\frac{1}{2}$

$0\le\theta\le 2\pi$에서 $-1\le\sin\theta\le 1$이므로 $0\le\sin^2\theta\le 1$

따라서 $\alpha^2+\beta^2$은 $\sin^2\theta=1$일 때 최댓값 $\frac{7}{2}\times 1+\frac{1}{2}=4$를 갖는다.

도움 개념 이차방정식의 근과 계수의 관계

이차방정식 $ax^2+bx+c=0$의 두 근을 α, β라 하면

$\alpha+\beta=-\frac{b}{a}$, $\alpha\beta=\frac{c}{a}$

Lecture 13

삼각방정식과 삼각부등식

≫ 98~101쪽

0590 답 (가): $\frac{1}{2}$, (나): $\frac{\pi}{6}$, (다): $\frac{5}{6}\pi$

주어진 방정식의 해는 함수 $y=\sin x$ $(0\le x<2\pi)$의 그래프와 직선 $y=\boxed{\frac{1}{2}}$의 교점의 x좌표와 같다.

따라서 구하는 해는 $x=\boxed{\frac{\pi}{6}}$ 또는 $x=\boxed{\frac{5}{6}\pi}$

$\therefore$ (가): $\frac{1}{2}$, (나): $\frac{\pi}{6}$, (다): $\frac{5}{6}\pi$

0591 답 $x=\frac{\pi}{4}$ 또는 $x=\frac{7}{4}\pi$

$2\cos x-\sqrt{2}=0$에서 $\cos x=\frac{\sqrt{2}}{2}$

오른쪽 그림과 같이 $0\le x<2\pi$에서 함수 $y=\cos x$의 그래프와 직선 $y=\frac{\sqrt{2}}{2}$의 교점의 x좌표가

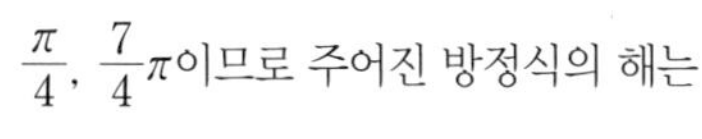

$\frac{\pi}{4}$, $\frac{7}{4}\pi$이므로 주어진 방정식의 해는

$x=\frac{\pi}{4}$ 또는 $x=\frac{7}{4}\pi$

0592 답 $x=\frac{5}{6}\pi$ 또는 $x=\frac{11}{6}\pi$

$\sqrt{3}\tan x+1=0$에서 $\tan x=-\frac{\sqrt{3}}{3}$

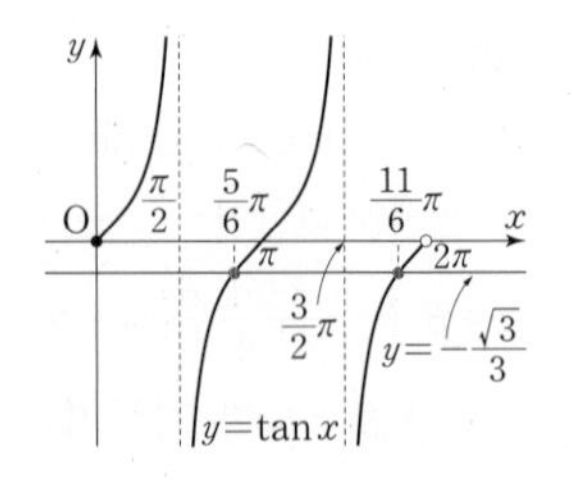

오른쪽 그림과 같이 $0\le x<2\pi$에서 함수 $y=\tan x$의 그래프와 직선 $y=-\frac{\sqrt{3}}{3}$의 교점의 x좌표가 $\frac{5}{6}\pi$, $\frac{11}{6}\pi$이므로 주어진 방정식의 해는

$x=\frac{5}{6}\pi$ 또는 $x=\frac{11}{6}\pi$

0593 답 (가): $\frac{\sqrt{2}}{2}$, (나): $\frac{\pi}{4}$, (다): $\frac{7}{4}\pi$

주어진 부등식의 해는 함수 $y=\cos x$ $(0\le x<2\pi)$의 그래프가 직선 $y=\boxed{\frac{\sqrt{2}}{2}}$보다 아래쪽에 있는 부분의 x의 값의 범위와 같다.

따라서 구하는 해는 $\boxed{\frac{\pi}{4}}<x<\boxed{\frac{7}{4}\pi}$

$\therefore$ (가): $\frac{\sqrt{2}}{2}$, (나): $\frac{\pi}{4}$, (다): $\frac{7}{4}\pi$

0594 답 $\frac{\pi}{3}<x<\frac{2}{3}\pi$

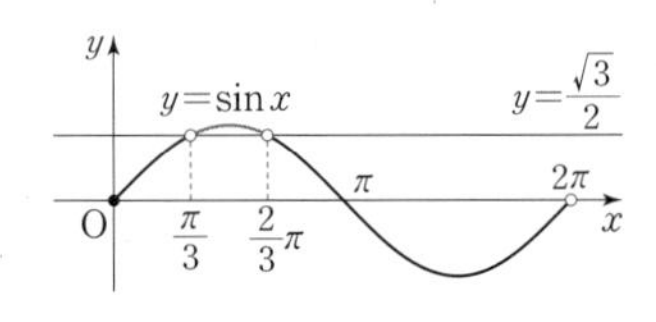

부등식 $\sin x>\frac{\sqrt{3}}{2}$의 해는 오른쪽 그림과 같이 $0\le x<2\pi$에서 함수 $y=\sin x$의 그래프가 직선 $y=\frac{\sqrt{3}}{2}$보다 위쪽에 있는 부분의 x의 값의 범위이므로

$\frac{\pi}{3}<x<\frac{2}{3}\pi$

0595 답 $\frac{\pi}{2}<x\le\frac{3}{4}\pi$ 또는 $\frac{3}{2}\pi<x\le\frac{7}{4}\pi$

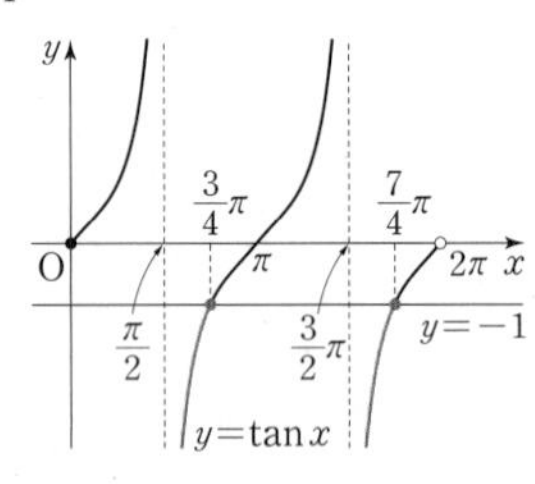

부등식 $\tan x\le-1$의 해는 오른쪽 그림과 같이 $0\le x<2\pi$에서 함수 $y=\tan x$의 그래프가 직선 $y=-1$과 만나거나 직선 $y=-1$보다 아래쪽에 있는 부분의 x의 값의 범위이므로

$\frac{\pi}{2}<x\le\frac{3}{4}\pi$ 또는 $\frac{3}{2}\pi<x\le\frac{7}{4}\pi$

중 **0596** 답 ③

$2\sin\left(x-\frac{\pi}{6}\right)=\sqrt{3}$에서 $\sin\left(x-\frac{\pi}{6}\right)=\frac{\sqrt{3}}{2}$

$x-\frac{\pi}{6}=t$로 놓으면 $0\le x\le\pi$에서 $-\frac{\pi}{6}\le t\le\frac{5}{6}\pi$이고

주어진 방정식은 $\sin t=\frac{\sqrt{3}}{2}$

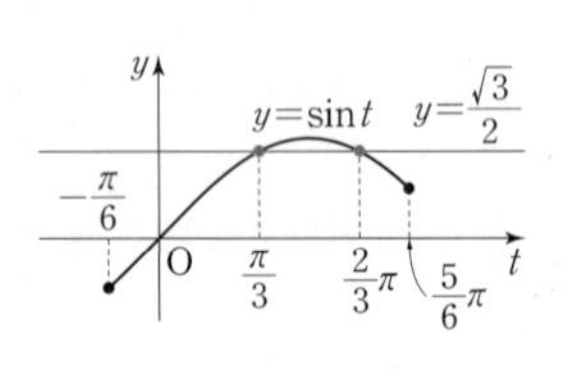

오른쪽 그림과 같이 $-\frac{\pi}{6}\le t\le\frac{5}{6}\pi$에서 함수 $y=\sin t$의 그래프와 직선 $y=\frac{\sqrt{3}}{2}$의 교점의 t좌표가 $\frac{\pi}{3}$, $\frac{2}{3}\pi$이므로

$x-\frac{\pi}{6}=\frac{\pi}{3}$ 또는 $x-\frac{\pi}{6}=\frac{2}{3}\pi$

$\therefore x=\frac{\pi}{2}$ 또는 $x=\frac{5}{6}\pi$

따라서 모든 근의 합은

$\frac{\pi}{2}+\frac{5}{6}\pi=\frac{4}{3}\pi$

중 **0597** 답 ②, ⑤

$|\cos 2x|=\frac{1}{2}$에서 $2x=t$로 놓으면 $0\le x<\pi$에서 $0\le t<2\pi$이고

주어진 방정식은 $|\cos t|=\frac{1}{2}$

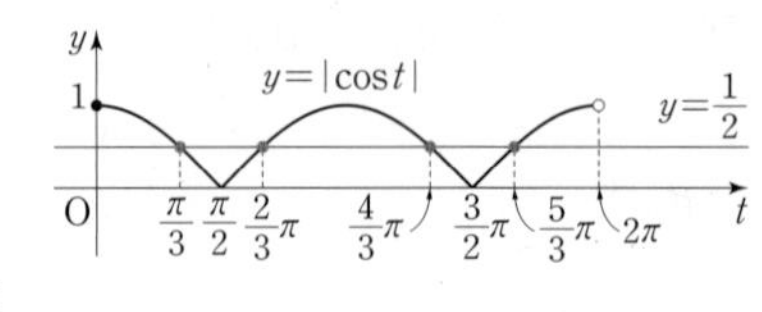

오른쪽 그림과 같이 $0\le t<2\pi$에서 함수 $y=|\cos t|$의 그래프와 직선 $y=\frac{1}{2}$의 교점의 t좌표가 $\frac{\pi}{3}$, $\frac{2}{3}\pi$, $\frac{4}{3}\pi$, $\frac{5}{3}\pi$이므로

$2x=\frac{\pi}{3}$ 또는 $2x=\frac{2}{3}\pi$ 또는 $2x=\frac{4}{3}\pi$ 또는 $2x=\frac{5}{3}\pi$

$\therefore x=\frac{\pi}{6}$ 또는 $x=\frac{\pi}{3}$ 또는 $x=\frac{2}{3}\pi$ 또는 $x=\frac{5}{6}\pi$

따라서 주어진 방정식의 근이 아닌 것은 ②, ⑤이다.

중 **0598** 답 $\frac{1}{2}$

$x=\frac{\pi}{2}$ 또는 $x=\frac{3}{2}\pi$가 방정식 $\sin x=\sqrt{3}\cos x$의 근이 아니므로

$\cos x\ne0$

$\sin x=\sqrt{3}\cos x$의 양변을 $\cos x$로 나누면

$\frac{\sin x}{\cos x}=\sqrt{3}\qquad\therefore \tan x=\sqrt{3}$

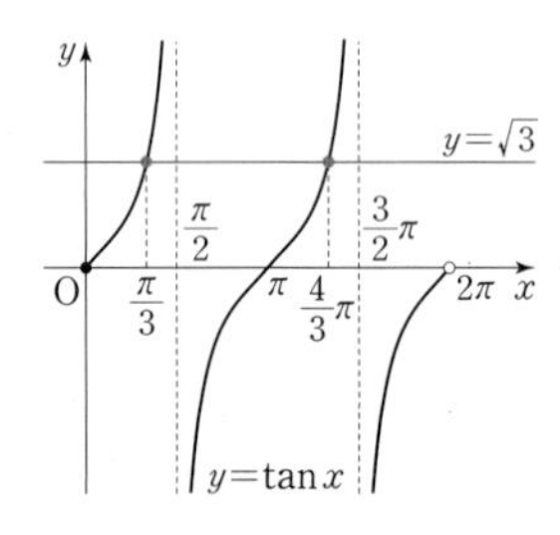

오른쪽 그림과 같이 $0\le x<2\pi$에서 함수 $y=\tan x$의 그래프와 직선 $y=\sqrt{3}$의 교점의 x좌표가 $\frac{\pi}{3}$, $\frac{4}{3}\pi$이므로

$x=\frac{\pi}{3}$ 또는 $x=\frac{4}{3}\pi$

따라서 $\alpha+\beta=\frac{\pi}{3}+\frac{4}{3}\pi=\frac{5}{3}\pi$이므로

$$\cos(\alpha+\beta)=\cos\frac{5}{3}\pi=\cos\left(2\pi-\frac{\pi}{3}\right)=\cos\frac{\pi}{3}=\frac{1}{2}$$

상 **0599** 답 $\frac{2}{3}\pi$

해결 과정 $\pi\cos x=t$로 놓으면 $-\pi\le x<\pi$에서

$-1\le\cos x\le1\qquad\therefore -\pi\le t\le\pi$ ◀ 30 %

이때 주어진 방정식은 $\sin t=1$이므로

$t=\frac{\pi}{2}$

즉, $\pi\cos x=\frac{\pi}{2}$이므로 $\cos x=\frac{1}{2}$

$\therefore x=\frac{\pi}{3}$ 또는 $x=-\frac{\pi}{3}$ ◀ 50 %

답 구하기 따라서 두 근의 차는

$\frac{\pi}{3}-\left(-\frac{\pi}{3}\right)=\frac{2}{3}\pi$ ◀ 20 %

중 0600 답 π

$8\cos^2 x+2\sin x-7=0$에서

$8(1-\sin^2 x)+2\sin x-7=0$

$8\sin^2 x-2\sin x-1=0$

$(4\sin x+1)(2\sin x-1)=0$

$\therefore \sin x=-\frac{1}{4}$ 또는 $\sin x=\frac{1}{2}$

그런데 $0\le x<\pi$에서 $0\le \sin x\le 1$이므로 $\sin x=\frac{1}{2}$

$\therefore x=\frac{\pi}{6}$ 또는 $x=\frac{5}{6}\pi$

따라서 모든 근의 합은

$\frac{\pi}{6}+\frac{5}{6}\pi=\pi$

중 0601 답 ④

$\tan x-\frac{1}{\tan x}=\frac{2\sqrt{3}}{3}$에서 $\tan x\ne 0$이므로 양변에 $3\tan x$를 곱하면

$3\tan^2 x-3=2\sqrt{3}\tan x$

$3\tan^2 x-2\sqrt{3}\tan x-3=0$

$(\sqrt{3}\tan x+1)(\sqrt{3}\tan x-3)=0$

$\therefore \tan x=-\frac{\sqrt{3}}{3}$ 또는 $\tan x=\sqrt{3}$

$0\le x<2\pi$이므로

$\tan x=-\frac{\sqrt{3}}{3}$에서 $x=\frac{5}{6}\pi$ 또는 $x=\frac{11}{6}\pi$

$\tan x=\sqrt{3}$에서 $x=\frac{\pi}{3}$ 또는 $x=\frac{4}{3}\pi$

따라서 $M=\frac{11}{6}\pi$, $m=\frac{\pi}{3}$이므로

$M-m=\frac{3}{2}\pi$

상 0602 답 $x=\frac{3}{4}\pi$

$\sin^2 x+\cos^2 x=1$이므로

$3\sin^2 x+\sin x\cos x-1=0$에서

$3\sin^2 x+\sin x\cos x-(\sin^2 x+\cos^2 x)=0$

$2\sin^2 x+\sin x\cos x-\cos^2 x=0$

$(\sin x+\cos x)(2\sin x-\cos x)=0$

$\therefore \sin x=-\cos x$ 또는 $2\sin x=\cos x$

이때 $\frac{\pi}{2}<x<\pi$에서 $\cos x\ne 0$이므로 위의 식의 양변을 $\cos x$로 나누면

$\frac{\sin x}{\cos x}=-1$ 또는 $\frac{2\sin x}{\cos x}=1$

즉, $\tan x=-1$ 또는 $2\tan x=1$이므로

$\tan x=-1$ 또는 $\tan x=\frac{1}{2}$

그런데 $\frac{\pi}{2}<x<\pi$에서 $\tan x<0$이므로 $\tan x=-1$

$\therefore x=\frac{3}{4}\pi$

중 0603 답 ②

방정식 $\cos\pi x=\frac{1}{5}x$의 서로 다른 양의 실근의 개수는 $x>0$일 때, 함수 $y=\cos\pi x$의 그래프와 직선 $y=\frac{1}{5}x$의 교점의 개수와 같다.

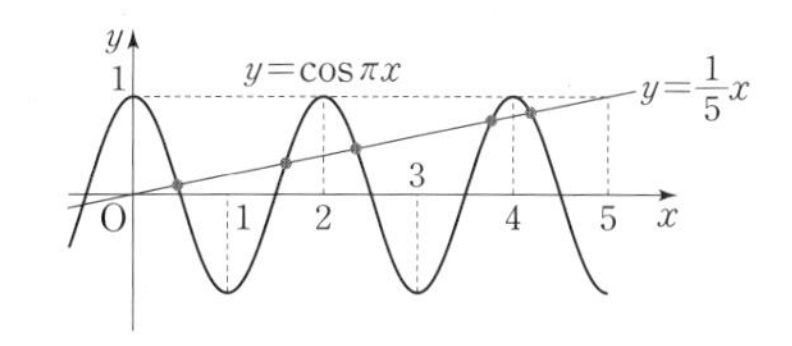

위의 그림에서 $x>0$일 때, 함수 $y=\cos\pi x$의 그래프와 직선 $y=\frac{1}{5}x$의 교점의 개수는 5이므로 방정식 $\cos\pi x=\frac{1}{5}x$의 서로 다른 양의 실근의 개수는 5이다.

참고 $y=\frac{1}{5}x$에서 $x>5$이면 $y>1$이므로 $x>5$에서 직선 $y=\frac{1}{5}x$는 함수 $y=\cos\pi x$의 그래프와 만나지 않는다.

중 0604 답 ③

방정식 $\sin x=\tan 2x$의 서로 다른 실근의 개수는 두 함수 $y=\sin x$, $y=\tan 2x$의 그래프의 교점의 개수와 같다.

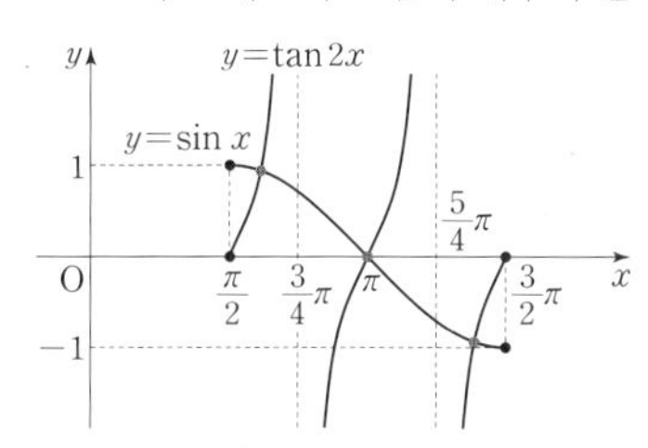

위의 그림에서 $\frac{\pi}{2}\le x\le\frac{3}{2}\pi$일 때, 두 함수 $y=\sin x$, $y=\tan 2x$의 그래프의 교점의 개수는 3이므로 방정식 $\sin x=\tan 2x$의 서로 다른 실근의 개수는 3이다.

중 0605 답 1

$0<x<2\pi$일 때, 방정식 $|\cos x|=\frac{1}{3}$의 실근은 함수 $y=|\cos x|$의 그래프와 직선 $y=\frac{1}{3}$의 교점의 x좌표와 같다.

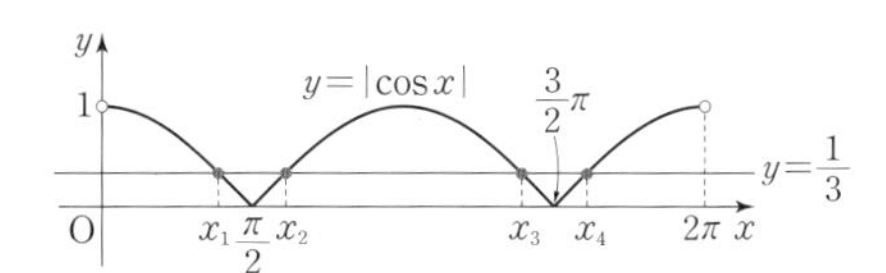

위의 그림에서 $\frac{x_1+x_2}{2}=\frac{\pi}{2}$, $\frac{x_3+x_4}{2}=\frac{3}{2}\pi$이므로

$\sin\frac{x_1+x_2}{2}+\cos\frac{x_3+x_4}{2}=\sin\frac{\pi}{2}+\cos\frac{3}{2}\pi$

$=1+0=1$

중 0606 답 ③

$\sin^2 x-2\cos x+k=0$에서

$(1-\cos^2 x)-2\cos x+k=0$

$\therefore \cos^2 x+2\cos x-1=k$

주어진 방정식이 실근을 가지려면 함수 $y=\cos^2 x+2\cos x-1$의 그래프와 직선 $y=k$의 교점이 존재해야 한다.

06

$y=\cos^2 x+2\cos x-1$에서
$\cos x=t$로 놓으면 $-1\le t\le 1$이고
$y=t^2+2t-1$
$\quad=(t+1)^2-2$
오른쪽 그림에서 주어진 방정식이 실근을 갖도록 하는 실수 k의 값의 범위는
$-2\le k\le 2$

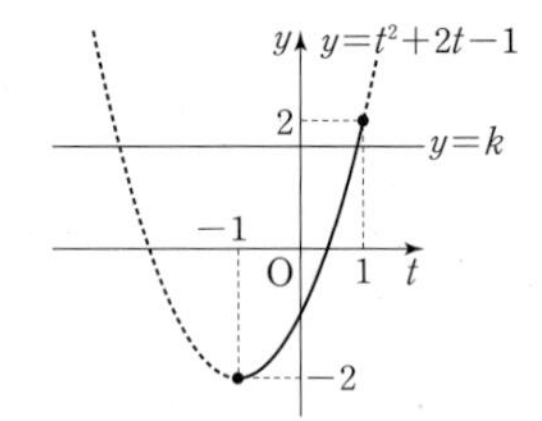

중 0607 답 ⑤

$\sin\left(x-\frac{\pi}{2}\right)=-\sin\left(\frac{\pi}{2}-x\right)=-\cos x$이므로 주어진 방정식은
$2\cos^2 x-4\cos x-a=0$
$\therefore 2\cos^2 x-4\cos x=a$
주어진 방정식이 실근을 가지려면 함수 $y=2\cos^2 x-4\cos x$의 그래프와 직선 $y=a$의 교점이 존재해야 한다.
$y=2\cos^2 x-4\cos x$에서
$\cos x=t$로 놓으면 $-1\le t\le 1$이고
$y=2t^2-4t=2(t-1)^2-2$
오른쪽 그림에서 주어진 방정식이 실근을 갖도록 하는 실수 a의 값의 범위는
$-2\le a\le 6$
따라서 실수 a의 최댓값은 6이다.

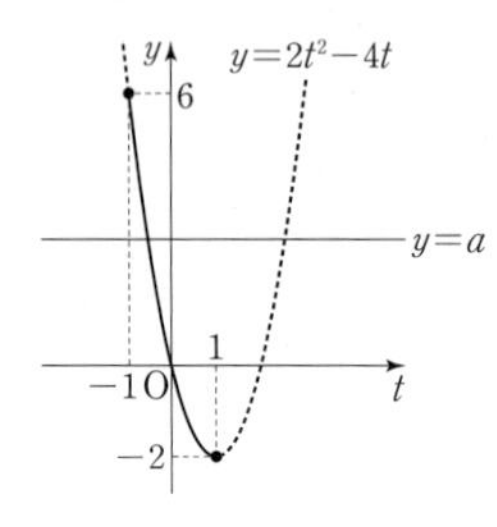

상 0608 답 4

[문제 이해] $\cos\left(\frac{3}{2}\pi+x\right)=\sin x$이므로 주어진 방정식은
$\sin x+\sin x-a=0$, $2\sin x=a$
$\therefore \sin x=\frac{a}{2}$
주어진 방정식이 하나의 실근을 가지려면 함수 $y=\sin x$의 그래프와 직선 $y=\frac{a}{2}$가 한 점에서 만나야 한다. ◀ 30 %

[해결 과정] 오른쪽 그림과 같이 $0<x\le\frac{3}{2}\pi$에서 함수 $y=\sin x$의 그래프와 직선 $y=\frac{a}{2}$의 교점의 개수가 1이려면
$\frac{a}{2}=1$ 또는 $-1\le\frac{a}{2}\le 0$
$\therefore a=2$ 또는 $-2\le a\le 0$ ◀ 50 %

[답 구하기] 따라서 정수 a는 $-2, -1, 0, 2$의 4개이다. ◀ 20 %

중 0609 답 $\frac{\pi}{2}$

$\cos\left(x-\frac{\pi}{4}\right)>\frac{\sqrt{3}}{2}$에서 $x-\frac{\pi}{4}=t$로 놓으면
$0<x\le 2\pi$에서 $-\frac{\pi}{4}<t\le\frac{7}{4}\pi$이고 주어진 부등식은 $\cos t>\frac{\sqrt{3}}{2}$

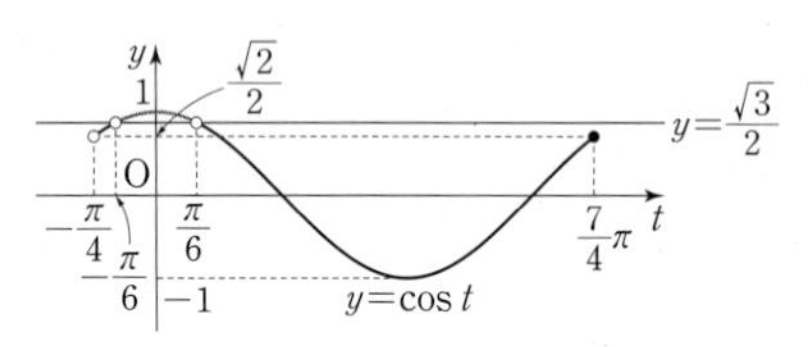

부등식 $\cos t>\frac{\sqrt{3}}{2}$의 해는 앞의 그림과 같이 $-\frac{\pi}{4}<t\le\frac{7}{4}\pi$에서 함수 $y=\cos t$의 그래프가 직선 $y=\frac{\sqrt{3}}{2}$보다 위쪽에 있는 부분의 t의 값의 범위이므로
$-\frac{\pi}{6}<t<\frac{\pi}{6}$
즉, $-\frac{\pi}{6}<x-\frac{\pi}{4}<\frac{\pi}{6}$이므로
$\frac{\pi}{12}<x<\frac{5}{12}\pi$
따라서 $\alpha=\frac{\pi}{12}$, $\beta=\frac{5}{12}\pi$이므로
$\alpha+\beta=\frac{\pi}{2}$

하 0610 답 $-\pi<x\le-\frac{5}{6}\pi$ 또는 $-\frac{\pi}{6}\le x<\frac{\pi}{4}$ 또는 $\frac{3}{4}\pi<x\le\pi$

다음 그림과 같이 $-\pi<x\le\pi$에서 부등식 $-\frac{1}{2}\le\sin x<\frac{\sqrt{2}}{2}$의 해는 함수 $y=\sin x$의 그래프가 직선 $y=-\frac{1}{2}$과 만나거나 직선 $y=-\frac{1}{2}$과 직선 $y=\frac{\sqrt{2}}{2}$ 사이에 있는 부분의 x의 값의 범위이다.

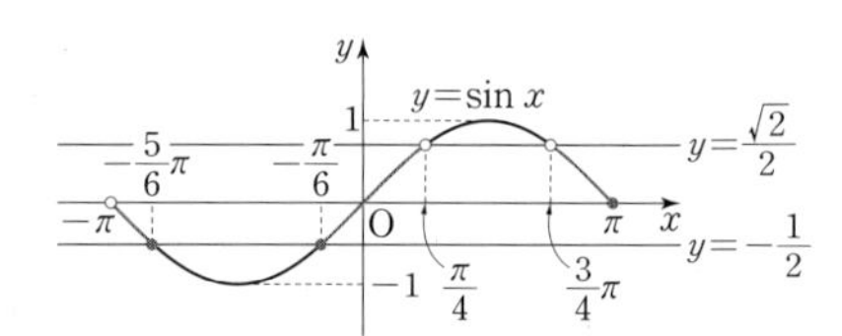

따라서 구하는 해는
$-\pi<x\le-\frac{5}{6}\pi$ 또는 $-\frac{\pi}{6}\le x<\frac{\pi}{4}$ 또는 $\frac{3}{4}\pi<x\le\pi$

중 0611 답 ⑤

부등식 $\sin x>\cos x$의 해는 오른쪽 그림과 같이 $0\le x\le 2\pi$에서 함수 $y=\sin x$의 그래프가 함수 $y=\cos x$의 그래프보다 위쪽에 있는 부분의 x의 값의 범위이므로
$\frac{\pi}{4}<x<\frac{5}{4}\pi$
따라서 부등식 $\sin x>\cos x$의 해가 아닌 것은 ⑤이다.

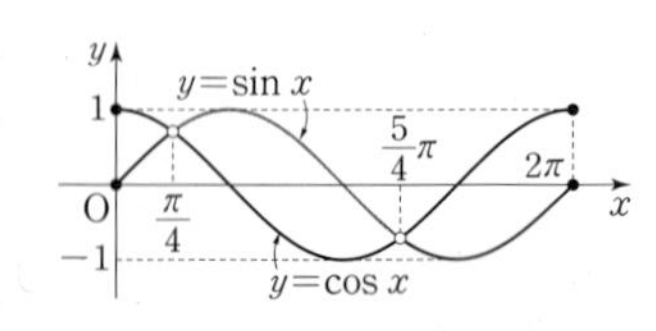

중 0612 답 $\frac{4}{3}\pi$

$\sqrt{3}\tan x-3\le 0$에서 $\tan x\le\sqrt{3}$
부등식 $\tan x\le\sqrt{3}$의 해는 오른쪽 그림과 같이 $\frac{\pi}{2}<x<\frac{3}{2}\pi$에서 함수 $y=\tan x$의 그래프가 직선 $y=\sqrt{3}$과 만나거나 직선 $y=\sqrt{3}$보다 아래쪽에 있는 부분의 x의 값의 범위이므로
$\frac{\pi}{2}<x\le\frac{4}{3}\pi$
따라서 x의 최댓값은 $\frac{4}{3}\pi$이다.

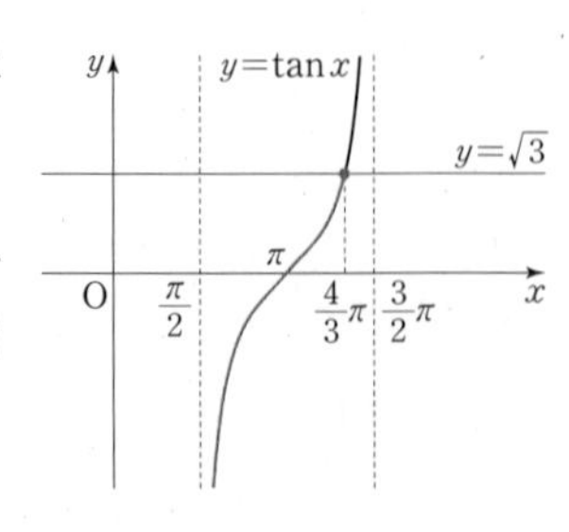

중 0613 답 ③

$2\sin^2 x-3\cos x\geq 0$에서

$2(1-\cos^2 x)-3\cos x\geq 0$

$2\cos^2 x+3\cos x-2\leq 0$

$(\cos x+2)(2\cos x-1)\leq 0$

$0\leq x<2\pi$에서 $\cos x+2>0$이므로

$2\cos x-1\leq 0$

$\therefore \cos x\leq \frac{1}{2}$

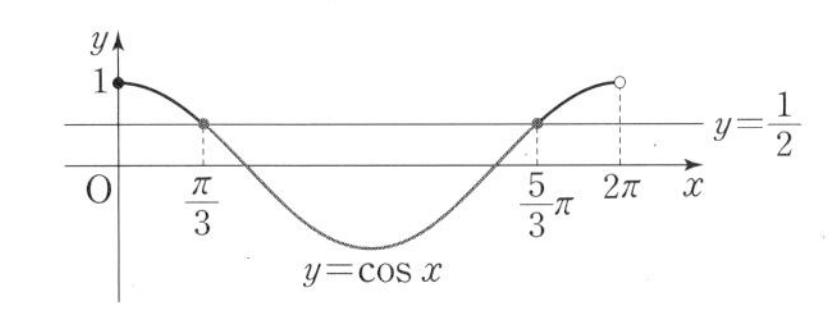

위의 그림과 같이 $0\leq x<2\pi$에서 주어진 부등식의 해는

$\frac{\pi}{3}\leq x\leq \frac{5}{3}\pi$

하 0614 답 ①

$\tan^2 x+(\sqrt{3}+1)\tan x+\sqrt{3}<0$에서

$(\tan x+\sqrt{3})(\tan x+1)<0$

$\therefore -\sqrt{3}<\tan x<-1$

오른쪽 그림과 같이 $0\leq x<\pi$에서 주어진 부등식의 해는

$\frac{2}{3}\pi<x<\frac{3}{4}\pi$

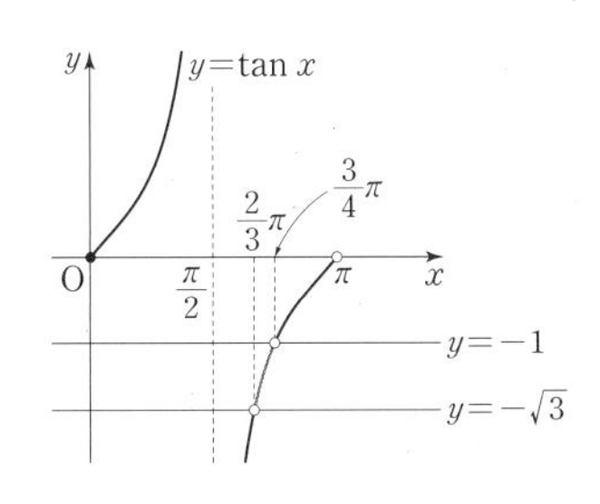

따라서 $\alpha=\frac{2}{3}\pi$, $\beta=\frac{3}{4}\pi$이므로

$\beta-\alpha=\frac{\pi}{12}$

중 0615 답 5

$\sin\left(\frac{\pi}{2}+x\right)=\cos x$이므로 주어진 부등식은

$2\cos^2 x-5\sin x+1\leq 0$

$2(1-\sin^2 x)-5\sin x+1\leq 0$

$2\sin^2 x+5\sin x-3\geq 0$

$(2\sin x-1)(\sin x+3)\geq 0$

$0\leq x<\pi$에서 $\sin x+3>0$이므로

$2\sin x-1\geq 0$

$\therefore \sin x\geq \frac{1}{2}$

오른쪽 그림과 같이 $0\leq x<\pi$에서 주어진 부등식의 해는

$\frac{\pi}{6}\leq x\leq \frac{5}{6}\pi$

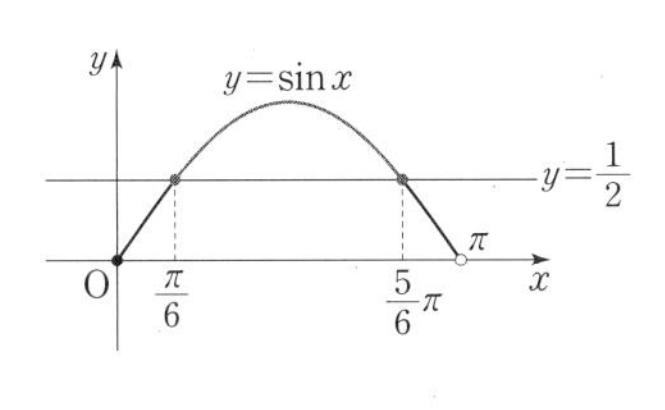

따라서 $\alpha=\frac{\pi}{6}$, $\beta=\frac{5}{6}\pi$이므로

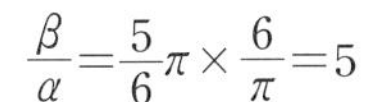

$\frac{\beta}{\alpha}=\frac{5}{6}\pi\times\frac{6}{\pi}=5$

상 0616 답 $a<-1$

$\cos^2\theta-2\sin\theta-1+a<0$에서

$(1-\sin^2\theta)-2\sin\theta-1+a<0$

$\therefore \sin^2\theta+2\sin\theta>a$

$\sin\theta=t$로 놓으면 $-1\leq t\leq 1$이고

주어진 부등식은 $t^2+2t>a$

함수 $y=t^2+2t=(t+1)^2-1$은 오른쪽 그림과 같이 $t=-1$일 때 최솟값 -1을 가지므로 $-1\leq t\leq 1$에서 주어진 부등식이 항상 성립하려면

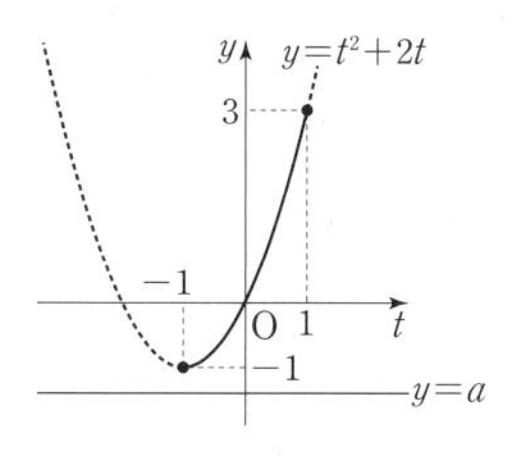

$a<-1$

중 0617 답 $\frac{5}{6}\pi$

이차방정식 $x^2+2\sqrt{3}x\sin\theta+\cos^2\theta-2\cos\theta+3=0$이 중근을 가지려면 이 이차방정식의 판별식을 D라 할 때,

$\frac{D}{4}=(\sqrt{3}\sin\theta)^2-(\cos^2\theta-2\cos\theta+3)=0$

$3\sin^2\theta-\cos^2\theta+2\cos\theta-3=0$

$3(1-\cos^2\theta)-\cos^2\theta+2\cos\theta-3=0$

$2\cos^2\theta-\cos\theta=0$, $\cos\theta(2\cos\theta-1)=0$

$\therefore \cos\theta=0$ 또는 $\cos\theta=\frac{1}{2}$

$0\leq\theta\leq\pi$이므로

$\cos\theta=0$에서 $\theta=\frac{\pi}{2}$

$\cos\theta=\frac{1}{2}$에서 $\theta=\frac{\pi}{3}$

따라서 모든 θ의 값의 합은

$\frac{\pi}{2}+\frac{\pi}{3}=\frac{5}{6}\pi$

도움 개념 이차방정식의 근의 판별

계수가 실수인 이차방정식 $ax^2+bx+c=0$에서 $D=b^2-4ac$라 할 때,

(1) $D>0$이면 서로 다른 두 실근을 갖는다.

(2) $D=0$이면 중근(실근)을 갖는다.

(3) $D<0$이면 서로 다른 두 허근을 갖는다.

중 0618 답 $\frac{7}{6}\pi<\theta<\frac{11}{6}\pi$

[문제 이해] 모든 실수 x에 대하여 부등식

$x^2+2\sqrt{2}x\cos\theta-\sin\theta+1>0$

이 항상 성립하려면 이차방정식 $x^2+2\sqrt{2}x\cos\theta-\sin\theta+1=0$의 판별식을 D라 할 때,

$\frac{D}{4}=(\sqrt{2}\cos\theta)^2-(-\sin\theta+1)<0$ ◀ 30 %

[해결 과정] $2\cos^2\theta+\sin\theta-1<0$

$2(1-\sin^2\theta)+\sin\theta-1<0$, $2\sin^2\theta-\sin\theta-1>0$

$(2\sin\theta+1)(\sin\theta-1)>0$

$0\leq\theta<2\pi$에서 $\sin\theta-1\leq 0$이므로 $2\sin\theta+1<0$

$\therefore \sin\theta<-\frac{1}{2}$ ◀ 30 %

[답 구하기]

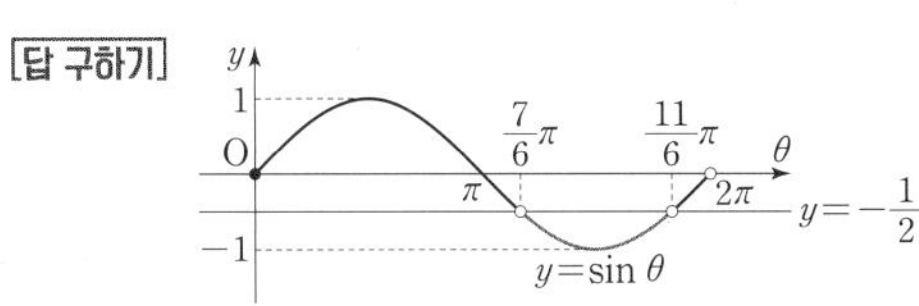

위의 그림과 같이 $0\leq\theta<2\pi$에서 구하는 θ의 값의 범위는

$\frac{7}{6}\pi<\theta<\frac{11}{6}\pi$ ◀ 40 %

06

도움 개념 이차부등식이 항상 성립할 조건

이차방정식 $ax^2+bx+c=0$의 판별식을 D라 할 때, 모든 실수 x에 대하여

(1) 이차부등식 $ax^2+bx+c>0$이 성립 $\Longleftrightarrow a>0,\ D<0$

(2) 이차부등식 $ax^2+bx+c\geq 0$이 성립 $\Longleftrightarrow a>0,\ D\leq 0$

(3) 이차부등식 $ax^2+bx+c<0$이 성립 $\Longleftrightarrow a<0,\ D<0$

(4) 이차부등식 $ax^2+bx+c\leq 0$이 성립 $\Longleftrightarrow a<0,\ D\leq 0$

㊥0619 답 ⑤

$y=x^2-2x\sin\theta+\cos^2\theta$

$\quad=(x-\sin\theta)^2+\cos^2\theta-\sin^2\theta$

이므로 주어진 이차함수의 그래프의 꼭짓점의 좌표는

$(\sin\theta,\ \cos^2\theta-\sin^2\theta)$

이 꼭짓점이 직선 $y=2x+1$ 위에 있으려면

$\cos^2\theta-\sin^2\theta=2\sin\theta+1$

$(1-\sin^2\theta)-\sin^2\theta=2\sin\theta+1$

$\sin^2\theta+\sin\theta=0$

$\sin\theta(\sin\theta+1)=0$

$0<\theta\leq\pi$에서 $\sin\theta+1>0$이므로

$\sin\theta=0$

$\therefore\ \theta=\pi$

≫ 102~105쪽

중단원 마무리

0620 답 ②

함수 $f(x)$의 주기가 p이므로 모든 실수 x에 대하여

$f(x+p)=f(x)$

$$\therefore\ \sin\left(2p-\frac{\pi}{3}\right)\cos\left(2p+\frac{\pi}{3}\right)=f(2p)=f(p)=f(0)=\sin\left(-\frac{\pi}{3}\right)\cos\frac{\pi}{3}=\left(-\frac{\sqrt{3}}{2}\right)\times\frac{1}{2}=-\frac{\sqrt{3}}{4}$$

0621 답 1

$y=\tan\frac{\pi}{3}x$의 그래프를 x축의 방향으로 $\frac{1}{2}$만큼 평행이동한 그래프의 식은

$y=\tan\frac{\pi}{3}\left(x-\frac{1}{2}\right)$

이 그래프가 점 $\left(\frac{5}{4},\ a\right)$를 지나므로

$a=\tan\frac{\pi}{3}\left(\frac{5}{4}-\frac{1}{2}\right)$

$\quad=\tan\frac{\pi}{4}=1$

0622 답 ③

ㄱ. 주기가 $\frac{\pi}{|4|}=\frac{\pi}{4}$인 주기함수이다.

ㄴ. 치역은 $\{y\,|\,y$는 모든 실수$\}$이다.

ㄷ. 함수 $y=-2\tan 4x$의 그래프의 점근선의 방정식은

$4x=n\pi+\frac{\pi}{2}\qquad\therefore\ x=\frac{n}{4}\pi+\frac{\pi}{8}$ (n은 정수)

이상에서 옳은 것은 ㄱ, ㄷ이다.

0623 답 ④

함수 $y=\tan x$의 그래프가 점 $\left(\frac{\pi}{3},\ c\right)$를 지나므로

$\tan\frac{\pi}{3}=c$

$\therefore\ c=\sqrt{3}$

함수 $y=a\sin bx$의 주기가 π이고 $b>0$이므로

$\frac{2\pi}{b}=\pi$

$\therefore\ b=2$

함수 $y=a\sin 2x$의 그래프가 점 $\left(\frac{\pi}{3},\ \sqrt{3}\right)$을 지나므로

$a\sin\frac{2}{3}\pi=\sqrt{3}$

$\frac{\sqrt{3}}{2}a=\sqrt{3}$

$\therefore\ a=2$

$\therefore\ abc=2\times2\times\sqrt{3}=4\sqrt{3}$

0624 답 ②

ㄱ. $y=\sin|x|$의 그래프는 $y=\sin x$의 그래프에서 $x\geq 0$인 부분만 그린 후, $x\geq 0$인 부분을 y축에 대하여 대칭이동한 것이므로 다음 그림과 같다.

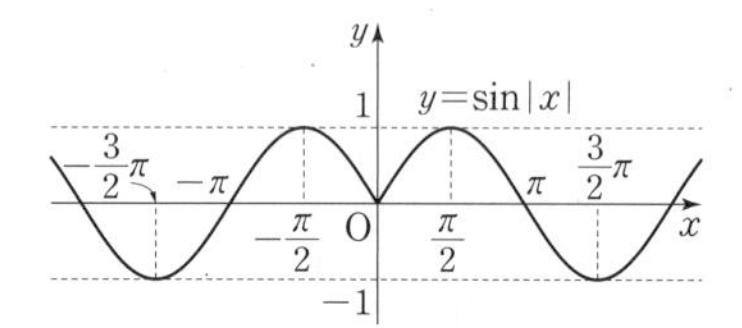

함수 $y=\sin\left|x-\frac{\pi}{2}\right|$의 그래프는 $y=\sin|x|$의 그래프를 x축의 방향으로 $\frac{\pi}{2}$만큼 평행이동한 것이므로 주기함수가 아니다.

ㄴ. $y=|\cos x|$의 그래프는 $y=\cos x$의 그래프에서 $y\geq 0$인 부분은 그대로 두고, $y<0$인 부분을 x축에 대하여 대칭이동한 것이므로 다음 그림과 같다.

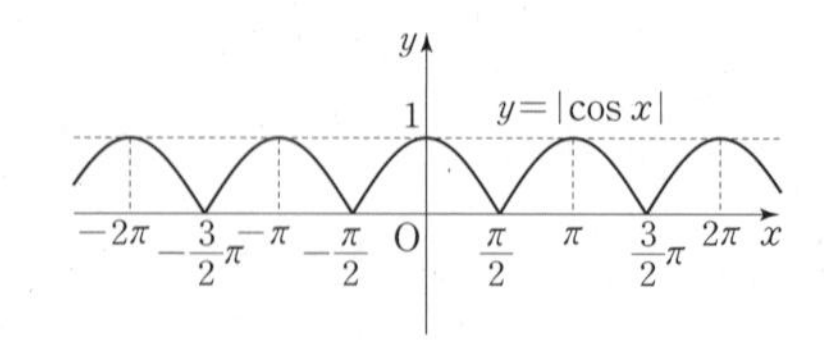

함수 $y=\left|\cos\left(x-\frac{\pi}{2}\right)\right|$의 그래프는 $y=|\cos x|$의 그래프를 x축의 방향으로 $\frac{\pi}{2}$만큼 평행이동한 것이므로 주기가 π인 주기함수이다.

ㄷ. $y=\tan|x|$의 그래프는 $y=\tan x$의 그래프에서 $x\geq0$인 부분만 그린 후, $x\geq0$인 부분을 y축에 대하여 대칭이동한 것이므로 다음 그림과 같다.

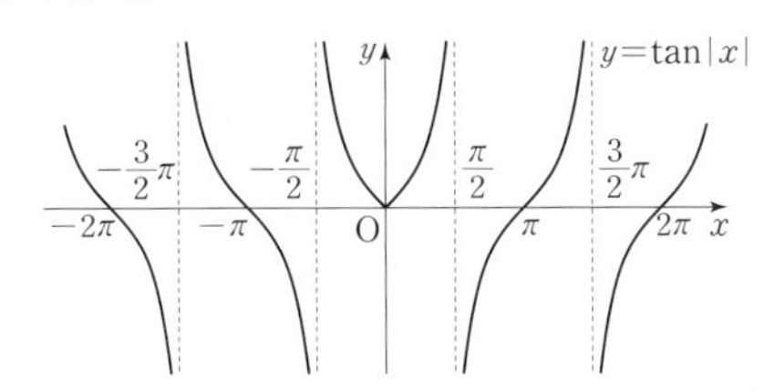

함수 $y=\tan\left|x-\frac{\pi}{2}\right|$의 그래프는 $y=\tan|x|$의 그래프를 x축의 방향으로 $\frac{\pi}{2}$만큼 평행이동한 것이므로 주기함수가 아니다.

이상에서 주기함수인 것은 ㄴ뿐이다.

0625 답 -16

직선 $3x-4y+1=0$, 즉 $y=\frac{3}{4}x+\frac{1}{4}$이 x축의 양의 방향과 이루는 예각의 크기가 θ이므로

$\tan\theta=\frac{3}{4}$, $\frac{\sin\theta}{\cos\theta}=\frac{3}{4}$ $\quad\therefore 4\sin\theta=3\cos\theta$

위의 식의 양변을 제곱하면 $16\sin^2\theta=9\cos^2\theta$

$16(1-\cos^2\theta)=9\cos^2\theta$, $25\cos^2\theta=16$ $\quad\therefore \cos^2\theta=\frac{16}{25}$

이때 $\sin\left(\frac{\pi}{2}+\theta\right)=\cos\theta$, $\cos(\pi-\theta)=-\cos\theta$이므로

$$25\sin\left(\frac{\pi}{2}+\theta\right)\cos(\pi-\theta)=-25\cos^2\theta=(-25)\times\frac{16}{25}=-16$$

0626 답 1

$y=\sin^2 x+(|\cos x|+a)^2$

$=\sin^2 x+\cos^2 x+2a|\cos x|+a^2$

$=2a|\cos x|+a^2+1$

$a>0$이고 $0\leq|\cos x|\leq1$이므로

$a^2+1\leq 2a|\cos x|+a^2+1\leq a^2+2a+1$

이때 최댓값과 최솟값의 합이 6이므로

$(a^2+2a+1)+(a^2+1)=6$

$2a^2+2a+2=6$, $a^2+a-2=0$

$(a+2)(a-1)=0$ $\quad\therefore a=-2$ 또는 $a=1$

그런데 $a>0$이므로 $a=1$

0627 답 5

$y=\frac{2\cos x-a}{\cos x-2}$에서 $\cos x=t$로 놓으면 $-1\leq t\leq1$이고

$y=\frac{2t-a}{t-2}=\frac{2(t-2)+4-a}{t-2}$

$=\frac{4-a}{t-2}+2$

(i) $a<4$인 경우

오른쪽 그림에서 $t=-1$일 때 최댓값 3을 가지므로

$\frac{-2-a}{-1-2}=3$ $\quad\therefore a=7$

그런데 $a<4$를 만족시키지 않는다.

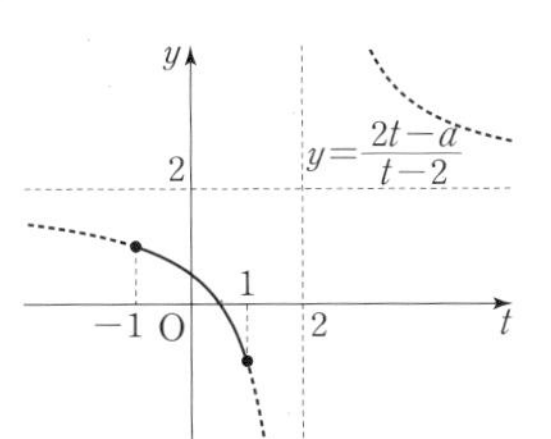

(ii) $a>4$인 경우

오른쪽 그림에서 $t=1$일 때 최댓값 3을 가지므로

$\frac{2-a}{1-2}=3$ $\quad\therefore a=5$

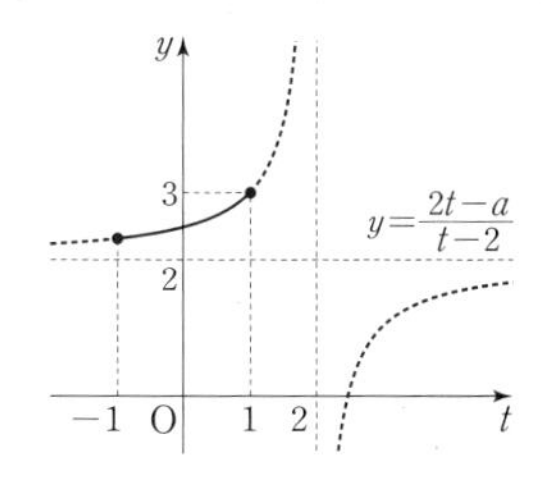

(i), (ii)에서 $a=5$

0628 답 ②

$\cos\left(\frac{3}{2}\pi-x\right)=-\sin x$이므로 주어진 방정식은

$2\sin x+\sin x=\frac{3\sqrt{2}}{2}$, $3\sin x=\frac{3\sqrt{2}}{2}$

$\therefore \sin x=\frac{\sqrt{2}}{2}$

오른쪽 그림과 같이 $0\leq x<2\pi$에서 함수 $y=\sin x$의 그래프와 직선 $y=\frac{\sqrt{2}}{2}$의 교점의 x좌표가 $\frac{\pi}{4}$, $\frac{3}{4}\pi$이므로

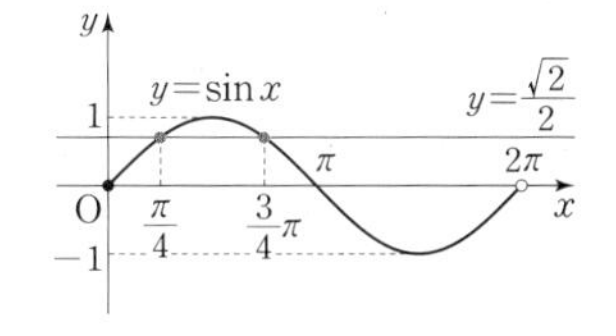

$x=\frac{\pi}{4}$ 또는 $x=\frac{3}{4}\pi$

$\therefore |\alpha-\beta|=\left|\frac{\pi}{4}-\frac{3}{4}\pi\right|=\frac{\pi}{2}$

0629 답 ④

$2\sin^2 x+3\cos x=3$에서

$2(1-\cos^2 x)+3\cos x=3$

$2\cos^2 x-3\cos x+1=0$

$(2\cos x-1)(\cos x-1)=0$

$\therefore \cos x=\frac{1}{2}$ 또는 $\cos x=1$

$0\leq x<2\pi$이므로

$\cos x=\frac{1}{2}$에서 $x=\frac{\pi}{3}$ 또는 $x=\frac{5}{3}\pi$

$\cos x=1$에서 $x=0$

따라서 모든 해의 합은

$\frac{\pi}{3}+\frac{5}{3}\pi+0=2\pi$

0630 답 ④

$\cos\left(\frac{\pi}{2}-x\right)=\sin x$이므로 주어진 방정식은

$\sin^2 x=\frac{1}{3}$

$\therefore \sin x=\frac{\sqrt{3}}{3}$ 또는 $\sin x=-\frac{\sqrt{3}}{3}$

다음 그림과 같이 $0\leq x<2\pi$에서 함수 $y=\sin x$의 그래프와 두 직선 $y=\frac{\sqrt{3}}{3}$, $y=-\frac{\sqrt{3}}{3}$의 교점의 x좌표를 작은 것부터 차례로 x_1, x_2, x_3, x_4라 하면

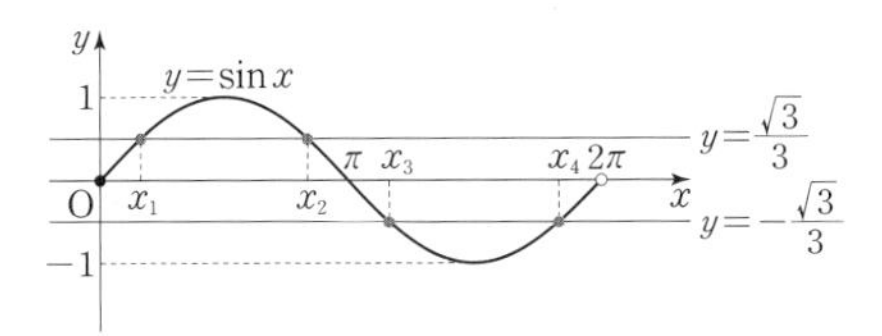

06

$\dfrac{x_1+x_2}{2}=\dfrac{\pi}{2}$이므로 $x_1+x_2=\pi$

$\dfrac{x_3+x_4}{2}=\dfrac{3}{2}\pi$이므로 $x_3+x_4=3\pi$

따라서 주어진 방정식의 모든 해의 합은

$x_1+x_2+x_3+x_4=\pi+3\pi=4\pi$

0631 답 2

$\cos\left(x+\dfrac{\pi}{2}\right)=-\sin x$이므로 주어진 방정식은

$2\sin^2 x-2\sin x=-\dfrac{a}{4}$

주어진 방정식이 서로 다른 2개의 실근을 가지려면 함수 $y=2\sin^2 x-2\sin x$의 그래프와 직선 $y=-\dfrac{a}{4}$의 교점의 개수가 2이어야 한다.

$y=2\sin^2 x-2\sin x$에서 $\sin x=t$로 놓으면

$-\dfrac{\pi}{2}\le x\le\dfrac{\pi}{2}$에서 $-1\le t\le 1$이고

$y=2t^2-2t=2\left(t-\dfrac{1}{2}\right)^2-\dfrac{1}{2}$

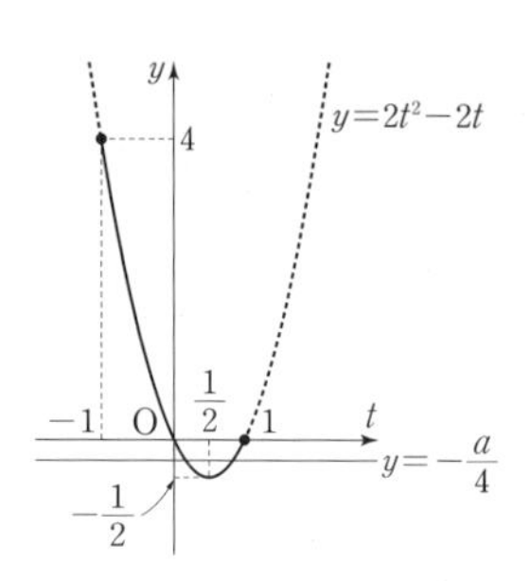

오른쪽 그림에서 주어진 방정식이 서로 다른 2개의 실근을 갖도록 하는 a의 값의 범위는

$-\dfrac{1}{2}<-\dfrac{a}{4}\le 0 \qquad \therefore 0\le a<2$

따라서 정수 a는 0, 1의 2개이다.

0632 답 ①

$x-\dfrac{\pi}{3}=t$로 놓으면 $x+\dfrac{\pi}{6}=t+\dfrac{\pi}{2}$

$0\le x<2\pi$에서 $-\dfrac{\pi}{3}\le t<\dfrac{5}{3}\pi$

$\cos\left(x+\dfrac{\pi}{6}\right)=\cos\left(t+\dfrac{\pi}{2}\right)=-\sin t$이므로 주어진 부등식은

$2\cos^2 t+\sin t-1\ge 0$

$2(1-\sin^2 t)+\sin t-1\ge 0$, $2\sin^2 t-\sin t-1\le 0$

$(2\sin t+1)(\sin t-1)\le 0 \qquad \therefore -\dfrac{1}{2}\le\sin t\le 1$

오른쪽 그림과 같이

$-\dfrac{\pi}{3}\le t<\dfrac{5}{3}\pi$에서

주어진 부등식의 해는

$-\dfrac{\pi}{6}\le t\le\dfrac{7}{6}\pi$이므로

$-\dfrac{\pi}{6}\le x-\dfrac{\pi}{3}\le\dfrac{7}{6}\pi \qquad \therefore \dfrac{\pi}{6}\le x\le\dfrac{3}{2}\pi$

따라서 주어진 부등식의 해가 아닌 것은 ①이다.

0633 답 0

이차방정식 $x^2+x+|\tan\theta|-1=0$이 실근을 가지려면 이 이차방정식의 판별식을 D라 할 때,

$D=1^2-4(|\tan\theta|-1)\ge 0$

$5-4|\tan\theta|\ge 0$, $|\tan\theta|\le\dfrac{5}{4}$

$\therefore -\dfrac{5}{4}\le\tan\theta\le\dfrac{5}{4}$

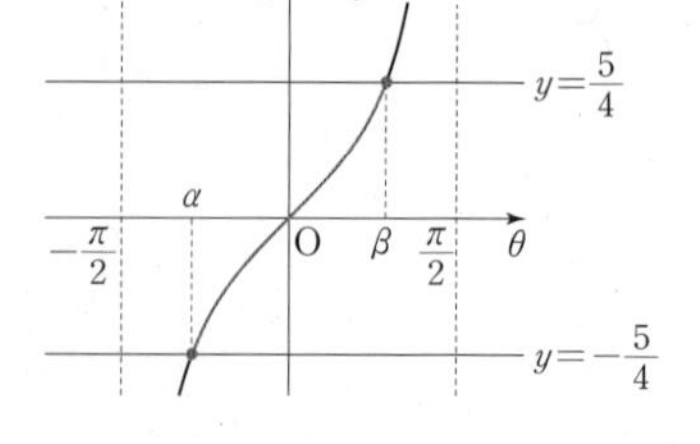

오른쪽 그림과 같이

$-\dfrac{\pi}{2}<\theta<\dfrac{\pi}{2}$에서 함수

$y=\tan\theta$의 그래프와 두 직선

$y=-\dfrac{5}{4}$, $y=\dfrac{5}{4}$의 교점의 θ좌표를 각각 α, β라 하면 θ의 값의 범위는

$\alpha\le\theta\le\beta$

즉, θ의 최댓값은 β, 최솟값은 α이고 함수 $y=\tan\theta$의 그래프는 원점에 대하여 대칭이므로

$\alpha=-\beta$

따라서 최댓값과 최솟값의 합은 $\beta+\alpha=\beta+(-\beta)=0$

0634 답 8

전략 사분원의 호를 5등분 하면 각 등분한 호에 대한 각의 크기는 $\frac{\pi}{2}\times\frac{1}{5}$임을 이용하여 $\angle P_n OB$의 크기를 구한 후, $\sin(\angle P_n OB)$의 값을 이용하여 $\overline{P_nQ_n}$의 길이를 삼각함수로 나타낸다.

$\angle P_1OB=\dfrac{\pi}{2}\times\dfrac{4}{5}=\dfrac{2}{5}\pi$, $\angle P_2OB=\dfrac{\pi}{2}\times\dfrac{3}{5}=\dfrac{3}{10}\pi$,

$\angle P_3OB=\dfrac{\pi}{2}\times\dfrac{2}{5}=\dfrac{\pi}{5}$, $\angle P_4OB=\dfrac{\pi}{2}\times\dfrac{1}{5}=\dfrac{\pi}{10}$

또, $\overline{P_nQ_n}=\overline{OP_n}\times\sin(\angle P_nOB)$이고, $\overline{OP_n}=2$이므로

$\overline{P_1Q_1}=2\sin\dfrac{2}{5}\pi$, $\overline{P_2Q_2}=2\sin\dfrac{3}{10}\pi$,

$\overline{P_3Q_3}=2\sin\dfrac{\pi}{5}$, $\overline{P_4Q_4}=2\sin\dfrac{\pi}{10}$

이때

$\sin\dfrac{2}{5}\pi=\sin\left(\dfrac{\pi}{2}-\dfrac{\pi}{10}\right)=\cos\dfrac{\pi}{10}$,

$\sin\dfrac{3}{10}\pi=\sin\left(\dfrac{\pi}{2}-\dfrac{\pi}{5}\right)=\cos\dfrac{\pi}{5}$

이므로

$\overline{P_1Q_1}^2+\overline{P_2Q_2}^2+\overline{P_3Q_3}^2+\overline{P_4Q_4}^2$

$=\left(2\sin\dfrac{2}{5}\pi\right)^2+\left(2\sin\dfrac{3}{10}\pi\right)^2+\left(2\sin\dfrac{\pi}{5}\right)^2+\left(2\sin\dfrac{\pi}{10}\right)^2$

$=4\sin^2\dfrac{2}{5}\pi+4\sin^2\dfrac{3}{10}\pi+4\sin^2\dfrac{\pi}{5}+4\sin^2\dfrac{\pi}{10}$

$=4\left(\cos^2\dfrac{\pi}{10}+\cos^2\dfrac{\pi}{5}+\sin^2\dfrac{\pi}{5}+\sin^2\dfrac{\pi}{10}\right)$

$=4(1+1)=8$

0635 답 256

전략 식에 주어진 값을 대입하여 삼각방정식을 세운다.

$m=144$, $L=10$, $t=2$일 때,

$h=20-10\cos\dfrac{4\pi}{\sqrt{144}}=20-10\cos\dfrac{\pi}{3}$

$\quad=20-10\times\dfrac{1}{2}=15 \qquad \cdots\cdots$ ㉠

$m=a$, $L=5\sqrt{2}$, $t=2$일 때,

$h=20-5\sqrt{2}\cos\dfrac{4\pi}{\sqrt{a}} \qquad \cdots\cdots$ ㉡

㉠과 ㉡이 같으므로

$20-5\sqrt{2}\cos\dfrac{4\pi}{\sqrt{a}}=15$, $5\sqrt{2}\cos\dfrac{4\pi}{\sqrt{a}}=5$

$\therefore \cos\dfrac{4\pi}{\sqrt{a}}=\dfrac{1}{\sqrt{2}}=\dfrac{\sqrt{2}}{2} \qquad \cdots\cdots$ ㉢

이때 $a\ge 100$에서 $0<\frac{1}{\sqrt{a}}\le\frac{1}{10}$이므로

$0<\frac{4\pi}{\sqrt{a}}\le\frac{2}{5}\pi$

따라서 ㉢에서

$\frac{4\pi}{\sqrt{a}}=\frac{\pi}{4}$, $\sqrt{a}=16$　　$\therefore a=256$

0636 답 $\frac{2}{3}\pi$

전략 $y=\sin kx$의 그래프는 직선 $x=\frac{\pi}{2k}$에 대하여 대칭임을 이용하여 점 A의 좌표를 k에 대한 식으로 나타내고, 주어진 함수식에 대입하여 삼각방정식을 세운다.

직사각형 ABCD에서 $\overline{BC}=1$이고 넓이가 $\frac{1}{2}$이므로

$\overline{AB}=\frac{1}{2}$

$\overline{BC}$의 중점을 M이라 하면

$\overline{OB}=\overline{OM}-\overline{BM}=\frac{\pi}{2k}-\frac{1}{2}$

따라서 $A\left(\frac{\pi}{2k}-\frac{1}{2}, \frac{1}{2}\right)$이므로

$\frac{1}{2}=\sin k\left(\frac{\pi}{2k}-\frac{1}{2}\right)$, $\sin\left(\frac{\pi}{2}-\frac{k}{2}\right)=\frac{1}{2}$

$\therefore \cos\frac{k}{2}=\frac{1}{2}$

이때 $0<k<\pi$에서 $0<\frac{k}{2}<\frac{\pi}{2}$이므로

$\frac{k}{2}=\frac{\pi}{3}$　　$\therefore k=\frac{2}{3}\pi$

0637 답 30

전략 함수 $y=\left|\cos x+\frac{1}{4}\right|$의 그래프와 직선 $y=k$가 서로 다른 세 점에서 만나도록 하는 실수 k의 값을 구한다.

$y=\left|\cos x+\frac{1}{4}\right|$의 그래프는 $y=\cos x+\frac{1}{4}$의 그래프에서 $y\ge 0$인 부분은 그대로 두고, $y<0$인 부분을 x축에 대하여 대칭이동한 것이므로 다음 그림과 같다.

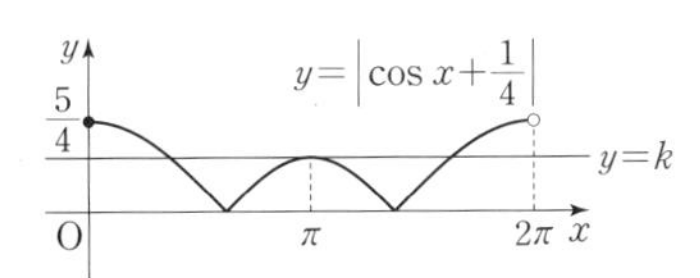

주어진 방정식이 서로 다른 3개의 실근을 가지려면 함수 $y=\left|\cos x+\frac{1}{4}\right|$의 그래프와 직선 $y=k$의 교점의 개수가 3이어야 한다. 이때 $y=\left|\cos x+\frac{1}{4}\right|$의 그래프는 점 (π, k)를 지나므로

$k=\left|\cos\pi+\frac{1}{4}\right|=\left|-1+\frac{1}{4}\right|=\frac{3}{4}$

따라서 $a=\frac{3}{4}$이므로 $40a=30$

0638 답 $-\frac{\pi}{3}\le x\le\frac{\pi}{3}$

전략 정수 n에 대하여 $n\le 2\cos x<n+1$이면 $[2\cos x]=n$임을 이용한다.

$-\frac{\pi}{2}\le x\le\frac{\pi}{2}$에서 $0\le\cos x\le 1$이므로 $0\le 2\cos x\le 2$

(i) $0\le 2\cos x<1$일 때,

$f(x)=[2\cos x]=0$이므로 $1\le f(x)\le 2$를 만족시키지 않는다.

(ii) $1\le 2\cos x<2$일 때,

$f(x)=[2\cos x]=1$이고,

$\frac{1}{2}\le\cos x<1$을 만족시키는 x의 값의 범위는 오른쪽 그림에서

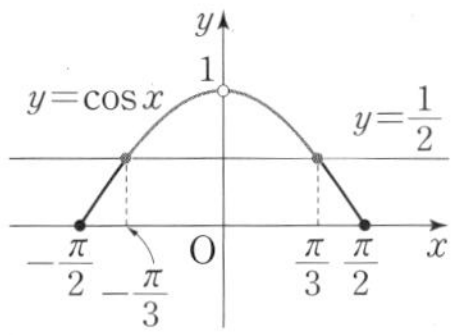

$-\frac{\pi}{3}\le x<0$ 또는 $0<x\le\frac{\pi}{3}$

(iii) $2\cos x=2$일 때,

$f(x)=[2\cos x]=2$

$\cos x=1$

$\therefore x=0$

이상에서 $1\le f(x)\le 2$를 만족시키는 x의 값의 범위는

$-\frac{\pi}{3}\le x\le\frac{\pi}{3}$

0639 답 4

해결 과정 $f(x)=a\cos bx$라 하면 $y=f(x)$의 그래프가 점 $(0, 2)$를 지나므로

$2=a\cos 0$

$\therefore a=2$　　◀ 30 %

$\frac{p+q}{2}=\frac{\pi}{2}$이므로 오른쪽 그림과 같이 함수 $y=2\cos bx$의 주기는 π이다.

즉, 함수 $y=2\cos bx$의 주기가 π이고 $b>0$이므로

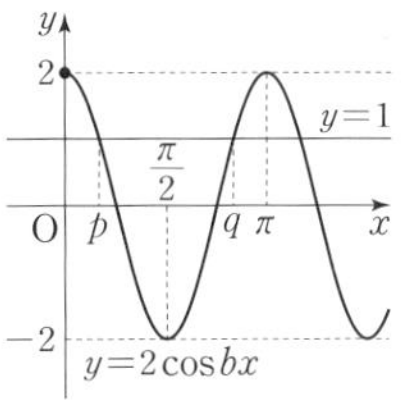

$\frac{2\pi}{b}=\pi$

$\therefore b=2$　　◀ 50 %

답 구하기 $\therefore ab=2\times 2=4$　　◀ 20 %

0640 답 $4\sqrt{3}-6$

문제 이해 삼각형 ABC에서 $A+B+C=\pi$이므로

$\cos\frac{B+C}{2}=\cos\frac{\pi-A}{2}$

$=\cos\left(\frac{\pi}{2}-\frac{A}{2}\right)$

$=\sin\frac{A}{2}$　　◀ 20 %

해결 과정 $\sin^2\frac{A}{2}+4\cos\frac{A}{2}=2$에서

$\left(1-\cos^2\frac{A}{2}\right)+4\cos\frac{A}{2}=2$

$\cos^2\frac{A}{2}-4\cos\frac{A}{2}+1=0$

$\therefore \cos\frac{A}{2}=2\pm\sqrt{3}$

그런데 $0<\cos\frac{A}{2}<1$이므로

$\cos\frac{A}{2}=2-\sqrt{3}$　　◀ 50 %

답 구하기 $\therefore \cos^2\frac{B+C}{2}=\sin^2\frac{A}{2}$

$=1-\cos^2\frac{A}{2}$

$=1-(2-\sqrt{3})^2$

$=4\sqrt{3}-6$　　◀ 30 %

0641 답 $\frac{11}{2}$

[해결 과정] $y=2\cos^2\left(x+\frac{\pi}{6}\right)+4\sin\left(x+\frac{\pi}{6}\right)+1$

$=2\left\{1-\sin^2\left(x+\frac{\pi}{6}\right)\right\}+4\sin\left(x+\frac{\pi}{6}\right)+1$

$=-2\sin^2\left(x+\frac{\pi}{6}\right)+4\sin\left(x+\frac{\pi}{6}\right)+3$ ◀ 30 %

$\sin\left(x+\frac{\pi}{6}\right)=t$로 놓으면 $0\le x\le\pi$에서 $\frac{\pi}{6}\le x+\frac{\pi}{6}\le\frac{7}{6}\pi$이므로

$-\frac{1}{2}\le t\le 1$이고

$y=-2t^2+4t+3=-2(t-1)^2+5$

오른쪽 그림에서

$t=1$일 때 최댓값 5,

$t=-\frac{1}{2}$일 때 최솟값 $\frac{1}{2}$

을 갖는다. ◀ 50 %

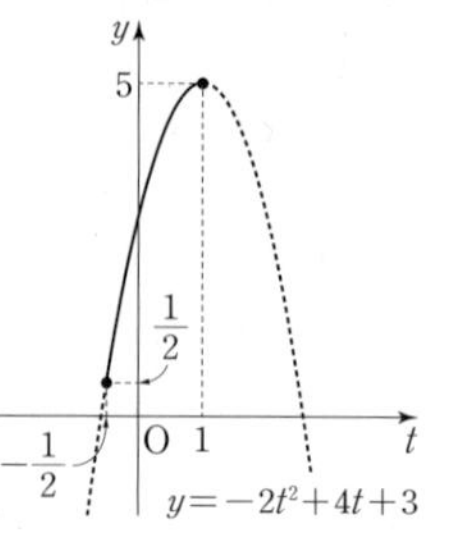

[답 구하기] 따라서 최댓값과 최솟값의 합은

$5+\frac{1}{2}=\frac{11}{2}$ ◀ 20 %

0642 답 -1

[해결 과정] $\sqrt{3(\cos x+1)}=\sin x$의 양변을 제곱하면

$3(\cos x+1)=\sin^2 x$ ◀ 20 %

$3(\cos x+1)=1-\cos^2 x$, $\cos^2 x+3\cos x+2=0$

$(\cos x+2)(\cos x+1)=0$

$\therefore \cos x=-2$ 또는 $\cos x=-1$

그런데 $0\le x\le 2\pi$에서 $-1\le\cos x\le 1$이므로 $\cos x=-1$

$\therefore x=\pi$ ◀ 50 %

[답 구하기] 따라서 $\theta=\pi$이므로

$\sin\left(\theta+\frac{\pi}{2}\right)=\sin\left(\pi+\frac{\pi}{2}\right)=\sin\frac{3}{2}\pi=-1$ ◀ 30 %

0643 답 (1) $\frac{1}{2}<\sin\theta<\frac{\sqrt{2}}{2}$ (2) $\frac{5}{12}\pi$

(1) $\log_2\cos\theta+\log_2\tan\theta=\log_2\cos\theta\tan\theta$

$=\log_2\left(\cos\theta\times\frac{\sin\theta}{\cos\theta}\right)$

$=\log_2\sin\theta$

이므로 $-1<\log_2\cos\theta+\log_2\tan\theta<-\frac{1}{2}$에서

$\log_2\frac{1}{2}<\log_2\sin\theta<\log_2\frac{\sqrt{2}}{2}$

$\therefore \frac{1}{2}<\sin\theta<\frac{\sqrt{2}}{2}$ ◀ 40 %

(2) 오른쪽 그림과 같이

$0<\theta<\frac{\pi}{2}$에서 부등식

$\frac{1}{2}<\sin\theta<\frac{\sqrt{2}}{2}$의 해는 함수

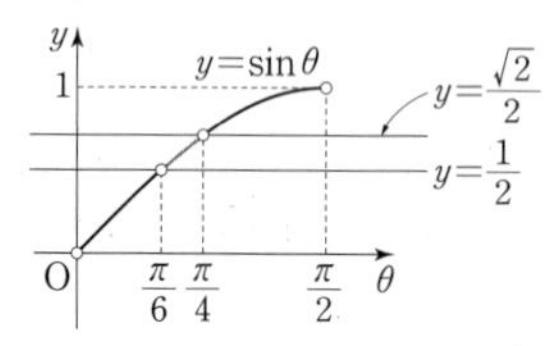

$y=\sin\theta$의 그래프가 직선 $y=\frac{1}{2}$과 직선 $y=\frac{\sqrt{2}}{2}$ 사이에 있는 부분의 θ의 값의 범위이므로

$\frac{\pi}{6}<\theta<\frac{\pi}{4}$ ◀ 40 %

따라서 $\alpha=\frac{\pi}{6}$, $\beta=\frac{\pi}{4}$이므로 $\alpha+\beta=\frac{5}{12}\pi$ ◀ 20 %

07 삼각함수의 활용

Lecture 14

사인법칙

» 108~111쪽

0644 답 2

$\triangle ABC=\frac{1}{2}\times\sqrt{2}\times4\times\sin 135°=\frac{1}{2}\times\sqrt{2}\times4\times\frac{\sqrt{2}}{2}=2$

0645 답 $4\sqrt{2}$

$\triangle ABC=\frac{1}{2}\times8\times2\sqrt{2}\times\sin 150°=\frac{1}{2}\times8\times2\sqrt{2}\times\frac{1}{2}=4\sqrt{2}$

0646 답 30

$\square ABCD=5\times6\sqrt{2}\times\sin 45°=5\times6\sqrt{2}\times\frac{\sqrt{2}}{2}=30$

0647 답 27

$\square ABCD=\frac{1}{2}\times4\sqrt{3}\times9\times\sin 120°=\frac{1}{2}\times4\sqrt{3}\times9\times\frac{\sqrt{3}}{2}=27$

0648 답 6

사인법칙에 의하여 $\frac{3\sqrt{2}}{\sin 30°}=\frac{c}{\sin 45°}$

$\therefore c=\frac{3\sqrt{2}\sin 45°}{\sin 30°}=3\sqrt{2}\times\frac{\sqrt{2}}{2}\times2=6$

0649 답 90°

사인법칙에 의하여 $\frac{\sqrt{3}}{\sin 60°}=\frac{2}{\sin B}$

$\therefore \sin B=\frac{2\sin 60°}{\sqrt{3}}=2\times\frac{\sqrt{3}}{2}\times\frac{1}{\sqrt{3}}=1$

그런데 $0°<B<180°$이므로 $B=90°$

0650 답 6

사인법칙에 의하여 $\frac{6\sqrt{2}}{\sin 45°}=2R$

$\therefore R=6\sqrt{2}\times\frac{2}{\sqrt{2}}\times\frac{1}{2}=6$

0651 답 3

$A+B+C=180°$이므로

$B=180°-(50°+100°)=30°$

사인법칙에 의하여 $\frac{3}{\sin 30°}=2R$

$\therefore R=3\times2\times\frac{1}{2}=3$

0652 답 $\sqrt{3}$

$\triangle ABC=\frac{2\times2\times2\sqrt{3}}{4\times2}=\sqrt{3}$

하 **0653** 답 ③

삼각형 ABC의 넓이가 $12\sqrt{3}$이므로

$\frac{1}{2}\times6\times8\times\sin C=12\sqrt{3}$ $\quad\therefore \sin C=\frac{\sqrt{3}}{2}$

그런데 $0°<C<90°$이므로 $C=60°$

중 **0654** 답 6

$\overline{CD}=x$라 하면 $\triangle ADC+\triangle DBC=\triangle ABC$이므로

$\frac{1}{2}\times15\times x\times\sin60°+\frac{1}{2}\times x\times10\times\sin60°$

$=\frac{1}{2}\times15\times10\times\sin120°$

$\frac{1}{2}\times15\times x\times\frac{\sqrt{3}}{2}+\frac{1}{2}\times x\times10\times\frac{\sqrt{3}}{2}=\frac{1}{2}\times15\times10\times\frac{\sqrt{3}}{2}$

$\frac{15\sqrt{3}}{4}x+\frac{5\sqrt{3}}{2}x=\frac{75\sqrt{3}}{2}$

$\frac{25\sqrt{3}}{4}x=\frac{75\sqrt{3}}{2}$ $\quad\therefore x=6$

$\therefore \overline{CD}=6$

상 **0655** 답 $\frac{15}{4}$

삼각형 ABD와 삼각형 ADC에서 $\overline{BD}:\overline{CD}=3:1$이고 두 삼각형의 높이가 같으므로

$\triangle ABD:\triangle ADC=3:1$

$\therefore \triangle ABD=3\triangle ADC$

$\overline{AD}=x$라 하면

$\triangle ABD=\frac{1}{2}\times4\times x\times\sin\alpha=2x\sin\alpha$

$\triangle ADC=\frac{1}{2}\times x\times5\times\sin\beta=\frac{5}{2}x\sin\beta$

따라서 $2x\sin\alpha=3\times\frac{5}{2}x\sin\beta$이므로

$\frac{\sin\alpha}{\sin\beta}=\frac{15}{4}$

중 **0656** 답 $13\sqrt{3}$

$\overline{AD}/\!/\overline{BC}$이므로

$\angle ADB=\angle DBC=45°$ (엇각)

$\triangle ABD=\frac{1}{2}\times4\times2\sqrt{6}\times\sin45°=\frac{1}{2}\times4\times2\sqrt{6}\times\frac{\sqrt{2}}{2}=4\sqrt{3}$

$\triangle DBC=\frac{1}{2}\times2\sqrt{6}\times9\times\sin45°=\frac{1}{2}\times2\sqrt{6}\times9\times\frac{\sqrt{2}}{2}=9\sqrt{3}$

$\therefore \square ABCD=\triangle ABD+\triangle DBC$

$=4\sqrt{3}+9\sqrt{3}=13\sqrt{3}$

중 **0657** 답 $20+25\sqrt{3}$

[해결 과정] 오른쪽 그림과 같이 $\overline{BD}$를 그으면

$\triangle BCD$는 $\overline{BC}=\overline{CD}$인 이등변삼각형이므로

$\angle BDC=\frac{1}{2}(180°-60°)=60°$ ◀ 30 %

따라서 $\triangle BCD$는 정삼각형이므로

$\overline{BD}=\overline{BC}=10$

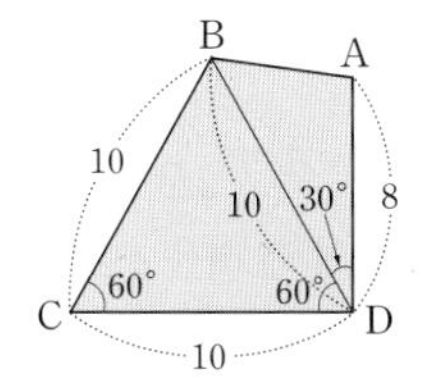

$\angle BDA=90°-60°=30°$ ◀ 30 %

[답 구하기] $\therefore \square ABCD$

$=\triangle BCD+\triangle BDA$

$=\frac{1}{2}\times10\times10\times\sin60°+\frac{1}{2}\times10\times8\times\sin30°$

$=\frac{1}{2}\times10\times10\times\frac{\sqrt{3}}{2}+\frac{1}{2}\times10\times8\times\frac{1}{2}$

$=20+25\sqrt{3}$ ◀ 40 %

하 **0658** 답 135°

평행사변형 ABCD의 넓이가 $15\sqrt{2}$이고 $\overline{AD}=\overline{BC}=6$이므로

$5\times6\times\sin A=15\sqrt{2}$ $\quad\therefore \sin A=\frac{\sqrt{2}}{2}$

그런데 $90°<A<180°$이므로 $A=135°$

중 **0659** 답 ⑤

사각형 ABCD의 넓이가 12이므로

$\frac{1}{2}xy\sin30°=12$, $\frac{1}{2}xy\times\frac{1}{2}=12$

$\therefore xy=48$

$\therefore x^2+y^2=(x+y)^2-2xy=14^2-2\times48=100$

하 **0660** 답 $2\sqrt{6}$

$A+B+C=180°$이므로

$C=180°-(75°+60°)=45°$

사인법칙에 의하여 $\frac{\overline{AC}}{\sin60°}=\frac{4}{\sin45°}$

$\therefore \overline{AC}=\frac{4\sin60°}{\sin45°}=4\times\frac{\sqrt{3}}{2}\times\frac{2}{\sqrt{2}}=2\sqrt{6}$

중 **0661** 답 ④

사인법칙에 의하여 $\frac{3\sqrt{3}}{\sin B}=\frac{3}{\sin30°}$

$\therefore \sin B=\sqrt{3}\sin30°=\sqrt{3}\times\frac{1}{2}=\frac{\sqrt{3}}{2}$

그런데 $90°<B<180°$이므로 $B=120°$

$A+B+C=180°$이므로

$A=180°-(120°+30°)=30°$

$\therefore \sin A-\cos B=\sin30°-\cos120°$

$=\frac{1}{2}-\left(-\frac{1}{2}\right)=1$

상 **0662** 답 ③

사인법칙에 의하여 $\frac{\overline{BC}}{\sin30°}=\frac{1}{\sin C}$

$\therefore \overline{BC}=\frac{\sin30°}{\sin C}=\frac{\frac{1}{2}}{\sin C}=\frac{1}{2\sin C}$

그런데 $0<\sin C\le1$이므로

$\frac{1}{2\sin C}\ge\frac{1}{2}$ $\quad\therefore \overline{BC}\ge\frac{1}{2}$

따라서 $\overline{BC}$의 길이의 최솟값은 $\frac{1}{2}$이다.

중 **0663** 답 ④

사인법칙에 의하여

$\frac{6\sqrt{2}}{\sin B}=2\times6$ $\quad\therefore \sin B=\frac{\sqrt{2}}{2}$

그런데 삼각형 ABC에서 $0° < A+B < 180°$이므로

$0° < 45° + B < 180°$ $\quad \therefore 0° < B < 135°$

$\therefore B = 45°$

$\therefore C = 180° - (45° + 45°) = 90°$

중 0664 답 $\frac{1}{2}$

사인법칙에 의하여

$\frac{\sqrt{3}}{\sin A} = 2 \times 1 \quad \therefore \sin A = \frac{\sqrt{3}}{2}$

그런데 $90° < A < 180°$이므로 $A = 120°$

$A+B+C = 180°$이므로

$B+C = 180° - 120° = 60°$

$\therefore \cos(B+C) = \cos 60° = \frac{1}{2}$

중 0665 답 $12+6\sqrt{3}$

[문제 이해] 삼각형 ABC가 이등변삼각형이고 $A = 120°$이므로

$B = C = \frac{1}{2}(180° - 120°) = 30°$ ◀ 20 %

[해결 과정] 사인법칙에 의하여

$\frac{a}{\sin 120°} = \frac{b}{\sin 30°} = \frac{c}{\sin 30°} = 2 \times 6$

$\therefore a = 12 \sin 120° = 12 \times \frac{\sqrt{3}}{2} = 6\sqrt{3}$,

$b = c = 12 \sin 30° = 12 \times \frac{1}{2} = 6$ ◀ 60 %

[답 구하기] 따라서 삼각형 ABC의 둘레의 길이는

$a+b+c = 6\sqrt{3} + 6 + 6 = 12 + 6\sqrt{3}$ ◀ 20 %

중 0666 답 ③

$A+B+C = 180°$이고 $A : B : C = 1 : 3 : 2$이므로

$A = 180° \times \frac{1}{6} = 30°$, $B = 180° \times \frac{3}{6} = 90°$, $C = 180° \times \frac{2}{6} = 60°$

사인법칙에 의하여

$a : b : c = \sin 30° : \sin 90° : \sin 60°$

$= \frac{1}{2} : 1 : \frac{\sqrt{3}}{2}$

$= 1 : 2 : \sqrt{3}$

[참고] 삼각형 ABC의 외접원의 반지름의 길이를 R라 하면

$a : b : c$

$= 2R \sin A : 2R \sin B : 2R \sin C$

$= \sin A : \sin B : \sin C$

중 0667 답 ⑤

사인법칙에 의하여

$a : b : c = \sin A : \sin B : \sin C$

$= 2 : 4 : 5$

따라서 $a = 2k$, $b = 4k$, $c = 5k$ $(k > 0)$로 놓으면

$(a+b) : (b+c) : (c+a) = 6k : 9k : 7k$

$= 6 : 9 : 7$

중 0668 답 ③

$ab : bc : ca = 3 : 4 : 6$이므로

$ab = 3k^2$, $bc = 4k^2$, $ca = 6k^2$ $(k > 0)$으로 놓으면

$ab \times bc \times ca = 3k^2 \times 4k^2 \times 6k^2$, $(abc)^2 = 72k^6$

$\therefore abc = 6\sqrt{2}k^3$ $(\because abc > 0)$

$\therefore a = \frac{abc}{bc} = \frac{6\sqrt{2}k^3}{4k^2} = \frac{3\sqrt{2}}{2}k$,

$b = \frac{abc}{ca} = \frac{6\sqrt{2}k^3}{6k^2} = \sqrt{2}k$,

$c = \frac{abc}{ab} = \frac{6\sqrt{2}k^3}{3k^2} = 2\sqrt{2}k$

사인법칙에 의하여

$\sin A : \sin B : \sin C = a : b : c$

$= \frac{3\sqrt{2}}{2}k : \sqrt{2}k : 2\sqrt{2}k$

$= 3 : 2 : 4$

따라서 $\sin A = 3m$, $\sin B = 2m$, $\sin C = 4m$ $(m > 0)$으로 놓으면

$\frac{\sin A \sin C}{\sin^2 B} = \frac{3m \times 4m}{(2m)^2}$

$= \frac{12m^2}{4m^2} = 3$

중 0669 답 ④

삼각형 ABC의 외접원의 반지름의 길이를 R라 하면 사인법칙에 의하여

$\sin A = \frac{a}{2R}$, $\sin B = \frac{b}{2R}$, $\sin C = \frac{c}{2R}$

위의 세 식을 $a \sin A = b \sin B + c \sin C$에 대입하면

$a \times \frac{a}{2R} = b \times \frac{b}{2R} + c \times \frac{c}{2R}$

$\therefore a^2 = b^2 + c^2$

따라서 삼각형 ABC는 $A = 90°$인 직각삼각형이다.

중 0670 답 정삼각형

삼각형 ABC의 외접원의 반지름의 길이를 R라 하면 사인법칙에 의하여

$\sin A = \frac{a}{2R}$, $\sin B = \frac{b}{2R}$, $\sin C = \frac{c}{2R}$

위의 세 식을 $a \sin^2 A = b \sin^2 B = c \sin^2 C$에 대입하면

$a \times \left(\frac{a}{2R}\right)^2 = b \times \left(\frac{b}{2R}\right)^2 = c \times \left(\frac{c}{2R}\right)^2$

$\therefore a^3 = b^3 = c^3$

이때 a, b, c는 실수이므로 $a = b = c$

따라서 삼각형 ABC는 정삼각형이다.

중 0671 답 ③

삼각형 ABC의 외접원의 반지름의 길이를 R라 하면 사인법칙에 의하여

$\sin A = \frac{a}{2R}$, $\sin B = \frac{b}{2R}$, $\sin C = \frac{c}{2R}$

위의 세 식을 $c \sin C - a \sin A = (c-a) \sin B$에 대입하면

$c \times \frac{c}{2R} - a \times \frac{a}{2R} = (c-a) \times \frac{b}{2R}$

$c^2-a^2=(c-a)b$, $(c-a)(c+a)-(c-a)b=0$

$(c-a)(c+a-b)=0$

그런데 삼각형의 두 변의 길이의 합은 나머지 한 변의 길이보다 크므로 $c+a-b\neq0$, 즉 $c-a=0$에서 $c=a$

따라서 삼각형 ABC는 $c=a$인 이등변삼각형이다.

㉻0672 답 ②

삼각형 ABC의 외접원의 반지름의 길이를 R라 하면 삼각형 ABC의 넓이가 $\frac{9\sqrt{3}}{2}$이므로

$\frac{9\sqrt{3}}{2}=\frac{3\times6\times3\sqrt{7}}{4R}$, $36\sqrt{3}R=108\sqrt{7}$

$\therefore R=\sqrt{21}$

따라서 삼각형 ABC의 외접원의 반지름의 길이는 $\sqrt{21}$이다.

㉾0673 답 $\frac{33\sqrt{2}}{8}$

삼각형 ABC의 내접원의 반지름의 길이를 r, 외접원의 반지름의 길이를 R, 넓이를 S라 하면

$S=\frac{abc}{4R}$에서 $S=\frac{9\times10\times11}{4R}=\frac{495}{2R}$ …… ㉠

$S=\frac{1}{2}r(a+b+c)$에서

$S=\frac{1}{2}\times2\sqrt{2}\times(9+10+11)=30\sqrt{2}$ …… ㉡

㉠, ㉡에서 $\frac{495}{2R}=30\sqrt{2}$ $\quad\therefore R=\frac{33\sqrt{2}}{8}$

따라서 삼각형 ABC의 외접원의 반지름의 길이는 $\frac{33\sqrt{2}}{8}$이다.

도움 개념 내접원의 반지름의 길이와 삼각형의 넓이

삼각형 ABC의 내심을 I, 내접원의 반지름의 길이를 r라 하면

$\triangle ABC=\triangle IBC+\triangle ICA+\triangle IAB$

$=\frac{1}{2}ar+\frac{1}{2}br+\frac{1}{2}cr$

$=\frac{1}{2}r(a+b+c)$

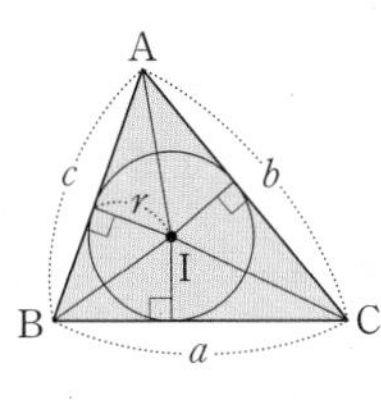

㉾0674 답 $\frac{4\sqrt{3}}{3}$

[문제 이해] 삼각형 ABC의 넓이를 S라 하면

$S=\frac{1}{2}\times5\times8\times\sin60°$

$=\frac{1}{2}\times5\times8\times\frac{\sqrt{3}}{2}=10\sqrt{3}$ ◀ 20 %

[해결 과정] 삼각형 ABC의 외접원의 반지름의 길이가 R이므로

$S=\frac{abc}{4R}$에서 $10\sqrt{3}=\frac{7\times5\times8}{4R}$

$40\sqrt{3}R=280$ $\quad\therefore R=\frac{7\sqrt{3}}{3}$ ◀ 30 %

또, 삼각형 ABC의 내접원의 반지름의 길이가 r이므로

$S=\frac{1}{2}r(a+b+c)$에서 $10\sqrt{3}=\frac{1}{2}r(7+5+8)$

$10\sqrt{3}=10r$ $\quad\therefore r=\sqrt{3}$ ◀ 30 %

[답 구하기] $\therefore R-r=\frac{7\sqrt{3}}{3}-\sqrt{3}=\frac{4\sqrt{3}}{3}$ ◀ 20 %

Lecture ≫ 112~114쪽

15 코사인법칙

0675 답 $\sqrt{5}$

코사인법칙에 의하여

$a^2=(\sqrt{2})^2+3^2-2\times\sqrt{2}\times3\times\cos45°$

$=2+9-2\times\sqrt{2}\times3\times\frac{\sqrt{2}}{2}=5$

그런데 $a>0$이므로 $a=\sqrt{5}$

0676 답 $\sqrt{13}$

코사인법칙에 의하여

$b^2=7^2+(4\sqrt{3})^2-2\times7\times4\sqrt{3}\times\cos30°$

$=49+48-2\times7\times4\sqrt{3}\times\frac{\sqrt{3}}{2}=13$

그런데 $b>0$이므로 $b=\sqrt{13}$

0677 답 14

코사인법칙에 의하여

$c^2=6^2+10^2-2\times6\times10\times\cos120°$

$=36+100-2\times6\times10\times\left(-\frac{1}{2}\right)=196$

그런데 $c>0$이므로 $c=14$

0678 답 $\frac{\sqrt{7}}{14}$

코사인법칙에 의하여

$\cos A=\frac{2^2+(\sqrt{7})^2-3^2}{2\times2\times\sqrt{7}}=\frac{\sqrt{7}}{14}$

0679 답 $\frac{1}{2}$

코사인법칙에 의하여

$\cos C=\frac{3^2+2^2-(\sqrt{7})^2}{2\times3\times2}=\frac{1}{2}$

0680 답 120°

코사인법칙에 의하여

$\cos B=\frac{5^2+3^2-7^2}{2\times5\times3}=-\frac{1}{2}$

그런데 $0°<B<180°$이므로 $B=120°$

0681 답 ㈎: 4, ㈏: 2, ㈐: $\frac{1}{2}$, ㈑: 30°

코사인법칙에 의하여

$b^2=(1+\sqrt{3})^2+(\sqrt{2})^2-2\times(1+\sqrt{3})\times\sqrt{2}\times\cos45°=\boxed{4}$

그런데 $b>0$이므로 $b=\boxed{2}$

사인법칙에 의하여

$\frac{\boxed{2}}{\sin45°}=\frac{\sqrt{2}}{\sin A}$ $\quad\therefore \sin A=\frac{\sqrt{2}\sin45°}{2}=\frac{\sqrt{2}}{2}\times\frac{\sqrt{2}}{2}=\boxed{\frac{1}{2}}$

그런데 $0°<A<90°$이므로 $A=\boxed{30°}$

$\therefore$ ㈎: 4, ㈏: 2, ㈐: $\frac{1}{2}$, ㈑: 30°

07

중 0682 답 3

$\overline{BC}=x$라 하면 코사인법칙에 의하여

$7^2=x^2+5^2-2\times x\times 5\times\cos 120°$

$49=x^2+25-2\times x\times 5\times\left(-\frac{1}{2}\right)$, $x^2+5x-24=0$

$(x+8)(x-3)=0$ $\quad\therefore x=-8$ 또는 $x=3$

그런데 $x>0$이므로 $x=3$

$\therefore \overline{BC}=3$

중 0683 답 1

사각형 ABCD가 원에 내접하므로

$A+C=180°$ $\quad\therefore C=180°-60°=120°$

오른쪽 그림과 같이 $\overline{BD}$를 그으면 삼각형 ABD에서 코사인법칙에 의하여

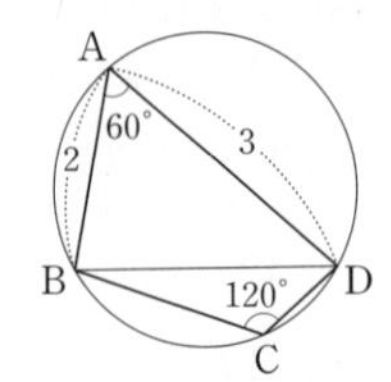

$\overline{BD}^2=3^2+2^2-2\times 3\times 2\times\cos 60°$

$=9+4-2\times 3\times 2\times\frac{1}{2}=7$

$\overline{BC}:\overline{CD}=2:1$이므로 $\overline{CD}=a$, $\overline{BC}=2a\ (a>0)$로 놓으면 삼각형 BCD에서 코사인법칙에 의하여

$7=(2a)^2+a^2-2\times 2a\times a\times\cos 120°$

$7=4a^2+a^2-2\times 2a\times a\times\left(-\frac{1}{2}\right)$

$7a^2=7$, $a^2=1$

그런데 $a>0$이므로 $a=1$

$\therefore \overline{CD}=1$

중 0684 답 ⑤

$\overline{AB}=a$, $\overline{BC}=b$라 하면

$\overline{AB}+\overline{BC}=9$에서 $a+b=9$

평행사변형 ABCD의 넓이가 $9\sqrt{3}$이므로

$ab\sin 60°=9\sqrt{3}$에서 $ab\times\frac{\sqrt{3}}{2}=9\sqrt{3}$

$\therefore ab=18$

삼각형 ABC에서 코사인법칙에 의하여

$\overline{AC}^2=a^2+b^2-2ab\cos 60°$

$=a^2+b^2-2ab\times\frac{1}{2}$

$=a^2+b^2-ab$

$=(a+b)^2-3ab$

$=9^2-3\times 18=27$

그런데 $\overline{AC}>0$이므로 $\overline{AC}=3\sqrt{3}$

중 0685 답 ③

삼각형 ABC에서 코사인법칙에 의하여

$\cos B=\frac{6^2+7^2-8^2}{2\times 6\times 7}=\frac{1}{4}$

삼각형 ABD에서 코사인법칙에 의하여

$\overline{AD}^2=6^2+3^2-2\times 6\times 3\times\cos B$

$=36+9-2\times 6\times 3\times\frac{1}{4}=36$

그런데 $\overline{AD}>0$이므로 $\overline{AD}=6$

중 0686 답 $3\sqrt{3}$

$\overline{AD}=\overline{BC}=3$이므로 삼각형 ABD에서 코사인법칙에 의하여

$\cos A=\frac{3^2+2^2-(\sqrt{7})^2}{2\times 3\times 2}=\frac{1}{2}$

그런데 $0°<A<180°$이므로 $A=60°$

따라서 평행사변형 ABCD의 넓이는

$\overline{AB}\times\overline{AD}\times\sin 60°=2\times 3\times\frac{\sqrt{3}}{2}=3\sqrt{3}$

중 0687 답 $\frac{3}{5}$

오른쪽 그림과 같이 정사각형 ABCD의 한 변의 길이를 $2a\ (a>0)$라 하고 $\overline{EF}$를 그으면

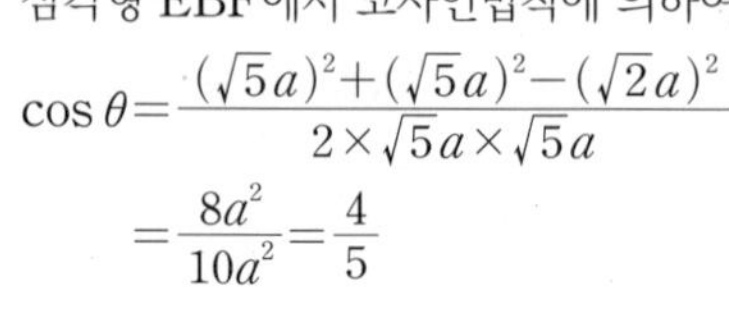

$\overline{BE}=\overline{BF}=\sqrt{a^2+(2a)^2}=\sqrt{5}a$

$\overline{EF}=\sqrt{a^2+a^2}=\sqrt{2}a$

삼각형 EBF에서 코사인법칙에 의하여

$\cos\theta=\frac{(\sqrt{5}a)^2+(\sqrt{5}a)^2-(\sqrt{2}a)^2}{2\times\sqrt{5}a\times\sqrt{5}a}$

$=\frac{8a^2}{10a^2}=\frac{4}{5}$

$\therefore \sin^2\theta=1-\cos^2\theta=1-\left(\frac{4}{5}\right)^2=\frac{9}{25}$

그런데 $0°<\theta<90°$이므로 $\sin\theta=\frac{3}{5}$

중 0688 답 120°

$(a-b-c)(a+b+c)=-bc$에서

$a^2-b^2-2bc-c^2=-bc$

$\therefore b^2+c^2-a^2=-bc$

삼각형 ABC에서 코사인법칙에 의하여

$\cos A=\frac{b^2+c^2-a^2}{2bc}=\frac{-bc}{2bc}=-\frac{1}{2}$

그런데 $0°<A<180°$이므로 $A=120°$

중 0689 답 $\frac{31}{3}\pi$

코사인법칙에 의하여

$\overline{BC}^2=5^2+6^2-2\times 5\times 6\times\cos 60°$

$=25+36-2\times 5\times 6\times\frac{1}{2}=31$

그런데 $\overline{BC}>0$이므로 $\overline{BC}=\sqrt{31}$

삼각형 ABC의 외접원의 반지름의 길이를 R라 하면 사인법칙에 의하여

$\frac{\sqrt{31}}{\sin 60°}=2R$

$\therefore R=\sqrt{31}\times\frac{2}{\sqrt{3}}\times\frac{1}{2}=\frac{\sqrt{93}}{3}$

따라서 삼각형 ABC의 외접원의 넓이는

$\pi\left(\frac{\sqrt{93}}{3}\right)^2=\frac{31}{3}\pi$

중 0690 답 $\frac{\sqrt{3}}{3}$

사인법칙에 의하여

$a:b:c=\sin A:\sin B:\sin C=1:\sqrt{2}:\sqrt{3}$

따라서 $a=k$, $b=\sqrt{2}k$, $c=\sqrt{3}k$ $(k>0)$로 놓으면 코사인법칙에 의하여

$$\cos B=\frac{(\sqrt{3}k)^2+k^2-(\sqrt{2}k)^2}{2\times\sqrt{3}k\times k}=\frac{2k^2}{2\sqrt{3}k^2}=\frac{\sqrt{3}}{3}$$

중 0691 답 $60°$

[문제 이해] $2\sqrt{3}\sin A=3\sin B=6\sin C$에서

$$\sin A:\sin B:\sin C=\sin A:\frac{2}{\sqrt{3}}\sin A:\frac{1}{\sqrt{3}}\sin A$$
$$=\sqrt{3}:2:1$$ ◀ 30 %

[해결 과정] 사인법칙에 의하여

$a:b:c=\sin A:\sin B:\sin C=\sqrt{3}:2:1$ ◀ 20 %

따라서 $a=\sqrt{3}k$, $b=2k$, $c=k$ $(k>0)$로 놓으면 코사인법칙에 의하여

$$\cos A=\frac{(2k)^2+k^2-(\sqrt{3}k)^2}{2\times 2k\times k}=\frac{2k^2}{4k^2}=\frac{1}{2}$$ ◀ 30 %

[답 구하기] 그런데 $0°<A<180°$이므로 $A=60°$ ◀ 20 %

상 0692 답 $8\sqrt{3}+3\sqrt{6}$

오른쪽 그림과 같이 $\overline{AC}$를 그으면 삼각형 ABC에서 코사인법칙에 의하여

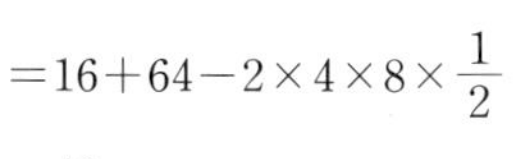
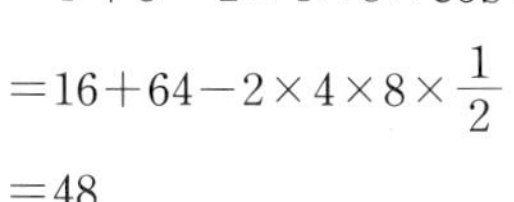

$$\overline{AC}^2=4^2+8^2-2\times4\times8\times\cos 60°$$
$$=16+64-2\times4\times8\times\frac{1}{2}$$
$$=48$$

그런데 $\overline{AC}>0$이므로 $\overline{AC}=4\sqrt{3}$

삼각형 ABC에서 사인법칙에 의하여

$$\frac{4\sqrt{3}}{\sin 60°}=\frac{4}{\sin(\angle ACB)}$$

$$\therefore \sin(\angle ACB)=\frac{\sin 60°}{\sqrt{3}}=\frac{\sqrt{3}}{2}\times\frac{1}{\sqrt{3}}=\frac{1}{2}$$

그런데 $0°<\angle ACB<75°$이므로 $\angle ACB=30°$

따라서 $\angle ACD=75°-30°=45°$이므로

$$\square ABCD=\triangle ABC+\triangle ACD$$
$$=\frac{1}{2}\times4\times8\times\sin 60°+\frac{1}{2}\times4\sqrt{3}\times3\times\sin 45°$$
$$=\frac{1}{2}\times4\times8\times\frac{\sqrt{3}}{2}+\frac{1}{2}\times4\sqrt{3}\times3\times\frac{\sqrt{2}}{2}$$
$$=8\sqrt{3}+3\sqrt{6}$$

중 0693 답 $B=90°$인 직각삼각형

삼각형 ABC의 외접원의 반지름의 길이를 R라 하면 사인법칙에 의하여

$$\sin A=\frac{a}{2R},\ \sin B=\frac{b}{2R} \quad \cdots\cdots ㉠$$

코사인법칙에 의하여 $\cos C=\dfrac{a^2+b^2-c^2}{2ab}$ ⋯⋯ ㉡

㉠, ㉡을 $\sin A-\sin B\cos C=0$에 대입하면

$$\frac{a}{2R}-\frac{b}{2R}\times\frac{a^2+b^2-c^2}{2ab}=0$$

$$a-\frac{a^2+b^2-c^2}{2a}=0,\ 2a^2-a^2-b^2+c^2=0$$

$\therefore a^2+c^2=b^2$

따라서 삼각형 ABC는 $B=90°$인 직각삼각형이다.

중 0694 답 ①

코사인법칙에 의하여

$$\cos A=\frac{b^2+c^2-a^2}{2bc},\ \cos B=\frac{c^2+a^2-b^2}{2ca}$$

위의 두 식을 $b\cos A=a\cos B$에 대입하면

$$b\times\frac{b^2+c^2-a^2}{2bc}=a\times\frac{c^2+a^2-b^2}{2ca}$$

$b^2+c^2-a^2=c^2+a^2-b^2$, $a^2=b^2$

그런데 $a>0$, $b>0$이므로 $a=b$

따라서 삼각형 ABC는 $a=b$인 이등변삼각형이다.

중 0695 답 $A=90°$인 직각삼각형

[문제 이해] 삼각형 ABC의 외접원의 반지름의 길이를 R라 하면 사인법칙에 의하여

$$\sin A=\frac{a}{2R},\ \sin B=\frac{b}{2R},\ \sin C=\frac{c}{2R} \quad \cdots\cdots ㉠$$

코사인법칙에 의하여

$$\cos B=\frac{c^2+a^2-b^2}{2ca},\ \cos C=\frac{a^2+b^2-c^2}{2ab} \quad \cdots\cdots ㉡$$ ◀ 30 %

[해결 과정] ㉠, ㉡을 $\dfrac{\sin B+\sin C}{\sin A}=\cos B+\cos C$에 대입하면

$$\frac{\frac{b}{2R}+\frac{c}{2R}}{\frac{a}{2R}}=\frac{c^2+a^2-b^2}{2ca}+\frac{a^2+b^2-c^2}{2ab}$$

$$b+c=\frac{c^2+a^2-b^2}{2c}+\frac{a^2+b^2-c^2}{2b}$$

$2bc(b+c)=b(c^2+a^2-b^2)+c(a^2+b^2-c^2)$

$b^3+b^2c+c^3+bc^2-a^2b-a^2c=0$

$b^2(b+c)+c^2(b+c)-a^2(b+c)=0$

$\therefore (b+c)(b^2+c^2-a^2)=0$

그런데 $b+c>0$이므로

$b^2+c^2-a^2=0 \quad \therefore b^2+c^2=a^2$ ◀ 50 %

[답 구하기] 따라서 삼각형 ABC는 $A=90°$인 직각삼각형이다. ◀ 20 %

하 0696 답 ④

삼각형 APB에서 코사인법칙에 의하여

$$\overline{AB}^2=8^2+4^2-2\times8\times4\times\cos 120°$$
$$=64+16-2\times8\times4\times\left(-\frac{1}{2}\right)$$
$$=112$$

그런데 $\overline{AB}>0$이므로 $\overline{AB}=4\sqrt{7}$(km)

중 0697 답 $100\pi\,\text{cm}^2$

두 삼각자로 이루어진 큰 삼각형은 세 내각의 크기가 각각 $30°$, $30°$, $120°$이고, 세 변의 길이가 각각 10 cm, 10 cm, $10\sqrt{3}$ cm인 이등변삼각형이다.

이 삼각형의 외접원의 반지름의 길이를 R cm라 하면 사인법칙에 의하여

$$\frac{10}{\sin 30°}=2R$$

$$\therefore R=10\times2\times\frac{1}{2}=10$$

따라서 구하는 원의 넓이는

$\pi\times10^2=100\pi(\text{cm}^2)$

중 0698 답 ⑤

삼각형 BCD는 $\angle BDC=\angle DBC=45°$인 직각이등변삼각형이므로

$\overline{BC}=\overline{CD}=5\text{ m}$

또, 삼각형 ACD에서 $\tan 30°=\frac{5}{\overline{AC}}$이므로

$\overline{AC}=5\times\sqrt{3}=5\sqrt{3}(\text{m})$

따라서 삼각형 ABC에서 코사인법칙에 의하여

$\cos\theta=\frac{5^2+(5\sqrt{3})^2-5^2}{2\times5\times5\sqrt{3}}=\frac{\sqrt{3}}{2}$

≫115~117쪽

중단원 마무리

0699 답 $\frac{3\sqrt{3}}{4}$

$\triangle ABC=\frac{1}{2}\times3\times3\times\sin60°$

$=\frac{1}{2}\times3\times3\times\frac{\sqrt{3}}{2}=\frac{9\sqrt{3}}{4}$

$\triangle APR=\triangle BQP=\triangle CRQ$

$=\frac{1}{2}\times1\times2\times\sin60°$

$=\frac{1}{2}\times1\times2\times\frac{\sqrt{3}}{2}=\frac{\sqrt{3}}{2}$

$\therefore \triangle PQR=\triangle ABC-3\triangle APR$

$=\frac{9\sqrt{3}}{4}-\frac{3\sqrt{3}}{2}=\frac{3\sqrt{3}}{4}$

0700 답 ①

원주각의 크기는 중심각의 크기의 $\frac{1}{2}$이므로

$\angle APB=\angle AQB=90°$

삼각형 ABP에서 $\overline{AB}=\sqrt{4^2+2^2}=2\sqrt{5}$

삼각형 AQB에서 $\overline{QA}^2+\overline{QB}^2=\overline{AB}^2=(2\sqrt{5})^2=20$

이때 $\overline{QA}=\overline{QB}$이므로

$\overline{QA}=\overline{QB}=\sqrt{10}$ ($\because \overline{QA}>0,\ \overline{QB}>0$)

$\therefore \square AQBP=\triangle ABP+\triangle AQB$

$=\frac{1}{2}\times4\times2+\frac{1}{2}\times\sqrt{10}\times\sqrt{10}=9$

이때 $\angle APQ=\angle ABQ=45°$ ($\overset{\frown}{AQ}$에 대한 원주각),

$\angle BPQ=\angle BAQ=45°$ ($\overset{\frown}{BQ}$에 대한 원주각)이므로

$\overline{PQ}=x$라 하면 $\square AQBP=\triangle PAQ+\triangle PQB$에서

$9=\frac{1}{2}\times4\times x\times\sin45°+\frac{1}{2}\times2\times x\times\sin45°$

$9=\frac{1}{2}\times4\times x\times\frac{\sqrt{2}}{2}+\frac{1}{2}\times2\times x\times\frac{\sqrt{2}}{2}$

$\sqrt{2}x+\frac{\sqrt{2}}{2}x=9,\ \frac{3\sqrt{2}}{2}x=9$

$\therefore x=3\sqrt{2}$

$\therefore \overline{PQ}=3\sqrt{2}$

0701 답 $4\sqrt{3}$

사각형 ABCD의 두 대각선의 길이를 각각 a, b, 넓이를 S라 하면

$a+b=8$에서 $b=8-a$

이때 $a>0$, $8-a>0$이므로 $0<a<8$

$S=\frac{1}{2}ab\sin120°=\frac{1}{2}a(8-a)\times\frac{\sqrt{3}}{2}$

$=\frac{\sqrt{3}}{4}(-a^2+8a)=-\frac{\sqrt{3}}{4}(a-4)^2+4\sqrt{3}$

따라서 사각형 ABCD의 넓이의 최댓값은 $a=4$일 때 $4\sqrt{3}$이다.

다른 풀이

사각형 ABCD의 두 대각선의 길이를 각각 a, b, 넓이를 S라 하면

$a>0$, $b>0$이므로 산술평균과 기하평균의 관계에 의하여

$a+b\ge2\sqrt{ab}$, $8\ge2\sqrt{ab}$

$ab\le16$ (단, 등호는 $a=b$일 때 성립)

$\therefore S=\frac{1}{2}ab\sin120°\le\frac{1}{2}\times16\times\frac{\sqrt{3}}{2}=4\sqrt{3}$

따라서 사각형 ABCD의 넓이의 최댓값은 $4\sqrt{3}$이다.

0702 답 5

$\angle ADB=\theta$라 하면 삼각형 ABD에서 사인법칙에 의하여

$\frac{2\sqrt{2}}{\sin\theta}=\frac{\overline{BD}}{\sin45°}$

$\therefore \overline{BD}=\frac{2\sqrt{2}\sin45°}{\sin\theta}=\frac{2}{\sin\theta}$ ...... ㉠

$\angle ADC=180°-\theta$이므로 삼각형 ADC에서 사인법칙에 의하여

$\frac{2\sqrt{3}}{\sin(180°-\theta)}=\frac{\overline{DC}}{\sin60°}$

$\therefore \overline{DC}=\frac{2\sqrt{3}\sin60°}{\sin(180°-\theta)}=\frac{3}{\sin\theta}$ ...... ㉡

㉠, ㉡에서 $\overline{BD}:\overline{DC}=\frac{2}{\sin\theta}:\frac{3}{\sin\theta}=2:3$

따라서 $m=2$, $n=3$이므로 $m+n=5$

0703 답 ①

$\angle BDA=\angle ABC=60°$

따라서 삼각형 ABD의 외접원의 반지름의 길이를 R라 하면 사인법칙에 의하여

$\frac{12}{\sin60°}=2R \qquad \therefore R=12\times\frac{2}{\sqrt{3}}\times\frac{1}{2}=4\sqrt{3}$

따라서 주어진 원의 반지름의 길이는 $4\sqrt{3}$이다.

0704 답 ⑤

$A+B+C=180°$이고 $A:B:C=1:2:1$이므로

$A=C=180°\times\frac{1}{4}=45°$, $B=180°\times\frac{2}{4}=90°$

사인법칙에 의하여

$a:b:c=\sin45°:\sin90°:\sin45°$

$=\frac{\sqrt{2}}{2}:1:\frac{\sqrt{2}}{2}$

$=1:\sqrt{2}:1$

따라서 $a=k$, $b=\sqrt{2}k$, $c=k$ $(k>0)$로 놓으면

$\frac{(a+b+c)^2}{a^2+b^2+c^2}=\frac{(k+\sqrt{2}k+k)^2}{k^2+2k^2+k^2}$

$=\frac{(2+\sqrt{2})^2k^2}{4k^2}=\frac{3+2\sqrt{2}}{2}$

0705 답 ④

주어진 이차방정식이 중근을 가지므로 이 이차방정식의 판별식을 D라 하면

$\frac{D}{4}=(-\sin C)^2-(\cos A+\cos B)(\cos A-\cos B)=0$

$\sin^2 C-\cos^2 A+\cos^2 B=0$

이때 $\cos^2 A=1-\sin^2 A$, $\cos^2 B=1-\sin^2 B$이므로

$\sin^2 C-(1-\sin^2 A)+(1-\sin^2 B)=0$

$\therefore \sin^2 C+\sin^2 A-\sin^2 B=0$ ...... ㉠

삼각형 ABC의 외접원의 반지름의 길이를 R라 하면 사인법칙에 의하여

$\sin A=\frac{a}{2R}$, $\sin B=\frac{b}{2R}$, $\sin C=\frac{c}{2R}$

위의 세 식을 ㉠에 대입하면

$\left(\frac{c}{2R}\right)^2+\left(\frac{a}{2R}\right)^2-\left(\frac{b}{2R}\right)^2=0 \quad \therefore a^2+c^2=b^2$

따라서 삼각형 ABC는 $B=90°$인 직각삼각형이다.

0706 답 $\sqrt{57}$

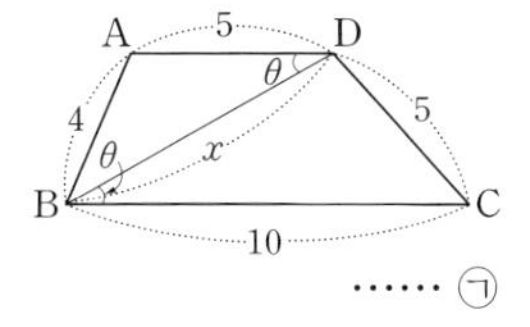

오른쪽 그림에서 $\overline{AD}/\!/\overline{BC}$이므로 $\overline{BD}=x$, $\angle ADB=\angle CBD=\theta$라 하면

삼각형 ABD에서 코사인법칙에 의하여

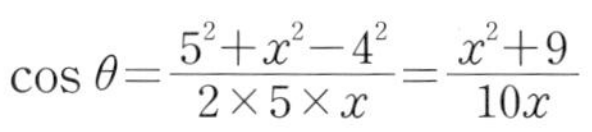

$\cos\theta=\frac{5^2+x^2-4^2}{2\times5\times x}=\frac{x^2+9}{10x}$ ...... ㉠

또, 삼각형 DBC에서 코사인법칙에 의하여

$\cos\theta=\frac{10^2+x^2-5^2}{2\times10\times x}=\frac{x^2+75}{20x}$ ...... ㉡

㉠, ㉡에서 $\frac{x^2+9}{10x}=\frac{x^2+75}{20x}$, $20x(x^2+9)=10x(x^2+75)$

$x(x^2-57)=0$

그런데 $x>0$이므로 $x=\sqrt{57}$

따라서 대각선 BD의 길이는 $\sqrt{57}$이다.

0707 답 150°

삼각형에서 길이가 가장 긴 변의 대각의 크기가 세 내각 중 가장 크므로 $a=1$, $b=2\sqrt{3}$, $c=\sqrt{19}$라 하면 가장 큰 각의 크기는 C이다.

코사인법칙에 의하여

$\cos C=\frac{1^2+(2\sqrt{3})^2-(\sqrt{19})^2}{2\times1\times2\sqrt{3}}=-\frac{\sqrt{3}}{2}$

그런데 $0°<C<180°$이므로 $C=150°$

따라서 삼각형 ABC의 세 내각 중 가장 큰 각의 크기는 150°이다.

도움 개념 삼각형의 내각의 크기

삼각형의 세 변의 길이를 알 때,

(1) 길이가 가장 긴 변의 대각 ⇨ 크기가 가장 큰 각

(2) 길이가 가장 짧은 변의 대각 ⇨ 크기가 가장 작은 각

0708 답 ③

삼각형 ABC에서 사인법칙에 의하여

$\frac{\sqrt{3}}{\sin 60°}=\frac{\overline{AC}}{\sin 45°}$

$\therefore \overline{AC}=\frac{\sqrt{3}\sin 45°}{\sin 60°}=\sqrt{3}\times\frac{\sqrt{2}}{2}\times\frac{2}{\sqrt{3}}=\sqrt{2}$

$\overline{CD}=\overline{AC}=\sqrt{2}$이고 $\angle ACD=180°-60°=120°$이므로

삼각형 ACD에서 코사인법칙에 의하여

$\overline{AD}^2=(\sqrt{2})^2+(\sqrt{2})^2-2\times\sqrt{2}\times\sqrt{2}\times\cos 120°$

$\quad=2+2-2\times\sqrt{2}\times\sqrt{2}\times\left(-\frac{1}{2}\right)=6$

그런데 $\overline{AD}>0$이므로 $\overline{AD}=\sqrt{6}$

0709 답 50

삼각형 ABC에서 코사인법칙에 의하여

$\overline{BC}^2=6^2+5^2-2\times6\times5\times\cos A$

$\quad=36+25-2\times6\times5\times\frac{3}{5}=25$

그런데 $\overline{BC}>0$이므로 $\overline{BC}=5$

$\sin^2 A=1-\cos^2 A=1-\left(\frac{3}{5}\right)^2=\frac{16}{25}$

그런데 $0°<A<180°$이므로 $\sin A=\frac{4}{5}$

삼각형 ABC에서 사인법칙에 의하여

$\frac{\overline{BC}}{\sin A}=2R \quad \therefore R=5\times\frac{5}{4}\times\frac{1}{2}=\frac{25}{8}$

$\therefore 16R=50$

0710 답 $10\sqrt{21}$ m

삼각형 ABC에서 $\angle BAC=90°$이므로

$\overline{BC}=\frac{\overline{AB}}{\cos 30°}=60\times\frac{2}{\sqrt{3}}=40\sqrt{3}$(m)

삼각형 DAB에서 $\angle ADB=180°-(30°+60°)=90°$이므로

$\overline{BD}=\overline{AB}\sin 30°=60\times\frac{1}{2}=30$(m)

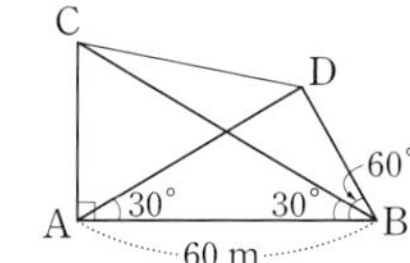

오른쪽 그림과 같이 $\overline{CD}$를 그으면 삼각형 BCD에서 코사인법칙에 의하여

$\overline{CD}^2$

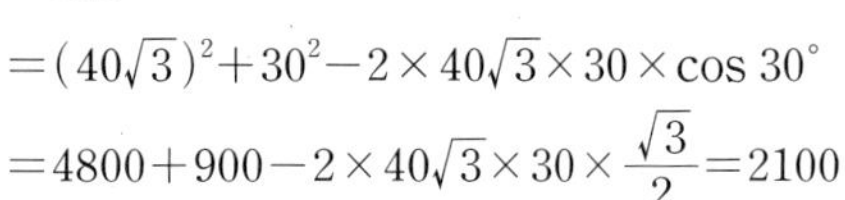

$=(40\sqrt{3})^2+30^2-2\times40\sqrt{3}\times30\times\cos 30°$

$=4800+900-2\times40\sqrt{3}\times30\times\frac{\sqrt{3}}{2}=2100$

그런데 $\overline{CD}>0$이므로 $\overline{CD}=10\sqrt{21}$(m)

0711 답 $\frac{\sqrt{21}}{7}$

점 Q의 속력이 점 P의 속력의 2배이므로 점 P가 x만큼 움직일 때, 점 Q는 $2x$만큼 움직인다.

$\overline{AP}=x\left(0\le x\le\frac{1}{2}\right)$라 하면 $\overline{PB}=1-x$, $\overline{BQ}=2x$

$B=60°$이므로 삼각형 PBQ에서 코사인법칙에 의하여

$\overline{PQ}^2=(1-x)^2+(2x)^2-2\times(1-x)\times2x\times\cos 60°$

$\quad=x^2-2x+1+4x^2-4x(1-x)\times\frac{1}{2}$

$\quad=7x^2-4x+1=7\left(x-\frac{2}{7}\right)^2+\frac{3}{7}$

따라서 $\overline{PQ}^2$의 최솟값은 $x=\frac{2}{7}$일 때 $\frac{3}{7}$이므로 $\overline{PQ}$의 최솟값은 $\sqrt{\frac{3}{7}}$, 즉 $\frac{\sqrt{21}}{7}$이다.

0712 답 ①

전략 $\overline{BP}$를 긋고 원주각과 중심각 사이의 관계를 이용하여 삼각형 BCP의 내각의 크기를 α, β에 대한 식으로 나타낸 후, 사인법칙을 이용한다.

오른쪽 그림과 같이 $\overline{BP}$를 그으면 원주각의 크기는 중심각의 크기의 $\frac{1}{2}$이므로

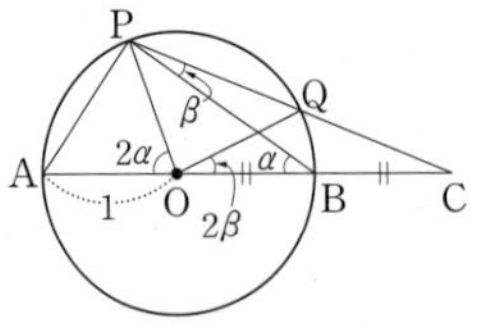

$\angle ABP=\frac{1}{2}\angle AOP=\frac{1}{2}\times 2\alpha=\alpha$

$\angle BPQ=\frac{1}{2}\angle BOQ=\frac{1}{2}\times 2\beta=\beta$

이때 $\angle CBP=\pi-\alpha$, $\overline{BC}=\overline{OB}=1$이므로

삼각형 BCP에서 사인법칙에 의하여

$\frac{\overline{CP}}{\sin(\angle CBP)}=\frac{\overline{BC}}{\sin(\angle BPC)}$, $\frac{\overline{CP}}{\sin(\pi-\alpha)}=\frac{1}{\sin\beta}$

$\therefore \overline{CP}=\frac{\sin(\pi-\alpha)}{\sin\beta}=\frac{\sin\alpha}{\sin\beta}$

0713 답 ①

전략 $\overline{PB}=\overline{PD}=x$로 놓고 코사인법칙을 이용하여 $\cos\theta$를 x에 대한 식으로 나타낸 후, $\overline{PB}$의 길이의 최댓값과 최솟값을 이용하여 $\cos\theta$의 최댓값과 최솟값을 구한다.

삼각형 PBD에서 $\overline{PB}=\overline{PD}=x$라 하면 코사인법칙에 의하여

$\overline{BD}^2=x^2+x^2-2\times x\times x\times\cos\theta=2x^2-2x^2\cos\theta$

이때 삼각형 BCD에서 $\overline{BD}=\sqrt{1^2+1^2}=\sqrt{2}$이므로

$(\sqrt{2})^2=2x^2-2x^2\cos\theta$

$1=x^2-x^2\cos\theta$

$\therefore \cos\theta=1-\frac{1}{x^2}$

점 P가 점 O 또는 점 C의 위치에 있을 때 $\overline{PB}$의 길이가 최대이고, $\overline{BP}\perp\overline{OC}$일 때 $\overline{PB}$의 길이가 최소이므로

$\frac{\sqrt{3}}{2}\le\overline{PB}\le 1$, 즉 $\frac{\sqrt{3}}{2}\le x\le 1$에서

$\frac{3}{4}\le x^2\le 1$, $1\le\frac{1}{x^2}\le\frac{4}{3}$

$-\frac{4}{3}\le-\frac{1}{x^2}\le-1$, $-\frac{1}{3}\le 1-\frac{1}{x^2}\le 0$

$\therefore -\frac{1}{3}\le\cos\theta\le 0$

따라서 $\cos\theta$의 최댓값은 0, 최솟값은 $-\frac{1}{3}$이므로 구하는 합은

$0+\left(-\frac{1}{3}\right)=-\frac{1}{3}$

0714 답 $4\sqrt{6}$

전략 $\angle DBE=\theta$로 놓고 삼각형 ABC에서 코사인법칙을 이용하여 $\cos\theta$의 값을 구한 후, 이를 이용하여 $\sin\theta$의 값을 구한다.

$\angle DBE=\theta$라 하면 $\angle ABC=\pi-\theta$이므로 삼각형 ABC에서 코사인법칙에 의하여

$\cos(\pi-\theta)=\frac{7^2+4^2-5^2}{2\times 7\times 4}=\frac{5}{7}$

이때 $\cos(\pi-\theta)=-\cos\theta$이므로 $\cos\theta=-\frac{5}{7}$

$\sin^2\theta=1-\cos^2\theta=1-\left(-\frac{5}{7}\right)^2=\frac{24}{49}$

그런데 $0^\circ<\theta<180^\circ$이므로 $\sin\theta=\frac{2\sqrt{6}}{7}$

$\therefore \triangle BDE=\frac{1}{2}\times\overline{BD}\times\overline{BE}\times\sin\theta$

$=\frac{1}{2}\times 7\times 4\times\frac{2\sqrt{6}}{7}=4\sqrt{6}$

0715 답 (1) $\angle AOB=150^\circ$, $\angle BOC=120^\circ$, $\angle COA=90^\circ$ (2) $3+\sqrt{3}$

(1) 한 원에서 호의 길이는 그 호에 대한 중심각의 크기에 정비례하므로

$\angle AOB:\angle BOC:\angle COA=\widehat{AB}:\widehat{BC}:\widehat{CA}$

$=5:4:3$

$\therefore \angle AOB=360^\circ\times\frac{5}{12}=150^\circ$,

$\angle BOC=360^\circ\times\frac{4}{12}=120^\circ$,

$\angle COA=360^\circ\times\frac{3}{12}=90^\circ$ ◀ 40 %

(2) $\triangle ABC=\triangle OAB+\triangle OBC+\triangle OCA$

$=\frac{1}{2}\times 2\times 2\times\sin 150^\circ+\frac{1}{2}\times 2\times 2\times\sin 120^\circ+\frac{1}{2}\times 2\times 2\times\sin 90^\circ$

$=\frac{1}{2}\times 2\times 2\times\frac{1}{2}+\frac{1}{2}\times 2\times 2\times\frac{\sqrt{3}}{2}+\frac{1}{2}\times 2\times 2\times 1$

$=3+\sqrt{3}$ ◀ 60 %

0716 답 14

[해결 과정] $\overline{AB}=a$, $\overline{BC}=b$라 하면

삼각형 ABC에서 코사인법칙에 의하여

$5^2=a^2+b^2-2ab\cos 45^\circ$

$\therefore a^2+b^2-\sqrt{2}ab=25$ …… ㉠ ◀ 30 %

$A=180^\circ-B=135^\circ$이므로 삼각형 ABD에서 코사인법칙에 의하여

$9^2=a^2+b^2-2ab\cos 135^\circ$

$\therefore a^2+b^2+\sqrt{2}ab=81$ …… ㉡ ◀ 30 %

㉡−㉠을 하면

$2\sqrt{2}ab=56$ $\quad\therefore ab=14\sqrt{2}$ ◀ 20 %

[답 구하기] $\therefore \square ABCD=ab\sin 45^\circ$

$=14\sqrt{2}\times\frac{\sqrt{2}}{2}=14$ ◀ 20 %

0717 답 $\frac{21\sqrt{5}}{10}$

[해결 과정] 길이가 9인 변의 대각의 크기를 θ라 하면 코사인법칙에 의하여

$\cos\theta=\frac{4^2+7^2-9^2}{2\times 4\times 7}=-\frac{2}{7}$ ◀ 40 %

$\therefore \sin^2\theta=1-\cos^2\theta=1-\left(-\frac{2}{7}\right)^2=\frac{45}{49}$

그런데 $0^\circ<\theta<180^\circ$이므로

$\sin\theta=\frac{3\sqrt{5}}{7}$ ◀ 20 %

[답 구하기] 주어진 삼각형의 외접원의 반지름의 길이를 R라 하면 사인법칙에 의하여

$\frac{9}{\sin\theta}=2R$

$\therefore R=9\times\frac{7}{3\sqrt{5}}\times\frac{1}{2}=\frac{21\sqrt{5}}{10}$

따라서 구하는 원의 반지름의 길이는 $\frac{21\sqrt{5}}{10}$이다. ◀ 40 %

08 등차수열과 등비수열

Lecture

» 122~125쪽

등차수열

0718 답 1, 7

공차가 $-2-(-5)=3$이므로 주어진 수열은

$-5,\ -2,\ \boxed{1},\ 4,\ \boxed{7},\ \cdots$

0719 답 13, 1

공차가 $5-9=-4$이므로 주어진 수열은

$\boxed{13},\ 9,\ 5,\ \boxed{1},\ -3,\ \cdots$

0720 답 $a_n=-4n+24$

첫째항이 20, 공차가 -4이므로

$a_n=20+(n-1)\times(-4)$

$=-4n+24$

0721 답 $a_n=5n-6$

첫째항이 -1, 공차가 $4-(-1)=5$이므로

$a_n=-1+(n-1)\times5$

$=5n-6$

0722 답 (1) -2 (2) 제15항

(1) 등차수열 $\{a_n\}$의 첫째항이 16, 공차가 -3이므로

$a_n=16+(n-1)\times(-3)$

$=-3n+19$

$\therefore a_7=-3\times7+19=-2$

(2) -26을 제k항이라 하면

$-3k+19=-26$

$-3k=-45\qquad\therefore k=15$

따라서 -26은 제15항이다.

0723 답 4

등차수열 $\{a_n\}$의 공차를 d라 하면

$a_5=15$에서 $-1+(5-1)\times d=15$

$4d=16\qquad\therefore d=4$

0724 답 -5

등차수열 $\{a_n\}$의 공차를 d라 하면

$a_{10}=-42$에서 $3+(10-1)\times d=-42$

$9d=-45\qquad\therefore d=-5$

0725 답 15

a는 17과 13의 등차중항이므로

$a=\frac{17+13}{2}=15$

0726 답 2

a는 -6과 10의 등차중항이므로

$a=\frac{-6+10}{2}=2$

하 **0727** 답 $a_n=-8n+52$

등차수열 $\{a_n\}$의 첫째항을 a, 공차를 d라 하면

$a_5=12$에서 $a+4d=12$ …… ㉠

$a_9=-20$에서 $a+8d=-20$ …… ㉡

㉠, ㉡을 연립하여 풀면 $a=44,\ d=-8$

$\therefore a_n=44+(n-1)\times(-8)$

$=-8n+52$

중 **0728** 답 $b_n=6n-14$

등차수열 $\{a_n\}$의 첫째항을 a라 하면 공차가 3이므로

$a_{10}=16$에서 $a+9\times3=16\qquad\therefore a=-11$

$\therefore a_n=-11+(n-1)\times3$

$=3n-14$

$b_n=a_{2n}$이므로

$b_n=3\times2n-14$

$=6n-14$

중 **0729** 답 ②

등차수열 $\{a_n\}$의 공차를 d라 하면 첫째항이 3이므로

$a_2=3+d,\ a_6=3+5d$

a_2와 a_6은 절댓값이 같고 부호가 반대이므로

$a_2+a_6=0$에서

$(3+d)+(3+5d)=0$

$6+6d=0\qquad\therefore d=-1$

하 **0730** 답 ③

첫째항이 57, 공차가 $51-57=-6$이므로 주어진 등차수열의 일반항을 a_n이라 하면

$a_n=57+(n-1)\times(-6)$

$=-6n+63$

이때 -15를 제k항이라 하면

$-6k+63=-15$

$-6k=-78\qquad\therefore k=13$

따라서 -15는 제13항이다.

중 **0731** 답 ③

등차수열 $\{a_n\}$의 첫째항을 a, 공차를 d라 하면

$a_4=\log 2$에서 $a+3d=\log 2$ …… ㉠

$a_6=\log 8$에서 $a+5d=\log 8$ …… ㉡

㉠, ㉡을 연립하여 풀면

$a=-2\log 2,\ d=\log 2$

$\therefore a_n=-2\log 2+(n-1)\times\log 2$

$=(n-3)\log 2$

$\therefore a_9=6\log 2$

도움 개념 **로그의 성질**

$a>0$, $a\neq1$, $M>0$, $N>0$일 때,
(1) $\log_a 1=0$, $\log_a a=1$
(2) $\log_a MN=\log_a M+\log_a N$
(3) $\log_a \frac{M}{N}=\log_a M-\log_a N$
(4) $\log_a M^k=k\log_a M$ (단, k는 실수이다.)

중 0732 답 제20항

[해결 과정] 등차수열 $\{a_n\}$의 첫째항을 a, 공차를 d라 하면
$a_3=11$에서 $a+2d=11$ …… ㉠ ◀ 20 %
$a_6 : a_{10}=5 : 8$, 즉 $5a_{10}=8a_6$에서
$5(a+9d)=8(a+5d)$, $5a+45d=8a+40d$
$\therefore -3a+5d=0$ …… ㉡ ◀ 20 %
㉠, ㉡을 연립하여 풀면 $a=5$, $d=3$
$\therefore a_n=5+(n-1)\times3=3n+2$ ◀ 30 %
[답 구하기] 이때 62를 제k항이라 하면
$3k+2=62$, $3k=60$ $\quad\therefore k=20$
따라서 62는 제20항이다. ◀ 30 %

중 0733 답 15

등차수열 $\{a_n\}$의 첫째항을 a, 공차를 d라 하면
$a_1+a_5+a_9=9$에서
$a+(a+4d)+(a+8d)=9$
$3a+12d=9$ $\quad\therefore a+4d=3$ …… ㉠
$a_8+a_{10}+a_{12}=39$에서
$(a+7d)+(a+9d)+(a+11d)=39$
$3a+27d=39$ $\quad\therefore a+9d=13$ …… ㉡
㉠, ㉡을 연립하여 풀면 $a=-5$, $d=2$
$\therefore a_n=-5+(n-1)\times2=2n-7$
$\therefore a_{11}=2\times11-7=15$

중 0734 답 제28항

등차수열 $\{a_n\}$의 첫째항을 a, 공차를 d라 하면
$a_5=67$에서 $a+4d=67$ …… ㉠
$a_{17}=31$에서 $a+16d=31$ …… ㉡
㉠, ㉡을 연립하여 풀면 $a=79$, $d=-3$
$\therefore a_n=79+(n-1)\times(-3)=-3n+82$
$a_n<0$에서 $-3n+82<0$
$-3n<-82$ $\quad\therefore n>\frac{82}{3}=27.\times\times\times$
따라서 처음으로 음수가 되는 항은 제28항이다.

하 0735 답 ③

등차수열 $\{a_n\}$의 첫째항이 -15, 공차가 $\frac{3}{5}$이므로
$a_n=-15+(n-1)\times\frac{3}{5}=\frac{3}{5}n-\frac{78}{5}$
$a_k>0$에서 $\frac{3}{5}k-\frac{78}{5}>0$
$3k>78$ $\quad\therefore k>26$
따라서 자연수 k의 최솟값은 27이다.

중 0736 답 ②

등차수열 $\{a_n\}$은 첫째항이 2, 공차가 -4이므로
$a_n=2+(n-1)\times(-4)=-4n+6$
등차수열 $\{b_n\}$은 첫째항이 -11, 공차가 1이므로
$b_n=-11+(n-1)\times1=n-12$
$a_k\geq10b_k$에서 $-4k+6\geq10(k-12)$
$-4k+6\geq10k-120$
$-14k\geq-126$ $\quad\therefore k\leq9$
따라서 구하는 자연수 k는 1, 2, 3, ⋯, 9의 9개이다.

상 0737 답 132

[해결 과정] 등차수열 $\{a_n\}$의 공차를 d라 하면 $a_1=98$이므로
$a_{13}=89$에서 $98+12d=89$
$12d=-9$ $\quad\therefore d=-\frac{3}{4}$
$\therefore a_n=98+(n-1)\times\left(-\frac{3}{4}\right)$
$=-\frac{3}{4}n+\frac{395}{4}$ ◀ 30 %
$a_n<0$에서 $-\frac{3}{4}n+\frac{395}{4}<0$
$-3n<-395$ $\quad\therefore n>\frac{395}{3}=131.\times\times\times$ ◀ 30 %
[답 구하기] 이때 $a_{131}=\frac{1}{2}$, $a_{132}=-\frac{1}{4}$이므로
$|a_{131}|=\frac{1}{2}$, $|a_{132}|=\frac{1}{4}$
따라서 $|a_n|$의 값이 최소가 되는 자연수 n의 값은 132이다. ◀ 40 %

중 0738 답 32

주어진 등차수열의 공차를 d라 하면 첫째항이 2, 제17항이 50이므로
$2+16d=50$, $16d=48$ $\quad\therefore d=3$
이때 a_{10}은 주어진 수열의 제11항이므로
$a_{10}=2+(11-1)\times3=32$

중 0739 답 47

첫째항이 -12, 공차가 $\frac{1}{2}$인 등차수열의 제$(n+2)$항이 12이므로
$-12+(n+1)\times\frac{1}{2}=12$, $\frac{n+1}{2}=24$
$n+1=48$ $\quad\therefore n=47$

중 0740 답 ②

주어진 등차수열의 공차를 d라 하면 첫째항이 1, 제$(n+2)$항이 10이므로
$1+(n+1)d=10$, $(n+1)d=9$
$\therefore d=\frac{9}{n+1}$
n은 자연수이므로 $d=\frac{9}{2}, \frac{9}{3}, \frac{9}{4}, \cdots$
이때 $\frac{1}{2}=\frac{9}{18}$, $\frac{3}{4}=\frac{9}{12}$, $\frac{3}{2}=\frac{9}{6}$, $3=\frac{9}{3}$이므로 ①, ③, ④, ⑤는 모두 주어진 수열의 공차가 될 수 있다.
그런데 $\frac{2}{3}=\frac{9}{n+1}$를 만족시키는 자연수 n은 존재하지 않으므로 ②는 주어진 수열의 공차가 될 수 없다.

상 **0741** 답 ①

두 등차수열 $\{a_n\}$, $\{b_n\}$의 공차를 d라 하자.

수열 $\{a_n\}$은 첫째항이 2, 제$(l+2)$항이 17이므로

$2+(l+1)d=17$, $(l+1)d=15$

$\therefore d=\frac{15}{l+1}$ …… ㉠

또, 수열 $\{b_n\}$은 첫째항이 20, 제$(m+2)$항이 50이므로

$20+(m+1)d=50$, $(m+1)d=30$

$\therefore d=\frac{30}{m+1}$ …… ㉡

㉠, ㉡에서 $\frac{15}{l+1}=\frac{30}{m+1}$이므로

$15(m+1)=30(l+1)$, $m+1=2(l+1)$

$\therefore m-2l=1$

하 **0742** 답 ②

세 수 16, a^2+2a, $8a$가 이 순서대로 등차수열을 이루므로

$2(a^2+2a)=16+8a$, $2a^2+4a=16+8a$

$a^2-2a-8=0$, $(a+2)(a-4)=0$

$\therefore a=-2$ 또는 $a=4$

그런데 $a>0$이므로 $a=4$

중 **0743** 답 -1

$f(x)=ax^2+x-2$라 하면 $f(x)$를 $x-1$, $x-3$, $x-4$로 나누었을 때의 나머지는 각각 나머지정리에 의하여

$p=f(1)=a+1-2=a-1$

$q=f(3)=9a+3-2=9a+1$

$r=f(4)=16a+4-2=16a+2$

따라서 $a-1$, $9a+1$, $16a+2$가 이 순서대로 등차수열을 이루므로

$2(9a+1)=(a-1)+(16a+2)$

$18a+2=17a+1$ $\therefore a=-1$

도움 개념 **나머지정리**

다항식 $f(x)$를 일차식 $x-\alpha$로 나누었을 때의 나머지를 R라 하면

$R=f(\alpha)$

중 **0744** 답 ④

이차방정식 $x^2-4x-10=0$에서 이차방정식의 근과 계수의 관계에 의하여

$\alpha+\beta=4$, $\alpha\beta=-10$

p는 α와 β의 등차중항이므로

$p=\frac{\alpha+\beta}{2}=\frac{4}{2}=2$

q는 $\frac{1}{\alpha}$과 $\frac{1}{\beta}$의 등차중항이므로

$q=\frac{\frac{1}{\alpha}+\frac{1}{\beta}}{2}=\frac{\alpha+\beta}{2\alpha\beta}=\frac{4}{2\times(-10)}=-\frac{1}{5}$

$\therefore 5pq=5\times2\times\left(-\frac{1}{5}\right)=-2$

도움 개념 **이차방정식의 근과 계수의 관계**

이차방정식 $ax^2+bx+c=0$의 두 근을 α, β라 하면

$\alpha+\beta=-\frac{b}{a}$, $\alpha\beta=\frac{c}{a}$

중 **0745** 답 ⑤

세 수 1, $\log a$, $\log 40$이 이 순서대로 등차수열을 이루므로

$2\log a=1+\log 40=\log 10+\log 40$

$=\log 400=\log 20^2=2\log 20$

$\therefore a=20$

또, 세 수 $\log a$, $\log 40$, $\log b$, 즉 $\log 20$, $\log 40$, $\log b$가 이 순서대로 등차수열을 이루므로

$2\log 40=\log 20+\log b$, $\log 40^2=\log 20b$

$1600=20b$ $\therefore b=80$

$\therefore a+b=20+80=100$

중 **0746** 답 96

[해결 과정] 주어진 직각삼각형의 가장 긴 변의 길이가 4이므로 피타고라스 정리에 의하여

$a^2+b^2=4^2$ …… ㉠ ◀ 20 %

또, a, b, 4가 이 순서대로 등차수열을 이루므로

$2b=a+4$ $\therefore a=2b-4$ …… ㉡ ◀ 30 %

㉡을 ㉠에 대입하면

$(2b-4)^2+b^2=4^2$, $4b^2-16b+16+b^2=16$

$5b^2-16b=0$, $b(5b-16)=0$ $\therefore b=0$ 또는 $b=\frac{16}{5}$

그런데 $b>0$이므로 $b=\frac{16}{5}$

$b=\frac{16}{5}$을 ㉡에 대입하면 $a=2\times\frac{16}{5}-4=\frac{12}{5}$ ◀ 30 %

[답 구하기] 따라서 직각을 낀 두 변의 길이가 각각 $\frac{12}{5}$, $\frac{16}{5}$이므로 직각삼각형의 넓이 S는

$S=\frac{1}{2}\times\frac{12}{5}\times\frac{16}{5}=\frac{96}{25}$ $\therefore 25S=96$ ◀ 20 %

중 **0747** 답 ⑤

세 수를 $a-d$, a, $a+d$로 놓으면

$(a-d)+a+(a+d)=15$

$3a=15$ $\therefore a=5$

$(a-d)^2+a^2+(a+d)^2=93$

$3a^2+2d^2=93$

$a=5$를 위의 식에 대입하면

$75+2d^2=93$, $2d^2=18$

$d^2=9$ $\therefore d=-3$ 또는 $d=3$

따라서 세 수는 2, 5, 8이므로 세 수의 곱은

$2\times5\times8=80$

중 **0748** 답 ④

삼차방정식 $x^3-6x^2+kx+10=0$의 세 실근을 $a-d$, a, $a+d$로 놓으면 삼차방정식의 근과 계수의 관계에 의하여

$(a-d)+a+(a+d)=6$

$3a=6$ $\therefore a=2$

따라서 주어진 방정식의 한 근이 2이므로

$8-24+2k+10=0$, $2k=6$

$\therefore k=3$

[참고] 삼차방정식 $ax^3+bx^2+cx+d=0$의 세 근의 합은 $-\frac{b}{a}$이다.

08

중 0749 답 ①

a, b, c, d를 각각 $p-3k$, $p-k$, $p+k$, $p+3k$로 놓으면

조건 (가)에서

$(p-3k)+(p-k)+(p+k)+(p+3k)=64$

$4p=64 \qquad \therefore p=16$

조건 (나)에서

$3\{(p-3k)+(p-k)\}=(p+k)+(p+3k)$

$6p-12k=2p+4k$, $4p=16k$

$\therefore k=\frac{1}{4}p=\frac{1}{4}\times16=4$

$\therefore a=p-3k=16-3\times4=4$

Lecture 17 등차수열의 합

» 126~129쪽

0750 답 285

$\frac{15(5+33)}{2}=285$

0751 답 -45

$\frac{15\{2\times32+(15-1)\times(-5)\}}{2}=-45$

0752 답 480

첫째항이 4, 공차가 $8-4=4$이므로

$\frac{15\{2\times4+(15-1)\times4\}}{2}=480$

0753 답 -165

첫째항이 3, 공차가 $1-3=-2$이므로

$\frac{15\{2\times3+(15-1)\times(-2)\}}{2}=-165$

0754 답 366

3, 8, 13, ⋯, 58은 첫째항이 3, 공차가 5인 등차수열이므로 이 수열의 제k항을 58이라 하면

$3+(k-1)\times5=58$, $5k=60 \qquad \therefore k=12$

$\therefore 3+8+13+\cdots+58=\frac{12(3+58)}{2}$

$=366$

0755 답 70

34, 28, 22, ⋯, -20은 첫째항이 34, 공차가 -6인 등차수열이므로 이 수열의 제k항을 -20이라 하면

$34+(k-1)\times(-6)=-20$, $6k=60 \qquad \therefore k=10$

$\therefore 34+28+22+\cdots+(-20)=\frac{10\{34+(-20)\}}{2}$

$=70$

0756 답 91

$-5, 1, 7, \cdots, 31$은 첫째항이 -5, 공차가 6인 등차수열이므로 이 수열의 제k항을 31이라 하면

$-5+(k-1)\times6=31$, $6k=42 \qquad \therefore k=7$

$\therefore -5+1+7+\cdots+31=\frac{7(-5+31)}{2}=91$

0757 답 (1) -1 (2) 9 (3) $a_n=2n-3$

(1) $a_1=S_1=1^2-2\times1=-1$

(2) $a_6=S_6-S_5$

$=(6^2-2\times6)-(5^2-2\times5)$

$=24-15$

$=9$

(3) $n\geq2$일 때,

$a_n=S_n-S_{n-1}$

$=(n^2-2n)-\{(n-1)^2-2(n-1)\}$

$=n^2-2n-(n^2-4n+3)$

$=2n-3 \qquad \cdots\cdots ㉠$

이때 $a_1=-1$은 ㉠에 $n=1$을 대입한 것과 같으므로

$a_n=2n-3$

0758 답 $a_n=2n$

(i) $n=1$일 때,

$a_1=S_1=1^2+1=2$

(ii) $n\geq2$일 때,

$a_n=S_n-S_{n-1}$

$=(n^2+n)-\{(n-1)^2+(n-1)\}$

$=n^2+n-(n^2-n)$

$=2n \qquad \cdots\cdots ㉠$

이때 $a_1=2$는 ㉠에 $n=1$을 대입한 것과 같으므로

$a_n=2n$

0759 답 $a_n=4n-3$

(i) $n=1$일 때,

$a_1=S_1=2\times1^2-1=1$

(ii) $n\geq2$일 때,

$a_n=S_n-S_{n-1}$

$=(2n^2-n)-\{2(n-1)^2-(n-1)\}$

$=2n^2-n-(2n^2-5n+3)$

$=4n-3 \qquad \cdots\cdots ㉠$

이때 $a_1=1$은 ㉠에 $n=1$을 대입한 것과 같으므로

$a_n=4n-3$

중 0760 답 ②

등차수열 $\{a_n\}$의 첫째항을 a, 공차를 d라 하면

$a_3=11$에서 $a+2d=11 \qquad \cdots\cdots ㉠$

$a_7=19$에서 $a+6d=19 \qquad \cdots\cdots ㉡$

㉠, ㉡을 연립하여 풀면 $a=7$, $d=2$

따라서 첫째항부터 제10항까지의 합은

$\frac{10\{2\times7+(10-1)\times2\}}{2}=160$

중 **0761** 답 ②

첫째항이 13, 제n항이 41인 등차수열 $\{a_n\}$의 첫째항부터 제n항까지의 합이 216이므로

$\frac{n(13+41)}{2}=216$, $54n=432$ $\therefore n=8$

따라서 $a_8=41$이므로 등차수열 $\{a_n\}$의 공차를 d라 하면

$13+7d=41$, $7d=28$ $\therefore d=4$

중 **0762** 답 17

등차수열 $\{a_n\}$의 첫째항부터 제n항까지의 합을 S_n이라 하면

$S_n=\frac{n\{2\times120+(n-1)\times(-16)\}}{2}$

$=-8n(n-16)$

$a_1+a_2+a_3+\cdots+a_n<0$, 즉 $S_n<0$에서

$-8n(n-16)<0$, $n(n-16)>0$

$\therefore n<0$ 또는 $n>16$

그런데 n은 자연수이므로 $n>16$

따라서 자연수 n의 최솟값은 17이다.

중 **0763** 답 18

첫째항이 10, 끝항이 30, 항의 개수가 $n+2$인 등차수열의 합이 400이므로

$\frac{(n+2)(10+30)}{2}=400$, $n+2=20$

$\therefore n=18$

중 **0764** 답 45

1, x_1, x_2, x_3, $\cdots$, x_9, 9가 등차수열을 이루므로 첫째항이 1, 끝항이 9, 항의 개수가 11인 등차수열의 합은

$\frac{11(1+9)}{2}=55$

따라서 $1+x_1+x_2+x_3+\cdots+x_9+9=55$이므로

$x_1+x_2+x_3+\cdots+x_9=55-(1+9)=45$

중 **0765** 답 ③

$13+a_1+a_2+a_3+\cdots+a_n+65=13+507+65=585$

즉, 첫째항이 13, 끝항이 65, 항의 개수가 $n+2$인 등차수열의 합이 585이므로

$\frac{(n+2)(13+65)}{2}=585$, $n+2=15$

$\therefore n=13$

따라서 65는 제15항이므로

$13+14d=65$, $14d=52$

$\therefore d=\frac{26}{7}$

중 **0766** 답 228

등차수열 $\{a_n\}$의 첫째항을 a, 공차를 d라 하고 첫째항부터 제n항까지의 합을 S_n이라 하면

$S_4=12$에서 $\frac{4(2a+3d)}{2}=12$

$\therefore 2a+3d=6$ ······ ㉠

$S_8=88$에서 $\frac{8(2a+7d)}{2}=88$

$\therefore 2a+7d=22$ ······ ㉡

㉠, ㉡을 연립하여 풀면 $a=-3$, $d=4$

따라서 첫째항부터 제12항까지의 합은

$S_{12}=\frac{12\{2\times(-3)+11\times4\}}{2}=228$

중 **0767** 답 45

[해결 과정] 등차수열 $\{a_n\}$의 첫째항을 a, 공차를 d라 하면

$S_5=-15$에서 $\frac{5(2a+4d)}{2}=-15$

$\therefore a+2d=-3$ ······ ㉠

$S_{15}=180$에서 $\frac{15(2a+14d)}{2}=180$

$\therefore a+7d=12$ ······ ㉡ ◀ 40 %

㉠, ㉡을 연립하여 풀면 $a=-9$, $d=3$ ◀ 20 %

[답 구하기] $\therefore S_{10}=\frac{10\{2\times(-9)+9\times3\}}{2}=45$ ◀ 40 %

상 **0768** 답 ⑤

등차수열 $\{a_n\}$의 첫째항을 a, 공차를 d라 하고 첫째항부터 제n항까지의 합을 S_n이라 하면

$S_{10}=200$에서 $\frac{10(2a+9d)}{2}=200$

$\therefore 2a+9d=40$ ······ ㉠

$a_{11}+a_{12}+a_{13}+\cdots+a_{20}=S_{20}-S_{10}=400$에서

$\frac{20(2a+19d)}{2}-200=400$

$\therefore 2a+19d=60$ ······ ㉡

㉠, ㉡을 연립하여 풀면 $a=11$, $d=2$

한편, $S_{20}-S_{10}=400$에서

$S_{20}=S_{10}+400=200+400=600$

이므로

$a_{21}+a_{22}+a_{23}+\cdots+a_{30}=S_{30}-S_{20}$

$=\frac{30(2\times11+29\times2)}{2}-600$

$=1200-600=600$

중 **0769** 답 ④

등차수열 $\{a_n\}$의 첫째항이 -23, 공차가 2이므로

$a_n=-23+(n-1)\times2=2n-25$

$a_n>0$에서 $2n-25>0$

$2n>25$ $\therefore n>\frac{25}{2}=12.5$

즉, 수열 $\{a_n\}$은 제13항부터 양수이므로 첫째항부터 제12항까지의 합이 최소이다.

따라서 구하는 최솟값은

$S_{12}=\frac{12\{2\times(-23)+11\times2\}}{2}=-144$

다른 풀이

등차수열 $\{a_n\}$의 첫째항이 -23, 공차가 2이므로

$S_n=\frac{n\{2\times(-23)+(n-1)\times2\}}{2}$

$=n^2-24n$

$=(n-12)^2-144$

따라서 S_n은 $n=12$일 때 최솟값 -144를 갖는다.

중 0770 답 512

[해결 과정] 등차수열 $\{a_n\}$의 첫째항을 a, 공차를 d라 하면

$a_3=53$에서 $a+2d=53$ …… ㉠

$a_{11}=21$에서 $a+10d=21$ …… ㉡

㉠, ㉡을 연립하여 풀면 $a=61$, $d=-4$

$\therefore a_n=61+(n-1)\times(-4)=-4n+65$ ◀ 40 %

$a_n<0$에서 $-4n+65<0$

$-4n<-65 \quad \therefore n>\frac{65}{4}=16.25$

즉, 수열 $\{a_n\}$은 제17항부터 음수이므로 첫째항부터 제16항까지의 합이 최대이고 그 최댓값은

$\frac{16\{2\times61+15\times(-4)\}}{2}=496$ ◀ 40 %

[답 구하기] 따라서 $p=16$, $q=496$이므로

$p+q=512$ ◀ 20 %

중 0771 답 -24

등차수열 $\{a_n\}$의 공차를 d라 하면

$S_4=\frac{4\{2\times(-6)+3d\}}{2}=6d-24$

$S_{11}=\frac{11\{2\times(-6)+10d\}}{2}=55d-66$

$S_4=S_{11}$에서 $6d-24=55d-66$

$-49d=-42 \quad \therefore d=\frac{6}{7}$

$\therefore a_n=-6+(n-1)\times\frac{6}{7}=\frac{6}{7}n-\frac{48}{7}$

$a_n>0$에서 $\frac{6}{7}n-\frac{48}{7}>0$

$6n>48 \quad \therefore n>8$

즉, 수열 $\{a_n\}$은 제9항부터 양수이므로 첫째항부터 제8항까지의 합이 최소이다.

따라서 구하는 최솟값은

$S_8=\frac{8\left\{2\times(-6)+7\times\frac{6}{7}\right\}}{2}=-24$

중 0772 답 ③

4로 나누었을 때의 나머지가 3인 두 자리 자연수를 작은 것부터 차례로 나열하면

11, 15, 19, …, 99

이므로 첫째항이 11, 공차가 4인 등차수열이다.

이때 99를 제n항이라 하면

$11+(n-1)\times4=99$

$4n=92 \quad \therefore n=23$

따라서 구하는 총합은 첫째항이 11, 끝항이 99, 항의 개수가 23인 등차수열의 합과 같으므로

$\frac{23(11+99)}{2}=1265$

하 0773 답 ③

100 이하의 자연수 중 7의 배수를 작은 것부터 차례로 나열하면

7, 14, 21, …, 98

이므로 첫째항이 7, 공차가 7인 등차수열이다.

이때 98을 제n항이라 하면

$7+(n-1)\times7=98$

$7n=98 \quad \therefore n=14$

따라서 구하는 총합은 첫째항이 7, 끝항이 98, 항의 개수가 14인 등차수열의 합과 같으므로

$\frac{14(7+98)}{2}=735$

중 0774 답 2421

(i) 두 자리 자연수 중 3의 배수를 작은 것부터 차례로 나열하면

12, 15, 18, …, 99

이므로 첫째항이 12, 공차가 3인 등차수열이다.

이때 99를 제n항이라 하면

$12+(n-1)\times3=99$

$3n=90 \quad \therefore n=30$

따라서 두 자리 자연수 중 3으로 나누어떨어지는 수의 총합은

$\frac{30(12+99)}{2}=1665$

(ii) 두 자리 자연수 중 4의 배수를 작은 것부터 차례로 나열하면

12, 16, 20, …, 96

이므로 첫째항이 12, 공차가 4인 등차수열이다.

이때 96을 제n항이라 하면

$12+(n-1)\times4=96$

$4n=88 \quad \therefore n=22$

따라서 두 자리 자연수 중 4로 나누어떨어지는 수의 총합은

$\frac{22(12+96)}{2}=1188$

(iii) 두 자리 자연수 중 12의 배수를 작은 것부터 차례로 나열하면

12, 24, 36, …, 96

이므로 첫째항이 12, 공차가 12인 등차수열이다.

이때 96을 제n항이라 하면

$12+(n-1)\times12=96$

$12n=96 \quad \therefore n=8$

따라서 두 자리 자연수 중 12로 나누어떨어지는 수의 총합은

$\frac{8(12+96)}{2}=432$

이상에서 두 자리 자연수 중 3 또는 4로 나누어떨어지는 수의 총합은

$1665+1188-432=2421$

상 0775 답 603

3으로 나누었을 때의 나머지가 1인 자연수를 작은 것부터 차례로 나열하면

1, 4, 7, 10, 13, 16, 19, 22, … …… ㉠

5로 나누었을 때의 나머지가 2인 자연수를 작은 것부터 차례로 나열하면

2, 7, 12, 17, 22, 27, 32, 37, … …… ㉡

㉠, ㉡에서 공통인 수를 작은 것부터 차례로 나열하면

7, 22, 37, …

따라서 수열 $\{a_n\}$은 첫째항이 7, 공차가 15인 등차수열이므로

$a_1+a_2+a_3+\cdots+a_9=\frac{9(2\times7+8\times15)}{2}=603$

중 0776 답 ④

1층의 관람석 수는 첫째항이 24, 공차가 3인 등차수열의 첫째항부터 제20항까지의 합과 같으므로

$\frac{20(2\times24+19\times3)}{2}=1050$

또, 2층의 관람석 수는 첫째항이 36, 공차가 4인 등차수열의 첫째항부터 제10항까지의 합과 같으므로

$\frac{10(2\times36+9\times4)}{2}=540$

따라서 공연장의 총관람석 수는

$1050+540=1590$

중 0777 답 4

n각형의 내각의 크기의 합은

$180^\circ\times(n-2)=180^\circ\times n-360^\circ$

첫째항이 60°, 공차가 20°인 등차수열의 첫째항부터 제n항까지의 합은

$\frac{n\{2\times60^\circ+(n-1)\times20^\circ\}}{2}=10^\circ\times n^2+50^\circ\times n$

따라서 $10^\circ\times n^2+50^\circ\times n=180^\circ\times n-360^\circ$이므로

$n^2-13n+36=0$, $(n-4)(n-9)=0$

$\therefore n=4$ 또는 $n=9$

이때 $n=9$이면 가장 큰 내각의 크기가 $60^\circ+8\times20^\circ=220^\circ>180^\circ$이므로 조건을 만족시키지 않는다.

$\therefore n=4$

참고 (n각형의 내각의 크기의 합)$=180^\circ\times(n-2)$

중 0778 답 120π

[문제 이해] 가장 작은 부채꼴의 넓이를 S라 하면 가장 큰 부채꼴의 넓이는 $3S$이다. ◀ 20 %

[해결 과정] 이때 5개의 부채꼴의 넓이의 합은 첫째항이 S, 끝항이 $3S$, 항의 개수가 5인 등차수열의 합과 같으므로

$\frac{5(S+3S)}{2}=10S$ ◀ 40 %

또, 5개의 부채꼴의 넓이의 합은 원의 넓이와 같으므로

$10S=\pi\times20^2$ $\quad\therefore S=40\pi$ ◀ 20 %

[답 구하기] 따라서 가장 큰 부채꼴의 넓이는

$3S=3\times40\pi=120\pi$ ◀ 20 %

다른 풀이

5개의 부채꼴의 넓이를 $a-2d$, $a-d$, a, $a+d$, $a+2d$라 하면 부채꼴의 넓이의 합은 원의 넓이와 같으므로

$(a-2d)+(a-d)+a+(a+d)+(a+2d)=\pi\times20^2$

$5a=400\pi$ $\quad\therefore a=80\pi$

또, 가장 큰 부채꼴의 넓이가 가장 작은 부채꼴의 넓이의 3배이므로

$a+2d=3(a-2d)$, $a+2d=3a-6d$

$8d=2a$ $\quad\therefore d=\frac{a}{4}=\frac{80\pi}{4}=20\pi$

따라서 가장 큰 부채꼴의 넓이는

$a+2d=80\pi+2\times20\pi=120\pi$

하 0779 답 ①

$S_n=n^2-4n$에서

$a_1=S_1=1^2-4\times1=-3$

$a_6=S_6-S_5=(6^2-4\times6)-(5^2-4\times5)=7$

$\therefore a_1+a_6=-3+7=4$

다른 풀이

$S_n=n^2-4n$에서

(i) $n=1$일 때,

$a_1=S_1=1^2-4\times1=-3$

(ii) $n\geq2$일 때,

$a_n=S_n-S_{n-1}$
$=(n^2-4n)-\{(n-1)^2-4(n-1)\}$
$=2n-5$ …… ㉠

이때 $a_1=-3$은 ㉠에 $n=1$을 대입한 것과 같으므로

$a_n=2n-5$

$\therefore a_1+a_6=-3+(2\times6-5)=4$

중 0780 답 -17

$S_n=n^2-2n$, $T_n=2n^2+kn+3$이라 하면

$a_8=S_8-S_7$
$=(8^2-2\times8)-(7^2-2\times7)$
$=13$

$b_8=T_8-T_7$
$=(2\times8^2+8k+3)-(2\times7^2+7k+3)$
$=k+30$

이때 $a_8=b_8$이므로

$13=k+30$ $\quad\therefore k=-17$

중 0781 답 ④

$S_n=2n^2+5n-3$에서

(i) $n=1$일 때,

$a_1=S_1=2\times1^2+5\times1-3=4$

(ii) $n\geq2$일 때,

$a_n=S_n-S_{n-1}$
$=(2n^2+5n-3)-\{2(n-1)^2+5(n-1)-3\}$
$=4n+3$ …… ㉠

이때 $a_1=4$는 ㉠에 $n=1$을 대입한 것과 다르므로

$a_1=4$, $a_n=4n+3\ (n\geq2)$

$a_k=63$에서 $4k+3=63$, $4k=60$

$\therefore k=15$

중 0782 답 5

$S_4=40$에서 $k\times4^2-2\times4=40$

$16k-8=40$ $\quad\therefore k=3$

$\therefore S_n=3n^2-2n$

(i) $n=1$일 때,

$a_1=S_1=3\times1^2-2\times1=1$

(ii) $n\geq2$일 때,

$a_n=S_n-S_{n-1}$
$=(3n^2-2n)-\{3(n-1)^2-2(n-1)\}$
$=6n-5$ …… ㉠

이때 $a_1=1$은 ㉠에 $n=1$을 대입한 것과 같으므로

$a_n=6n-5$

$1\leq a_n\leq30$에서 $1\leq6n-5\leq30$

$6\leq6n\leq35$ $\quad\therefore 1\leq n\leq\frac{35}{6}=5.\times\times\times$

따라서 구하는 자연수 n은 1, 2, 3, 4, 5의 5개이다.

18 등비수열

0783 답 4, 16

공비가 $\frac{2}{1}=2$이므로 주어진 수열은

$1, 2, \boxed{4}, 8, \boxed{16}, \cdots$

0784 답 8, -1

공비가 $\frac{2}{-4}=-\frac{1}{2}$이므로 주어진 수열은

$\boxed{8}, -4, 2, \boxed{-1}, \frac{1}{2}, \cdots$

0785 답 $a_n=3\times(-2)^{n-1}$

첫째항이 3, 공비가 -2이므로

$a_n=3\times(-2)^{n-1}$

0786 답 $a_n=3^{n-1}$

첫째항이 1, 공비가 $\frac{3}{1}=3$이므로

$a_n=1\times3^{n-1}$

$=3^{n-1}$

0787 답 -4

등비수열 $\{a_n\}$의 공비를 r라 하면

$a_4=-128$에서 $2\times r^3=-128$

$r^3=-64$

그런데 r는 실수이므로 $r=-4$

0788 답 $-\frac{1}{2}$ 또는 $\frac{1}{2}$

등비수열 $\{a_n\}$의 공비를 r라 하면

$a_5=\frac{25}{4}$에서 $100\times r^4=\frac{25}{4}$

$r^4=\frac{1}{16}$

그런데 r는 실수이므로 $r=-\frac{1}{2}$ 또는 $r=\frac{1}{2}$

0789 답 -4 또는 4

a는 8과 2의 등비중항이므로

$a^2=8\times2=16$

$\therefore a=-4$ 또는 $a=4$

0790 답 $-\sqrt{42}$ 또는 $\sqrt{42}$

a는 3과 14의 등비중항이므로

$a^2=3\times14=42$

$\therefore a=-\sqrt{42}$ 또는 $a=\sqrt{42}$

중 **0791** 답 $a_n=\frac{6}{7}\times2^{n-1}$

등비수열 $\{a_n\}$의 첫째항을 a, 공비를 r라 하면

$a_1+a_2+a_3=6$에서 $a+ar+ar^2=6$

$\therefore a(1+r+r^2)=6$ ······ ㉠

$a_4+a_5+a_6=48$에서 $ar^3+ar^4+ar^5=48$

$\therefore ar^3(1+r+r^2)=48$ ······ ㉡

㉡÷㉠을 하면 $r^3=8$

그런데 r는 실수이므로 $r=2$

$r=2$를 ㉠에 대입하면 $7a=6$

$\therefore a=\frac{6}{7}$

$\therefore a_n=\frac{6}{7}\times2^{n-1}$

하 **0792** 답 3

등비수열 $\{a_n\}$의 첫째항을 a, 공비를 r라 하면

$a_3=-6$에서 $ar^2=-6$ ······ ㉠

$a_6=-162$에서 $ar^5=-162$ ······ ㉡

㉡÷㉠을 하면 $r^3=27$

그런데 r는 실수이므로 $r=3$

중 **0793** 답 9

등비수열 $\{a_n\}$의 첫째항을 a, 공비를 r라 하면

$\frac{a_9}{a_4}=\frac{ar^8}{ar^3}=r^5$

$\frac{a_{10}}{a_5}=\frac{ar^9}{ar^4}=r^5$

$\frac{a_{11}}{a_6}=\frac{ar^{10}}{ar^5}=r^5$

$\vdots$

$\frac{a_{24}}{a_{19}}=\frac{ar^{23}}{ar^{18}}=r^5$

이므로

$\frac{a_9}{a_4}+\frac{a_{10}}{a_5}+\frac{a_{11}}{a_6}+\cdots+\frac{a_{24}}{a_{19}}=16r^5=48$

$\therefore r^5=3$

$\therefore \frac{a_{40}}{a_{30}}=\frac{ar^{39}}{ar^{29}}=r^{10}=(r^5)^2=3^2=9$

하 **0794** 답 제8항

첫째항이 $-\frac{1}{2}$, 공비가 $\frac{1}{4}\div\left(-\frac{1}{2}\right)=-\frac{1}{2}$이므로

주어진 등비수열의 일반항을 a_n이라 하면

$a_n=\left(-\frac{1}{2}\right)\times\left(-\frac{1}{2}\right)^{n-1}$

$=\left(-\frac{1}{2}\right)^n$

이때 $\frac{1}{256}$을 제k항이라 하면

$\left(-\frac{1}{2}\right)^k=\frac{1}{256}=\left(-\frac{1}{2}\right)^8$

$\therefore k=8$

따라서 $\frac{1}{256}$은 제8항이다.

중 0795 답 ④

등비수열 $\{a_n\}$의 첫째항을 a, 공비를 r라 하면

$a_3=3$에서 $ar^2=3$ …… ㉠

$a_7=48$에서 $ar^6=48$ …… ㉡

㉡÷㉠을 하면 $r^4=16$

그런데 $r>0$이므로 $r=2$

$r=2$를 ㉠에 대입하면 $4a=3$ $\therefore a=\frac{3}{4}$

$\therefore a_n=\frac{3}{4}\times 2^{n-1}$

$\therefore a_{11}=\frac{3}{4}\times 2^{10}=\frac{3}{4}\times 1024=768$

중 0796 답 ②

등비수열 $\{a_n\}$의 첫째항을 a, 공비를 r라 하면

$a_2+a_4=30$에서 $ar+ar^3=30$

$\therefore ar(1+r^2)=30$ …… ㉠

$a_3+a_5=-60$에서 $ar^2+ar^4=-60$

$\therefore ar^2(1+r^2)=-60$ …… ㉡

㉡÷㉠을 하면 $r=-2$

$r=-2$를 ㉠에 대입하면 $-10a=30$ $\therefore a=-3$

$\therefore a_n=-3\times(-2)^{n-1}$

이때 96을 제k항이라 하면

$-3\times(-2)^{k-1}=96$

$(-2)^{k-1}=-32=(-2)^5$

이므로 $k-1=5$ $\therefore k=6$

따라서 96은 제6항이다.

중 0797 답 54

등비수열 $\{a_n\}$의 첫째항을 a, 공비를 r라 하면

$a_1+a_2=8$에서 $a+ar=8$

$\therefore a(1+r)=8$ …… ㉠

$\frac{a_3+a_7}{a_1+a_5}=9$에서 $\frac{ar^2+ar^6}{a+ar^4}=9$

$\frac{ar^2(1+r^4)}{a(1+r^4)}=9$ $\therefore r^2=9$

그런데 $r>0$이므로 $r=3$

$r=3$을 ㉠에 대입하면 $4a=8$ $\therefore a=2$

$\therefore a_n=2\times 3^{n-1}$

$\therefore a_4=2\times 3^3=54$

중 0798 답 ①

등비수열 $\{a_n\}$의 공비를 r라 하면 첫째항이 2이므로

$a_4=128$에서 $2r^3=128$, $r^3=64$

그런데 r는 실수이므로 $r=4$

$\therefore a_n=2\times 4^{n-1}$

$a_n>1000$에서 $2\times 4^{n-1}>1000$

$4^{n-1}>500$

이때 $4^4=256$, $4^5=1024$이므로

$n-1\ge 5$ $\therefore n\ge 6$

따라서 처음으로 1000보다 커지는 항은 제6항이다.

중 0799 답 ②

등비수열 $\{a_n\}$의 첫째항을 a, 공비를 r라 하면

$a_2=8$에서 $ar=8$ …… ㉠

$a_4=2$에서 $ar^3=2$ …… ㉡

㉡÷㉠을 하면 $r^2=\frac{1}{4}$

그런데 $r>0$이므로 $r=\frac{1}{2}$

$r=\frac{1}{2}$을 ㉠에 대입하면 $\frac{1}{2}a=8$

$\therefore a=16$

$\therefore a_n=16\times\left(\frac{1}{2}\right)^{n-1}$

$a_n<\frac{1}{100}$에서 $16\times\left(\frac{1}{2}\right)^{n-1}<\frac{1}{100}$

$\left(\frac{1}{2}\right)^{n-1}<\frac{1}{1600}$, $2^{n-1}>1600$

이때 $2^{10}=1024$, $2^{11}=2048$이므로

$n-1\ge 11$ $\therefore n\ge 12$

따라서 자연수 n의 최솟값은 12이다.

중 0800 답 3

[해결 과정] 등비수열 $\{a_n\}$의 첫째항을 a, 공비를 r라 하면

$a_2+a_3=18$에서 $ar+ar^2=18$

$\therefore ar(1+r)=18$ …… ㉠

$a_3+a_4=36$에서 $ar^2+ar^3=36$

$\therefore ar^2(1+r)=36$ …… ㉡

㉡÷㉠을 하면 $r=2$

$r=2$를 ㉠에 대입하면 $6a=18$

$\therefore a=3$

$\therefore a_n=3\times 2^{n-1}$ ◀ 50 %

$300<a_n<3000$에서 $300<3\times 2^{n-1}<3000$

$100<2^{n-1}<1000$, $200<2^n<2000$ ◀ 30 %

[답 구하기] 이때 $2^7=128$, $2^8=256$, $2^9=512$, $2^{10}=1024$, $2^{11}=2048$이므로 구하는 자연수 n은 8, 9, 10의 3개이다. ◀ 20 %

중 0801 답 ②

주어진 등비수열의 공비를 r $(r>0)$라 하면 첫째항이 6, 제5항이 486이므로

$6r^4=486$, $r^4=81$

$\therefore r=3$ $(\because r>0)$

이때 a_1, a_3은 각각 주어진 수열의 제2항, 제4항이므로

$a_1=6\times 3=18$

$a_3=6\times 3^3=162$

$\therefore a_1+a_3=18+162=180$

중 0802 답 ⑤

첫째항이 8, 공비가 $\frac{1}{2}$인 등비수열의 제n항이 $\frac{1}{128}$이므로

$8\times\left(\frac{1}{2}\right)^{n-1}=\frac{1}{128}$

$\left(\frac{1}{2}\right)^{n-1}=\frac{1}{1024}=\frac{1}{2^{10}}=\left(\frac{1}{2}\right)^{10}$

따라서 $n-1=10$이므로

$n=11$

중 0803 답 ②

주어진 등비수열의 공비를 r $(r>0)$라 하면 첫째항이 4, 제10항이 256이므로

$4r^9=256$, $r^9=64$

$\therefore r^3=4$

이때 a_3은 주어진 수열의 제4항이므로

$a_3=4r^3=4\times4=16$

$\therefore \log_2 a_3=\log_2 16=\log_2 2^4=4$

하 0804 답 4

세 수 $x-1$, $x+5$, $7x-1$이 이 순서대로 등비수열을 이루므로

$(x+5)^2=(x-1)(7x-1)$

$x^2+10x+25=7x^2-8x+1$, $x^2-3x-4=0$

$(x+1)(x-4)=0$ $\quad\therefore x=-1$ 또는 $x=4$

그런데 $x>0$이므로 $x=4$

중 0805 답 ⑤

세 수 $\sin\theta$, $\frac{1}{5}$, $\cos\theta$가 이 순서대로 등비수열을 이루므로

$\sin\theta\cos\theta=\left(\frac{1}{5}\right)^2=\frac{1}{25}$

$$\therefore \tan\theta+\frac{1}{\tan\theta}=\frac{\sin\theta}{\cos\theta}+\frac{\cos\theta}{\sin\theta}=\frac{\sin^2\theta+\cos^2\theta}{\sin\theta\cos\theta}=\frac{1}{\frac{1}{25}}=25$$

중 0806 답 20

나머지정리에 의하여 $f(x)=x^2+2x+a$를 $x+1$, $x-1$, $x-2$로 나누었을 때의 나머지는 각각

$p=f(-1)=1-2+a=a-1$

$q=f(1)=1+2+a=a+3$

$r=f(2)=4+4+a=a+8$

즉, $a-1$, $a+3$, $a+8$이 이 순서대로 등비수열을 이루므로

$(a+3)^2=(a-1)(a+8)$

$a^2+6a+9=a^2+7a-8$ $\quad\therefore a=17$

$\therefore f(x)=x^2+2x+17$

따라서 $f(x)$를 $x+3$으로 나누었을 때의 나머지는

$f(-3)=9-6+17=20$

중 0807 답 43

[해결 과정] 세 수 20, $x-9$, $y+3$이 이 순서대로 등차수열을 이루므로

$2(x-9)=20+(y+3)$

$2x-18=y+23$

$\therefore 2x=y+41$ …… ㉠ ◀ 30 %

또, 세 수 $x-9$, $y+3$, 2가 이 순서대로 등비수열을 이루므로

$(y+3)^2=(x-9)\times2$

$y^2+6y+9=2x-18$

$\therefore 2x=y^2+6y+27$ …… ㉡ ◀ 30 %

㉠, ㉡에서 $y+41=y^2+6y+27$

$y^2+5y-14=0$, $(y+7)(y-2)=0$

$\therefore y=-7$ 또는 $y=2$

그런데 $y>0$이므로 $y=2$

$y=2$를 ㉠에 대입하면 $2x=43$ $\quad\therefore x=\frac{43}{2}$ ◀ 30 %

[답 구하기] $\therefore xy=\frac{43}{2}\times2=43$ ◀ 10 %

중 0808 답 ③

세 실수를 a, ar, ar^2으로 놓으면

$a+ar+ar^2=14$에서 $a(1+r+r^2)=14$ …… ㉠

$a\times ar\times ar^2=64$에서 $(ar)^3=64$

그런데 ar는 실수이므로 $ar=4$ …… ㉡

㉠÷㉡을 하면 $\frac{1+r+r^2}{r}=\frac{7}{2}$

$2(1+r+r^2)=7r$, $2r^2-5r+2=0$

$(2r-1)(r-2)=0$ $\quad\therefore r=\frac{1}{2}$ 또는 $r=2$

이것을 ㉡에 대입하면

$r=\frac{1}{2}$일 때 $a=8$, $r=2$일 때 $a=2$

따라서 세 실수는 2, 4, 8이므로 가장 큰 수는 8이다.

중 0809 답 ②

삼차방정식 $x^3-kx^2+155x-125=0$의 세 실근을 a, ar, ar^2으로 놓으면 삼차방정식의 근과 계수의 관계에 의하여

$a+ar+ar^2=k$ …… ㉠

$a\times ar+ar\times ar^2+ar^2\times a=155$에서

$a^2r+a^2r^3+a^2r^2=155$

$\therefore ar(a+ar+ar^2)=155$ …… ㉡

$a\times ar\times ar^2=125$에서 $(ar)^3=125$

그런데 ar는 실수이므로 $ar=5$ …… ㉢

㉡÷㉢을 하면 $a+ar+ar^2=31$

따라서 ㉠에서 $k=31$

> **도움 개념** 삼차방정식의 근과 계수의 관계
>
> 삼차방정식 $ax^3+bx^2+cx+d=0$의 세 근을 α, β, γ라 하면
>
> $$\alpha+\beta+\gamma=-\frac{b}{a},\ \alpha\beta+\beta\gamma+\gamma\alpha=\frac{c}{a},\ \alpha\beta\gamma=-\frac{d}{a}$$

중 0810 답 ④

직육면체의 가로의 길이, 세로의 길이, 높이를 각각 a, ar, ar^2으로 놓으면 직육면체의 겉넓이가 90이므로

$2(a\times ar+ar\times ar^2+ar^2\times a)=90$

$a^2r+a^2r^3+a^2r^2=45$

$\therefore ar(a+ar+ar^2)=45$ …… ㉠

또, 직육면체의 부피가 27이므로

$a\times ar\times ar^2=27$, $(ar)^3=27$

그런데 ar는 실수이므로 $ar=3$ …… ㉡

㉠÷㉡을 하면 $a+ar+ar^2=15$

따라서 이 직육면체의 모든 모서리의 길이의 합은

$4(a+ar+ar^2)=4\times15=60$

중 0811 답 ④

정사각형 S_1의 한 변의 길이는 선분 AC의 길이의 $\frac{1}{2}$이므로

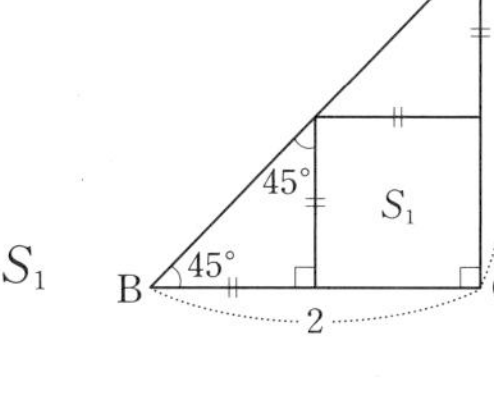

$2\times\frac{1}{2}=1$

정사각형 S_2의 한 변의 길이는 정사각형 S_1의 한 변의 길이의 $\frac{1}{2}$이므로

$1\times\frac{1}{2}=\frac{1}{2}$

정사각형 S_3의 한 변의 길이는 정사각형 S_2의 한 변의 길이의 $\frac{1}{2}$이므로

$\frac{1}{2}\times\frac{1}{2}=\left(\frac{1}{2}\right)^2$

⋮

정사각형 S_n의 한 변의 길이는 $\left(\frac{1}{2}\right)^{n-1}$

따라서 정사각형 S_8의 한 변의 길이는 $\left(\frac{1}{2}\right)^7$이므로 구하는 넓이는

$\left\{\left(\frac{1}{2}\right)^7\right\}^2=\left(\frac{1}{2}\right)^{14}$

중 0812 답 22

첫 번째 튀어 오른 공의 높이는 $9\times\frac{3}{5}$(m)

두 번째 튀어 오른 공의 높이는 $9\times\frac{3}{5}\times\frac{3}{5}=9\times\left(\frac{3}{5}\right)^2$(m)

세 번째 튀어 오른 공의 높이는 $9\times\left(\frac{3}{5}\right)^2\times\frac{3}{5}=9\times\left(\frac{3}{5}\right)^3$(m)

⋮

n 번째 튀어 오른 공의 높이는 $9\times\left(\frac{3}{5}\right)^n$(m)

따라서 10번째 튀어 오른 공의 높이는

$9\times\left(\frac{3}{5}\right)^{10}=3^2\times\frac{3^{10}}{5^{10}}=\frac{3^{12}}{5^{10}}$(m)

즉, $p=10$, $q=12$이므로

$p+q=22$

상 0813 답 64만 명

[문제 이해] 올해 인구를 a명, 매년 인구의 증가율을 r라 하면

1년 후의 인구는 $a(1+r)$(명)

2년 후의 인구는 $a(1+r)\times(1+r)=a(1+r)^2$(명)

3년 후의 인구는 $a(1+r)^2\times(1+r)=a(1+r)^3$(명)

⋮

n년 후의 인구는 $a(1+r)^n$(명) ◀ 40 %

[해결 과정] 10년 후의 인구가 36만 명이므로

$a(1+r)^{10}=36\times10^4$ …… ㉠

또, 20년 후의 인구가 48만 명이므로

$a(1+r)^{20}=48\times10^4$ …… ㉡

㉡÷㉠을 하면 $(1+r)^{10}=\frac{4}{3}$ ◀ 30 %

[답 구하기] 따라서 30년 후의 인구는

$a(1+r)^{30}=a(1+r)^{20}\times(1+r)^{10}$

$=48\times10^4\times\frac{4}{3}=64\times10^4$

즉, 64만 명이다. ◀ 30 %

19 등비수열의 합

≫ 134~137쪽

0814 답 1093

$\frac{1\times(3^7-1)}{3-1}=\frac{2186}{2}=1093$

0815 답 -86

첫째항이 -2, 공비가 $\frac{4}{-2}=-2$이므로

$\frac{(-2)\times\{1-(-2)^7\}}{1-(-2)}=\frac{(-2)\times129}{3}$

$=-86$

0816 답 $\frac{1023}{1024}$

$\frac{1}{2}$, $\frac{1}{4}$, $\frac{1}{8}$, …, $\frac{1}{1024}$은 첫째항이 $\frac{1}{2}$, 공비가 $\frac{1}{2}$인 등비수열이므로 이 수열의 제k항을 $\frac{1}{1024}$이라 하면

$\frac{1}{2}\times\left(\frac{1}{2}\right)^{k-1}=\frac{1}{1024}$, $\left(\frac{1}{2}\right)^k=\left(\frac{1}{2}\right)^{10}$

$\therefore k=10$

$\therefore \frac{1}{2}+\frac{1}{4}+\frac{1}{8}+\cdots+\frac{1}{1024}=\frac{\frac{1}{2}\left\{1-\left(\frac{1}{2}\right)^{10}\right\}}{1-\frac{1}{2}}$

$=1-\left(\frac{1}{2}\right)^{10}$

$=\frac{1023}{1024}$

0817 답 441

7, 14, 28, …, 224는 첫째항이 7, 공비가 2인 등비수열이므로 이 수열의 제k항을 224라 하면

$7\times2^{k-1}=224$, $2^{k-1}=32=2^5$

즉, $k-1=5$이므로 $k=6$

$\therefore 7+14+28+\cdots+224=\frac{7(2^6-1)}{2-1}$

$=7\times63$

$=441$

0818 답 $a_n=2^{n-1}$

(i) $n=1$일 때,

$a_1=S_1=2^1-1=1$

(ii) $n\geq2$일 때,

$a_n=S_n-S_{n-1}$

$=(2^n-1)-(2^{n-1}-1)$

$=2^{n-1}(2-1)$

$=2^{n-1}$ …… ㉠

이때 $a_1=1$은 ㉠에 $n=1$을 대입한 것과 같으므로

$a_n=2^{n-1}$

0819 답 $a_n=6\times7^{n-1}$

(i) $n=1$일 때,

$a_1=S_1=7^1-1=6$

(ii) $n \geq 2$일 때,

$a_n = S_n - S_{n-1}$
$= (7^n - 1) - (7^{n-1} - 1)$
$= 7^{n-1}(7-1)$
$= 6 \times 7^{n-1}$ ...... ㉠

이때 $a_1 = 6$은 ㉠에 $n=1$을 대입한 것과 같으므로
$a_n = 6 \times 7^{n-1}$

0820 답 (1) (가): $a \times 1.04^3$, (나): a (2) $5a$원

(1) 연이율 4 %의 복리로 매년 말에 a원씩 n년 동안 적립할 때, n년 말의 원리합계는
$a(1+0.04)^n = a \times 1.04^n$(원)
$\therefore$ (가): $a \times 1.04^3$, (나): a

(2) $a + a \times 1.04 + a \times 1.04^2 + a \times 1.04^3 + a \times 1.04^4$
$= \dfrac{a(1.04^5 - 1)}{1.04 - 1}$
$= \dfrac{a(1.2-1)}{0.04}$
$= 5a$(원)

중 **0821** 답 39

$a_n = 3 \times 2^{1-2n}$에서
$a_1 = \dfrac{3}{2}$, $a_2 = \dfrac{3}{8}$, $a_3 = \dfrac{3}{32}$, $\cdots$
따라서 수열 $\{a_n\}$은 첫째항이 $\dfrac{3}{2}$, 공비가 $\dfrac{1}{4}$인 등비수열이므로

$$a_1 + a_2 + a_3 + \cdots + a_{20} = \dfrac{\dfrac{3}{2}\left\{1 - \left(\dfrac{1}{4}\right)^{20}\right\}}{1 - \dfrac{1}{4}} = 2\left\{1 - \left(\dfrac{1}{2}\right)^{40}\right\} = 2 - \left(\dfrac{1}{2}\right)^{39}$$

$\therefore k = 39$

하 **0822** 답 ②

주어진 등비수열은 첫째항이 4, 공비가 $\dfrac{12}{4} = 3$이므로
$S_n = \dfrac{4(3^n - 1)}{3 - 1} = 2(3^n - 1)$
$S_k = 1456$에서 $2(3^k - 1) = 1456$
$3^k - 1 = 728$, $3^k = 729 = 3^6$ $\quad \therefore k = 6$

중 **0823** 답 510

등비수열 $\{a_n\}$의 첫째항을 a, 공비를 r라 하면
$a_1 + a_4 = 18$에서 $a + ar^3 = 18$
$\therefore a(1 + r^3) = 18$ ...... ㉠
$a_3 + a_6 = 72$에서 $ar^2 + ar^5 = 72$
$\therefore ar^2(1 + r^3) = 72$ ...... ㉡
㉡÷㉠을 하면 $r^2 = 4$
그런데 $r > 0$이므로 $r = 2$
$r = 2$를 ㉠에 대입하면 $9a = 18$ $\quad \therefore a = 2$
따라서 이 수열의 첫째항부터 제8항까지의 합은
$\dfrac{2(2^8 - 1)}{2 - 1} = 2 \times 255 = 510$

중 **0824** 답 ④

등비수열 $\{a_n\}$의 첫째항이 $2\sqrt{2}$, 공비가 -3이므로
$a_n = 2\sqrt{2} \times (-3)^{n-1}$
$\therefore a_n^2 = \{2\sqrt{2} \times (-3)^{n-1}\}^2$
$= (2\sqrt{2})^2 \times \{(-3)^2\}^{n-1}$
$= 8 \times 9^{n-1}$
따라서 수열 $\{a_n^2\}$은 첫째항이 8, 공비가 9인 등비수열이므로 첫째항부터 제15항까지의 합은
$\dfrac{8(9^{15} - 1)}{9 - 1} = 9^{15} - 1 = 3^{30} - 1$

중 **0825** 답 ③

등비수열 $\{a_n\}$의 첫째항을 a, 공비를 r라 하고, 첫째항부터 제n항까지의 합을 S_n이라 하면
$S_9 = 2$에서 $\dfrac{a(r^9 - 1)}{r - 1} = 2$ ...... ㉠
$S_{18} = 8$에서 $\dfrac{a(r^{18} - 1)}{r - 1} = 8$
$\therefore \dfrac{a(r^9 - 1)(r^9 + 1)}{r - 1} = 8$ ...... ㉡
㉡÷㉠을 하면 $r^9 + 1 = 4$ $\quad \therefore r^9 = 3$
따라서 첫째항부터 제27항까지의 합은
$S_{27} = \dfrac{a(r^{27} - 1)}{r - 1}$
$= \dfrac{a(r^9 - 1)(r^{18} + r^9 + 1)}{r - 1}$
$= \dfrac{a(r^9 - 1)}{r - 1} \times (r^{18} + r^9 + 1)$
$= 2 \times (3^2 + 3 + 1) = 26$

도움 개념 **인수분해 공식**
(1) $a^2 - b^2 = (a+b)(a-b)$
(2) $a^3 - b^3 = (a-b)(a^2 + ab + b^2)$
$a^3 + b^3 = (a+b)(a^2 - ab + b^2)$

중 **0826** 답 ⑤

등비수열의 첫째항을 a, 공비를 r라 하면
$S_3 = 28$에서 $\dfrac{a(r^3 - 1)}{r - 1} = 28$ ...... ㉠
$S_6 = -728$에서 $\dfrac{a(r^6 - 1)}{r - 1} = -728$
$\therefore \dfrac{a(r^3 - 1)(r^3 + 1)}{r - 1} = -728$ ...... ㉡
㉡÷㉠을 하면 $r^3 + 1 = -26$, $r^3 = -27$
그런데 r는 실수이므로 $r = -3$
$r = -3$을 ㉠에 대입하면 $7a = 28$ $\quad \therefore a = 4$
$\therefore a_5 = ar^4 = 4 \times (-3)^4 = 324$

중 **0827** 답 ③

등비수열 $\{a_n\}$의 첫째항을 a, 공비를 r라 하고, 첫째항부터 제n항까지의 합을 S_n이라 하면
$S_5 = 8$에서 $\dfrac{a(r^5 - 1)}{r - 1} = 8$ ...... ㉠
이때 $a_6 + a_7 + a_8 + a_9 + a_{10} = S_{10} - S_5$이므로
$256 = S_{10} - 8$ $\quad \therefore S_{10} = 264$

즉, $\frac{a(r^{10}-1)}{r-1}=264$

$\therefore \frac{a(r^5-1)(r^5+1)}{r-1}=264$ …… ㉡

㉡÷㉠을 하면 $r^5+1=33$, $r^5=32$

그런데 r는 실수이므로 $r=2$

중 0828 답 ③

등비수열 $\{a_n\}$의 첫째항을 a, 공비를 r라 하면

$a_1+a_2+a_3+\cdots+a_n=20$에서

$\frac{a(r^n-1)}{r-1}=20$ …… ㉠

$a_{2n+1}+a_{2n+2}+a_{2n+3}+\cdots+a_{3n}$은 첫째항이 ar^{2n}, 공비가 r인 등비수열의 첫째항부터 제n항까지의 합과 같으므로

$a_{2n+1}+a_{2n+2}+a_{2n+3}+\cdots+a_{3n}=180$에서

$\frac{ar^{2n}(r^n-1)}{r-1}=180$ …… ㉡

㉡÷㉠을 하면 $r^{2n}=9$

그런데 $r>0$이므로 $r^n=3$

$\therefore a_{n+1}+a_{n+2}+a_{n+3}+\cdots+a_{2n}$

$=ar^n+ar^{n+1}+ar^{n+2}+\cdots+ar^{2n-1}$

$=\frac{ar^n(r^n-1)}{r-1}=\frac{a(r^n-1)}{r-1}\times r^n$

$=20\times3=60$

상 0829 답 1924

[문제 이해] 수열 $\{a_n\}$이 등비수열이므로 수열 $\left\{\frac{1}{a_n}\right\}$도 등비수열이다. ◀ 20 %

[해결 과정] 등비수열 $\left\{\frac{1}{a_n}\right\}$의 첫째항을 a, 공비를 r라 하면

$S_4=\frac{1}{16}$에서 $\frac{a(r^4-1)}{r-1}=\frac{1}{16}$ …… ㉠

$S_8=2$에서 $\frac{a(r^8-1)}{r-1}=2$

$\therefore \frac{a(r^4-1)(r^4+1)}{r-1}=2$ …… ㉡

㉡÷㉠을 하면 $r^4+1=32$ $\therefore r^4=31$ ◀ 50 %

[답 구하기] $\therefore S_{16}=\frac{a(r^{16}-1)}{r-1}$

$=\frac{a(r^8-1)(r^8+1)}{r-1}$

$=\frac{a(r^8-1)}{r-1}\times(r^8+1)$

$=2\times(31^2+1)$

$=1924$ ◀ 30 %

중 0830 답 ②

등비수열 $\{a_n\}$의 첫째항을 a, 공비를 r라 하면

$a_3=24$에서 $ar^2=24$ …… ㉠

$a_5=96$에서 $ar^4=96$ …… ㉡

㉡÷㉠을 하면 $r^2=4$

그런데 $r>0$이므로 $r=2$

$r=2$를 ㉠에 대입하면 $4a=24$ $\therefore a=6$

즉, 등비수열 $\{a_n\}$의 첫째항부터 제n항까지의 합을 S_n이라 하면

$S_n=\frac{6(2^n-1)}{2-1}=6(2^n-1)$

$S_n>900$에서 $6(2^n-1)>900$

$2^n-1>150$, $2^n>151$

이때 $2^7=128$, $2^8=256$이므로

$n\ge8$

따라서 첫째항부터 제8항까지의 합이 처음으로 900보다 커진다.

중 0831 답 ③

주어진 등비수열은 첫째항이 2, 공비가 $\frac{2}{3}\div2=\frac{1}{3}$이므로

$S_n=\frac{2\left\{1-\left(\frac{1}{3}\right)^n\right\}}{1-\frac{1}{3}}=3\left\{1-\left(\frac{1}{3}\right)^n\right\}=3-\frac{1}{3^{n-1}}$

$|3-S_k|<0.005$에서 $\left|3-\left(3-\frac{1}{3^{k-1}}\right)\right|<0.005$

$\left|\frac{1}{3^{k-1}}\right|<\frac{5}{1000}$, $\frac{1}{3^{k-1}}<\frac{1}{200}$

$3^{k-1}>200$

이때 $3^4=81$, $3^5=243$이므로

$k-1\ge5$ $\therefore k\ge6$

따라서 자연수 k의 최솟값은 6이다.

[참고] 자연수 k에 대하여 $3^{k-1}>0$이므로

$\left|\frac{1}{3^{k-1}}\right|=\frac{1}{3^{k-1}}$

상 0832 답 12

[해결 과정] 등비수열 $\{a_n\}$의 공비를 r라 하면 첫째항이 3이므로

$a_4=192$에서 $3r^3=192$, $r^3=64$

그런데 r는 실수이므로 $r=4$

즉, 등비수열 $\{a_n\}$의 첫째항부터 제n항까지의 합을 S_n이라 하면

$S_n=\frac{3(4^n-1)}{4-1}=4^n-1$ ◀ 40 %

$S_n\ge10^7$에서 $4^n-1\ge10^7$

$4^n\ge10^7+1$

즉, $4^n>10^7$이므로 양변에 상용로그를 취하면

$\log4^n>\log10^7$, $n\log4>7$

$\therefore n>\frac{7}{\log4}=\frac{7}{2\log2}=\frac{7}{2\times0.3}=\frac{70}{6}=11.\times\times\times$ ◀ 40 %

[답 구하기] 따라서 첫째항부터 제12항까지의 합이 처음으로 10^7 이상이 된다. ◀ 20 %

중 0833 답 ⑤

2000년의 신규 가입자 수를 a, 매년 증가하는 신규 가입자 수의 비율을 r라 하면 2000년부터 2009년까지 10년 동안의 신규 가입자 수가 8만 명이므로

$a+ar+ar^2+\cdots+ar^9=80000$

$\therefore \frac{a(r^{10}-1)}{r-1}=80000$ …… ㉠

또, 2010년부터 2019년까지 10년 동안의 신규 가입자 수가 14만 명이므로

$ar^{10}+ar^{11}+ar^{12}+\cdots+ar^{19}=140000$

$\therefore \frac{ar^{10}(r^{10}-1)}{r-1}=140000$ …… ㉡

08

㉡÷㉠을 하면 $r^{10}=\frac{7}{4}$

따라서 2020년의 신규 가입자 수는

$ar^{20}=a\times(r^{10})^2=a\times\left(\frac{7}{4}\right)^2=\frac{49}{16}a$

이므로 2000년의 신규 가입자 수의 $\frac{49}{16}$배이다.

중 0834 답 46

첫 번째 시행에서 색칠한 부분의 넓이는

$9^2\times\frac{1}{9}=9$

두 번째 시행에서 색칠한 부분의 넓이는

$\left(9\times\frac{1}{9}\right)\times 8=9\times\frac{8}{9}$

세 번째 시행에서 색칠한 부분의 넓이는

$\left\{\left(9\times\frac{8}{9}\right)\times\frac{1}{9}\right\}\times 8=9\times\left(\frac{8}{9}\right)^2$

⋮

10번째 시행에서 색칠한 부분의 넓이는

$9\times\left(\frac{8}{9}\right)^9$

따라서 10번째 시행까지 색칠된 부분의 넓이는

$$9+9\times\frac{8}{9}+9\times\left(\frac{8}{9}\right)^2+\cdots+9\times\left(\frac{8}{9}\right)^9$$

$$=\frac{9\left\{1-\left(\frac{8}{9}\right)^{10}\right\}}{1-\frac{8}{9}}$$

$$=81\left\{1-\left(\frac{8}{9}\right)^{10}\right\}$$

$$=81-\frac{8^{10}}{9^8}$$

$$=81-\frac{2^{30}}{3^{16}}$$

즉, $p=16$, $q=30$이므로

$p+q=46$

하 0835 답 ③

$S_n=4^n-1$에서

(i) $n=1$일 때,

$a_1=S_1=4^1-1=3$

(ii) $n\geq 2$일 때,

$a_n=S_n-S_{n-1}$

$=(4^n-1)-(4^{n-1}-1)$

$=3\times 4^{n-1}$ …… ㉠

이때 $a_1=3$은 ㉠에 $n=1$을 대입한 것과 같으므로

$a_n=3\times 4^{n-1}$

따라서 $kr^{n-1}=3\times 4^{n-1}$에서 $k=3$, $r=4$이므로

$k+r=7$

중 0836 답 ④

$S_n=2^{n+1}-2$에서

(i) $n=1$일 때,

$a_1=S_1=2^2-2=2$

(ii) $n\geq 2$일 때,

$a_n=S_n-S_{n-1}$

$=(2^{n+1}-2)-(2^n-2)$

$=2^n$ …… ㉠

이때 $a_1=2$는 ㉠에 $n=1$을 대입한 것과 같으므로

$a_n=2^n$

$\therefore a_1+a_3+a_5+a_7+a_9=2+2^3+2^5+2^7+2^9$

$=\frac{2\{(2^2)^5-1\}}{2^2-1}$

$=\frac{2\times 1023}{3}=682$

다른 풀이

$a_1=S_1=2^2-2=2$

$a_3=S_3-S_2=(2^4-2)-(2^3-2)=8$

$a_5=S_5-S_4=(2^6-2)-(2^5-2)=32$

$a_7=S_7-S_6=(2^8-2)-(2^7-2)=128$

$a_9=S_9-S_8=(2^{10}-2)-(2^9-2)=512$

$\therefore a_1+a_3+a_5+a_7+a_9=2+8+32+128+512=682$

중 0837 답 ①

$S_n=4\times 3^{n+1}+2k$에서

(i) $n=1$일 때,

$a_1=S_1=4\times 3^2+2k=36+2k$

(ii) $n\geq 2$일 때,

$a_n=S_n-S_{n-1}$

$=(4\times 3^{n+1}+2k)-(4\times 3^n+2k)$

$=8\times 3^n$ …… ㉠

이때 수열 $\{a_n\}$이 첫째항부터 등비수열을 이루므로 $a_1=36+2k$는 ㉠에 $n=1$을 대입한 것과 같다.

즉, $36+2k=8\times 3$이므로

$2k=-12$ $\therefore k=-6$

중 0838 답 ③

매월 초에 10만 원씩 3년 동안 적립할 때, 3년째 말, 즉 36개월째 말까지 적립금의 원리합계는

$$10\times 1.01+10\times 1.01^2+10\times 1.01^3+\cdots+10\times 1.01^{36}$$

$$=\frac{10\times 1.01\times(1.01^{36}-1)}{1.01-1}$$

$$=\frac{10.1\times(1.4-1)}{0.01}$$

$=404$(만 원)

중 0839 답 ②

매년 말에 a만 원씩 적립할 때, 10년째 말까지 적립금의 원리합계는

$a+a\times 1.06+a\times 1.06^2+\cdots+a\times 1.06^9=\frac{a(1.06^{10}-1)}{1.06-1}$

$=\frac{a(1.8-1)}{0.06}$

$=\frac{40}{3}a$(만 원)

즉, $\frac{40}{3}a=10000$이어야 하므로

$a=750$

중 0840 답 1.54배

[해결 과정] 준호가 6년째 말에 받는 금액을 A만 원, 윤혜가 3년째 말에 받는 금액을 B만 원이라 하면

$A=100\times1.05+100\times1.05^2+\cdots+100\times1.05^6$

$=\frac{100\times1.05\times(1.05^6-1)}{1.05-1}$

$=2100(1.05^6-1)$ ◀ 30 %

$B=150+150\times1.05+150\times1.05^2$

$=\frac{150(1.05^3-1)}{1.05-1}$

$=3000(1.05^3-1)$ ◀ 30 %

[답 구하기] $\therefore \frac{A}{B}=\frac{2100(1.05^6-1)}{3000(1.05^3-1)}$

$=\frac{7(1.05^3-1)(1.05^3+1)}{10(1.05^3-1)}$

$=\frac{7(1.2+1)}{10}$

$=1.54$

따라서 준호가 받는 금액은 윤혜가 받는 금액의 1.54배이다. ◀ 40 %

≫ 138~141쪽

중단원 마무리

0841 답 ⑤

등차수열 $\{a_n\}$의 공차가 6이므로

$a_2<a_3 \quad \therefore a_2-3<a_3-3$

그런데 $|a_2-3|=|a_3-3|$이므로 $a_2-3=-(a_3-3)$

$a_2-3=-a_3+3$, $(a_1+6)-3=-(a_1+2\times6)+3$

$a_1+3=-a_1-9$, $2a_1=-12 \quad \therefore a_1=-6$

$\therefore a_n=-6+(n-1)\times6=6n-12$

$\therefore a_7=6\times7-12=30$

0842 답 제17항

등차수열 $\{a_n\}$의 첫째항을 a, 공차를 d라 하면

$a_8=26$에서 $a+7d=26$ …… ㉠

$a_6:a_{10}=8:5$, 즉 $5a_6=8a_{10}$에서

$5(a+5d)=8(a+9d)$, $5a+25d=8a+72d$

$\therefore 3a+47d=0$ …… ㉡

㉠, ㉡을 연립하여 풀면 $a=47$, $d=-3$

$\therefore a_n=47+(n-1)\times(-3)=-3n+50$

$a_n<0$에서 $-3n+50<0$

$-3n<-50 \quad \therefore n>\frac{50}{3}=16.\times\times\times$

따라서 처음으로 음수가 되는 항은 제17항이다.

0843 답 29

주어진 등차수열의 공차를 d라 하면 첫째항이 -28, 제28항이 107이므로

$-28+27d=107$, $27d=135 \quad \therefore d=5$

이때 a_3, a_{14}는 각각 주어진 수열의 제4항, 제15항이므로

$a_3=-28+(4-1)\times5=-13$

$a_{14}=-28+(15-1)\times5=42$

$\therefore a_3+a_{14}=-13+42=29$

0844 답 56

세 수 a, b, c가 이 순서대로 등차수열을 이루므로

$2b=a+c$

세 수 d, e, f가 이 순서대로 등차수열을 이루므로

$2e=d+f$

네 수 b, e, g, h가 이 순서대로 등차수열을 이루므로 공차는 $e-b$

$g=b+2(e-b)=2e-b$

$h=b+3(e-b)=3e-2b$

$\therefore a+b+c+d+e+f+g+h$

$=(a+c)+b+(d+f)+e+g+h$

$=2b+b+2e+e+(2e-b)+(3e-2b)$

$=8e$

$=8\times7=56$

0845 답 7

등차수열 $\{a_n\}$에 대하여

$a_1=3\times1-5=-2$, $a_m=3m-5$이므로

첫째항부터 제m항까지의 합은

$\frac{m\{-2+(3m-5)\}}{2}=\frac{3m^2-7m}{2}$

등차수열 $\{b_n\}$에 대하여

$b_1=\frac{1}{2}\times1+5=\frac{11}{2}$, $b_m=\frac{1}{2}m+5$이므로

첫째항부터 제m항까지의 합은

$\frac{m\left\{\frac{11}{2}+\left(\frac{1}{2}m+5\right)\right\}}{2}=\frac{m^2+21m}{4}$

이때 두 등차수열 $\{a_n\}$, $\{b_n\}$의 첫째항부터 제m항까지의 합이 서로 같으므로

$\frac{3m^2-7m}{2}=\frac{m^2+21m}{4}$

$2(3m^2-7m)=m^2+21m$

$5m^2-35m=0$, $m(m-7)=0$

$\therefore m=0$ 또는 $m=7$

그런데 m은 자연수이므로 $m=7$

0846 답 ②

ㄱ. $\frac{a_1+a_2+a_3}{b_1+b_2+b_3}=\frac{S_3}{T_3}=\frac{2\times3+1}{3\times3-1}=\frac{7}{8}$

ㄴ. 등차수열 $\{a_n\}$의 첫째항을 a, 공차를 d라 하면

$S_3=a_1+a_2+a_3=a+(a+d)+(a+2d)$

$=3(a+d)=3a_2$

ㄷ. ㄴ과 같은 방법으로 $T_3=3b_2$이므로

$\frac{a_2}{b_2}=\frac{\frac{S_3}{3}}{\frac{T_3}{3}}=\frac{S_3}{T_3}=\frac{7}{8}$

이상에서 옳은 것은 ㄱ, ㄴ이다.

0847 답 57

등차수열 $\{a_n\}$의 공차를 d라 하면

$S_{12}=6$에서 $\frac{12(2\times17+11d)}{2}=6$

$34+11d=1$, $11d=-33$ $\therefore d=-3$

$\therefore a_n=17+(n-1)\times(-3)=-3n+20$

$a_n<0$에서 $-3n+20<0$

$-3n<-20$ $\therefore n>\frac{20}{3}=6.\times\times\times$

즉, 수열 $\{a_n\}$은 제7항부터 음수이므로 첫째항부터 제6항까지의 합이 최대이다.

따라서 구하는 최댓값은

$S_6=\frac{6\{2\times17+5\times(-3)\}}{2}=57$

0848 답 ⑤

$S_n=n^2+3n$에서

(i) $n=1$일 때, $a_1=S_1=1^2+3\times1=4$

(ii) $n\geq2$일 때,

$a_n=S_n-S_{n-1}$
$=n^2+3n-\{(n-1)^2+3(n-1)\}$
$=2n+2$ ...... ㉠

이때 $a_1=4$는 ㉠에 $n=1$을 대입한 것과 같으므로

$a_n=2n+2$

따라서 $a_2=6$, $a_4=10$, $a_6=14$, $\cdots$, $a_{2n}=4n+2$이므로

$a_2+a_4+a_6+\cdots+a_{2n}$은 첫째항이 6, 끝항이 $4n+2$, 항의 개수가 n인 등차수열의 합이다. 즉,

$a_2+a_4+a_6+\cdots+a_{2n}=\frac{n\{6+(4n+2)\}}{2}$
$=2n^2+4n$

따라서 $2n^2+4n=448$이므로 $n^2+2n-224=0$

$(n+16)(n-14)=0$ $\therefore n=-16$ 또는 $n=14$

그런데 n은 자연수이므로 $n=14$

0849 답 18

등차수열 $\{a_n\}$의 첫째항을 a, 공차를 d라 하면

$a_n=a+(n-1)d$

$2^{a_n}=b_n$으로 놓으면 $b_n=2^{a+(n-1)d}$

이때 수열 $\{b_n\}$의 공비가 4이므로

$\frac{b_{n+1}}{b_n}=\frac{2^{a+nd}}{2^{a+(n-1)d}}=2^d=4=2^2$ $\therefore d=2$

$\therefore a_{2021}-a_{2012}=(a+2020d)-(a+2011d)$
$=9d$
$=9\times2=18$

0850 답 ⑤

$f(a)$, $f(b)$, $f(12)$가 이 순서대로 등비수열을 이루므로

$\{f(b)\}^2=f(a)\times f(12)$

이때 $f(a)=\frac{k}{a}$, $f(b)=\frac{k}{b}$, $f(12)=\frac{k}{12}$이므로

$\left(\frac{k}{b}\right)^2=\frac{k}{a}\times\frac{k}{12}$, $\frac{k^2}{b^2}=\frac{k^2}{12a}$

$\therefore b^2=12a$ ...... ㉠

㉠을 만족시키는 $a<b<12$인 자연수 a, b의 값은

$a=3$, $b=6$

또, $f(a)=3$, 즉 $f(3)=3$이므로

$\frac{k}{3}=3$ $\therefore k=9$

$\therefore a+b+k=3+6+9=18$

0851 답 -8

곡선 $y=x^3-3x^2-6x-k$와 x축의 교점의 x좌표는 삼차방정식 $x^3-3x^2-6x-k=0$의 세 실근과 같다.

즉, 삼차방정식 $x^3-3x^2-6x-k=0$의 세 실근을 a, ar, ar^2으로 놓으면 삼차방정식의 근과 계수의 관계에 의하여

$a+ar+ar^2=3$ ...... ㉠

$a\times ar+ar\times ar^2+ar^2\times a=-6$에서

$a^2r+a^2r^3+a^2r^2=-6$

$\therefore ar(a+ar+ar^2)=-6$ ...... ㉡

$a\times ar\times ar^2=k$에서 $(ar)^3=k$ ...... ㉢

㉡÷㉠을 하면 $ar=-2$

$ar=-2$를 ㉢에 대입하면

$k=(-2)^3=-8$

0852 답 128

등비수열 $\{a_n\}$의 공비를 r라 하면 첫째항이 1이므로

$a_2+a_4+a_6+\cdots+a_{2k}=r+r^3+r^5+\cdots+r^{2k-1}$
$=\frac{r\{(r^2)^k-1\}}{r^2-1}=\frac{r(r^{2k}-1)}{r^2-1}$

즉, $\frac{r(r^{2k}-1)}{r^2-1}=170$ ...... ㉠

$a_1+a_3+a_5+\cdots+a_{2k-1}=1+r^2+r^4+\cdots+r^{2k-2}$
$=\frac{1\times\{(r^2)^k-1\}}{r^2-1}=\frac{r^{2k}-1}{r^2-1}$

즉, $\frac{r^{2k}-1}{r^2-1}=85$ ...... ㉡

㉠÷㉡을 하면 $r=2$

$\therefore a_8=1\times r^7=2^7=128$

0853 답 -16

등비수열 $\{a_n\}$의 공비를 r라 하면 조건 (나)에서 $S_{12}-S_{10}<0$이므로

$S_{12}-S_{10}=a_{11}+a_{12}=2r^{10}+2r^{11}=2r^{10}(1+r)<0$

이때 $2r^{10}=2\times(r^5)^2>0$이므로

$1+r<0$ $\therefore r<-1$

한편, $S_n=\frac{2(r^n-1)}{r-1}$이므로 조건 (가)에서

$\frac{2(r^{12}-1)}{r-1}-\frac{2(r^2-1)}{r-1}=4\times\frac{2(r^{10}-1)}{r-1}$

$(r^{12}-1)-(r^2-1)=4(r^{10}-1)$

$r^2(r^{10}-1)=4(r^{10}-1)$

이때 $r<-1$이므로 $r^{10}-1\neq0$

$\therefore r^2=4$

그런데 $r<-1$이므로 $r=-2$

$\therefore a_4=2r^3=2\times(-2)^3=-16$

0854 답 312만 원

2020년 1월 1일부터 10만 원을 적립하기 시작하여 매달 전달보다 1.1 %씩 증액하여 24개월간 적립한 금액의 원리합계를 그림으로 나타내면 다음과 같다.

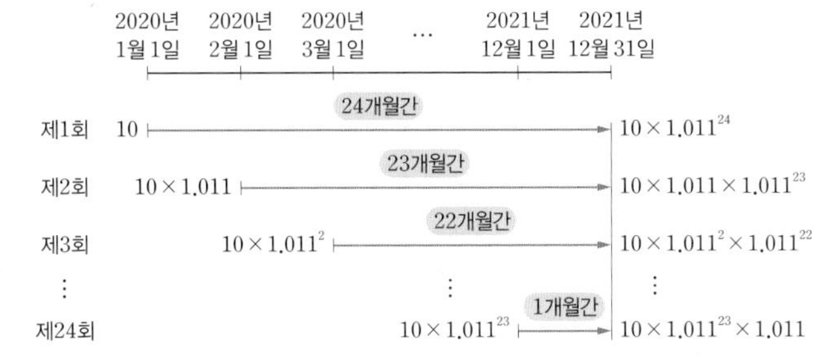

따라서 2021년 12월 31일까지 적립한 금액의 원리합계는

$10\times1.011^{23}\times1.011+10\times1.011^{22}\times1.011^{2}+\cdots+10\times1.011^{24}$

$=(10\times1.011^{24})\times24$

$=10\times1.3\times24$

$=312$(만 원)

0855 답 ③

전략 두 수열 $\{b_{2k-1}\}$, $\{b_{2k}\}$의 일반항을 이용하여 $b_1\times b_2\times b_3\times\cdots\times b_{10}=8$을 $a_1, a_2, a_3, \cdots, a_{10}$에 대한 식으로 정리한 후, 수열 $\{a_n\}$의 공차를 구한다.

$b_1\times b_2\times b_3\times\cdots\times b_{10}$

$=(b_1\times b_3\times b_5\times b_7\times b_9)\times(b_2\times b_4\times b_6\times b_8\times b_{10})$

$=\left\{\left(\frac{1}{2}\right)^{a_1}\times\left(\frac{1}{2}\right)^{a_1+a_3}\times\cdots\times\left(\frac{1}{2}\right)^{a_1+a_3+\cdots+a_9}\right\}$

$\times(2^{a_2}\times2^{a_2+a_4}\times\cdots\times2^{a_2+a_4+\cdots+a_{10}})$

$=2^{-(5a_1+4a_3+\cdots+a_9)}\times2^{5a_2+4a_4+\cdots+a_{10}}$

$=2^{5(a_2-a_1)+4(a_4-a_3)+\cdots+(a_{10}-a_9)}$

$=8=2^3$

$\therefore 5(a_2-a_1)+4(a_4-a_3)+\cdots+(a_{10}-a_9)=3$

이때 등차수열 $\{a_n\}$의 공차를 d라 하면

$a_2-a_1=a_4-a_3=\cdots=a_{10}-a_9=d$

이므로 $5d+4d+3d+2d+d=3$

$15d=3 \qquad \therefore d=\frac{1}{5}$

0856 답 300

전략 함수 f에 대하여 $a_1=f(1)$, $a_2=f^2(3)$, $a_3=f^3(5)$, …를 차례로 구하여 수열 $\{a_n\}$의 규칙을 찾는다.

$a_1=f(1)=1+2=3$

$a_2=f^2(3)=(f\circ f)(3)$

$=f(f(3))=f(5)=5+2=7$

$a_3=f^3(5)=(f\circ f\circ f)(5)$

$=f(f(f(5)))=f(f(7))=f(9)=9+2=11$

$a_4=f^4(7)=(f\circ f\circ f\circ f)(7)$

$=f(f(f(f(7))))=f(f(f(9)))$

$=f(f(11))=f(13)=13+2=15$

⋮

따라서 수열 $\{a_n\}$은 첫째항이 3, 공차가 4인 등차수열이므로 첫째항부터 제12항까지의 합은

$\frac{12(2\times3+11\times4)}{2}=300$

0857 답 340

전략 도형의 성질을 이용하여 수열 $\{a_n\}$이 등차수열임을 파악하고, 등차수열의 합을 구한다.

오른쪽 그림과 같이 정삼각형 ABC의 내심을 I, 내접원과 변 BC가 만나는 점을 H라 하면

$\triangle$BHI에서

$\angle$BHI$=90^\circ$,

$\angle\text{IBH}=\angle\text{B}\times\frac{1}{2}=60^\circ\times\frac{1}{2}=30^\circ$

이므로

$a_1=2\overline{\text{BH}}=2\times\frac{1}{\tan30^\circ}=2\sqrt{3}$

삼각형의 한 변의 길이는 과정이 반복될 때마다 반지름의 길이가 1인 원의 지름의 길이만큼 늘어나므로

$a_2=a_1+2=2\sqrt{3}+2$

$a_3=a_2+2=2\sqrt{3}+4$

$a_4=a_3+2=2\sqrt{3}+6$

⋮

따라서 수열 $\{a_n\}$은 첫째항이 $2\sqrt{3}$, 공차가 2인 등차수열이므로 첫째항부터 제20항까지의 합은

$\frac{20(2\times2\sqrt{3}+19\times2)}{2}=380+40\sqrt{3}$

즉, $a=380$, $b=40$이므로

$a-b=340$

도움 개념 삼각형의 내심

오른쪽 그림에서 점 I가 삼각형 ABC의 내심일 때,

(1) 내심 I는 세 내각의 이등분선의 교점이다.

(2) 내심 I에서 세 변에 이르는 거리는 같다.

⇨ $\overline{\text{ID}}=\overline{\text{IE}}=\overline{\text{IF}}$

(3) $\triangle\text{IAD}\equiv\triangle\text{IAF}$, $\triangle\text{IBD}\equiv\triangle\text{IBE}$, $\triangle\text{ICE}\equiv\triangle\text{ICF}$

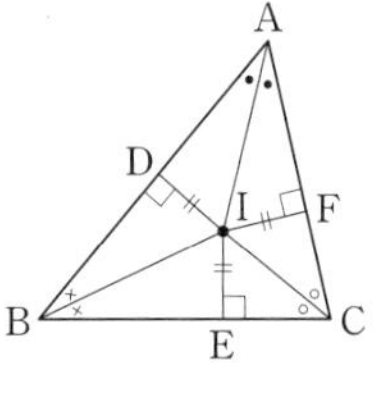

0858 답 ③

전략 등차수열과 등비수열의 일반항, 수열의 합과 일반항 사이의 관계를 이용하여 S_{10}을 구한다.

조건 (가), (나)에서

$S_1=1$이고, 수열 $\{S_{2n-1}\}$이 공비가 2인 등비수열이므로

$S_{2n-1}=S_1\times2^{n-1}=1\times2^{n-1}=2^{n-1}$

또, 조건 (가), (다)에서

$a_2=S_2-S_1=1-1=0$이고, 수열 $\{a_{2n}\}$이 공차가 2인 등차수열이므로

$a_{2n}=a_2+(n-1)\times2=0+(n-1)\times2$

$=2n-2$

이때 $a_{10}=S_{10}-S_9$이므로

$S_{10}=a_{10}+S_9=(2\times5-2)+2^{5-1}$

$=8+16=24$

0859 답 ④

전략 자연수 N이 $N=a^m\times b^n$ (a, b는 서로 다른 소수, m, n은 자연수)으로 소인수분해될 때, N의 약수는 (a^m의 약수)×(b^n의 약수)임을 이용한다.

$6^{2021}=(2\times3)^{2021}=2^{2021}\times3^{2021}$이므로 6^{2021}의 모든 양의 약수의 총합은

$$(1+2+2^2+\cdots+2^{2021})(1+3+3^2+\cdots+3^{2021})$$
$$=\frac{1\times(2^{2022}-1)}{2-1}\times\frac{1\times(3^{2022}-1)}{3-1}$$
$$=\frac{(2^{2022}-1)(3^{2022}-1)}{2}$$
$$=\frac{(2^{2021}\times2-1)(3^{2021}\times3-1)}{2}$$
$$=\frac{(2A-1)(3B-1)}{2}$$

0860 답 370

전략 $(2011+n)$년 초에 통장에 남아 있는 금액을 a_n만 원이라 하고 a_{10}을 구한다.

$(2011+n)$년 초에 통장에 남아 있는 금액을 a_n만 원이라 하면

$a_1=1000\times1.05-100$

$a_2=a_1\times1.05-100=1000\times1.05^2-100\times(1.05+1)$

$a_3=a_2\times1.05-100=1000\times1.05^3-100\times(1.05^2+1.05+1)$

$\vdots$

$a_n=1000\times1.05^n-100\times(1.05^{n-1}+1.05^{n-2}+\cdots+1)$

$=1000\times1.05^n-100\times\frac{1.05^n-1}{1.05-1}$

$\therefore a_{10}=1000\times1.05^{10}-100\times\frac{1.05^{10}-1}{1.05-1}$

$=1000\times1.63-100\times\frac{1.63-1}{0.05}=370$

따라서 2021년 초에 통장에 남아 있는 금액은 370만 원이므로

$A=370$

0861 답 312

해결 과정 직육면체의 밑면의 가로의 길이, 세로의 길이, 높이를 각각 $a-d$, a, $a+d$로 놓으면 모든 모서리의 길이의 합이 96이므로

$4\{(a-d)+a+(a+d)\}=96$, $12a=96$

$\therefore a=8$ ◀ 40 %

또, 겉넓이가 334이므로

$2\{a(a-d)+(a+d)(a-d)+a(a+d)\}=334$

$3a^2-d^2=167$ …… ㉠

$a=8$을 ㉠에 대입하면 $192-d^2=167$

$d^2=25$ $\therefore d=-5$ 또는 $d=5$ ◀ 40 %

답 구하기 따라서 밑면의 가로의 길이, 세로의 길이, 높이는 각각 3, 8, 13 또는 13, 8, 3이므로 구하는 부피는

$3\times8\times13=312$ ◀ 20 %

0862 답 500

해결 과정 등차수열 $\{a_n\}$의 첫째항이 47, 공차가 -5이므로

$a_n=47+(n-1)\times(-5)=-5n+52$ ◀ 20 %

$a_n<0$에서 $-5n+52<0$, $-5n<-52$ $\therefore n>\frac{52}{5}=10.4$

따라서 수열 $\{a_n\}$은 첫째항부터 제10항까지 양수이고, 제11항부터 음수이다. ◀ 30 %

답 구하기 이때 $a_{10}=2$, $a_{11}=-3$, $a_{20}=-48$이므로

$|a_1|+|a_2|+|a_3|+\cdots+|a_{20}|$

$=(a_1+a_2+a_3+\cdots+a_{10})-(a_{11}+a_{12}+a_{13}+\cdots+a_{20})$

$=\frac{10(47+2)}{2}-\frac{10\{-3+(-48)\}}{2}$

$=245-(-255)=500$ ◀ 50 %

0863 답 $\frac{31}{4}$

해결 과정 등비수열 $\{a_n\}$의 첫째항을 a, 공비를 r라 하면

$\frac{1}{a_1}+\frac{1}{a_2}+\frac{1}{a_3}+\frac{1}{a_4}+\frac{1}{a_5}=\frac{31}{16}$에서

$\frac{1}{a}+\frac{1}{ar}+\frac{1}{ar^2}+\frac{1}{ar^3}+\frac{1}{ar^4}=\frac{31}{16}$

$\therefore \frac{r^4+r^3+r^2+r+1}{ar^4}=\frac{31}{16}$ …… ㉠ ◀ 30 %

$\frac{1}{a_2a_4}=\frac{1}{4}$에서 $\frac{1}{ar\times ar^3}=\frac{1}{4}$

$\therefore \frac{1}{a^2r^4}=\frac{1}{4}$ …… ㉡ ◀ 20 %

㉠÷㉡을 하면

$a(r^4+r^3+r^2+r+1)=\frac{31}{4}$ ◀ 30 %

답 구하기 $\therefore a_1+a_2+a_3+a_4+a_5=a+ar+ar^2+ar^3+ar^4$

$=a(1+r+r^2+r^3+r^4)$

$=\frac{31}{4}$ ◀ 20 %

0864 답 (1) $a_n=(-3)^{n-1}$ (2) 28

(1) 등비수열 $\{a_n\}$의 첫째항을 a, 공비를 r라 하면

$a_2+a_3+a_4=-21$에서 $ar+ar^2+ar^3=-21$

$\therefore ar(1+r+r^2)=-21$ …… ㉠

$a_3+a_4+a_5=63$에서 $ar^2+ar^3+ar^4=63$

$\therefore ar^2(1+r+r^2)=63$ …… ㉡

㉡÷㉠을 하면 $r=-3$

$r=-3$을 ㉠에 대입하면

$-3a(1-3+9)=-21$ $\therefore a=1$ ◀ 30 %

$\therefore a_n=1\times(-3)^{n-1}=(-3)^{n-1}$ ◀ 20 %

(2) $\left|\frac{1}{a_n}\right|>\frac{1}{1000}$에서 $\left|\frac{1}{(-3)^{n-1}}\right|>\frac{1}{1000}$

$\frac{1}{3^{n-1}}>\frac{1}{1000}$, $3^{n-1}<1000$

이때 $3^6=729$, $3^7=2187$이므로

$n-1\le6$ $\therefore n\le7$ ◀ 30 %

따라서 모든 자연수 n의 값의 합은

$1+2+3+4+5+6+7=28$ ◀ 20 %

참고 $\left|\frac{1}{(-3)^{n-1}}\right|=\left|\frac{1}{(-1)^{n-1}\times3^{n-1}}\right|=\left|\frac{1}{(-1)^{n-1}}\right|\times\left|\frac{1}{3^{n-1}}\right|$

$=1\times\left|\frac{1}{3^{n-1}}\right|=\left|\frac{1}{3^{n-1}}\right|$

이때 n은 자연수이므로 $3^{n-1}>0$

즉, $\left|\frac{1}{(-3)^{n-1}}\right|=\frac{1}{3^{n-1}}$

0865 답 6

해결 과정 등비수열 $\{a_n\}$의 첫째항이 6, 공비가 3이므로

$a_n=6\times3^{n-1}$ ◀ 30 %

$S_{n+1}-S_n=a_{n+1}=6\times3^n$이므로

$S_{n+1}-S_n>1500$에서 $6\times3^n>1500$

$3^n>250$

이때 $3^5=243$, $3^6=729$이므로

$n\ge6$ ◀ 50 %

답 구하기 따라서 자연수 n의 최솟값은 6이다. ◀ 20 %

09 수열의 합

Lecture

≫ 144~149쪽

20 자연수의 거듭제곱의 합

0866 답 $\sum_{k=1}^{n} 6^k$

0867 답 $\sum_{k=1}^{n} 2k$

0868 답 $\sum_{k=1}^{8} 4$

0869 답 $5+9+13+17+21$

$$\sum_{i=1}^{5}(4i+1)=(4\times1+1)+(4\times2+1)+(4\times3+1)+(4\times4+1)+(4\times5+1)$$
$$=5+9+13+17+21$$

0870 답 $2+6+12+20+30$

$$\sum_{m=1}^{5}m(m+1)=1\times(1+1)+2\times(2+1)+3\times(3+1)+4\times(4+1)+5\times(5+1)$$
$$=2+6+12+20+30$$

0871 답 $1+8+27+64+125+216$

$$\sum_{k=1}^{6}k^3=1^3+2^3+3^3+4^3+5^3+6^3=1+8+27+64+125+216$$

0872 답 $\frac{1}{2}+\frac{1}{4}+\frac{1}{6}+\frac{1}{8}$

$$\sum_{j=1}^{4}\frac{1}{2j}=\frac{1}{2\times1}+\frac{1}{2\times2}+\frac{1}{2\times3}+\frac{1}{2\times4}=\frac{1}{2}+\frac{1}{4}+\frac{1}{6}+\frac{1}{8}$$

0873 답 (1) 54 (2) -11 (3) 65 (4) 52

(1) $\sum_{k=1}^{15}(3a_k+2)=3\sum_{k=1}^{15}a_k+\sum_{k=1}^{15}2$
$=3\times8+2\times15$
$=24+30=54$

(2) $\sum_{k=1}^{15}(-2a_k+b_k)=-2\sum_{k=1}^{15}a_k+\sum_{k=1}^{15}b_k$
$=-2\times8+5$
$=-16+5=-11$

(3) $\sum_{k=1}^{15}5(a_k+b_k)=\sum_{k=1}^{15}5a_k+\sum_{k=1}^{15}5b_k$
$=5\sum_{k=1}^{15}a_k+5\sum_{k=1}^{15}b_k$
$=5\times8+5\times5$
$=40+25=65$

(4) $\sum_{k=1}^{15}(4a_k+b_k+1)=4\sum_{k=1}^{15}a_k+\sum_{k=1}^{15}b_k+\sum_{k=1}^{15}1$
$=4\times8+5+1\times15$
$=32+5+15=52$

0874 답 120

$$1+2+3+\cdots+15=\sum_{k=1}^{15}k=\frac{15\times16}{2}=120$$

0875 답 204

$$1^2+2^2+3^2+\cdots+8^2=\sum_{k=1}^{8}k^2=\frac{8\times9\times17}{6}=204$$

0876 답 3025

$$1^3+2^3+3^3+\cdots+10^3=\sum_{k=1}^{10}k^3=\left(\frac{10\times11}{2}\right)^2=3025$$

0877 답 188

$$\sum_{k=1}^{8}(5k+1)=5\sum_{k=1}^{8}k+\sum_{k=1}^{8}1=5\times\frac{8\times9}{2}+1\times8$$
$$=180+8=188$$

0878 답 70

$$\sum_{i=1}^{5}(i^2+2i-3)=\sum_{i=1}^{5}i^2+2\sum_{i=1}^{5}i-\sum_{i=1}^{5}3$$
$$=\frac{5\times6\times11}{6}+2\times\frac{5\times6}{2}-3\times5$$
$$=55+30-15=70$$

0879 답 420

$$\sum_{m=1}^{6}m(m-1)(m+1)=\sum_{m=1}^{6}(m^3-m)$$
$$=\sum_{m=1}^{6}m^3-\sum_{m=1}^{6}m$$
$$=\left(\frac{6\times7}{2}\right)^2-\frac{6\times7}{2}$$
$$=441-21=420$$

0880 답 (1) $a_n=n(n+2)$ (2) 10 (3) 495

(2) $a_k=120$에서
$k(k+2)=120=10\times12$
$\therefore k=10$

(3) $1\times3+2\times4+3\times5+\cdots+10\times12$
$=\sum_{k=1}^{10}k(k+2)$
$=\sum_{k=1}^{10}(k^2+2k)$
$=\sum_{k=1}^{10}k^2+2\sum_{k=1}^{10}k$
$=\frac{10\times11\times21}{6}+2\times\frac{10\times11}{2}$
$=385+110=495$

0881 답 455

수열 1^2, 3^2, 5^2, $\cdots$, 13^2의 일반항을 a_n이라 하면
$a_n=(2n-1)^2=4n^2-4n+1$
$(2n-1)^2=13^2$에서 $n=7$

$$\therefore 1^2+3^2+5^2+\cdots+13^2=\sum_{k=1}^{7}(4k^2-4k+1)$$
$$=4\sum_{k=1}^{7}k^2-4\sum_{k=1}^{7}k+\sum_{k=1}^{7}1$$
$$=4\times\frac{7\times8\times15}{6}-4\times\frac{7\times8}{2}+1\times7$$
$$=560-112+7=455$$

0882 답 1287

$$3^3+4^3+5^3+\cdots+8^3=\sum_{k=3}^{8}k^3=\sum_{k=1}^{8}k^3-\sum_{k=1}^{2}k^3$$
$$=\left(\frac{8\times9}{2}\right)^2-\left(\frac{2\times3}{2}\right)^2$$
$$=36^2-3^2=1296-9=1287$$

다른 풀이

수열 3^3, 4^3, 5^3, $\cdots$, 8^3의 일반항을 a_n이라 하면

$a_n=(n+2)^3=n^3+6n^2+12n+8$

$(n+2)^3=8^3$에서 $n=6$

$\therefore 3^3+4^3+5^3+\cdots+8^3$

$=\sum_{k=1}^{6}(k^3+6k^2+12k+8)$

$=\sum_{k=1}^{6}k^3+6\sum_{k=1}^{6}k^2+12\sum_{k=1}^{6}k+\sum_{k=1}^{6}8$

$=\left(\frac{6\times7}{2}\right)^2+6\times\frac{6\times7\times13}{6}+12\times\frac{6\times7}{2}+8\times6$

$=441+546+252+48=1287$

0883 답 168

수열 1×2, 2×3, 3×4, $\cdots$, 7×8의 일반항을 a_n이라 하면

$a_n=n(n+1)=n^2+n$

$n(n+1)=7\times8$에서 $n=7$

$\therefore 1\times2+2\times3+3\times4+\cdots+7\times8$

$=\sum_{k=1}^{7}(k^2+k)=\sum_{k=1}^{7}k^2+\sum_{k=1}^{7}k$

$=\frac{7\times8\times15}{6}+\frac{7\times8}{2}=140+28=168$

중 **0884** 답 ②

$\sum_{k=1}^{n}(a_{2k-1}+a_{2k})=(a_1+a_2)+(a_3+a_4)+(a_5+a_6)$
$+\cdots+(a_{2n-1}+a_{2n})$

$=\sum_{k=1}^{2n}a_k$

이므로 $\sum_{k=1}^{2n}a_k=n^2$

위의 식의 양변에 $n=50$을 대입하면

$\sum_{k=1}^{100}a_k=50^2=2500$

하 **0885** 답 ⑤

① $\sum_{k=0}^{9}(k+1)^2=1^2+2^2+3^2+\cdots+10^2$

② $\sum_{k=1}^{10}k^2=1^2+2^2+3^2+\cdots+10^2$

③ $\sum_{k=2}^{11}(k-1)^2=1^2+2^2+3^2+\cdots+10^2$

④ $\sum_{k=4}^{14}(k-4)^2=0^2+1^2+2^2+3^2+\cdots+10^2$

⑤ $\sum_{k=6}^{16}(k-5)^2=1^2+2^2+3^2+\cdots+10^2+11^2$

따라서 값이 다른 것은 ⑤이다.

중 **0886** 답 3

$\sum_{k=2}^{50}a_k=8$에서

$a_2+a_3+a_4+\cdots+a_{50}=8$ ...... ㉠

$\sum_{k=1}^{49}a_k=5$에서

$a_1+a_2+a_3+\cdots+a_{49}=5$ ...... ㉡

㉠－㉡을 하면 $a_{50}-a_1=3$

중 **0887** 답 90

$\sum_{k=1}^{9}f(k+1)-\sum_{k=2}^{10}f(k-1)$

$=\{f(2)+f(3)+f(4)+\cdots+f(10)\}$
$-\{f(1)+f(2)+f(3)+\cdots+f(9)\}$

$=f(10)-f(1)=100-10=90$

중 **0888** 답 ⑤

ㄱ. $\sum_{k=1}^{20}a_k=a_1+a_2+a_3+a_4+\cdots+a_{20}$

$=(a_1+a_3+a_5+\cdots+a_{19})+(a_2+a_4+a_6+\cdots+a_{20})$

$=\sum_{k=1}^{10}a_{2k-1}+\sum_{k=1}^{10}a_{2k}$

ㄴ. $\sum_{k=1}^{7}(-1)^{k+1}=(-1)^2+(-1)^3+(-1)^4+\cdots+(-1)^8$

$=1-1+1-1+1-1+1$

ㄷ. $\sum_{k=1}^{n}(k+1)^2=2^2+3^2+4^2+\cdots+(n+1)^2$

$=\{1^2+2^2+3^2+\cdots+(n+1)^2\}-1$

$=\sum_{k=1}^{n+1}k^2-1$

이상에서 ㄱ, ㄴ, ㄷ 모두 옳다.

중 **0889** 답 ⑤

등차수열 $\{a_n\}$의 공차를 d라 하면

$a_2+a_4=10$에서

$(a_1+d)+(a_1+3d)=10$ $\quad\therefore a_1+2d=5$ ...... ㉠

$a_{10}=19$에서 $a_1+9d=19$ ...... ㉡

㉠, ㉡을 연립하여 풀면 $a_1=1$, $d=2$

$\therefore \sum_{k=1}^{10}a_{2k+1}-\sum_{k=1}^{10}a_{2k-1}$

$=(a_3+a_5+a_7+\cdots+a_{19}+a_{21})-(a_1+a_3+a_5+\cdots+a_{19})$

$=a_{21}-a_1$

$=(a_1+20d)-a_1$

$=20d$

$=20\times2=40$

중 **0890** 답 4

해결 과정 등차수열 $\{a_n\}$의 공차를 d라 하면

$a_3+a_{11}=3a_8$에서

$(a_1+2d)+(a_1+10d)=3(a_1+7d)$

$2a_1+12d=3a_1+21d$

$\therefore a_1+9d=0$ ...... ㉠ ◀ 30 %

$\sum_{k=1}^{13}a_k=39$에서 $\frac{13(2a_1+12d)}{2}=39$

$\therefore a_1+6d=3$ ...... ㉡ ◀ 30 %

㉠, ㉡을 연립하여 풀면 $a_1=9$, $d=-1$ ◀ 20 %

답 구하기 $\therefore a_6=a_1+5d$

$=9+5\times(-1)=4$ ◀ 20 %

중 0891 답 ④

등비수열 $\{a_n\}$의 첫째항을 a, 공비를 r라 하면

$a_6=8a_3$에서 $ar^5=8ar^2$, $r^3=8$

그런데 r는 실수이므로 $r=2$

$\sum_{k=1}^{6} a_k=189$에서

$\frac{a(2^6-1)}{2-1}=189$, $63a=189$ $\quad \therefore a=3$

$\therefore a_2=ar=3\times2=6$

상 0892 답 3

등비수열 $\{a_n\}$의 첫째항이 양수이고 공비가 $-\sqrt{2}$, 즉 음수이므로 등비수열 $\{a_n\}$의 짝수 번째 항은 모두 음수이고, 홀수 번째 항은 모두 양수이다. 즉, k가 짝수일 때 $|a_k|+a_k=0$이고, 홀수일 때 $|a_k|+a_k=2a_k$이므로

$$\sum_{k=1}^{10}(|a_k|+a_k)$$
$$=(|a_1|+a_1)+(|a_2|+a_2)+(|a_3|+a_3)+\cdots+(|a_{10}|+a_{10})$$
$$=2a_1+2a_3+2a_5+2a_7+2a_9$$
$$=2(a_1+a_3+a_5+a_7+a_9)=186$$
$$\therefore a_1+a_3+a_5+a_7+a_9=93$$

이때 $a_1+a_3+a_5+a_7+a_9$의 값은 첫째항이 a_1이고 공비가 $(-\sqrt{2})^2=2$인 등비수열의 첫째항부터 제5항까지의 합과 같으므로

$$a_1+a_3+a_5+a_7+a_9=\frac{a_1(2^5-1)}{2-1}=31a_1$$

즉, $31a_1=93$이므로 $a_1=3$

중 0893 답 110

$$\sum_{k=1}^{15}(a_k+2)(b_k+2)=\sum_{k=1}^{15}(a_kb_k+2a_k+2b_k+4)$$
$$=\sum_{k=1}^{15}a_kb_k+2\sum_{k=1}^{15}(a_k+b_k)+\sum_{k=1}^{15}4$$
$$=10+2\times20+4\times15$$
$$=10+40+60=110$$

하 0894 답 ②

$$\sum_{k=1}^{10}(3a_k-4b_k+2)=\sum_{k=1}^{10}3a_k-\sum_{k=1}^{10}4b_k+\sum_{k=1}^{10}2$$
$$=3\sum_{k=1}^{10}a_k-4\sum_{k=1}^{10}b_k+\sum_{k=1}^{10}2$$
$$=3\times5-4\times(-7)+2\times10$$
$$=15+28+20=63$$

중 0895 답 3

$\sum_{k=1}^{35}(a_k+b_k)^2=18$에서

$$\sum_{k=1}^{35}(a_k+b_k)^2=\sum_{k=1}^{35}(a_k^2+2a_kb_k+b_k^2)$$
$$=\sum_{k=1}^{35}a_k^2+2\sum_{k=1}^{35}a_kb_k+\sum_{k=1}^{35}b_k^2=18 \quad \cdots\cdots ㉠$$

$\sum_{k=1}^{35}(a_k-b_k)^2=6$에서

$$\sum_{k=1}^{35}(a_k-b_k)^2=\sum_{k=1}^{35}(a_k^2-2a_kb_k+b_k^2)$$
$$=\sum_{k=1}^{35}a_k^2-2\sum_{k=1}^{35}a_kb_k+\sum_{k=1}^{35}b_k^2=6 \quad \cdots\cdots ㉡$$

㉠－㉡을 하면 $4\sum_{k=1}^{35}a_kb_k=12$

$\therefore \sum_{k=1}^{35}a_kb_k=3$

중 0896 답 13

[해결 과정] $\sum_{k=1}^{6}(2a_k+b_k)^2=\sum_{k=1}^{6}(4a_k^2+4a_kb_k+b_k^2)$

$=\sum_{k=1}^{6}(4a_k^2+b_k^2)+4\sum_{k=1}^{6}a_kb_k$ ◀ 50 %

[답 구하기] $\therefore \sum_{k=1}^{6}(4a_k^2+b_k^2)=\sum_{k=1}^{6}(2a_k+b_k)^2-4\sum_{k=1}^{6}a_kb_k$

$=25-4\times3$

$=25-12=13$ ◀ 50 %

상 0897 답 230

$\sum_{k=1}^{n}\frac{1}{1+a_k}=n^2+2n$의 양변에 $n=10$을 대입하면

$$\sum_{k=1}^{10}\frac{1}{1+a_k}=10^2+2\times10=120$$
$$\therefore \sum_{k=1}^{10}\frac{1-a_k}{1+a_k}=\sum_{k=1}^{10}\frac{2-(1+a_k)}{1+a_k}$$
$$=\sum_{k=1}^{10}\left(\frac{2}{1+a_k}-1\right)$$
$$=2\sum_{k=1}^{10}\frac{1}{1+a_k}-\sum_{k=1}^{10}1$$
$$=2\times120-1\times10$$
$$=240-10=230$$

중 0898 답 ③

$$\sum_{k=1}^{10}\frac{6^k+4^k}{5^k}=\sum_{k=1}^{10}\left\{\left(\frac{6}{5}\right)^k+\left(\frac{4}{5}\right)^k\right\}$$
$$=\sum_{k=1}^{10}\left(\frac{6}{5}\right)^k+\sum_{k=1}^{10}\left(\frac{4}{5}\right)^k$$
$$=\frac{\frac{6}{5}\left\{\left(\frac{6}{5}\right)^{10}-1\right\}}{\frac{6}{5}-1}+\frac{\frac{4}{5}\left\{1-\left(\frac{4}{5}\right)^{10}\right\}}{1-\frac{4}{5}}$$
$$=6\left\{\left(\frac{6}{5}\right)^{10}-1\right\}+4\left\{1-\left(\frac{4}{5}\right)^{10}\right\}$$
$$=6\left(\frac{6}{5}\right)^{10}-4\left(\frac{4}{5}\right)^{10}-2$$

따라서 $a=6$, $b=-4$, $c=-2$이므로

$a+b+c=0$

중 0899 답 ③

$$\sum_{k=1}^{20}2^{-k}\cos\frac{k\pi}{2}$$
$$=\frac{1}{2}\cos\frac{\pi}{2}+\frac{1}{2^2}\cos\pi+\frac{1}{2^3}\cos\frac{3\pi}{2}+\cdots+\frac{1}{2^{20}}\cos10\pi$$
$$=-\frac{1}{2^2}+\frac{1}{2^4}-\frac{1}{2^6}+\cdots+\frac{1}{2^{20}}$$
$$=\frac{-\frac{1}{4}\left\{1-\left(-\frac{1}{4}\right)^{10}\right\}}{1-\left(-\frac{1}{4}\right)}$$
$$=-\frac{1}{5}\left\{1-\left(\frac{1}{2}\right)^{20}\right\}$$

09

중 **0900** 답 7

$$\sum_{k=1}^{n}(1+3+3^2+\cdots+3^{k-1})=\sum_{k=1}^{n}\frac{1\times(3^k-1)}{3-1}$$
$$=\sum_{k=1}^{n}\frac{1}{2}(3^k-1)$$
$$=\frac{1}{2}\sum_{k=1}^{n}3^k-\sum_{k=1}^{n}\frac{1}{2}$$
$$=\frac{1}{2}\times\frac{3(3^n-1)}{3-1}-\frac{1}{2}\times n$$
$$=\frac{3(3^n-1)}{4}-\frac{n}{2}$$
$$=\frac{3^{n+1}-2n-3}{4}$$

즉, $\frac{3^{n+1}-2n-3}{4}=\frac{3^8-17}{4}$이므로

$n+1=8$

$\therefore n=7$

중 **0901** 답 ⑤

$$\sum_{k=1}^{4}k^2(k+1)-\sum_{k=1}^{4}(k-2)(k+5)$$
$$=\sum_{k=1}^{4}\{(k^3+k^2)-(k^2+3k-10)\}$$
$$=\sum_{k=1}^{4}(k^3-3k+10)$$
$$=\sum_{k=1}^{4}k^3-3\sum_{k=1}^{4}k+\sum_{k=1}^{4}10$$
$$=\left(\frac{4\times5}{2}\right)^2-3\times\frac{4\times5}{2}+10\times4$$
$$=100-30+40$$
$$=110$$

하 **0902** 답 10

$$\sum_{k=1}^{n}(4-2k)=\sum_{k=1}^{n}4-2\sum_{k=1}^{n}k$$
$$=4n-2\times\frac{n(n+1)}{2}$$
$$=-n^2+3n$$

즉, $-n^2+3n=-70$이므로

$n^2-3n-70=0$

$(n+7)(n-10)=0$

$n=-7$ 또는 $n=10$

그런데 n은 자연수이므로 $n=10$

중 **0903** 답 ②

$$\sum_{k=1}^{16}\frac{1+2+3+\cdots+k}{k+1}=\sum_{k=1}^{16}\frac{\frac{k(k+1)}{2}}{k+1}$$
$$=\sum_{k=1}^{16}\frac{k}{2}$$
$$=\frac{1}{2}\sum_{k=1}^{16}k$$
$$=\frac{1}{2}\times\frac{16\times17}{2}$$
$$=68$$

중 **0904** 답 ⑤

$$\sum_{k=1}^{5}(k-c)^2=\sum_{k=1}^{5}(k^2-2ck+c^2)$$
$$=\sum_{k=1}^{5}k^2-2c\sum_{k=1}^{5}k+\sum_{k=1}^{5}c^2$$
$$=\frac{5\times6\times11}{6}-2c\times\frac{5\times6}{2}+c^2\times5$$
$$=5c^2-30c+55=5(c-3)^2+10$$

따라서 $c=3$일 때 $\sum_{k=1}^{5}(k-c)^2$의 값이 최소가 된다.

중 **0905** 답 367

해결 과정 이차방정식 $x^2-4x+2=0$에서 이차방정식의 근과 계수의 관계에 의하여

$\alpha+\beta=4,\ \alpha\beta=2$

$\therefore \alpha^2+\beta^2=(\alpha+\beta)^2-2\alpha\beta$

$=4^2-2\times2=12$ ◀ 40 %

답 구하기 $\therefore \sum_{k=1}^{6}(k+\alpha^2)(k+\beta^2)$

$$=\sum_{k=1}^{6}\{k^2+(\alpha^2+\beta^2)k+(\alpha\beta)^2\}$$
$$=\sum_{k=1}^{6}(k^2+12k+4)$$
$$=\sum_{k=1}^{6}k^2+12\sum_{k=1}^{6}k+\sum_{k=1}^{6}4$$
$$=\frac{6\times7\times13}{6}+12\times\frac{6\times7}{2}+4\times6$$

$=91+252+24=367$ ◀ 60 %

중 **0906** 답 266

$$\sum_{i=1}^{6}\left(\sum_{j=1}^{i}ij\right)=\sum_{i=1}^{6}\left(i\sum_{j=1}^{i}j\right)$$
$$=\sum_{i=1}^{6}\left\{i\times\frac{i(i+1)}{2}\right\}$$
$$=\frac{1}{2}\sum_{i=1}^{6}(i^3+i^2)$$
$$=\frac{1}{2}\left(\sum_{i=1}^{6}i^3+\sum_{i=1}^{6}i^2\right)$$
$$=\frac{1}{2}\left\{\left(\frac{6\times7}{2}\right)^2+\frac{6\times7\times13}{6}\right\}$$
$$=\frac{1}{2}(441+91)=266$$

중 **0907** 답 ②

$$\sum_{m=1}^{n}\left(\sum_{k=1}^{m}k\right)=\sum_{m=1}^{n}\frac{m(m+1)}{2}$$
$$=\frac{1}{2}\left(\sum_{m=1}^{n}m^2+\sum_{m=1}^{n}m\right)$$
$$=\frac{1}{2}\left\{\frac{n(n+1)(2n+1)}{6}+\frac{n(n+1)}{2}\right\}$$
$$=\frac{1}{2}\times\frac{n(n+1)\{(2n+1)+3\}}{6}$$
$$=\frac{n(n+1)(n+2)}{6}$$

즉, $\frac{n(n+1)(n+2)}{6}=35$이므로

$n(n+1)(n+2)=210=5\times6\times7$

$\therefore n=5$

중 **0908** 답 728

$$\sum_{m=1}^{12}\left\{\sum_{l=1}^{m}\left(\sum_{k=1}^{l}2\right)\right\}=\sum_{m=1}^{12}\left(\sum_{l=1}^{m}2l\right)$$
$$=\sum_{m=1}^{12}\left\{2\times\frac{m(m+1)}{2}\right\}$$
$$=\sum_{m=1}^{12}(m^2+m)$$
$$=\sum_{m=1}^{12}m^2+\sum_{m=1}^{12}m$$
$$=\frac{12\times13\times25}{6}+\frac{12\times13}{2}$$
$$=650+78$$
$$=728$$

중 **0909** 답 ②

$$\sum_{l=1}^{m}\left\{\sum_{k=1}^{n}(l+k)\right\}=\sum_{l=1}^{m}\left(\sum_{k=1}^{n}l+\sum_{k=1}^{n}k\right)$$
$$=\sum_{l=1}^{m}\left\{ln+\frac{n(n+1)}{2}\right\}$$
$$=n\sum_{l=1}^{m}l+\sum_{l=1}^{m}\frac{n(n+1)}{2}$$
$$=n\times\frac{m(m+1)}{2}+\frac{n(n+1)}{2}\times m$$
$$=\frac{mn(m+n+2)}{2}$$
$$=\frac{32(12+2)}{2}$$
$$=224$$

중 **0910** 답 ⑤

주어진 수열의 일반항을 a_n이라 하면

$a_n=(2n+3)^2$

$=4n^2+12n+9$

따라서 주어진 수열의 첫째항부터 제7항까지의 합은

$$\sum_{k=1}^{7}a_k=\sum_{k=1}^{7}(4k^2+12k+9)$$
$$=4\sum_{k=1}^{7}k^2+12\sum_{k=1}^{7}k+\sum_{k=1}^{7}9$$
$$=4\times\frac{7\times8\times15}{6}+12\times\frac{7\times8}{2}+9\times7$$
$$=560+336+63$$
$$=959$$

중 **0911** 답 ①

수열 $1^2+1,\ 2^2+2,\ 3^2+3,\ \cdots,\ n^2+n$의 일반항을 a_n이라 하면

$a_n=n^2+n$

따라서 수열 $\{a_n\}$의 첫째항부터 제n항까지의 합은

$$\sum_{k=1}^{n}(k^2+k)$$
$$=\sum_{k=1}^{n}k^2+\sum_{k=1}^{n}k$$
$$=\frac{n(n+1)(2n+1)}{6}+\frac{n(n+1)}{2}$$
$$=\frac{n(n+1)\{(2n+1)+3\}}{6}$$
$$=\frac{n(n+1)(n+2)}{3}$$

즉, $\dfrac{n(n+1)(n+2)}{3}=240$이므로

$n(n+1)(n+2)=720=8\times9\times10$

$\therefore n=8$

중 **0912** 답 2640

해결 과정 주어진 수열의 일반항을 a_n이라 하면

$a_n=n(n+1)^2$

$=n^3+2n^2+n$ ◀ 30 %

답 구하기 따라서 주어진 수열의 첫째항부터 제9항까지의 합은

$$\sum_{k=1}^{9}a_k=\sum_{k=1}^{9}(k^3+2k^2+k)$$
$$=\sum_{k=1}^{9}k^3+2\sum_{k=1}^{9}k^2+\sum_{k=1}^{9}k$$
$$=\left(\frac{9\times10}{2}\right)^2+2\times\frac{9\times10\times19}{6}+\frac{9\times10}{2}$$
$$=2025+570+45$$
$$=2640$$ ◀ 70 %

중 **0913** 답 204

수열 $1,\ 1+3,\ 1+3+5,\ \cdots,\ 1+3+5+\cdots+15$의 일반항을 a_n이라 하면

$$a_n=1+3+5+\cdots+(2n-1)$$
$$=\sum_{k=1}^{n}(2k-1)$$
$$=2\sum_{k=1}^{n}k-\sum_{k=1}^{n}1$$
$$=2\times\frac{n(n+1)}{2}-1\times n$$
$$=n^2$$

한편, $2n-1=15$에서 $n=8$

따라서 구하는 식의 값은 수열 $\{a_n\}$의 첫째항부터 제8항까지의 합이므로

$$\sum_{k=1}^{8}a_k=\sum_{k=1}^{8}k^2$$
$$=\frac{8\times9\times17}{6}$$
$$=204$$

중 **0914** 답 ①

수열 $1\times n,\ 2\times(n-1),\ 3\times(n-2),\ \cdots,\ (n-1)\times2,\ n\times1$의 제$k$항을 a_k라 하면

$a_k=k\{n-(k-1)\}$

$=(n+1)k-k^2$

따라서 구하는 합은 수열 $\{a_k\}$의 첫째항부터 제n항까지의 합이므로

$$\sum_{k=1}^{n}a_k=\sum_{k=1}^{n}\{(n+1)k-k^2\}$$
$$=(n+1)\sum_{k=1}^{n}k-\sum_{k=1}^{n}k^2$$
$$=(n+1)\times\frac{n(n+1)}{2}-\frac{n(n+1)(2n+1)}{6}$$
$$=\frac{n(n+1)\{3(n+1)-(2n+1)\}}{6}$$
$$=\frac{n(n+1)(n+2)}{6}$$

09

중 0915 답 ⑤

수열 $\left(1+\frac{2}{n}\right)^2$, $\left(1+\frac{4}{n}\right)^2$, $\left(1+\frac{6}{n}\right)^2$, $\cdots$, $\left(1+\frac{2n}{n}\right)^2$의 제$k$항을 a_k라 하면

$$a_k=\left(1+\frac{2k}{n}\right)^2$$
$$=1+\frac{4k}{n}+\frac{4k^2}{n^2}$$

주어진 등식의 좌변은 수열 $\{a_k\}$의 첫째항부터 제n항까지의 합이므로

$$\sum_{k=1}^{n}a_k=\sum_{k=1}^{n}\left(1+\frac{4k}{n}+\frac{4k^2}{n^2}\right)$$
$$=\sum_{k=1}^{n}1+\frac{4}{n}\sum_{k=1}^{n}k+\frac{4}{n^2}\sum_{k=1}^{n}k^2$$
$$=1\times n+\frac{4}{n}\times\frac{n(n+1)}{2}+\frac{4}{n^2}\times\frac{n(n+1)(2n+1)}{6}$$
$$=n+2(n+1)+\frac{2(2n^2+3n+1)}{3n}$$
$$=\frac{13n^2+12n+2}{3n}$$

따라서 $p=12$, $q=2$이므로

$pq=24$

상 0916 답 $\frac{n(2n^2+1)}{3}$

수열 $1\times(2n-1)$, $3\times(2n-3)$, $5\times(2n-5)$, $\cdots$, $(2n-1)\times1$의 제k항을 a_k라 하면

$$a_k=(2k-1)\{2n-(2k-1)\}$$
$$=(4n+4)k-4k^2-(2n+1)$$

따라서 구하는 합은 수열 $\{a_k\}$의 첫째항부터 제n항까지의 합이므로

$$\sum_{k=1}^{n}a_k=\sum_{k=1}^{n}\{(4n+4)k-4k^2-(2n+1)\}$$
$$=(4n+4)\sum_{k=1}^{n}k-4\sum_{k=1}^{n}k^2-\sum_{k=1}^{n}(2n+1)$$
$$=(4n+4)\times\frac{n(n+1)}{2}-4\times\frac{n(n+1)(2n+1)}{6}-(2n+1)\times n$$
$$=\frac{2n(n+1)(n+2)}{3}-n(2n+1)$$
$$=\frac{n(2n^2+1)}{3}$$

중 0917 답 ⑤

수열 $\{a_n\}$의 첫째항부터 제n항까지의 합을 S_n이라 하면

$$S_n=\sum_{k=1}^{n}a_k=n^2+3n$$

$n=1$일 때,

$a_1=S_1=1^2+3\times1=4$

$n\geq2$일 때,

$$a_n=S_n-S_{n-1}$$
$$=(n^2+3n)-\{(n-1)^2+3(n-1)\}$$
$$=2n+2 \quad \cdots\cdots ㉠$$

이때 $a_1=4$는 ㉠에 $n=1$을 대입한 것과 같으므로

$a_n=2n+2$

$$\therefore a_{3k+2}=2(3k+2)+2$$
$$=6k+6$$

$$\therefore \sum_{k=1}^{10}a_{3k+2}=\sum_{k=1}^{10}(6k+6)$$
$$=6\sum_{k=1}^{10}k+\sum_{k=1}^{10}6$$
$$=6\times\frac{10\times11}{2}+6\times10$$
$$=330+60$$
$$=390$$

하 0918 답 ②

수열 $\{a_n\}$의 첫째항부터 제n항까지의 합을 S_n이라 하면

$$S_n=\sum_{k=1}^{n}a_k=n^2+2$$

이므로

$a_1=S_1=1^2+2=3$

$$a_{10}=S_{10}-S_9$$
$$=(10^2+2)-(9^2+2)=19$$
$$\therefore a_1+a_{10}=3+19$$
$$=22$$

다른 풀이

수열 $\{a_n\}$의 첫째항부터 제n항까지의 합을 S_n이라 하면

$$S_n=\sum_{k=1}^{n}a_k=n^2+2$$

$n=1$일 때,

$a_1=S_1=1^2+2=3$

$n\geq2$일 때,

$$a_n=S_n-S_{n-1}$$
$$=(n^2+2)-\{(n-1)^2+2\}$$
$$=2n-1$$
$$\therefore a_1+a_{10}=3+2\times10-1$$
$$=22$$

중 0919 답 21

문제 이해 수열 $\{a_n\}$의 첫째항부터 제n항까지의 합을 S_n이라 하면

$$S_n=\sum_{k=1}^{n}a_k=2^{n+1}-2$$ ◀ 20 %

해결 과정 $n=1$일 때,

$a_1=S_1=2^2-2=2$

$n\geq2$일 때,

$$a_n=S_n-S_{n-1}$$
$$=(2^{n+1}-2)-(2^n-2)$$
$$=2^n \quad \cdots\cdots ㉠$$

이때 $a_1=2$는 ㉠에 $n=1$을 대입한 것과 같으므로

$a_n=2^n$ ◀ 30 %

즉, $a_{2k}=2^{2k}=4^k$이므로

$$\sum_{k=1}^{8}a_{2k}=\sum_{k=1}^{8}4^k$$
$$=\frac{4(4^8-1)}{4-1}$$
$$=\frac{2^{18}-4}{3}$$ ◀ 30 %

답 구하기 따라서 $p=3$, $q=18$이므로

$p+q=21$ ◀ 20 %

21 여러 가지 수열의 합

0920 답 $\frac{n}{n+1}$

$$\sum_{k=1}^{n}\frac{1}{k(k+1)}$$
$$=\sum_{k=1}^{n}\left(\frac{1}{k}-\frac{1}{k+1}\right)$$
$$=\left(1-\frac{1}{2}\right)+\left(\frac{1}{2}-\frac{1}{3}\right)+\left(\frac{1}{3}-\frac{1}{4}\right)+\cdots+\left(\frac{1}{n}-\frac{1}{n+1}\right)$$
$$=1-\frac{1}{n+1}=\frac{n}{n+1}$$

0921 답 $\frac{n}{2(n+2)}$

$$\frac{1}{2\times3}+\frac{1}{3\times4}+\frac{1}{4\times5}+\cdots+\frac{1}{(n+1)(n+2)}$$
$$=\sum_{k=1}^{n}\frac{1}{(k+1)(k+2)}$$
$$=\sum_{k=1}^{n}\left(\frac{1}{k+1}-\frac{1}{k+2}\right)$$
$$=\left(\frac{1}{2}-\frac{1}{3}\right)+\left(\frac{1}{3}-\frac{1}{4}\right)+\left(\frac{1}{4}-\frac{1}{5}\right)+\cdots+\left(\frac{1}{n+1}-\frac{1}{n+2}\right)$$
$$=\frac{1}{2}-\frac{1}{n+2}=\frac{n}{2(n+2)}$$

0922 답 $\frac{29}{45}$

$$\sum_{k=1}^{8}\frac{1}{k(k+2)}$$
$$=\frac{1}{2}\sum_{k=1}^{8}\left(\frac{1}{k}-\frac{1}{k+2}\right)$$
$$=\frac{1}{2}\left\{\left(1-\frac{1}{3}\right)+\left(\frac{1}{2}-\frac{1}{4}\right)+\left(\frac{1}{3}-\frac{1}{5}\right)+\cdots+\left(\frac{1}{7}-\frac{1}{9}\right)+\left(\frac{1}{8}-\frac{1}{10}\right)\right\}$$
$$=\frac{1}{2}\left(1+\frac{1}{2}-\frac{1}{9}-\frac{1}{10}\right)=\frac{29}{45}$$

0923 답 $\frac{4}{7}$

수열 $\frac{4}{3\times5}$, $\frac{4}{5\times7}$, $\frac{4}{7\times9}$, $\cdots$, $\frac{4}{19\times21}$의 일반항을 a_n이라 하면

$$a_n=\frac{4}{(2n+1)(2n+3)}$$
$$=2\left(\frac{1}{2n+1}-\frac{1}{2n+3}\right)$$

$\frac{4}{(2n+1)(2n+3)}=\frac{4}{19\times21}$에서 $2n+1=19$

$\therefore n=9$

$$\therefore \frac{4}{3\times5}+\frac{4}{5\times7}+\frac{4}{7\times9}+\cdots+\frac{4}{19\times21}$$
$$=2\sum_{k=1}^{9}\left(\frac{1}{2k+1}-\frac{1}{2k+3}\right)$$
$$=2\left\{\left(\frac{1}{3}-\frac{1}{5}\right)+\left(\frac{1}{5}-\frac{1}{7}\right)+\left(\frac{1}{7}-\frac{1}{9}\right)+\cdots+\left(\frac{1}{19}-\frac{1}{21}\right)\right\}$$
$$=2\left(\frac{1}{3}-\frac{1}{21}\right)=\frac{4}{7}$$

0924 답 $3(\sqrt{n+1}-1)$

$$\sum_{k=1}^{n}\frac{3}{\sqrt{k}+\sqrt{k+1}}$$
$$=\sum_{k=1}^{n}\frac{3(\sqrt{k}-\sqrt{k+1})}{(\sqrt{k}+\sqrt{k+1})(\sqrt{k}-\sqrt{k+1})}$$
$$=3\sum_{k=1}^{n}(\sqrt{k+1}-\sqrt{k})$$
$$=3\{(\sqrt{2}-\sqrt{1})+(\sqrt{3}-\sqrt{2})+(\sqrt{4}-\sqrt{3})+\cdots+(\sqrt{n+1}-\sqrt{n})\}$$
$$=3(\sqrt{n+1}-1)$$

0925 답 $\sqrt{n+4}-2$

$$\frac{1}{\sqrt{4}+\sqrt{5}}+\frac{1}{\sqrt{5}+\sqrt{6}}+\frac{1}{\sqrt{6}+\sqrt{7}}+\cdots+\frac{1}{\sqrt{n+3}+\sqrt{n+4}}$$
$$=\sum_{k=1}^{n}\frac{1}{\sqrt{k+3}+\sqrt{k+4}}$$
$$=\sum_{k=1}^{n}\frac{\sqrt{k+3}-\sqrt{k+4}}{(\sqrt{k+3}+\sqrt{k+4})(\sqrt{k+3}-\sqrt{k+4})}$$
$$=\sum_{k=1}^{n}(\sqrt{k+4}-\sqrt{k+3})$$
$$=(\sqrt{5}-\sqrt{4})+(\sqrt{6}-\sqrt{5})+(\sqrt{7}-\sqrt{6})+\cdots+(\sqrt{n+4}-\sqrt{n+3})$$
$$=\sqrt{n+4}-2$$

0926 답 $\sqrt{17}-1$

$$\sum_{k=1}^{8}\frac{2}{\sqrt{2k-1}+\sqrt{2k+1}}$$
$$=\sum_{k=1}^{8}\frac{2(\sqrt{2k-1}-\sqrt{2k+1})}{(\sqrt{2k-1}+\sqrt{2k+1})(\sqrt{2k-1}-\sqrt{2k+1})}$$
$$=\sum_{k=1}^{8}(\sqrt{2k+1}-\sqrt{2k-1})$$
$$=(\sqrt{3}-\sqrt{1})+(\sqrt{5}-\sqrt{3})+(\sqrt{7}-\sqrt{5})+\cdots+(\sqrt{17}-\sqrt{15})$$
$$=\sqrt{17}-1$$

0927 답 $\sqrt{2}$

수열 $\frac{1}{\sqrt{3}+\sqrt{2}}$, $\frac{1}{\sqrt{4}+\sqrt{3}}$, $\frac{1}{\sqrt{5}+\sqrt{4}}$, $\cdots$, $\frac{1}{\sqrt{8}+\sqrt{7}}$의 일반항을 a_n이라 하면

$$a_n=\frac{1}{\sqrt{n+2}+\sqrt{n+1}}$$

$\frac{1}{\sqrt{n+2}+\sqrt{n+1}}=\frac{1}{\sqrt{8}+\sqrt{7}}$에서

$\sqrt{n+2}+\sqrt{n+1}=\sqrt{8}+\sqrt{7}$ $\quad\therefore n=6$

$$\therefore \frac{1}{\sqrt{3}+\sqrt{2}}+\frac{1}{\sqrt{4}+\sqrt{3}}+\frac{1}{\sqrt{5}+\sqrt{4}}+\cdots+\frac{1}{\sqrt{8}+\sqrt{7}}$$
$$=\sum_{k=1}^{6}\frac{1}{\sqrt{k+2}+\sqrt{k+1}}$$
$$=\sum_{k=1}^{6}\frac{\sqrt{k+2}-\sqrt{k+1}}{(\sqrt{k+2}+\sqrt{k+1})(\sqrt{k+2}-\sqrt{k+1})}$$
$$=\sum_{k=1}^{6}(\sqrt{k+2}-\sqrt{k+1})$$
$$=(\sqrt{3}-\sqrt{2})+(\sqrt{4}-\sqrt{3})+(\sqrt{5}-\sqrt{4})+\cdots+(\sqrt{8}-\sqrt{7})$$
$$=\sqrt{8}-\sqrt{2}=2\sqrt{2}-\sqrt{2}=\sqrt{2}$$

0928 답 (1) 풀이 참조 (2) 제26항 (3) 25

(1) 주어진 수열을 각 묶음의 첫째항이 1이 되도록 묶어서 나타내면
$(1,1)$, $(1,2)$, $(1,3)$, $(1,4)$, $(1,5)$, $\cdots$

(2) (1)의 수열에서 각 묶음의 항의 개수는 2이므로 첫 번째 묶음부터 n 번째 묶음까지의 항의 개수는

$2\times n=2n$

이때 13은 13번째 묶음의 끝항이고, 13번째 묶음까지의 항의 개수는

$2\times 13=26$

이므로 13은 제26항이다.

(3) $2n=50$에서 $n=25$

즉, 제50항은 25번째 묶음의 끝항이므로 25이다.

중 0929 답 ①

수열 $\frac{1}{2^2-1}, \frac{1}{4^2-1}, \frac{1}{6^2-1}, \cdots, \frac{1}{20^2-1}$의 일반항을 a_n이라 하면

$$a_n=\frac{1}{(2n)^2-1}=\frac{1}{(2n-1)(2n+1)}=\frac{1}{2}\left(\frac{1}{2n-1}-\frac{1}{2n+1}\right)$$

$\frac{1}{(2n)^2-1}=\frac{1}{20^2-1}$에서 $2n=20$ $\quad\therefore n=10$

따라서 구하는 식의 값은 수열 $\{a_n\}$의 첫째항부터 제10항까지의 합이므로

$$\sum_{k=1}^{10} a_k=\frac{1}{2}\sum_{k=1}^{10}\left(\frac{1}{2k-1}-\frac{1}{2k+1}\right)$$
$$=\frac{1}{2}\left\{\left(1-\frac{1}{3}\right)+\left(\frac{1}{3}-\frac{1}{5}\right)+\left(\frac{1}{5}-\frac{1}{7}\right)+\cdots+\left(\frac{1}{19}-\frac{1}{21}\right)\right\}$$
$$=\frac{1}{2}\left(1-\frac{1}{21}\right)=\frac{10}{21}$$

중 0930 답 $\frac{12}{37}$

주어진 수열의 일반항을 a_n이라 하면

$$a_n=\frac{1}{(3n-2)(3n+1)}=\frac{1}{3}\left(\frac{1}{3n-2}-\frac{1}{3n+1}\right)$$

따라서 주어진 수열의 첫째항부터 제12항까지의 합은

$$\sum_{k=1}^{12} a_k=\frac{1}{3}\sum_{k=1}^{12}\left(\frac{1}{3k-2}-\frac{1}{3k+1}\right)$$
$$=\frac{1}{3}\left\{\left(1-\frac{1}{4}\right)+\left(\frac{1}{4}-\frac{1}{7}\right)+\left(\frac{1}{7}-\frac{1}{10}\right)+\cdots+\left(\frac{1}{34}-\frac{1}{37}\right)\right\}$$
$$=\frac{1}{3}\left(1-\frac{1}{37}\right)=\frac{12}{37}$$

중 0931 답 ③

$$\sum_{k=1}^{n}\frac{3}{k(k+1)}$$
$$=3\sum_{k=1}^{n}\left(\frac{1}{k}-\frac{1}{k+1}\right)$$
$$=3\left\{\left(1-\frac{1}{2}\right)+\left(\frac{1}{2}-\frac{1}{3}\right)+\left(\frac{1}{3}-\frac{1}{4}\right)+\cdots+\left(\frac{1}{n}-\frac{1}{n+1}\right)\right\}$$
$$=3\left(1-\frac{1}{n+1}\right)=\frac{3n}{n+1}$$

즉, $\frac{3n}{n+1}=\frac{14}{5}$이므로

$15n=14n+14$ $\quad\therefore n=14$

중 0932 답 63

[해결 과정] $S_n=3n^2+2n$이므로

$n=1$일 때,

$a_1=S_1$
$=3\times1^2+2\times1=5$

$n\geq2$일 때,

$a_n=S_n-S_{n-1}$
$=(3n^2+2n)-\{3(n-1)^2+2(n-1)\}$
$=6n-1$ …… ㉠

이때 $a_1=5$는 ㉠에 $n=1$을 대입한 것과 같으므로

$a_n=6n-1$ ◀ 40 %

$$\therefore \sum_{k=1}^{10}\frac{1}{a_ka_{k+1}}=\sum_{k=1}^{10}\frac{1}{(6k-1)(6k+5)}$$
$$=\frac{1}{6}\sum_{k=1}^{10}\left(\frac{1}{6k-1}-\frac{1}{6k+5}\right)$$
$$=\frac{1}{6}\left\{\left(\frac{1}{5}-\frac{1}{11}\right)+\left(\frac{1}{11}-\frac{1}{17}\right)+\left(\frac{1}{17}-\frac{1}{23}\right)+\cdots+\left(\frac{1}{59}-\frac{1}{65}\right)\right\}$$
$$=\frac{1}{6}\left(\frac{1}{5}-\frac{1}{65}\right)$$
$$=\frac{2}{65}$$
◀ 40 %

[답 구하기] 따라서 $p=65$, $q=2$이므로

$p-q=63$ ◀ 20 %

중 0933 답 ①

이차방정식 $x^2-30x+n(n+1)=0$에서 이차방정식의 근과 계수의 관계에 의하여

$\alpha_n+\beta_n=30$, $\alpha_n\beta_n=n(n+1)$

$$\therefore \frac{1}{\alpha_n}+\frac{1}{\beta_n}=\frac{\alpha_n+\beta_n}{\alpha_n\beta_n}=\frac{30}{n(n+1)}=30\left(\frac{1}{n}-\frac{1}{n+1}\right)$$

$$\therefore \sum_{n=1}^{14}\left(\frac{1}{\alpha_n}+\frac{1}{\beta_n}\right)$$
$$=30\sum_{n=1}^{14}\left(\frac{1}{n}-\frac{1}{n+1}\right)$$
$$=30\left\{\left(1-\frac{1}{2}\right)+\left(\frac{1}{2}-\frac{1}{3}\right)+\left(\frac{1}{3}-\frac{1}{4}\right)+\cdots+\left(\frac{1}{14}-\frac{1}{15}\right)\right\}$$
$$=30\left(1-\frac{1}{15}\right)=28$$

중 0934 답 ③

주어진 수열의 일반항을 a_n이라 하면

$$a_n=\frac{1}{\sqrt{n+2}+\sqrt{n+3}}$$
$$=\frac{\sqrt{n+2}-\sqrt{n+3}}{(\sqrt{n+2}+\sqrt{n+3})(\sqrt{n+2}-\sqrt{n+3})}$$
$$=\sqrt{n+3}-\sqrt{n+2}$$

따라서 주어진 수열의 첫째항부터 제22항까지의 합은

$$\sum_{k=1}^{22}a_k=\sum_{k=1}^{22}(\sqrt{k+3}-\sqrt{k+2})$$
$$=(\sqrt{4}-\sqrt{3})+(\sqrt{5}-\sqrt{4})+(\sqrt{6}-\sqrt{5})+\cdots+(\sqrt{25}-\sqrt{24})$$
$$=\sqrt{25}-\sqrt{3}=5-\sqrt{3}$$

중 **0935** 답 ②

$$\sum_{k=1}^{24}\frac{a}{\sqrt{2k+1}+\sqrt{2k-1}}$$

$$=\sum_{k=1}^{24}\frac{a(\sqrt{2k+1}-\sqrt{2k-1})}{(\sqrt{2k+1}+\sqrt{2k-1})(\sqrt{2k+1}-\sqrt{2k-1})}$$

$$=\frac{a}{2}\sum_{k=1}^{24}(\sqrt{2k+1}-\sqrt{2k-1})$$

$$=\frac{a}{2}\{(\sqrt{3}-\sqrt{1})+(\sqrt{5}-\sqrt{3})+(\sqrt{7}-\sqrt{5})+\cdots+(\sqrt{49}-\sqrt{47})\}$$

$$=\frac{a}{2}(\sqrt{49}-1)=3a$$

즉, $3a=60$이므로

$a=20$

중 **0936** 답 $\sqrt{3}$

수열 $\{a_n\}$은 첫째항과 공차가 모두 3인 등차수열이므로

$$a_n=3+3(n-1)$$
$$=3n$$

$$\therefore \frac{1}{\sqrt{a_k}+\sqrt{a_{k+1}}}=\frac{1}{\sqrt{3k}+\sqrt{3k+3}}$$

$$=\frac{\sqrt{3k}-\sqrt{3k+3}}{(\sqrt{3k}+\sqrt{3k+3})(\sqrt{3k}-\sqrt{3k+3})}$$

$$=\frac{1}{3}(\sqrt{3k+3}-\sqrt{3k})$$

$$\therefore \sum_{k=1}^{15}\frac{1}{\sqrt{a_k}+\sqrt{a_{k+1}}}$$

$$=\frac{1}{3}\sum_{k=1}^{15}(\sqrt{3k+3}-\sqrt{3k})$$

$$=\frac{1}{3}\{(\sqrt{6}-\sqrt{3})+(\sqrt{9}-\sqrt{6})+(\sqrt{12}-\sqrt{9})+\cdots+(\sqrt{48}-\sqrt{45})\}$$

$$=\frac{1}{3}(\sqrt{48}-\sqrt{3})$$

$$=\frac{1}{3}(4\sqrt{3}-\sqrt{3})=\sqrt{3}$$

하 **0937** 답 ②

$$\sum_{n=2}^{10}\log\left(1-\frac{1}{n}\right)=\sum_{n=2}^{10}\log\frac{n-1}{n}$$

$$=\log\frac{1}{2}+\log\frac{2}{3}+\log\frac{3}{4}+\cdots+\log\frac{9}{10}$$

$$=\log\left(\frac{1}{2}\times\frac{2}{3}\times\frac{3}{4}\times\cdots\times\frac{9}{10}\right)$$

$$=\log\frac{1}{10}=-1$$

중 **0938** 답 ②

$$\sum_{k=1}^{24}\log_5\{\log_{k+2}(k+3)\}$$

$$=\log_5(\log_3 4)+\log_5(\log_4 5)+\log_5(\log_5 6)+\cdots+\log_5(\log_{26}27)$$

$$=\log_5(\log_3 4\times\log_4 5\times\log_5 6\times\cdots\times\log_{26}27)$$

$$=\log_5\left(\frac{\log 4}{\log 3}\times\frac{\log 5}{\log 4}\times\frac{\log 6}{\log 5}\times\cdots\times\frac{\log 27}{\log 26}\right)$$

$$=\log_5\left(\frac{\log 27}{\log 3}\right)$$

$$=\log_5\left(\frac{\log 3^3}{\log 3}\right)$$

$$=\log_5\left(\frac{3\log 3}{\log 3}\right)=\log_5 3$$

중 **0939** 답 12

수열 $\{a_n\}$은 첫째항이 2이고 공비가 4인 등비수열이므로

$$a_n=2\times4^{n-1}=2^{2n-1}$$

$$\therefore \sum_{k=1}^{n}\log_8 a_k=\sum_{k=1}^{n}\log_{2^3}2^{2k-1}$$

$$=\frac{1}{3}\sum_{k=1}^{n}(2k-1)$$

$$=\frac{1}{3}\left(2\sum_{k=1}^{n}k-\sum_{k=1}^{n}1\right)$$

$$=\frac{1}{3}\left\{2\times\frac{n(n+1)}{2}-1\times n\right\}=\frac{n^2}{3}$$

즉, $\frac{n^2}{3}=48$이므로 $n^2=144$

$\therefore n=-12$ 또는 $n=12$

그런데 n은 자연수이므로 $n=12$

참고 $a>0$, $a\neq1$, $b>0$일 때,

$$\log_{a^m}b^n=\frac{n}{m}\log_a b\ (\text{단, } m,\ n\text{은 실수, } m\neq0)$$

중 **0940** 답 ③

$S=1\times3+2\times3^2+3\times3^3+4\times3^4+\cdots+15\times3^{15}$으로 놓으면

$3S=1\times3^2+2\times3^3+3\times3^4+\cdots+14\times3^{15}+15\times3^{16}$

$S-3S$를 하면

$$-2S=1\times3+1\times3^2+1\times3^3+1\times3^4+\cdots+1\times3^{15}-15\times3^{16}$$

$$=3+3^2+3^3+3^4+\cdots+3^{15}-15\times3^{16}$$

$$=\frac{3(3^{15}-1)}{3-1}-15\times3^{16}$$

$$=-\frac{29\times3^{16}+3}{2}$$

$$\therefore S=\frac{29\times3^{16}+3}{4}$$

따라서 $a=29$, $b=3$이므로

$a+b=32$

중 **0941** 답 $2^{15}+2$

$f(x)=2+4x+6x^2+8x^3+\cdots+18x^{10}$에서

$xf(x)=2x+4x^2+6x^3+\cdots+16x^{10}+18x^{11}$

$f(x)-xf(x)$를 하면

$$(1-x)f(x)=2+2x+2x^2+2x^3+\cdots+2x^{10}-18x^{11}$$

$$=\frac{2(x^{11}-1)}{x-1}-18x^{11}\ (\text{단, } x\neq1)$$

위의 식의 양변에 $x=2$를 대입하면

$$-f(2)=2(2^{11}-1)-18\times2^{11}$$

$$=2^{12}-2-9\times2^{12}$$

$$=-8\times2^{12}-2=-2^{15}-2$$

$\therefore f(2)=2^{15}+2$

중 **0942** 답 제29항

주어진 수열을 각 묶음의 끝항이 1이 되도록 묶어서 나타내면

(1), (2, 1), (4, 2, 1), (8, 4, 2, 1), ⋯

n 번째 묶음의 첫째항은 2^{n-1}이고 $128=2^7$이므로 128은 8번째 묶음의 첫째항이다.

n 번째 묶음의 항의 개수는 n이므로 첫 번째 묶음부터 n 번째 묶음까지의 항의 개수는

$$\sum_{k=1}^{n}k=\frac{n(n+1)}{2}$$

09

$n=7$일 때, $\frac{7\times8}{2}=28$, 즉 첫 번째 묶음부터 7번째 묶음까지의 항의 개수는 28이므로 8번째 묶음의 첫째항은 $28+1=29$에서 제29항이다.

따라서 처음으로 나타나는 128은 제29항이다.

중 0943 답 285

[문제 이해] 주어진 수열을 각 묶음의 첫째항과 끝항이 1이 되도록 묶어서 나타내면

(1), (1, 2, 1), (1, 2, 3, 2, 1), (1, 2, 3, 4, 3, 2, 1), ⋯ ◀ 10 %

[해결 과정] n 번째 묶음의 항의 개수는 $2n-1$이므로 첫 번째 묶음부터 n 번째 묶음까지의 항의 개수는

$$\sum_{k=1}^{n}(2k-1)=2\sum_{k=1}^{n}k-\sum_{k=1}^{n}1$$
$$=2\times\frac{n(n+1)}{2}-1\times n$$
$$=n^2$$

$81=9^2$이므로 제81항은 9번째 묶음의 끝항이다. ◀ 40 %

n 번째 묶음의 항의 합은

$$\sum_{k=1}^{n}k+\sum_{k=1}^{n-1}k=\frac{n(n+1)}{2}+\frac{(n-1)n}{2}$$
$$=n^2$$ ◀ 30 %

[답 구하기] 따라서 첫째항부터 제81항까지의 합은

$$\sum_{k=1}^{9}k^2=\frac{9\times10\times19}{6}=285$$ ◀ 20 %

상 0944 답 ⑤

주어진 수열을 두 수의 합이 같은 순서쌍끼리 묶어서 나타내면

{(1, 1)}, {(1, 2), (2, 1)}, {(1, 3), (2, 2), (3, 1)}, {(1, 4), (2, 3), (3, 2), (4, 1)}, ⋯

n 번째 묶음의 순서쌍의 두 수의 합은 $n+1$이고, n 번째 묶음의 k 번째 순서쌍은 $(k, n-k+1)$이므로 (10, 16)은 25번째 묶음의 10번째 항이다.

n 번째 묶음의 항의 개수는 n이므로 첫 번째 묶음부터 n 번째 묶음까지의 항의 개수는

$$\sum_{i=1}^{n}i=\frac{n(n+1)}{2}$$

$n=24$일 때, $\frac{24\times25}{2}=300$, 즉 첫 번째 묶음부터 24번째 묶음까지의 항의 개수는 300이므로 25번째 묶음의 10번째 항은 $300+10=310$에서 제310항이다.

따라서 (10, 16)은 제310항이다.

중 0945 답 ④

주어진 수열을 분모가 같은 항끼리 묶어서 나타내면

$$\left(\frac{1}{1}\right), \left(\frac{1}{2}, \frac{2}{2}\right), \left(\frac{1}{3}, \frac{2}{3}, \frac{3}{3}\right), \left(\frac{1}{4}, \frac{2}{4}, \frac{3}{4}, \frac{4}{4}\right), \cdots$$

n 번째 묶음의 각 항의 분모는 n이고, n 번째 묶음의 k 번째 항의 분자는 k이므로 $\frac{13}{22}$은 22번째 묶음의 13번째 항이다.

n 번째 묶음의 항의 개수는 n이므로 첫 번째 묶음부터 n 번째 묶음까지의 항의 개수는

$$\sum_{i=1}^{n}i=\frac{n(n+1)}{2}$$

$n=21$일 때, $\frac{21\times22}{2}=231$, 즉 첫 번째 묶음부터 21번째 묶음까지의 항의 개수는 231이므로 22번째 묶음의 13번째 항은 $231+13=244$에서 제244항이다.

따라서 $\frac{13}{22}$은 제244항이다.

중 0946 답 ⑤

주어진 수열을 분모가 같은 항끼리 묶어서 나타내면

$$\left(\frac{1}{2}\right), \left(\frac{2}{3}, \frac{1}{3}\right), \left(\frac{3}{4}, \frac{2}{4}, \frac{1}{4}\right), \left(\frac{4}{5}, \frac{3}{5}, \frac{2}{5}, \frac{1}{5}\right), \cdots$$

n 번째 묶음의 첫째항의 분모는 $n+1$이고, n 번째 묶음의 k 번째 항의 분자는 $n-k+1$이므로 $\frac{7}{10}$은 9번째 묶음의 세 번째 항이다.

n 번째 묶음의 항의 개수는 n이므로 첫 번째 묶음부터 n 번째 묶음까지의 항의 개수는

$$\sum_{i=1}^{n}i=\frac{n(n+1)}{2}$$

$n=8$일 때, $\frac{8\times9}{2}=36$, 즉 첫 번째 묶음부터 8번째 묶음까지의 항의 개수는 36이므로 9번째 묶음의 세 번째 항은 $36+3=39$에서 제39항이다.

따라서 $\frac{7}{10}$은 제39항이다.

중 0947 답 ③

주어진 수열을 분자, 분모의 합이 같은 항끼리 묶어서 나타내면

$$\left(\frac{1}{1}\right), \left(\frac{1}{2}, \frac{2}{1}\right), \left(\frac{1}{3}, \frac{2}{2}, \frac{3}{1}\right), \left(\frac{1}{4}, \frac{2}{3}, \frac{3}{2}, \frac{4}{1}\right), \cdots$$

n 번째 묶음의 첫째항의 분모는 n이고, n 번째 묶음의 k 번째 항의 분자는 k이다.

n 번째 묶음의 항의 개수는 n이므로 첫 번째 묶음부터 n 번째 묶음까지의 항의 개수는

$$\sum_{i=1}^{n}i=\frac{n(n+1)}{2}$$

$n=12$일 때, $\frac{12\times13}{2}=78$이므로 제83항은 13번째 묶음의 5번째 항이다.

제83항을 $\frac{5}{p}$라 하면 13번째 묶음의 각 항의 분자, 분모의 합은 $13+1=14$이므로 $p+5=14$

$\therefore p=9$

따라서 제83항은 $\frac{5}{9}$이다.

중 0948 답 ③

위에서 n 번째 줄의 수의 개수는 n이므로 첫 번째 줄부터 n 번째 줄까지의 수의 개수는

$$\sum_{k=1}^{n}k=\frac{n(n+1)}{2}$$

배열된 수의 개수가 55이므로

$\frac{n(n+1)}{2}=55$, $n^2+n-110=0$

$(n+11)(n-10)=0$

$\therefore n=-11$ 또는 $n=10$

그런데 n은 자연수이므로 $n=10$

각 줄은 첫째항이 1, 공비가 2인 등비수열이므로 위에서 n 번째 줄에 배열된 수의 합은

$\frac{1\times(2^n-1)}{2-1}=2^n-1$

따라서 첫 번째 줄부터 10번째 줄까지 배열된 모든 수의 합은

$\sum_{i=1}^{10}(2^i-1)=\sum_{i=1}^{10}2^i-\sum_{i=1}^{10}1$

$=\frac{2(2^{10}-1)}{2-1}-1\times10$

$=2046-10=2036$

중 0949 답 135

[해결 과정] 각 줄의 첫 번째 수는 차례로

$1^2, 2^2, 3^2, \cdots$

12번째 줄의 첫 번째 수는 $12^2=144$이므로 위에서 12번째 줄의 왼쪽에서 10번째에 있는 수는 수열 144, 143, 142, …의 제10항과 같다. ◀ 60 %

[답 구하기] 수열 144, 143, 142, …는 첫째항이 144, 공차가 -1인 등차수열이므로 구하는 수는

$144+(10-1)\times(-1)=135$ ◀ 40 %

중 0950 답 369

위에서 n 번째 줄의 수의 개수는 n이므로 첫 번째 줄부터 n 번째 줄까지의 수의 개수는

$\sum_{k=1}^{n}k=\frac{n(n+1)}{2}$

첫 번째 줄부터 8번째 줄까지의 수의 개수는

$\frac{8\times9}{2}=36$

9번째 줄의 첫 번째 수는 37이므로 위에서 9번째 줄에 있는 모든 수의 합은 수열 37, 38, 39, …의 첫째항부터 제9항까지의 합과 같다.

수열 37, 38, 39, …는 첫째항이 37, 공차가 1인 등차수열이므로 구하는 합은

$\frac{9\{2\times37+(9-1)\times1\}}{2}=369$

» 154~157쪽

중단원 마무리

0951 답 ②

$a_2+a_4+a_6+\cdots+a_{100}=a_{2\times1}+a_{2\times2}+a_{2\times3}+\cdots+a_{2\times50}$

$=\sum_{k=1}^{50}a_{2k}$

이때 $a_n=n\times2^n$이므로

$a_{2n}=2n\times2^{2n}=2n\times4^n$

$\therefore a_2+a_4+a_6+\cdots+a_{100}=\sum_{k=1}^{50}a_{2k}$

$=\sum_{k=1}^{50}(2k\times4^k)$

$=2\sum_{k=1}^{50}(k\times4^k)$

0952 답 ③

등차수열 $\{a_n\}$의 공차를 d라 하면

$a_5+a_8=15$에서 $(a_1+4d)+(a_1+7d)=15$

$\therefore 2a_1+11d=15$

$\therefore \sum_{k=1}^{12}a_k=\frac{12(2a_1+11d)}{2}$

$=6(2a_1+11d)$

$=6\times15=90$

다른 풀이

등차수열 $\{a_n\}$에서

$a_5+a_8=a_1+a_{12}=a_2+a_{11}=a_3+a_{10}=a_4+a_9=a_6+a_7$이므로

$\sum_{k=1}^{12}a_k=a_1+a_2+a_3+\cdots+a_{12}$

$=(a_1+a_{12})+(a_2+a_{11})+\cdots+(a_5+a_8)+(a_6+a_7)$

$=6(a_5+a_8)$

$=6\times15=90$

0953 답 14

$\sum_{k=1}^{10}(a_k+1)^2=28$에서

$\sum_{k=1}^{10}(a_k^2+2a_k+1)=\sum_{k=1}^{10}a_k^2+2\sum_{k=1}^{10}a_k+\sum_{k=1}^{10}1$

$=\sum_{k=1}^{10}a_k^2+2\sum_{k=1}^{10}a_k+1\times10=28$

$\therefore \sum_{k=1}^{10}a_k^2+2\sum_{k=1}^{10}a_k=18$ …… ㉠

$\sum_{k=1}^{10}a_k(a_k+1)=16$에서 $\sum_{k=1}^{10}(a_k^2+a_k)=16$

$\therefore \sum_{k=1}^{10}a_k^2+\sum_{k=1}^{10}a_k=16$ …… ㉡

2×㉡−㉠을 하면

$\sum_{k=1}^{10}a_k^2=14$

0954 답 ⑤

$\sum_{k=1}^{20}a_k=a_1+a_2+a_3+a_4+\cdots+a_{19}+a_{20}$

$=(a_1+a_3+\cdots+a_{19})+(a_2+a_4+\cdots+a_{20})$

$=\{(-1)+(-3)+\cdots+(-19)\}$
$+(2\times2+2\times4+\cdots+2\times20)$

$=\sum_{k=1}^{10}(-2k+1)+\sum_{k=1}^{10}4k$

$=-2\sum_{k=1}^{10}k+\sum_{k=1}^{10}1+4\sum_{k=1}^{10}k$

$=2\sum_{k=1}^{10}k+\sum_{k=1}^{10}1$

$=2\times\frac{10\times11}{2}+1\times10$

$=110+10=120$

0955 답 480

$\sum_{k=0}^{n}(x-k)^2=\sum_{k=1}^{n}(x+k)^2$에서

$x^2+\sum_{k=1}^{n}(x-k)^2=\sum_{k=1}^{n}(x+k)^2$

$x^2+\sum_{k=1}^{n}\{(x-k)^2-(x+k)^2\}=0$

$x^2-\sum_{k=1}^{n}4kx=0,\ x^2-4x\sum_{k=1}^{n}k=0$

$x^2-4x\times\frac{n(n+1)}{2}=0,\ x^2-2xn(n+1)=0$

$x\{x-2n(n+1)\}=0$

$\therefore\ x=0$ 또는 $x=2n(n+1)$

따라서 $a_n=2n(n+1)$이므로

$a_{15}=2\times15\times16=480$

0956 답 ③

$$\sum_{m=1}^{n}\left\{\sum_{k=1}^{m}(2k-m)\right\}=\sum_{m=1}^{n}\left(2\sum_{k=1}^{m}k-\sum_{k=1}^{m}m\right)$$
$$=\sum_{m=1}^{n}\left\{2\times\frac{m(m+1)}{2}-m^2\right\}$$
$$=\sum_{m=1}^{n}m$$
$$=\frac{n(n+1)}{2}$$

즉, $\frac{n(n+1)}{2}=78$이므로

$n(n+1)=156=12\times13$

$\therefore\ n=12$

0957 답 948

주어진 수열의 일반항을 a_n이라 하면

$a_n=2^{n+1}-2n$

따라서 주어진 수열의 첫째항부터 제8항까지의 합은

$$\sum_{k=1}^{8}a_k=\sum_{k=1}^{8}(2^{k+1}-2k)$$
$$=\sum_{k=1}^{8}2^{k+1}-2\sum_{k=1}^{8}k$$
$$=\frac{4(2^8-1)}{2-1}-2\times\frac{8\times9}{2}$$
$$=1020-72=948$$

0958 답 ③

$n=1$일 때,

$a_1=\log 1=0$이므로

$10^{a_1}=10^0=1\neq1.04$

즉, $n=1$은 $10^{a_n}=1.04$를 만족시키지 않으므로 $n\geq2$이어야 한다.

수열 $\{a_n\}$의 첫째항부터 제n항까지의 합을 S_n이라 하면

$S_n=\sum_{k=1}^{n}a_k=\log n$

$n\geq2$일 때,

$$a_n=S_n-S_{n-1}$$
$$=\log n-\log(n-1)$$
$$=\log\frac{n}{n-1}$$

$\therefore\ 10^{a_n}=10^{\log\frac{n}{n-1}}=\frac{n}{n-1}\ (n\geq2)$

즉, $\frac{n}{n-1}=1.04=\frac{26}{25}$이므로

$25n=26(n-1)$

$\therefore\ n=26$

참고 $a>0,\ a\neq1,\ b>0$일 때, $a^{\log_a b}=b$

0959 답 $\frac{5}{3}$

$$(g\circ f)(n)=g(f(n))=g(2n+3)$$
$$=(2n+3-1)(2n+3+1)$$
$$=4(n+1)(n+2)$$

$$\therefore\ \sum_{n=1}^{10}\frac{16}{(g\circ f)(n)}=\sum_{n=1}^{10}\frac{16}{4(n+1)(n+2)}$$
$$=4\sum_{n=1}^{10}\left(\frac{1}{n+1}-\frac{1}{n+2}\right)$$
$$=4\left\{\left(\frac{1}{2}-\frac{1}{3}\right)+\left(\frac{1}{3}-\frac{1}{4}\right)+\left(\frac{1}{4}-\frac{1}{5}\right)+\cdots+\left(\frac{1}{11}-\frac{1}{12}\right)\right\}$$
$$=4\left(\frac{1}{2}-\frac{1}{12}\right)=\frac{5}{3}$$

0960 답 ③

$f(x)=x^2+6x+8$로 놓으면 $f(x)$를 $x-n$으로 나누었을 때의 나머지는 $f(n)=n^2+6n+8$이므로

$a_n=n^2+6n+8$

$$\therefore\ \sum_{n=1}^{9}\frac{1}{a_n}=\sum_{n=1}^{9}\frac{1}{n^2+6n+8}$$
$$=\sum_{n=1}^{9}\frac{1}{(n+2)(n+4)}$$
$$=\frac{1}{2}\sum_{n=1}^{9}\left(\frac{1}{n+2}-\frac{1}{n+4}\right)$$
$$=\frac{1}{2}\left\{\left(\frac{1}{3}-\frac{1}{5}\right)+\left(\frac{1}{4}-\frac{1}{6}\right)+\left(\frac{1}{5}-\frac{1}{7}\right)+\cdots+\left(\frac{1}{10}-\frac{1}{12}\right)+\left(\frac{1}{11}-\frac{1}{13}\right)\right\}$$
$$=\frac{1}{2}\left(\frac{1}{3}+\frac{1}{4}-\frac{1}{12}-\frac{1}{13}\right)=\frac{11}{52}$$

도움 개념 나머지정리

다항식 $f(x)$를 일차식 $x-\alpha$로 나누었을 때의 나머지를 R라 하면

$R=f(\alpha)$

0961 답 110

$$\sum_{n=1}^{20}\log a_n=\sum_{n=1}^{10}\log a_{2n-1}+\sum_{n=1}^{10}\log a_{2n}$$
$$=\sum_{n=1}^{10}\log 4^n+\sum_{n=1}^{10}\log 25^n$$
$$=\sum_{n=1}^{10}n\log 4+\sum_{n=1}^{10}n\log 25$$
$$=\log 4\sum_{n=1}^{10}n+\log 25\sum_{n=1}^{10}n$$
$$=(\log 4+\log 25)\sum_{n=1}^{10}n$$
$$=\log 100\times\frac{10\times11}{2}=110$$

0962 답 273

$$a_n=1+3+5+\cdots+(2n-1)$$
$$=\sum_{k=1}^{n}(2k-1)$$
$$=2\sum_{k=1}^{n}k-\sum_{k=1}^{n}1$$
$$=2\times\frac{n(n+1)}{2}-1\times n=n^2$$

$\therefore \sum_{k=1}^{13} \log_8 2^{a_k} = \sum_{k=1}^{13} \log_8 2^{k^2}$

$= \sum_{k=1}^{13} \log_{2^3} 2^{k^2}$

$= \frac{1}{3} \sum_{k=1}^{13} k^2$

$= \frac{1}{3} \times \frac{13 \times 14 \times 27}{6} = 273$

0963 답 100

주어진 수열을 각 묶음의 첫째항이 1이 되도록 묶어서 나타내면

(1), (1, 2), (1, 2, 3), (1, 2, 3, 4), (1, 2, 3, 4, 5), ⋯

n 번째 묶음의 항의 개수는 n이므로 첫 번째 묶음부터 n 번째 묶음까지의 항의 개수는

$\sum_{k=1}^{n} k = \frac{n(n+1)}{2}$

$n=8$일 때, $\frac{8\times9}{2}=36$이므로 제37항은 9번째 묶음의 첫째항이고,

$n=10$일 때, $\frac{10\times11}{2}=55$이므로 제55항은 10번째 묶음의 끝항이다.

n 번째 묶음의 항의 합은

$\sum_{k=1}^{n} k = \frac{n(n+1)}{2}$

$\sum_{k=37}^{55} a_k$는 9번째 묶음과 10번째 묶음의 항의 합이므로

$\sum_{k=37}^{55} a_k = \frac{9\times10}{2} + \frac{10\times11}{2}$

$=45+55=100$

0964 답 $\frac{15}{128}$

주어진 수열을 분모가 같은 항끼리 묶어서 나타내면

$\left(\frac{1}{2^2}, \frac{3}{2^2}\right), \left(\frac{1}{2^3}, \frac{3}{2^3}, \frac{5}{2^3}, \frac{7}{2^3}\right), \left(\frac{1}{2^4}, \frac{3}{2^4}, \frac{5}{2^4}, \cdots, \frac{15}{2^4}\right), \cdots$

n 번째 묶음의 각 항의 분모는 2^{n+1}이고, n 번째 묶음의 k 번째 항의 분자는 $2k-1$이다.

n 번째 묶음의 항의 개수는 2^n이므로 첫 번째 묶음부터 n 번째 묶음까지의 항의 개수는

$\sum_{i=1}^{n} 2^i = \frac{2(2^n-1)}{2-1} = 2^{n+1}-2$

$n=5$일 때, $2^{5+1}-2=62$이므로 제70항은 6번째 묶음의 8번째 항이다.

따라서 제70항은 $\frac{2\times8-1}{2^{6+1}} = \frac{15}{128}$이다.

0965 답 86

위에서 n 번째 줄의 수의 개수는 $2n-1$이므로 첫 번째 줄부터 n 번째 줄까지의 수의 개수는

$\sum_{k=1}^{n} (2k-1) = 2\sum_{k=1}^{n} k - \sum_{k=1}^{n} 1$

$= 2\times\frac{n(n+1)}{2} - 1\times n = n^2$

첫 번째 줄부터 9번째 줄까지의 수의 개수는 $9^2=81$

10번째 줄의 첫 번째 수는 82이므로 위에서 10번째 줄의 왼쪽에서 5번째에 있는 수는 수열 82, 83, 84, ⋯의 제5항과 같다.

수열 82, 83, 84, ⋯는 첫째항이 82, 공차가 1인 등차수열이므로 구하는 수는

$82+(5-1)\times1=86$

0966 답 ②

전략 조건 (나)에서 a_{n+1}의 n에 1, 2, 3, ⋯을 차례로 대입하여 a_2, a_3, a_4, ⋯를 구해 반복되는 규칙을 찾은 후, 반복되는 항의 합을 구한다.

조건 (가)에서 $a_1=1$

조건 (나)에서 모든 자연수 n에 대하여 a_{n+1}은 a_n과 n의 합을 3으로 나누었을 때의 나머지이므로

$a_2=2$, $a_3=1$, $a_4=1$, $a_5=2$, $a_6=1$, $a_7=1$, $a_8=2$, $a_9=1$, ⋯

즉, 수열 $\{a_n\}$은 1, 2, 1이 이 순서대로 반복되므로

$a_1+a_2+a_3=a_4+a_5+a_6$

$=a_7+a_8+a_9$

$=\cdots$

$=1+2+1=4$

이때 $\sum_{k=1}^{n} a_k = 100 = 25\times4$이므로

$n=25\times3=75$

0967 답 200

전략 직선 l의 방정식을 $y=px+q$로 놓고 두 직선의 교점의 좌표가 (n, a_n)임을 이용하여 수열 $\{a_n\}$의 일반항을 p, q에 대한 식으로 나타낸다.

직선 l의 방정식을 $y=px+q$ (p, q는 상수)로 놓으면

점 $(n, 0)$을 지나고 x축에 수직인 직선이 직선 l과 만나는 점의 y좌표가 a_n이므로

$a_n=pn+q$

$=p+q+(n-1)p$

즉, 수열 $\{a_n\}$은 첫째항이 $p+q$이고 공차가 p인 등차수열이다.

이때 $a_4=\frac{7}{2}$, $a_7=5$이므로

$a_7-a_4=5-\frac{7}{2}$

$3p=\frac{3}{2}$ $\quad\therefore p=\frac{1}{2}$

$\therefore a_1=a_4-3p=\frac{7}{2}-3\times\frac{1}{2}=2$

따라서 $\sum_{k=1}^{25} a_k$는 첫째항이 2이고 공차가 $\frac{1}{2}$인 등차수열의 첫째항부터 제25항까지의 합과 같으므로

$\sum_{k=1}^{25} a_k = \frac{25\left\{2\times2+(25-1)\times\frac{1}{2}\right\}}{2}$

$=\frac{25\times16}{2}=200$

다른 풀이

$a_4=\frac{7}{2}$, $a_7=5$에서 직선 l은 두 점 $\left(4, \frac{7}{2}\right)$, $(7, 5)$를 지나므로 직선 l의 기울기는

$\frac{5-\frac{7}{2}}{7-4} = \frac{\frac{3}{2}}{3} = \frac{1}{2}$

따라서 기울기가 $\frac{1}{2}$이고 점 $\left(4, \frac{7}{2}\right)$을 지나는 직선 l의 방정식은

$y=\frac{1}{2}(x-4)+\frac{7}{2}$ $\quad\therefore y=\frac{1}{2}x+\frac{3}{2}$

이때 점 $(n, 0)$을 지나고 x축에 수직인 직선이 직선 l과 만나는 점의 y좌표가 a_n이므로

$a_n=\frac{1}{2}n+\frac{3}{2}$

09

$\therefore \sum_{k=1}^{25} a_k=\sum_{k=1}^{25}\left(\frac{1}{2}k+\frac{3}{2}\right)$

$=\frac{1}{2}\sum_{k=1}^{25} k+\sum_{k=1}^{25}\frac{3}{2}$

$=\frac{1}{2}\times\frac{25\times26}{2}+\frac{3}{2}\times25$

$=\frac{325}{2}+\frac{75}{2}=200$

0968 답 ④

전략 각 항을 나열하여 합의 규칙을 찾은 후, 자연수의 거듭제곱의 합을 이용한다.

$\sum_{k=1}^{10} 2k=2(1+2+3+4+\cdots+9+10)$

$\sum_{k=2}^{10} 2k=2(2+3+4+\cdots+9+10)$

$\sum_{k=3}^{10} 2k=2(3+4+\cdots+9+10)$

$\vdots$

$\sum_{k=9}^{10} 2k=2(9+10)$

$\sum_{k=10}^{10} 2k=2\times10$

$\therefore \sum_{k=1}^{10} 2k+\sum_{k=2}^{10} 2k+\sum_{k=3}^{10} 2k+\cdots+\sum_{k=10}^{10} 2k$

$=2(1\times1+2\times2+3\times3+\cdots+9\times9+10\times10)$

$=2\sum_{k=1}^{10} k^2$

$=2\times\frac{10\times11\times21}{6}=770$

0969 답 ②

전략 삼각형의 넓이 a_n을 n에 대한 식으로 나타낸 후, a_na_{n+1}을 구하여 부분분수로 변형한다.

$a_n=\frac{1}{2}\times\{(n+1)-(n-1)\}\times\frac{2}{n}=\frac{2}{n}$이므로

$\sum_{n=1}^{11} a_na_{n+1}=\sum_{n=1}^{11}\left(\frac{2}{n}\times\frac{2}{n+1}\right)$

$=\sum_{n=1}^{11}\frac{4}{n(n+1)}$

$=4\sum_{n=1}^{11}\left(\frac{1}{n}-\frac{1}{n+1}\right)$

$=4\left\{\left(1-\frac{1}{2}\right)+\left(\frac{1}{2}-\frac{1}{3}\right)+\left(\frac{1}{3}-\frac{1}{4}\right)+\cdots+\left(\frac{1}{11}-\frac{1}{12}\right)\right\}$

$=4\left(1-\frac{1}{12}\right)=\frac{11}{3}$

따라서 $p=3$, $q=11$이므로

$pq=33$

0970 답 $-\frac{1}{40}$

전략 수열의 합과 일반항 사이의 관계를 이용하여 수열 $\{a_n\}$의 일반항을 구한 후, 주어진 무리식에 대입하여 분모를 유리화한다.

수열 $\{a_n\}$의 첫째항부터 제n항까지의 합을 S_n이라 하면

$S_n=\sum_{k=1}^{n} a_k=\frac{n(n+1)}{2}$

$n=1$일 때,

$a_1=S_1=\frac{1\times2}{2}=1$

$n\geq2$일 때,

$a_n=S_n-S_{n-1}$

$=\frac{n(n+1)}{2}-\frac{(n-1)n}{2}=n$ …… ㉠

이때 $a_1=1$은 ㉠에 $n=1$을 대입한 것과 같으므로

$a_n=n$

$\therefore \sum_{k=1}^{14}\frac{2}{a_{k+2}\sqrt{a_k}+a_k\sqrt{a_{k+2}}}$

$=\sum_{k=1}^{14}\frac{2}{(k+2)\sqrt{k}+k\sqrt{k+2}}$

$=2\sum_{k=1}^{14}\frac{(k+2)\sqrt{k}-k\sqrt{k+2}}{\{(k+2)\sqrt{k}+k\sqrt{k+2}\}\{(k+2)\sqrt{k}-k\sqrt{k+2}\}}$

$=2\sum_{k=1}^{14}\frac{(k+2)\sqrt{k}-k\sqrt{k+2}}{2k(k+2)}$

$=\sum_{k=1}^{14}\left(\frac{1}{\sqrt{k}}-\frac{1}{\sqrt{k+2}}\right)$

$=\left(1-\frac{1}{\sqrt{3}}\right)+\left(\frac{1}{\sqrt{2}}-\frac{1}{\sqrt{4}}\right)+\left(\frac{1}{\sqrt{3}}-\frac{1}{\sqrt{5}}\right)+\cdots+\left(\frac{1}{\sqrt{13}}-\frac{1}{\sqrt{15}}\right)+\left(\frac{1}{\sqrt{14}}-\frac{1}{\sqrt{16}}\right)$

$=1+\frac{1}{\sqrt{2}}-\frac{1}{\sqrt{15}}-\frac{1}{\sqrt{16}}$

$=\frac{\sqrt{2}}{2}-\frac{\sqrt{15}}{15}+\frac{3}{4}$

따라서 $a=\frac{1}{2}$, $b=-\frac{1}{15}$, $c=\frac{3}{4}$이므로

$abc=-\frac{1}{40}$

0971 답 ⑤

전략 각 줄에 배열된 수의 합을 식으로 나타낸 후, $\left(\sum_{k=1}^{n}k\right)^2=\sum_{k=1}^{n}k^3$임을 이용한다.

첫 번째 줄에 배열된 수의 합은 $\sum_{k=1}^{10} k$

두 번째 줄에 배열된 수의 합은 $\sum_{k=1}^{10} 2k$

세 번째 줄에 배열된 수의 합은 $\sum_{k=1}^{10} 3k$

$\vdots$

10번째 줄에 배열된 수의 합은 $\sum_{k=1}^{10} 10k$

따라서 배열된 100개의 수의 합은

$\sum_{k=1}^{10} k+\sum_{k=1}^{10} 2k+\sum_{k=1}^{10} 3k+\cdots+\sum_{k=1}^{10} 10k$

$=\sum_{k=1}^{10} k+2\sum_{k=1}^{10} k+3\sum_{k=1}^{10} k+\cdots+10\sum_{k=1}^{10} k$

$=(1+2+3+\cdots+10)\sum_{k=1}^{10} k$

$=\left(\sum_{k=1}^{10} k\right)\left(\sum_{k=1}^{10} k\right)=\left(\sum_{k=1}^{10} k\right)^2$

이때 $\left(\sum_{k=1}^{n} k\right)^2=\left\{\frac{n(n+1)}{2}\right\}^2=\sum_{k=1}^{n} k^3$이므로 배열된 100개의 수의 합은 $\sum_{k=1}^{10} k^3$과 같다.

0972 답 105

[문제 이해] 이차방정식 $x^2-kx+k-1=0$에서 이차방정식의 근과 계수의 관계에 의하여

$\alpha_k+\beta_k=k$, $\alpha_k\beta_k=k-1$ ◀ 20 %

[해결 과정] $\therefore \alpha_k^3+\beta_k^3=(\alpha_k+\beta_k)^3-3\alpha_k\beta_k(\alpha_k+\beta_k)$
$=k^3-3\times(k-1)\times k$
$=k^3-3k^2+3k$ ◀ 40 %

[답 구하기] $\therefore \sum_{k=1}^{5}(\alpha_k^3+\beta_k^3)=\sum_{k=1}^{5}(k^3-3k^2+3k)$
$=\sum_{k=1}^{5}k^3-3\sum_{k=1}^{5}k^2+3\sum_{k=1}^{5}k$
$=\left(\frac{5\times6}{2}\right)^2-3\times\frac{5\times6\times11}{6}+3\times\frac{5\times6}{2}$
$=225-165+45=105$ ◀ 40 %

0973 답 5170

[해결 과정] $a_n=(2n-1)(2n+2)$
$=4n^2+2n-2$ ◀ 30 %

[답 구하기] $\therefore \sum_{k=1}^{15}a_k=\sum_{k=1}^{15}(4k^2+2k-2)$
$=4\sum_{k=1}^{15}k^2+2\sum_{k=1}^{15}k-2\times15$
$=4\times\frac{15\times16\times31}{6}+2\times\frac{15\times16}{2}-30$
$=4960+240-30=5170$ ◀ 70 %

0974 답 (1) $a_n=\frac{1}{3}(10^n-1)$ (2) 38

(1) $a_1=3=\frac{1}{3}\times9=\frac{1}{3}(10-1)$,
$a_2=33=\frac{1}{3}\times99=\frac{1}{3}(10^2-1)$,
$a_3=333=\frac{1}{3}\times999=\frac{1}{3}(10^3-1)$,
$a_4=3333=\frac{1}{3}\times9999=\frac{1}{3}(10^4-1)$,
⋮
이므로
$a_n=\frac{1}{3}(10^n-1)$ ◀ 30 %

(2) 주어진 수열의 첫째항부터 제10항까지의 합은
$\sum_{k=1}^{10}\frac{1}{3}(10^k-1)=\frac{1}{3}\left(\sum_{k=1}^{10}10^k-\sum_{k=1}^{10}1\right)$
$=\frac{1}{3}\left\{\frac{10(10^{10}-1)}{10-1}-1\times10\right\}$
$=\frac{1}{3}\times\frac{10^{11}-100}{9}$
$=\frac{10^{11}-100}{27}$ ◀ 50 %

따라서 $p=27$, $q=11$이므로
$p+q=38$ ◀ 20 %

0975 답 605

[문제 이해] 수열 $\{a_n\}$의 첫째항부터 제n항까지의 합을 S_n이라 하면
$S_n=\sum_{k=1}^{n}a_k=n^2-2n$ ◀ 20 %

[해결 과정] $n=1$일 때,
$a_1=S_1=1^2-2\times1=-1$
$n\geq2$일 때,
$a_n=S_n-S_{n-1}$
$=n^2-2n-\{(n-1)^2-2(n-1)\}$
$=2n-3$ …… ㉠

이때 $a_1=-1$은 ㉠에 $n=1$을 대입한 것과 같으므로
$a_n=2n-3$ ◀ 50 %

[답 구하기] 따라서 $ka_k=k(2k-3)=2k^2-3k$이므로
$\sum_{k=1}^{10}ka_k=\sum_{k=1}^{10}(2k^2-3k)$
$=2\sum_{k=1}^{10}k^2-3\sum_{k=1}^{10}k$
$=2\times\frac{10\times11\times21}{6}-3\times\frac{10\times11}{2}$
$=770-165=605$ ◀ 30 %

0976 답 $\frac{20}{11}$

[해결 과정] 수열 1, $\frac{1}{1+2}$, $\frac{1}{1+2+3}$, …, $\frac{1}{1+2+3+\cdots+10}$의 일반항을 a_n이라 하면
$a_n=\frac{1}{1+2+3+\cdots+n}=\frac{1}{\sum_{k=1}^{n}k}=\frac{1}{\frac{n(n+1)}{2}}$
$=\frac{2}{n(n+1)}=2\left(\frac{1}{n}-\frac{1}{n+1}\right)$ ◀ 50 %

[답 구하기] 따라서 구하는 식의 값은 수열 $\{a_n\}$의 첫째항부터 제10항까지의 합이므로
$\sum_{k=1}^{10}a_k=2\sum_{k=1}^{10}\left(\frac{1}{k}-\frac{1}{k+1}\right)$
$=2\left\{\left(1-\frac{1}{2}\right)+\left(\frac{1}{2}-\frac{1}{3}\right)+\left(\frac{1}{3}-\frac{1}{4}\right)+\cdots+\left(\frac{1}{10}-\frac{1}{11}\right)\right\}$
$=2\left(1-\frac{1}{11}\right)=\frac{20}{11}$ ◀ 50 %

0977 답 23

[문제 이해] 수열 $\{a_n\}$의 첫째항부터 제n항까지의 합을 S_n이라 하면
$S_n=\sum_{k=1}^{n}a_k=\log\frac{(n+1)(n+2)}{2}$ ◀ 20 %

[해결 과정] $n=1$일 때,
$a_1=S_1=\log 3$
$n\geq2$일 때,
$a_n=S_n-S_{n-1}$
$=\log\frac{(n+1)(n+2)}{2}-\log\frac{n(n+1)}{2}$
$=\log\left\{\frac{(n+1)(n+2)}{2}\times\frac{2}{n(n+1)}\right\}$
$=\log\frac{n+2}{n}$ …… ㉠

이때 $a_1=\log 3$은 ㉠에 $n=1$을 대입한 것과 같으므로
$a_n=\log\frac{n+2}{n}$ ◀ 30 %

따라서 $a_{2k}=\log\frac{2k+2}{2k}=\log\frac{k+1}{k}$이므로
$p=\sum_{k=1}^{22}a_{2k}$
$=\sum_{k=1}^{22}\log\frac{k+1}{k}$
$=\log\frac{2}{1}+\log\frac{3}{2}+\log\frac{4}{3}+\cdots+\log\frac{23}{22}$
$=\log\left(\frac{2}{1}\times\frac{3}{2}\times\frac{4}{3}\times\cdots\times\frac{23}{22}\right)$
$=\log 23$ ◀ 30 %

[답 구하기] $\therefore 10^p=10^{\log 23}=23$ ◀ 20 %

09

10 수학적 귀납법

Lecture 22

수열의 귀납적 정의

≫ 160~163쪽

0978 답 20

$a_{n+1}=a_n+n+2$의 n에 1, 2, 3, 4를 차례로 대입하면

$a_2=a_1+1+2=2+3=5$

$a_3=a_2+2+2=5+4=9$

$a_4=a_3+3+2=9+5=14$

$\therefore a_5=a_4+4+2=14+6=20$

0979 답 384

$a_{n+1}=2na_n$의 n에 1, 2, 3, 4를 차례로 대입하면

$a_2=2\times1\times a_1=2\times1=2$

$a_3=2\times2\times a_2=4\times2=8$

$a_4=2\times3\times a_3=6\times8=48$

$\therefore a_5=2\times4\times a_4=8\times48=384$

0980 답 $a_1=-3,\ a_{n+1}=a_n+5\ (n=1, 2, 3, \cdots)$

0981 답 $a_1=9,\ a_{n+1}=\frac{1}{3}a_n\ (n=1, 2, 3, \cdots)$

0982 답 $a_1=7,\ a_{n+1}=a_n-3\ (n=1, 2, 3, \cdots)$

주어진 수열은 첫째항이 7, 공차가 $4-7=-3$인 등차수열이므로

$a_1=7,\ a_{n+1}=a_n-3\ (n=1, 2, 3, \cdots)$

0983 답 $a_1=8,\ a_{n+1}=-\frac{1}{2}a_n\ (n=1, 2, 3, \cdots)$

주어진 수열은 첫째항이 8, 공비가 $\frac{-4}{8}=-\frac{1}{2}$인 등비수열이므로

$a_1=8,\ a_{n+1}=-\frac{1}{2}a_n\ (n=1, 2, 3, \cdots)$

0984 답 $a_n=4n-2$

$a_{n+1}-a_n=4$에서 수열 $\{a_n\}$은 공차가 4인 등차수열이다.

이때 첫째항이 2이므로

$a_n=2+(n-1)\times4=4n-2$

0985 답 $a_n=3n-2$

$2a_{n+1}=a_n+a_{n+2}$에서 수열 $\{a_n\}$은 등차수열이고

$a_1=1,\ a_2-a_1=4-1=3$

이므로 첫째항이 1, 공차가 3이다.

$\therefore a_n=1+(n-1)\times3=3n-2$

0986 답 $a_n=-3\times\left(-\frac{1}{4}\right)^{n-1}$

$a_{n+1}=-\frac{1}{4}a_n$에서 수열 $\{a_n\}$은 공비가 $-\frac{1}{4}$인 등비수열이다.

이때 첫째항이 -3이므로

$a_n=-3\times\left(-\frac{1}{4}\right)^{n-1}$

0987 답 $a_n=2\times5^{n-1}$

${a_{n+1}}^2=a_na_{n+2}$에서 수열 $\{a_n\}$은 등비수열이고

$a_1=2,\ \frac{a_2}{a_1}=\frac{10}{2}=5$

이므로 첫째항이 2, 공비가 5이다.

$\therefore a_n=2\times5^{n-1}$

(하) **0988** 답 64

$a_{n+1}=a_n+4$에서 수열 $\{a_n\}$은 공차가 4인 등차수열이다.

이때 첫째항이 8이므로

$a_n=8+(n-1)\times4=4n+4$

$\therefore a_{15}=4\times15+4=64$

(중) **0989** 답 14

$a_{n+2}-a_{n+1}=a_{n+1}-a_n$에서 수열 $\{a_n\}$은 등차수열이다.

수열 $\{a_n\}$의 첫째항을 a, 공차를 d라 하면

$a_8=6$에서 $a+7d=6$ …… ㉠

$a_{16}=10$에서 $a+15d=10$ …… ㉡

㉠, ㉡을 연립하여 풀면 $a=\frac{5}{2},\ d=\frac{1}{2}$

따라서 $a_n=\frac{5}{2}+(n-1)\times\frac{1}{2}=\frac{1}{2}n+2$이므로

$a_{24}=\frac{1}{2}\times24+2=14$

(중) **0990** 답 $\frac{1}{17}$

[문제 이해] $a_{n+2}-2a_{n+1}+a_n=0$에서 $2a_{n+1}=a_n+a_{n+2}$이므로 수열 $\{a_n\}$은 등차수열이다. ◀ 20 %

[해결 과정] 이때 $a_1=4,\ a_2-a_1=8-4=4$이므로 첫째항이 4, 공차가 4이다.

$\therefore a_n=4+(n-1)\times4=4n$ ◀ 40 %

[답 구하기] $\therefore \sum_{k=1}^{16}\frac{1}{a_ka_{k+1}}$

$=\sum_{k=1}^{16}\frac{1}{4k\times4(k+1)}=\frac{1}{16}\sum_{k=1}^{16}\frac{1}{k(k+1)}$

$=\frac{1}{16}\sum_{k=1}^{16}\left(\frac{1}{k}-\frac{1}{k+1}\right)$

$=\frac{1}{16}\left\{\left(1-\frac{1}{2}\right)+\left(\frac{1}{2}-\frac{1}{3}\right)+\left(\frac{1}{3}-\frac{1}{4}\right)+\cdots+\left(\frac{1}{16}-\frac{1}{17}\right)\right\}$

$=\frac{1}{16}\left(1-\frac{1}{17}\right)=\frac{1}{17}$ ◀ 40 %

(중) **0991** 답 ④

$a_{n+1}=2a_n$에서 수열 $\{a_n\}$은 공비가 2인 등비수열이다.

이때 첫째항이 3이므로

$a_n=3\times2^{n-1}$

$\therefore \sum_{k=1}^{6} a_k = \sum_{k=1}^{6} (3\times 2^{k-1}) = \frac{3(2^6-1)}{2-1} = 189$

도움 개념 **등비수열의 합**

첫째항이 a, 공비가 r $(r\neq 0)$인 등비수열의 첫째항부터 제n항까지의 합 S_n은

(1) $r\neq 1$일 때, $S_n = \frac{a(1-r^n)}{1-r} = \frac{a(r^n-1)}{r-1}$

(2) $r=1$일 때, $S_n = na$

중 0992 답 ④

$\frac{a_{n+1}}{a_n} = \frac{a_{n+2}}{a_{n+1}}$에서 수열 $\{a_n\}$은 등비수열이다.

이때 $a_1=9$, $\frac{a_2}{a_1} = \frac{27}{9} = 3$이므로 첫째항이 9, 공비가 3이다.

따라서 $a_n = 9\times 3^{n-1} = 3^{n+1}$이므로

$a_{19} = 3^{20}$

중 0993 답 ②

$a_{n+1}{}^2 = a_n a_{n+2}$에서 수열 $\{a_n\}$은 등비수열이다.

수열 $\{a_n\}$의 공비를 r라 하면 첫째항이 1이므로

$\frac{a_5}{a_1} + \frac{a_6}{a_2} + \frac{a_7}{a_3} = 75$에서 $r^4 + \frac{r^5}{r} + \frac{r^6}{r^2} = 75$

$r^4 + r^4 + r^4 = 75$, $3r^4 = 75$ $\quad \therefore r^4 = 25$

$\therefore \frac{a_{27}}{a_{11}} = \frac{r^{26}}{r^{10}} = r^{16} = (r^4)^4 = 25^4 = (5^2)^4 = 5^8$

중 0994 답 ②

$a_{n+1} = a_n + 4n$의 n에 1, 2, 3, …, 9를 차례로 대입한 후, 변끼리 더하면

$$\begin{aligned}
a_2 &= a_1 + 4\times 1\\
a_3 &= a_2 + 4\times 2\\
a_4 &= a_3 + 4\times 3\\
&\vdots\\
+)\ a_{10} &= a_9 + 4\times 9\\
\hline
a_{10} &= a_1 + 4(1+2+3+\cdots+9)\\
&= 1 + 4\sum_{k=1}^{9} k\\
&= 1 + 4\times \frac{9\times 10}{2}\\
&= 181
\end{aligned}$$

중 0995 답 9

$a_n = a_{n-1} + 2^{n-1}$의 n에 2, 3, 4, …, n을 차례로 대입한 후, 변끼리 더하면

$$\begin{aligned}
a_2 &= a_1 + 2^1\\
a_3 &= a_2 + 2^2\\
a_4 &= a_3 + 2^3\\
&\vdots\\
+)\ a_n &= a_{n-1} + 2^{n-1}\\
\hline
a_n &= a_1 + (2^1+2^2+2^3+\cdots+2^{n-1})\\
&= 3 + \sum_{k=1}^{n-1} 2^k\\
&= 3 + \frac{2(2^{n-1}-1)}{2-1}\\
&= 2^n + 1
\end{aligned}$$

$a_k < 1000$에서 $2^k + 1 < 1000$

$2^k < 999$

이때 $2^9 = 512$, $2^{10} = 1024$이므로 $k \le 9$

따라서 자연수 k의 최댓값은 9이다.

중 0996 답 121

$a_{n+1} = a_n + f(n)$의 n에 1, 2, 3, …, 10을 차례로 대입한 후, 변끼리 더하면

$$\begin{aligned}
a_2 &= a_1 + f(1)\\
a_3 &= a_2 + f(2)\\
a_4 &= a_3 + f(3)\\
&\vdots\\
+)\ a_{11} &= a_{10} + f(10)\\
\hline
a_{11} &= a_1 + f(1) + f(2) + f(3) + \cdots + f(10)\\
&= 1 + \sum_{k=1}^{10} f(k)\\
&= 1 + 10^2 + 2\times 10\\
&= 121
\end{aligned}$$

중 0997 답 $\frac{5}{36}$

[문제 이해] $a_{n+1} = a_n + \frac{1}{n(n+1)}$에서

$a_{n+1} = a_n + \frac{1}{n} - \frac{1}{n+1}$ ◀ 30 %

[해결 과정] 위의 식의 n에 1, 2, 3, …, $n-1$을 차례로 대입한 후, 변끼리 더하면

$$\begin{aligned}
a_2 &= a_1 + 1 - \frac{1}{2}\\
a_3 &= a_2 + \frac{1}{2} - \frac{1}{3}\\
a_4 &= a_3 + \frac{1}{3} - \frac{1}{4}\\
&\vdots\\
+)\ a_n &= a_{n-1} + \frac{1}{n-1} - \frac{1}{n}\\
\hline
a_n &= a_1 + 1 - \frac{1}{n}\\
&= 4 + 1 - \frac{1}{n}\\
&= 5 - \frac{1}{n}
\end{aligned}$$

◀ 50 %

[답 구하기] $\therefore a_{36} - a_6 = \left(5 - \frac{1}{36}\right) - \left(5 - \frac{1}{6}\right) = \frac{5}{36}$ ◀ 20 %

중 0998 답 ①

$a_{n+1} = 2^n a_n$의 n에 1, 2, 3, …, $n-1$을 차례로 대입한 후, 변끼리 곱하면

$$\begin{aligned}
a_2 &= 2^1 a_1\\
a_3 &= 2^2 a_2\\
a_4 &= 2^3 a_3\\
&\vdots\\
\times)\ a_n &= 2^{n-1} a_{n-1}\\
\hline
a_n &= 2^1\times 2^2\times 2^3\times \cdots \times 2^{n-1}\times a_1\\
&= 2^{1+2+3+\cdots+(n-1)}\times 1 = 2^{\frac{n(n-1)}{2}}
\end{aligned}$$

10

2^{55}을 제k항이라 하면

$a_k=2^{55}$에서 $2^{\frac{k(k-1)}{2}}=2^{55}$

$\frac{k(k-1)}{2}=55$, $k(k-1)=110$

$k^2-k-110=0$

$(k+10)(k-11)=0$

$\therefore k=-10$ 또는 $k=11$

그런데 k는 자연수이므로 $k=11$

따라서 2^{55}은 제11항이다.

중 0999 답 ④

$a_{n+1}=\frac{n}{n+1}a_n$의 n에 1, 2, 3, ⋯, $n-1$을 차례로 대입한 후, 변끼리 곱하면

$$a_2=\frac{1}{2}a_1$$
$$a_3=\frac{2}{3}a_2$$
$$a_4=\frac{3}{4}a_3$$
$$\vdots$$
$$\times)\ a_n=\frac{n-1}{n}a_{n-1}$$

$$a_n=\frac{1}{2}\times\frac{2}{3}\times\frac{3}{4}\times\cdots\times\frac{n-1}{n}\times a_1$$
$$=\frac{1}{n}\times 2$$
$$=\frac{2}{n}$$

따라서 $\frac{1}{a_n}=\frac{n}{2}$이므로

$$\sum_{k=1}^{20}\frac{1}{a_k}=\sum_{k=1}^{20}\frac{k}{2}=\frac{1}{2}\sum_{k=1}^{20}k$$
$$=\frac{1}{2}\times\frac{20\times 21}{2}=105$$

중 1000 답 3

[문제 이해] $\sqrt{n}a_{n+1}=\sqrt{n+1}a_n$에서

$a_{n+1}=\frac{\sqrt{n+1}}{\sqrt{n}}a_n$ ◀ 20 %

[해결 과정] 위의 식의 n에 1, 2, 3, ⋯, 15를 차례로 대입한 후, 변끼리 곱하면

$$a_2=\frac{\sqrt{2}}{\sqrt{1}}a_1$$
$$a_3=\frac{\sqrt{3}}{\sqrt{2}}a_2$$
$$a_4=\frac{\sqrt{4}}{\sqrt{3}}a_3$$
$$\vdots$$
$$\times)\ a_{16}=\frac{\sqrt{16}}{\sqrt{15}}a_{15}$$

$$a_{16}=\frac{\sqrt{2}}{\sqrt{1}}\times\frac{\sqrt{3}}{\sqrt{2}}\times\frac{\sqrt{4}}{\sqrt{3}}\times\cdots\times\frac{\sqrt{16}}{\sqrt{15}}\times a_1$$

$=4\times 2=8$ ◀ 50 %

[답 구하기] $\therefore \log_2 a_{16}=\log_2 8=\log_2 2^3=3$ ◀ 30 %

중 1001 답 $\frac{1}{13}$

$a_{n+1}=\frac{a_n}{3a_n+1}$의 n에 1, 2, 3, 4를 차례로 대입하면

$$a_2=\frac{a_1}{3a_1+1}=\frac{1}{3\times1+1}=\frac{1}{4}$$
$$a_3=\frac{a_2}{3a_2+1}=\frac{\frac{1}{4}}{3\times\frac{1}{4}+1}=\frac{1}{7}$$
$$a_4=\frac{a_3}{3a_3+1}=\frac{\frac{1}{7}}{3\times\frac{1}{7}+1}=\frac{1}{10}$$
$$\therefore a_5=\frac{a_4}{3a_4+1}=\frac{\frac{1}{10}}{3\times\frac{1}{10}+1}=\frac{1}{13}$$

중 1002 답 12

$a_n+a_{n+1}=3n$에서

$a_{n+1}=3n-a_n$

위의 식의 n에 1, 2, 3, 4, 5를 차례로 대입하면

$a_2=3\times1-a_1=3-(-5)=8$

$a_3=3\times2-a_2=6-8=-2$

$a_4=3\times3-a_3=9-(-2)=11$

$a_5=3\times4-a_4=12-11=1$

$a_6=3\times5-a_5=15-1=14$

$\therefore a_3+a_6=-2+14=12$

다른 풀이

$a_n+a_{n+1}=3n$의 n에 3, 4, 5를 차례로 대입하면

$a_3+a_4=3\times3=9$ ⋯⋯ ㉠

$a_4+a_5=3\times4=12$ ⋯⋯ ㉡

$a_5+a_6=3\times5=15$ ⋯⋯ ㉢

㉠－㉡＋㉢을 하면

$a_3+a_6=9-12+15=12$

중 1003 답 ④

$a_{n+1}=2a_n+1$의 n에 1, 2, 3, ⋯, 19를 차례로 대입하면

$a_2=2a_1+1=2\times1+1=2+1$

$a_3=2a_2+1=2(2+1)+1=2^2+2+1$

$a_4=2a_3+1=2(2^2+2+1)+1=2^3+2^2+2+1$

$\vdots$

$\therefore a_{20}=2a_{19}+1=2^{19}+2^{18}+2^{17}+\cdots+2+1$

$$=\sum_{k=1}^{20}2^{k-1}=\frac{1\times(2^{20}-1)}{2-1}=2^{20}-1$$

상 1004 답 16

$a_{n+1}=3-a_n^2$의 n에 1, 2, 3, 4, ⋯를 차례로 대입하면

$a_2=3-a_1^2=3-1^2=2$

$a_3=3-a_2^2=3-2^2=-1$

$a_4=3-a_3^2=3-(-1)^2=2$

$a_5=3-a_4^2=3-2^2=-1$

$\vdots$

따라서 수열 $\{a_n\}$은 첫째항이 1이고 둘째항부터 2, -1이 이 순서대로 반복된다.

이때 $31=1+2\times 15$이므로

$$\sum_{k=1}^{31} a_k=a_1+(a_2+a_3)+(a_4+a_5)+\cdots+(a_{30}+a_{31})$$
$$=1+15\times 1=16$$

하 **1005** 답 ③

$S_{n+1}=2S_n+3$의 n에 1, 2, 3, 4를 차례로 대입하면

$S_2=2S_1+3=2\times 1+3=5$

$S_3=2S_2+3=2\times 5+3=13$

$S_4=2S_3+3=2\times 13+3=29$

$S_5=2S_4+3=2\times 29+3=61$

$\therefore a_5=S_5-S_4=61-29=32$

중 **1006** 답 ③

$S_n=2a_n+1$의 n에 $n+1$을 대입하면

$S_{n+1}=2a_{n+1}+1$

$a_{n+1}=S_{n+1}-S_n$이므로

$a_{n+1}=2a_{n+1}+1-(2a_n+1)=2a_{n+1}-2a_n$

$\therefore a_{n+1}=2a_n$

즉, 수열 $\{a_n\}$은 공비가 2인 등비수열이다.

이때 첫째항이 -1이므로

$a_n=-1\times 2^{n-1}=-2^{n-1}$

$a_k=-64$에서 $-2^{k-1}=-2^6$

$k-1=6 \qquad \therefore k=7$

상 **1007** 답 ⑤

$a_{n+1}=2(a_1+a_2+a_3+\cdots+a_n)$에서

$a_1+a_2+a_3+\cdots+a_n=S_n$이라 하면

$a_{n+1}=2S_n$

$a_{n+1}=S_{n+1}-S_n$이므로

$2S_n=S_{n+1}-S_n \qquad \therefore S_{n+1}=3S_n$

즉, 수열 $\{S_n\}$은 공비가 3인 등비수열이다.

이때 첫째항이 $S_1=a_1=3$이므로

$S_n=3\times 3^{n-1}=3^n$

$\therefore a_8+a_9=(S_8-S_7)+(S_9-S_8)=S_9-S_7$
$=3^9-3^7=(3^2-1)\times 3^7=8\times 3^7$

중 **1008** 답 $a_{n+1}=2a_n-10\ (n=1, 2, 3, \cdots)$

$(n+1)$ 번째 실험 후 살아 있는 세균의 수 a_{n+1}은 n 번째 실험 후 살아 있는 세균의 수 a_n에서 5마리는 죽고 나머지는 각각 2마리로 분열한 것이므로

$a_{n+1}=(a_n-5)\times 2$
$=2a_n-10\ (n=1, 2, 3, \cdots)$

중 **1009** 답 53

[해결 과정] n일째 날 뛴 거리를 a_n km라 하면 방학 첫째 날 4 km를 뛰었으므로 $a_1=4$

또, $(n+1)$일째 날 뛴 거리 a_{n+1} km는 n일째 날 뛴 거리 a_n km의 $\frac{9}{8}$배이므로

$a_{n+1}=\frac{9}{8}a_n\ (n=1, 2, 3, \cdots)$ ◀ 30 %

즉, 수열 $\{a_n\}$은 공비가 $\frac{9}{8}$인 등비수열이다.

이때 첫째항은 4이므로

$a_n=4\times\left(\frac{9}{8}\right)^{n-1}$ ◀ 30 %

[답 구하기] 따라서 12일째 날 뛴 거리는

$a_{12}=4\times\left(\frac{9}{8}\right)^{11}=2^2\times\frac{3^{22}}{2^{33}}=\frac{3^{22}}{2^{31}}$(km) ◀ 30 %

즉, $a=31$, $b=22$이므로

$a+b=53$ ◀ 10 %

중 **1010** 답 ③

n일 후 물탱크의 물의 양을 a_n L라 하면 1일 후 물탱크의 물의 양은

$a_1=200-\frac{1}{2}\times 200+20=120$(L)

$(n+1)$일 후 물탱크의 물의 양 a_{n+1} L는

$a_{n+1}=a_n-\frac{1}{2}a_n+20$
$=\frac{1}{2}a_n+20\ (n=1, 2, 3, \cdots)$

위의 식의 n에 1, 2, 3, 4, …를 차례로 대입하면

$a_2=\frac{1}{2}a_1+20=\frac{1}{2}\times 120+20=80$

$a_3=\frac{1}{2}a_2+20=\frac{1}{2}\times 80+20=60$

$a_4=\frac{1}{2}a_3+20=\frac{1}{2}\times 60+20=50$

$a_5=\frac{1}{2}a_4+20=\frac{1}{2}\times 50+20=45$

⋮

$200\times\frac{1}{4}=50$(L)이므로 물탱크의 물의 양이 처음 물의 양의 $\frac{1}{4}$, 즉 50 L 미만이 되는 것은 5일 후부터이다.

Lecture

≫ 164~167쪽

23 수학적 귀납법

1011 답 (가): 3, (나): $k+1$

1012 답 (가): 2^k, (나): $2^{k+1}-1$

중 **1013** 답 ④

조건 (가)에서 $p(1)$이 참이므로 조건 (나)에 의하여

$p(3)$, $p(9)$, $p(27)$, …, $p(3^n)$

이 모두 참이다.

따라서 반드시 참인 명제는 ④이다.

중 1014 답 ④

ㄱ. $p(1)$이 참이면 주어진 조건에 의하여

$p(3), p(5), p(7), \cdots, p(2n+1)$

이 모두 참이지만 $p(n)$이 참인지는 알 수 없다.

ㄴ. $p(2)$가 참이면 주어진 조건에 의하여

$p(4), p(6), p(8), \cdots, p(2n+2)$

가 모두 참이다.

따라서 $p(2)$가 참이면 $p(2n)$이 참이다.

ㄷ. ㄱ에서 $p(1)$이 참이면 $p(2n+1)$이 참이고, ㄴ에서 $p(2)$가 참이면 $p(2n+2)$가 참이다.

따라서 $p(1)$, $p(2)$가 참이면 $p(n)$이 참이다.

이상에서 옳은 것은 ㄴ, ㄷ이다.

중 1015 답 ⑤

(ii) $n=k$일 때, 주어진 등식이 성립한다고 가정하면

$1^2+2^2+3^2+\cdots+k^2=\frac{1}{6}k(k+1)(2k+1)$

$n=k+1$일 때,

$1^2+2^2+3^2+\cdots+k^2+\boxed{(k+1)^2}$

$=\frac{1}{6}k(k+1)(2k+1)+\boxed{(k+1)^2}$

$=\frac{1}{6}(k+1)\{k(2k+1)+6(k+1)\}$

$=\frac{1}{6}(k+1)(2k^2+7k+6)$

$=\frac{1}{6}(k+1)(k+2)(\boxed{2k+3})$

따라서 $n=k+1$일 때도 주어진 등식이 성립한다.

$\therefore$ (가): $(k+1)^2$, (나): $2k+3$

중 1016 답 (가): $(k+1)(k+2)$, (나): $k+3$

(ii) $n=k$일 때, 주어진 등식이 성립한다고 가정하면

$1\times2+2\times3+3\times4+\cdots+k(k+1)$

$=\frac{1}{3}k(k+1)(k+2)$

$n=k+1$일 때,

$1\times2+2\times3+3\times4+\cdots+k(k+1)+\boxed{(k+1)(k+2)}$

$=\frac{1}{3}k(k+1)(k+2)+\boxed{(k+1)(k+2)}$

$=(k+1)(k+2)\left(\frac{1}{3}k+1\right)$

$=\frac{1}{3}(k+1)(k+2)(\boxed{k+3})$

따라서 $n=k+1$일 때도 주어진 등식이 성립한다.

$\therefore$ (가): $(k+1)(k+2)$, (나): $k+3$

중 1017 답 (1) 풀이 참조 (2) 풀이 참조

(1) $n=1$일 때,

$(\text{좌변})=\frac{1}{1\times3}=\frac{1}{3}$, $(\text{우변})=\frac{1}{2+1}=\frac{1}{3}$

따라서 $n=1$일 때, 주어진 등식이 성립한다. ◀ 30 %

(2) $n=k$일 때, 주어진 등식이 성립한다고 가정하면

$\frac{1}{1\times3}+\frac{1}{3\times5}+\frac{1}{5\times7}+\cdots+\frac{1}{(2k-1)(2k+1)}=\frac{k}{2k+1}$

$n=k+1$일 때,

$\frac{1}{1\times3}+\frac{1}{3\times5}+\frac{1}{5\times7}+\cdots+\frac{1}{(2k-1)(2k+1)}+\frac{1}{(2k+1)(2k+3)}$

$=\frac{k}{2k+1}+\frac{1}{(2k+1)(2k+3)}$

$=\frac{k(2k+3)+1}{(2k+1)(2k+3)}=\frac{2k^2+3k+1}{(2k+1)(2k+3)}$

$=\frac{(k+1)(2k+1)}{(2k+1)(2k+3)}$

$=\frac{k+1}{2k+3}$

따라서 $n=k+1$일 때도 주어진 등식이 성립한다. ◀ 70 %

중 1018 답 ④

(ii) $n=k$일 때, 16^n-1이 5의 배수라 가정하면

$16^k-1=5m$ (m은 자연수)

으로 놓을 수 있다.

$n=k+1$일 때,

$16^{k+1}-1=16\times16^k-1$

$=16(5m+\boxed{1})-1$

$=16\times5m+\boxed{15}$

$=5(\boxed{16m+3})$

따라서 $n=k+1$일 때도 16^n-1은 5의 배수이다.

$\therefore a=1, b=15, f(m)=16m+3$

$\therefore f(a+b)=f(1+15)=f(16)=16\times16+3=259$

중 1019 답 36

(ii) $n=k$일 때, n^3+5n이 6의 배수라 가정하면

$k^3+5k=6m$ (m은 자연수)

으로 놓을 수 있다.

$n=k+1$일 때,

$(k+1)^3+5(k+1)=k^3+3k^2+\boxed{8k+6}$

$=\boxed{k^3+5k}+6+3k^2+3k$

$=6m+6+3k^2+3k$

$=6(m+1)+3k(k+1)$

이때 k 또는 $k+1$이 $\boxed{2}$의 배수이므로 $3k(k+1)$은 $\boxed{6}$의 배수이다.

따라서 $n=k+1$일 때도 n^3+5n은 6의 배수이다.

$\therefore f(k)=8k+6, g(k)=k^3+5k, \alpha=2, \beta=6$

$\therefore f(\beta)-g(\alpha)=f(6)-g(2)$

$=8\times6+6-(2^3+5\times2)$

$=54-18$

$=36$

중 1020 답 (가): $2^{k+1}+3^{2k-1}$, (나): 7, (다): $2m+3^{2k-1}$

(ii) $n=k$일 때, $2^{n+1}+3^{2n-1}$이 7의 배수라 가정하면

$2^{k+1}+3^{2k-1}=7m$ (m은 자연수)

으로 놓을 수 있다.

$n=k+1$일 때,

$$2^{k+2}+3^{2k+1}=2\times 2^{k+1}+3^{2k+1}$$
$$=2(\boxed{2^{k+1}+3^{2k-1}})-2\times 3^{2k-1}+3^{2k+1}$$
$$=2\times 7m-2\times 3^{2k-1}+9\times 3^{2k-1}$$
$$=14m+\boxed{7}\times 3^{2k-1}$$
$$=7(\boxed{2m+3^{2k-1}})$$

따라서 $n=k+1$일 때도 $2^{n+1}+3^{2n-1}$은 7의 배수이다.

$\therefore$ (가): $2^{k+1}+3^{2k-1}$, (나): 7, (다): $2m+3^{2k-1}$

중 1021 답 (가): $\frac{1}{k+1}$, (나): $\frac{2k+1}{k+1}$, (다): k

(ii) $n=k\ (k\ge 2)$일 때, 주어진 부등식이 성립한다고 가정하면

$$1+\frac{1}{2}+\frac{1}{3}+\cdots+\frac{1}{k}>\frac{2k}{k+1}$$

$n=k+1$일 때,

$$1+\frac{1}{2}+\frac{1}{3}+\cdots+\frac{1}{k}+\boxed{\frac{1}{k+1}}>\frac{2k}{k+1}+\boxed{\frac{1}{k+1}}$$
$$=\boxed{\frac{2k+1}{k+1}} \quad \cdots\cdots ㉠$$

이때

$$\boxed{\frac{2k+1}{k+1}}-\frac{2(k+1)}{k+2}=\frac{(2k+1)(k+2)-2(k+1)^2}{(k+1)(k+2)}$$
$$=\frac{\boxed{k}}{(k+1)(k+2)}>0\ (\because k\ge 2)$$

이므로 $\boxed{\frac{2k+1}{k+1}}>\frac{2(k+1)}{k+2}$ ⋯⋯ ㉡

㉠, ㉡에서

$$1+\frac{1}{2}+\frac{1}{3}+\cdots+\frac{1}{k}+\boxed{\frac{1}{k+1}}>\frac{2(k+1)}{k+2}$$

따라서 $n=k+1$일 때도 주어진 부등식이 성립한다.

$\therefore$ (가): $\frac{1}{k+1}$, (나): $\frac{2k+1}{k+1}$, (다): k

중 1022 답 ③

(ii) $n=k\ (k\ge 2)$일 때, 주어진 부등식이 성립한다고 가정하면

$$1+\frac{1}{2^2}+\frac{1}{3^2}+\cdots+\frac{1}{k^2}<2-\frac{1}{k}$$

$n=k+1$일 때,

$$1+\frac{1}{2^2}+\frac{1}{3^2}+\cdots+\frac{1}{k^2}+\boxed{\frac{1}{(k+1)^2}}<2-\frac{1}{k}+\boxed{\frac{1}{(k+1)^2}} \quad \cdots\cdots ㉠$$

이때

$$\left\{2-\frac{1}{k}+\boxed{\frac{1}{(k+1)^2}}\right\}-\left(2-\frac{1}{k+1}\right)$$
$$=-\frac{1}{k}+\frac{1}{(k+1)^2}+\frac{1}{k+1}$$
$$=\frac{-(k+1)^2+k+k(k+1)}{k(k+1)^2}$$
$$=\boxed{-\frac{1}{k(k+1)^2}}<0\ (\because k\ge 2)$$

이므로 $2-\frac{1}{k}+\boxed{\frac{1}{(k+1)^2}}<2-\frac{1}{k+1}$ ⋯⋯ ㉡

㉠, ㉡에서

$$1+\frac{1}{2^2}+\frac{1}{3^2}+\cdots+\frac{1}{k^2}+\boxed{\frac{1}{(k+1)^2}}<2-\frac{1}{k+1}$$

따라서 $n=k+1$일 때도 주어진 부등식이 성립한다.

$\therefore f(k)=\frac{1}{(k+1)^2},\ g(k)=-\frac{1}{k(k+1)^2}$

$$\therefore f(1)+g(1)=\frac{1}{(1+1)^2}+\left\{-\frac{1}{1\times(1+1)^2}\right\}$$
$$=\frac{1}{4}+\left(-\frac{1}{4}\right)=0$$

≫ 168~170쪽

중단원 마무리

1023 답 11

$2a_{n+1}-a_n=a_{n+2}$에서 $2a_{n+1}=a_n+a_{n+2}$이므로 수열 $\{a_n\}$은 등차수열이다.

수열 $\{a_n\}$의 공차를 d라 하면 첫째항이 -10이므로

$a_8=4$에서 $-10+7d=4$ $\quad\therefore d=2$

$\therefore a_n=-10+(n-1)\times 2=2n-12$

$\sum_{k=1}^{m} a_k=0$에서 $\sum_{k=1}^{m}(2k-12)=0$

$2\times\frac{m(m+1)}{2}-12m=0,\ m^2-11m=0$

$m(m-11)=0$ $\quad\therefore m=0$ 또는 $m=11$

그런데 m은 자연수이므로 $m=11$

1024 답 ①

$\log_2 a_{n+1}=1+\log_2 a_n$에서

$\log_2 a_{n+1}=\log_2 2+\log_2 a_n$

$\log_2 a_{n+1}=\log_2 2a_n$ $\quad\therefore a_{n+1}=2a_n$

즉, 수열 $\{a_n\}$은 공비가 2인 등비수열이다.

이때 첫째항이 2이므로

$a_n=2\times 2^{n-1}=2^n$

$$\therefore a_1\times a_2\times a_3\times\cdots\times a_8=2^1\times 2^2\times 2^3\times\cdots\times 2^8$$
$$=2^{1+2+3+\cdots+8}$$
$$=2^{\frac{8\times 9}{2}}=2^{36}$$

즉, $2^k=2^{36}$이므로 $k=36$

1025 답 2

$a_{n+1}-a_n=pn+3$의 n에 2, 3, 4를 차례로 대입한 후, 변끼리 더하면

$$\begin{aligned} a_3-a_2&=2p+3\\ a_4-a_3&=3p+3\\ +)\ a_5-a_4&=4p+3\\ \hline a_5-a_2&=9p+9 \end{aligned}$$

이때 $a_2=5$, $a_5=32$이므로

$32-5=9p+9$, $-9p=-18$ $\quad\therefore p=2$

1026 답 61

$(n+2)a_{n+1}=na_n$에서 $a_{n+1}=\frac{n}{n+2}a_n$

위의 식의 n에 1, 2, 3, …, $n-1$을 차례로 대입한 후, 변끼리 곱하면

$$a_2=\frac{1}{3}a_1$$
$$a_3=\frac{2}{4}a_2$$
$$a_4=\frac{3}{5}a_3$$
$$\vdots$$
$$\times)\ a_n=\frac{n-1}{n+1}a_{n-1}$$

$$a_n=\frac{1}{3}\times\frac{2}{4}\times\frac{3}{5}\times\cdots\times\frac{n-2}{n}\times\frac{n-1}{n+1}\times a_1$$
$$=\frac{2}{n(n+1)}\times\frac{1}{2}=\frac{1}{n(n+1)}$$

$$\therefore \sum_{k=1}^{30}a_k=\sum_{k=1}^{30}\frac{1}{k(k+1)}=\sum_{k=1}^{30}\left(\frac{1}{k}-\frac{1}{k+1}\right)$$
$$=\left(1-\frac{1}{2}\right)+\left(\frac{1}{2}-\frac{1}{3}\right)+\cdots+\left(\frac{1}{30}-\frac{1}{31}\right)$$
$$=1-\frac{1}{31}=\frac{30}{31}$$

따라서 $p=31$, $q=30$이므로

$p+q=61$

1027 답 ⑤

$2a_na_{n+1}=a_n-a_{n+1}$의 n에 1, 2, 3, 4를 차례로 대입하면

$2a_1a_2=a_1-a_2$에서 $2a_2=1-a_2$ $\quad\therefore a_2=\frac{1}{3}$

$2a_2a_3=a_2-a_3$에서 $\frac{2}{3}a_3=\frac{1}{3}-a_3$ $\quad\therefore a_3=\frac{1}{5}$

$2a_3a_4=a_3-a_4$에서 $\frac{2}{5}a_4=\frac{1}{5}-a_4$ $\quad\therefore a_4=\frac{1}{7}$

$2a_4a_5=a_4-a_5$에서 $\frac{2}{7}a_5=\frac{1}{7}-a_5$ $\quad\therefore a_5=\frac{1}{9}$

$\therefore \frac{a_3}{a_5}=\frac{1}{5}\times 9=\frac{9}{5}$

다른 풀이

$2a_na_{n+1}=a_n-a_{n+1}$의 양변을 a_na_{n+1}로 나누면

$2=\frac{1}{a_{n+1}}-\frac{1}{a_n}$

즉, 수열 $\left\{\frac{1}{a_n}\right\}$은 공차가 2인 등차수열이다.

이때 첫째항은 $\frac{1}{a_1}=1$이므로

$\frac{1}{a_n}=1+(n-1)\times 2=2n-1$

따라서 $a_n=\frac{1}{2n-1}$이므로

$a_3=\frac{1}{2\times 3-1}=\frac{1}{5}$, $a_5=\frac{1}{2\times 5-1}=\frac{1}{9}$

$\therefore \frac{a_3}{a_5}=\frac{1}{5}\times 9=\frac{9}{5}$

1028 답 ③

$a_1=4$

$a_2=(13\times 4$를 5로 나누었을 때의 나머지$)=2$

$a_3=(13\times 2$를 5로 나누었을 때의 나머지$)=1$

$a_4=(13\times 1$을 5로 나누었을 때의 나머지$)=3$

$a_5=(13\times 3$을 5로 나누었을 때의 나머지$)=4$

⋮

따라서 수열 $\{a_n\}$은 4, 2, 1, 3이 이 순서대로 반복된다.

이때 $99=4\times 24+3$, $100=4\times 25$, $101=4\times 25+1$이므로

$a_{99}+a_{100}+a_{101}=1+3+4=8$

1029 답 11

$S_{n+1}=2S_n+7\ (n\geq 1)$ …… ㉠

㉠의 n에 $n-1$을 대입하면

$S_n=2S_{n-1}+7\ (n\geq 2)$ …… ㉡

㉠−㉡을 하면

$S_{n+1}-S_n=2(S_n-S_{n-1})$

이때 $S_{n+1}-S_n=a_{n+1}$, $S_n-S_{n-1}=a_n$이므로

$a_{n+1}=2a_n\ (n\geq 2)$

㉠에 $n=1$을 대입하면 $S_2=2S_1+7$

즉, $a_1+a_2=2a_1+7$이고 $a_1=S_1=3$이므로

$3+a_2=2\times 3+7$ $\quad\therefore a_2=10$

즉, 수열 $\{a_n\}$은 첫째항이 3이고 둘째항부터 공비가 2인 등비수열이므로

$a_1=3$, $a_n=10\times 2^{n-2}\ (n\geq 2)$

$a_k>5000$에서 $10\times 2^{k-2}>5000$

$2^{k-2}>500$

이때 $2^8=256$, $2^9=512$이므로

$k-2\geq 9$ $\quad\therefore k\geq 11$

따라서 자연수 k의 최솟값은 11이다.

1030 답 270

주어진 그림에서 $a_1=4$, $a_2=a_1+6$, $a_3=a_2+8$, …이므로

$a_{n+1}=a_n+2n+4\ (n=1, 2, 3, \cdots)$

위의 식의 n에 1, 2, 3, …, 14를 차례로 대입하면

$a_2=a_1+6=4+6$

$a_3=a_2+8=4+6+8$

$a_4=a_3+10=4+6+8+10$

⋮

$\therefore a_{15}=a_{14}+32=4+6+8+10+\cdots+32$

$=\frac{15(4+32)}{2}=270$

도움 개념 **등차수열의 합**

등차수열의 첫째항부터 제n항까지의 합 S_n은

(1) 첫째항이 a, 제n항이 l일 때, $\quad S_n=\frac{n(a+l)}{2}$

(2) 첫째항이 a, 공차가 d일 때, $\quad S_n=\frac{n\{2a+(n-1)d\}}{2}$

1031 답 ⑤

(ii) $n=k$일 때, ㉠이 성립한다고 가정하면

$$\frac{4}{3}+\frac{8}{3^2}+\frac{12}{3^3}+\cdots+\frac{4k}{3^k}=3-\frac{2k+3}{3^k}$$

위 등식의 양변에 $\frac{4(k+1)}{3^{k+1}}$을 더하여 정리하면

$$\frac{4}{3}+\frac{8}{3^2}+\frac{12}{3^3}+\cdots+\frac{4k}{3^k}+\frac{4(k+1)}{3^{k+1}}$$

$$=3-\frac{2k+3}{3^k}+\frac{4(k+1)}{3^{k+1}}$$

$$=3-\frac{1}{3^k}\left\{(2k+3)-\boxed{\frac{4(k+1)}{3}}\right\}$$

$$=3-\frac{1}{3^k}\times\frac{3(2k+3)-4(k+1)}{3}$$

$$=3-\frac{\boxed{2k+5}}{3^{k+1}}$$

따라서 $n=k+1$일 때도 ㉠이 성립한다.

$$\therefore f(k)=\frac{4(k+1)}{3},\ g(k)=2k+5$$

$$\therefore f(3)\times g(2)=\frac{4(3+1)}{3}\times(2\times2+5)=\frac{16}{3}\times9=48$$

1032 답 82

(ii) $n=k$일 때, $3^{2n}-1$이 8의 배수라 가정하면

$3^{2k}-1=8m$ (m은 자연수)

으로 놓을 수 있다.

$n=k+1$일 때,

$$3^{2(k+1)}-1=\boxed{9}\times3^{2k}-1$$
$$=9(3^{2k}-1)+\boxed{8}$$
$$=9\times8m+\boxed{8}$$
$$=8(\boxed{9m+1})$$

따라서 $n=k+1$일 때도 $3^{2n}-1$은 8의 배수이다.

$\therefore \alpha=9,\ \beta=8,\ f(m)=9m+1$

$\therefore \alpha+f(\beta)=9+(9\times8+1)=82$

1033 답 (가): $1+h$, (나): $(k+1)h$

(ii) $n=k\ (k\geq2)$일 때, 주어진 부등식이 성립한다고 가정하면

$(1+h)^k>1+kh$

$n=k+1$일 때,

$$(1+h)^{k+1}>(1+kh)(\boxed{1+h})$$
$$=1+\boxed{(k+1)h}+kh^2$$
$$>1+\boxed{(k+1)h}\ (\because kh^2>0)$$

따라서 $n=k+1$일 때도 주어진 부등식이 성립한다.

$\therefore$ (가): $1+h$, (나): $(k+1)h$

1034 답 392

전략 조건 (가), (나)에서 수열 $\{a_n\}$의 규칙을 찾아 $\sum_{k=1}^{50}a_k$의 값을 구한다.

조건 (가)의 k에 1, 2, 3, 4, 5를 차례로 대입하면 $a_1=3$이므로

$a_2=a_1+2=3+2=5$

$a_3=a_2+2=5+2=7$

$a_4=a_3+2=7+2=9$

$a_5=a_4+2=9+2=11$

$a_6=a_5+2=11+2=13$

조건 (나)에서

$a_1=a_7=a_{13}=\cdots=3,\ a_2=a_8=a_{14}=\cdots=5,$

$a_3=a_9=a_{15}=\cdots=7,\ a_4=a_{10}=a_{16}=\cdots=9,$

$a_5=a_{11}=a_{17}=\cdots=11,\ a_6=a_{12}=a_{18}=\cdots=13$

따라서 수열 $\{a_n\}$은 3, 5, 7, 9, 11, 13이 이 순서대로 반복된다.

이때 $50=6\times8+2$이므로

$$\sum_{k=1}^{50}a_k=8\sum_{k=1}^{6}a_k+a_{49}+a_{50}$$
$$=8(3+5+7+9+11+13)+3+5$$
$$=8\times48+8=392$$

1035 답 13

전략 주어진 관계식의 n에 2, 3, 4, …, 10을 차례로 대입하여 수열 $\{b_n\}$을 수열 $\{a_n\}$의 항에 대한 식으로 나타낸다.

주어진 관계식의 n에 2, 3, 4, …, 10을 차례로 대입하면 $b_1=a_1$이므로

$b_2=b_1+a_2=a_1+a_2$

$b_3=b_2-a_3=a_1+a_2-a_3$

$b_4=b_3+a_4=a_1+a_2-a_3+a_4$

$b_5=b_4+a_5=a_1+a_2-a_3+a_4+a_5$

$b_6=b_5-a_6=a_1+a_2-a_3+a_4+a_5-a_6$

⋮

$b_{10}=a_1+a_2-a_3+a_4+a_5-a_6+a_7+a_8-a_9+a_{10}$ …… ㉠

등차수열 $\{a_n\}$의 공차를 $d\ (d\neq0)$라 하면

$a_4-a_3=a_7-a_6=a_{10}-a_9=d$이므로 ㉠에서

$b_{10}=a_1+(a_1+d)+d+(a_1+4d)+d+(a_1+7d)+d$

$=4a_1+15d$

이때 $b_{10}=a_{10}$이므로 $4a_1+15d=a_1+9d$

$3a_1=-6d\qquad\therefore a_1=-2d$

$\therefore b_{10}=4a_1+15d=4\times(-2d)+15d=7d$

한편, $b_{10}=b_9+a_{10}=b_8-a_9+a_{10}$이므로

$b_8=b_{10}+a_9-a_{10}$

$=a_9\ (\because b_{10}=a_{10})$

$=a_1+8d$

$=-2d+8d=6d$

$$\therefore \frac{b_8}{b_{10}}=\frac{6d}{7d}=\frac{6}{7}$$

따라서 $p=7,\ q=6$이므로

$p+q=13$

1036 답 120

전략 주어진 그래프에서 a_n과 a_{n-1} 사이의 관계식을 구하고, 이를 이용하여 a_n을 구한다.

주어진 그래프에서 $a_n=a_{n-1}+n-2\ (n\geq3)$이므로

$a_n=a_{n-1}+n-2$의 n에 3, 4, 5, …, n을 차례로 대입한 후, 변끼리 더하면

$\cancel{a_3}=a_2+1$

$\cancel{a_4}=\cancel{a_3}+2$

$\cancel{a_5}=\cancel{a_4}+3$

⋮

$+)\ a_n=\cancel{a_{n-1}}+n-2$

$a_n=a_2+1+2+3+\cdots+(n-2)$

$$=0+\sum_{k=1}^{n-2}k$$
$$=\frac{(n-2)(n-1)}{2}$$
$$=\frac{n^2-3n+2}{2}\qquad\cdots\cdots ㉠$$

그런데 $a_1=a_2=0$이므로 ㉠은 $n=1,\ n=2$일 때도 성립한다.

$$\therefore a_n=\frac{n^2-3n+2}{2}\ (n\geq1)$$

10

$\therefore \sum_{k=3}^{10} a_k = \sum_{k=1}^{10} a_k \ (\because a_1 = a_2 = 0)$

$= \sum_{k=1}^{10} \frac{k^2 - 3k + 2}{2}$

$= \frac{1}{2}\left(\frac{10 \times 11 \times 21}{6} - 3 \times \frac{10 \times 11}{2} + 20\right)$

$= 120$

1037 답 242

[해결 과정] $a_{n+1}{}^2 - 9a_n{}^2 = 0$에서

$(a_{n+1} + 3a_n)(a_{n+1} - 3a_n) = 0$

$\therefore a_{n+1} = -3a_n$ 또는 $a_{n+1} = 3a_n$

그런데 수열 $\{a_n\}$의 모든 항이 양수이므로

$a_{n+1} = 3a_n$

즉, 수열 $\{a_n\}$은 공비가 3인 등비수열이다. ◀ 50 %

$a_1 a_2 = 12$에서 $a_1 \times 3a_1 = 12$이므로

$3a_1{}^2 = 12$, $a_1{}^2 = 4$

$\therefore a_1 = -2$ 또는 $a_1 = 2$

그런데 $a_1 > 0$이므로 $a_1 = 2$ ◀ 20 %

[답 구하기] 따라서 수열 $\{a_n\}$은 첫째항이 2, 공비가 3인 등비수열이므로

$a_n = 2 \times 3^{n-1}$

$\therefore \sum_{k=1}^{5} a_k = \sum_{k=1}^{5} (2 \times 3^{k-1}) = \frac{2(3^5 - 1)}{3 - 1} = 242$ ◀ 30 %

1038 답 -93

[해결 과정] $S_n = 2a_n + 3n$의 n에 $n+1$을 대입하면

$S_{n+1} = 2a_{n+1} + 3(n+1)$

$= 2a_{n+1} + 3n + 3$ ◀ 20 %

$a_{n+1} = S_{n+1} - S_n$이므로

$a_{n+1} = 2a_{n+1} + 3n + 3 - (2a_n + 3n)$

$= 2a_{n+1} - 2a_n + 3$

$\therefore a_{n+1} = 2a_n - 3 \ (n = 1, 2, 3, \cdots)$ ◀ 30 %

[답 구하기] 위의 식의 n에 1, 2, 3, 4를 차례로 대입하면

$a_2 = 2a_1 - 3 = 2 \times (-3) - 3 = -9$

$a_3 = 2a_2 - 3 = 2 \times (-9) - 3 = -21$

$a_4 = 2a_3 - 3 = 2 \times (-21) - 3 = -45$

$\therefore a_5 = 2a_4 - 3 = 2 \times (-45) - 3 = -93$ ◀ 50 %

1039 답 (1) 풀이 참조 (2) 풀이 참조

(1) $n = 4$일 때,

(좌변)$= 1 \times 2 \times 3 \times 4 = 24$, (우변)$= 2^4 = 16$

따라서 $n = 4$일 때, 주어진 부등식이 성립한다. ◀ 30 %

(2) $n = k \ (k \geq 4)$일 때, 주어진 부등식이 성립한다고 가정하면

$1 \times 2 \times 3 \times \cdots \times k > 2^k$

$n = k+1$일 때,

$1 \times 2 \times 3 \times \cdots \times k \times (k+1) > 2^k(k+1)$ …… ㉠

이때 $2^k(k+1) - 2^{k+1} = 2^k(k-1) > 0 \ (\because k \geq 4)$이므로

$2^k(k+1) > 2^{k+1}$ …… ㉡

㉠, ㉡에서

$1 \times 2 \times 3 \times \cdots \times k \times (k+1) > 2^{k+1}$

따라서 $n = k+1$일 때도 주어진 부등식이 성립한다. ◀ 70 %

Memo

Memo